Inhaltsverzeichnis

65834

Anhang: Kontenrahmen für den Groß- und Außenhandel
Gliederung der Bilanz (§ 266 HGB) mit Kontenzuweisung
Gliederung der Gewinn- und Verlustrechnung (§ 275 HGB) mit Kontenzuweisung
Anmerkungen zum Jahresabschluß der Kapitalgesellschaften

65836

A Aufgaben und Gliederung des Rechnungswesens im Groß- und Außenhandel

1 Aufgaben des Rechnungswesens

Die Hauptaufgabe des Rechnungswesens der Großhandelsbetriebe besteht darin, das gesamte Unternehmensgeschehen und insbesondere

● **Einkauf,**   ● **Lagerung**   und   ● **Verkauf von Waren**

zahlenmäßig zu erfassen, zu überwachen und auszuwerten.

Die Hauptaufgaben des Rechnungswesens sind somit:

1. **Dokumentationsaufgabe.** Zeitlich und sachlich geordnete Aufzeichnung aller Geschäftsfälle auf Grund von Belegen, die die Vermögenswerte, das Eigen- und Fremdkapital sowie den Jahreserfolg (Gewinn oder Verlust) des Unternehmens verändern.
2. **Rechenschaftslegungs- und Informationsaufgabe.** Aufgrund gesetzlicher Vorschriften jährliche Rechenschaftslegung und Information der Unternehmenseigner, der Finanzbehörde und evtl. der Gläubiger (Kreditgeber) über die Vermögens-, Schulden- und Erfolgslage des Unternehmens (Jahresabschluß).
3. **Kontrollaufgabe.** Ausgestaltung des Rechnungswesens zu einem aussagefähigen Informations- und Kontrollsystem, das der Unternehmensleitung jederzeit eine Überwachung der Wirtschaftlichkeit der betrieblichen Prozesse sowie der Zahlungsfähigkeit (Liquidität) des Unternehmens ermöglicht.
4. **Dispositionsaufgabe.** Bereitstellung des aufbereiteten Zahlenmaterials als Grundlage für alle unternehmerischen Planungen und Entscheidungen, z. B. über notwendige Investitionen u. a.

---

2 Gliederung des Rechnungswesens

Die Verschiedenheit der Aufgaben bedingt eine Aufteilung des Rechnungswesens:

Bereiche des Rechnungswesens			
Buchführung	Kosten- und Leistungsrechnung	Statistik	Planung

2.1 Buchführung

Zeitrechnung. Die Buchführung erfaßt Höhe und Veränderungen der Vermögens- und Kapitalteile des Unternehmens sowie alle Arten von Aufwendungen (Werteverbrauch) und Erträgen (Wertezuwachs) für eine bestimmte Rechnungsperiode (Geschäftsjahr, Quartal, Monat). Sie ist also eine Zeitrechnung.

Dokumentation. Die Buchführung dient in erster Linie der Dokumentation (Aufzeichnung) aller Geschäftsfälle, die zu einer Veränderung des Vermögens und des Eigen- und Fremdkapitals des Unternehmens führen. Sie erfaßt also primär alle Zahlen, die im Unternehmen aufgrund von Belegen anfallen, und zeichnet sie zeitlich und sachlich geordnet entsprechend auf. Die Buchführung, in der Regel auch als Finanz- oder Geschäftsbuchführung bezeichnet, ist damit der wichtigste Zweig, der das Zahlenmaterial für die drei übrigen Bereiche des Rechnungswesens liefert.

Rechenschaftslegung. Im gesetzlich vorgeschriebenen Jahresabschluß (Bilanz und Gewinn- und Verlustrechnung sowie zusätzlich ein Anhang bei Kapitalgesellschaften) hat die Buchführung Rechenschaft abzulegen über Höhe und Zusammensetzung des Vermögens und des Kapitals sowie den Erfolg des Unternehmens im Geschäftsjahr.

2.2 Kosten- und Leistungsrechnung

Betrieb. Im Gegensatz zur Buchführung, die mehr unternehmensbezogen ist, indem sie alle wirtschaftlichen Vorgänge des gesamten Unternehmens festhält, ist die Kosten- und Leistungsrechnung betriebsbezogen. Sie befaßt sich lediglich mit den wirtschaftlichen Daten des Betriebes als Stätte des Leistungsprozesses:

- **Einkauf,**   - **Lagerung**   und   - **Absatz der Waren.**

Kosten und Leistungen. Die Kosten- und Leistungsrechnung erfaßt somit nur den Teil des Werteverbrauchs (= Kosten) und des Wertezuwachses (= Leistungen), der durch die Erfüllung der eigentlichen betrieblichen Tätigkeit verursacht wird, und ermittelt daraus das Betriebsergebnis, also den Betriebsgewinn oder Betriebsverlust.

Die Überwachung der Wirtschaftlichkeit des Leistungsprozesses ist die wichtigste Aufgabe der Kosten- und Leistungsrechnung. Auf der Grundlage der ermittelten Selbstkosten ist erst eine Kalkulation des Angebotspreises einer bestimmten Ware (Stückrechnung) möglich.

2.3 Statistik

Aufgaben. Die betriebswirtschaftliche Statistik befaßt sich mit der Aufbereitung und Auswertung der Zahlen der Buchführung und der Kosten- und Leistungsrechnung mit dem Ziel der Überwachung des Betriebsgeschehens und der Gewinnung von Unterlagen für die unternehmerische Planung und Disposition. Beschaffungs-, Lager-, Umsatz-, Personal-, Kosten-, Bilanz- und Erfolgsstatistiken werden übersichtlich in tabellarischer und grafischer Form dargestellt.

Vergleichsrechnung. Durch Vergleich der statistisch aufbereiteten Daten mit früheren Zeitabschnitten (Zeitvergleich) oder mit Unternehmen der gleichen Branche (Betriebsvergleich) ergeben sich für die Unternehmensleitung wichtige Erkenntnisse.

2.4 Planungsrechnung

Vorschaurechnung. Die Planungsrechnung basiert auf den Zahlen der Buchführung, Kosten- und Leistungsrechnung und Statistik. Ihre Aufgabe ist es, die zukünftige betriebliche Entwicklung in Form von Voranschlägen zu berechnen.

Teilpläne werden im Rahmen der Planungsrechnung nach entsprechenden Funktionen erstellt: Investitionsplan, Beschaffungsplan, Absatz- und Finanzplan. Ein Vergleich der in den Plänen vorgegebenen Zahlen (Sollzahlen) mit den tatsächlichen Ergebnissen (Istzahlen) vermittelt aussagefähige Erkenntnisse über Abweichungen und deren Ursachen. Damit wird die Planungsrechnung zu einem echten Führungs- und Kontrollinstrument.

Organisation des Rechnungswesens. Die vier Bereiche des Rechnungswesens unterscheiden sich zwar in ihrer speziellen Aufgabenstellung, sie stehen aber in enger Verbindung zueinander und ergänzen sich gegenseitig. Diese enge Verzahnung bedarf daher einer entsprechenden Organisation des gesamten Rechnungswesens. Sie trägt entscheidend zur Erhöhung der Wirtschaftlichkeit bei.

Merke: **Das betriebliche Rechnungswesen gliedert sich in vier Bereiche:**

- **Buchführung:**   ▷ **Zeitrechnung**
- **Kosten- und Leistungsrechnung:**   ▷ **Stück- und Zeitrechnung**
- **Statistik:**   ▷ **Vergleichsrechnung**
- **Planungsrechnung:**   ▷ **Vorschaurechnung**

65838

B Einführung in die Buchführung der Groß- und Außenhandelsunternehmen

1 Notwendigkeit und Bedeutung der Buchführung

1.1 Aufgaben der Buchführung

Geschäftsfälle. In einem Großhandelsunternehmen werden täglich vielfältige Arbeiten ausgeführt: Waren werden eingekauft, gelagert und verkauft, Rechnungen werden geschrieben, eingehende Rechnungen werden bezahlt, Löhne und Gehälter werden überwiesen usw. Sofern diese Tätigkeiten

- das **Vermögen** und die **Schulden** der Unternehmung verändern,
- zu **Geldeinnahmen** oder **Geldausgaben** führen,
- **Werteverzehr (Aufwand)** oder **Wertezuwachs (Ertrag)** darstellen,

nennt man sie **Geschäftsfälle.**

Beleg. Jedem Geschäftsfall muß ein Beleg zugrunde liegen, der über

- **Vorgang,**   • **Datum**   und   • **Betrag**

Auskunft gibt. Der Beleg (Rechnungen, Bankauszüge, Quittungen u. a.) ist der Nachweis für die Richtigkeit der Aufzeichnung (Buchung).

Beispiele:	Geschäftsfall	Beleg
	Einkauf von Waren auf Kredit (Ziel)	Eingangsrechnung (ER)
	Verkauf von Waren auf Kredit (Ziel)	Ausgangsrechnung (AR)
	Banküberweisung der Gehälter	Gehaltsliste, Bankauszug

Merke: **Zu jedem Geschäftsfall gehört ein Beleg als Nachweis der Buchung.**

Die Buchführung muß alle Geschäftsfälle laufend, lückenlos und planmäßig (d. h. sachlich geordnet nach Wareneinkäufen, Warenverkäufen, Verbindlichkeiten an Lieferer, Forderungen an Kunden usw.) erfassen und aufzeichnen (buchen). Ohne eine ordnungsgemäße Aufzeichnung der Geschäftsfälle würde die Unternehmensleitung in kürzester Zeit den Überblick über die Vermögens- und Erfolgslage sowie das gesamte Betriebsgeschehen verlieren. Außerdem fehlten ihr dann die zahlenmäßigen Grundlagen für Planungen, Entscheidungen und Kontrollen.

Die wichtigsten Aufgaben der Buchführung

- Sie stellt den **Stand des Vermögens und der Schulden** fest.
- Sie zeichnet **alle Veränderungen** der Vermögens- und Schuldenwerte lückenlos und planmäßig auf.
- Sie ermittelt den **Erfolg des Unternehmens,** also den Gewinn oder den Verlust, indem sie alle Aufwendungen (Werteverzehr) und Erträge (Wertezuwachs) im einzelnen erfaßt.
- Sie liefert die Zahlen für die **Preisberechnung (Kalkulation) der Waren.**
- Sie stellt Zahlen für **innerbetriebliche Kontrollen** zur Verfügung, die der Steigerung der Wirtschaftlichkeit dienen.
- Sie ist die Grundlage zur Berechnung der Steuern.
- Sie ist wichtiges Beweismittel bei Rechtsstreitigkeiten mit Kunden, Lieferern, Banken, Behörden (Finanzamt, Gerichte) u. a.

Merke: • **Die Buchführung ist die lückenlose und planmäßige Aufzeichnung aller Geschäftsfälle eines Unternehmens aufgrund von Belegen.**
          • **Die Buchführung ist Grundlage der übrigen Zweige des Rechnungswesens:**
               ▶ **Kosten- und Leistungsrechnung**   ▶ **Statistik**   ▶ **Planung**

1.2 Gesetzliche Grundlagen der Buchführung

Buchführungspflicht. Die Buchführung ist das zahlenmäßige Spiegelbild des gesamten Unternehmensgeschehens. Sie erfüllt wichtige Aufgaben nicht nur für die Unternehmensleitung und die Unternehmenseigner, sondern auch für den Staat im Interesse einer richtigen Ermittlung der Steuern. Letztlich dient eine ordnungsmäßige Buchführung auch dem Schutz der Gläubiger des Unternehmens. Es liegt daher nahe, daß sowohl das Handelsgesetzbuch (§ 238 HGB) als auch die Abgabenordnung (§§ 140 f. AO) den Unternehmer zur Buchführung verpflichten. Nach Handelsrecht ist nur der Vollkaufmann zur Buchführung verpflichtet:

„Jeder Kaufmann ist verpflichtet, Bücher zu führen und in diesen seine Handelsgeschäfte und die Lage seines Vermögens nach den Grundsätzen ordnungsmäßiger Buchführung ersichtlich zu machen." (§ 238 [1] HGB)

Nach Steuerrecht ist zunächst auch der Unternehmer zur Buchführung verpflichtet, der nach Handelsrecht gemäß § 238 HGB buchführungspflichtig ist (§ 140 AO). Darüber hinaus ist nach Steuerrecht jeder andere Unternehmer, also auch Minderkaufleute, Handwerker u. a., zur Buchführung verpflichtet, der gemäß § 141 AO eine der folgenden Voraussetzungen erfüllt:

	● Umsatz jährlich von mehr als	500 000,00 DM
oder	● Betriebsvermögen bzw. Eigenkapital von mehr als ..	125 000,00 DM
oder	● Gewinn jährlich von mehr als	48 000,00 DM

Die handelsrechtlichen Vorschriften über die Rechnungslegung, nämlich

Buchführung und **Jahresabschluß,**

enthält das Handelsgesetzbuch in seinem 3. Buch

„Handelsbücher".

Das 3. Buch „Handelsbücher" im HGB gliedert sich in drei Abschnitte:

● Der **1. Abschnitt (§§ 238–263 HGB)** enthält Vorschriften, die auf **alle Kaufleute** anzuwenden sind. Zu diesen grundlegenden Vorschriften zählen die Buchführungspflicht, die Führung von Handelsbüchern, das Inventar, die Pflicht zur Aufstellung des Jahresabschlusses (Bilanz und Gewinn- und Verlustrechnung), die Bewertung der Vermögensteile und Schulden sowie die Aufbewahrung von Buchführungsunterlagen u. a. m.

● Der **2. Abschnitt (§§ 264–335 HGB)** enthält – ergänzend zum 1. Abschnitt – spezielle Vorschriften für **alle Kapitalgesellschaften,** insbesondere über die Gliederung, Prüfung und Veröffentlichung des Jahresabschlusses der Aktiengesellschaft, Kommanditgesellschaft auf Aktien und Gesellschaft mit beschränkter Haftung. Die Vorschriften dieses Abschnitts entsprechen zugleich den Rechnungslegungsvorschriften aller EU-Mitgliedstaaten aufgrund des Bilanzrichtlinien-Gesetzes.

● Der **3. Abschnitt (§§ 336–339 HGB)** enthält für **eingetragene Genossenschaften** über den 1. und 2. Abschnitt hinausgehende Regelungen.

Rechtsformspezifische Vorschriften der jeweiligen Unternehmensform sind im Aktiengesetz, GmbH-Gesetz und Genossenschaftsgesetz enthalten.

Steuerrechtliche Vorschriften über die Buchführung enthalten die Abgabenordnung (AO), das Einkommensteuergesetz (EStG), Körperschaftsteuergesetz (KStG), Umsatzsteuergesetz (UStG) sowie die entsprechenden Durchführungsverordnungen (EStDV, KStDV, UStDV) und Richtlinien (EStR, KStR, UStR).

Merke: **Das 3. Buch HGB enthält in drei Abschnitten eine geschlossene Darstellung der handelsrechtlichen Rechnungslegungsvorschriften (siehe Anhang).**

658310

1.3 Ordnungsmäßigkeit der Buchführung

Die Buchführung gilt als ordnungsgemäß, wenn sie so beschaffen ist, daß sie einem Sachverständigen (Steuerberater) in angemessener Zeit einen Überblick über die

- Geschäftsfälle   und   • Lage des Unternehmens

vermitteln kann (§ 238 HGB, § 145 AO). Die Buchführung muß deshalb

- allgemein anerkannten   und   • sachgerechten Normen

entsprechen, und zwar den „Grundsätzen ordnungsmäßiger Buchführung" (GoB).

Quellen der GoB sind vor allem Wissenschaft, Praxis und Rechtsprechung. Viele Grundsätze sind vom Handelsgesetzbuch übernommen worden.

Aufgabe der GoB ist es, Inhaber und Gläubiger des Unternehmens zu schützen.

Die wichtigsten Grundsätze ordnungsmäßiger Buchführung (GoB)

- **Die Buchführung muß klar und übersichtlich sein.**
  - Sachgerechte und überschaubare Organisation der Buchführung
  - Übersichtliche Gliederung des Jahresabschlusses (§§ 243 [2], 266, 275 HGB)
  - Keine Verrechnung zwischen Vermögenswerten und Schulden sowie zwischen Aufwendungen und Erträgen (§ 246 [2] HGB)
  - Buchungen dürfen nicht unleserlich gemacht werden (§ 239 [3] HGB).

- **Ordnungsmäßige Erfassung aller Geschäftsfälle.**
  Die Geschäftsfälle sind fortlaufend und vollständig, richtig und zeitgerecht sowie sachlich geordnet zu buchen, damit sie leicht überprüfbar sind (§§ 238 [1], 239 [2] HGB). Kasseneinnahmen und -ausgaben sind täglich aufzuzeichnen (§ 146 [1] AO).

- **Keine Buchung ohne Beleg!**
  Sämtliche Buchungen müssen anhand der Belege jederzeit nachprüfbar sein. Die Belege müssen laufend numeriert und geordnet aufbewahrt werden (§ 257 [1] HGB).

- **Ordnungsmäßige Aufbewahrung der Buchführungsunterlagen.**
  Alle Buchungsbelege sind sechs Jahre, Buchungsprogramme, Konten, Bücher, Inventare, Eröffnungsbilanzen, Jahresabschlüsse einschließlich Anhang und Lagebericht zehn Jahre geordnet aufzubewahren (§ 257 [4] HGB, § 147 [3] AO).
  Mit Ausnahme der Eröffnungsbilanz und des Jahresabschlusses können alle Buchführungsunterlagen auf einem Bildträger (Mikrofilm) oder auf einem anderen Datenträger (Magnetband, Disketten u. a.) aufbewahrt werden. „Grundsatz ordnungsmäßiger Speicherbuchführung" (GoS): Die gespeicherten Daten müssen jederzeit durch Bildschirm oder Ausdruck lesbar gemacht werden können (§§ 239 [4], 257 [3] HGB, § 147 [2] AO).

Merke: Nur eine ordnungsmäßige Buchführung besitzt Beweiskraft (§§ 258 f. HGB).

Verstöße gegen die GoB sowie die handels- und steuerrechtlichen Vorschriften können eine Schätzung der Besteuerungsgrundlagen (Umsatz, Gewinn) durch die Finanzbehörden zur Folge haben (§ 162 AO). Mit Freiheitsstrafe oder mit Geldstrafe wird bestraft, wer Jahresabschlüsse unrichtig wiedergibt oder verschleiert (§ 331 HGB, §§ 370 f. AO). Im Konkursfall können Verstöße gegen die GoB Strafverfolgung (Freiheitsstrafe) nach sich ziehen (§ 283 Strafgesetzbuch).

Fragen

1. Nennen Sie mindestens drei wichtige Aufgaben der Buchführung.
2. Nennen Sie mindestens vier Geschäftsfälle mit den zugehörigen Belegen.
3. Welche Bedeutung hat die Buchführung für die übrigen Zweige des Rechnungswesens?
4. Wann gilt eine Buchführung als „ordnungsgemäß"?

1

---

2   Inventur, Inventar und Bilanz

2.1   Inventur

Nach § 240 HGB sowie §§ 140, 141 AO ist der Kaufmann verpflichtet,

Vermögen und **Schulden**

seines Unternehmens festzustellen, und zwar

- bei **Gründung** oder **Übernahme** eines Unternehmens,
- für den **Schluß eines jeden Geschäftsjahres** (in der Regel zum 31.12.),
- bei **Auflösung** oder **Veräußerung** seines Unternehmens.

Die hierzu erforderliche Tätigkeit nennt man Inventur (lat. invenire = vorfinden).

Die Inventur, auch Bestandsaufnahme genannt, erstreckt sich auf alle Vermögensteile und alle Schulden des Unternehmens, die jeweils einzeln nach ihrer Art (Bezeichnnung), Menge (Stückzahl, nach Gewicht, Länge u. a.) und Wert (in DM) zu einem bestimmten Zeitpunkt (Stichtag) zu erfassen sind.

Merke: **Inventur ist die mengen- und wertmäßige Bestandsaufnahme aller Vermögensteile und Schulden eines Unternehmens zu einem bestimmten Zeitpunkt.**

Arten der Inventur. Nach der Art ihrer Durchführung unterscheidet man

- **körperliche Inventur**   und   - **Buchinventur.**

Die **körperliche** Inventur ist die **mengenmäßige Aufnahme** aller körperlichen Vermögensgegenstände (z. B. Technische Anlagen und Maschinen, Fahrzeuge, Betriebs- und Geschäftsausstattung, Bestände an Waren, Barmittel) durch Zählen, Messen, Wiegen und notfalls durch Schätzen **mit nachfolgender Bewertung** der Mengen in DM.

Die **Buchinventur** erstreckt sich auf alle nichtkörperlichen Gegenstände. Forderungen, Bankguthaben sowie alle Arten von Schulden sind **wertmäßig** aufgrund der buchhalterischen **Aufzeichnungen und Belege** (z. B. Kontoauszüge) festzustellen und nachzuweisen. Im Rahmen dieser **buchmäßigen Bestandsaufnahme** werden häufig auch Saldenbestätigungen bei Kunden und Lieferern eingeholt.

Anlagenkartei. Die jährliche körperliche Bestandsaufnahme des beweglichen Anlagevermögens (Maschinen, Fahrzeuge u. a.) entfällt, wenn für jeden Anlagegegenstand eine gesonderte Anlagenkarte geführt wird, die folgende Angaben buchmäßig ausweist: Bezeichnung, Tag der Anschaffung, Anschaffungswert, Nutzungsdauer, jährliche Abschreibung, Tag des Abgangs u. a. (Abschnitt 31 der Einkommensteuerrichtlinien) → siehe S. 195.

Vorbereitung und Durchführung der Inventur. Die körperliche (mengenmäßige) Inventur des Vorratsvermögens (Waren) bedarf vor allem einer sorgfältigen Vorbereitung und Durchführung. Zunächst wird ein Inventurleiter ernannt. Der Inventurleiter erstellt einen genauen Aufnahmeplan. Dieser Aufnahmeplan legt die einzelnen Inventurbereiche fest sowie personelle Besetzung der Aufnahmegruppen, die Aufnahmevordrucke und -richtlinien, die Hilfsmittel (z.B. Diktiergeräte) und den Zeitpunkt der Inventur. Bestimmte Aufsichtspersonen müssen durch Stichproben die Bestandsaufnahme überprüfen.

Merke: - **Körperliche Inventur** ▷   mengen- **und** wertmäßige Bestandsaufnahme

- **Buchinventur**   ▷   **nur** wertmäßige Bestandsaufnahme aufgrund von Aufzeichnungen

2.2 Inventurverfahren für das Vorratsvermögen

Inventurvereinfachungsverfahren. Die Bestandsaufnahme des Warenvorratsvermögens ist in der Regel mit erheblichem Arbeitsaufwand verbunden. Der Gesetzgeber (§ 241 HGB, Abschnitt 30 der Einkommensteuerrichtlinien) erlaubt deshalb folgende Verfahren zur Vereinfachung der Inventur der Lagervorräte:

1. Stichtagsinventur = zeitnahe körperliche Bestandsaufnahme

Zeitnahe Stichtagsinventur. Die mengenmäßige Bestandsaufnahme der Vorräte muß nicht am Abschlußstichtag (31.12.) erfolgen. Sie muß aber zeitnah innerhalb einer Frist von 10 Tagen vor oder nach dem Abschlußstichtag durchgeführt werden. Zugänge und Abgänge zwischen dem Aufnahmetag und dem Abschlußstichtag werden anhand von Belegen mengen- und wertmäßig auf den 31.12. fortgeschrieben bzw. zurückgerechnet.

Nachteile. Die Stichtagsinventur führt zu einem großen Arbeitsanfall innerhalb weniger Tage, der oft Betriebsunterbrechungen zur Folge hat.

2. Verlegte Inventur = vor- bzw. nachverlegte körperliche Bestandsaufnahme

Die vor- bzw. nachverlegte Inventur stellt gegenüber der Stichtagsinventur bereits eine wesentliche Erleichterung dar. Die körperliche Bestandsaufnahme erfolgt an einem beliebigen Tag innerhalb der letzten 3 Monate vor oder der ersten 2 Monate nach dem Abschlußstichtag. Die einzelnen Artikel dürfen zu unterschiedlichen Zeitpunkten aufgenommen werden. Der am Tag der Inventur ermittelte Bestand wird nur wertmäßig (nicht mengenmäßig!) auf den Abschlußstichtag fortgeschrieben oder zurückgerechnet:

Wertfortschreibung	Wertrückrechnung
Wert am Tag der Inventur (z. B. 15.10.) + Wert der Zugänge vom 15.10.–31.12. – Wert der Abgänge vom 15.10.–31.12.	Wert am Tag der Inventur (28.02.) – Wert der Zugänge vom 01.01.–28.02. + Wert der Abgänge vom 01.01.–28.02.
= Wert am Abschlußstichtag (31.12.)	= Wert am Abschlußstichtag (31.12.)

3. Permanente Inventur = laufende Inventur anhand der Lagerkartei

Voraussetzung. Die permanente Inventur ermöglicht es, den am Abschlußstichtag vorhandenen Bestand des Vorratsvermögens nach Art, Menge und Wert auch ohne gleichzeitige körperliche Bestandsaufnahme festzustellen. Der Bestand für den Abschlußstichtag kann in diesem Fall nach Art und Menge der Lagerkartei entnommen werden. Für jeden einzelnen Artikel werden alle Mengenbewegungen (Zu- und Abgänge) laufend buchmäßig erfaßt. In jedem Geschäftsjahr muß mindestens einmal – der Zeitpunkt ist beliebig! – durch körperliche Bestandsaufnahme geprüft werden, ob der in der Lagerkartei ausgewiesene Buch- bzw. Sollbestand des Vorratsvermögens mit dem tatsächlich vorhandenen Bestand (Istbestand) übereinstimmt. Tag und Ergebnis der körperlichen Inventur sind auf der entsprechenden Lagerkarteikarte zu vermerken und zu unterschreiben.

Vorteile. Die permanente Inventur ist ein rationelles und aussagefähiges Inventurverfahren, das der Unternehmensleitung täglich, vor allem beim Einsatz von Datenverarbeitungsanlagen, wichtige Daten über die Bestandsbewegungen liefert. Ihr besonderer Vorzug liegt darin, daß die körperliche Bestandsaufnahme der einzelnen Gruppen des Vorratsvermögens zu beliebigen Zeitpunkten durchgeführt werden kann.

4. Stichprobeninventur mit Hilfe mathematisch-statistischer Methoden

Der Lagerbestand nach Art, Menge und Wert kann auch mit Hilfe anerkannter mathematisch-statistischer Verfahren (z. B. Mittelwertschätzung) aufgrund von Stichproben ermittelt werden. Dabei werden die als Stichprobe ausgewählten Lagerpositionen zunächst körperlich aufgenommen und bewertet. Das Stichprobenergebnis wird sodann auf den Gesamtinventurwert der Lagervorräte hochgerechnet. Die Stichprobeninventur gilt als zuverlässiges, zeit- und kostensparendes Hilfsverfahren der Inventur.

2.3   Inventar

Die durch Inventur ermittelten Bestände werden in einem besonderen Verzeichnis zusammengestellt: Inventar oder Bestandsverzeichnis.

Merke: Das Inventar ist ein ausführliches Bestandsverzeichnis, das alle Vermögensteile und Schulden eines Unternehmens zu einem bestimmten Zeitpunkt nach Art, Menge und Wert ausweist.

Das Inventar besteht aus drei Teilen:

A. (Roh-)**Vermögen**	**B. Schulden**	**C. Eigenkapital = Reinvermögen**

A. Vermögen

Die Vermögensgegenstände werden nach ihrer Geldnähe bzw. Flüssigkeit (Liquidität) geordnet, also nach dem Grad, wie schnell sie in Geld umgewandelt werden können. So sind die weniger flüssigen Vermögensgegenstände (z. B. Gebäude) im Inventar zuerst, die flüssigsten (Kassenbestand, Bankguthaben) zuletzt aufzuführen. Das Vermögen wird in zwei Gruppen gegliedert:

I. Anlagevermögen

Dazu zählen alle Vermögensteile, die dazu bestimmt sind, dem Unternehmen langfristig zu dienen. Das Anlagevermögen bildet die Grundlage der eigentlichen Betriebstätigkeit.

Zu den Gegenständen des Anlagevermögens zählen: Grundstücke, Gebäude, technische Anlagen und Maschinen, Fahrzeuge (Fuhrpark), Betriebs- und Geschäftsausstattung u. a.

II. Umlaufvermögen

Zum Umlaufvermögen zählen alle Vermögensposten, die nur kurzfristig im Unternehmen verbleiben, weil sie ständig umgesetzt werden. Im einzelnen rechnen im Großhandel dazu:

- **Waren;**
- **Forderungen** aus Lieferungen und Leistungen;
- **Geldmittel** (Bargeld, Postbank- und Bankguthaben).

Im Gegensatz zum Anlagevermögen, das langfristig genutzt wird, verändert sich das Umlaufvermögen ständig. Aus Waren entstehen durch Verkauf auf Ziel Forderungen. Diese werden beim Ausgleich der Rechnungen zu Zahlungsmitteln, die wiederum zum Einkauf von Waren ausgegeben werden.

B. Schulden (Fremdkapital)

Schulden werden nach der Fälligkeit bzw. Dringlichkeit der Zahlung gegliedert:

> **I. Langfristige Schulden** (Hypotheken-, Darlehensschulden)
> **II. Kurzfristige Schulden** (Liefererschulden, Bankschulden)

Die Schulden stellen das im Unternehmen arbeitende Fremdkapital dar.

C. Ermittlung des Eigenkapitals (Reinvermögen)

Vom Vermögen (= Rohvermögen) werden die Schulden abgezogen. Der Unterschied ist das Reinvermögen oder Eigenkapital des Unternehmens:

> Summe des Vermögens
> − Summe der Schulden
> = **Eigenkapital** (Reinvermögen)

Merke: ● Das Vermögen wird in Anlage- und Umlaufvermögen gegliedert, wobei die Vermögensposten nach steigender Flüssigkeit (Liquidität) geordnet werden.

● Die Schulden (Fremdkapital) werden nach ihrer Fälligkeit in langfristige und kurzfristige Schulden gegliedert.

658314

INVENTAR

der Möbelgroßhandlung Kurt Jansen, Nürnberg, für den 31. Dezember 19..

	DM	DM
A. Vermögen		
I. Anlagevermögen		
1. Grundstücke		100 000,00
2. Gebäude:		
Ausstellungshalle	240 000,00	
Verwaltungsgebäude	430 000,00	
Lagergebäude	110 000,00	780 000,00
3. Fuhrpark lt. Anlagenverzeichnis 1		170 000,00
4. Betriebs- und Geschäftsausstattung lt. Anlagenverzeichnis 2		150 000,00
II. Umlaufvermögen		
1. Warenvorräte:		
Möbel lt. Verzeichnis 3	1 645 700,00	
Kleinmöbel lt. Verzeichnis 4	412 300,00	
284 Sessel T 8 je 500,00 DM	142 000,00	2 200 000,00
2. Forderungen aus Lieferungen u. Leistungen (a. LL):		
H. Schnickmann, Fürth	145 800,00	
H. Hamm, Würzburg	177 900,00	
B. Herms, Erlangen	76 300,00	400 000,00
3. Kassenbestand		6 000,00
4. Bankguthaben:		
Stadtsparkasse, Nürnberg	159 000,00	
Deutsche Bank, Nürnberg	35 000,00	194 000,00
Summe des Vermögens		**4 000 000,00**
B. Schulden		
I. Langfristige Schulden		
1. Hypothek der Sparkasse, Nürnberg		700 000,00
2. Darlehen der Deutschen Bank, Nürnberg		600 000,00
II. Kurzfristige Schulden		
Verbindlichkeiten aus Lieferungen und Leistungen:		
S. Heyn, München	120 000,00	
J. Hermanns, Augsburg	80 000,00	
R. Gellert, Frankfurt	100 000,00	300 000,00
Summe der Schulden		**1 600 000,00**
C. Eigenkapital		
Summe des Vermögens		4 000 000,00
− Summe der Schulden		1 600 000,00
Eigenkapital (Reinvermögen)		**2 400 000,00**

Aufbewahrung. Inventare sind 10 Jahre geordnet aufzubewahren. Die Aufbewahrung kann auch auf einem Bildträger (Mikrofilm) oder auf einem anderen Datenträger (Magnetband) erfolgen, wenn sichergestellt ist, daß die Wiedergabe oder die Daten jederzeit lesbar gemacht werden können (§ 257 HGB).

Merke: ● **Inventur = Bestandsaufnahme → Inventar = Bestandsverzeichnis.**
● **Das Inventar ist Grundlage eines ordnungsgemäßen Jahresabschlusses.**

Aufgaben

2 *Welche Vermögensposten gehören zum Anlagevermögen (I) und zum Umlaufvermögen (II)? Ordnen Sie die folgenden Vermögensposten nach steigender Flüssigkeit.*

1. Bankguthaben
2. Maschinen
3. Bargeld
4. Gebäude
5. Warenvorräte
6. Lastkraftwagen
7. Forderungen aus Lieferungen und Leistungen (a. LL)
8. Postbankguthaben
9. Betriebs- und Geschäftsausstattung
10. Grundstücke
11. Förderband
12. Gabelstapler
13. Wertpapiere als Kapitalanlage

3 *Ordnen Sie die folgenden Schulden nach ihrer Laufzeit (Fälligkeit) im Bereich der langfristigen (I) und kurzfristigen (II) Schulden:*

1. Verbindlichkeiten aus Lieferungen und Leistungen (a. LL)
2. Hypothekenschulden
3. Verbindlichkeiten aus Steuern
4. Darlehensschulden

4 Die Sanitärgroßhandlung K. Schnickmann, Erlangen, hat folgende Inventurbestände:

Grundstück 120000,00 DM; Gebäude 440000,00 DM; Technische Anlagen und Maschinen lt. Verzeichnis 1: 61500,00 DM; Fuhrpark lt. Verzeichnis 2: 27500,00 DM; Betriebs- und Geschäftsausstattung lt. Verzeichnis 3: 160400,00 DM;

Warenvorräte lt. Verzeichnis 4: 464100,00 DM; Kundenforderungen an H. Floßmann, Tübingen, 61500,00 DM, an F. Herberts, Offenbach, 12600,00 DM; Kassenbestand 13400,00 DM; Bankguthaben bei der Deutschen Bank, Erlangen, 62300,00 DM, bei der Stadtsparkasse, Erlangen, 40000,00 DM;

Verbindlichkeiten an Lieferer lt. Verzeichnis 5: 153400,00 DM; Hypothekenschulden 586000,00 DM; Darlehensschulden: bei der Stadtsparkasse, Erlangen, 124000,00 DM, bei der Deutschen Bank, Erlangen, 90000,00 DM.

Stellen Sie das Inventar auf. Wie hoch ist der %-Anteil des AV und UV am Gesamtvermögen?

5
6
Die Werkzeuggroßhandlung J. Hamm, Würzburg, stellte zum 31.12.01 (Aufgabe 5) und zum 31.12.02 (Aufgabe 6) folgende Inventurwerte fest:

	5	6
Grundstücke	100000,00	100000,00
Verwaltungsgebäude	420000,00	411600,00
Lagergebäude	135000,00	132300,00
Technische Anlagen und Maschinen lt. Anlagenverzeichnis 1	170000,00	236400,00
Fuhrpark: 1 LKW	32300,00	27840,00
1 PKW	12700,00	10160,00
Betriebs- u. Geschäftsausstattung lt. Verzeichnis 2:	91600,00	76900,00
Warenvorräte lt. Verzeichnis 3:	483300,00	541400,00
Forderungen a. LL: F. Schnell, Tübingen	52800,00	72800,00
R. Peters, Frankfurt	33500,00	61500,00
Kasse (Barbestand)	2800,00	2600,00
Postbankguthaben	18900,00	29400,00
Bankguthaben bei der Commerzbank, Würzburg	126700,00	131000,00
Hypothekenschulden: Stadtsparkasse, Würzburg	290000,00	260000,00
Darlehensschulden: Stadtsparkasse, Würzburg	160300,00	120225,00
Handelsbank, Frankfurt	120700,00	90525,00
Verbindlichkeiten a. LL lt. Verzeichnis 4:	89500,00	146800,00

1. *Erstellen Sie die Inventare der beiden aufeinanderfolgenden Geschäftsjahre.*
2. *Vergleichen Sie die beiden Inventare und erklären Sie die Veränderungen im Anlage- und Umlaufvermögen, in den Schulden und im Eigenkapital.*

658316

Baumarkt Gärtner, Augsburg, stellte zum 31.12.01 (Aufgabe 7) und zum 31.12.02 (Aufgabe 8) folgende Inventurwerte fest, die in beiden Inventaren entsprechend zu gliedern sind:

	7	8
Grundstücke	200 000,00	200 000,00
Verwaltungsgebäude	550 000,00	528 000,00
Lagergebäude	280 000,00	268 400,00
Warenvorräte lt. Verzeichnis 4:	396 900,00	420 700,00
Technische Anlagen und Maschinen lt. Verzeichnis 1:	161 500,00	256 200,00
Forderungen a. LL lt. Verzeichnis 5:	35 000,00	56 700,00
Kassenbestand	4 800,00	3 900,00
Fuhrpark lt. Verzeichnis 2:	37 500,00	31 400,00
Betriebs- und Geschäftsausstattung lt. Verzeichnis 3:	90 300,00	93 900,00
Bankguthaben bei der Deutschen Bank, Augsburg	73 100,00	84 200,00
bei der Stadtsparkasse, Augsburg	51 400,00	55 300,00
Verbindlichkeiten a. LL lt. Verzeichnis 6	48 600,00	67 100,00
Hypothekenschulden	414 000,00	390 000,00
Darlehensschulden: Deutsche Bank, Augsburg	192 000,00	186 400,00
Stadtsparkasse, Augsburg	120 400,00	118 400,00

Vergleichen Sie die beiden Inventare und erklären Sie bedeutende Veränderungen.

In der Aufgabe 7 wird darauf hingewiesen, daß der Gesamtwert der Warenvorräte dem Verzeichnis 4 entnommen wurde. In diesem Verzeichnis sind die <u>einzelnen Warenpositionen</u> mit ihren <u>jeweiligen Einzelwerten</u> erfaßt. In der folgenden Aufgabe ist der Inventurwert für die Position „Fliesenkleber" auf der Grundlage des <u>gewogenen Durchschnittspreises</u> aus den Einzelpreisen der zurückliegenden Lieferungen zu berechnen. Der <u>Inventurbestand an Fliesenkleber beträgt 12 Gebinde zu je 10 kg.</u>

Datum	Menge	Einzelpreis	Datum	Menge	Einzelpreis
01.01.	7 Gebinde	45,00 DM	21.08.	15 Gebinde	45,80 DM
05.03.	20 Gebinde	45,20 DM	09.10.	20 Gebinde	46,00 DM
12.06.	25 Gebinde	45,60 DM	10.12.	10 Gebinde	46,20 DM

Berechnen Sie den Inventurwert des Fliesenklebers im Verzeichnis 4.

Ermitteln Sie im Rahmen der zeitlich verlegten Inventur durch Wertfortschreibung bzw. Wertrück- *rechnung jeweils den Vorratsbestand an Profileisen U 642 zum Abschlußstichtag (31.12.):*

a) Bestand am Tag der Inventur (01.10.): 32 800,00 DM; Wert der Zugänge vom 01.10. bis 31.12.: 58 300,00 DM. Wert der Abgänge vom 01.10. bis 31.12.: 76 300,00 DM.

b) Bestand am Aufnahmetag (20.02.): 43 600,00 DM; Wert der Abgänge vom 01.01. bis 20.02.: 22 800,00 DM; Wert der Zugänge vom 01.01. bis 20.02.: 15 200,00 DM.

Fragen

1. Nach welchen Gesetzen ist der Unternehmer zur Buchführung verpflichtet?

2. Unterscheiden Sie zwischen Inventur und Inventar.

3. Worin unterscheiden sich grundlegend Anlage- und Umlaufvermögen?

4. Was versteht man unter körperlicher Bestandsaufnahme?

5. Welche Bestände können nur aufgrund einer Buchinventur festgestellt werden?

6. Wie lange sind Inventare aufzubewahren?

7. Nennen Sie die Nachteile der Stichtagsinventur und die Vorteile der permanenten Inventur.

8. Unterscheiden Sie zwischen vorverlegter und nachverlegter Inventur.

2.4 Erfolgsermittlung durch Kapitalvergleich

Auf der Grundlage des Inventars läßt sich auch auf <u>einfache</u> Weise der

Erfolg des Unternehmens,

also der <u>Gewinn oder Verlust</u> des Geschäftsjahres, ermitteln. Dies geschieht durch

Eigenkapitalvergleich,

der dem „Betriebsvermögensvergleich" nach § 4 [1] Einkommensteuergesetz entspricht.

Eigenkapitalvergleich. Man vergleicht zunächst das Eigenkapital am <u>Ende</u> des Geschäftsjahres mit dem Eigenkapital vom <u>Anfang</u> des Geschäftsjahres. Der Vergleich ergibt entweder eine Mehrung oder eine Minderung des Eigenkapitals. Grundsätzlich bedeutet:

- Eigenkapital**mehrung** = **Gewinn**
- Eigenkapital**minderung** = **Verlust**

Beispiel:	Erfolgsermittlung durch Kapitalvergleich bei Unternehmer A und B:		
		A	**B**
	Eigenkapital am Ende des Geschäftsjahres	980 000,00	610 000,00
−	Eigenkapital am Anfang des Geschäftsjahres	820 000,00	690 000,00
=	Kapital**mehrung** bzw. Kapital**minderung** ...	+ 160 000,00	− 80 000,00
	Gewinn bzw. **Verlust**	160 000,00	80 000,00

Privatentnahmen. Die Kapitalzunahme bei A bzw. die Kapitalabnahme bei B kann aber nur dann als Gewinn bzw. Verlust des Unternehmens angesehen werden, wenn beide Unternehmer während des Geschäftsjahres weder Geld noch Waren oder andere Vermögensgegenstände für <u>private Zwecke</u> dem Geschäftsvermögen entnommen haben.

<u>Privatentnahmen vermindern das Vermögen des Unternehmens</u> (Geschäftsvermögen) <u>und</u> damit das <u>Eigenkapital</u> (Reinvermögen) des Unternehmers, also letztlich auch den Unterschied zwischen End- und Anfangskapital des Geschäftsjahres. Wäre nichts entnommen worden, so wären das Eigenkapital am Ende des Geschäftsjahres und damit der Gewinn höher, der Verlust dagegen kleiner. Daher:

Merke:	• **Privatentnahmen sind der Kapitalmehrung hinzuzurechnen, dagegen von der Kapitalminderung abzuziehen.**
	• **Entnahmen beinhalten alle Wirtschaftsgüter (auch Bargeld), die der Unternehmer dem Unternehmen für sich, für seinen Haushalt oder für andere unternehmensfremde Zwecke im Laufe des Geschäftsjahres entnommen hat.**
	• **Für jede einzelne Privatentnahme muß jeweils ein „Entnahmebeleg" erstellt werden.**

Beispiel:	Unter Berücksichtigung der Privatentnahmen während des Geschäftsjahres stellt sich die Erfolgsermittlung für die Unternehmer A und B wie folgt dar:		
		A	**B**
	Kapitalmehrung bzw. Kapitalminderung ...	+ 160 000,00	− 80 000,00
+	Privatentnahmen (Geld, Waren u. a.)	+ 48 000,00	+ 36 000,00
=	**Gewinn** bzw. **Verlust**	208 000,00	− 44 000,00

658318

Kapitaleinlagen. In unserem Beispiel soll nun weiterhin angenommen werden, daß beide Unternehmer während des Geschäftsjahres Geld- oder Sachwerte (z. B. aus einer Erbschaft) in das Unternehmen eingebracht haben. Diese Neueinlagen erhöhen das Vermögen des Unternehmens und damit auch entsprechend das Eigenkapital (Reinvermögen) des Unternehmers. Es wäre aber nicht richtig, die dadurch eingetretene Erhöhung des Eigenkapitals als Gewinn des Unternehmens zu bezeichnen. Es gilt daher:

Merke: **Einlagen des Unternehmers, also Zuflüsse von neuem Eigenkapital, sind von der Kapitalmehrung abzuziehen, dagegen der Kapitalminderung hinzuzurechnen.**

Unter Berücksichtigung von Privatentnahmen und Neueinlagen ergibt sich nun die endgültige Erfolgsermittlung für die Unternehmer A und B.

Erfolgsermittlung durch Kapitalvergleich:	A	B
Eigenkapital am Ende des Jahres	980 000,00	610 000,00
– Eigenkapital am Anfang des Jahres	820 000,00	690 000,00
= Kapitalmehrung bzw. Kapitalminderung	160 000,00	– 80 000,00
+ Privatentnahmen (Geld, Waren u. a.)	+ 48 000,00	+ 36 000,00
	208 000,00	– 44 000,00
– Neueinlagen (z. B. aus Erbschaft)	– 68 000,00	– 26 000,00
Gewinn bzw. **Verlust**	140 000,00	70 000,00

Merke: **Gewinn ist der Unterschiedsbetrag zwischen dem Eigenkapital am Schluß des Geschäftsjahres und dem Eigenkapital am Schluß des vorangegangenen Geschäftsjahres, vermehrt um den Wert der Privatentnahmen und vermindert um den Wert der Privateinlagen.**

Aufgaben

12 Die Textilgroßhandlung J. Kolberg, Leverkusen, weist im Inventar zum 31.12.02 ein Eigenkapital in Höhe von 480 000,00 DM aus. Am 31.12.01 betrug das Eigenkapital 450 000,00 DM. Im Geschäftsjahr 02 hatte J. Kolberg insgesamt 72 000,00 DM vom Bankkonto des Unternehmens für private Zwecke abgehoben.
Wie hoch ist der Gewinn des Unternehmens zum 31.12.02?

13 Das Inventar der Möbelgroßhandlung Kurt Jansen (vgl. Seite 15) weist ein Eigenkapital von 2 400 000,00 DM aus. Am Ende des darauffolgenden Geschäftsjahres ergibt sich aus dem Inventar ein Eigenkapital von 2 540 000,00 DM.
Für Privatzwecke hatte Kurt Jansen bar 48 000,00 DM entnommen.
a) Wie hoch ist der Gewinn des Geschäftsjahres?
b) Wie hoch ist der Verlust, wenn das Eigenkapital statt 2 540 000,00 DM lediglich 2 300 000,00 DM beträgt?

14
15 Die Elektrogroßhandlung R. Weber hat am Anfang des Geschäftsjahres ein Reinvermögen (Eigenkapital) von 590 000,00 DM (680 000,00 DM). Am Ende des Geschäftsjahres betragen lt. Inventur die Vermögensteile 890 000,00 DM (985 000,00 DM), die Schulden 210 000,00 DM (150 000,00 DM).
Während des Geschäftsjahres sind als Privatentnahmen 48 000,00 DM (36 000,00 DM) und als Einlagen 25 000,00 DM (20 000,00 DM) gebucht worden.
Ermitteln Sie den Erfolg des Unternehmens durch Kapitalvergleich.

2.5   Bilanz

Das Inventar ist eine ausführliche Aufstellung der einzelnen Vermögensteile und Schulden nach Art, Menge und Wert, das ganze Bände umfassen kann. Dadurch verliert es erheblich an Übersichtlichkeit.

§ 242 HGB verlangt daher außer der regelmäßigen Aufstellung des Inventars noch eine kurzgefaßte Übersicht, die es ermöglicht, geradezu mit einem Blick das Verhältnis zwischen Vermögen und Schulden des Unternehmens zu überschauen. Eine solche Übersicht ist die Bilanz.

Die Bilanz ist eine Kurzfassung des Inventars in Kontenform. Sie enthält auf der linken Seite die Vermögensteile, auf der rechten Seite die Schulden (Fremdkapital) und das Eigenkapital als Ausgleich (Saldo). Beide Seiten der Bilanz (ital. bilancia = Waage) weisen daher die gleichen Summen auf. Aktiva heißen die Vermögenswerte, Passiva die Kapitalwerte.

Aus dem Inventar auf Seite 15 ergibt sich folgende **Bilanz:**

Aktiva		Bilanz zum 31. Dezember 19..		Passiva
I. Anlagevermögen			**I. Eigenkapital**	2 400 000,00
1. Grundstücke	100 000,00		**II. Fremdkapital**	
2. Gebäude	780 000,00		1. Hypotheken	700 000,00
3. Fuhrpark	170 000,00		2. Darlehen	600 000,00
4. Betriebs- und			3. Verbindlichkeiten a. LL	300 000,00
Geschäftsausstattung ..	150 000,00			
II. Umlaufvermögen				
1. Warenvorräte	2 200 000,00			
2. Forderungen a. LL	400 000,00			
3. Kasse	6 000,00			
4. Bank	194 000,00			
	4 000 000,00			4 000 000,00

Nürnberg, den 10. Januar 19..

Kurt Jansen

Merke:
- Die Bilanz ist eine kurzgefaßte Gegenüberstellung von Vermögen (Aktiva) und Kapital (Passiva) in Kontenform.
- Grundlage für die Aufstellung der Bilanz ist das Inventar.
- Die Bilanz muß klar und übersichtlich gegliedert sein (§ 243 [2] HGB). Anlage- und Umlaufvermögen, Eigenkapital und Schulden sind gesondert auszuweisen und hinreichend aufzugliedern (§§ 247, 266 HGB → siehe Anhang).

    Vermögensposten (Aktiva) ➔ Ordnung nach der Flüssigkeit
    Kapitalposten   (Passiva) ➔ Ordnung nach der Fälligkeit

- Der Jahresabschluß (Bilanz und Gewinn- und Verlustrechnung) ist vom Unternehmer unter Angabe des Datums persönlich zu unterzeichnen (§ 245 HGB).

658320

2.6 Aussagewert der Bilanz

Inhalt der Bilanz. Die Bilanz läßt nahezu auf einen Blick erkennen, woher das Kapital stammt und wo es im einzelnen angelegt (investiert) worden ist:

Aktiva · **Bilanz** · **Passiva**

Vermögens**formen**	Vermögens**quellen**
Vermögens- oder Aktivseite zeigt die **Formen** des Vermögens:	Kapital- oder Passivseite zeigt die **Herkunft** des Vermögens:
I. Anlagevermögen 1 200 000,00	I. Eigenkapital 2 400 000,00
II. Umlaufvermögen 2 800 000,00	II. Fremdkapital 1 600 000,00
Vermögen .... 4 000 000,00 =	Kapital 4 000 000,00
Wo ist das Kapital angelegt?	*Woher stammt das Kapital?*

Man kann auch sagen:

- **Die Passivseite** der Bilanz gibt Auskunft über die Herkunft der finanziellen Mittel. Sie zeigt also die Mittelherkunft oder Finanzierung.
- **Die Aktivseite** weist dagegen die Anlage bzw. Verwendung des Kapitals aus. Sie gibt also Auskunft über die Mittelverwendung oder Investierung.

Aussagewert der Bilanz. Die oben dargestellte Kurzfassung der Bilanz zeigt bereits deutlich die Zusammensetzung (Struktur) des Kapitals und des Vermögens in absoluten Zahlen. Man erkennt, daß das Unternehmen überwiegend mit eigenen Mitteln arbeitet. Der Unternehmer bewahrt damit seine Unabhängigkeit gegenüber seinen Gläubigern. Außerdem ist die Zinsbelastung durch die Inanspruchnahme der fremden Mittel nicht zu hoch. Die solide Ausstattung des Unternehmens mit Kapital (die Finanzierung) kommt auch dadurch zum Ausdruck, daß nicht nur das gesamte Anlagevermögen, sondern auch ein Teil des Umlaufvermögens mit Eigenkapital beschafft (finanziert) worden ist.

Die Bilanzstruktur wird noch aussagefähiger, wenn man sie in Gliederungszahlen (%) darstellt. Dadurch werden folgende Verhältnisse überschaubarer:

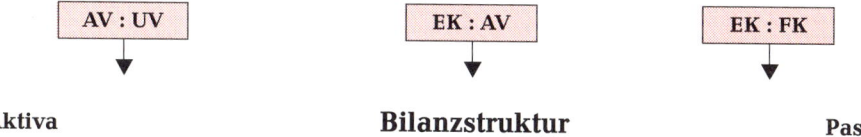

AV : UV		**EK : AV**		**EK : FK**	

Aktiva · **Bilanzstruktur** · **Passiva**

Vermögensstruktur	DM	%	**Kapital**struktur	DM	%
Anlagevermögen (AV)	1 200 000,00	30 %	Eigenkapital (EK)	2 400 000,00	60 %
Umlaufvermögen (UV)	2 800 000,00	70 %	Fremdkapital (FK)	1 600 000,00	40 %
Gesamtvermögen	4 000 000,00	100 %	Gesamtkapital	4 000 000,00	100 %

Diese rechnerische Gleichheit beider Bilanzseiten, also von Vermögen und Kapital, kann auch in einer Gleichung ausgedrückt werden:

Bilanzgleichung
Vermögen = Kapital
Vermögen = Eigenkapital + Fremdkapital
Eigenkapital = Vermögen − Fremdkapital
Fremdkapital = Vermögen − Eigenkapital

2.7   Vergleich zwischen Inventar und Bilanz

Die Inventur ist die Voraussetzung für die Aufstellung des Inventars. Das Inventar bildet die Grundlage für die Erstellung der Bilanz:

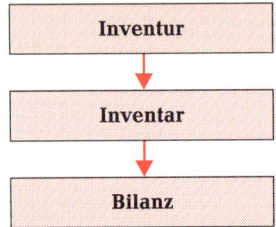

Anlässe zur Aufstellung. Inventar und Bilanz sind aufzustellen:

● bei **Gründung** oder **Übernahme** eines Unternehmens,
● regelmäßig zum **Schluß des Geschäftsjahres,**
● bei **Veräußerung** oder **Auflösung** des Unternehmens.

Inventar und Bilanz zeigen beide den Stand des Vermögens und des Kapitals eines Unternehmens. Sie unterscheiden sich nur in der <u>Art der Darstellung:</u>

Inventar	Bilanz
● **Ausführliche** Darstellung der einzelnen Vermögens- und Schuldenwerte.	● **Kurzgefaßte** überschaubare Darstellung des Vermögens und des Kapitals.
● Angabe der Mengen, Einzelwerte **und** Gesamtwerte.	● **Nur** Angabe der **Gesamtwerte** der einzelnen Bilanzposten.
● Darstellung des Vermögens und des Kapitals **untereinander:** ▶ **Staffelform**	● Darstellung des Vermögens und des Kapitals **nebeneinander:** ▶ **Kontenform**

658322

Aufgaben – Fragen

Beachten Sie die Gliederung der Bilanz auf Seite 20.

Stellen Sie nach folgenden Angaben die Bilanz für die Textilgroßhandlung H. Jommersbach, München, zum 31.12.19.. auf.

16
17

	16	17
Gebäude	350 000,00	340 000,00
Betriebs- und Geschäftsausstattung (BGA)	48 000,00	45 000,00
Warenvorräte	575 000,00	485 000,00
Forderungen aus Lieferungen und Leistungen	22 000,00	35 000,00
Kasse	5 000,00	3 000,00
Bankguthaben	80 000,00	32 000,00
Darlehensschulden	385 000,00	290 000,00
Verbindlichkeiten aus Lieferungen und Leistungen	30 000,00	50 000,00

1. Mit welchem Gesamtkapital, Eigenkapital und Fremdkapital arbeitet die Unternehmung?

2. Wie beurteilen Sie das Verhältnis der eigenen zu den fremden Mitteln?

3. Reichten die eigenen Mittel zur Beschaffung (Finanzierung) des Anlagevermögens aus?

Stellen Sie nach folgenden Angaben die Bilanz für die Werkzeuggroßhandlung Marc Gruppe, Leverkusen, zum 31.12.19.. auf. Ordnen Sie die Vermögens- und Kapitalposten.

18
19

	18	19
Warenvorräte	300 000,00	320 000,00
Verbindlichkeiten aus Lieferungen und Leistungen	85 000,00	90 000,00
Kasse	5 000,00	4 000,00
Forderungen aus Lieferungen und Leistungen	40 000,00	70 000,00
Gebäude	420 000,00	400 000,00
Darlehensschulden	70 000,00	150 000,00
Hypothekenschulden	260 000,00	210 000,00
Fuhrpark	42 000,00	35 000,00
Betriebs- und Geschäftsausstattung (BGA)	128 000,00	135 000,00
Bankguthaben	80 000,00	96 000,00

1. Mit welchem Gesamtkapital, Eigenkapital und Fremdkapital arbeitet die Unternehmung?

2. Wie beurteilen Sie das Verhältnis der eigenen zu den fremden Mitteln?

3. Reichten die eigenen Mittel zur Beschaffung (Finanzierung) des Anlagevermögens aus?

Stellen Sie die Bilanz der Großhandlung K. Schnickmann, Erlangen, aufgrund des Inventars (Aufgabe 4) zum 31.12.19.. auf.

20

Mit welchem Gesamtkapital, Eigenkapital und Fremdkapital arbeitet die Unternehmung?

Aufgrund der Inventare sind die Schlußbilanzen folgender Unternehmen aufzustellen:
J. Hamm, Würzburg (Aufgaben 5/6),
G. Gärtner, Augsburg (Aufgaben 7/8)

21

Stellen Sie für die Bilanzen der Aufgaben 16 bis 21 jeweils die Bilanzstruktur dar, indem Sie den Prozentanteil des Eigen- und Fremdkapitals sowie des Anlage- und Umlaufvermögens an der Bilanzsumme (= 100 %) ermitteln (vgl. auch Muster auf Seite 21 unten).

22

1. Beurteilen Sie vor allem das Verhältnis der eigenen zu den fremden Mitteln.

2. Wieviel Eigenkapital verbleibt nach Deckung des Anlagevermögens noch für das Umlaufvermögen?

3 Buchen auf Bestandskonten

3.1 Wertveränderungen in der Bilanz

Bilanz bedeutet Waage. Stellen wir uns die Bilanz als eine **Waage** mit vielen kleinen Waagschalen vor:

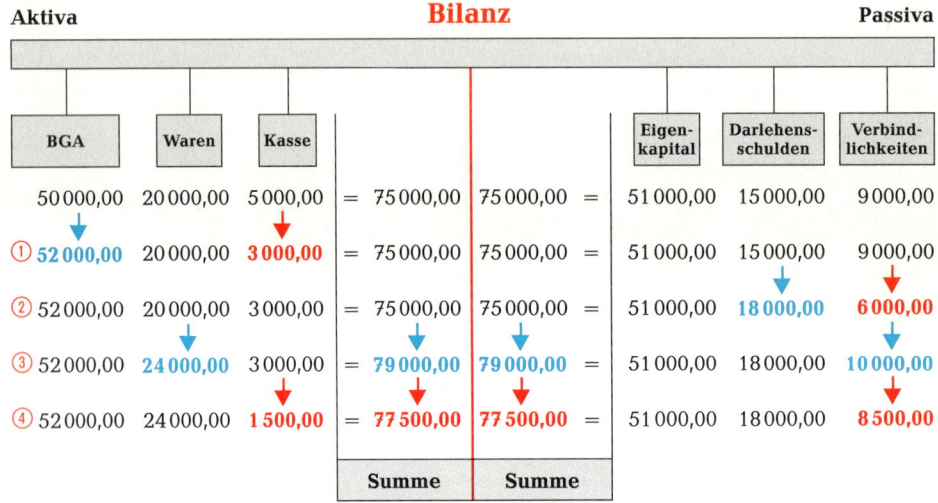

Jeder Geschäftsfall verändert die Bilanz, und zwar in doppelter Weise. Dabei sind <u>vier Möglichkeiten der Bilanzveränderung</u> zu unterscheiden:

① **Aktivtausch,** d. h., der Geschäftsfall betrifft <u>nur die Aktivseite</u> der Bilanz. Die Bilanzsumme ändert sich somit nicht:

| Wir kaufen einen Personalcomputer gegen bar für 2 000,00 DM | BGA + | Kasse − |

② **Passivtausch,** d. h., der Geschäftsfall wirkt sich <u>nur auf der Passivseite</u> aus. Daher ändert sich die Bilanzsumme nicht:

| Eine kurzfristige Liefererschuld wird in eine Darlehensschuld umgewandelt: 3 000,00 DM (Umschuldung) | Verbindlichk. − | Darlehen + |

③ **Aktiv-Passivmehrung,** d. h., der Geschäftsfall betrifft <u>beide Seiten</u> der Bilanz. Der Vermehrung eines Aktivpostens steht auch die Vermehrung eines Passivpostens gegenüber. Die Bilanzsummen nehmen auf beiden Seiten um den gleichen Betrag zu. Die Bilanzgleichung bleibt somit gewahrt.

| Wir kaufen Waren auf Ziel (Kredit) für 4 000,00 DM | Waren + | Verbindlichk. + |

④ **Aktiv-Passivminderung;** auch hier betrifft der Geschäftsfall <u>beide Seiten</u> der Bilanz. Der Verminderung eines Aktivpostens entspricht die Verminderung eines Passivpostens. Die Bilanzgleichung bleibt durch Abnahme der Bilanzsumme auf beiden Seiten gewahrt.

| Wir bezahlen eine Liefererrechnung über 1500,00 DM bar | Kasse − | Verbindlichk. − |

658324

Bei jedem Geschäftsfall sind folgende Fragen zu beantworten:

1. **Welche Posten der Bilanz werden berührt?**
2. **Handelt es sich um Aktiv- oder/und Passivposten der Bilanz?**
3. **Wie wirkt sich der Geschäftsfall auf die Bilanzposten aus?**
4. **Um welche der vier Arten der Bilanzveränderung handelt es sich?**

Aufgaben

23

Aktiva: Betriebs- und Geschäftsausstattung (BGA) 120 000,00, Fuhrpark 40 000,00, Waren 65 000,00, Forderungen a. LL 25 000,00, Kasse 6 000,00, Bank 48 000,00 DM.

Passiva: Eigenkapital ?, Darlehen 60 000,00, Verbindlichkeiten a. LL 30 000,00 DM.

Stellen Sie sich für die folgenden Geschäftsfälle zuerst die oben genannten Fragen, und nennen Sie jeweils die Art der Wertveränderung. Buchen Sie danach in der Bilanz.

1. Wir kaufen Waren auf Ziel (= mit Zahlungsziel bzw. Kredit des Lieferers) 4 500,00
2. Kauf eines PKWs gegen Bankscheck 18 000,00
3. Wir verkaufen eine gebrauchte Registrierkasse bar für 2 500,00
4. Wir kaufen Waren gegen Barzahlung für 6 500,00
5. Wir begleichen die gebuchte Eingangsrechnung (Fall 1) durch Bankscheck ... 4 500,00
6. Ein Kunde begleicht unsere gebuchte Ausgangsrechnung durch Banküberweisung 7 200,00
7. Wir tilgen eine Darlehensschuld durch Banküberweisung 6 000,00

24

Aktiva: Gebäude 250 000,00, Betriebs- und Geschäftsausstattung (BGA) 160 000,00, Waren 100 000,00, Forderungen a. LL 35 000,00, Kasse 5 000,00, Bank 50 000,00 DM.

Passiva: Eigenkapital 400 000,00, Darlehensschulden 140 000,00 DM, Verbindlichkeiten a. LL 60 000,00 DM.

Buchen Sie die folgenden Geschäftsfälle und erläutern Sie die Wertveränderungen.

1. Wir begleichen eine gebuchte Eingangsrechnung durch Banküberweisung ... 3 800,00
2. Kauf einer EDV-Anlage gegen Bankscheck 15 000,00
3. Unser Kunde begleicht eine gebuchte Ausgangsrechnung bar 650,00
4. Eine kurzfristige Liefererschuld wird in eine Darlehensschuld umgewandelt .. 8 000,00
5. Wir kaufen Waren auf Ziel und erhalten folgende Eingangsrechnung 9 000,00
6. Unser Kunde begleicht eine Ausgangsrechnung durch Banküberweisung 4 500,00
7. Bareinzahlung auf unser Bankkonto durch uns 3 000,00
8. Teilrückzahlung unserer Darlehensschuld mit Bankscheck 12 000,00

3.2   Auflösung der Bilanz in Bestandskonten

Jeder Geschäftsfall verändert mindestens zwei Posten der Bilanz. In der Praxis ist es aber nicht möglich, die Veränderungen der Aktiv- und Passivposten ständig in einer Bilanz vorzunehmen. Man benötigt eine genaue und übersichtliche

Einzelabrechnung jedes Bilanzpostens (= Konto).

Deshalb löst man die Bilanz in Konten auf. Jeder Bilanzposten erhält sein entsprechendes Konto.

Nach den Seiten der Bilanz unterscheidet man

Aktiv- und Passivkonten.

Bestandskonten. Aktiv- und Passivkonten weisen im einzelnen die Bestände an Vermögen und Kapital des Unternehmens aus und erfassen die Veränderungen dieser Bestände aufgrund der Geschäftsfälle. Sie stellen daher Bestandskonten dar. Man spricht von <u>aktiven und passiven Bestandskonten</u>. Die linke Seite des Kontos wird mit <u>„Soll" (S)</u>, die rechte Seite mit <u>„Haben" (H)</u> bezeichnet.

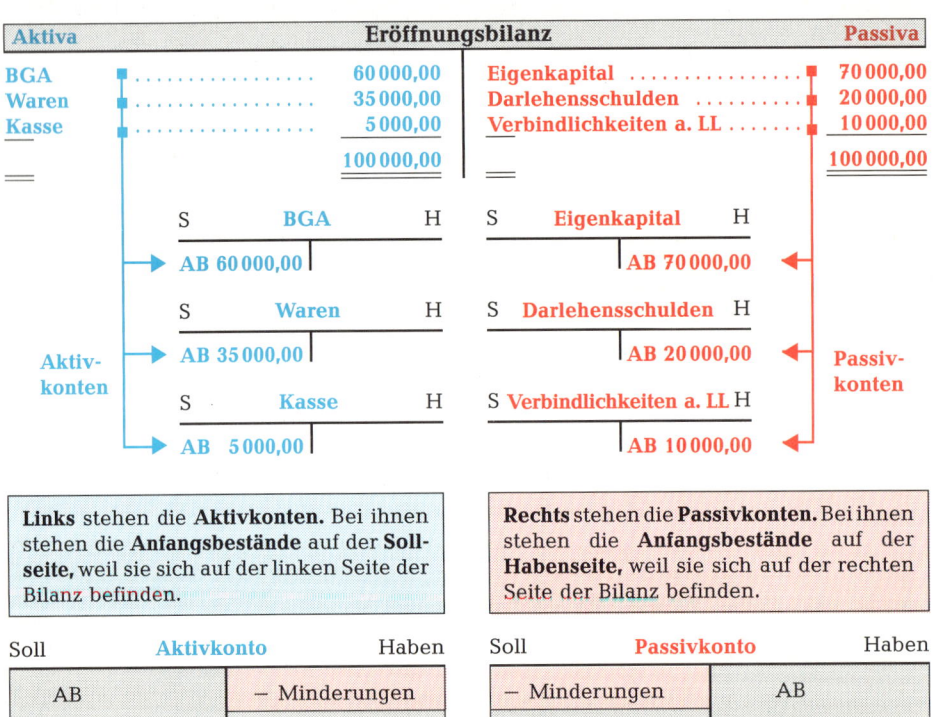

Aktiva	Eröffnungsbilanz	Passiva
BGA 60 000,00	Eigenkapital 70 000,00
Waren 35 000,00	Darlehensschulden 20 000,00
Kasse 5 000,00	Verbindlichkeiten a. LL 10 000,00
100 000,00	100 000,00

| S | BGA | H | S | Eigenkapital | H |
| AB 60 000,00 | | | | AB 70 000,00 |

| S | Waren | H | S | Darlehensschulden | H |
| AB 35 000,00 | | | | AB 20 000,00 |

| S | Kasse | H | S | Verbindlichkeiten a. LL | H |
| AB 5 000,00 | | | | AB 10 000,00 |

Aktivkonten — Passivkonten

Links stehen die **Aktivkonten.** Bei ihnen stehen die **Anfangsbestände** auf der **Sollseite,** weil sie sich auf der linken Seite der Bilanz befinden.	**Rechts** stehen die **Passivkonten.** Bei ihnen stehen die **Anfangsbestände** auf der **Habenseite,** weil sie sich auf der rechten Seite der Bilanz befinden.

Soll	Aktivkonto	Haben
AB	– Minderungen
+ Mehrungen	SB

Soll	Passivkonto	Haben
– Minderungen	AB
SB	+ Mehrungen

Merke:
- Die Mehrungen stehen auf der Seite der Anfangsbestände (AB), weil sie diese Bestände vergrößern.
- Die Minderungen stehen auf der entgegengesetzten Seite.
- Saldiert man nun die Minderungen mit den Beträgen der anderen Seite, so erhält man den Schlußbestand (SB), so daß jedes Konto wie eine kleine Waage am Ende auf beiden Seiten (Soll und Haben) mit gleicher Summe abschließt.
- Aktiv- und Passivkonten sind Bestandskonten.

658326

Kontoabschluß. Nach Eintragung des Anfangsbestandes und Buchung der Geschäftsfälle wird das Konto folgendermaßen abgeschlossen:

① Addition der wertmäßig stärkeren Seite (hier: Soll 2 520,00 DM).
② Übertragung dieser Summe auf die wertmäßig schwächere Seite (hier: Haben).
③ Ermittlung des Saldos als Unterschiedsbetrag zwischen Soll und Haben, also des Schlußbestandes durch Nebenrechnung (hier: 1213,00 DM), und Eintragung des Saldos auf der
schwächeren Seite, damit das Konto im Soll und Haben summenmäßig gleich ist.

Soll (Einnahmen)			Kassenkonto		Haben (Ausgaben)	
Datum	Text	DM	Datum	Text	DM
Jan. 01.	**Anfangsbestand**	**1 550,00**	Jan. 05.	Zahlung an	850,00
Jan. 05.	Bankabhebung	300,00		H. Steinbring	
Jan. 16.	Zahlung von	260,00	Jan. 21.	Telefonrechnung	120,00
	H. Krüger		Jan. 26.	Bürobedarf	165,00
Jan. 20.	Zahlung von	220,00	Jan. 28.	Zeitungsinserat	172,00
	Harlinghausen		Jan. 31.	**Schlußbestand** ③	**1 213,00**
Jan. 29.	Barverkauf	190,00		(Saldo)	
	①	2 520,00		②	2 520,00
Febr. 01.	Saldovortrag	1 213,00			

Aufgaben – Fragen

Führen Sie ein Kassenkonto vom 25.–31. Januar. **25**

25.01.	Anfangsbestand	2 855,00
25.01.	Barzahlung eines Kunden	824,00
26.01.	Barzahlung an einen Lieferer	380,00
26.01.	Zahlung für eine Zeitungsanzeige	120,00
27.01.	Privatentnahme des Inhabers	400,00
28.01.	Abhebung von der Bank	2 800,00
28.01.	Gehaltszahlung	1 620,00
29.01.	Zahlung für Fracht und Rollgeld	65,00
31.01.	Mieteinnahme	1 500,00
31.01.	Zahlung für Löhne	2 900,00

Das Kassenkonto ist abzuschließen. Wie hoch ist der Schlußbestand (Saldo)?

Führen Sie das Konto „Verbindlichkeiten aus Lieferungen und Leistungen" vom 1. bis 6. Februar. **26**

01.02.	Anfangsbestand (Saldovortrag)	16 200,00
02.02.	Zielkauf von Waren lt. Eingangsrechnung (ER 450)	11 100,00
03.02.	Wir begleichen eine Rechnung unseres Lieferers (ER 425) durch die Bank	2 250,00
04.02.	Zielkauf von Waren lt. ER 451	3 450,00
05.02.	Wir begleichen eine Eingangsrechnung durch Banküberweisung von	980,00
06.02.	Wir geben Lieferer einen Bankscheck zum Ausgleich von ER 428	2 300,00

Das Konto ist abzuschließen. Wie hoch ist der Schlußbestand (Saldo) am 6. Februar?

1. Nennen Sie jeweils einen Geschäftsfall für eine der vier möglichen Wertveränderungen und **27**
   erläutern Sie die Auswirkung auf die Bilanzsumme.

2. Auf welcher Seite des Kontos „Forderungen aus Lieferungen und Leistungen" werden
   Zugänge (Mehrungen) und auf welcher Abgänge (Minderungen) und der Schlußbestand als
   Saldo gebucht?

3. Auf welcher Seite bucht man bei Hypothekenschulden jeweils die Zugänge und Abgänge?

3.3 Buchung von Geschäftsfällen und Abschluß der Bestandskonten

Eröffnung der Konten. Die zum Schluß des vorhergehenden Geschäftsjahres aufgestellte Bilanz ist gleichzeitig die Eröffnungsbilanz zu Beginn des neuen Geschäftsjahres. Zu jeder Bilanzposition werden die entsprechenden Aktiv- und Passivkonten eingerichtet und die Anfangsbestände (AB) vorgetragen.

Laufende Buchungen. Folgende Geschäftsfälle sind nun in den Aktiv- bzw. Passivkonten zu buchen, nachdem die Anfangsbestände (AB) vorgetragen wurden. Jeder Buchung muß der entsprechende <u>Beleg</u> zugrunde liegen: Eingangsrechnungen, Ausgangsrechnungen, Bankauszüge. Das Belegprinzip ist ein wichtiger Grundsatz ordnungsmäßiger Buchführung (GoB).

Vor jeder Buchung sind folgende <u>Überlegungen</u> anzustellen:
1. **Welche Konten werden durch den Geschäftsfall berührt?**
2. **Sind es Aktiv- oder Passivkonten?**
3. **Liegt ein Zugang (+) oder Abgang (–) auf dem jeweiligen Konto vor?**
4. **Sind etwa auf beiden Konten Zugänge oder Abgänge zu buchen?**
5. **Auf welcher Kontenseite ist demnach jeweils zu buchen?**

Buchung

① Kauf einer EDV-Anlage gegen Banküberweisung: 20 000,00 DM

Die Geschäftsausstattung erhöht sich:	Aktivkonto:	Soll
Das Bankguthaben vermindert sich:	Aktivkonto:	Haben

② Zieleinkauf von Waren für 15 000,00 DM lt. ER

Der Warenbestand nimmt zu:	Aktivkonto:	Soll
Die Verbindlichkeiten a. LL nehmen auch zu:	Passivkonto:	Haben

③ Ein Kunde begleicht eine gebuchte Ausgangsrechnung durch Banküberweisung über 14 000,00 DM

Das Bankguthaben nimmt zu:	Aktivkonto:	Soll
Der Bestand an Forderungen a. LL nimmt ab:	Aktivkonto:	Haben

④ Wir begleichen eine gebuchte Rechnung unseres Lieferers durch Banküberweisung über 3 000,00 DM

Die Verbindlichkeiten a. LL nehmen ab:	Passivkonto:	Soll
Das Bankguthaben nimmt ab:	Aktivkonto:	Haben

⑤ Eine Liefererverbindlichkeit über 18 000,00 DM wird vereinbarungsgemäß in eine Darlehensschuld umgewandelt

Die Verbindlichkeiten a. LL nehmen ab:	Passivkonto:	Soll
Die Darlehensschulden erhöhen sich:	Passivkonto:	Haben

Erklären Sie anhand der oben genannten fünf Geschäftsfälle, welche Art der Wertveränderung in der Bilanz vorliegt.

Merke:	• **Jeder Geschäftsfall wird <u>doppelt</u> gebucht, <u>zuerst im Soll</u> und <u>danach im Haben.</u>**
	• **Bei der Buchung in den Konten wird jeweils das Gegenkonto angegeben.**

658328

Abschluß der Bestandskonten. Sind alle Geschäftsfälle gebucht, wird für jedes Aktiv- und Passivkonto der <u>Schlußbestand (SB)</u> errechnet und jeweils <u>zum Ausgleich des Kontos</u> auf der schwächeren Seite eingesetzt. Danach wird die Schlußbilanz des Geschäftsjahres aufgestellt, indem die Schlußbestände der Aktivkonten auf die Aktivseite der Schlußbilanz übertragen werden, die der Passivkonten auf die Passivseite. Vorher muß allerdings noch eine <u>Abstimmung der kontenmäßigen Schlußbestände</u> (Buchbestände) mit den <u>Inventurwerten</u> (Istbestände) vorgenommen werden.

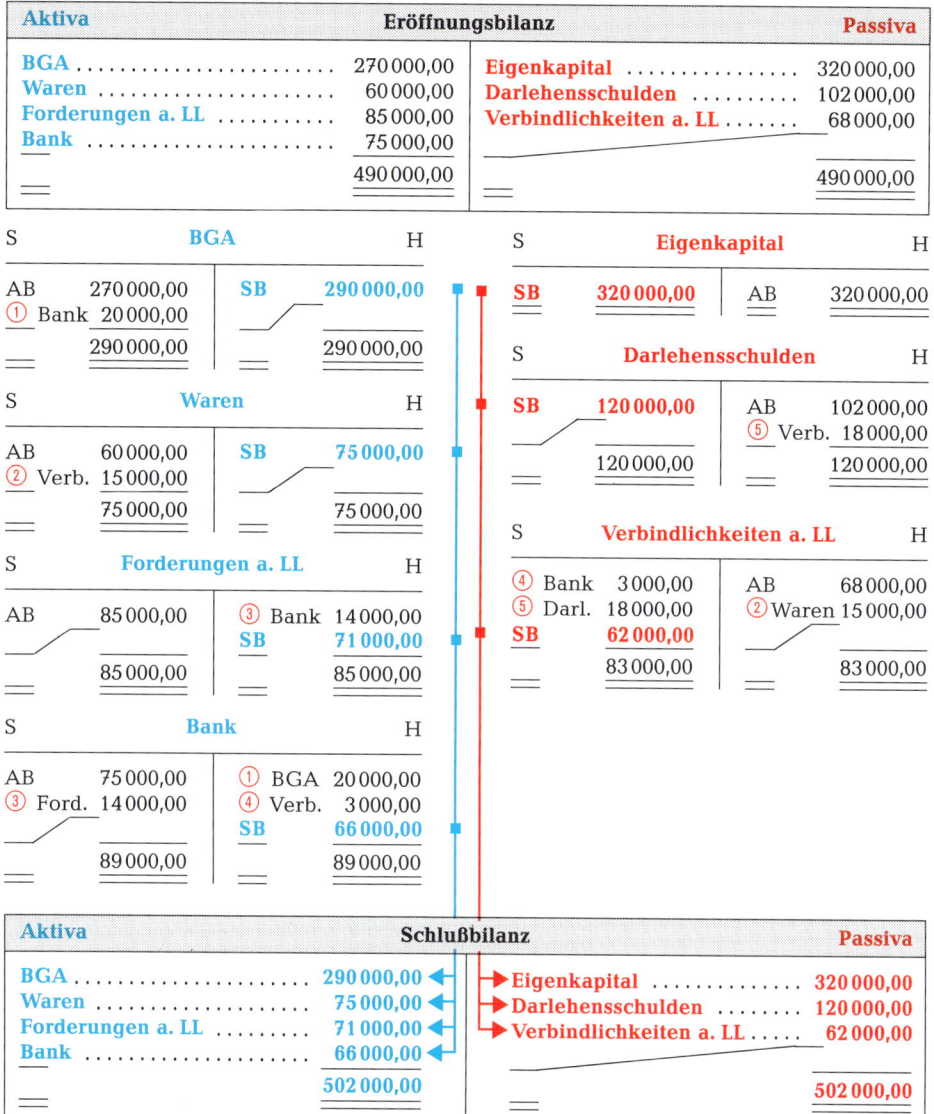

Merke:
- Die Schlußbilanz muß wertmäßig mit dem Inventar zum Schluß des Geschäftsjahres übereinstimmen.
- Die Schlußbilanz eines Geschäftsjahres (31.12.) ist <u>zugleich</u> die Eröffnungsbilanz des folgenden Geschäftsjahres (01.01.): Grundsatz der <u>Bilanzidentität.</u>

Aufgaben: Von der Eröffnungsbilanz über die Bestandskonten zur Schlußbilanz

Reihenfolge der Buchungsarbeiten

1. Eröffnungsbilanz aufstellen
2. Anfangsbestände auf Aktiv- und Passivkonten vortragen
3. Geschäftsfälle buchen
4. Schlußbestände auf den Aktiv- und Passivkonten ermitteln und mit den Inventurwerten abstimmen
5. Konten abschließen
6. Schlußbilanz aufstellen

28
29

Anfangsbestände:

Geschäftsgebäude	250 000,00
Betriebs- und Geschäftsausstattung (BGA)	180 000,00
Waren	150 000,00
Forderungen a. LL	45 000,00
Kasse	6 000,00
Bankguthaben	75 000,00
Darlehensschulden	180 000,00
Verbindlichkeiten a. LL	42 000,00
Eigenkapital	?

Geschäftsfälle:

	28	29
1. Wareneinkauf auf Ziel (= Eingangsrechnung)	18 200,00	16 500,00
2. Unsere Banküberweisung an d. Lieferer zum Rechnungsausgleich	12 500,00	11 400,00
3. Teilrückzahlung der Darlehensschuld durch Banküberweisung	5 000,00	6 000,00
4. Ein Kunde überweist Rechnungsbetrag auf unser Bankkonto	5 200,00	6 100,00
5. Unsere Bareinzahlung auf unser Bankkonto	3 200,00	3 400,00

Abschlußangabe:

Die Schlußbestände auf den Konten stimmen mit der Inventur überein.

30
31

Anfangsbestände:

Geschäftsgebäude	385 000,00
Betriebs- und Geschäftsausstattung (BGA)	45 000,00
Waren	132 000,00
Forderungen a. LL	29 000,00
Kasse	4 500,00
Bankguthaben	46 000,00
Darlehensschulden	200 000,00
Verbindlichkeiten a. LL	48 000,00
Eigenkapital	?

Geschäftsfälle:

	30	31
1. Kauf einer Datenverarbeitungsanlage gegen Bankscheck	6 500,00	7 100,00
2. Zieleinkauf von Waren aufgrund der Eingangsrechnung 604	5 300,00	6 500,00
3. Tilgung einer Darlehensschuld durch Banküberweisung	4 000,00	5 000,00
4. Banküberweisung unseres Kunden zum Ausgleich von AR 400	4 400,00	5 100,00
5. Zieleinkauf von Waren aufgrund der Eingangsrechnung 605	12 000,00	14 000,00
6. Ausgleich der Liefererrechnung ER 595 durch Banküberweisung	4 300,00	4 800,00
7. Verkauf eines gebrauchten Computers gegen Bankscheck	3 400,00	2 500,00

Abschlußangabe:

Die Schlußbestände auf den Konten entsprechen den Inventurwerten.

Anfangsbestände:

Gebäude	245 000,00
Betriebs- und Geschäftsausstattung	141 000,00
Waren	62 000,00
Forderungen a. LL	46 000,00
Kasse	5 600,00
Postbankguthaben	3 500,00
Bankguthaben	49 000,00
Darlehensschuld	127 000,00
Verbindlichkeiten a. LL	35 000,00
Eigenkapital	?

Geschäftsfälle:

	32	33
1. Ausgleich der Liefererrechnung ER 402 durch Banküberweisung	6 300,00	4 800,00
2. Eingangsrechnung (ER 420) für Waren	8 400,00	12 300,00
3. Kunde überweist auf unser Postbankkonto für AR 518	2 750,00	2 960,00
4. Überweisung vom Postbankkonto auf Bankkonto	1 900,00	2 100,00
5. Rechnungsausgleich (AR 501) des Kunden auf unser Bankkonto	3 150,00	3 350,00
6. Tilgung einer Darlehensschuld mit Bankscheck	5 000,00	6 000,00
7. Verkauf einer gebrauchten Frankiermaschine, bar	850,00	980,00
8. Unsere Bareinzahlung auf Bankkonto	3 500,00	3 700,00

Abschlußangabe:

Die Buchbestände der Aktiv- und Passivkonten stimmen mit den Inventurwerten überein.

Anfangsbestände:

Geschäftsgebäude	350 000,00
Lagerhalle	190 000,00
Betriebs- und Geschäftsausstattung	145 000,00
Waren	148 000,00
Forderungen a. LL	43 500,00
Kasse	12 900,00
Bankguthaben	62 000,00
Hypothekenschulden	240 000,00
Verbindlichkeiten a. LL	76 000,00
Eigenkapital	?

Geschäftsfälle:

	34	35
1. Wir erhalten eine Eingangsrechnung für Waren	12 500,00	11 800,00
2. Unsere Banküberweisung an d. Lieferer zum Rechnungsausgleich	12 400,00	12 600,00
3. Zielkauf einer Datenverarbeitungsanlage	16 200,00	17 800,00
4. Barkauf von Waren	1 150,00	1 210,00
5. Aufnahme einer Hypothek bei der Sparkasse	60 000,00	72 000,00
6. Kauf von Waren gegen Bankscheck	1 260,00	1 470,00
7. Banküberweisung unseres Kunden zum Rechnungsausgleich	3 145,00	3 670,00
8. Barverkauf einer gebrauchten Schreibmaschine	650,00	720,00
9. Unsere Bareinzahlung auf Bankkonto	2 500,00	2 600,00

Abschlußangabe:

Die Schlußbestände auf den Aktiv- und Passivkonten entsprechen den Inventurwerten.

3.4   Buchungssatz

3.4.1   Einfacher Buchungssatz

Belege. Richtigkeit und Vollständigkeit der Buchungen lassen sich nur durch entsprechende Belege nachweisen. Deshalb muß jeder Buchung ein Beleg zugrunde liegen: Eingangsrechnungen (ER), Ausgangsrechnungen (AR), Kontoauszüge der Bank (BA), Postbankauszug (PA), Kassenbeleg (K) u. a. Belege stellen das <u>Bindeglied zwischen Geschäftsfall und Buchung</u> dar.

Keine Buchung ohne Beleg!

Vorkontierung der Belege. Jeder Beleg löst mindestens eine Soll- und eine Habenbuchung aus. In der Praxis wird die <u>Buchung</u> zunächst <u>mit Hilfe eines Buchungsstempels auf dem Beleg</u> vermerkt. Diese <u>Vorkontierung</u> des Belegs ist als <u>Buchungsanweisung</u> zu verstehen. Sie <u>nennt die Konten,</u> auf denen der Buchhalter jeweils im Soll und im Haben buchen muß. Datum, Journalseite und Namenszeichen des Buchhalters sollen die <u>Durchführung der Buchung</u> in den Buchführungsbüchern <u>bestätigen.</u>

Beispiel: Fritz Walter, Eisenhandel, erhält folgende Rechnung:

STAHLWERKE GÜNZBERG GMBH

Eisenhandel
Fritz Walter
Martinstraße 13
83024 Rosenheim

Konto	Soll	Haben
Waren	2 000,00	
Verbindl.		2 000,00

Gebucht: 13.06.19.. / J 58 Dt

ER 65

Landstraße 144
Rosenheim, 08.06.19..

Rechnung-Nr. 2 485
Bei Zahlung bitte angeben!

Aufgrund Ihrer Bestellung vom 02.06.19.. lieferten wir Ihnen frei Haus:
350 kg Messingstangen, 12 mm Ø, MS 58
  in Längen zu je 350 cm   <u>2000,00 DM</u>[1]

Eintragung ins Grundbuch. Bevor der Buchhalter die Buchung des Belegs auf den Konten vornimmt, muß er den Geschäftsfall zunächst <u>in zeitlicher Reihenfolge</u> im

Grundbuch (Tagebuch, Journal)

erfassen. Für die Eintragung des Geschäftsfalls in das Grundbuch hat sich eine bestimmte Darstellungsform des Geschäftsfalls entwickelt, der

Buchungssatz.

Der Buchungssatz gibt die Konten an, auf denen zu buchen ist. Er nennt <u>zuerst</u> das Konto, in dem <u>im Soll</u> und <u>dann</u> das Konto, in dem <u>im Haben</u> gebucht wird. Beide Konten werden durch das Wort „an" verbunden. Die Sollbuchung nennt man auch <u>Lastschrift,</u> die Habenbuchung <u>Gutschrift.</u> Außer dem Buchungssatz sind noch Buchungsdatum, Art und Nummer des Belegs im Grundbuch zu vermerken.

---

1   Aus methodischen Gründen bleibt die Umsatzsteuer unberücksichtigt.

658332

Grundbuch				
Datum	Beleg	Buchungssatz	Soll	Haben
13.06.19..	ER 65	**Waren** .... an **Verbindlichkeiten a. LL**	**2 000,00**	**2 000,00**
			1 Lastschrift =	1 Gutschrift

In den Konten, die das <u>Hauptbuch</u> darstellen, wird nun eingetragen:

S	Waren	H	S	Verbindlichkeiten a. LL	H
AB	10 000,00			AB	12 000,00
Verbindl.	**2 000,00**			**Waren**	**2 000,00**

Bei der Eintragung des Buchungssatzes auf den Konten wird jeweils das <u>Gegenkonto</u> angerufen, um die Buchungen jederzeit nachprüfen zu können:

Im Konto **Verbindlichk. a. LL** wird das Konto **Waren** angerufen.
Im Konto **Waren** wird das Konto **Verbindlichk. a. LL** angerufen.

Merke:
- Der Buchungssatz nennt die Konten, auf denen der Geschäftsfall zu buchen ist.
- <u>Zuerst</u> wird das Konto mit der <u>Sollbuchung (Lastschrift)</u> genannt, <u>dann</u> – nach dem Wörtchen „an" – das Konto mit der <u>Habenbuchung (Gutschrift)</u>.
- Zur Bildung des Buchungssatzes stellt man sich die <u>vier bekannten Fragen</u> <u>(siehe S. 25)</u>.
- Die Buchungssätze werden zunächst im Grundbuch erfaßt und danach entsprechend auf die Konten des Hauptbuches übertragen.
- Das <u>Grundbuch</u> enthält die <u>zeitliche</u> oder chronologische, das <u>Hauptbuch</u> die <u>sachliche</u> Ordnung aller Buchungen.

Aufgaben

Bei der Firma Fritz Krüger, Köln, liegen folgende Geschäftsfälle vor. *Nennen Sie jeweils den Beleg und den Buchungssatz. Tragen Sie die Buchungssätze in das Grundbuch ein.* **36**

1. Barverkauf eines gebrauchten Personalcomputers 450,00
2. Unsere Barabhebung vom Bankkonto 5 800,00
3. Zielkauf von Waren lt. ER 469 .... 14 600,00
4. Umwandlung einer Liefererschuld in eine Darlehensschuld 13 500,00
5. Kunde überweist Rechnungsbetrag v. AR 912 auf unser Postbankkonto 400,00
6. Barkauf von Waren 800,00
7. Eingangsrechnung (ER 470) für Büromöbel 3 600,00
8. Kauf eines Lastwagens auf Ziel 34 700,00
9. Unsere Postüberweisung auf Bankkonto 1 900,00
10. Wir begleichen eine Rechnung (ER 450) durch Banküberweisung 1 800,00
11. Unsere Bareinzahlung auf Bankkonto 2 800,00
12. Kunde begleicht eine Rechnung (AR 920) durch Banküberweisung 2 400,00
13. Kauf einer Schreibmaschine gegen Bankscheck 2 850,00
14. Barkauf von Software 600,00
15. Aufnahme einer Hypothek bei der Sparkasse 14 000,00
16. Kauf eines Baugrundstücks gegen Bankscheck 66 000,00
17. Barverkauf eines gebrauchten Geschäfts-PKWs 4 100,00
18. Tilgung einer Darlehensschuld durch Banküberweisung 12 000,00
19. Kunde sendet uns einen Bankscheck zum Ausgleich von AR 921 .... 12 600,00

37 Welche Geschäftsfälle liegen folgenden Buchungssätzen zugrunde?

1. Fuhrpark an Bank 30 000,00
2. Verbindlichkeiten a. LL an Bank 5 000,00
3. Bank an Kasse 8 500,00
4. Waren an Verbindlichkeiten a. LL 11 400,00
5. Kasse an Bank 2 500,00
6. Postbank an Forderungen a. LL 3 800,00
7. Kasse an Betriebs- und Geschäftsausstattung 1 200,00
8. Bank an Darlehensschulden 40 000,00
9. Betriebs- und Geschäftsausstattung an Bank 2 300,00
10. Bank an Postbank 5 400,00
11. Bank an Forderungen a. LL 6 700,00
12. Darlehensschulden an Bank 3 800,00

38 Nennen Sie jeweils den Geschäftsfall zu den Buchungen im folgenden Bankkonto:

Soll		Bank		Haben
AB	24 000,00	2. Kasse	6 000,00
1. Forderungen a. LL	4 500,00	3. Verbindlichkeiten a. LL	5 300,00
4. Darlehensschulden	50 000,00	5. Hypotheken	6 700,00
6. BGA	1 500,00	SB	62 000,00
	80 000,00		80 000,00

39 Kontieren Sie für die Elektrogroßhandlung Wirtz den folgenden Beleg.

34

Herstellung von Elektrogeräten

Franz
Schneider
KG

Franz Schneider, Postfach 12 60, 39104 Magdeburg

Elektrogroßhandel
Karl Wirtz
Rheinstraße 44

90451 Nürnberg

Eingang 15.12.19..

ER 498

Ihre Bestellung vom	Unser Auftrag Nr.	Zeit der Leistung	39104 Magdeburg
02.12...	K 4 089 IV	12.12...	13.12...

Rechnung Nr. 2 312 K

Wir sandten für Ihre Rechnung auf Ihre Gefahr:

Artikel Nr.	Gegenstand	Menge/Stück	Stückpreis DM	Gesamtpreis DM
TS 15	Tauchsieder	10	8,00	80,00
W 24	Elektro-Warmluftofen	15	82,00	1 230,00
				1 310,00 [1]
				========

Geschäftsräume:
Saalestraße 16
39126 Magdeburg

Telefon
(0 91) 48 69

Telefax
(0 91) 3 52 75

Bankkonto 486 222
Deutsche Bank, Magdeburg
(BLZ 810 700 00)

Postbank
Berlin 124 45-101
(BLZ 100 100 10)

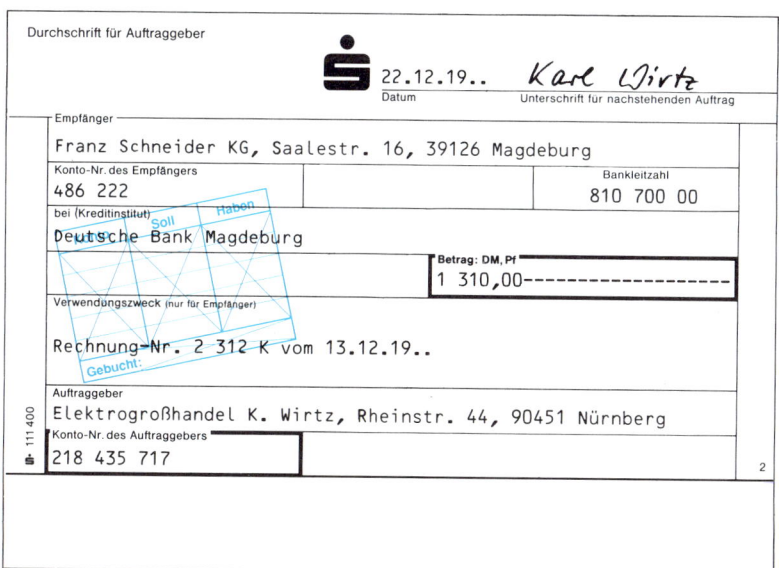

Durchschrift für Auftraggeber

22.12.19..
Datum

Karl Wirtz
Unterschrift für nachstehenden Auftrag

Empfänger
Franz Schneider KG, Saalestr. 16, 39126 Magdeburg

Konto-Nr. des Empfängers
486 222

Bankleitzahl
810 700 00

bei (Kreditinstitut)
Deutsche Bank Magdeburg

Betrag: DM, Pf
1 310,00--------------------

Verwendungszweck (nur für Empfänger)
Rechnung-Nr. 2 312 K vom 13.12.19..

Auftraggeber
Elektrogroßhandel K. Wirtz, Rheinstr. 44, 90451 Nürnberg

Konto-Nr. des Auftraggebers
218 435 717

2

111 400

---

1 Aus methodischen Gründen bleibt die Umsatzsteuer unberücksichtigt.

3.4.2 Zusammengesetzter Buchungssatz

Bisher wurden durch die Geschäftsfälle nur zwei Konten angerufen. Die Lastschrift wurde im Soll, die Gutschrift im Haben des jeweiligen Kontos vorgenommen. Es handelt sich um <u>einfache</u> Buchungssätze.

Zusammengesetzte Buchungssätze entstehen, wenn durch einen Geschäftsfall <u>mehr als zwei Konten</u> berührt werden.

Beispiel 1: Wir begleichen die Rechnung unseres Lieferers (ER 66) über 3000,00 DM durch Banküberweisung 2600,00 DM (BA 44) und Postüberweisung 400,00 DM (PA 28).

Buchung: **Soll:** Verbindlichkeiten a. LL   **Haben:** Bank, Postbank

Grundbuch				
Datum	Beleg	Buchungssatz	Soll	Haben
20.06.19..	ER 66	**Verbindlichkeiten a. LL**	**3000,00**	
	BA 44	an **Bank**		**2600,00**
	PA 28	an **Postbank**		**400,00**
			1 Lastschrift =	**2 Gut-schriften**

Buchung auf den Konten des Hauptbuches:

S	Verbindlichkeiten a. LL		H
Bank/Postbank **3000,00**		AB	12000,00

S	Bank		H
AB	14000,00	Verbindlk.	**2600,00**

S	Postbank		H
AB	800,00	Verbindlk.	**400,00**

Beispiel 2: Ein Kunde begleicht eine Rechnung (AR 1401) über 1000,00 DM, und zwar mit Bankscheck (BA 45) über 700,00 DM und bar 300,00 DM (K 86).

Buchung: **Soll:** Bank, Kasse   **Haben:** Forderungen a. LL

Grundbuch				
Datum	Beleg	Buchungssatz	Soll	Haben
24.06.19..	BA 45	**Bank**	**700,00**	
	K 86	**Kasse**	**300,00**	
	AR 1401	an **Forderungen a. LL**		**1000,00**
			2 Last-schriften =	**1 Gutschrift**

Übertragen Sie die Buchung auf die Konten des Hauptbuches.

Merke: **Bei einfachen und zusammengesetzten Buchungssätzen gilt stets:**
- Summe der **Sollbuchung(en)** <=> Summe der **Habenbuchung(en)**
- Summe der **Lastschrift(en)** <=> Summe der **Gutschrift(en)**

658336

Aufgaben *Zusammengesetzte Buchungssätze (betrifft mehr als 2 Konten)*

41

Wie lauten die Buchungssätze für folgende Geschäftsfälle? Tragen Sie die Buchungssätze in das Grundbuch ein.

1. Kauf von Waren	bar	500,00	
	auf Ziel	11 500,00	12 000,00
2. Kauf eines Baugrundstücks	gegen Bankscheck	68 000,00	
	gegen bar	2 000,00	70 000,00
3. Verkauf eines gebrauchten LKWs	gegen bar	2 000,00	
	gegen Bankscheck	14 000,00	16 000,00
4. Kunde begleicht Rechnung	durch Banküberweisung	12 000,00	
	gegen bar	500,00	12 500,00
5. Kauf von Büromöbeln	bar	1 500,00	
	gegen Bankscheck	4 000,00	5 500,00
6. Tilgung einer Hypothek	durch Banküberweisung	17 000,00	
	durch Postüberweisung	2 000,00	
	bar	1 000,00	20 000,00
7. Wir begleichen Rechnungen unseres Lieferers	durch Banküberweisung	8 000,00	
	durch Postüberweisung	1 000,00	
	bar	500,00	9 500,00
8. Tilgung einer Darlehensschuld	durch Banküberweisung	15 000,00	
	durch Postüberweisung	1 000,00	16 000,00
9. Kauf einer EDV-Anlage	gegen Postüberweisung	3 000,00	
	gegen Banküberweisung ...	17 000,00	
	gegen bar	1 000,00	21 000,00

Welche Geschäftsfälle liegen folgenden Buchungssätzen zugrunde?

42

	Soll	Haben
1. Kasse	1 000,00	
Bank	12 000,00	
an Fuhrpark		13 000,00
2. Waren	8 000,00	
an Kasse		1 000,00
an Bank		7 000,00
3. Betriebs- und Geschäftsausstattung	4 000,00	
an Bank		3 000,00
an Postbank		1 000,00
4. Darlehensschulden	7 000,00	
an Kasse		1 000,00
an Bank		6 000,00
5. Bank	7 000,00	
Postbank	1 000,00	
Kasse	1 000,00	
an Forderungen a. LL		9 000,00
6. Technische Anlagen und Maschinen	14 000,00	
an Kasse		2 000,00
an Bank		12 000,00
7. Verbindlichkeiten a. LL	22 000,00	
an Bank		19 000,00
an Postbank		2 000,00
an Kasse		1 000,00

3.5 Eröffnungsbilanzkonto und Schlußbilanzkonto

3.5.1 Eröffnungsbilanzkonto (EBK)

Bilanzidentität. Die Schlußbilanz eines Jahres ist <u>zugleich</u> die Eröffnungsbilanz des folgenden Geschäftsjahres. Diese <u>inhaltliche Gleichheit</u> nennt man Bilanzidentität.

System der Doppik. Allen Buchungen im Hauptbuch ist gemeinsam, daß auf eine Soll-buchung eine Habenbuchung folgt. Man bezeichnet das Prinzip, daß durch jeden Geschäftsfall mindestens ein Konto im Soll und mindestens ein Konto im Haben in wertmäßig gleicher Höhe angerufen wird, als <u>System der Doppik</u>. Dieses System wurde bei der <u>Übertragung der Anfangsbestände</u> auf die Bestandskonten (<u>Eröffnung der Bestandskonten</u>) durchbrochen.

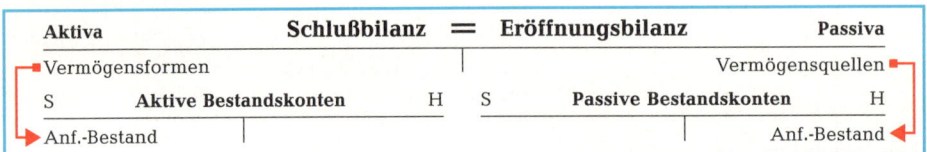

Soll auch im Rahmen der <u>Eröffnungsbuchungen</u> für die Aktiv- und Passivkonten <u>nach dem Prinzip der Doppik</u> verfahren werden, muß für die Übertragung der Anfangs-bestände ein <u>Hilfs- oder Gegenkonto</u> eingerichtet werden. Dieses Gegenkonto ist das

Eröffnungsbilanzkonto (EBK),

das die **Aktivposten im Haben** und die **Passivposten im Soll aufnimmt.** Das Eröff-nungsbilanzkonto ist somit das <u>Spiegelbild</u> der Schlußbilanz des Vorjahres.

Die <u>Eröffnungsbuchungssätze</u> für die Bestandskonten lauten:

- **Aktivkonten** . . . . an **Eröffnungsbilanz**<u>konto</u> (EBK)
- **Eröffnungsbilanzkonto** . . . an **Passivkonten**

Merke: Das Eröffnungsbilanz<u>konto,</u> das Gegenkonto zur Eröffnung der Bestandskonten im Hauptbuch, ist das Spiegelbild der Eröffnungsbilanz.

3.5.2 Schlußbilanzkonto (SBK)

Kontenabschluß. Zum Schluß des Geschäftsjahres werden die Konten des Haupt-buches abgeschlossen. Die Schlußbestände der einzelnen Aktiv- und Passivkonten werden zunächst errechnet und mit den Schlußbeständen lt. Inventur (Inventar) abge-stimmt. Für die Eintragung bzw. Buchung der Schlußbestände auf den Aktiv- und Pas-sivkonten wird das

Schlußbilanzkonto (SBK)

als Gegenkonto genommen. Die <u>Abschlußbuchungssätze</u> lauten:

- **Schlußbilanz**<u>konto</u> (SBK) . . . an **Aktivkonten**
- **Passivkonten** . . . . an **Schlußbilanzkonto**

Übereinstimmung. Das Schlußbilanzkonto als Abschlußkonto der Aktiv- und Passiv-konten im Hauptbuch muß stets mit der aus dem Inventar erstellten Bilanz für das betreffende Geschäftsjahr übereinstimmen.

Merke: Das Schlußbilanz<u>konto</u> ist das Gegenkonto für den Abschluß aller Bestandskon-ten im Hauptbuch.

658338

Inventur zum 31.12.01

↓

Inventar zum 31.12.01

↓

Schlußbilanz zum 31.12.01 ist zugleich die

↓

Aktiva	**Eröffnungsbilanz** zum 01.01.02	**Passiva**	
Waren 28 000,00		Eigenkapital 50 000,00	Inventar-
Bank 47 000,00		Verbindlichk. a. LL 25 000,00	und
75 000,00		75 000,00	Bilanzbuch

Ort, Datum   Unterschrift

Hauptbuch

Soll	**Eröffnungsbilanzkonto (EBK)**	**Haben**
Eigenkapital 50 000,00		Waren 28 000,00
Verbindlichk. a. LL ... 25 000,00		Bank 47 000,00
75 000,00		75 000,00

S	**Waren**	H	S	**Eigenkapital**	H
EBK 28 000,00	SBK 48 000,00		SBK 50 000,00	EBK 50 000,00	
① 20 000,00					
48 000,00	48 000,00				

S	**Bank**	H	S	**Verbindlichkeiten a. LL**	H
EBK 47 000,00	② 10 000,00		② 10 000,00	EBK 25 000,00	
	SBK 37 000,00		SBK 35 000,00	① 20 000,00	
47 000,00	47 000,00		45 000,00	45 000,00	

Soll	**Schlußbilanzkonto (SBK)**	**Haben**
Waren 48 000,00		Eigenkapital 50 000,00
Bank 37 000,00		Verbindlichk. a. LL ... 35 000,00
85 000,00		85 000,00

Inventur zum 31.12.02

↓

Inventar zum 31.12.02

↓

Aktiva	**Schlußbilanz** zum 31.12.02	**Passiva**	
Waren 48 000,00		Eigenkapital 50 000,00	Inventar-
Bank 37 000,00		Verbindlichk. a. LL 35 000,00	und
85 000,00		85 000,00	Bilanzbuch

Ort, Datum   Unterschrift

Nennen Sie Geschäftsfälle, die den Buchungen ① und ② auf den Konten des Hauptbuches zugrunde liegen.

Merke:
- Die Schlußbilanz wird aufgrund des Inventars aufgestellt.
- Das Schlußbilanzkonto ist das Abschlußkonto im Hauptbuch. Schlußbilanz und Schlußbilanzkonto stimmen inhaltlich überein.
- Die Schlußbilanz ist zugleich Eröffnungsbilanz des folgenden Geschäftsjahres (Grundsatz der Bilanzidentität).

Aufgaben – Fragen

43
44
Anfangsbestände:

Gebäude	270 000,00	Kasse	6 000,00
BGA	140 000,00	Bankguthaben	32 000,00
Waren	160 000,00	Verbindlichkeiten a. LL	88 000,00
Forderungen a. LL	35 000,00	Eigenkapital	555 000,00

Geschäftsfälle:

	43	44
1. ER 409: Kauf von Waren auf Ziel	12 200,00	8 800,00
2. ER 410: Barkauf eines Büroschrankes	1 600,00	1 700,00
3. Kunde begleicht eine Rechnung (AR 512) mit Bankscheck	1 800,00	1 900,00
4. ER 411: Zielkauf einer Schreibmaschine	2 100,00	2 400,00
5. Unsere Bareinzahlung auf Bankkonto	1 300,00	1 200,00
6. Wir begleichen die Rechnung eines Lieferers (ER 399) bar	1 700,00	1 600,00
7. ER 412: Kauf von Waren	4 000,00	4 500,00
8. Kunde begleicht Rechnung (AR 508) durch Banküberweisung	2 400,00	2 300,00

Abschlußangaben: Die Schlußbestände auf den Konten entsprechen den Inventurwerten.

45
46
Anfangsbestände:

Geschäftsgebäude	670 000,00	Postbankguthaben	13 400,00
BGA	130 000,00	Bankguthaben	39 000,00
Waren	184 000,00	Darlehensschulden	240 000,00
Forderungen a. LL	34 000,00	Verbindlichkeiten a. LL	55 000,00
Kasse	6 000,00	Eigenkapital	781 400,00

Geschäftsfälle:

	45	46
1. Aufnahme eines Darlehens bei der Bank	42 600,00	42 500,00
2. Kauf von Waren lt. ER 510	4 000,00	5 000,00
3. Zielverkauf einer gebrauchten Textverarbeitungsanlage	12 100,00	13 250,00
4. Zielkauf von Waren lt. ER 511	2 950,00	4 000,00
5. Banküberweisung an Lieferer zum Ausgleich von ER 499	8 150,00	9 350,00
6. Barkauf einer Schreibmaschine lt. ER 512	900,00	950,00
7. Unsere Bareinzahlung auf Bankkonto	1 200,00	1 100,00
8. Barkauf von Waren lt. ER 513	1 200,00	1 250,00
9. Überweisung vom Postbankkonto auf Bankkonto	1 400,00	1 500,00
10. Unsere Darlehensrückzahlung durch Bankscheck	14 000,00	12 500,00
11. Kunde begleicht Rechnung (AR 919) durch Banküberweisung	4 400,00	5 200,00

Abschlußangaben: Die Schlußbestände auf den Konten entsprechen den Inventurwerten.

47
1. Begründen Sie, weshalb Aktiv- und Passivkonten Bestandskonten darstellen.
2. Unterscheiden Sie zwischen a) Grundbuch, b) Hauptbuch, c) Inventar- und Bilanzbuch.
3. Erklären Sie den Unterschied zwischen der Schlußbilanz des Vorjahres und dem Eröffnungsbilanzkonto.
4. Worin unterscheiden sich a) Eröffnungsbilanz und Eröffnungsbilanzkonto und
   b) Schlußbilanz und Schlußbilanzkonto?

658340

4   Buchen auf Erfolgskonten

4.1   Aufwendungen und Erträge

Erfolg. Bisher haben wir lediglich Geschäftsfälle auf den Bestandskonten gebucht. Das Eigenkapital blieb davon unberührt, d. h., diese Geschäftsfälle hatten keinen Einfluß auf den <u>Erfolg (Gewinn oder Verlust)</u> des Unternehmens. Nun bringen aber vor allem

- **Einkauf,**   - **Lagerung**   und   - **Verkauf von Waren**

Geschäftsfälle mit sich, die sich auf den Erfolg und damit auf das

Eigenkapital

in einem Handelsbetrieb auswirken. Man spricht von „Aufwendungen" und „Erträgen".

Aufwendungen. Der Unternehmer zahlt z. B. Miete für die von ihm gemieteten Geschäftsräume, er leistet Gehaltszahlungen an die von ihm eingestellten Arbeitnehmer, und er hat für die Abnutzung der Anlagegüter Abschreibungen zu buchen. Durch diese Vorgänge werden Werte (Geld, Anlagevermögen) verzehrt, ohne daß unmittelbar entsprechende Gegenwerte in Form von Vermögenszuwachs oder Schuldenverringerung zufließen. <u>Jeden Werteverzehr an Gütern und Diensten</u> in einem Unternehmen bezeichnet man als <u>Aufwand</u>. Aufwendungen <u>vermindern das Eigenkapital</u>. Zu den Aufwendungen zählen z. B.:

- **Der Warenaufwand** bzw. Wareneinsatz, d. h. der Wert der eingekauften und an die Kunden verkauften Waren (siehe S. 50)
- **Aufwendungen für den Einsatz von Arbeitskräften:**
  - **Löhne** für alle Arbeiter des Unternehmens
  - **Gehälter** für alle kaufmännischen und technischen Angestellten
  - **Gesetzliche und freiwillige Sozialabgaben**
- **Wertminderungen des Anlagevermögens (Abschreibungen)**
- **Aufwendungen für Miete, Betriebssteuern**
- **Aufwendungen für Büromaterial, Postgebühren, Werbung**
- **Aufwendungen für Instandhaltungen, Vertriebsprovisionen** u. a. m.

Merke:
- **Aufwendungen stellen den gesamten Werteverzehr eines Unternehmens an Gütern, Diensten und Abgaben während einer Abrechnungsperiode (Monat, Quartal, Geschäftsjahr) dar.**
- **Aufwendungen <u>vermindern</u> das Eigenkapital.**

Erträge sind <u>alle Wertzuflüsse</u> in das Unternehmen, die das <u>Eigenkapital erhöhen</u>. Den <u>Hauptertrag</u> eines Großhandelsunternehmens bilden natürlich die <u>Erlöse aus dem Verkauf der Waren</u>. Diese <u>Umsatzerlöse</u> sollen nicht nur die entstandenen Aufwendungen decken, sondern darüber hinaus auch einen angemessenen Gewinn erzielen. Neben den Umsatzerlösen fallen in einem Unternehmen noch weitere Erträge an, wie z. B. <u>Zinserträge, Erträge aus Vermietung und Verpachtung, Provisionserträge</u> u. a. m.

Merke:
- **Erträge sind alle Wertzuflüsse, die den Gewinn des Unternehmens erhöhen. Die Umsatzerlöse (Verkaufserlöse) bilden den wichtigsten Ertragsposten in einem Großhandelsunternehmen.**
- **Erträge <u>erhöhen</u> das Eigenkapital.**

4.2 Erfolgskonten als Unterkonten des Kapitalkontos

Notwendigkeit der Erfolgskonten (Ergebniskonten). Aufwendungen und Erträge wären an sich unmittelbar auf dem Eigenkapitalkonto zu buchen, und zwar Aufwendungen als Kapitalminderung im Soll, Erträge als Mehrung des Kapitals im Haben. Das hätte aber den Nachteil, daß das Eigenkapitalkonto unübersichtlich würde. Aus Gründen der Klarheit und Übersichtlichkeit ist es notwendig, die einzelnen Aufwands- und Ertragsarten kontenmäßig gesondert aufzuzeigen, damit die

Quellen des Erfolges

deutlich erkennbar werden. Deshalb werden Erfolgskonten als Unterkonten des Eigenkapitalkontos eingerichtet, die die einzelnen Arten der Aufwendungen (Aufwandskonten) und Erträge (Ertragskonten) aufnehmen.

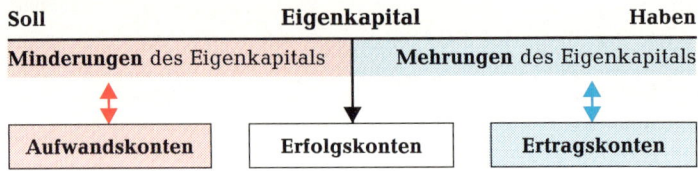

Merke:	Die Erfolgskonten sind Unterkonten des Kapitalkontos. Sie bewegen sich wie das Eigenkapitalkonto: Man bucht deshalb
	● auf den Aufwandskonten im Soll ▷ die Minderungen des Eigenkapitals
	● auf den Ertragskonten im Haben ▷ die Mehrungen des Eigenkapitals

Beispiele für die Buchung von Aufwendungen und Erträgen

1. Für eine Werbeanzeige zahlen wir bar: 450,00 DM.

		S	H
Buchung:	Werbeaufwendungen	450,00	
	an **Kasse**		450,00

S	Werbeaufwendungen	H	S	Kasse		H
Kasse	450,00		AB	8 600,00	Werbung	450,00

2. Wir bezahlen Löhne 5 000,00 DM und Gehälter 10 000,00 DM durch Banküberweisung.

		S	H
Buchung:	Löhne	5 000,00	
	Gehälter	10 000,00	
	an **Bank**		15 000,00

658342

S	Löhne	H		S	Bank	H
Bank	5 000,00			AB	60 000,00	L/G	15 000,00

S	Gehälter	H
Bank	10 000,00	

3. Im Betrieb entstehen weitere Aufwendungen. Banküberweisung für:
Büromaterial 800,00 DM, Reparaturen 300,00 DM, Betriebssteuern 400,00 DM.

		S	H
Buchung:	**Bürobedarf**	800,00	
	Instandhaltung	300,00	
	Betriebliche Steuern	400,00	
	an **Bank**		1 500,00

S	Bürobedarf	H		S	Bank	H
Bank	800,00			AB	60 000,00	L/G	15 000,00
						Diverse	1 500,00

S	Instandhaltung	H
Bank	300,00	

S	Betriebliche Steuern	H
Bank	400,00	

4. Für vermietete Geschäftsräume erhalten wir Miete durch Banküberweisung: 14 000,00 DM.

		S	H
Buchung:	**Bank**	14 000,00	
	an **Mieterträge**		14 000,00

S	Bank	H		S	Mieterträge	H
AB	60 000,00	L/G	15 000,00			Bank	14 000,00
Mietertr.	14 000,00	Diverse	1 500,00				

5. Im Betrieb entstehen weitere Erträge: Wir erhalten Provision durch Banküberweisung 5 000,00 DM. Unserem Bankkonto werden 1 500,00 DM Zinsen gutgeschrieben.

		S	H
Buchung:	**Bank**	6 500,00	
	an **Provisionserträge**		5 000,00
	an **Zinserträge**		1 500,00

S	Bank	H		S	Provisionserträge	H
AB	60 000,00	Löhne/				Bank	5 000,00
Mietertr.	14 000,00	Gehälter	15 000,00				
Prov.-/		Diverser		S	Zinserträge	H
Zinsertrag	6 500,00	Aufwand	1 500,00			Bank	1 500,00

Merke:
- **Aufwands- und Ertragskonten** ⇐⇒ **Erfolgskonten**
- **Aktiv- und Passivkonten** ⇐⇒ **Bestandskonten**

4.3 Gewinn- und Verlustkonto als Abschlußkonto der Erfolgskonten

Aufgaben des Gewinn- und Verlustkontos. Am Ende des Geschäftsjahres müssen nun

Aufwendungen und Erträge

einander <u>gegenübergestellt</u> werden, um den <u>Erfolg</u> des Unternehmens festzustellen. Diese Aufgabe übernimmt das Konto

„Gewinn und Verlust" (GuV).

Alle Aufwands- und Ertragskonten werden daher über das Gewinn- und Verlustkonto abgeschlossen. Die <u>Buchungssätze</u> lauten:

> ● **GuV-Konto** an **alle Aufwandskonten**
> ● **Alle Ertragskonten** an **GuV-Konto**

Das Gewinn- und Verlustkonto weist somit auf der <u>Sollseite</u> die gesamten <u>Aufwendungen</u> aus, auf der <u>Habenseite</u> dagegen die <u>Erträge</u>. Aus dieser Gegenüberstellung ergibt sich als <u>Saldo</u> der Erfolg des Unternehmens: ein <u>Gewinn oder Verlust</u>, je nachdem, ob die Erträge oder die Aufwendungen überwiegen:

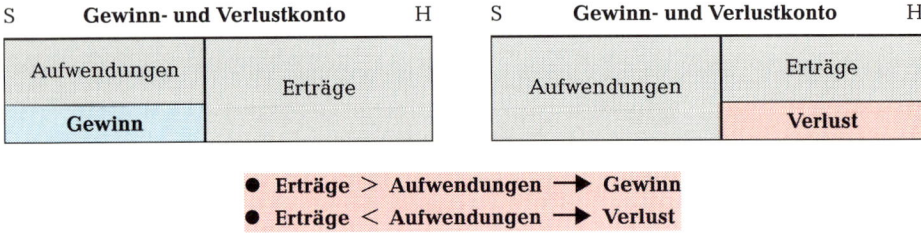

> ● **Erträge > Aufwendungen → Gewinn**
> ● **Erträge < Aufwendungen → Verlust**

Abschluß des Gewinn- und Verlustkontos über Eigenkapitalkonto. Der ermittelte Gewinn oder Verlust wird sodann auf das Eigenkapitalkonto übertragen.

Die <u>Abschlußbuchungen</u> lauten:

> ● bei <u>Gewinn:</u> **GuV-Konto** an **Eigenkapitalkonto**
> ● bei <u>Verlust:</u> **Eigenkapitalkonto** an **GuV-Konto**

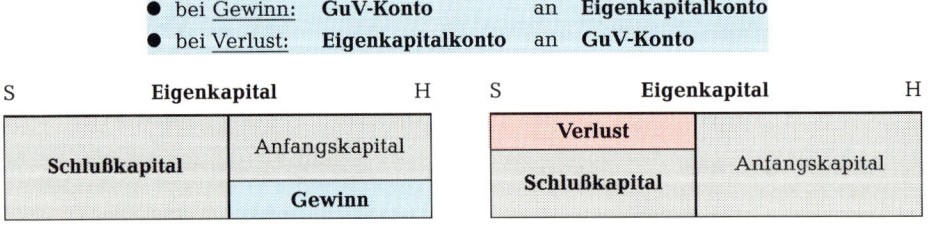

> **Merke:** ● **Der Gewinn erhöht das Eigenkapital.**
> ● **Der Verlust vermindert das Eigenkapital.**

Das GuV-Konto ist somit ein unmittelbares <u>Unterkonto des Kapitalkontos</u>. Im Beispiel hat sich das Eigenkapital durch den Gewinn um 3 550,00 DM erhöht (siehe Seite 45).

658344

Abschluß der Erfolgskonten

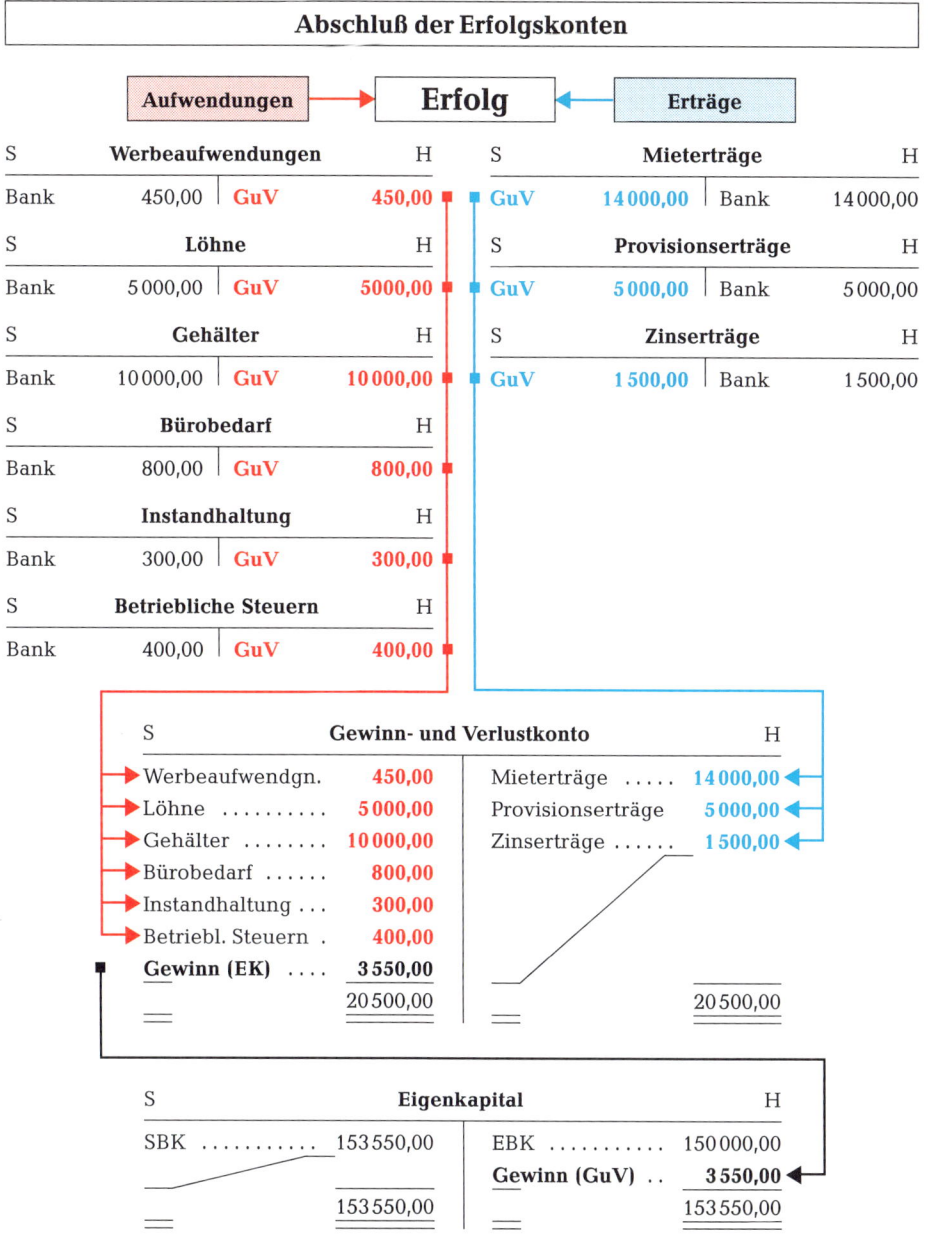

S	Werbeaufwendungen		H		S	Mieterträge		H
Bank	450,00	GuV	450,00		GuV	14 000,00	Bank	14 000,00

S	Löhne		H		S	Provisionserträge		H
Bank	5 000,00	GuV	5 000,00		GuV	5 000,00	Bank	5 000,00

S	Gehälter		H		S	Zinserträge		H
Bank	10 000,00	GuV	10 000,00		GuV	1 500,00	Bank	1 500,00

S	Bürobedarf		H
Bank	800,00	GuV	800,00

S	Instandhaltung		H
Bank	300,00	GuV	300,00

S	Betriebliche Steuern		H
Bank	400,00	GuV	400,00

S	Gewinn- und Verlustkonto			H
Werbeaufwendgn.	450,00	Mieterträge	14 000,00	
Löhne	5 000,00	Provisionserträge	5 000,00	
Gehälter	10 000,00	Zinserträge	1 500,00	
Bürobedarf	800,00			
Instandhaltung ...	300,00			
Betriebl. Steuern .	400,00			
Gewinn (EK)	3 550,00			
	20 500,00		20 500,00	

S	Eigenkapital		H
SBK	153 550,00	EBK	150 000,00
		Gewinn (GuV) ..	3 550,00
	153 550,00		153 550,00

Merke:

- Das Gewinn- und Verlustkonto ist das unmittelbare Unterkonto des Eigenkapitalkontos.
- Das Gewinn- und Verlustkonto sammelt auf der Sollseite alle Aufwendungen, auf der Habenseite alle Erträge.
- Der Saldo des GuV-Kontos ergibt den Gewinn oder Verlust der Rechnungsperiode, der dem Eigenkapitalkonto zugeführt wird.
- Das Gewinn- und Verlustkonto zeigt die Quellen des Erfolges.

4.4   Geschäftsgang mit Bestands- und Erfolgskonten

Bestandskonten. Aus der Bilanz des vorhergehenden Geschäftsjahres stehen folgende Anfangsbestände für das neue Geschäftsjahr zur Verfügung:

Aktiva	Schlußbilanz zum 31.12. des Vorjahres		Passiva
I. Anlagevermögen		**I. Eigenkapital**	102 000,00
BGA	100 000,00	**II. Fremdkapital**	
II. Umlaufvermögen		1. Darlehensschulden	30 000,00
1. Kasse	2 000,00	2. Verbindlichkeiten a. LL	20 000,00
2. Bankguthaben	50 000,00		
	152 000,00		152 000,00
Ort, Datum			Unterschrift

Erfolgskonten. Die nachstehenden Erfolgskonten sind zu führen: Gehälter, Zinsaufwendungen, Provisionserträge, Mieterträge.

Geschäftsfälle:

1. Barkauf einer Schreibmaschine .... 600,00 DM
2. Wir erhalten Miete bar .... 800,00 DM
3. Wir erhalten Provision durch Bankscheck .... 16 300,00 DM
4. Wir zahlen Darlehenszinsen durch Banküberweisung .... 2 000,00 DM
5. Gehaltszahlung bar .... 1 800,00 DM
6. Wir begleichen eine Rechnung des Lieferers durch Banküberweisung .... 9 000,00 DM

Reihenfolge der buchungstechnischen Arbeiten

I. Eröffnungsbuchungen für die Anfangsbestände über Eröffnungsbilanzkonto
  a) Aktivkonten an Eröffnungsbilanzkonto
  b) Eröffnungsbilanzkonto an Passivkonten

II. Buchung der Geschäftsfälle:
  1. Betriebs- und Geschäftsausstattung an Kasse .... 600,00 DM
  2. Kasse an Mieterträge .... 800,00 DM
  3. Bank an Provisionserträge .... 16 300,00 DM
  4. Zinsaufwendungen an Bank .... 2 000,00 DM
  5. Gehälter an Kasse .... 1 800,00 DM
  6. Verbindlichkeiten a. LL an Bank .... 9 000,00 DM

III. Abschlußbuchungen:
  1. Abschluß der **Erfolgskonten** über Gewinn- und Verlustkonto
    a) Gewinn- und Verlustkonto an Aufwandskonten
    b) Ertragskonten an Gewinn- und Verlustkonto
  2. Abschluß des **Gewinn- und Verlustkontos** über Eigenkapitalkonto
    a) bei Gewinn: Gewinn- und Verlustkonto an Eigenkapitalkonto
    b) bei Verlust: Eigenkapitalkonto an Gewinn- und Verlustkonto
  3. Abschluß der **Bestandskonten** über Schlußbilanzkonto nach Abstimmung mit den Inventurwerten
    a) Schlußbilanzkonto an Aktivkonten
    b) Passivkonten an Schlußbilanzkonto

IV. Aufstellung der Schlußbilanz mit Ort, Datum und Unterschrift.

658346

Soll	Eröffnungsbilanzkonto		Haben
Eigenkapital 102 000,00		BGA	100 000,00
Darlehensschulden 30 000,00		Kasse	2 000,00
Verbindlichkeiten a. LL 20 000,00		Bankguthaben	50 000,00
152 000,00			152 000,00

S	BGA		H
EBK	100 000,00	SBK	100 600,00
Kasse	600,00		
	100 600,00		100 600,00

S	Darlehensschulden		H
SBK	30 000,00	EBK	30 000,00

S	Kasse		H
EBK	2 000,00	BGA	600,00
Miet-		Gehälter	1 800,00
erträge	800,00	SBK	400,00
	2 800,00		2 800,00

S	Verbindlichkeiten a. LL		H
Bank	9 000,00	EBK	20 000,00
SBK	11 000,00		
	20 000,00		20 000,00

S	Bankguthaben		H
EBK	50 000,00	Zinsaufw.	2 000,00
Prov.-		Verb. a. LL	9 000,00
Erträge	16 300,00	SBK	55 300,00
	66 300,00		66 300,00

S	Eigenkapital		H
SBK	115 300,00	EBK	102 000,00
		Gewinn	13 300,00
	115 300,00		115 300,00

S	Gehälter		H
Kasse	1 800,00	GuV	1 800,00

S	Provisionserträge		H
GuV	16 300,00	Bank	16 300,00

S	Zinsaufwendungen		H
Bank	2 000,00	GuV	2 000,00

S	Mieterträge		H
GuV	800,00	Kasse	800,00

Soll	Gewinn und Verlust		Haben
Gehälter	1 800,00	Provisionserträge	16 300,00
Zinsaufwendungen	2 000,00	Mieterträge	800,00
Gewinn (EK)	13 300,00		
	17 100,00		17 100,00

Soll	Schlußbilanzkonto		Haben
BGA	100 600,00	Eigenkapital	115 300,00
Kasse	400,00	Darlehensschulden	30 000,00
Bankguthaben	55 300,00	Verbindlichkeiten a. LL	11 000,00
	156 300,00		156 300,00

Aktiva	Schlußbilanz zum 31.12. des Berichtsjahres		Passiva
I. Anlagevermögen		I. Eigenkapital	115 300,00
BGA	100 600,00	II. Fremdkapital	
II. Umlaufvermögen		1. Darlehensschulden	30 000,00
1. Kasse	400,00	2. Verbindlichkeiten a. LL	11 000,00
2. Bankguthaben	55 300,00		
	156 300,00		156 300,00
Ort, Datum			Unterschrift

Aufgaben – Fragen

48

Anfangsbestände:

Betriebs- und Geschäftsausstattung	80 000,00	Bankguthaben	60 000,00
Forderungen a. LL	40 000,00	Verbindlichkeiten a. LL	50 000,00
Kasse	10 000,00	Eigenkapital	140 000,00

Kontenplan: Außer den oben genannten Bestandskonten einschließlich Schlußbilanzkonto sind folgende <u>Erfolgskonten</u> einzurichten: Bürobedarf, Mietaufwendungen, Werbekosten, Zinserträge, Provisionserträge: GuV-Konto.

Geschäftsfälle:

1. Zinsgutschrift auf dem Bankkonto 600,00
2. Rechnung über Büromaterial wird mit Bankscheck bezahlt 240,00
3. Unsere Barzahlung für Geschäftsmiete 3 500,00
4. Werbeanzeige wird bar bezahlt 140,00
5. Wir erhalten Provision durch Banküberweisung 4 000,00

Abschlußangabe: Die Buchbestände stimmen mit den Inventurwerten überein.

49
50

Anfangsbestände:	49	50
Betriebs- und Geschäftsausstattung (BGA)	60 000,00	50 000,00
Forderungen a. LL	30 000,00	25 000,00
Kasse	12 000,00	10 000,00
Postbankguthaben	9 000,00	8 000,00
Bankguthaben	40 000,00	35 000,00
Darlehensschulden	25 000,00	20 000,00
Verbindlichkeiten a. LL	20 000,00	15 000,00
Eigenkapital	106 000,00	93 000,00

Kontenplan: Außer den oben genannten Bestandskonten einschließlich Schlußbilanzkonto sind folgende <u>Erfolgskonten</u> einzurichten: Bürobedarf, Porto – Telefon – Telefax, Gewerbesteuer, Beiträge, Zinsaufwendungen, Mietaufwendungen, Löhne, Provisionserträge, Zinserträge: GuV-Konto.

Geschäftsfälle:	49	50
1. Ein Kunde begleicht Rechnung durch Banküberweisung	1 000,00	900,00
2. Zahlung der Gewerbesteuer durch Banküberweisung	2 000,00	1 500,00
3. Postüberweisung für Telefonrechnung	190,00	180,00
4. Die Bank belastet uns mit Darlehenszinsen	1 500,00	1 200,00
5. Begleichung einer Liefererrechnung durch Banküberweisung . . .	1 900,00	1 800,00
6. Wir erhalten Provision durch Banküberweisung	7 000,00	6 000,00
7. Die Bank schreibt uns Zinsen gut	1 200,00	1 100,00
8. Barzahlung für Porto	400,00	300,00
9. Wir zahlen Geschäftsmiete bar	1 800,00	1 500,00
10. Lohnzahlung bar	4 500,00	3 500,00
11. Büromaterial wird durch Bankscheck bezahlt	260,00	250,00
12. Zahlung des Handelskammerbeitrages durch Banküberweisung .	1 200,00	1 000,00

Abschlußangabe: Die Buchbestände entsprechen der Inventur.

658348

Anfangsbestände:	51	52		51	52
Gebäude	300 000,00	280 000,00	Bankguthaben	42 000,00	40 000,00
BGA	110 000,00	100 000,00	Darlehensschulden .	180 000,00	170 000,00
Forderungen a.LL ...	65 000,00	58 000,00	Verbindlichkeiten a.LL	59 000,00	57 000,00
Kasse	13 000,00	12 500,00	Eigenkapital	291 000,00	263 500,00

Kontenplan: Die oben angeführten <u>Bestandskonten</u> sind einschließlich Schlußbilanzkonto einzurichten; außerdem folgende <u>Erfolgskonten</u>: Bürobedarf, Porto − Telefon − Telefax, Gewerbesteuer, Instandhaltung, Löhne, Zinsaufwendungen, Beiträge, Zinserträge, Mieterträge, Provisionserträge: Gewinn- und Verlustkonto.

Geschäftsfälle:	51	52
1. Begleichung einer Liefererrechnung durch Banküberweisung	9 500,00	8 500,00
2. Büromaterial wird bar gekauft	480,00	420,00
3. Zinsgutschrift der Bank	3 650,00	3 400,00
4. Mieteinnahmen bar	6 500,00	6 200,00
5. Unsere Banküberweisung für Gewerbesteuer	1 100,00	950,00
6. Bankgutschrift für erhaltene Provisionen	7 200,00	6 900,00
7. Kunde bezahlt Rechnung durch Banküberweisung	7 500,00	6 500,00
8. Barzahlung für Paketgebühren	180,00	150,00
9. Unser Bankscheck für Darlehenszinsen	800,00	700,00
10. Lohnzahlung bar	7 500,00	7 400,00
11. Banküberweisung für Beitrag an die Industrie- und Handelskammer	1 100,00	900,00
12. Reparaturkosten für Schreibmaschine, bar	450,00	380,00
13. Fernsprechgebühren werden durch Bank überwiesen	850,00	750,00
14. Ein Kunde wird mit Verzugszinsen belastet	35,00	28,00

Abschlußangabe: Die Buchwerte entsprechen der Inventur.

Ermitteln Sie auch den Erfolg durch Kapitalvergleich, indem Sie das Eigenkapital der Eröffnungsbilanz mit dem der Schlußbilanz vergleichen.

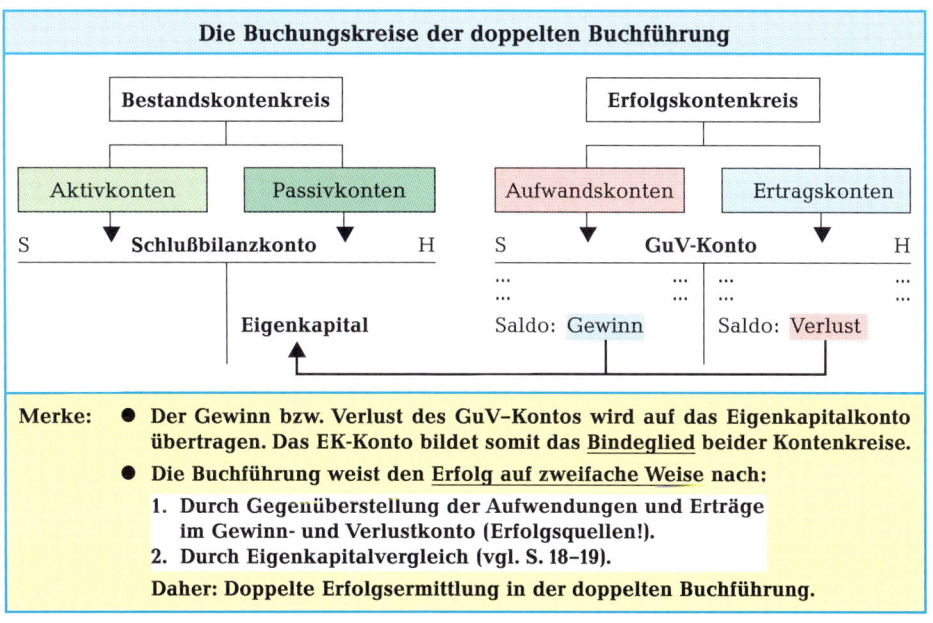

Die Buchungskreise der doppelten Buchführung

Bestandskontenkreis		Erfolgskontenkreis	
Aktivkonten	Passivkonten	Aufwandskonten	Ertragskonten

S → **Schlußbilanzkonto** → H   S → **GuV-Konto** → H
...   .
...   .

Eigenkapital ↑   Saldo: Gewinn   Saldo: Verlust

Merke:
- **Der Gewinn bzw. Verlust des GuV−Kontos wird auf das Eigenkapitalkonto übertragen. Das EK-Konto bildet somit das <u>Bindeglied</u> beider Kontenkreise.**
- **Die Buchführung weist den <u>Erfolg auf zweifache Weise</u> nach:**
  1. **Durch Gegenüberstellung der Aufwendungen und Erträge im Gewinn- und Verlustkonto (Erfolgsquellen!).**
  2. **Durch Eigenkapitalvergleich (vgl. S. 18−19).**

Daher: Doppelte Erfolgsermittlung in der doppelten Buchführung.

4.5 Buchungen beim Ein- und Verkauf von Waren

4.5.1 Warenein- und Warenverkauf ohne Bestandsveränderung an Waren

Hauptaufgabe des Handelsbetriebes ist die Gewinnerzielung aus dem Warengeschäft:
- **Einkauf,** - **Lagerung** und - **Verkauf von Waren.**

Getrennte Warenkonten. Aus Gründen der Klarheit werden Ein- und Verkauf von Waren sowie der Bestand an Waren jeweils auf gesonderten Konten gebucht:

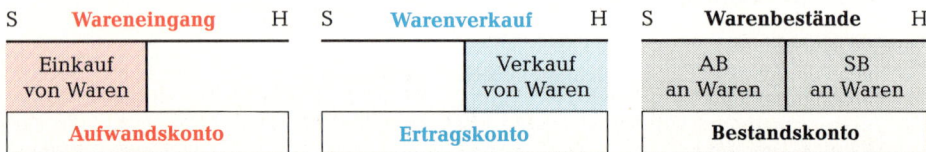

Beispiel: Ein Fahrzeuggroßhandel hat in seinem ersten Geschäftsjahr 1000 Fahrräder zum Stückpreis von 150,00 DM ≙ 150 000,00 DM eingekauft. Bis zum Schluß des Geschäftsjahres wurden alle Fahrräder zum Preis von je 200,00 DM ≙ 200 000,00 DM verkauft. *Wie hoch ist buchhalterisch der Warengewinn?*

Der **Einkauf von Waren** wird direkt als Aufwand auf dem Aufwandskonto **„Warenein-gang"** erfaßt. Die Eingangsrechnungen (ER) weisen die erforderlichen Buchungs-daten aus: Rechnungsnummer, Datum, Betrag, Name des Lieferers, Skonto u. a.

Buchung: **Wareneingang** ..... an **Verbindlichkeiten a. LL** ... **150 000,00**

S	Wareneingang	H	S	Verbindlichkeiten a. LL	H
Verb. a. LL 150 000,00				WE	150 000,00

Der **Verkauf von Waren** wird als Ertrag auf dem Ertragskonto **„Warenverkauf"** gebucht. Die Ausgangsrechnungen (AR) enthalten die entsprechenden Daten.

Buchung: **Forderungen a. LL** .. an **Warenverkauf** **200 000,00**

S	Forderungen a. LL	H	S	Warenverkauf	H
Erlöse 200 000,00				Ford. a. LL	200 000,00

Der Warengewinn (Rohgewinn) wird ermittelt, indem man dem Erlös der verkauften Ware (= Ertrag) den darauf entfallenden Einkaufswert (= Aufwand) gegenüberstellt:

	Erlöse der verkauften	**1000** Fahrräder zu je 200,00 DM	200 000,00 DM
−	**Einkaufswert** der verkauften	**1000** Fahrräder zu je 150,00 DM	150 000,00 DM
=	**Warengewinn** bzw. **Rohgewinn**	....	**50 000,00 DM**

Aufwendungen für Waren (Wareneinsatz). Da alle im Geschäftsjahr eingekauften Fahrräder im gleichen Jahr auch verkauft wurden, entspricht der Einkauf von Waren zugleich dem Aufwand an Waren. Das Unternehmen mußte 150 000,00 DM (= 1000 Fahrräder zu je 150,00 DM) aufwenden, um Erträge von 200 000,00 DM (= Erlöse für 1000 Fahrräder zu je 200,00 DM) und damit einen Warengewinn von 50 000,00 DM zu erzielen.

Merke:
- **Erlös der verkauften Waren = Ertrag** ▷ **Konto „Warenverkauf"**
- **Einkaufswert d. verk. Waren = Aufwand** ▷ **Konto „Wareneingang"**

658350

Abschluß der Erfolgskonten. Die Erfolgskonten „Wareneingang" und „Warenverkauf" werden über das Gewinn- und Verlustkonto abgeschlossen:

Abschlußbuchungen: ● **Warenverkauf** . . . . an **GuV-Konto** . . **200 000,00**
 ● **GuV-Konto** . . . . an **Wareneingang 150 000,00**

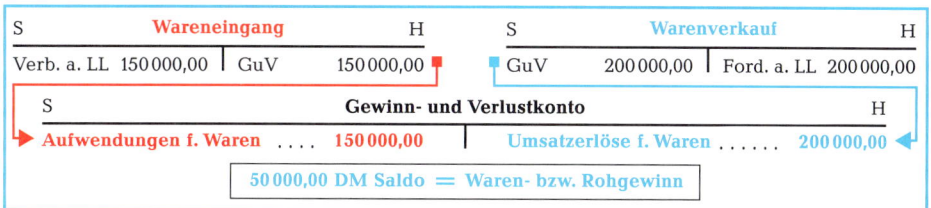

Merke: ● **Das GuV-Konto weist die** <u>Quellen des Warenerfolgs</u> **(Roherfolg) aus:**
 Aufwendungen für Waren und Umsatzerlöse für Waren

 ● **Die Konten „Wareneingang" und „Warenverkauf" sind die** <u>wichtigsten Erfolgskonten</u> **eines Handelsbetriebes.**

Der Gewinn (Verlust) des Unternehmens (Reingewinn/Reinverlust) ergibt sich erst unter Berücksichtigung aller übrigen Aufwendungen (z. B. Gehälter u. a.) und der übrigen Erträge (z. B. Zinserträge u. a.) als <u>Saldo des Gewinn- und Verlustkontos</u>:

> **Rohgewinn** aus dem Warenhandelsgeschäft
> + übrige Erträge des Unternehmens
> − übrige Aufwendungen
> ──────────────────────────
> = **Gewinn (Verlust) der Unternehmung**

Aufgaben – Fragen

53 Buchen Sie auf den Konten Wareneingang, Warenverkauf, Verbindlichkeiten a. LL, Forderungen a. LL, Gewinn und Verlust, und schließen Sie die Warenkonten ab:

 ● Einkäufe von Waren lt. ER: 3 000 Stück zu je 200,00 DM Einkaufspreis
 ● Verkäufe von Waren lt. AR: 3 000 Stück zu je 250,00 DM Verkaufspreis

1. Nennen Sie die Buchungssätze für die Ein- und Verkäufe der Waren sowie den Abschluß der Warenkonten.
2. Ermitteln Sie das Rohergebnis. Unterscheiden Sie zwischen Roh- und Reingewinn.
3. Warum ergibt sich zum Schluß des Geschäftsjahres kein Warenbestand?

54 Einkäufe von Waren zum EP lt. ER . . . . 600 000,00 DM
Verkäufe von Waren zum VP lt. AR . . . . 750 000,00 DM
Zum 01.01. und 31.12. gibt es keinen Warenlagerbestand.

1. Buchen Sie auf den in Aufgabe 53 genannten Konten und ermitteln Sie den Rohgewinn.
2. Beziehen Sie den Rohgewinn auf den Wareneinsatz, und ermitteln Sie den Kalkulationszuschlag in %:

$$\text{Kalkulationszuschlag in \%} = \frac{\text{Rohgewinn} \cdot 100}{\text{Wareneinsatz}}$$

3. Ermitteln Sie den Gewinn der Unternehmung (Reingewinn), wenn die übrigen Aufwendungen lt. GuV-Konto 120 000,00 DM und die Zins- und Mieterträge 10 000,00 DM betragen.

55 Einkäufe von Waren zum EP lt. ER . . . . 850 000,00 DM
Verkäufe von Waren zum VP lt. AR . . . . 800 000,00 DM
Lagerbestände an Waren sind lt. Inventur weder zum 01.01. noch zum 31.12. vorhanden.

Ermitteln und beurteilen Sie den Erfolg der Unternehmung, wenn die übrigen Aufwendungen 100 000,00 DM und die sonstigen Erträge 120 000,00 DM betragen.

4.5.2 Warenein- und Warenverkauf mit Bestandsveränderung

Beispiel 1: Der o.g. Fahrzeuggroßhandel kauft in seinem zweiten Geschäftsjahr 3000 Fahrräder zu je 150,00 DM ≙ 450 000,00 DM ein. Im gleichen Zeitraum werden aber nur 2000 Fahrräder zu je 200,00 DM ≙ 400 000,00 DM verkauft. Der Schlußbestand zum 31.12.02 beträgt somit: 1000 Fahrräder zu je 150,00 DM ≙ 150 000,00 DM. Zum 01.01.02 gab es keinen Lagerbestand. *Wie hoch ist der Rohgewinn zum 31.12.?*

Die Warenein- und -verkäufe wurden aufgrund der Ein-/Ausgangsrechnungen erfaßt:

① **Buchung der ER: Wareneingang** ..... an **Verbindlichkeiten a.LL** **450 000,00**

② **Buchung der AR: Forderungen a.LL** .. an **Warenverkauf** **400 000,00**

Die Bestände an Waren werden auf dem Aktivkonto „Warenbestände" erfaßt. Dieses Konto nimmt zu Beginn des Geschäftsjahres den Anfangsbestand an Waren im Soll auf und am Ende des Geschäftsjahres im Haben den Schlußbestand lt. Inventur:

③ **Buchung: Schlußbilanzkonto** .... an **Warenbestände** **150 000,00**

Bestandserhöhung. Im zweiten Geschäftsjahr wurden mehr Fahrräder eingekauft als verkauft. Dadurch erhöht sich der Lagerbestand um 1000 Fahrräder = 150 000,00 DM:

> **SB > AB = Warenbestandserhöhung ⟨=⟩ Einkaufsmenge > Verkaufsmenge**

Der Warenaufwand kann nur unter Beachtung der Bestandsveränderung ermittelt werden:

Wareneinkäufe:	3000 Fahrräder zu je 150,00 DM ...	450 000,00 DM
− **Bestandserhöhung:**	1000 Fahrräder zu je 150,00 DM ...	150 000,00 DM
= **Warenaufwand:**	2000 Fahrräder zu je 150,00 DM ...	**300 000,00 DM**
Umsatzerlöse:	2000 Fahrräder zu je 200,00 DM ...	400 000,00 DM
= **Rohgewinn**		**100 000,00 DM**

Zur buchhalterischen Ermittlung des Warenaufwandes ist die Bestandserhöhung (= Saldo im Soll des Kontos „Warenbestände") auf das Wareneingangskonto umzubuchen:

④ **Buchung: Warenbestände** .... an **Wareneingang** **150 000,00**

Im Wareneingangskonto stehen nun den Einkäufen des Geschäftsjahres (3000 Fahrräder ≙ 450 000,00 DM) als Korrektur im Haben die auf Lager genommenen 1000 Fahrräder ≙ 150 000,00 DM, also die Bestandserhöhung, gegenüber. Der Saldo ist der Warenaufwand (= Wareneinsatz) von 2000 Fahrrädern zu je 150,00 DM ≙ 300 000,00 DM.

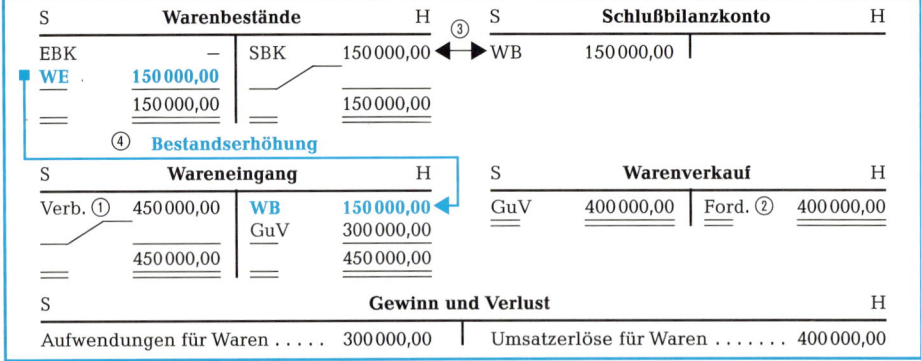

658352

Beispiel 2: Der Warenschlußbestand des 2. Geschäftsjahres ist zugleich der <u>Anfangsbestand</u> des 3. Geschäftsjahres: 1000 Fahrräder zu je 150,00 DM ≙ <u>150 000,00 DM</u>. Im <u>dritten</u> Geschäftsjahr werden <u>2 000 Fahrräder</u> zu je 150,00 DM ≙ 300 000,00 DM <u>einge-kauft</u>. Im gleichen Zeitraum werden jedoch <u>2 800 Fahrräder</u> zu je 200,00 DM ≙ 560 000,00 DM <u>verkauft</u>. Der <u>Schlußbestand</u> zum 31.12.03 beträgt somit nur noch 200 Fahrräder zu je 150,00 DM ≙ <u>30 000,00 DM</u>. *Wie hoch ist der Rohgewinn?*

① **Buchung der ER:** **Wareneingang** an **Verbindlichkeiten a. LL** 300 000,00

② **Buchung der AR:** **Forderungen a. LL** an **Warenverkauf** 560 000,00

Buchung der Warenbestände zum 01.01. und 31.12.03:

③ Anfangsbestand: **Warenbestände** an **Eröffnungsbilanzkonto** 150 000,00

④ Schlußbestand: **Schlußbilanzkonto** an **Warenbestände** 30 000,00

Bestandsminderung. Nach Buchung des Schlußbestandes weist das <u>Konto „Waren-bestände"</u> als <u>Saldo</u> auf der Habenseite eine <u>Verminderung des Warenlagerbestandes</u> von <u>120 000,00 DM</u> (= 800 Fahrräder zu je 150,00 DM) aus: Im dritten Geschäftsjahr wurden also mehr Fahrräder verkauft (2 800) als eingekauft (2 000):

> **SB < AB = Warenbestandsminderung ⟺ Verkaufsmenge > Einkaufsmenge**

	Wareneinkäufe:	2 000 Fahrräder zu je 150,00 DM	...	300 000,00 DM
+	**Bestandsminderung:**	800 Fahrräder zu je 150,00 DM	...	120 000,00 DM
=	**Warenaufwand:**	2 800 Fahrräder zu je 150,00 DM	..	**420 000,00 DM**
	Umsatzerlöse:	2 800 Fahrräder zu je 200,00 DM	...	560 000,00 DM
=	**Rohgewinn**			**140 000,00 DM**

Zur buchhalterischen Ermittlung des Warenaufwandes muß die <u>Bestandsminderung</u> im Konto „Warenbestände" auf das Wareneingangskonto <u>umgebucht</u> werden:

⑤ **Buchung: Wareneingang** .... an **Warenbestände** 120 000,00

Das Wareneingangskonto weist nun auf der Sollseite außer den Wareneinkäufen im Geschäftsjahr (2 000 Fahrräder zu je 150,00 DM ≙ 300 000,00 DM) auch die 800 Fahr-räder zu je 150,00 DM ≙ 120 000,00 DM aus, die aus dem Lagerbestand des Vorjahres verkauft wurden. Der <u>Wareneinsatz</u> beträgt somit 420 000,00 DM.

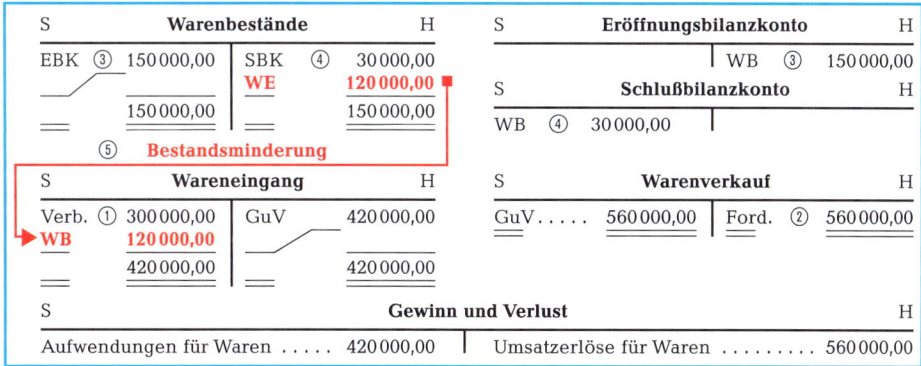

Merke:	Bestandsveränderungen sind bei Ermittlung des Warenaufwandes zu berücksichtigen:
	• Wareneinkäufe — Bestandserhöhung = Warenaufwand
	• Wareneinkäufe + Bestandsminderung = Warenaufwand

Aufgaben – Fragen

56 Ein Handelsbetrieb weist für das Geschäftsjahr 01 folgende Zahlen aus:

Anfangsbestand an Waren zum 01.01.01 .... 200 000,00 DM
Wareneinkäufe vom 01.01. bis 31.12.01 lt. ER .... 900 000,00 DM
Warenverkäufe vom 01.01. bis 31.12.01 lt. AR .... 1 200 000,00 DM
Schlußbestand an Waren lt. Inventur zum 31.12.01 .... 300 000,00 DM

1. Buchen Sie auf den entsprechenden Konten den Anfangs- und Endbestand an Waren sowie die Ein- und Verkäufe von Waren. Richten Sie folgende Konten ein: Warenbestände, Wareneingang, Warenverkauf, Forderungen a. LL, Verbindlichkeiten a. LL, Eröffnungsbilanzkonto, Schlußbilanzkonto, Gewinn- und Verlustkonto.
2. Führen Sie den Abschluß der Konten Warenbestände, Wareneingang und Warenverkauf durch. Nennen Sie auch jeweils den Buchungssatz.
3. Ermitteln Sie die vorliegende Bestandsveränderung zum 31.12.01 in % und erläutern Sie diese.
4. Ermitteln Sie rechnerisch den Rohgewinn und Kalkulationszuschlag.

57 Der in Aufgabe 56 genannte Handelsbetrieb weist für das Geschäftsjahr 02 folgende Daten aus:

	a)	b)
Anfangsbestand an Waren zum 01.01.02	? DM	? DM
Wareneingang vom 01.01.02 bis 31.12.02 lt. ER	820 000,00 DM	880 000,00 DM
Umsatzerlöse vom 01.01.02 bis 31.12.02 lt. AR	1 350 000,00 DM	1 050 000,00 DM
Schlußbestand an Waren lt. Inventur zum 31.12.02	120 000,00 DM	320 000,00 DM

Bearbeiten Sie die Aufgabe entsprechend der obigen Aufgabenstellung (Aufgabe 56).

58 In einem Geschäftsjahr beträgt der Warenaufwand zum 31.12. 600 000,00 DM. *Ermitteln Sie den Wareneingang, wenn zum 31.12.*

1. ein Mehrbestand an Waren in Höhe von 150 000,00 DM und
2. ein Minderbestand an Waren über 100 000,00 DM vorliegt.

658354

Buchen Sie auf den Warenkonten, und schließen Sie diese entsprechend ab: **59**
60

	59	60
Anfangsbestand an Waren	95 000,00	250 000,00
Zieleinkäufe von Waren	34 000,00	163 000,00
Barverkäufe von Waren	7 000,00	12 000,00
Zielverkäufe von Waren	84 000,00	85 000,00
Warenverkauf gegen Bankscheck	19 000,00	18 000,00
Warenschlußbestand lt. Inventur	59 000,00	280 000,00

Anfangsbestände:	61	62	**61**
Betriebs- und Geschäftsausstattung	85 000,00	78 000,00	**62**
Warenbestände	145 000,00	137 000,00	
Forderungen a.LL	72 000,00	69 000,00	
Kasse	14 200,00	13 900,00	
Postbankguthaben	9 900,00	8 800,00	
Bankguthaben	113 500,00	107 800,00	
Darlehensschulden	35 000,00	29 000,00	
Verbindlichkeiten a.LL	65 000,00	58 000,00	
Eigenkapital	339 600,00	327 500,00	

Kontenplan:

Bestandskonten: Betriebs- und Geschäftsausstattung, Warenbestände, Forderungen a.LL, Kasse, Postbank, Bank, Darlehensschulden, Verbindlichkeiten a.LL, Eigenkapital: Schluß-bilanzkonto.

Erfolgskonten: Wareneingang, Löhne, Gehälter, Bürobedarf, Porto – Telefon – Telefax, Zins-aufwendungen, Zinserträge, Warenverkauf: Gewinn- und Verlustkonto.

Geschäftsfälle:	61	62
1. Barverkauf von Waren	4 500,00	3 900,00
2. Kunde begleicht Rechnung durch Banküberweisung	9 500,00	9 000,00
3. Zielkauf von Waren lt. ER	8 200,00	7 800,00
4. Verkauf von Waren gegen Bankscheck	15 300,00	14 900,00
5. Barkauf von Büromaterial	350,00	290,00
6. Unsere Banküberweisung für Darlehenszinsen	1 200,00	1 100,00
7. Zielverkauf von Waren lt. AR	18 800,00	18 200,00
8. Barzahlung für Gehälter	4 800,00	4 600,00
9. Zinsgutschrift der Bank	3 100,00	2 900,00
10. Lohnzahlung bar	3 200,00	3 100,00
11. Liefererrechnung wird durch Banküberweisung beglichen	11 500,00	10 500,00
12. Kauf einer EDV-Anlage gegen Bankscheck	5 500,00	5 300,00
13. Fernsprechgebühren werden durch Postbank beglichen	850,00	800,00
14. Tilgung eines Darlehens durch Banküberweisung	10 000,00	9 000,00

Abschlußangaben:

1. Warenbestand lt. Inventur	130 000,00	122 800,00

2. Alle übrigen Bestände stimmen mit den Inventurwerten überein.

Auswertung:

1. Ermitteln Sie die Lagerbestandsveränderung in % des Warenanfangsbestandes. Worauf läßt die Veränderung schließen?

2. Wie hoch ist der Warenrohgewinn?

3. Ermitteln Sie den Kalkulationszuschlag in %.

63
64 Anfangsbestände:

	63	64
Betriebs- und Geschäftsausstattung	65 000,00	54 000,00
Warenbestände	98 000,00	84 000,00
Forderungen a.LL	34 000,00	29 000,00
Kasse	19 500,00	19 000,00
Postbankguthaben	8 300,00	7 200,00
Bankguthaben	53 000,00	51 000,00
Darlehensschulden	24 500,00	22 000,00
Verbindlichkeiten a.LL	32 000,00	31 500,00
Eigenkapital	221 300,00	190 700,00

Kontenplan:

Bestandskonten: Betriebs- und Geschäftsausstattung, Forderungen a.LL, Bank, Kasse, Postbank, Warenbestände, Darlehensschulden, Verbindlichkeiten a.LL, Eigenkapital: Schlußbilanzkonto.

Erfolgskonten: Wareneingang, Löhne, Mietaufwendungen, Gewerbesteuer, Provisionserträge, Zinserträge, Warenverkauf: Gewinn- und Verlustkonto.

Geschäftsfälle:

		63	64
1.	Kauf einer Schreibmaschine gegen Bankscheck	2 650,00	2 630,00
2.	Verkauf von Waren lt. AR	12 500,00	11 200,00
3.	Barkauf von Waren	9 300,00	8 200,00
4.	Lohnzahlung bar	3 800,00	3 500,00
5.	Wir erhalten Provision auf Postbankkonto	2 500,00	2 200,00
6.	Gewerbesteuer wird durch Banküberweisung bezahlt	12 800,00	12 500,00
7.	Unsere Mietzahlung für Büroräume, bar	1 900,00	1 700,00
8.	Die Bank schreibt uns Zinsen gut	1 100,00	900,00
9.	Verkauf von Waren lt. AR	11 200,00	10 800,00
10.	Verkauf von Waren gegen Bankscheck	16 300,00	15 800,00
11.	Kauf von Waren lt. ER	4 400,00	3 300,00
12.	Kunde begleicht Rechnung über durch Banküberweisung	6 500,00	6 000,00
13.	Banküberweisung an Lieferer	6 600,00	5 800,00
14.	Wir nehmen ein Darlehen über bei unserer Hausbank auf	28 500,00	28 000,00
15.	Darlehenstilgung durch Bank	17 000,00	16 000,00

Abschlußangaben:

		63	64
1.	Warenbestand lt. Inventur	80 000,00	65 000,00
2.	Alle übrigen Bestände stimmen mit den Inventurwerten überein.		

---

65 *1. Warum bezeichnet man den Warengewinn als Rohgewinn, den Warenverlust als Rohverlust? Unterscheiden Sie Rohgewinn und Reingewinn bzw. Rohverlust und Reinverlust.*

2. Das Gewinn- und Verlustkonto weist einen Warenrohgewinn von 20 000,00 DM, jedoch einen Reinverlust von 5 000,00 DM aus. Erklären Sie den Tatbestand.

3. Nennen Sie jeweils die Auswirkung auf den Warenlagerschlußbestand:
   a) Wareneinkaufsmenge = Warenverkaufsmenge
   b) Wareneinkaufsmenge > Warenverkaufsmenge
   c) Wareneinkaufsmenge < Warenverkaufsmenge

66 In einem Großhandelsunternehmen beträgt der Anfangsbestand an Waren 200 000,00 DM. Die Wareneinkäufe während des Geschäftsjahres beliefen sich auf 560 000,00 DM. Der Einkaufswert der verkauften Waren betrug 620 000,00 DM. Die Umsatzerlöse für Waren betrugen im gleichen Abrechnungszeitraum 590 000,00 DM.

Ermitteln Sie den buchmäßigen Warenschlußbestand und das Rohergebnis aus dem Warenhandelsgeschäft.

658356

4.6   Lagerkennzahlen[1]

Überwachung der Wirtschaftlichkeit. Je länger eine Ware gelagert wird, desto höher sind die Lagerkosten (Zinsen, Verwaltungskosten, Schwund u. a.). Jeder Großhandelsbetrieb muß daher die Lagerdauer so kurz wie möglich halten. Für die Überwachung der Wirtschaftlichkeit der Lagerhaltung werden wichtige Kennzahlen aus Wareneinsatz und Warenbestand ermittelt. Die Buchführung liefert dazu die notwendigen Zahlen.

Der durchschnittliche Lagerbestand einer Warengruppe oder des gesamten Warenlagers wird berechnet, indem man den Anfangs- und den Endbestand einer Rechnungsperiode addiert und die Summe durch 2 dividiert:

$$\text{Durchschnittlicher Lagerbestand} = \frac{\text{Anfangsbestand} + \text{Endbestand}}{2}$$

Bezieht sich die Rechnung auf ein Geschäftsjahr, so gelangt man zu genaueren Ergebnissen, wenn man die Summe aus Anfangsbestand und 12 Monatsendbeständen durch 13 dividiert:

$$\text{Durchschnittlicher Lagerbestand} = \frac{\text{Anfangsbestand} + 12 \text{ Monatsendbestände}}{13}$$

Die Lagerumschlagshäufigkeit der Warenbestände errechnet sich aus dem Verhältnis von Warenaufwand (vgl. S. 51) zum durchschnittlichen Lagerbestand an Waren. Sie gibt an, wie oft in einer Rechnungsperiode (z.B. Jahr) der durchschnittliche Lagerbestand umgesetzt, d.h. verkauft und ersetzt wurde.

$$\text{Lagerumschlagshäufigkeit} = \frac{\text{Warenaufwand}}{\varnothing \text{ Lagerbestand an Waren}}$$

Die durchschnittliche Lagerdauer ergibt sich, indem man das Jahr mit 360 Tagen ansetzt und diese Zahl durch die Umschlagshäufigkeit dividiert:

$$\text{Durchschnittliche Lagerdauer} = \frac{360}{\text{Lagerumschlagshäufigkeit}}$$

Beispiel: **Fahrzeuggroßhandel (siehe Beispiel S. 53); Warengruppe:** Fahrräder

Warenbestand zum 01.01.03: . . . . 150 000,00 DM
Warenbestand zum 31.12.03: . . . . 30 000,00 DM
Warenaufwendungen lt. Gewinn- und Verlustkonto: . . . . 420 000,00 DM

$$\text{Durchschnittlicher Lagerbestand} = \frac{150\,000 + 30\,000}{2} = \underline{90\,000{,}00 \text{ DM}}$$

$$\text{Lagerumschlagshäufigkeit} = \frac{420\,000}{90\,000} = \underline{\underline{4{,}7}}$$

$$\text{Durchschnittliche Lagerdauer} = \frac{360}{4{,}7} \approx \underline{\underline{77 \text{ Tage}}}$$

---

[1]   siehe auch S. 295

Lagerumschlagshäufigkeit und -dauer sind im Vergleich mehrerer Geschäftsjahre wichtige Kennziffern zur Kontrolle der betrieblichen Umsatzprozesse. Eine Erhöhung der Umschlagshäufigkeit trägt dazu bei, daß das durch den Lagerbestand gebundene Kapital geringer wird, da über die Umsatzerlöse das Kapital in kürzeren Zeitabständen zurückfließt. Dadurch werden die Zinsbelastung und die Lagerkosten geringer, was sich positiv auf die Wirtschaftlichkeit und die Rentabilität auswirkt.

Beispiel: Durch die verstärkte Nachfrage nach Fahrrädern gelingt es dem Fahrzeuggroßhändler, die durchschnittliche Lagerdauer auf 60 Tage zu senken.

① **Auswirkung auf die Umschlagshäufigkeit:**

$$\text{Umschlagshäufigkeit} = \frac{360}{60} = \underline{\underline{6}}$$

Die Verkürzung der Lagerdauer bewirkt zugleich eine Erhöhung der Umschlagshäufigkeit.

② **Auswirkung auf den durchschnittlichen Lagerbestand bei unverändertem Wareneinsatz (420 000,00 DM):**

$$\text{Durchschnittlicher Lagerbestand} = \frac{420\,000}{6} = \underline{70\,000{,}00 \text{ DM}}$$

Durch die Erhöhung der Umschlagshäufigkeit läßt sich also der gleiche Wareneinsatz mit erheblich geringerem Kapital erreichen.

③ **Auswirkung auf den Wareneinsatz bei unverändertem Lagerbestand (90 000,00 DM):**

$$\text{Wareneinsatz} = 90\,000 \cdot 6 = \underline{540\,000{,}00 \text{ DM}}$$

Durch Erhöhung der Umschlagshäufigkeit wird trotz gleichem Kapital (Lagerbestand) der Wareneinsatz erheblich vergrößert.

Merke: **Je höher die Umschlagshäufigkeit des Lagerbestandes ist, desto**

- **kürzer ist die Lagerdauer,**
- **geringer sind der Kapitaleinsatz und das Lagerrisiko,**
- **geringer sind die Kosten für die Lagerhaltung (Zinsen, Schwund, Verwaltungskosten),**
- **höher ist die Wirtschaftlichkeit und**
- **höher ist letztlich der Gewinn und damit die Rentabilität.**

Aufgabe

67 Die Jahresabschlüsse eines Großhandelsunternehmens weisen folgende Zahlen aus:

Warenbestände	1. Jahr	2. Jahr	3. Jahr
Anfangsbestand	80 000,00	120 000,00	140 000,00
Schlußbestand	120 000,00	140 000,00	100 000,00
Wareneinsatz	800 000,00	1 170 000,00	1 440 000,00

1. *Berechnen Sie jeweils a) den Durchschnittsbestand und b) die Lagerumschlagshäufigkeit und Lagerdauer. Beurteilen Sie die Entwicklung in den Vergleichsjahren.*

2. *Begründen Sie, inwiefern die Lagerumschlagshäufigkeit Kapitalbedarf, Kosten, Risiko, Wirtschaftlichkeit und damit die Rentabilität des Unternehmens beeinflußt.*

658358

5 Umsatzsteuer beim Ein- und Verkauf

5.1 Wesen der Umsatz- bzw. Mehrwertsteuer[1]

Mehrwertschöpfung. Viele zum Verkauf angebotene Waren legen meist einen langen Weg zurück: vom Betrieb der Urerzeugung über die Betriebe der Weiterverarbeitung, des Groß- und Einzelhandels bis zum Letztverbraucher. Menschen und Kapital schaffen auf jeder Stufe des Warenwegs „mehr Wert"; Kosten und Gewinn erhöhen jeweils diesen Wert. Dieser Mehrwert je Stufe kommt somit im Unterschied zwischen Einkaufspreis und Verkaufspreis der Ware zum Ausdruck.

Besteuerung des Mehrwertes. An dieser Wertschöpfung beteiligt sich der Staat in Form einer Steuer, die im allgemeinen 15 % (= allgemeiner Steuersatz) und für Lebensmittel und bestimmte andere Umsätze 7 % (= ermäßigter Steuersatz) beträgt. Da jeder Unternehmer von dem auf seiner Umsatzstufe „neu" hinzugewonnenen Mehrwert Steuern an das Finanzamt zu entrichten hat, nennt man diese Art der Besteuerung „Mehrwert-" bzw. „Umsatzsteuer". Grundlage ist das Umsatzsteuergesetz (UStG).

Zahllast. Jeder Unternehmer hat nur die Umsatzsteuer von seiner Mehrwertschöpfung an das Finanzamt abzuführen. Sie stellt für ihn die eigentliche Zahllast dar. Die Summe aller Zahllasten (1 500,00 DM) entspricht 15 % des Nettopreises (10 000,00 DM), den der Letztverbraucher für den Warenwert an den Einzelhändler zahlen muß:

Beispiel eines vierstufigen Warenwegs

Umsatzstufen	Verkaufspreis − Einkaufspr. = Mehrwert		Zahllast 15 % v. Mehrwert
Material-Herstellung	2 000,00	− 2 000,00	300,00
Weiterverarbeitende Industrie	6 500,00	2 000,00 4 500,00	675,00
Großhandel	8 000,00	6 500,00 1 500,00	225,00
Einzelhandel	10 000,00	8 000,00 2 000,00	300,00
Letztverbraucher trägt und zahlt:		10 000,00 +	1 500,00

Merke:
- **Auf jeder Stufe des Warenwegs entsteht ein Mehrwert.**
- **Mehrwert = Differenz zwischen Nettoeinkaufs- und Nettoverkaufspreis.**
- **Jeder Unternehmer hat die Umsatzsteuer von seiner Mehrwertschöpfung an das Finanzamt abzuführen (= Zahllast).**

Der Umsatzsteuer unterliegen vor allem die **Lieferungen und Leistungen,** die ein Unternehmer im Inland gegen Entgelt im Rahmen seines Unternehmens ausführt. Auch der **Eigenverbrauch,** also sowohl die Entnahme von Waren für Privatzwecke als auch die private Nutzung von Betriebsgegenständen (z. B. Telefon, Kfz) und die private Inanspruchnahme von betrieblichen Leistungen durch den Unternehmer (z. B. Reparatur seines Privathauses), sowie die **Einfuhr** von Gütern aus Nicht-EU-Staaten **sind umsatzsteuerpflichtig (§ 1 [1] UStG).** Mit Beginn des EU-Binnenmarktes (01.01.1993) unterliegt der gewerbliche **Erwerb von Gütern aus EU-Mitgliedstaaten** der **deutschen Umsatzsteuer** (sog. innergemeinschaftlicher Erwerb von Gütern aus EU-Mitgliedstaaten im Inland gegen Entgelt).

---

1   weitere Ausführungen auf den Seiten 72 f., 149 f.

Verbrauchsteuer. Die Umsatzsteuer muß zwar auf jeder Umsatzstufe vom <u>Unternehmer</u> an das Finanzamt abgeführt werden, sie soll ihn aber <u>keinesfalls belasten</u>. Als echte Verbrauchsteuer[1] muß sie wie die Kaffee-, Tee-, Tabaksteuer u.a. allein vom Letztverbraucher der Ware getragen werden. Das sind in der Regel die Privatverbraucher. Aus diesem Grund wird die Umsatzsteuer in der Kette der Unternehmen vom ersten Erzeuger der Ware bis zum letzten Verbraucher offen überwälzt. Jeder Lieferer muß daher neben dem reinen Warenwert (= Nettopreis) die Umsatzsteuer <u>gesondert</u> auf der Rechnung ausweisen.[2]

Vorsteuerabzug. Die offene Weitergabe der Umsatzsteuer auf allen Stufen des Warenwegs ermöglicht es, die Zahllast jeder Stufe ohne vorherige Ermittlung des Mehrwertes auf einfache Weise festzustellen:

1. Jeder Unternehmer stellt seinen Kunden die Umsatzsteuer gesondert in Rechnung (= Ausgangsrechnung). Andererseits berechnet ihm sein Lieferer ebenfalls Umsatzsteuer (= Eingangsrechnung).
2. Die in der Ausgangsrechnung des Industriebetriebes (vgl. Stufenbeispiel unten) ausgewiesene Umsatzsteuer von 975,00 DM muß der Unternehmer aber nicht in voller Höhe an das Finanzamt abführen. Er kann die in der Eingangsrechnung ausgewiesene Umsatzsteuer von 300,00 DM – die sog. Vorsteuer –, die er an seinen Lieferer (Material-Herstellung) zu zahlen hat, abziehen.
3. Die Differenz von 675,00 DM ist die Zahllast, die er an das Finanzamt abzuführen hat:

Umsatzsteuer aus dem Verkauf	**975,00 DM**
− **Vorsteuer** (= Umsatzsteuer aus dem Einkauf)	**300,00 DM**
Zahllast	**675,00 DM**

Die Vorsteuer – die <u>Umsatzsteuer beim Einkauf</u> – stellt somit ein Guthaben, d.h. eine <u>Forderung</u> an das Finanzamt dar, die <u>Umsatzsteuer beim Verkauf</u> dagegen eine <u>Schuld</u>. Durch den Abzug der Vorsteuern erreicht man, daß letztlich nur der Mehrwert besteuert wird, der auf einer bestimmten Umsatzstufe erzielt wurde:

Beispiel eines vierstufigen Warenwegs mit Vorsteuerabzug

Umsatzstufen	Rechnung		USt b. Verk.	— Vorsteuer	= Zahllast
Material-Herstellung	Nettowert + 15 % USt Rechnungspr.	2 000,00 300,00 2 300,00	300,00	—	300,00
Weiterverarbeitende Industrie	Nettowert + 15 % USt Rechnungspr.	6 500,00 975,00 7 475,00	975,00	300,00	675,00
Großhandel	Nettowert + 15 % USt Rechnungspr.	8 000,00 1 200,00 9 200,00	1 200,00	975,00	225,00
Einzelhandel Letztverbraucher	Nettowert + 15 % USt Rechnungspr.	10 000,00 1 500,00 11 500,00	1 500,00	1 200,00	300,00
	Probe:		3 975,00 **Schuld**	− 2 475,00 − **Forderung**	= 1 500,00 = **Zahllast**

---

1 Steuerrechtlich zählt die Umsatzsteuer zwar zu den Verkehrsteuern, in ihrer Wirkung ist sie jedoch eine Verbrauchsteuer.

2 Die Umsatzsteuer muß nur in Rechnungen an **Unternehmen bzw. Selbständige** gesondert ausgewiesen werden.

658360

Durchlaufender Posten. Da der Unternehmer die <u>Umsatzsteuer</u> beim Verkauf der Waren oder Erzeugnisse seinem Kunden in Rechnung stellt, belastet sie ihn nicht, verursacht ihm also auch <u>keine Kosten</u>. Jeder Unternehmer läßt sich von dem Abnehmer seiner Waren oder Erzeugnisse sowohl die Umsatzsteuer, die er von seinem Mehrwert an das Finanzamt abzuführen hat (= Zahllast), als auch die seiner Vorlieferanten bezahlen. Für den einzelnen Unternehmer ist die Umsatzsteuer somit grundsätzlich ein „durchlaufender" Posten. Die Umsatzsteuer trägt und zahlt letztlich der Endverbraucher mit dem Betrag von 1500,00 DM.

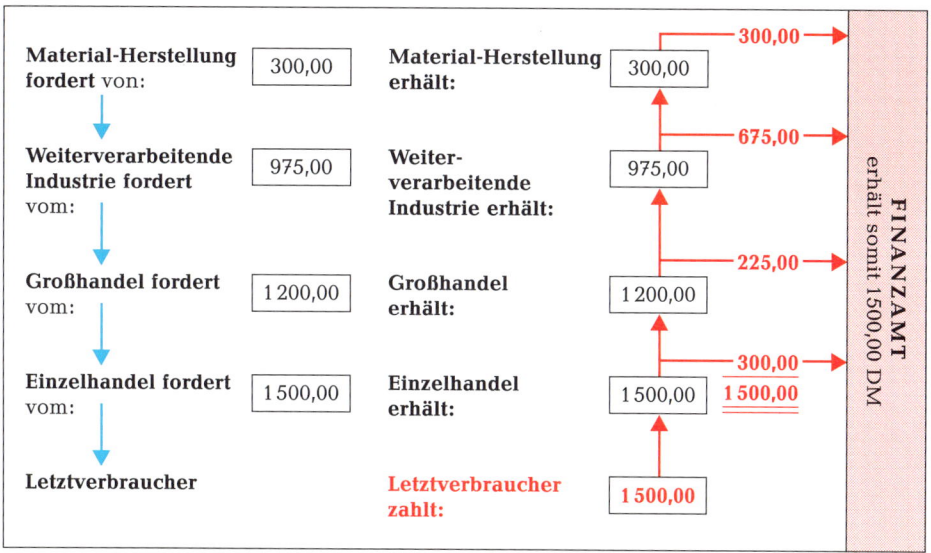

Das Entgelt bildet die <u>Grundlage</u> zur Berechnung der Umsatzsteuer. Dazu gehört <u>alles, was aufgewandt wird</u>, um die <u>Lieferung</u> (z. B. die Ware) oder <u>sonstige Leistung</u> (z. B. die Reparatur einer Maschine) zu erhalten, allerdings ohne die Umsatzsteuer. <u>Entgelt</u> als Bemessungsgrundlage der Umsatzsteuer ist daher in der Regel der <u>Netto</u>preis der Lieferung oder sonstigen Leistung zuzüglich aller Nebenkosten.

Umsatzsteuervoranmeldung. Der Unternehmer hat zu bestimmten Terminen eine Umsatzsteuervoranmeldung (VA) abzugeben. <u>VA-Zeitraum</u> ist in der Regel der <u>Kalendermonat</u> und bei einer Vorjahres-USt von nicht mehr als 6 000,00 DM das Kalendervierteljahr. Die Voranmeldung ist <u>binnen 10 Tagen</u> auf einem besonderen Vordruck <u>abzugeben</u>. Vereinfacht sieht das so aus:

Verkaufsumsatz im Januar 19.. .... 100 000,00 DM	
15 % Umsatzsteuer von 100 000,00 DM	**15 000,00 DM**
− Vorsteuer auf den Eingangsrechnungen für den Monat Januar 19..	9 000,00 DM
an das Finanzamt zu zahlen (Zahllast)	**6 000,00 DM**

Die Zahllast ist binnen 10 Tagen nach Ablauf des VA-Zeitraumes an das zuständige Finanzamt abzuführen.

Vorsteuerüberhang. Sind die Vorsteuern eines Monats höher als die eigene Umsatzsteuerschuld (z. B. bei saisonalen Einkäufen), so erstattet das Finanzamt die überschüssigen Vorsteuern.

Jahressteuererklärung. Die aufgrund der Voranmeldung an das Finanzamt abgeführten Zahllasten stellen lediglich Umsatzsteuervorauszahlungen dar. Für das abgelaufene Kalenderjahr hat der Unternehmer deshalb noch eine Jahreserklärung auf amtlich vorgeschriebenem Vordruck abzugeben, und zwar bis zum 31. Mai des folgenden Kalenderjahres.

Merke:
- **Die Umsatzsteuer wird vom Nettopreis der Warenlieferungen und der in Rechnung gestellten Leistungen der Handwerker und freien Berufe berechnet. Der Nettopreis ist stets die Berechnungsgrundlage der Umsatzsteuer.**
- **Auf Unternehmen sowie Selbständige ausgestellte Rechnungen muß die Umsatzsteuer stets gesondert ausgewiesen werden. Bei Kleinbetragsrechnungen bis zu 200,00 DM genügt die Angabe des im Rechnungsbetrag enthaltenen Steuersatzes.**
- **Die Zahllast ist für den VA-Zeitraum (Monat, Quartal) zu ermitteln:**
  Umsatzsteuer aus Verkauf − Vorsteuer = Zahllast
- **Die in der USt-Voranmeldung ausgewiesene Zahllast ist spätestens bis zum 10. des Folgemonats an das Finanzamt abzuführen.**

5.2 Buchung der Umsatzsteuer im Ein- und Verkaufsbereich

5.2.1 Buchung beim Einkauf von Waren u. a.

Der Einkauf von Waren, Rohstoffen, Hilfs- und Betriebsstoffen[1] wird aufgrund der Eingangsrechnungen (ER) gebucht. Sie weisen den Nettowert der bezogenen Waren und die darauf entfallende Umsatzsteuer gesondert aus. In unserem Stufenbeispiel auf den Seiten 59/60 erhält der Großhändler für den Bezug von Waren folgende Rechnung:

Eingangsrechnung	
Waren, netto	6 500,00 DM
+ 15 % Umsatzsteuer	975,00 DM
Rechnungsbetrag	**7 475,00 DM**

Konto „Vorsteuer". Die in der Eingangsrechnung ausgewiesene Umsatzsteuer − die sog. Vorsteuer − begründet für den Großhändler eine Forderung an das Finanzamt; denn seine Umsatzsteuerschuld gegenüber dem Finanzamt entsteht erst in dem Augenblick, wenn er die eingekauften Waren weiterverkauft. Daher wird die beim Einkauf der Waren in Rechnung gestellte Vorsteuer zunächst im

Konto „Vorsteuer"

auf der Sollseite gebucht. Das Konto „Vorsteuer" hat Forderungscharakter. Es ist daher ein Aktivkonto.

Das Warenkonto wird nur mit dem Nettobetrag belastet. Der Rechnungsbetrag wird dem Lieferer auf dem Konto „Verbindlichkeiten a. LL" gutgeschrieben.

---

1 **Rohstoffe** bilden den Hauptbestandteil eines Erzeugnisses (z. B. Holz), **Hilfsstoffe** sind Nebenbestandteil (z. B. Leim), **Betriebsstoffe** sind Treibstoffe (z. B. Heizöl, Benzin).

658362

Der Buchungssatz aufgrund der <u>Eingangsrechnung</u> lautet daher:

	S	H
Wareneingang	**6 500,00**	
Vorsteuer	**975,00**	
an **Verbindlichkeiten a. LL**		**7 475,00**

S	Wareneingang	H	S	Verbindlichkeiten a.LL	H
Verb. a.LL	6 500,00			WE/	
S	**Vorsteuer**	**H**		Vorsteuer	7 475,00
Verb. a.LL	975,00				

Merke: Die Umsatzsteuer in der <u>Eingangsrechnung</u> ist die <u>Vorsteuer.</u> Das Konto „Vorsteuer" ist ein Aktivkonto. Es weist ein Guthaben, d.h. eine Forderung gegenüber dem Finanzamt aus.

5.2.2 Buchung beim Verkauf von Waren u. a.

Der Verkauf von Waren (Erzeugnissen) wird aufgrund der Ausgangsrechnungen (AR) gebucht. Sie weisen den Nettopreis der Waren und die darauf entfallende Umsatzsteuer gesondert aus. In unserem Beispiel verkauft der Großhändler die gekauften Waren nach Einrechnung der anteiligen Kosten und des Gewinns an den Einzelhändler (Nettopreis 8 000,00 DM). Der Großhändler, der durch diesen Umsatz einen <u>Mehrwert von 1 500,00 DM</u> (= 8 000,00 DM − 6 500,00 DM) schafft, übersendet dem Einzelhändler folgende Rechnung:

Ausgangsrechnung

Waren, netto	8 000,00 DM
+ 15 % Umsatzsteuer	1 200,00 DM
Rechnungsbetrag	9 200,00 DM

Konto „Umsatzsteuer". Der Großhändler belastet den Einzelhändler auf dem Konto „Forderungen a. LL" mit dem <u>Rechnungsbetrag</u> von 9 200,00 DM; denn der Einzelhändler ist verpflichtet, dem Großhändler den Nettowert der Waren und dessen Umsatzsteuerschuld zu bezahlen. Das Konto „Warenverkauf" übernimmt im Haben den <u>Nettopreis</u> von 8 000,00 DM. Die darauf entfallende Umsatzsteuer, also die Umsatzsteuer aus dem Verkauf der Waren, wird dem Finanzamt auf dem

Konto „Umsatzsteuer"

im Haben gutgeschrieben. Dieses Konto hat für den Großhändler <u>Verbindlichkeitscharakter</u> und ist somit ein <u>Passivkonto.</u>

Der Buchungssatz aufgrund der <u>Ausgangsrechnung</u> lautet:

	S	H
Forderungen a.LL	**9 200,00**	
an **Warenverkauf**		**8 000,00**
an **Umsatzsteuer**		**1 200,00**

S	Forderungen a. LL	H	S	Warenverkauf	H
WV/USt	9 200,00			Ford. a.LL	8 000,00
			S	**Umsatzsteuer**	**H**
				Ford. a.LL	1 200,00

Merke: Das <u>Konto „Umsatzsteuer"</u> ist ein <u>Passivkonto.</u> Es weist eine Verbindlichkeit gegenüber dem Finanzamt aus.

5.2.3 Vorsteuerabzug und Ermittlung der Zahllast

Ermittlung der Zahllast. Mit dem Verkauf von Waren an den Einzelhändler entsteht für den Großhändler zunächst eine Umsatzsteuerschuld in Höhe von 1200,00 DM gegenüber dem Finanzamt. Der Großhändler hat aber durch die beim Einkauf der Waren geleistete Vorsteuer ein Guthaben, d. h. eine Forderung an das Finanzamt in Höhe von 975,00 DM. Er braucht also nur noch den Unterschiedsbetrag zwischen der Umsatzsteuer beim Verkauf und der Umsatzsteuer beim Einkauf (= Vorsteuer) an das Finanzamt zu zahlen (= Zahllast):

Umsatzsteuer aus dem Verkauf	....	**1200,00 DM**
− **Vorsteuer** (Umsatzsteuer aus dem Einkauf)	....	**975,00 DM**
Zahllast	....	**225,00 DM**

Die Zahllast in Höhe von 225,00 DM entspricht somit 15 % seiner eigenen Mehrwertschöpfung (15 % von 1500,00 DM = 225,00 DM).

Am Monatsende (Umsatzsteuervoranmeldungszeitraum) ist der Saldo des Kontos „Vorsteuer" (= Forderung) auf das Konto „Umsatzsteuer" (= Schuld) zu übertragen und die Zahllast buchhalterisch zu ermitteln:

Buchung: Umsatzsteuer .... an **Vorsteuer** 975,00

S	Vorsteuer		H	S	Umsatzsteuer		H
Verb. a. LL	975,00	USt	975,00 →	Vorsteuer	975,00	Ford. a. LL	1200,00
				Zahllast	**225,00**		

Überweisung der Zahllast. Nach dieser Umbuchung weist nun der Saldo des Kontos „Umsatzsteuer" die Zahllast aus, die bis zum 10. des folgenden Monats an das Finanzamt abzuführen ist:

Buchung: Umsatzsteuer .... an **Bank** **225,00**

Merke:
- **Zur buchhalterischen Ermittlung der Zahllast wird das Konto „Vorsteuer" über das Konto „Umsatzsteuer" abgeschlossen.**
- **Nach der Verrechnung zeigt der Saldo auf dem Konto „Umsatzsteuer" den an das Finanzamt abzuführenden Betrag, die Zahllast.**
- **Bei einem Steuersatz von 15 % entspricht der Rechnungs- oder Bruttobetrag stets 115 %: Warennettobetrag (= 100 %) + 15 % Umsatzsteuer. Aus dem Bruttobetrag läßt sich der Anteil der Umsatzsteuer herausrechnen:**

  115 % ≙ Bruttobetrag, 15 % ≙ x

$$\text{Steueranteil} = \frac{\text{Bruttobetrag} \cdot 15}{115}$$

658364

5.3   Bilanzierung der Zahllast und des Vorsteuerüberhanges

Passivierung der Zahllast. Zum 31.12. ist die Zahllast des Monats Dezember als „Sonstige Verbindlichkeit" in die Schlußbilanz einzusetzen, also zu passivieren.

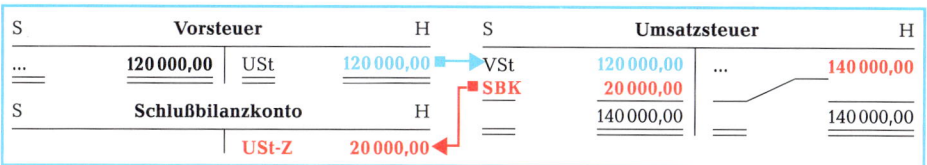

Buchungen zum 31.12.: ① **Umsatzsteuer**   an   **Vorsteuer** **120 000,00**
                              ② **Umsatzsteuer**   an   **Schlußbilanzkonto**   **20 000,00**

Aktivierung des Vorsteuerüberhangs. Entsprechend ist ein Vorsteuerüberhang zum 31.12. als „Sonstige Forderung" in der Schlußbilanz auszuweisen, also zu aktivieren. In diesem Fall ist das Konto „Umsatzsteuer" über das Konto „Vorsteuer" abzuschließen.

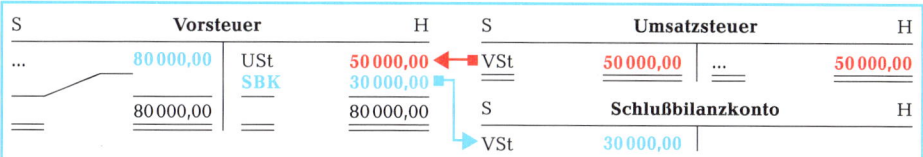

Buchungen zum 31.12.: ① **Umsatzsteuer** . . . . . .   an   **Vorsteuer** . .   **50 000,00**
                              ② **Schlußbilanzkonto** . .   an   **Vorsteuer** . .   **30 000,00**

Merke: **Zum Bilanzstichtag (31.12.) ist im Schlußbilanzkonto**

● die **Zahllast** als „Sonstige Verbindlichkeit" auszuweisen **(zu passivieren),**

● ein **Vorsteuerüberhang** als „Sonstige Forderung" zu **aktivieren.**

Aufgaben

---

68 Ein Unternehmen der Grundstoffindustrie verkauft an einen Industriebetrieb Rohstoffe im Wert von 2 000,00 DM netto. Der Industriebetrieb erstellt aus den Rohstoffen fertige Erzeugnisse und verkauft diese für 6 000,00 DM an den Großhandel. Der Großhandel veräußert diese Waren an den Einzelhandel für 7 600,00 DM. Der Einzelhandel setzt die Waren an verschiedene Konsumenten für 11 000,00 DM ab. Die Preise sind Nettopreise, allgemeiner Steuersatz.

Zeichnen Sie ein Stufenschema (s. S. 60), das den Rechnungsbetrag, die Umsatzsteuer beim Verkauf, die Vorsteuer und die Zahllast enthält. Buchen Sie auf jeder Stufe.

---

69 Ein Großhandelsunternehmen hatte im Monat Oktober insgesamt Warenverkäufe von netto 500 000,00 DM und Einkäufe von Waren von netto 300 000,00 DM. Allg. Steuersatz.

Konten: Wareneingang, Vorsteuer, Verbindlichkeiten a. LL, Warenverkauf, Umsatzsteuer, Forderungen a. LL, Bank (Anfangsbestand 10 000,00 DM).

1. Buchen Sie a) die Warenverkäufe, b) Wareneinkäufe, c) Ermittlung der Zahllast (31.10.).

2. Bis wann ist die Zahllast an das Finanzamt zu überweisen? Buchen Sie.

---

70 Im Dezember hatte die Handels-GmbH, Düsseldorf, folgende Umsätze: Verkäufe netto 600 000,00 DM, Einkäufe netto 800 000,00 DM, allgemeiner Steuersatz.

1. Buchen Sie die Vorgänge summarisch.
2. Warum ergibt sich zum 31.12. keine Zahllast?
3. Wohin gelangt der Vorsteuerüberhang beim Jahresabschluß? Buchen Sie.
4. Inwiefern stellt die Vorsteuer eine Forderung an das Finanzamt dar? Begründen Sie.

71
72 **Anfangsbestände:**

BGA	30 000,00	Kasse	6 000,00
Fuhrpark	90 000,00	Bankguthaben	35 000,00
Waren	128 000,00	Verbindlichkeiten a.LL	43 000,00
Forderungen a.LL	34 000,00	Eigenkapital	280 000,00

Kontenplan:

Bestandskonten: BGA, Fuhrpark, Warenbestände, Forderungen a.LL, Vorsteuer, Kasse, Bank, Verbindlichkeiten a.LL, Umsatzsteuer, Eigenkapital: Schlußbilanzkonto.

Erfolgskonten: Wareneingang, Warenverkauf, Löhne: Gewinn- und Verlustkonto.

Geschäftsfälle:	71	72
1. Zieleinkauf von Waren lt. ER 11–14		
Nettopreis	11 000,00	11 400,00
+ Umsatzsteuer	1 650,00	1 710,00
Rechnungsbeträge	12 650,00	13 110,00
2. Kauf eines Transportwagens lt. ER 15		
Nettopreis	40 000,00	35 000,00
+ Umsatzsteuer	6 000,00	5 250,00
Rechnungsbetrag	46 000,00	40 250,00
3. Banküberweisung an Lieferer, Rechnungsbeträge	8 625,00	8 740,00
4. Barzahlung von Löhnen	4 400,00	4 600,00
5. Kauf von Waren lt. ER 16		
Nettopreis	2 500,00	2 600,00
+ Umsatzsteuer	375,00	390,00
Rechnungsbetrag	2 875,00	2 990,00
6. Verkauf von Waren lt. AR 10–12		
Nettopreis	23 000,00	24 000,00
+ Umsatzsteuer	3 450,00	3 600,00
Rechnungsbeträge	26 450,00	27 600,00
7. Banküberweisung von Kunden, Rechnungsbeträge	5 750,00	6 555,00
8. Verkauf von Waren lt. AR 13–18		
Nettopreis	60 400,00	63 100,00
+ Umsatzsteuer	9 060,00	9 465,00
Rechnungsbeträge	69 460,00	72 565,00
9. Banküberweisung für ER 15, vgl. Geschäftsfall 2	46 000,00	40 250,00

Abschlußangaben:

1. Die Zahllast für die Umsatzsteuer ist zu ermitteln und auf die Passivseite des Schlußbilanzkontos einzustellen, d.h. zu passivieren.
2. Inventurbestand an Waren 82 000,00
3. Die übrigen Buchwerte stimmen mit den Inventurwerten überein.

658366

Im Monat Juli wurden Waren für brutto 287 500,00 DM eingekauft. Im gleichen Zeitraum **73**
betrugen die Bruttoumsatzerlöse für Waren 368 000,00 DM.

*Ermitteln Sie jeweils a) den Nettobetrag, b) die Vor- bzw. Umsatzsteuer und c) die Zahllast zum
31.07.*

Anfangsbestände:	**74**	**75**		**74**	**75**	**74**
BGA	115 000,00	105 000,00	Bankguthaben	135 000,00	142 000,00	**75**
Waren	180 000,00	187 000,00	Darlehen	42 000,00	51 000,00	
Forderungen a. LL	95 000,00	101 000,00	Verbindlichk. a. LL	75 000,00	81 000,00	
Kasse	13 500,00	13 200,00	Umsatzsteuer	8 500,00	8 900,00	
Postbankguthaben	9 800,00	9 900,00	Eigenkapital	422 800,00	417 200,00	

Kontenplan:

Bestandskonten: BGA, Warenbestände, Forderungen a. LL, Vorsteuer, Kasse, Postbank, Bank,
Darlehensschulden, Verbindlichkeiten a. LL, Umsatzsteuer, Eigenkapital: Schlußbilanzkonto.

Erfolgskonten: Wareneingang, Personalaufwendungen, Mietaufwendungen, Bürobedarf, Beiträge, Zinsaufwendungen, Zinserträge, Warenverkauf: Gewinn- und Verlustkonto.

Geschäftsfälle:	**74**	**75**
1. Umsatzsteuerzahlung an das Finanzamt durch Bank- überweisung (Ausgleich der Zahllast des letzten Monats)	8 500,00	8 900,00
2. Barzahlung für Büromaterial, brutto	920,00	1 035,00
3. Warenverkäufe auf Ziel, AR 1–45, brutto	144 900,00	148 350,00
4. Beitrag für die Industrie- und Handelskammer wird durch Postüberweisung beglichen	2 250,00	2 150,00
5. Banküberweisung von Kunden	21 275,00	23 000,00
6. Wareneinkäufe auf Ziel, ER 1–36, Rechnungsbeträge	78 200,00	81 650,00
7. Banküberweisung an Lieferer	19 205,00	19 780,00
8. Unsere Darlehenstilgung durch Bankscheck	15 000,00	16 000,00
9. Zinsgutschrift der Bank für unser Bankguthaben	2 900,00	3 100,00
10. Darlehenszinsen werden durch Postüberweisung beglichen	2 200,00	2 300,00
11. Miete für unsere Geschäftsräume wird durch Banküberweisung beglichen	2 100,00	2 200,00
12. Lohnzahlung durch Banküberweisung	4 800,00	5 200,00

Abschlußangaben:

	74	**75**
1. Warenbestand lt. Inventur	139 900,00	147 200,00
2. Die übrigen Buchbestände stimmen mit den Inventurwerten überein.		

Fragen

1. *Wie errechnet man die USt-Zahllast? Für welchen Zeitraum wird sie in der Regel ermittelt? Bis* **76**
   zu welchem Termin ist die USt-Zahllast spätestens an das Finanzamt abzuführen?

2. *Im Monat Dezember beträgt die Vorsteuer 156 000,00 DM, die Umsatzsteuer aufgrund der
   Ausgangsrechnungen nur 104 000,00 DM. Buchen Sie zum 31.12. den Abschluß.*

3. *Erläutern Sie, inwiefern die Umsatzsteuer für das Unternehmen grundsätzlich ein „durchlaufender" Posten ist.*

6 Einführung in die Abschreibung der Anlagegüter

6.1 Ursachen, Buchung und Wirkung der Abschreibung

Die Gegenstände des Anlagevermögens sind dazu bestimmt, dem Unternehmen <u>langfristig</u> zu dienen. Ihre <u>Nutzungsdauer</u> ist jedoch – soweit es sich um <u>abnutzbare</u> Wirtschaftsgüter handelt – begrenzt.

Wertminderungen. Der Wert der <u>abnutzbaren</u> Anlagegüter mindert sich durch

- **Nutzung** (Gebrauch),
- **technischen Fortschritt** und
- **natürlichen Verschleiß,**
- **außergewöhnliche Ereignisse.**

Eine ordnungsmäßige Buchführung muß diese Wertminderungen in Form von Abschreibungen auf dem <u>Aufwandskonto</u>

Abschreibungen auf Sachanlagen (SA)

erfassen. Die Abschreibungen auf das Anlagevermögen werden in der Regel zum Schluß des Geschäftsjahres im Rahmen der Inventur vorgenommen. Im Steuerrecht sagt man statt Abschreibung „**A**bsetzung **f**ür **A**bnutzung" = AfA.

Aufwand. <u>Die Abschreibung</u> (im Beispiel 12 000,00 DM) stellt betrieblichen Aufwand dar und <u>schmälert</u> somit den <u>Gewinn</u> des Unternehmens. Das Aufwandskonto „Abschreibungen" wird daher über das Gewinn- und Verlustkonto abgeschlossen.

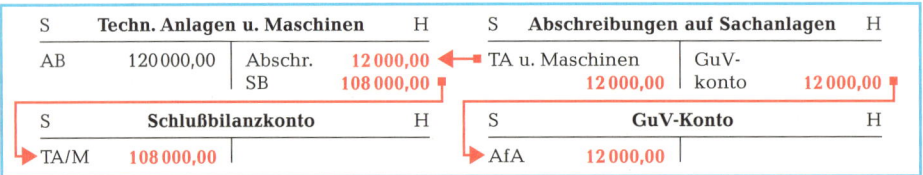

Buchungssätze:
1. Abschreibungen auf SA an TA u. Maschinen 12 000,00
2. GuV-Konto .... an Abschreibungen auf SA ... 12 000,00
3. Schlußbilanzkonto ...... an TA und Maschinen 108 000,00

Merke:
- **Die Wertminderung der Anlagegüter wird durch Abschreibungen erfaßt.**
- **Durch die Abschreibung werden die Anschaffungskosten eines Anlagegutes auf seine Nutzungsdauer (Jahre) verteilt.**
- **Abschreibungen mindern als Aufwand den Gewinn und somit auch die gewinnabhängigen Steuern, wie z.B. die Einkommensteuer.**

In der Kalkulation der Verkaufspreise der Waren oder Erzeugnisse werden die <u>Abschreibungen als Kosten</u> eingesetzt. <u>Über die Umsatzerlöse fließen die einkalkulierten Abschreibungsbeträge in Form von liquiden Mitteln (Geld) in das Unternehmen zurück.</u> Diese Mittel stehen nun wiederum für <u>Anschaffungen (Investitionen)</u> im Sachanlagevermögen zur Verfügung. Das Unternehmen finanziert somit die Anschaffung von Sachanlagegütern in erster Linie aus <u>Abschreibungsrückflüssen.</u> Die Abschreibung stellt deshalb ein bedeutendes <u>Mittel der Finanzierung</u> dar.

Abschreibungskreislauf. <u>Abschreibungen</u> bewegen sich nahezu in einem Kreislauf. Aus dem Anlagevermögen fließen Sie <u>über die Umsatzerlöse</u> in das Umlaufvermögen (Bank) und von dort durch Neuanschaffungen in das Anlagevermögen <u>zurück.</u>

Merke: **Abschreibungen finanzieren Investitionen in Sachanlagen.**

658368

6.2 Berechnung der Abschreibung

Abschreibungsmethoden.[1] Der jährliche Abschreibungsbetrag wird vorwiegend nach einer der beiden folgenden Berechnungsmethoden ermittelt:

● Abschreibung von den **Anschaffungs- oder Herstellungskosten = lineare** Abschreibung: gleichbleibende Abschreibungsbeträge:

$$\frac{\text{Linearer}}{\text{AfA-Betrag}} = \frac{\text{Anschaffungskosten}}{\text{Nutzungsdauer}} \qquad \frac{\text{Linearer}}{\text{AfA-Satz (\%)}} = \frac{100\,\%}{\text{Nutzungsdauer}}$$

● Abschreibung vom **Buch- oder Restwert = degressive** Abschreibung: fallende Abschreibungsbeträge.

Beispiel: Die Anschaffungskosten einer Maschine betragen 120 000,00 DM, die voraussichtliche Nutzungsdauer ist 10 Jahre. Die Maschine wird jährlich mit 10 % linear und degressiv mit 30 % (§ 7 [1] EStG) abgeschrieben. Bei Anwendung der beiden Abschreibungsmethoden ergibt sich folgende Berechnung:

Lineare AfA	Ermittlung des Buchwertes	Degressive AfA
120 000,00 DM	Anschaffungswert	120 000,00 DM
12 000,00 DM	·/. AfA am Ende des 1. Jahres	**36 000,00** DM
108 000,00 DM	**= Buchwert am Ende des 1. Jahres**	84 000,00 DM
12 000,00 DM	·/. AfA am Ende des 2. Jahres	**25 200,00** DM
96 000,00 DM	**= Buchwert am Ende des 2. Jahres**	58 800,00 DM
10 % AfA von den **Anschaffungskosten**	**Führen Sie das Beispiel zu Ende.**	30 % AfA vom **Buchwert**

Merke: Anschaffungskosten − AfA = Buchwert bzw. Restwert

Bei der lineare Abschreibung erfolgt die Abschreibung in jedem Jahr der Nutzung von den Anschaffungskosten des Anlagegutes. Die Abschreibungsbeträge sind daher gleich hoch. Nach Ablauf der Nutzungsdauer ist der Buchwert gleich Null. Sollte sich das Anlagegut nach Ablauf der Nutzungsdauer noch weiterhin im Betrieb befinden, so ist es mit einem Erinnerungswert von 1,00 DM im Anlagekonto auszuweisen. Im Beispiel dürften dann am Ende des 10. Jahres nur 11 999,00 DM abgeschrieben werden.

Bei der degressiven Abschreibung wird die Abschreibung nur im ersten Nutzungsjahr von den Anschaffungskosten vorgenommen, in den folgenden Jahren dagegen vom jeweiligen Buch- oder Restwert. Dadurch ergeben sich jährlich fallende Abschreibungsbeträge. Bei der degressiven Abschreibung wird der Nullwert des Anlagegutes nach Ablauf der Nutzungsdauer nie erreicht. Der Abschreibungssatz sollte daher bei degressiver Abschreibung höher sein als bei linearer AfA. Steuerrechtlich darf der degressive AfA-Satz allerdings höchstens das Dreifache des linearen AfA-Satzes betragen, jedoch nicht höher als 30 %.[1]

Vorteil der degressiven Abschreibung. Wertminderungen können bei Anlagegütern vor allem in den ersten Jahren der Nutzung – bedingt durch den technischen Fortschritt (Modellwechsel) – sehr hoch sein. Dieser Tatsache trägt die degressive Abschreibungsmethode Rechnung, da bei ihr in den ersten Nutzungsjahren die Abschreibungsbeträge höher sind als bei linearer Abschreibung.

Merke: Nutzungsdauer und Abschreibungsmethode bestimmen die Höhe der jährlichen Abschreibung.

---

1 Vgl. ausführliche Darstellung auf Seite 198 f.

Beispiele für betriebsgewöhnliche Abschreibungssätze bei _linearer_ Abschreibung:

1. Grund und Boden .... 0 %   4. Büromaschinen ..... 20–25 %
2. Wohngebäude .... 2 %   5. LKW/PKW .... 20–25 %
3. Geschäfts- und Verwaltungsgebäude .... 4–10 %   6. Maschinen .... 10–20 %

$$\text{AfA-Betrag} = \frac{\text{Anschaffungskosten}}{\text{Nutzungsdauer}} \qquad \text{AfA-Satz \%} = \frac{100}{\text{Nutzungsdauer}}$$

Aufgaben

77 Die Anschaffungskosten einer Maschine betragen 400 000,00 DM, die Nutzungsdauer wird auf 10 Jahre geschätzt.

a) _Ermitteln Sie bei linearer Abschreibung jeweils den Abschreibungsbetrag und Abschreibungssatz._

b) _Welcher AfA-Satz ist für die degressive Abschreibung anzuwenden?_

c) _Stellen Sie die Abschreibungsbeträge bei linearer und degressiver Abschreibung wenigstens für die ersten 4 Jahre in einer Tabelle gegenüber und ermitteln Sie für jedes Jahr den Buch- bzw. Restwert._

d) _Buchen Sie für das erste Jahr die Abschreibung auf Maschinen. Richten Sie dazu folgende Konten ein: TA u. Maschinen, Abschreibungen auf Sachanlagen, Schlußbilanzkonto, GuV-Konto._

78 Es sind folgende Konten einzurichten:

TA u. Maschinen 290 000,00 DM, Betriebs- und Geschäftsausstattung 120 000,00 DM, Abschreibungen auf Sachanlagen, GuV-Konto, Schlußbilanzkonto.

Buchen Sie die Abschreibungen auf TA u. Maschinen 20 %, Betriebs- u. Geschäftsausstattung 10 %. Schließen Sie die Bestandskonten und das Konto Abschreibungen auf Sachanlagen ab und stellen Sie danach das Schlußbilanzkonto auf.

79 Folgende Konten sind einzurichten:

TA u. Maschinen 220 000,00 DM, Betriebs- und Geschäftsausstattung 90 000,00 DM, Fuhrpark 140 000,00 DM, Abschreibungen auf Sachanlagen, GuV-Konto, Schlußbilanzkonto.

Buchen Sie die Abschreibungen, wenn lt. Inventur folgende Schlußbestände vorhanden sind:

TA u. Maschinen 196 000,00 DM, Fuhrpark 113 000,00 DM, Betriebs- und Geschäftsausstattung 81 000,00 DM.

Führen Sie den Abschluß der Konten durch.

80
81 **Anfangsbestände:**

TA u. Maschinen 120 000,00 DM, Betriebs- und Geschäftsausstattung 35 000,00 DM, Fuhrpark 30 000,00 DM, Waren 44 000,00 DM, Forderungen a. LL 9 000,00 DM, Kasse 8 000,00 DM, Bank 48 000,00 DM, Verbindlichkeiten a. LL 24 000,00 DM, Darlehensschulden 30 000,00 DM, Eigenkapital 240 000,00 DM.

Bestandskonten: TA u. Maschinen, Betriebs- und Geschäftsausstattung, Fuhrpark, Warenbestände, Forderungen a. LL, Kasse, Bank, Verbindlichkeiten a. LL, Darlehensschulden, Eigenkapital, Umsatzsteuer, Vorsteuer: Schlußbilanzkonto.

Erfolgskonten: Wareneingang, Löhne, Gewerbesteuer, Abschreibungen auf Sachanlagen, Warenverkauf: Gewinn- und Verlustkonto.

Geschäftsfälle:	80	81
1. Kauf von Waren auf Ziel, netto	3 800,00	4 100,00
+ Umsatzsteuer	570,00	615,00
2. Banküberweisung eines Kunden	3 220,00	4 370,00

658370

3. Banküberweisung an einen Lieferer	2 300,00	3 680,00
4. Banküberweisung für Gewerbesteuer	950,00	1 100,00
5. Lohnzahlung durch Banküberweisung	4 100,00	4 500,00
6. Teilrückzahlung eines Darlehens durch Banküberweisung	3 500,00	4 500,00
7. Verkauf von Waren auf Ziel, netto	68 200,00	69 600,00
+ Umsatzsteuer	10 230,00	10 440,00

Abschlußangaben:

1. Abschreibungen: TA u. Maschinen 12 000,00 DM, BGA 2 500,00 DM, Fuhrpark 3 000,00 DM.
2. Endbestand an Waren lt. Inventur .... 11 650,00 | 11 700,00
3. Die übrigen Inventurwerte stimmen mit den Buchwerten überein.

Auswertungsfragen:

1. *Wie hoch sind die gesamten Aufwendungen der Abrechnungsperiode?*
2. *Welche Erlöse stehen diesen Aufwendungen gegenüber?*
3. *Wie hoch ist demnach der Erfolg (Gewinn oder Verlust)?*
4. *Wie wirkt sich ein Gewinn bzw. Verlust auf das Eigenkapital aus?*
5. *Weisen Sie den Erfolg auch durch Kapitalvergleich nach, indem Sie das Eigenkapital am Ende des Geschäftsjahres mit dem zu Beginn des Jahres vergleichen.*

82
83

Anfangsbestände:

TA u. Maschinen 150 000,00 DM, Betriebs- und Geschäftsausstattung 40 000,00 DM, Fuhrpark 50 000,00 DM, Waren 38 000,00 DM, Forderungen a. LL 20 000,00 DM, Kasse 9 500,00 DM, Bank 38 000,00 DM, Verbindlichkeiten a. LL 28 000,00 DM, Darlehensschulden 40 000,00 DM, Eigenkapital 277 500,00 DM.

Kontenplan: wie in Aufgaben 80/81, zusätzlich Konto „Gehälter".

Geschäftsfälle:

	82	83
1. Verkauf von Waren auf Ziel, brutto	30 935,00	32 660,00
2. Kauf einer Maschine gegen Bankscheck, netto	5 000,00	6 000,00
+ Umsatzsteuer	750,00	900,00
3. Aufnahme eines Darlehens bei der Bank	25 000,00	26 000,00
4. Lohnzahlung bar	5 100,00	5 400,00
5. Banküberweisung eines Kunden	2 875,00	3 450,00
6. Banküberweisung für Gewerbesteuer	900,00	1 100,00
7. Zieleinkauf von Waren, Rechnungsbetrag	17 250,00	20 700,00
8. Gehaltszahlung bar	3 500,00	3 400,00
9. Verkauf von Waren, gegen bar, brutto	7 475,00	7 590,00
auf Ziel, brutto	43 930,00	45 540,00

Abschlußangaben:

1. Abschreibungen: TA u. Maschinen 6 000,00 DM, BGA 3 000,00 DM, Fuhrpark 7 000,00 DM.
2. Inventurbestand an Waren .... 12 800,00 | 15 300,00

Fragen

84

1. *Unterscheiden Sie zwischen linearer und degressiver Abschreibung.*
2. *Erläutern Sie die Gewinnauswirkung bei beiden Abschreibungsmethoden im Jahr der Anschaffung des Anlagegegenstandes.*
3. *Welchen besonderen Vorteil hat die degressive Abschreibung?*
4. *Erläutern Sie den Kreislauf der Abschreibung.*
5. *Inwiefern ist die Abschreibung ein Mittel der Selbstfinanzierung?*

---

7 Privatkonten

7.1 Aufgabe der Privatkonten

Privatentnahmen. Zu seinem Lebensunterhalt entnimmt der Unternehmer bei Bedarf Geld oder Waren aus seinem Betrieb. Überweisungen für Privatzwecke werden oft über die Finanzkonten des Unternehmens durchgeführt, wie z. B. Zahlungen für die Lebens- und Krankenversicherung, Einkommensteuer- und Kirchensteuerzahlungen u. a. Diese Privatentnahmen sind keine betrieblichen Aufwendungen. Sie stellen vielmehr vorweggenommenen Gewinn des laufenden Geschäftsjahres dar und bewirken somit zunächst eine Verminderung des im Unternehmen arbeitenden Eigenkapitals.

Kapitaleinlagen. Zuweilen führt der Unternehmer dem Betrieb Geld- oder Sachwerte aus seinem Privatvermögen zu. Diese Mittel erhöhen das Eigenkapital.

Privatkonten[1]. Privatentnahmen und Kapitaleinlagen könnten direkt über das Eigenkapitalkonto gebucht werden. Zur besseren Übersicht wird aber für Privatentnahmen und Privateinlagen jeweils ein Unterkonto des Eigenkapitalkontos eingerichtet. Das Privatentnahmekonto nimmt auf der Sollseite die Entnahmen, das Privateinlagekonto auf der Habenseite etwaige Einlagen des Inhabers auf. Für die Buchungen sind entsprechende Eigenbelege auszustellen.

- **Buchung** bei Privatentnahmen (Bank):   Privatentnahmen..... an **Bank**
- **Buchung** bei Privateinlagen (Bank):   **Bank**.............. an **Privateinlagen**

Die Privatkonten werden am Jahresende über das Eigenkapitalkonto abgeschlossen.

- **Abschluß der Privatkonten:**   Eigenkapital .... an **Privatentnahmen**
  Privateinlagen ...... an **Eigenkapital**

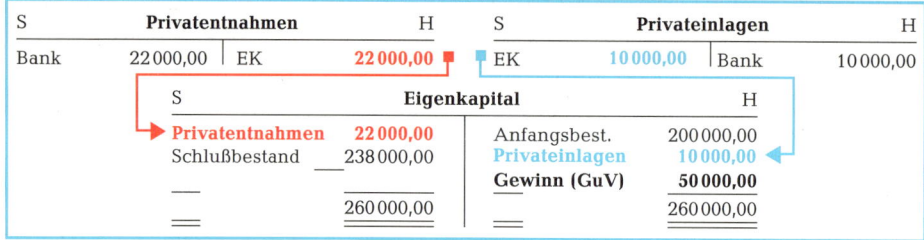

Merke:	Das Eigenkapitalkonto verändert sich
	• durch **Privatentnahmen** und **Kapitaleinlagen** und
	• durch den **Gewinn** oder **Verlust** des Geschäftsjahres.

7.2 Umsatzsteuer bei Eigenverbrauch

Eigenverbrauch von Waren. Der Geschäftsinhaber kann seinem Unternehmen außer Geld auch Waren für den privaten Verbrauch (Gebrauch) entnehmen. Wie die Lieferung von Waren an die Kunden, so unterliegt auch dieser Eigenverbrauch der Umsatzsteuer (§ 1 Abs. 1 UStG). Der Entnahmebeleg muß den Einstandswert der entnommenen Waren sowie die darauf entfallende Umsatzsteuer ausweisen. Aus steuerlichen Gründen (Verprobung der Umsatzsteuer) ist der Eigenverbrauch buchhalterisch gesondert zu erfassen und nachzuweisen (§ 22 UStG). Das geschieht auf dem Ertragskonto **„Eigenverbrauch von Waren".[2]**

---

1 Privatkonten gibt es nur bei Einzelunternehmen und Personengesellschaften (OHG, KG).
2 Entnahmen von Anlagegütern werden auf dem Konto „Eigenverbrauch von Anlagen" gebucht.

658372

Beispiel: Der Großhändler Kurz entnimmt seinem Betrieb Waren für Privatzwecke: Nettowert 800,00 DM + 120,00 DM Umsatzsteuer.

Buchungen: ① **Privatentnahmen** .... 920,00 an **Eigenverbrauch v. Waren** . 800,00
an **Umsatzsteuer** 120,00

② **Eigenverbrauch v. Waren** 800,00 an **GuV-Konto** 800,00

S	Privatentnahmen	H	S	Eigenverbrauch von Waren	H
① EV/USt	920,00		② GuV	800,00 | ① Privatentn.	800,00
S	**GuV-Konto**	H	S	**Umsatzsteuer**	H
	② EV	800,00		① Privatentn.	120,00

Die private Inanspruchnahme von Leistungen des eigenen Betriebes gilt als steuerpflichtiger Eigenverbrauch (z.B. Kosten der Dachreparatur im Haus des Unternehmers: 800,00 DM), zu erfassen auf dem Konto

„Sonstiger Eigenverbrauch".

Buchung: Privatentnahmen ... 920,00 an **Sonstiger Eigenverbrauch** 800,00
an **Umsatzsteuer** 120,00

Die private Nutzung eines Geschäftswagens ist gleichfalls umsatzsteuerpflichtig. Dabei ist zu beachten, daß nur die mit Vorsteuer belasteten Kfz-Kosten (z.B. Treibstoffe, AfA u.a.) die Bemessungsgrundlage für den Eigenverbrauch bilden dürfen. Die vorsteuerfreie Kfz-Steuer und -Versicherung sind in Höhe des privaten Nutzungsanteils gesondert auf dem Ertragskonto „Steuerfreier Eigenverbrauch" auszuweisen.

Beispiel: Der Großhändler Kurz benutzt den Geschäftswagen zu 25 % privat. Die mit Vorsteuer belasteten Kfz-Kosten betragen insgesamt 8 000,00 DM, von denen 25 % = 2 000,00 DM als Eigenverbrauch mit 15 % = 300,00 DM Umsatzsteuer zu belasten sind. Der Privatanteil an der Kfz-Steuer beträgt 25 % von 500,00 DM = 125,00 DM und an der Kfz-Versicherung 25 % von 800,00 DM = 200,00 DM.

Buchungen: ① **Privatentnahmen** 2 300,00 an **Sonstiger Eigenverbrauch** 2 000,00
an **Umsatzsteuer** 300,00

② **Privatentnahmen** 325,00 an **Steuerfreier Eigenverbrauch** ... 325,00

Die private Nutzung des Geschäftstelefons gilt als steuerpflichtiger Eigenverbrauch:

Buchung der anteiligen Kosten:

Privatentnahmen ... 1 035,00 an **Sonstiger Eigenverbrauch** 900,00
an **Umsatzsteuer** 135,00

Merke: Der Eigenverbrauch unterliegt der Umsatzsteuer (§ 1 UStG). Dazu zählen:
● **Entnahme von Gegenständen (z.B. Waren, BGA u.a.) für Privatzwecke**
● **Private Nutzung von Betriebsgegenständen (z.B. Geschäfts-PKW)**
● **Inanspruchnahme von Leistungen des eigenen Betriebes für Privatzwecke**

Aufgaben – Fragen

Bilden Sie die Buchungssätze zu folgenden Geschäftsfällen:

85

1. Banklastschriften für Miete: 4 000,00 DM Lagerhalle, 800,00 DM Privatwohnung.
2. Großhändler Schneider entnimmt für seinen Urlaub 2 500,00 DM der Geschäftskasse.
3. Entnahme von Waren für Privathaushalt zum Nettowert von 500,00 DM.
4. Kapitaleinlage des Geschäftsinhabers auf das betriebliche Bankkonto: 5 000,00 DM.
5. Die anteiligen mit Vorsteuer belasteten Kfz-Kosten für Privatfahrten betragen jährlich 3 000,00 DM. Die anteiligen vorsteuerfreien Kfz-Kosten belaufen sich auf 500,00 DM.
6. Geschäftsinhaber läßt seinen Privat-PKW im eigenen Betrieb für 1 200,00 DM reparieren.
7. Privater Nutzungsanteil an den Telefonkosten: 25 % von 6 800,00 DM netto.
8. Nennen Sie den Abschluß des Privatkontos: Entnahmen a) > und b) < Einlagen.

86 *Stellen Sie die Konten Privatentnahmen, Privateinlagen, Eigenverbrauch von Waren, Eigenverbrauch von Leistungen, Gewinn und Verlust, Eigenkapital auf und schließen Sie diese ab.*

Privatentnahmen in bar 44 000,00 DM; Eigenverbrauch von Waren 2 000,00 DM netto; Eigenverbrauch von Leistungen 1 500,00 DM; der Unternehmer bringt seinen Privat-PKW in das Geschäftsvermögen ein: 15 000,00 DM; Aufwendungen insgesamt 160 000,00 DM; Umsatzerlöse insgesamt 220 000,00 DM; Eigenkapital 150 000,00 DM.

87
88 **Anfangsbestände:**

Geschäftsausstattung	180 000,00	Bankguthaben	33 000,00
Fuhrpark	45 000,00	Kasse	8 000,00
Waren	87 000,00	Verbindlichkeiten a. LL	48 000,00
Forderungen a. LL	44 000,00	Umsatzsteuer	6 000,00
		Eigenkapital	343 000,00

Kontenplan:

Weitere einzurichtende Konten: Vorsteuer, Wareneingang, Löhne, Instandhaltung, Bürobedarf, Mietaufwendungen, Abschreibungen, Warenverkauf, Eigenverbrauch von Waren, Eigenverbrauch von Leistungen: Gewinn und Verlust, Privatentnahmen, Privateinlagen, Schlußbilanzkonto.

Geschäftsfälle:	**87**	**88**
1. Unsere Banküberweisung für Miete: Betrieb	1 200,00	1 600,00
privat	300,00	400,00
2. Banküberweisung an Lieferer: Rechnungsbetrag	14 400,00	15 500,00
3. Privatentnahme in bar	350,00	300,00
4. Verkauf von Waren lt. AR 966–978, netto	54 800,00	55 200,00
+ Umsatzsteuer	8 220,00	8 280,00
5. Barzahlung der Prämie für die private Lebensversicherung	700,00	800,00
6. Banküberweisung der Umsatzsteuer-Zahllast	6 000,00	6 000,00
7. Kauf von Waren lt. ER 806–809, netto	9 500,00	8 800,00
+ Umsatzsteuer	1 425,00	1 320,00
8. Barentnahme des Inhabers für Urlaubsreise	1 200,00	1 300,00
9. Barzahlung von Löhnen	4 200,00	3 800,00
10. Barkauf von Schreibmaterial, brutto	299,00	345,00
11. Barzahlung der Fahrzeugreparatur, brutto	460,00	644,00
12. Privatentnahme von Waren, Nettowert	1 300,00	1 400,00
13. Die Heizungsanlage im Einfamilienhaus des Geschäftsinhabers wurde durch den Betrieb instandgesetzt. Kosten	500,00	460,00
+ Umsatzsteuer	75,00	69,00
14. Kapitaleinlage des Geschäftsinhabers durch Bankeinzahlung	20 000,00	30 000,00

Abschlußangaben:

1. Abschreibungen: Geschäftsausstattung 8 000,00 DM, Fuhrpark 2 000,00 DM.
2. Inventurbestand an Waren .... 70 000,00 | 64 000,00

Ermitteln Sie auch den Erfolg durch Kapitalvergleich.

Fragen

89 1. *Welcher Zusammenhang besteht zwischen Gewinn und Privatentnahmen?*

2. *Was versteht man im Sinne des Umsatzsteuergesetzes unter Eigenverbrauch?*

3. *Begründen Sie, weshalb der Eigenverbrauch umsatzsteuerpflichtig ist.*

4. *Begründen Sie, weshalb privat entnommene Waren zum Einstandspreis und nicht zum Verkaufspreis gebucht werden müssen.*

5. *Wie bucht der Einzelunternehmer seine Barspende an das Rote Kreuz?*

658374

8 Organisation der Buchführung

8.1 Kontenrahmen des Groß- und Außenhandels

8.1.1 Aufgaben und Aufbau des Kontenrahmens

Anforderungen an ein Kontenordnungssystem. Früher konnte jeder Kaufmann seine Buchführung nach eigenem Ermessen aufbauen und die Konten nach Art, Bezeichnung und Zahl selbst bestimmen. Dadurch herrschte in den Buchhaltungen der Unternehmen ein ungeordnetes Vielerlei, das einerseits Vergleiche mit früheren Rechnungsperioden (Zeitvergleiche) erschwerte und andererseits Vergleiche mit branchengleichen Betrieben (Betriebsvergleiche) unmöglich machte. Nun soll aber gerade die Buchführung kontenmäßig die Grundlagen schaffen für Zeit- und Betriebsvergleiche, für die Kosten- und Leistungsrechnung, Statistik und Planungsrechnung sowie für den nach gesetzlichen Gliederungsvorschriften zu erstellenden Jahresabschluß. Dazu bedarf es eines Kontenordnungssystems, das die Konten nach bestimmten Gesichtspunkten gliedert, einheitlich bezeichnet, für die EDV datengerecht gestaltet und darüber hinaus auch die Belange des jeweiligen Wirtschaftszweiges berücksichtigt. Es gibt deshalb Kontenrahmen für den Groß- und Außenhandel, Einzelhandel, Industrie, Handwerk, Banken und Versicherungen.[1]

Der erste Kontenrahmen für den Groß- und Außenhandel (1937) entsprach bereits weitgehend den Anforderungen, die an ein einheitliches und übersichtliches Kontenordnungssystem gestellt werden. Dieser Kontenrahmen mußte jedoch den durch das Bilanzrichtlinien-Gesetz (1985) eingetretenen Änderungen, insbesondere in den Gliederungsvorschriften für den Jahresabschluß, angepaßt werden. In der 1988 vom „Bundesverband des Deutschen Groß- und Außenhandels e.V. (BGA)" herausgegebenen Neufassung des Kontenrahmens entsprechen nunmehr auch die Kontenbezeichnungen den Posten der Bilanz (§ 266 HGB) und Gewinn- und Verlustrechnung (§ 275 HGB).

Aufbau des Großhandelskontenrahmens. Der Kontenrahmen für den Groß- und Außenhandel ist wie alle Kontenrahmen nach dem Zehnersystem (Dezimal-Klassifikation) aufgebaut. Die Konten werden zunächst nach Sachgruppen in

10 Klassen von 0 bis 9

geordnet. Die Reihenfolge der Kontenklassen entspricht dabei weitgehend dem Betriebsablauf in einem Großhandelsbetrieb (Prozeßgliederungsprinzip):

Kontenklasse	Inhalt der Kontenklassen
0	Anlage- und Kapitalkonten
1	Finanzkonten
2	Abgrenzungskonten
3	Wareneinkaufs- und Warenbestandskonten
4	Konten der Kostenarten
5	Konten der Kostenstellen
6	Konten für Umsatzkostenverfahren
7	frei
8	Warenverkaufskonten (Umsatzerlöse)
9	Abschlußkonten

---

1 Aufgrund gesetzlicher Vorschriften waren alle Kontenrahmen nur bis 1953 verbindlich.

8.1.2　Kontenrahmen und Kontenplan

Im Kontenrahmen läßt sich jede der 10 Kontenklassen (einstellige Ziffer) in 10 Kontengruppen (zweistellige Ziffer), jede Kontengruppe in 10 Kontenarten (dreistellige Ziffer) und jede Kontenart in 10 Kontenunterarten (vierstellige Ziffer) untergliedern.

Beispiel:	**Aus der Kontennummer 1311 erkennt man die**		
	Kontenklasse:	1 Finanzkonten	
	Kontengruppe:	13 Banken	*Kontenrahmen*
	Kontenart:	131 Kreditinstitute	
	Kontenunterarten:	1311 Kreissparkasse	*Kontenplan*
	(= Konten des Unternehmens)	1312 Deutsche Bank	

Kontenplan. Der Kontenrahmen für den Groß- und Außenhandel bildet die einheitliche Grundordnung für die Aufstellung betriebsindividueller Kontenpläne der Unternehmen dieses Wirtschaftszweiges. Aus dem Kontenrahmen entwickelt jedes Unternehmen seinen eigenen Kontenplan, der auf seine besonderen Belange (Branche, Struktur, Größe, Rechtsform) ausgerichtet ist. So läßt sich im Kontenplan eine weitere Untergliederung der Kontenarten in Kontenunterarten entsprechend den Bedürfnissen des Unternehmens vornehmen. Der Kontenplan enthält somit nur die im Unternehmen geführten Konten.

Vereinfachung der Buchungsarbeit. Der Kontenplan vereinfacht die Buchungen im Grund- und Hauptbuch, da die Kontenbezeichnungen durch Kontennummern ersetzt werden.

Beispiel:	statt: **Privatentnahmen** an **Kasse** .. **1800,00 DM**　kurz: **1610/1510** . 1800,00 DM

Soll	**1610 Privatentnahmen**	Haben		Soll	**1510 Kasse**	Haben
1510	1 800,00			AB	7 500,00	1610　　1 800,00

EDV-Kontenrahmen. Soll der Kontenrahmen des Groß- und Außenhandels zugleich auch als EDV-Kontenrahmen verwendet werden, ist jedes Sachkonto des Hauptbuches in der Regel mit einer vierstelligen Kontenziffer zu versehen. Personenkonten (Kunden- und Liefererkonten) haben stets fünfstellige Kontenziffern.

Merke:	● **Der Kontenrahmen bildet für alle Unternehmen eines Wirtschaftszweiges die einheitliche Grundordnung für die Gliederung und Bezeichnung der Konten. Der Kontenrahmen ermöglicht damit**
	– eine Vereinfachung und Vereinheitlichung der Buchungs- und Abschlußarbeiten sowie
	– Zeit- und Betriebsvergleiche zur Überwachung der Wirtschaftlichkeit
	● **Der Kontenplan enthält nur die im Unternehmen geführten Konten.**

658376

8.1.3   Kontenrahmen des Groß- und Außenhandels im Überblick

Kontenklasse 0: Anlage- und Kapitalkonten

Die Kontenklasse 0 enthält die Anlage- und Kapitalkonten. Sie bilden die Grundlage des Groß- und Außenhandelsunternehmens und sind im wesentlichen nach dem Bilanzgliederungsschema des § 266 HGB (siehe Anhang) gegliedert. Die Kontengruppe „06 Eigenkapital" berücksichtigt die Rechtsform des Unternehmens und enthält Eigenkapitalkonten für Einzelkaufleute, Personenhandelsgesellschaften und Kapitalgesellschaften.

Kontenklasse 1: Finanzkonten

Die Kontenklasse 1 enthält die Finanzkonten des Unternehmens. Sie geben Auskunft über die Liquidität und erfassen den Geldverkehr über Kasse, Bank und Postbank und den kurzfristigen Kreditverkehr mit den Kunden (Forderungen a.LL) und Lieferern (Verbindlichkeiten a.LL) sowie dem Finanzamt im Hinblick auf Vorsteuer und Umsatzsteuer. Zu den Finanzkonten rechnen auch Besitz- und Schuldwechsel, sonstige Verbindlichkeiten und auch die Konten „1610 Privatentnahmen" und „1620 Privateinlagen".

Kontenklasse 2: Abgrenzungskonten

Die Kontenklasse 2 enthält die Konten, die eine sachliche Abgrenzung der Aufwendungen und Erträge gegenüber dem reinen Warenhandelsgeschäft als dem eigentlichen Betriebszweck ermöglichen sollen. Die Abgrenzungskonten erfassen im wesentlichen die neutralen (betriebsfremden, außerordentlichen und periodenfremden) Aufwendungen und Erträge und bilden damit eine wichtige Vorstufe der Kosten- und Leistungsrechnung, in der erst eine exakte Abgrenzungsrechnung durchgeführt werden kann, und zwar in tabellarischer Form, um das reine „Betriebsergebnis" und das „Neutrale Ergebnis" des Unternehmens zu ermitteln (siehe S. 307 f.). Die Klasse 2 enthält auch Konten für sonstige betriebliche Erträge, wie z.B. den Eigenverbrauch von Leistungen und Entnahmen von Anlagegütern.

Die Abgrenzungskonten der Kontenklasse 2 werden direkt über das Gewinn- und Verlustkonto abgeschlossen.

Kontenklasse 3: Wareneinkaufs- und Warenbestandskonten

In der Kontenklasse 3 werden die Wareneingänge und die Warenbestände (Anfangs- und Schlußbestand) auf getrennten Konten erfaßt. Erst unter Berücksichtigung der Warenbestandsveränderung läßt sich auf dem Wareneingangskonto der Wareneinsatz ermitteln. Wareneingänge und Warenbestände können nach Warengruppen gegliedert werden. Da die Wareneingänge nach § 255 HGB zu ihren Anschaffungskosten zu erfassen sind, müssen in dieser Kontenklasse auch die Warenbezugskosten als Anschaffungsnebenkosten, die Warenrücksendungen und alle Anschaffungskostenminderungen (Nachlässe, Boni und Skonti von Lieferern) auf entsprechenden Unterkonten des Wareneingangskontos gebucht werden.

Kontenklasse 4: Konten der Kostenarten

Die Konten der Klasse 4 erfassen nur bedingt die im Rahmen des Warenhandelsgeschäftes anfallenden betriebsnotwendigen Aufwendungen = Kosten. Zur genauen Ermittlung des Betriebsergebnisses und für Zwecke der Kostenrechnung bevorzugt man die tabellarische Form der Abgrenzung und Erfassung aller Kosten einschließlich der kalkulatorischen Kostenarten im Rahmen der Kosten- und Leistungsrechnung (siehe S. 307 f., 314 f.).

Die Kostenkonten der Klasse 4 werden direkt zum Gewinn- und Verlustkonto abgeschlossen.

Kontenklasse 5: Konten der Kostenstellen

In der Kontenklasse 5 können für die Kostenstellen des Betriebes Konten eingerichtet werden: z.B. Einkauf, Lager, Vertrieb, Verwaltung, Fuhrpark u.a. Branchen- und betriebsbedingt sind unterschiedliche Aufteilungen erforderlich. In der Praxis wird die Kostenstellenrechnung in der Regel nicht kontenmäßig, sondern tabellarisch durchgeführt (siehe S. 362 f.).

Kontenklasse 6: Konten für Umsatzkostenverfahren

Kapitalgesellschaften, die ihre Gewinn- und Verlustrechnung in Form des Umsatzkostenverfahrens veröffentlichen (siehe Anhang: § 275 [3] HGB), können in der Kontenklasse 6 die dazu erforderlichen Konten einrichten.

Kontenklasse 7: Frei

Kontenklasse 8: Warenverkaufskonten (Umsatzerlöse)

In der Kontenklasse 8 werden die eigentlichen betrieblichen Erträge des Groß- und Außenhandelsunternehmens erfaßt: die Umsatzerlöse aus Warenverkäufen. Die Gliederung nach Warengruppen muß mit den Wareneingangs- und Warenbestandskonten der Klasse 3 korrespondieren. Warenrücksendungen der Kunden und Erlösschmälerungen durch Nachlässe, Boni und Skonti an Kunden sind entsprechenden Unterkonten zuzuordnen.

In der Kontenklasse 8 wird auch der Eigenverbrauch von Waren erfaßt. Der Eigenverbrauch von Leistungen und die Entnahmen von Anlagegütern werden auf Konten der Klasse 2 gebucht. Die Konten der Klasse 8 werden in der Regel direkt über das GuV-Konto abgeschlossen.

Kontenklasse 9: Abschlußkonten

Die Kontenklasse 9 enthält das Eröffnungsbilanzkonto (9100) und die Abschlußkonten „9300 Gewinn und Verlust" und „9400 Schlußbilanzkonto". Nach Bedarf kann dem GuV-Konto noch das Konto „9200 Warenabschluß" (siehe S. 147 f.) vorgeschaltet werden.

Merke: **Dem Kontenrahmen für den Groß- und Außenhandel liegt das Prozeßgliederungsprinzip zugrunde.**

Aufgaben

90 *Wie lauten die Kontenbezeichnungen und Geschäftsfälle?*

1. 0330 und 1410 an 1710	4. 4000 an 1510	7. 1710 an 1310
2. 3010 und 1410 an 1710	5. 4700 und 1410 an 1510	8. 1610 an 8710 und 1810
3. 1010 an 8010 und 1810	6. 4400 und 1410 an 1310	9. 1310 an 1010

91
92 **Anfangsbestände:**

BGA	160 000,00	Kasse	3 000,00
Fuhrpark	120 000,00	Waren	120 000,00
Forderungen a. LL	78 000,00	Verbindlichkeiten a. LL	88 000,00
Bankguthaben	107 000,00	Eigenkapital	500 000,00

Kontenplan: 0330, 0340, 0610, 1010, 1310, 1410, 1510, 1610, 1710, 1810, 3010, 3910, 4000, 4100, 4800, 4900, 8010, 8710, 9300, 9400.

Geschäftsfälle:

	91	92
1. Wareneinkäufe lt. ER 73–78, brutto	14 720,00	17 940,00
2. Kauf eines PKWs (Betrieb) gegen Bankscheck, brutto	21 505,00	22 310,00
3. Gehaltszahlung durch Banküberweisung	4 800,00	5 200,00
4. Warenverkäufe lt. AR 92–96, brutto	78 200,00	82 800,00
5. Banküberweisung an Lieferer zum Ausgleich von ER 71	16 500,00	15 400,00
6. Eigenverbrauch von Waren lt. Entnahmebeleg, Warenwert	460,00	660,00
7. Barabhebung bei der Bank	2 100,00	1 900,00
8. Unsere Geschäftsmiete wird durch Bank überwiesen	7 800,00	8 400,00
9. Barkauf von Schreibmaterial einschließlich USt	414,00	460,00
10. Banküberweisung eines Kunden zum Ausgleich von AR 89	18 700,00	19 800,00

Abschlußangaben:

	91	92
1. Warenendbestand lt. Inventur	98 420,00	102 800,00
2. Abschreibungen lt. Anlagenkartei: BGA 3 200,00 DM, Fuhrpark 2 400,00 DM.		

8.2   Abschluß in der Betriebsübersicht

Jahresabschlußarbeiten. Zum Ende des Geschäftsjahres sind alle Bestands- und Erfolgskonten abzuschließen, um den <u>Jahresabschluß</u> des Großhandelsunternehmens zu erstellen:

Schlußbilanz   und   **Gewinn- und Verlustrechnung**

Bevor das geschieht, ist zunächst von allen Vermögensteilen und Schulden <u>Inventur</u> zu machen und das Inventar als Grundlage der Schlußbilanz aufzustellen. Im Anschluß daran sind <u>Umbuchungen</u> vorzunehmen, die den <u>Abschluß der Konten vorbereiten</u>. So sind auf Grund der Inventur <u>Bewertungskorrekturen</u> (z.B. Abschreibungen auf das Anlagevermögen) und <u>Berichtigungsbuchungen</u> (z. B. Kassendifferenz) erforderlich. Die Bestandsveränderung auf dem Konto „3910 Warenbestände" ist zu ermitteln und auf das Konto „3010 Wareneingang" umzubuchen. Außerdem sind alle <u>Unterkonten</u> (z.B. die Privatkonten) über die entsprechenden Hauptkonten abzuschließen. Schließlich ist der Saldo des Kontos „1410 Vorsteuer" auf das Konto „1810 Umsatzsteuer" umzubuchen, um die Zahllast buchhalterisch zu ermitteln.

Reihenfolge der Jahresabschlußarbeiten:

1. **Inventur ➜ Inventar ➜ Schlußbilanz**

2. **Umbuchungen (vorbereitende Abschlußbuchungen):**
   - Buchung der Abschreibungen
   - Ermittlung und Buchung der Warenbestandsveränderung
   - Abschluß der Unterkonten über die entsprechenden Hauptkonten
   - Verrechnung der Konten „1410 Vorsteuer" und „1810 Umsatzsteuer"
   - Berichtigungsbuchungen auf Grund der Inventur

3. **Abschlußbuchungen:**
   - Abschluß der <u>Erfolgskonten</u> über das Gewinn- und Verlustkonto:
     - Gewinn- und Verlustkonto an Aufwandskonten
     - Ertragskonten   an Gewinn- und Verlustkonto
   - Abschluß des <u>Gewinn- und Verlustkontos</u> über das Eigenkapitalkonto:
     - bei Gewinn: Gewinn- und Verlustkonto an Eigenkapital
     - bei Verlust: Eigenkapital   an Gewinn- und Verlustkonto
   - Abschluß der <u>Bestandskonten</u> über das Schlußbilanzkonto:
     - Schlußbilanzkonto   an Aktivkonten
     - Passivkonten   an Schlußbilanzkonto

Betriebsübersicht. <u>Vor</u> dem Abschluß der Konten wird in der Praxis zunächst ein Probeabschluß in Form einer <u>tabellarischen</u>

Betriebsübersicht

gemacht, die auch <u>Hauptabschlußübersicht</u> genannt wird.

Aufgaben. Die Betriebsübersicht wird erstellt, um

- die <u>rechnerische Richtigkeit</u> der Buchungen zu <u>überprüfen,</u>
- eine <u>zusammenfassende Übersicht</u> über das abgelaufene <u>Geschäftsjahr</u> als Informations- und <u>Entscheidungsgrundlage</u> der Unternehmensleitung zu <u>gewinnen,</u>
- den <u>kontenmäßigen Jahresabschluß</u> vorzubereiten oder auch
- einen <u>kurzfristigen Abschluß</u> (z.B. Monatsabschluß) zu <u>erstellen.</u>

Betriebsübersicht (Hauptabschlußübersicht) zum 31.12.19..

Kto.-Nr.	Konto	Summenbilanz		Saldenbilanz I		Umbuchungen		Saldenbilanz II		Schlußbilanz		GuV-Rechnung	
		S	H	S	H	S	H	S	H	Aktiva	Passiva	Aufw.	Erträge
0330	BGA	240 000	10 000	230 000	–	–	46 000	184 000	–	184 000	–	–	–
0610	Eigenkapital	–	520 000	–	520 000	36 000	–	–	484 000	–	484 000	–	–
1010	Forderungen a.LL	934 500	788 200	146 300	–	–	–	146 300	–	146 300	–	–	–
1310	Bank	885 800	712 300	173 500	–	–	–	173 500	–	173 500	–	–	–
1410	Vorsteuer	75 400	69 600	5 800	–	–	5 800	–	–	–	–	–	–
1510	Kasse	38 600	22 400	16 200	–	–	–	16 200	–	16 200	–	–	–
1610	Privatentnahmen	36 000	–	36 000	–	–	36 000	–	–	–	–	–	–
1710	Verbindlichkeiten a.LL	585 000	683 200	–	98 200	–	–	–	98 200	–	98 200	–	–
1810	Umsatzsteuer	69 600	94 000	–	24 400	5 800	–	–	18 600	–	18 600	–	–
3010	Wareneingang	620 000	–	620 000	–	–	80 000	540 000	–	–	–	540 000	–
3910	Warenbestände	100 000	–	100 000	–	80 000	–	180 000	–	180 000	–	–	–
4000	Personalkosten	115 400	–	115 400	–	–	–	115 400	–	–	–	115 400	–
4100	Mieten	48 000	–	48 000	–	–	–	48 000	–	–	–	48 000	–
4800	Allgemeine Verwaltung	31 700	–	31 700	–	–	–	31 700	–	–	–	31 700	–
4910	Abschreibungen auf SA	–	–	–	–	46 000	–	46 000	–	–	–	46 000	–
8010	Warenverkauf	–	880 300	–	880 300	–	–	–	880 300	–	–	–	880 300
		3 780 000	3 780 000	1 522 900	1 522 900	167 800	167 800	1 481 100	1 481 100	700 000	600 800	781 100	880 300
	Jahresgewinn									–	99 200	99 200	–
										700 000	700 000	880 300	880 300

Beispiel:

Beim Elektrogroßhandel Schneider ergeben sich auf den Konten zum 31.12.19.. die obigen Soll- und Habensummen (Summenbilanz):

Abschlußangaben:

1. Abschreibung auf BGA 46 000,00
2. Warenendbestand lt. Inventur 180 000,00
3. Im übrigen Buchbestände = Inventurbestände

Erläuterung der Umbuchungen:

1. Warenbestandsveränderung:

Schlußbestand an Waren	180 000,00	
– Anfangsbestand an Waren	100 000,00	
Bestandserhöhung	80 000,00	80 000,00

Buchung: 3910 an 3010
2. Abschreibung: **4910 an 0330** 46 000,00
3. Abschluß des Privatkontos: **0610 an 1610** 36 000,00
4. Abschluß des Vorsteuerkontos: **1810 an 1410** . . . 5 800,00

Eigenkapital zum 01.01.19..	520 000,00 DM
– Privatentnahmen	36 000,00 DM
	484 000,00 DM
+ **Jahresgewinn**	99 200,00 DM
Eigenkapital zum 31.12.19..	583 200,00 DM

Die Betriebsübersicht (Hauptabschlußübersicht) umfaßt in der Regel 6 Spalten:[1]

Spalte 1: Summenbilanz

Sie bildet den Ausgangspunkt und damit die Grundlage der Betriebsübersicht, da sie die Soll- und Habensummen aller Bestands- und Erfolgskonten übernimmt. Die Summen enthalten die Anfangsbestände und die Veränderungen durch die Geschäftsfälle.

Da bei jeder Buchung der Betrag doppelt gebucht wird, und zwar einmal im Soll und einmal im Haben, müssen in der Summenbilanz die Endsummen der Soll- und Habenseite gleich groß sein. Weichen die beiden Summen voneinander ab, so wurden unterschiedliche Beträge im Soll und im Haben gebucht (z. B. Gegenbuchung fehlt, Betrag wurde zweimal im Soll gebucht, Rechenfehler). Die Summenbilanz erweist sich somit als wirksames Kontrollinstrument für die rechnerische Richtigkeit der Buchungen. Sie wird daher auch als Probebilanz bezeichnet.

In der Summenbilanz sind bereits wichtige Zahlen auf den Konten zu erkennen, wie z.B. die Höhe der entstandenen und ausgeglichenen Forderungen und Verbindlichkeiten, die Bewegungen auf den Finanzkonten sowie Höhe und Zusammensetzung der Aufwendungen und Erträge.

Spalte 2: Saldenbilanz I

Jedes Konto, das in die Summenbilanz übernommen wurde, wird saldiert. Der Saldo erscheint in der Saldenbilanz I – im Gegensatz zum Konto – auf der wertmäßig größeren Seite. Auch hier muß die Sollsumme gleich der Habensumme sein (Summengleichheit).

Spalte 3: Umbuchungen (vorbereitende Abschlußbuchungen)

Die Umbuchungsspalte nimmt die vorbereitenden Abschlußbuchungen (siehe S. 79) auf, die im Anschluß an die Inventur nach den Regeln der Doppik durchgeführt werden. Deshalb muß auch hier Summengleichheit im Soll und im Haben bestehen.

Spalte 4: Saldenbilanz II

Aus den Zahlen der Saldenbilanz I und den Umbuchungen ergeben sich die endgültigen Salden der Saldenbilanz II. Soll und Haben müssen übereinstimmen.

Spalte 5: Schlußbilanz

Diese Spalte übernimmt die Salden der Bestandskonten aus der Saldenbilanz II. Aktiva und Passiva können hier in der Regel zunächst nicht summengleich sein. Die Differenz bedeutet Gewinn oder Verlust, je nachdem, welche Seite überwiegt. Der Saldo der Schlußbilanz muß aber genauso groß sein wie der Saldo der Gewinn- und Verlustrechnung in der Spalte 6 (Abstimmung!).

Spalte 6: Gewinn- und Verlustrechnung (Erfolgsrechnung)

In diese Spalte sind alle Aufwendungen und Erträge der Saldenbilanz II zu übernehmen. Zu den Aufwendungen gehört vor allem der auf dem Konto „3010 Wareneingang" ausgewiesene Wareneinsatz.

Der Saldo der Erfolgsrechnung ist der Gewinn oder Verlust des Unternehmens.

Abschlußbuchungen aufgrund der Betriebsübersicht. Nach Erstellung der Betriebsübersicht (Hauptabschlußübersicht) werden die Umbuchungen auf die Konten des Hauptbuches übertragen. Sodann erfolgt der eigentliche buchhalterische Abschluß der Konten.

Merke:
- **Die Betriebsübersicht, auch Hauptabschlußübersicht genannt, dient vor allem der Vorbereitung des Jahresabschlusses.**
- **Sie gibt eine Gesamtübersicht über das abgelaufene Geschäftsjahr und ist zugleich Informations- und Entscheidungsgrundlage.**

---

1 Die **achtspaltige Betriebsübersicht** enthält noch zusätzlich die Spalten **„Eröffnungsbilanz"** und **„Umsatzbilanz",** aus deren Addition sich die **„Summenbilanz"** ergibt.

93
94

| 93 Summenbilanz | | Erstellen Sie die Betriebsübersicht | 94 Summenbilanz | |
Soll	Haben	Konten	Soll	Haben
264 000,00	11 000,00	0330 BGA	216 000,00	9 000,00
–	528 000,00	0610 Eigenkapital	–	430 000,00
14 000,00	44 000,00	0820 Darlehensschulden	12 300,00	38 000,00
1 027 950,00	867 020,00	1010 Forderungen a. LL	828 750,00	709 380,00
997 240,00	808 170,00	1310 Bank	825 160,00	661 230,00
82 940,00	76 560,00	1410 Vorsteuer	67 860,00	62 640,00
39 600,00	–	1610 Privatentnahmen	32 400,00	–
643 500,00	751 520,00	1710 Verbindlichkeiten a. LL .	526 500,00	614 880,00
76 560,00	103 400,00	1810 Umsatzsteuer	62 640,00	84 600,00
582 000,00	–	3010 Wareneingang	548 000,00	–
210 000,00	–	3910 Warenbestände	100 000,00	–
126 940,00	–	4000 Personalkosten	103 860,00	–
58 400,00	–	4100 Mieten	50 000,00	–
34 870,00	–	4800 Allg. Verwaltung	28 530,00	–
–	–	4910 Abschreibungen auf SA	–	–
–	968 330,00	8010 Warenverkauf	–	792 270,00
4 158 000,00	**4 158 000,00**	Summen	**3 402 000,00**	**3 402 000,00**

Abschlußangaben:

50 600,00		1. Abschreibung auf BGA	41 400,00	
198 000,00		2. Wareninventurbestand	170 000,00	

95
96

| 95 Summenbilanz | | Erstellen Sie die Betriebsübersicht | 96 Summenbilanz | |
Soll	Haben	Konten	Soll	Haben
303 077,00	–	0330 BGA	237 600,00	–
100 800,00	11 880,00	0340 Fuhrpark	84 000,00	9 900,00
–	668 400,00	0610 Eigenkapital	–	557 000,00
16 232,00	50 160,00	0820 Darlehensschulden	13 530,00	41 800,00
1 093 950,00	936 381,00	1010 Forderungen a. LL	911 625,00	780 318,00
1 080 234,00	872 823,00	1310 Bank	900 196,00	727 353,00
89 575,00	82 684,00	1410 Vorsteuer	74 646,00	68 904,00
42 768,00	–	1610 Privatentnahmen	50 600,00	–
694 980,00	811 642,00	1710 Verbindlichkeiten a. LL .	579 150,00	676 368,00
82 684,00	111 672,00	1810 Umsatzsteuer	68 904,00	93 060,00
705 360,00	–	3010 Wareneingang	412 800,00	–
150 000,00	–	3910 Warenbestände	300 000,00	–
137 095,00	–	4000 Personalkosten	114 246,00	–
57 024,00	–	4100 Mieten	47 520,00	–
15 360,00	–	4200 Steuern u. Beiträge	12 800,00	–
57 099,00	–	4800 Allg. Verwaltung	47 583,00	–
–	–	4910 Abschreibungen auf SA	–	–
–	1 070 596,00	8010 Warenverkauf	–	885 497,00
–	10 000,00	8710 Eigenverbr. v. Waren ...	–	15 000,00
4 626 238,00	**4 626 238,00**	Summen	**3 855 200,00**	**3 855 200,00**

Abschlußangaben:

230 000,00		1. Warenendbestand	210 000,00	
61 000,00		2. Abschreibung auf BGA	47 500,00	
17 700,00		3. Abschreibung a. Fuhrpark .	14 800,00	

658382

Anfangsbestände:

BGA	242 000,00	Bankguthaben	142 000,00
Fuhrpark	88 000,00	Kasse	5 800,00
Eigenkapital	479 800,00	Verbindlichkeiten a. LL	112 600,00
Darlehensschulden	150 000,00	Umsatzsteuer	13 400,00
Forderungen a. LL	98 000,00	Waren	180 000,00

Kontenplan: 0330, 0340, 0610, 0820, 1010, 1310, 1410, 1510, 1610, 1620, 1710, 1810, 2780, 3010, 3910, 4020, 4100, 4400, 4700, 4800, 4910, 8010, 8710, 8720, 9300, 9400.

Geschäftsfälle:

	97	98
1. Banküberweisung der Umsatzsteuer-Zahllast	13 400,00	13 400,00
2. Bankabbuchung für Tilgungsrate des Darlehens	22 000,00	18 000,00
3. Unsere Banküberweisung für Miete: Betrieb	18 600,00	16 200,00
privat	1 200,00	1 400,00
4. Wareneinkäufe lt. ER 79–83, brutto	28 175,00	30 360,00
5. Barzahlung der Fahrzeuginspektion einschließlich USt	414,00	529,00
6. Warenverkäufe lt. AR 97–103, brutto	167 440,00	152 260,00
7. Banküberweisung der Gehälter	11 400,00	12 600,00
8. Barentnahme des Inhabers für den Haushalt	800,00	900,00
9. Zahlung der Werbeanzeige durch Bank, netto	1 760,00	1 460,00
10. Barzahlung für Wertmarken der Frankiermaschine	1 200,00	1 400,00
11. Barverkauf eines PKWs zum Buchwert, netto	2 300,00	1 800,00
+ Umsatzsteuer	345,00	270,00
12. Banküberweisung von Kunden zum Ausgleich von AR 95–96	13 200,00	17 600,00
13. Privateinlage durch Bankeinzahlung	20 000,00	30 000,00
14. Eigenverbrauch von Waren, netto	3 000,00	2 000,00
15. Private Nutzung des Geschäftstelefons, netto	1 500,00	1 800,00
16. Bankgutschrift für Verkaufsprovisionen, netto	4 500,00	5 000,00
+ Umsatzsteuer	675,00	750,00

Abschlußangaben

	97	98
1. Warenschlußbestand lt. Inventur	120 000,00	122 800,00

2. Abschreibungen lt. Abschreibungsliste: BGA 5 300,00 DM, Fuhrpark 2 200,00 DM.

Aufgabe:

Buchen Sie zunächst die 16 Geschäftsfälle auf Konten. Übertragen Sie die Soll- und Habensumme eines jeden Kontos in die Summenbilanz der Betriebsübersicht und führen Sie den Abschluß in der Betriebsübersicht durch. Erstellen Sie danach den kontenmäßigen Abschluß.

---

1. *Worin unterscheiden sich Kontenrahmen und Kontenplan?*

2. *Unterscheiden Sie Kontenklasse, Kontengruppe, Kontenart, Kontenunterart.*

3. *Ordnen Sie die Kontenklassen des Großhandelskontenrahmens nach a) Bestandskonten und b) Erfolgskonten.*

4. *Begründen Sie die Notwendigkeit eines Kontenrahmens.*

5. *Welches Prinzip liegt dem Aufbau des Großhandelskontenrahmens zugrunde?*

6. *Weshalb ist es sinnvoll, die Warenkonten der Klasse 3 und die Warenverkaufskonten der Klasse 8 nach Warengruppen (z. B. Kühlschränke, Elektroherde u. a.) zu gliedern?*

7. *Inwiefern kann die Betriebsübersicht als „Probeabschluß" bezeichnet werden? Nennen Sie die übrigen Vorteile einer Betriebsübersicht.*

8.3 Belegorganisation

8.3.1 Bedeutung und Arten der Belege

Belegprinzip. Die Richtigkeit der Buchungen im Grund- und Hauptbuch kann nur anhand der Belege überprüft werden. Deshalb muß jeder Buchung ein Beleg zugrunde liegen. Belege stellen in der Buchführung das <u>Bindeglied zwischen Geschäftsfall und Buchung</u> dar. <u>Der wichtigste Grundsatz</u> ordnungsmäßiger Buchführung lautet daher:

Keine Buchung ohne Beleg.

Belegarten. Nach der Herkunft der Belege unterscheidet man

- **Fremdbelege** („externe" Belege), die von außen in das Unternehmen gelangen (z.B. Eingangsrechnungen), und
- **Eigenbelege** („interne" Belege), die im Unternehmen selbst erstellt werden (z.B. Lohn- und Gehaltslisten).

Fremdbelege	Eigenbelege
– Eingangsrechnungen	– Durchschriften von Ausgangsrechnungen
– Quittungen	– Quittungsdurchschriften
– Gutschriftsanzeige des Lieferers für Warenrücksendung und Preisnachlaß	– Durchschrift der Gutschriftsanzeige an Kunden für Warenrücksendung und Preisnachlaß
– Begleitbriefe zu erhaltenen Schecks und Wechseln	– Durchschriften von Begleitbriefen zu weitergegebenen Schecks und Wechseln
– Erhaltene sonstige Geschäftsbriefe über z.B. nachträgliche Belastungen	– Durchschriften von abgesandten sonstigen Geschäftsbriefen
– Bankbelege (z.B. Kontoauszüge u.a.)	– Lohn- und Gehaltslisten
– Postbelege (z.B. Quittungen über Einzahlungen, Versand, Kontoauszüge der Postbank u.a.)	– Belege über Privatentnahmen (Eigenverbrauch)
	– Belege über Stornobuchungen und Umbuchungen sowie Abschlußbuchungen

Not- oder Ersatzbelege sind auszustellen, wenn ein <u>Originalbeleg abhanden gekommen</u> ist oder ein Fremdbeleg nicht zu erhalten war. Bei verlorengegangenen Fremdbelegen wird man in der Regel eine Abschrift erbitten. Fehlen z.B. über eine Taxifahrt oder von auswärts geführte Ferngespräche die notwendigen Belege, so ist ein Ersatzbeleg zu erstellen, der <u>Zeitpunkt, Grund und Höhe der Ausgabe</u> enthält.

8.3.2 Bearbeitung der Belege

Folgende Arbeitsstufen umfaßt die Bearbeitung der Belege in der Buchhaltung:

- <u>Vorbereitung</u> der Belege zur Buchung
- <u>Buchung</u> der Belege im Grund- und Hauptbuch
- <u>Ablage</u> und Aufbewahrung der Belege

658384

Die sorgfältige Vorbereitung der Belege ist unerläßliche Voraussetzung ordnungsmäßiger Buchführung. Dazu gehören:

- **Überprüfung der Belege** auf ihre <u>sachliche und rechnerische Richtigkeit.</u>
- **Bestimmung des Buchungsbeleges.** Gehören zu einem Geschäftsfall mehrere Belege (z.B.
  bei Banküberweisungen: Überweisungsvordruck und Kontoauszug), muß vorab bestimmt
  werden, welcher Beleg als Buchungsunterlage verwendet werden soll, um mehrfache
  Buchungen zu vermeiden.
- **Ordnen der Belege nach Belegarten (Belegsortierung)** als <u>Voraussetzung für Sammel-</u>
  <u>buchungen</u> und eine ordnungsmäßige Ablage und <u>Aufbewahrung</u> der Belege:

– Ausgangsrechnungen	– Bankbelege
– Gutschriften an Kunden	– Postbankbelege
– Eingangsrechnungen	– Kassenbelege
– Gutschriften von Lieferern	– Privatentnahmen
– Lohn- und Gehaltslisten	– Sonstige Belege

- <u>**Fortlaufende Numerierung**</u> der Belege innerhalb jeder Belegart.
- **Vorkontierung der Belege,** indem man mit Hilfe eines Kontierungsstempels die Buchungssätze bereits auf den Belegen angibt.

Bei der Buchung der vorkontierten Belege im Grund- und Hauptbuch sind jeweils die
Belegart und die Belegnummer anzugeben. Dieser <u>Belegvermerk</u> (z.B. AR 15) stellt
sicher, daß zu jeder Buchung der zugehörige Beleg sofort auffindbar ist. Umgekehrt
muß nach jeder Buchung der <u>Buchungsvermerk auf dem Beleg</u> eingetragen werden,
der die Journalseite, das Buchungsdatum sowie das Zeichen des Buchhalters angibt.
Durch diese <u>wechselseitigen Hinweise</u> wird der Beleg zum <u>Bindeglied</u> zwischen
Geschäftsfall und Buchung.

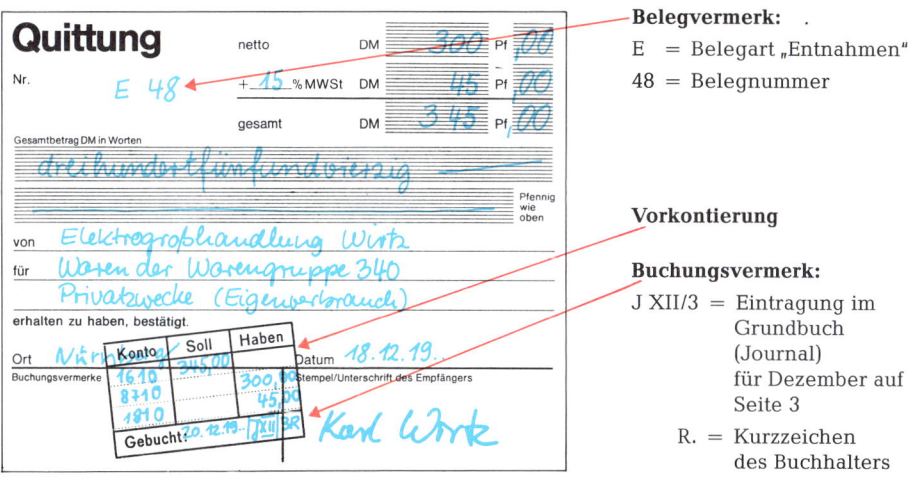

Belegvermerk:

E = Belegart „Entnahmen"

48 = Belegnummer

Vorkontierung

Buchungsvermerk:

J XII/3 = Eintragung im
        Grundbuch
        (Journal)
        für Dezember auf
        Seite 3

R. = Kurzzeichen
     des Buchhalters

Belegaufbewahrung. Nach der Buchung müssen die Belege sorgfältig abgelegt und
<u>6 Jahre</u> aufbewahrt werden, gerechnet <u>vom Ende des Kalenderjahres,</u> in dem der
Beleg entstanden ist (§ 257 [4] HGB). <u>Für jede Belegart</u> wird in der Regel <u>ein Ordner</u>
angelegt, in dem die Belege nach fortlaufender Nummer abgeheftet sind. Bei einer
<u>Mikrofilmablage</u> muß die jederzeitige Wiedergabe der mikroverfilmten Belege sicher-
gestellt sein (vgl. S. 11).

Merke: **Die Belegorganisation ist Voraussetzung ordnungsmäßiger Buchführung.**

8.4 Bücher der Buchführung

Ordnung der Buchungen. Die buchhalterischen Aufzeichnungen müssen klar und jederzeit nachprüfbar sein. Deshalb fordern die Grundsätze ordnungsmäßiger Buchführung für die Buchung der Geschäftsfälle eine bestimmte Ordnung, und zwar eine

- **zeitliche** (chronologische) Ordnung,
- **sachliche** (systematische) Ordnung und in bestimmten Fällen noch eine
- **ergänzende** Ordnung durch Nebenaufzeichnungen.

Es ist Aufgabe der „Bücher" der Buchführung, diese Ordnung vorzunehmen.

8.4.1 Grundbuch

Zeitliche Reihenfolge. Im Grundbuch werden alle Geschäftsfälle in zeitlicher (chronologischer) Reihenfolge <u>nach vorkontierten Belegen</u> festgehalten. Im einzelnen nimmt es auf:

1. **Eröffnungsbuchungen**
2. **Laufende Buchungen**
3. **Vorbereitende Abschlußbuchungen** (Umbuchungen)
   - Buchung der Abschreibung
   - Abschluß der Unterkonten (z. B. Privat)
   - Verrechnung „Vorsteuer", „Umsatzsteuer"

4. **Abschlußbuchungen**
   - Abschluß der <u>Erfolgskonten</u> über das GuV-Konto
   - Abschluß des <u>GuV-Kontos</u> über das Eigenkapitalkonto
   - Abschluß der <u>Bestandskonten</u> über das Schlußbilanzkonto

Das Grundbuch oder Journal (Tagebuch) bildet somit die <u>Grundlage der Buchführung</u>. Für jeden Geschäftsfall sollte aus dem Grundbuch zu <u>erkennen</u> sein: Datum, Belegvermerk (Belegart und Belegnummer), Buchungstext (Kurzbeschreibung des Geschäftsfalls), Buchungssatz (Kontierung) und Betrag:

Journal			Monat November 19..			Seite ...	
Datum	Beleg Nr.	Buchungstext	**Buchungssatz**		**Betrag**		
			Soll	Haben	Soll	Haben	
12.11.		Übertrag von Seite ...			...	...	
12.11.	BA 158	Überweisung an Vits KG	1710	1310	4 600,00	4 600,00	
13.11.	AR 896	Verkauf an Holzen OHG	1010	8010	6 900,00	6 000,00	
				1810		900,00	
14.11.	BA 159	Überweisung von Decker	1310	1010	2 760,00	2 760,00	
.	.	...					

Bedeutung des Grundbuches. Die chronologischen Aufzeichnungen im Journal ermöglichen es, jeden einzelnen Geschäftsfall während der Aufbewahrungsfristen schnell bis zum Beleg zurückzuverfolgen und damit nachzuweisen.

Übertragungs-, Durchschreibe- oder EDV-Buchführung. Jede Grundbuchung muß auf dem entsprechenden Sachkonto des Hauptbuches und gegebenenfalls auf dem Konto bzw. der Karteikarte eines Nebenbuches (Lagerkartei, Kunden- und Liefererkonto u.a.) erfaßt werden. Ob die Grundbuchungen <u>vor</u> der Übertragung auf die Konten (= Übertragungsbuchführung) oder <u>im Durchschreibeverfahren</u> (= Durchschreibebuchführung) oder <u>automatisch</u> mit der Buchung auf den Konten (= EDV-Buchführung) erfolgen, ist eine Frage des jeweils angewandten <u>Buchungsverfahrens</u>.

Merke: **Im Grundbuch werden die Geschäftsfälle in zeitlicher Reihenfolge gebucht.**

658386

8.4.2 Hauptbuch

Sachliche Ordnung. Aus dem Grundbuch läßt sich nicht jederzeit der Stand der einzelnen Vermögensteile und Schulden erkennen. Deshalb müssen die Geschäftsfälle noch in <u>sachlicher</u> Ordnung auf entsprechenden „<u>Sachkonten</u>" gebucht werden, z.B. alle Gehaltszahlungen auf einem Konto „Gehälter", alle Bargeschäfte auf einem Kassenkonto u.a. Die Sachkonten stellen wegen ihrer Bedeutung für die Buchführung das <u>Hauptbuch</u> dar. Sie werden heute wie das Grundbuch auf losen Formblättern geführt.

Die Sachkonten sind die <u>im Kontenplan</u> des Betriebes verzeichneten <u>Bestands- und Erfolgskonten.</u> Ihr Abschluß führt zur Gewinn- und Verlustrechnung und Bilanz. Bei jeder Buchung auf einem Sachkonto des Hauptbuches müssen ähnlich wie im Grundbuch vermerkt werden: Datum, Belegvermerk, Buchungstext, Gegenkonto, Betrag im Soll und im Haben:

Konto: 1310 Bank					
Datum	Beleg Nr.	Buchungstext	Gegenkonto	Betrag	
				Soll	Haben
12.11.	BA 158	Überweisung an Vits KG	1710	–	4 600,00
14.11.	BA 159	Überweisung von Decker	1010	2 760,00	–
.	.	...			
.	.	...			
.	.	...			

Merke: **Im Hauptbuch werden die Geschäftsfälle sachlich geordnet gebucht.**

Zusammenhang von Grund- und Hauptbuch. Grundlage der Buchungen im Grundbuch sind die vorkontierten Belege. Das Hauptbuch übernimmt auf den Sachkonten die gleichen Buchungen, nur in anderer Ordnung:

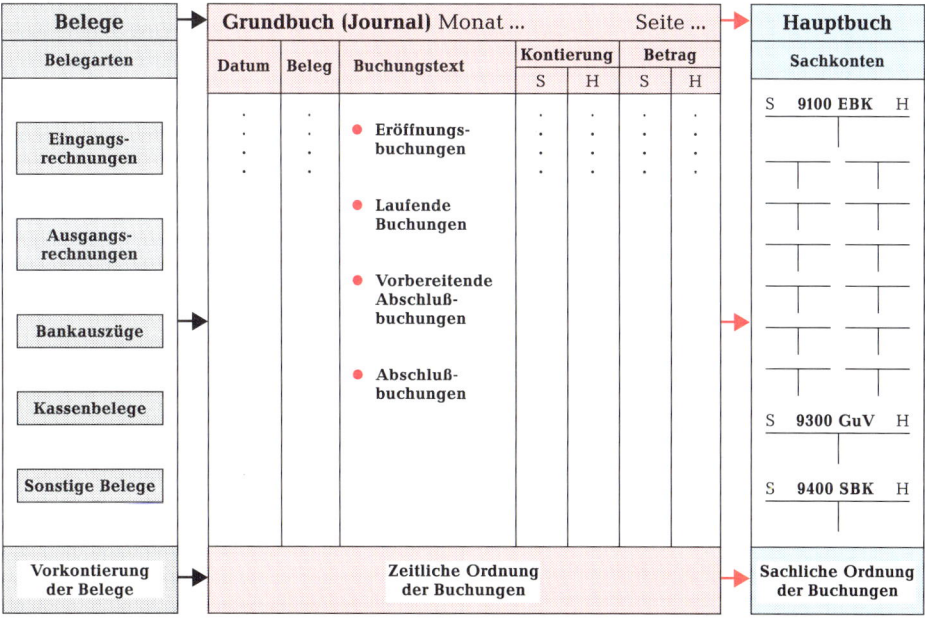

8.4.3 Nebenbücher (Nebenbuchhaltungen)

Erläuterung einzelner Sachkonten. Bestimmte Hauptbuchkonten (z.B. Forderungen a. LL, Verbindlichkeiten a. LL, Waren, Löhne und Gehälter, Fuhrpark, Betriebs- und Geschäftsausstattung u.a.) bedürfen noch einer näheren Erläuterung, um wichtige Einzelheiten zu erfahren. Das geschieht in Nebenbüchern (Nebenbuchhaltungen), die heute wie das Hauptbuch in Kartei- oder Loseblattform geführt werden:

- **Die Kontokorrentbuchhaltung,** die den Geschäftsverkehr mit den einzelnen Kunden und Lieferern erfaßt: Kontokorrentbuch oder Buch der Geschäftsfreunde.
- **Die Lagerbuchhaltung,** die die Aufzeichnungen über die Bestände, Zugänge und Abgänge der einzelnen Warenart enthält: Lagerkartei (Lagerkarteikarte).
- **Die Anlagenbuchhaltung,** die die Veränderung der Anlagegegenstände durch Zugänge, Abgänge und Abschreibungen im einzelnen nachweist in Form der Anlagenkartei.[1]
- **Die Lohn- und Gehaltsbuchhaltung,** die die Lohn- und Gehaltsabrechnung vornimmt.[1]
- **Das Wechselbuch,** das den gesamten Besitzwechsel- und Schuldwechselnachweis führt.[1]

Merke: **Die Nebenbücher dienen der Erläuterung bestimmter Hauptbuchkonten.**

8.4.3.1 Kontokorrentbuchhaltung

Personenkonten. Aus den Sachkonten „1010 Forderungen a. LL" und „1710 Verbindlichkeiten a. LL" des Hauptbuches kann man nicht ersehen, wie hoch die Forderung gegenüber den einzelnen Kunden (= Debitoren) oder die Schulden gegenüber den einzelnen Lieferern (= Kreditoren) sind. Für jeden Kunden und Lieferer ist daher ein eigenes Konto einzurichten. Diese Personenkonten (Lieferer- und Kundenkonten) dienen der Überwachung der Zahlungstermine und Zahlungsfähigkeit (Liquidität). Sie bilden das Kontokorrentbuch (ital.: conto corrente = laufende Rechnung).

Kundenkonto: P. Klein, Südallee 2, 50858 Köln						**Konto-Nr. 10 000**
Datum	Beleg	Buchungstext	Journalseite	Soll	Haben	Saldo
02.01.	–	Saldovortrag	J 1	4 600,00	–	4 600,00
04.01.	BA 1	Banküberweisung	J 1		3 450,00	1 150,00
12.01.	AR 38	Verkauf Artikel-Nr. 567 ...	J 3	2 760,00	–	3 910,00

Abstimmung der Personenkonten mit den Sachkonten. Bei konventioneller Übertragungsbuchführung muß jede Buchung, die auf den Sachkonten „1010 Forderungen a. LL" und „1710 Verbindlichkeiten a. LL" vorgenommen wurde, gleichzeitig auf dem entsprechenden Kunden- und Liefererkonto vermerkt werden. Beim Kontenabschluß werden die Salden der Kunden- und Liefererkonten jeweils in einer Saldenliste zusammengestellt. Die Summe der Einzelsalden aller Kundenkonten muß mit dem Saldo des Kontos „Forderungen a. LL" im Hauptbuch übereinstimmen. Gleiches gilt für die Liefererkonten und das Konto „Verbindlichkeiten a. LL".

In der EDV-Buchführung wird zunächst auf den Personenkonten gebucht. Beim Abschluß werden die Summen der Debitoren und Kreditoren automatisch auf die Sachkonten 1010 und 1710 übertragen. Sachkonten sind stets vierstellig, Personenkonten fünfstellig:

       Debitoren: 10000–59999 ▷ z.B. 10000 Kunde A,   10001 Kunde B
       Kreditoren: 60000–99999 ▷ z.B. 60000 Lieferer A, 60001 Lieferer B

Kundenkonten erhalten z.B. an der fünften Stelle (die EDV-Anlage liest die Kennziffern von rechts nach links) die Kennziffern 1 bis 5, Liefererkonten die Ziffern 6 bis 9.

---

1 Diese **Nebenbücher** werden bei der Behandlung der entsprechenden **Sachkonten** besprochen.

658388

Konto-Nr.	Kunden	Salden DM
10000	Berger, Köln	6 900
10001	Winter, Bonn	16 100
10002	Kurz, Berlin	27 600
10003	Krüger, Wesel	24 150
	Saldensumme	74 750

Konto-Nr.	Lieferer	Salden DM
60000	Peters, Münster	2 300
60001	Lang, Lingen	9 775
60002	Schnell, Soest	15 525
60003	Gruppe, Berlin	12 075
	Saldensumme	39 675

1010 Forderungen a. LL

Datum	Beleg	Text	Soll DM	Haben DM
31.12.	—	...	862 500	787 750
		Saldo	—	74 750
			862 500	862 500

1710 Verbindlichkeiten a. LL

Datum	Beleg	Text	Soll DM	Haben DM
31.12.	—	...	420 325	460 000
		Saldo	39 675	—
			460 000	460 000

Merke: Die Saldensumme der Kundenkonten (Debitoren) und Liefererkonten (Kreditoren) im Kontokorrentbuch muß jeweils mit dem Saldo des Sachkontos „1010 Forderungen a. LL" bzw. „1710 Verbindlichkeiten a. LL" im Hauptbuch übereinstimmen.

Aufgaben

Geschäftsgänge mit Grund-, Haupt-, Kontokorrent- und Bilanzbuch

1. Führen Sie die genannten Bücher der Buchführung.
2. Richten Sie die Sachkonten ein und tragen Sie die Beträge der Summenbilanz vor.
3. Richten Sie die Personenkonten ein und tragen Sie die Soll- und Habenbeträge vor.
4. Buchen Sie noch die Geschäftsfälle für Dezember auf den Sach- und Personenkonten.
5. Erstellen Sie zum 31.12. die Saldenlisten der Personenkonten und stimmen Sie diese mit den Sachkonten „1010 Forderungen a. LL" und „1710 Verbindlichkeiten a. LL" ab.
6. Führen Sie den kontenmäßigen Jahresabschluß im Hauptbuch durch.
7. Erstellen Sie einen ordnungsmäßig gegliederten <u>Jahresabschluß</u> (Bilanz und Gewinn- und Verlustrechnung) der Textilgroßhandlung E. Tuch, Köln, für das Bilanzbuch.

Belegabkürzungen: AR (Ausgangsrechnung), ER (Eingangsrechnung), BA (Bankauszug), PA (Postbankauszug), KB (Kassenbeleg), SB (Sonstige Belege).

Kundenkonten der Textilgroßhandlung E. Tuch, Köln	Soll	Haben
10000 F. Walter, Leverkusen	344 500,00	322 400,00
10001 A. Kühn, Köln	241 250,00	221 400,00
10002 R. Schulze, Bergheim	225 000,00	175 580,00
Summe	810 750,00	719 380,00
Liefererkonten der Textilgroßhandlung E. Tuch	**Soll**	**Haben**
60000 M. Blau, Rheine	189 400,00	224 600,00
60001 S. Schneider, Emsdetten	180 200,00	215 800,00
60002 R. Weber, Soest	155 400,00	184 480,00
Summe	525 000,00	624 880,00

100
101

Sachkonten der Textilgroßhandlung E. Tuch	Soll	Haben
0330 Betriebs- und Geschäftsausstattung	218 000,00	13 000,00
0610 Eigenkapital	—	429 000,00
1010 Forderungen a. LL	810 750,00	719 380,00
1310 Bank	782 220,00	646 070,00
1320 Postbank	43 700,00	14 000,00
1410 Vorsteuer	68 870,00	63 640,00
1510 Kasse	28 940,00	21 160,00
1610 Privatentnahmen	40 000,00	—
1710 Verbindlichkeiten a. LL	525 000,00	624 880,00
1810 Umsatzsteuer	63 140,00	86 600,00
3010 Wareneingang	509 000,00	—
3910 Warenbestände	140 000,00	—
4000 Personalkosten	102 000,00	—
4100 Mieten	45 060,00	—
4800 Allgemeine Verwaltungskosten	35 320,00	—
4910 Abschreibungen auf Sachanlagen	—	—
8010 Warenverkauf	—	780 170,00
8710 Eigenverbrauch von Waren	—	14 100,00
9300 Gewinn- und Verlustkonto	—	—
9400 Schlußbilanzkonto	—	—
Summen zum 18.12.19..	3 412 000,00	3 412 000,00

Geschäftsfälle ab 18. Dezember bis 31. Dezember 19..			**100**	**101**
Datum	Beleg	Buchungstext	DM	DM
18.12.	AR 949	Zielverkauf an Fa. Walter, netto	8 800,00	8 500,00
		+ Umsatzsteuer	1 320,00	1 275,00
19.12.	ER 468	Zieleinkauf bei Fa. Blau, netto	12 300,00	12 100,00
		+ Umsatzsteuer	1 845,00	1 815,00
20.12.	BA 91	Überweisung von Fa. Kühn	13 200,00	14 850,00
		Überweisung an Fa. Schneider	22 000,00	19 800,00
21.12.	KB 248	Barkauf von Postwertzeichen	650,00	780,00
		Private Warenentnahme, netto	760,00	700,00
23.12.	ER 469	Zieleinkauf bei Fa. Weber, netto	11 800,00	11 900,00
		+ Umsatzsteuer	1 770,00	1 785,00
27.12.	KB 249	Privatentnahme, bar	800,00	700,00
28.12.	AR 950	Zielverkauf an Fa. Schulze, netto	15 600,00	14 800,00
		+ Umsatzsteuer	2 340,00	2 220,00
29.12.	PA 93	Überweisung der Gehälter	6 400,00	6 600,00
		Überweisung der Telefongebühren	1 200,00	1 300,00
		Überweisung von Fa. Schulze	27 500,00	24 200,00
30.12.	KB 250	Barkauf von Büromaterial, brutto	529,00	575,00
31.12.	KB 251	Barverkäufe v. Waren (Tageslosung), brutto	6 440,00	5 520,00

Abschlußangaben:

31.12.	SB 189	Warenendbestand lt. Inventur	168 000,00	171 000,00
31.12.	SB 190	Abschreibungen auf BGA	39 000,00	40 000,00
31.12.	Inventar	Buchbestände = Inventurbestände		

658390

Die Personen- und Sachkonten der Textilgroßhandlung E. Tuch sind zum 18.12.19.. einzurichten (vgl. Aufgaben 100/101). Folgende Geschäftsfälle sind noch bis zum 31.12.19.. zu buchen:

Datum	Beleg		Buchungstext	102 DM	103 DM
18.12.	BA	92	Unsere Zahlung der Miete für Büroräume	4 500,00	4 800,00
	BA	93	Barabhebung für Geschäftskasse	1 800,00	1 500,00
19.12.	AR	951	Verkauf an Fa. Kühn, netto	15 600,00	14 200,00
			+ Umsatzsteuer	2 340,00	2 130,00
20.12.	SB	191	Kauf eines Kleincomputers gegen Rechnung, netto	2 800,00	2 500,00
			+ Umsatzsteuer	420,00	375,00
20.12.	PA	94	Abbuchung der Telefonrechnung	760,00	850,00
21.12.	ER	470	Einkauf bei Fa. Schneider, netto	5 800,00	5 600,00
			+ Umsatzsteuer	870,00	840,00
22.12.	BA	94	Überweisung von Fa. Walter	11 500,00	12 650,00
			von Fa. Kühn	8 050,00	8 625,00
			von Fa. Schulze	27 600,00	31 050,00
23.12.	KB	252	Warenverkäufe, bar, brutto	6 325,00	7 590,00
24.12.	KB	253	Privatentnahme, bar	700,00	750,00
27.12.	BA	95	Überweisung an Dr. med. Baier zum Ausgleich der Arztrechnung	440,00	460,00
28.12.	AR	952	Verkauf an Fa. Walter, netto	15 600,00	15 700,00
			+ Umsatzsteuer	2 340,00	2 355,00
28.12.	ER	471	Einkauf bei Fa. Blau, netto	14 400,00	13 800,00
			+ Umsatzsteuer	2 160,00	2 070,00
29.12.	BA	96	Unsere Bareinzahlung aus der Geschäftskasse ..	2 500,00	2 200,00
29.12.	SB	192	Privatentnahme von Waren, netto	460,00	560,00
			+ Umsatzsteuer	69,00	84,00
30.12.	PA	95	Unsere Überweisung für Lagerraummiete	6 400,00	6 300,00
31.12.	BA	97	Überweisung an Fa. Blau	33 350,00	23 000,00
			an Fa. Weber	16 675,00	16 100,00

Abschlußangaben:

Datum	Beleg		Buchungstext	102 DM	103 DM
31.12.	SB	193	Warenschlußbestand lt. Inventur	176 000,00	187 000,00
31.12.	SB	194	Abschreibung auf BGA	38 000,00	37 000,00
31.12.			Im übrigen entsprechen die Buchwerte der Inventur.		

Fragen

1. *Erläutern Sie Aufgaben und Bedeutung der Bücher der Buchführung: a) Grundbuch, b) Hauptbuch, c) Nebenbücher, d) Inventar- und Bilanzbuch.*

2. *Inwiefern ist der Beleg Bindeglied zwischen Geschäftsfall und Buchung?*

3. *Belege lassen sich nach ihrer Entstehung in a) Fremd- bzw. externe Belege und b) Eigen- bzw. interne Belege unterscheiden. Nennen Sie jeweils mindestens drei Beispiele.*

4. *Nennen Sie die Aufbewahrungsfristen für Geschäftsbelege und die Bücher der Buchführung.*

5. *Von welchem Zeitpunkt an beginnt die Aufbewahrungsfrist?*

6. *Welche Möglichkeiten der Belegaufbewahrung bestehen?*

8.4.3.2 Waren- oder Lagerbuch (Lagerbuchführung)

Ermittlung des Sollbestandes. In der Lagerbuchführung wird für jeden Artikel eine Lagerkarte (Warenkarte) geführt, die die Zugänge und Abgänge in Mengeneinheiten (Stück, kg, m u. a.) erfaßt. Dadurch kann der Bestand an einem Artikel jederzeit buchmäßig, also ohne zeitaufwendige körperliche Inventur, festgestellt werden (vgl. permanente Inventur auf Seite 13).

Istbestand. Der Soll- bzw. Buchbestand der Lagerkartei muß aber mindestens einmal im Geschäftsjahr durch eine körperliche Bestandsaufnahme überprüft werden. Unterschiede zwischen Soll- und Istbeständen können auf Diebstahl, Verderb, Schwund oder nicht erfaßte Eingangs- und Ausgangsrechnungen zurückzuführen sein. Die Lagerkarte und das Sachkonto Warenbestände sind dann entsprechend zu berichtigen.

Überwachung des Lagerbestandes. Die Lagerkartei dient nicht nur der täglichen Erfassung, sondern vor allem auch der Überwachung des Lagerbestandes der einzelnen Artikel und Warengruppen. Die Lagerkarte enthält deshalb auch wichtige Angaben für das Bestellwesen. Sie weist sowohl den Mindest- als auch den Höchstbestand für den einzelnen Artikel aus.

Lagerkarte

Artikel Nr.: 0458				Mindestbestand: 18		
Artikel: Kühlschrank L 200				Höchstbestand: 45		
Lieferer: 60005				Lagerort: C I 4		

Datum	Beleg	EP je Einheit	Zugang	Abgang	Bestand	Bemerkungen
01.01.	Vortrag	200,00	–	–	20	
05.01.	ER 12	220,00	10	–	30	
10.01.	AR 24	–	–	8	22	
14.01.	AR 36	–	–	3	19	
18.01.	ER 56	225,00	15	–	34	

EDV. Die Lagerkartei wird überwiegend in Loseblattform geführt. Viele Betriebe bedienen sich zur Erfassung und Überwachung der Lagerbestände in zunehmendem Maße der elektronischen Datenverarbeitung (EDV). Die Lagerbuchführung wird dadurch wesentlich vereinfacht. Die gewünschten Daten können schnellstens über den Bildschirm oder den Drucker abgerufen werden.

Merke: **Die Lagerkartei dient der buchmäßigen Ermittlung und Überwachung der einzelnen Warenbestände.**

Aufgabe – Fragen

105 *Führen Sie die Lagerkarte für Kassettenrecorder M 48, Artikel Nr.: 0456.*

Lieferer: Interton GmbH, Frankfurt a. M., 60041

Mindestbestand: 12 Stück; Höchstbestand: 40 Stück. Einstandspreis 190,00 DM.

01.01. Anfangsbestand lt. Inventarliste vom 31.12. des Vorjahres 14 Stück;

ER 112 vom 12.01. 20 Geräte; Lieferung am 13.01. lt. AR 98 10 Geräte;

ER 114 vom 25.01. 15 Geräte; 31.01. Lieferung lt. AR 168 14 Geräte.

1. Worin liegen die betriebswirtschaftlichen Vorteile der permanenten Inventur?

2. Nennen Sie andere Verfahren der Inventur der Warenvorräte.

658392

9 Konventionelle und EDV-gestützte Buchführung

9.1 Konventionelle Buchführung

Konventionelle Buchungsverfahren sind die

- Übertragungsbuchführung und - Durchschreibebuchführung.

Übertragungsbuchführung. Bei diesem Verfahren wird jeder Geschäftsfall zuerst im Grundbuch (Journal) erfaßt und danach auf die entsprechenden Sachkonten des Hauptbuches und gegebenenfalls zusätzlich auf die zugehörigen Personenkonten des Kontokorrentbuches (Debitoren bzw. Kreditoren) übertragen. Jede Buchung bedingt somit zwei Arbeitsgänge. Wegen der zeitraubenden, fehleranfälligen Übertragungsarbeit ist die Übertragungsbuchführung nur noch in Kleinstbetrieben denkbar. Für den Buchführungslernenden ist sie aber nach wie vor von unschätzbarem Wert.

Die Durchschreibebuchführung beseitigt die Mängel der Übertragungsbuchführung, da bei ihr jegliche Übertragungsarbeit entfällt. Sach- und Personenkonten sowie das Journal bestehen aus losen Blättern, die in ihrer Lineatur übereinstimmen. Jede Buchung auf dem Sach- und Personenkonto erscheint zugleich in Durchschrift – also in einem Arbeitsgang – auf dem darunterliegenden Journalblatt. Die Loseblattform erlaubt zudem eine beliebige Erweiterung der Kontenzahl. Die Durchschreibebuchführung kann sowohl manuell als auch maschinell durchgeführt werden.

9.2 Computergestützte Buchführung

EDV-Buchführung. Die Zahl der täglichen Geschäftsfälle ist in der Regel auch in kleinen Unternehmen so groß, daß selbst mit Hilfe einer maschinellen Durchschreibebuchführung die Fülle von Belegen nicht in wirtschaftlich vertretbarer Zeit zu bearbeiten ist. Nur eine EDV-gestützte Buchführung ermöglicht es,

- **eine Vielzahl von Buchungsdaten in kürzester Zeit zu erfassen,**
- **automatisch zu verarbeiten,**
- **auszuwerten und zu speichern sowie**
- **die Ergebnisse jederzeit abzurufen.**

Drei Schritte kennzeichnen die Arbeitsweise der EDV in der Buchführung:

EINGABE der Daten	VERARBEITUNG der Daten	AUSGABE der Daten
über:	in der: **Zentraleinheit**	über:
- Bildschirm mit Eingabetastatur - Magnetbandgerät - Belegleser	- Hauptspeicher, - Steuerwerk und - Rechenwerk	- Bildschirm - Schnelldrucker

Die Eingabe der Daten in den Computer (Zentraleinheit) erfolgt in der Regel direkt über die Eingabetastatur des Bildschirmgerätes. Das hat den Vorteil, daß die eingegebenen Daten sofort am Bildschirm überprüft werden können. Daten können zudem auch über Datenträger (Diskette, Magnetbandkassette) oder durch Fernübertragung in die Zentraleinheit eines Rechners eingegeben werden. Klarschriftbelege (Schecks, Überweisungsvordrucke) und Markierungsbelege enthalten bereits die einzugebenden Daten in optisch lesbarer Schrift, die direkt über einen Belegleser in den Computer eingelesen werden.

Die Verarbeitung der Daten findet in der Zentraleinheit statt. Sie ist das Kernstück der EDV-Anlage, die drei wichtige Funktionen hat:

1. **Speichern der Programme und Daten im Hauptspeicher,**
2. **Rechnen,**
3. **Steuern der Datenverarbeitung nach Programm.**

Die Zentraleinheit besteht deshalb aus dem Hauptspeicher, dem Rechenwerk und dem Steuerwerk. Die eingegebenen Daten gelangen zunächst in den Hauptspeicher. Durch das Steuerwerk wird mit Hilfe des Programms alles weitere geleitet und koordiniert, und zwar das Speichern der Daten, das programmgemäße Rechnen und schließlich die Ausgabe der Ergebnisdaten.

Die Ausgabe der Daten der EDV-Buchführung erfolgt über Bildschirm und Drucker:

▶ **Buchungserfassungsprotokoll** zur Kontrolle der Buchungssätze,
▶ **Offene-Posten-Liste** der Kunden und Lieferanten,
▶ **Grundbuch (Journal) für den Abrechnungszeitraum,**
▶ **Sachkonten und Personenkonten** (Debitoren und Kreditoren),
▶ **Bilanz und Gewinn- und Verlustrechnung,**
▶ **Betriebswirtschaftliche Auswertungen:**
  – Strukturzahlen der Bilanz und GuV-Rechnung
  – Rohgewinn je Warengruppe
  – Kostenvergleichsanalyse
  – Liquiditätsübersichten u. a. m.

Datensicherung. Daten und Programme der EDV-Finanzbuchhaltung müssen vor Übertragungsfehlern, Verfälschung, Vernichtung und Diebstahl geschützt werden und sollten deshalb in regelmäßigen Abständen auf externe Datenträger (Disketten, Magnetbandkassetten) kopiert werden. Sicherungskopien sind vor allem nach Eingabe der Stammdaten und vor dem Jahresabschluß zu erstellen. Die Datensicherung ist ein wichtiger Grundsatz ordnungsmäßiger Speicherbuchführung (GoS).

Grundsätze ordnungsmäßiger Speicherbuchführung (GoS). In einer EDV-Buchführung werden die eingegebenen Buchungsdaten zunächst lediglich auf magnetischen Datenträgern (Festplatte, Diskette, Magnetbandkassette) gespeichert, ohne daß eine sofortige Verarbeitung in Form eines Grund- und Hauptbuches erfolgt. Für eine Speicherbuchführung gelten deshalb neben den allgemeinen „Grundsätzen ordnungsmäßiger Buchführung" (GoB), wie z.B. Vollständigkeit, Richtigkeit, Zeitgerechtigkeit und Nachprüfbarkeit der Buchungen (s.S. 11), besondere „Grundsätze ordnungsmäßiger Speicherbuchführung" (GoS). Dazu zählen vor allem:

● **Grundsatz der Zuverlässigkeit des Fibu-Programms,**
● **Grundsatz der Datensicherheit** und
● **Grundsatz der jederzeitigen Datenwiedergabe.**

Merke:
● **Grundbuch, Hauptbuch und Nebenbücher dürfen auf Datenträgern aufbewahrt werden (siehe § 239 [4] HGB). Aufbewahrungsfrist: 10 Jahre.**
● **Bilanz und Gewinn- und Verlustrechnung sind dagegen in ausgedruckter Form 10 Jahre aufzubewahren (siehe § 257 [3] HGB).**

658394

10 Buchen mit einem Finanzbuchhaltungsprogramm

10.1 Erfassung der Daten

Fibu-Programm. Eine EDV-gestützte Buchführung setzt die Installation eines guten Finanzbuchhaltungsprogramms (Fibu) auf der Festplatte der EDV-Anlage voraus. Dazu zählen unter anderen KHK und IBM. Die Programme unterscheiden bei den Datenbeständen zwischen Stammdaten und Bewegungsdaten.

Stammdaten sind Daten, die über einen längeren Zeitraum unverändert bleiben. Sie bilden die Grundlage der Finanzbuchhaltung und sind deshalb zuerst in die EDV-Anlage einzugeben, sofern sie nicht bereits im käuflich erworbenen Programm enthalten sind, wie z.B. ein entsprechender Kontenrahmen. Wichtige Stammdaten sind:

> ▶ **Kontenplan mit Kontennummern und Kontenbezeichnungen,**
> ▶ **Gliederung der Bilanz und Gewinn- und Verlustrechnung,**
> ▶ **Zuordnung der Sachkonten zur Bilanz und GuV-Rechnung,**
> ▶ **Kundenkonten mit Kontonummer, Name und Anschrift,**
> ▶ **Lieferekonten mit Kontonummer, Name, Anschrift, Banken,**
> ▶ **Steuerschlüssel zur automatischen Herausrechnung der Vor- bzw. Umsatzsteuer aus dem eingegebenen Bruttobetrag,**
> ▶ **Bankverbindungen,**
> ▶ **Mahnvorbesetzungen für automatische Mahnschreiben an Kunden.**

Bewegungsdaten ändern sich bei jedem Geschäftsfall (Bewegung):

> ▶ **Buchungsdatum**   ▶ **Belegnummer, Belegdatum**
> ▶ **Sollkonto, Habenkonto** ▶ **Buchungsbeleg, Buchungstext**

Bei Ersteinrichtung der EDV-Buchführung sind außer den Stammdaten zunächst auch die Anfangsbestände bzw. Salden der Sachkonten sowie die noch nicht beglichenen Rechnungen der Kunden und Lieferer, die auch als „Offene Posten" bezeichnet werden, über das Hilfs- bzw. Gegenkonto „9150 Saldenvorträge" auf die entsprechenden Sach- und Personenkonten einzugeben. Beim Jahresabschluß werden die Bestände und Offenen Posten vom Programm automatisch auf das folgende Geschäftsjahr übertragen. Beim Monatsabschluß, der in der EDV-Buchführung die Regel ist, werden die Salden der Sach- und Personenkonten automatisch auf den nächsten Monat vorgetragen.

Erfassung der Buchungen. Die Buchungen werden aufgrund der vorkontierten Belege eingegeben. In der Regel unterscheidet man Stapel- und Dialogbuchungen.

● **Stapelbuchungen.** Die Buchungen werden nicht direkt auf Konten gebucht, sondern vorab in einem Zwischenspeicher „gestapelt". Dieses Buchungsverfahren hat somit den Vorteil, daß die gespeicherten Buchungssätze noch jederzeit ergänzt oder korrigiert werden können. Die „gestapelten" Buchungen werden später durch einen besonderen Verarbeitungsbefehl auf die entsprechenden Konten übertragen. Vorher sollte man allerdings noch zur Kontrolle ein Buchungserfassungsprotokoll ausdrucken lassen.

● **Dialogbuchungen.** Bei diesem Verfahren wird jeder Buchungssatz sofort nach seiner Eingabe auf den entsprechenden Konten gebucht. Buchungen können nicht mehr zurückgenommen, sondern nur noch storniert werden.

Merke:
● **Stammdaten bleiben langfristig gleich, sind aber jederzeit zu aktualisieren.**
● **Bewegungsdaten ändern sich bei jedem Geschäftsfall.**
● **Stapelbuchungen sind den Dialogbuchungen vorzuziehen.**

10.2 Buchungserfassung mit der KHK-Classic-Fibu

Nach dem Start der Fibu erscheint als Bildschirmmaske das

„Hauptmenü",

das 8 Programme ausweist. Die Mandantin **„Textilgroßhandlung Ulrike Brandt"** und das **Buchungsdatum** (10.12...) sind bereits eingegeben:

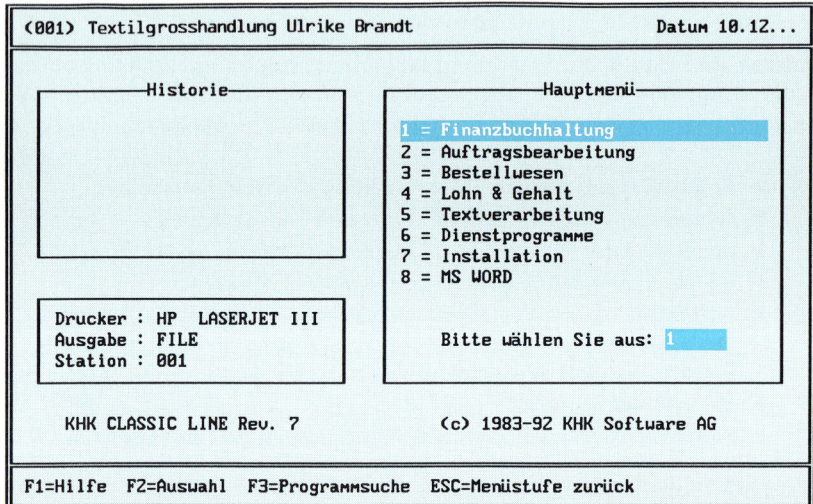

Im obigen Hauptmenü gelangt man durch die Eingabe von **„1"** und **„Return"** in das Programm der

„Finanzbuchhaltung"

und erhält folgendes Menü mit 9 Teilprogrammen.

Ausgewählt wird die Ziffer **„2" = Buchen.**

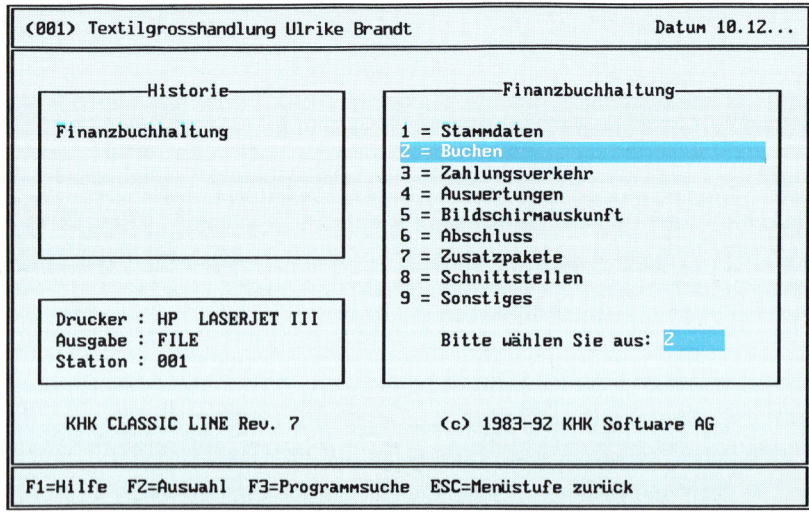

Nach Eingabe der Ziffer „2" und nach Betätigung der Returntaste wird nun im Rahmen des Finanzbuchhaltungsprogramms in einer Bildschirmmaske das Teilprogramm

„Buchen"

angezeigt, das wiederum aus 6 Unterprogrammen besteht:

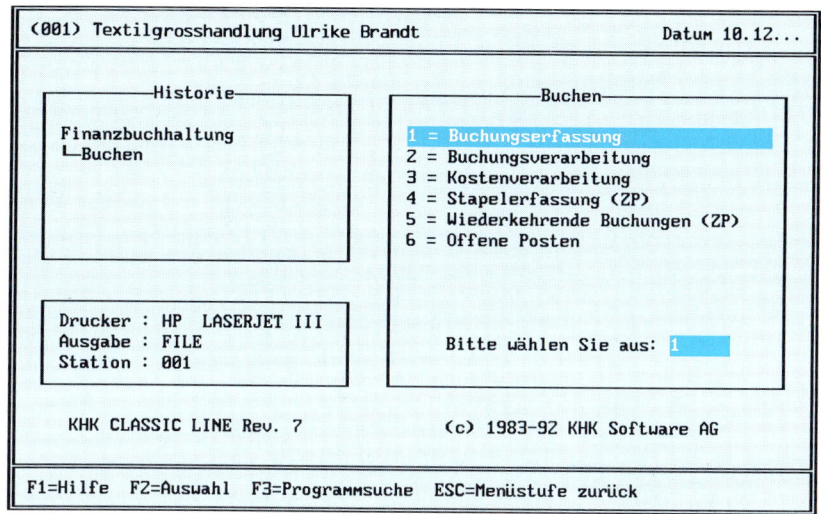

Nach Eingabe und Bestätigung der Ziffer „1" wird in der dann folgenden Maske die

„Buchungserfassung"

mit 3 Teilprogrammen angezeigt:

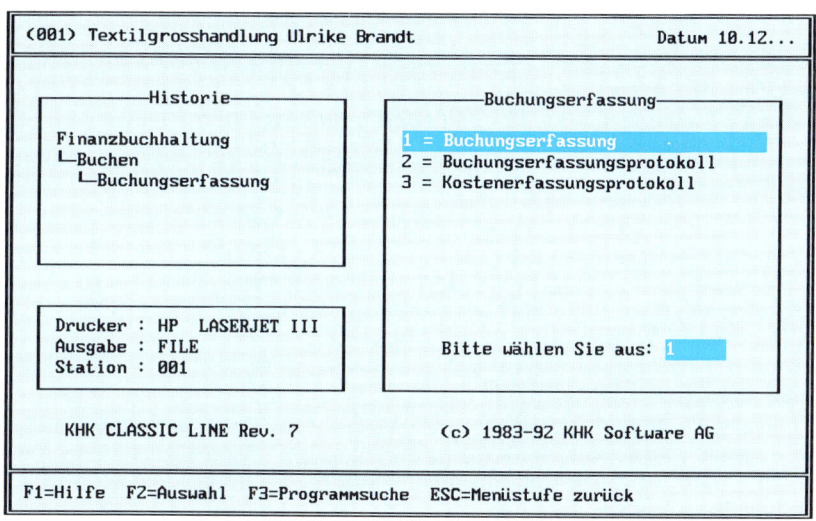

Wählt man nun in der vorstehenden Bildschirmmaske die Ziffer „1", wird die Buchungsmaske **„Buchungserfassung für Periode: X"** angezeigt (siehe nächste Seite).

In der Bildschirmmaske **„Buchungserfassung für Periode: X"** werden nun alle

- **Eröffnungsbuchungen,**
- **laufenden Buchungen** und
- **vorbereitenden Abschlußbuchungen**

erfaßt.

Beispiel: In der untenstehenden Buchungsmaske wird der Zielverkauf von Waren an den Kunden Kurz, Köln, aufgrund der folgenden Ausgangsrechnung erfaßt:

Belegnummer 1:	AR 5467	01.12...
50 Blousons je 120,00 DM, netto		6 000,00 DM
15 % Umsatzsteuer		900,00 DM
Rechnungsbetrag		6 900,00 DM

```
Buchungserfassung für Periode : 12          Buchungsdatum 10.12... (001)


Soll-   Beleg-    Beleg-    Haben-              U U
konto   nummer    datum     konto   B e t r a g A S

D10002    1       01.12...  S80100    6900,00  M USt 15.00%       900.00
Kurz, Köln                  Erlöse

                                     B-Text Rechnungsausgang

                                     OP-Nr 5467    ZKD 00000000




Saldo    6900.00         Saldo    6900.00-
```

In der obigen Buchungsmaske wird folgendes erfaßt:

- **Kontonummern** sind in der KHK-Fibu stets **6stellig,** wobei die 1. Stelle jeweils die Kontenart bestimmt:

    D = Debitor   K = Kreditor   S = Sachkonto

    Es ist jeweils die Kontonummer des Soll- und Habenkontos einzugeben, und zwar bei Zielverkäufen direkt das entsprechende Debitorenkonto und bei Zieleinkäufen das zugehörige Kreditorenkonto. Nach Eingabe der Kontonummer erscheint automatisch die Kontenbezeichnung.
- **Belegnummer.** Hier wird die laufende Belegnummer oder die jeweilige Rechnungsnummer eingegeben.
- **Das Belegdatum** dient der Feststellung der Fälligkeit auf den Kunden- und Liefererkonten.
- Im **Betragsfeld** wird bei Ein- und Ausgangsrechnung sowie Eigenverbrauch stets der Bruttobetrag eingegeben, da die Vor- bzw. Umsatzsteuer automatisch herausgerechnet und gebucht wird.
- Im Feld **UA = Umsatzsteuerart** wird V = Vorsteuer und M = Mehrwertsteuer bzw. Umsatzsteuer automatisch durch das entsprechende Sachkonto definiert und ausgewiesen.
- Im Feld **US = Umsatzsteuerschlüssel** wird der entsprechende Steuersatz (15 % bzw. 7 %) automatisch übernommen und die Umsatzsteuer aus dem Bruttobetrag errechnet und ausgewiesen.

658398

Die vorhergehende Buchung wird stets im oberen Feld der Bildschirmmaske angezeigt.

Beispiel: **Beleg 2:** Barauszahlung der Reisespesen . . . . 240,00 DM

```
┌─────────────────────────────────────────────────────────────────────┐
│ Buchungserfassung für Periode : 12        Buchungsdatum 10.12... <001>│
├─────────────────────────────────────────────────────────────────────┤
│ D10002   1      01.12...  S80100    6 900.00      1   Rechnungsausgang│
│                                                                       │
│ Soll-   Beleg-   Beleg-   Haben-               U U                    │
│ konto   nummer   datum    konto   B e t r a g  A S                    │
│                                                                       │
│ S44000  2      03.12...   S15100      240.00                          │
│ Reisekosten               Kasse                                       │
│                                                                       │
│                                        B-TEXT Reisespesen             │
│                                                                       │
│                                                                       │
│                                                                       │
│                                                                       │
│                                                                       │
└─────────────────────────────────────────────────────────────────────┘
```

Buchungserfassungsprotokoll. Vor der Übertragung der Buchungen auf die entsprechenden Konten sollte zur Kontrolle ein Buchungserfassungsprotokoll ausgedruckt werden, in dem noch einmal alle eingegebenen Buchungen aufgelistet sind. Dazu ist die Ziffer „2" im Buchungserfassungs-Menü auf S. 97 einzugeben.

Die Verarbeitung der Buchungen auf den Konten erfolgt, indem man aus dem Buchen-Menü die Ziffer „2" = Buchungsverarbeitung auswählt (siehe Bildschirmmaske auf S. 97). Das auszudruckende Journal dokumentiert dann die Verarbeitung aller Buchungen.

Abschluß und Auswertungen. Monatsabschluß, Umsatzsteuer-Voranmeldung, Jahresabschluß und gewünschte betriebswirtschaftliche Auswertungen sowie die Offene-Posten-Listen der Debitoren und Kreditoren werden durch Eingabe eines entsprechenden Befehls automatisch ausgedruckt (siehe Fibu-Menü auf S. 96).

Merke: **Vor der Buchungsverarbeitung muß eine Datensicherung erfolgen.**

106 *Als Sachbearbeiter in der Finanzbuchhaltung der Elektrogroßhandlung Jung, Düsseldorf, haben Sie folgende Geschäftsfälle EDV-gerecht zu buchen. Im Fibu-Programm Ihrer EDV-Anlage aktivieren Sie dazu das Teilprogramm „1 Buchungserfassung" (siehe S. 97) und tragen die Buchungsdaten der Geschäftsfälle in das folgende Erfassungsschema ein, das grundsätzlich der KHK-Buchungsmaske entspricht.*

Soll-konto	Beleg-nummer	Beleg-datum	Haben-konto	Betrag	UA[1]	US[1]	OP-Nr.	B-Text

Sachkontenplan:

S13100, S15100, S16100, S26100, S30100, S41000, S42200, S48100, S80100, S87100.

Debitoren:

D10003 Heider, Bonn
D10004 Hiebel, Essen
D10005 Seitz, Wuppertal

Kreditoren:

K60004 Lauf, Burscheid
K60006 Kurz, Leverkusen
K60007 Kroll, Leichlingen

Geschäftsfälle:

Belegnummer ist die Nummer des Geschäftsfalls; Belegdatum: 01.11...; 15 % USt.

1. Verkauf von Waren an Firma Heider lt. AR 450, brutto .... 8 050,00 DM
2. Privatentnahme, bar .... 700,00 DM
3. Barkauf von Büromaterial, brutto .... 575,00 DM
4. Einkauf von Waren bei Firma Lauf lt. ER 578, brutto .... 17 250,00 DM
5. Banküberweisung des Kunden Seitz zum Ausgleich von AR 426 .... 13 800,00 DM
6. Belastung des Kunden Seitz mit Verzugszinsen .... 138,00 DM
7. Bankgutschrift für Zinsen lt. Bankauszug .... 240,00 DM
8. Banklastschrift für Überweisung der Geschäftsmiete .... 6 000,00 DM
9. Verkauf von Waren an Firma Hiebel lt. AR 451, brutto .... 9 775,00 DM
10. Einkauf von Waren bei Firma Kurz lt. ER 579, brutto .... 14 950,00 DM
11. Barauszahlung vom Bankkonto .... 2 800,00 DM
12. Banküberweisung an Kreditor Lauf zum Ausgleich von ER 568 .... 6 900,00 DM
13. Eigenverbrauch: Entnahme von Waren, brutto .... 805,00 DM
14. Einkauf von Waren lt. ER 580 bei Firma Kroll, brutto .... 4 600,00 DM
15. Banküberweisung der Kfz-Steuer für Geschäfts-PKW .... 700,00 DM

107 1. *Unterscheiden Sie Stamm- und Bewegungsdaten.*
2. *Nennen Sie wichtige Stammdatenbereiche.*
3. *Unterscheiden Sie Dialog- und Stapelbuchungen. Nennen Sie Vor- und Nachteile.*
4. *Nennen Sie wichtige Grundsätze ordnungsmäßiger Speicherbuchführung (GoS).*
5. *Welche buchhalterische Bedeutung hat die Erfassung der Offene-Posten-Nummer?*
6. *Welche Vorzüge hat eine EDV-Finanzbuchhaltung?*
7. *Begründen Sie die Notwendigkeit einer Datensicherung in der EDV-Finanzbuchhaltung.*

---

1 **UA** = Umsatzsteuerart: V = Vorsteuer, M = Mehrwertsteuer (Umsatzsteuer); **US** = Umsatzsteuerschlüssel: 15 % oder 7 %. Umsatzsteuerart und Umsatzsteuerschlüssel werden in der EDV durch das Konto vorbestimmt und automatisch ausgewiesen. *Tragen Sie hier lediglich die Umsatzsteuerart und den USt-Satz ein.*

C   Beleggeschäftsgang 1 – computergestützt

Monatsabschluß. In der Finanzbuchhaltung der **Baustoffgroßhandlung Hans Roggenbach,** Am Steinsgraben 34–38, 37085 Göttingen, Bankverbindung: Städtische Sparkasse Göttingen, Konto-Nr. 118 302 405 (BLZ 260 500 01), werden regelmäßig Monatsabschlüsse gemacht. Das Geschäftsjahr entspricht dem Kalenderjahr. In dem folgenden Beleggeschäftsgang soll zum 31.01. der Abschluß erfolgen. Die Sach- und Personenkonten weisen die Salden zum 27.01. aus. Für die Zeit vom 28.01. bis 31.01. sind die Geschäftsfälle anhand der Belege 1–16 zu buchen.

Konventionelle und EDV-gestützte Bearbeitung. Der Beleggeschäftsgang 1 kann sowohl konventionell im Arbeitsheft als auch computergestützt gebucht werden. Bei EDV-Anwendung sind die Stamm- und Bewegungsdaten (siehe S. 95) dem jeweiligen Finanzbuchhaltungsprogramm (KHK, IBM, COBUKAS u.a.) entsprechend einzugeben.

KHK-Fibu. Im vorliegenden Lehrbuch wird das KHK-Finanzbuchhaltungsprogramm zugrunde gelegt, in dem die Kontennummern 6stellig sind (siehe S. 98). Die erste Stelle wird bei Sachkonten mit „S" besetzt, bei Debitoren mit „D" und bei Kreditoren mit „K".

Eröffnung der Konten. Die Salden der Sach- und Personenkonten stellen den Stand zum 27.01. dar. Bei konventioneller Buchführung werden sie einfach auf die entsprechenden Konten ohne Gegenbuchung übertragen. In der EDV-Fibu ist jedoch für die Eröffnungsbuchungen das Hilfs- bzw. Gegenkonto „9150 Saldenvorträge" erforderlich.

Personenkonten. Geschäftsfälle, die Kunden und Lieferer betreffen, werden bei computergestütztem Buchen nur auf den entsprechenden Personenkonten gebucht. Beim Abschluß werden die Salden der Kunden- und Liefererkonten automatisch auf die entsprechenden Hauptbuchkonten „Forderungen a.LL" bzw. „Verbindlichkeiten a.LL" übertragen, die somit reine Sammelkonten sind. Bei Eröffnung der Konten sind deshalb nur die Salden der Personenkonten zu buchen und nicht die der genannten Sammelkonten.

Kontenplan und Salden der Sachkonten zum 27.01.19..	Soll	Haben
0200 Grundstücke und Gebäude	754 200,00	–
0310 Technische Anlagen und Maschinen	250 000,00	–
0330 Betriebs- und Geschäftsausstattung	140 000,00	–
0610 Eigenkapital	–	800 000,00
0820 Darlehensschulden	–	355 750,00
1010 Forderungen aus Lieferungen und Leistungen	46 000,00	–
1310 Bankguthaben	117 560,00	–
1410 Vorsteuer	128 800,00	–
1510 Kasse	14 400,00	–
1610 Privatentnahmen	13 000,00	–
1710 Verbindlichkeiten aus Lieferungen und Leistungen ..	–	86 250,00
1810 Umsatzsteuer	–	174 240,00
2110 Zinsaufwendungen	22 100,00	–
3010 Wareneingang	717 000,00	–
3910 Warenbestände	118 880,00	–
4020 Gehälter	153 700,00	–
4710 Instandhaltung	15 600,00	–
4730 Sonstige Betriebskosten	8 400,00	–
4800 Allgemeine Verwaltung	78 200,00	–
4910 Abschreibungen auf Sachanlagen	–	–
8010 Warenverkauf	–	1 157 100,00
8710 Eigenverbrauch von Waren	–	4 500,00
Abschlußkonten: 9300, 9400.	2 577 840,00	2 577 840,00

Offene-Posten-Listen. Die Personenkonten weisen zum 27.01.19.. im einzelnen die untenstehenden <u>offenen Posten</u> (= unbezahlte Rechnungen) und <u>Salden</u> aus:

OFFENE–POSTEN–LISTE KUNDEN					
Konto-Nr.	Kunde	Datum	Rechnungs-Nr.	Betrag	Salden
10001	Heinz Schneider Stettiner Straße 21 69124 Heidelberg	06.01.19.. 19.01.19..	4201 4206	16 100,00 6 900,00	23 000,00
10002	Jürgen Alberts Rhönplatz 18 34134 Kassel	18.01.19.. 21.01.19..	4203 4207	4 600,00 3 450,00	8 050,00
10003	Werner Peters Holzstraße 26-28 46147 Oberhausen	07.01.19.. 23.01.19..	4202 4208	5 750,00 9 200,00	14 950,00
Salden der Kundenkonten (Abstimmung mit Konto 1010)					46 000,00

OFFENE–POSTEN–LISTE LIEFERER					
Konto-Nr.	Lieferer	Datum	Rechnungs-Nr.	Betrag	Salden
60001	Westfälische Zementwerke GmbH Postfach 14 12 53111 Bonn	04.01.19.. 10.01.19..	45190 45340	16 100,00 24 150,00	40 250,00
60002	Furnier- und Holzwerke GmbH Postfach 12 03050 Cottbus	19.01.19.. 22.01.19..	25115 25317	20 125,00 8 625,00	28 750,00
60003	Farbwerke Wirtz GmbH Lagerhausstraße 36-44 06749 Bitterfeld	21.01.19..	4403	17 250,00	17 250,00
Salden der Liefererkonten (Abstimmung mit Konto 1710)					86 250,00

Aufgaben:

1. Eröffnung der Sach- und Personenkonten mit den Salden zum 27.01.19..
2. Vorkontierung der Belege nach folgendem Erfassungsschema:

Soll-konto	Beleg-nummer	Beleg-datum	Haben-konto	Betrag	Steuerart V bzw. M	%-Satz	OP-Nr.	B-Text

3. Angaben für den Monatsabschluß zum 31.01.19..:
   Beleg 15: Monatliche Abschreibung auf Sachanlagen:
   Gebäude .... 1 400,00 DM
   Technische Anlagen und Maschinen .... 2 200,00 DM
   Betriebs- und Geschäftsausstattung .... 1 500,00 DM
   Beleg 16: Minderbestand an Waren lt. Inventur .... 105 000,00 DM
   Im übrigen entsprechen die Buchwerte der Inventur.
4. Der Monatsabschluß in Form der Bilanz und Gewinn- und Verlustrechnung ist konventionell oder computergestützt zum 31.01.19.. zu erstellen.

6583102

Beleg 1:

Roggenbach

**Baustoffe · Farben
Bodenbeläge · Glas**

Baustoffgroßhandel H. Roggenbach · Postfach 30 06 47 · 37081 Göttingen

GROSSHANDEL

Am Steinsgraben 34–38 · 37085 Göttingen
Telefon (05 51) 49 09-0
Telefax (05 51) 49 09 49

Bauunternehmung
Heinz Schneider
Stettiner Str. 21

69124 Heidelberg

Rechnung

Bitte bei Zahlung angeben:		
Rechnung-Nr.:	Kunden-Nr.:	**Göttingen,**
4 213	10 001	28.01.19..
Auftrags-Nr.:		Lieferschein
192/..		146 826

Wir danken für Ihren Auftrag und berechnen Ihnen wie folgt:

Menge	Bezeichnung	Einzelpreis	Betrag in DM
300 Meter	Klebefolie 45 cm breit	4,00	1 200,00
50 Rolle	Teerpappe	30,00	1 500,00
400 Stück	Schalbretter	22,00	8 800,00
	Warenwert		11 500,00
	Umsatzsteuer 15 %		1 725,00
	Endsumme		13 225,00

Zahlungsbedingungen:
14 Tage 2 % Skonto oder
30 Tage netto

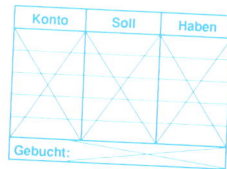

Städt. Sparkasse Göttingen (BLZ 260 500 01) Nr. 118 302 405

Gerichtsstand: Göttingen
Eigentumsvorbehalt gem. § 455 BGB

Beleg 2:

Furnier- und Holzwerke GmbH
Cottbus

Holzwerke GmbH · Postfach 12 · 03050 Cottbus

Baustoffgroßhandel
Hans Roggenbach
Am Steinsgraben 34 - 38

37085 Göttingen

Ihre Bestellung vom/Tag/Zeich.	Unsere Auftrags-Nr./Zeich.	Zeit der Leistung/ Liefertag	03050 Cottbus
23.01...	RS 4 500 y	26.01...	27.01...

Rechnung Nr.
25 612

Wir sandten für Ihre Rechnung und auf Ihre Gefahr:

Zeichen und Nr.	Gegenstand	Menge und Einheit	Preis je Einheit DM	Betrag DM	Für Empfänger- vermerke
SP, 52	Spanplatten	50	80,00	4 000,00	
FT, 86	Furnierplatten	120	60,00	7 200,00	
LS, 43	Latten 2 m	500	6,00	3 000,00	
	Warenwert			14 200,00	
	+ 15 % Umsatzsteuer			2 130,00	
				16 330,00	
				=========	

Konto Soll Haben
Gebucht:

Zahlungsbedingungen: 10 Tage 2 % Skonto
30 Tage rein netto

Telex Holzwerke	Fernsprecher (03 55) 28 69 29	Telefax (03 55) 28 69 31	Geschäftszeit 08.30-17.00	Bankkonto Volks- und Raiffeisenbank Cottbus 6 03 45 (BLZ 180 927 94)

6583104

Beleg 3:

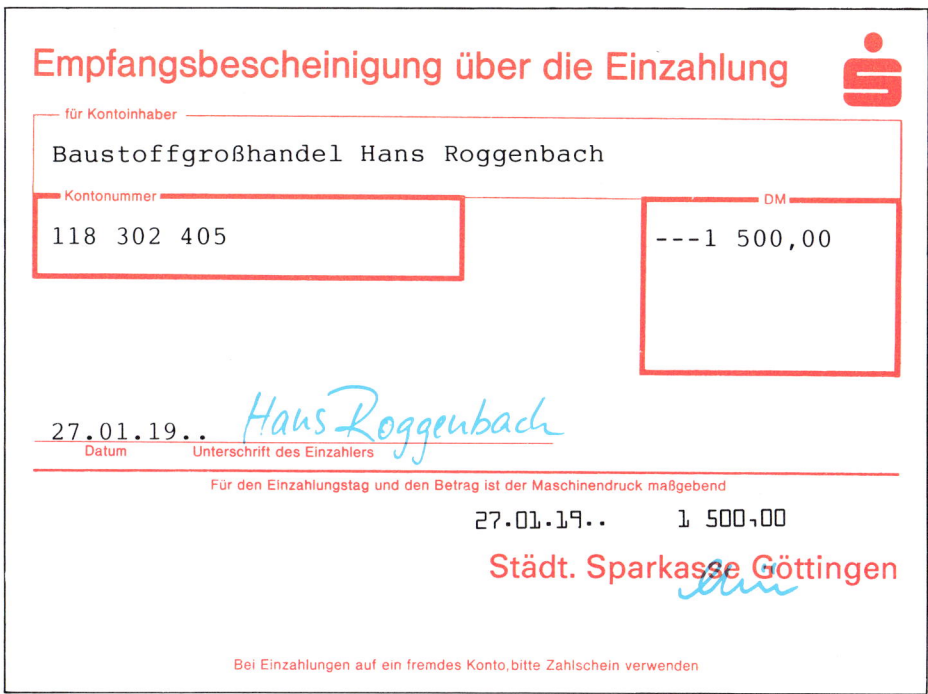

Kontoauszug zum Beleg 3:

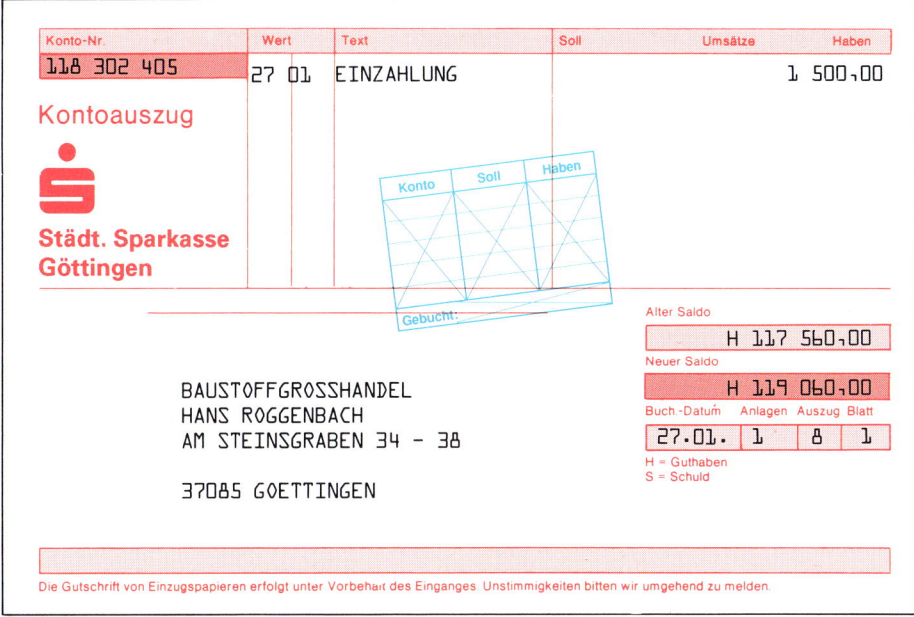

Beleg 4:

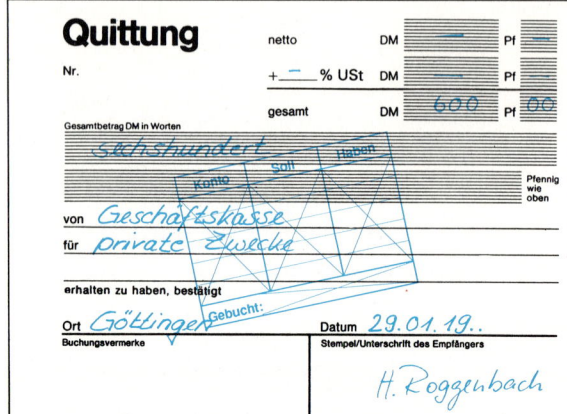

Quittung

Nr.

netto ___ DM ___ Pf

+ ___ % USt DM ___ Pf

gesamt DM 600 Pf 00

Gesamtbetrag DM in Worten

sechshundert

von *Geschäftskasse*

für *private Zwecke*

erhalten zu haben, bestätigt

Ort *Göttingen*   Datum *29.01.19..*

Buchungsvermerke

Stempel/Unterschrift des Empfängers

H. Roggenbach

Beleg 5:

Farbwerke Wirtz GmbH · Bitterfeld

Wirtz GmbH · Lagerhausstr. 36–44 · 06749 Bitterfeld

Baustoffgroßhandel
H. Roggenbach
Am Steinsgraben 34 - 38

37085 Göttingen

Eingang: 31.01.19..

Ihr Auftrag vom	Kunden-Nr.	Unsere Zeichen	**06749 Bitterfeld**
16.01.19..	70 016	L/w	28.01.19..

Rechnung Nr. 4 573

Menge	Artikel	Einzelpreis	Betrag in DM
400 l	Fassadenfarbe X 404	30,00 DM/10 l	1 200,00
200 l	Fassadenfarbe X 408	32,00 DM/10 l	640,00
			1 840,00
	+ 15 % Umsatzsteuer		276,00
			2 116,00
			========

Telefon	Telefax	Kreissparkasse Bitterfeld	Geschäftsführer:
(0 34 93) 5 35 14	(0 34 93) 44 12 44	(BLZ 800 537 22) Konto-Nr.: 11 241 302	H. Wirtz

6583106

Beleg 6:

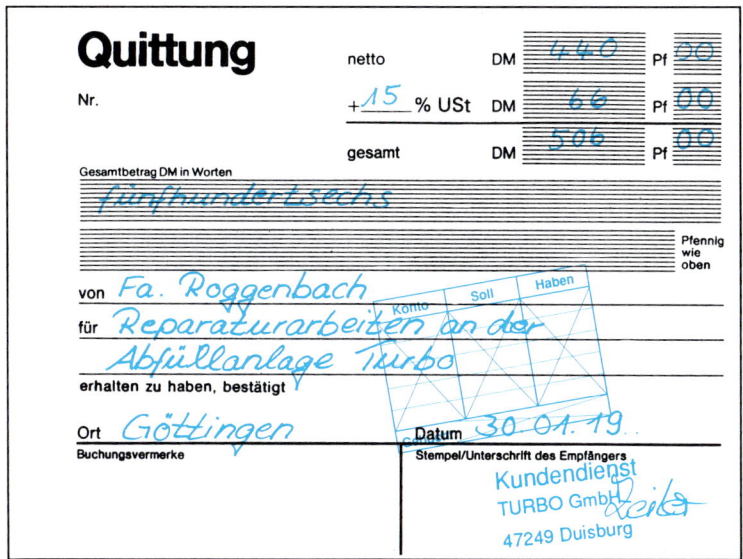

Quittung	netto	DM	440	Pf	00
	+15 % USt	DM	66	Pf	00
Nr.	gesamt	DM	506	Pf	00

Gesamtbetrag DM in Worten

fünfhundertsechs

Pfennig wie oben

von *Fa. Roggenbach*

für *Reparaturarbeiten an der*
Abfüllanlage Turbo

Konto | Soll | Haben

erhalten zu haben, bestätigt

Ort *Göttingen*   Datum *30.01.19..*

Buchungsvermerke   Stempel/Unterschrift des Empfängers

Kundendienst
TURBO GmbH
47249 Duisburg

Beleg 7:

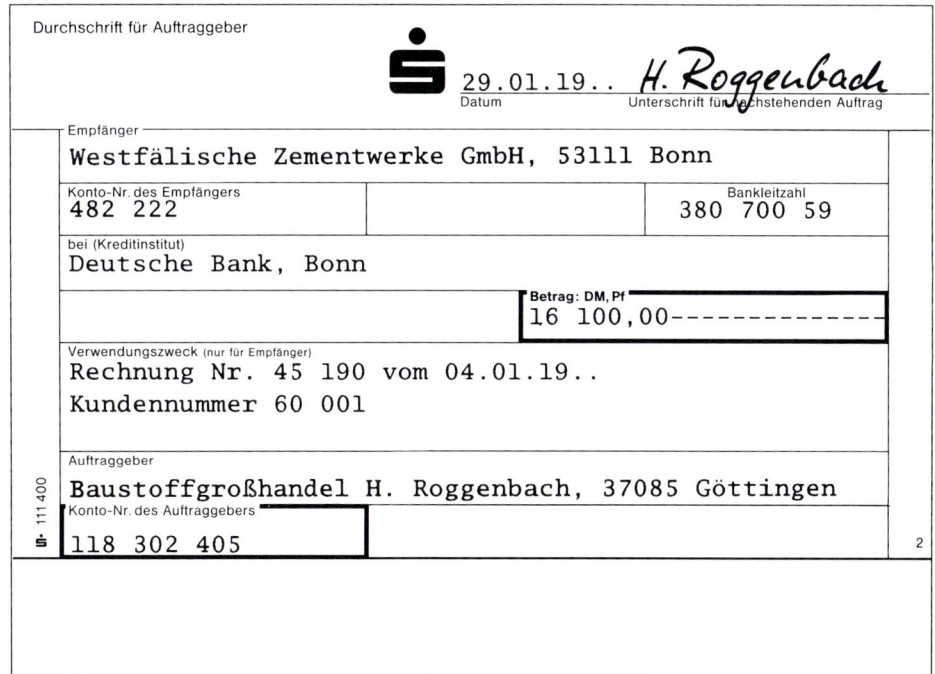

Durchschrift für Auftraggeber

S   29.01.19..   *H. Roggenbach*
Datum   Unterschrift für nachstehenden Auftrag

Empfänger
Westfälische Zementwerke GmbH, 53111 Bonn

| Konto-Nr. des Empfängers | | Bankleitzahl |
| 482 222 | | 380 700 59 |

bei (Kreditinstitut)
Deutsche Bank, Bonn

Betrag: DM, Pf
16 100,00--------------

Verwendungszweck (nur für Empfänger)
Rechnung Nr. 45 190 vom 04.01.19..
Kundennummer 60 001

Auftraggeber
Baustoffgroßhandel H. Roggenbach, 37085 Göttingen

Konto-Nr. des Auftraggebers
118 302 405   2

111 400
S

Beleg 8:

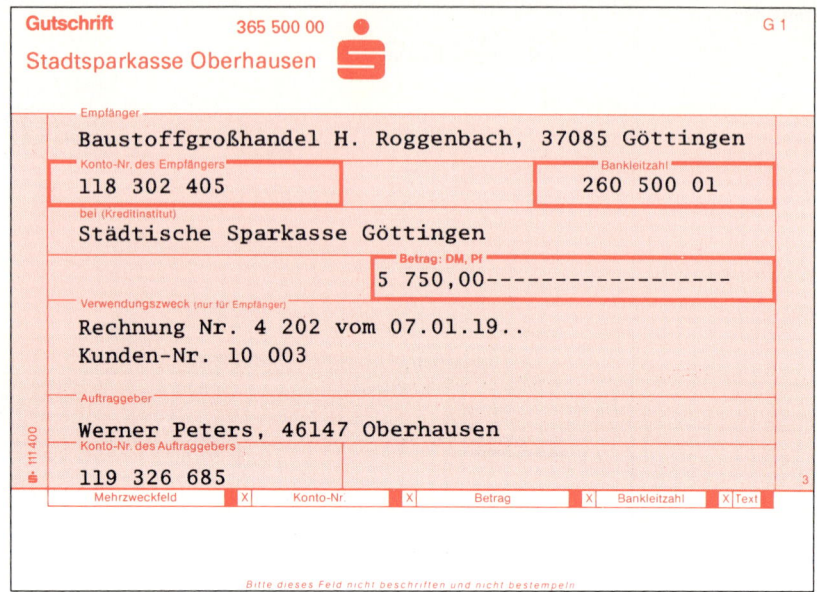

Gutschrift   365 500 00   G 1

Stadtsparkasse Oberhausen

Empfänger

Baustoffgroßhandel H. Roggenbach, 37085 Göttingen

Konto-Nr. des Empfängers   Bankleitzahl
118 302 405   **260 500 01**

bei (Kreditinstitut)

Städtische Sparkasse Göttingen

Betrag: DM, Pf
5 750,00--------------------

Verwendungszweck (nur für Empfänger)

Rechnung Nr. 4 202 vom 07.01.19..
Kunden-Nr. 10 003

Auftraggeber

Werner Peters, 46147 Oberhausen

Konto-Nr. des Auftraggebers
119 326 685

Mehrzweckfeld | X | Konto-Nr. | X | Betrag | X | Bankleitzahl | X | Text

Bitte dieses Feld nicht beschriften und nicht bestempeln

Kontoauszug zu den Belegen 7 und 8:

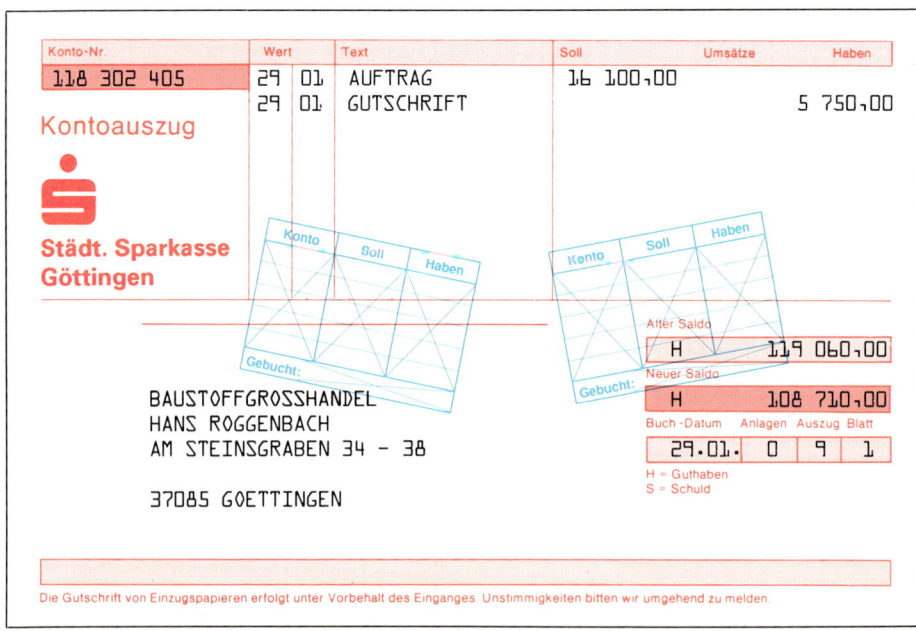

Konto-Nr.	Wert		Text	Soll	Umsätze	Haben
118 302 405	29	01	AUFTRAG	16 100,00		
	29	01	GUTSCHRIFT			5 750,00

Kontoauszug

Städt. Sparkasse Göttingen

Alter Saldo
H   119 060,00

Neuer Saldo
H   108 710,00

BAUSTOFFGROSSHANDEL
HANS ROGGENBACH
AM STEINSGRABEN 34 - 38

37085 GOETTINGEN

Buch.-Datum   Anlagen   Auszug   Blatt
29.01.   0   9   1

H = Guthaben
S = Schuld

Die Gutschrift von Einzugspapieren erfolgt unter Vorbehalt des Einganges. Unstimmigkeiten bitten wir umgehend zu melden.

6583108

Beleg 9:

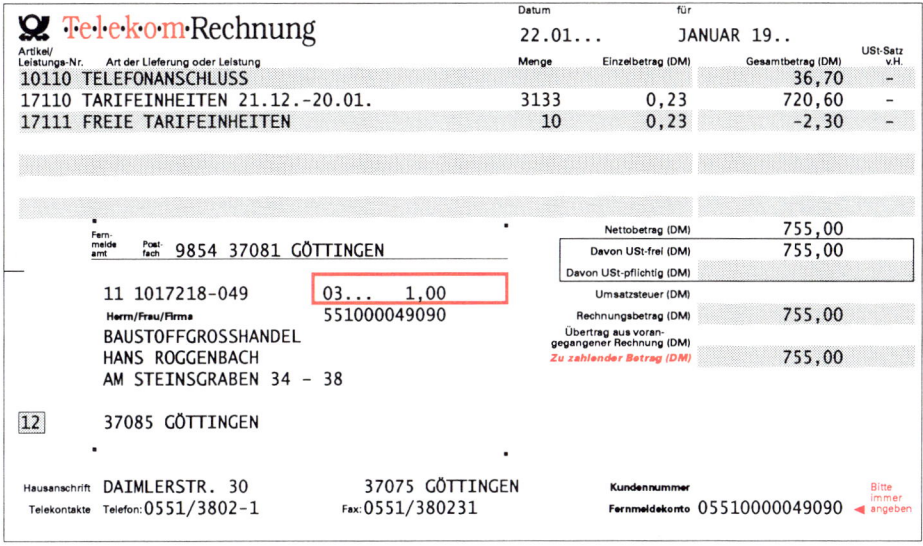

Artikel/ Leistungs-Nr.	Art der Lieferung oder Leistung	Menge	Einzelbetrag (DM)	Gesamtbetrag (DM)	USt-Satz v.H.
10110	TELEFONANSCHLUSS			36,70	–
17110	TARIFEINHEITEN 21.12.-20.01.	3133	0,23	720,60	–
17111	FREIE TARIFEINHEITEN	10	0,23	-2,30	–

Telekom·Rechnung

Datum 22.01...   für JANUAR 19..

Fern-
meldeamt   Post-
fach 9854 37081 GÖTTINGEN

Nettobetrag (DM)	755,00
Davon USt-frei (DM)	755,00
Davon USt-pflichtig (DM)	
Umsatzsteuer (DM)	
Rechnungsbetrag (DM)	755,00
Übertrag aus voran- gegangener Rechnung (DM)	
Zu zahlender Betrag (DM)	755,00

11 1017218-049   03...   1,00
Herr/Frau/Firma   551000049090
BAUSTOFFGROSSHANDEL
HANS ROGGENBACH
AM STEINSGRABEN 34 – 38

12   37085 GÖTTINGEN

Hausanschrift DAIMLERSTR. 30   37075 GÖTTINGEN
Telekontakte Telefon: 0551/3802-1   Fax: 0551/380231
Kundennummer
Fernmeldekonto 05510000049090 ◄ Bitte immer angeben

Beleg 10:

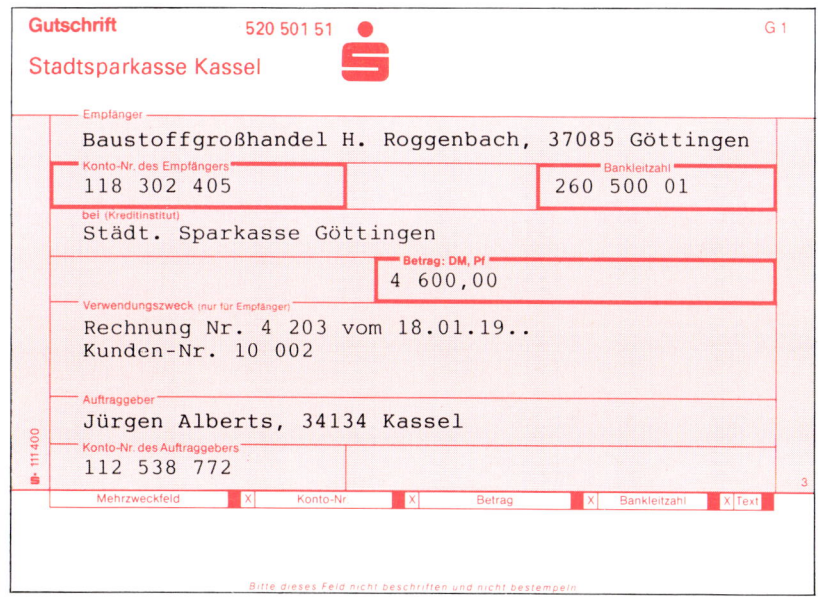

Gutschrift   520 501 51   G 1

Stadtsparkasse Kassel

Empfänger
Baustoffgroßhandel H. Roggenbach, 37085 Göttingen

Konto-Nr. des Empfängers
118 302 405

Bankleitzahl
260 500 01

bei (Kreditinstitut)
Städt. Sparkasse Göttingen

Betrag: DM, Pf
4 600,00

Verwendungszweck (nur für Empfänger)
Rechnung Nr. 4 203 vom 18.01.19..
Kunden-Nr. 10 002

Auftraggeber
Jürgen Alberts, 34134 Kassel

Konto-Nr. des Auftraggebers
112 538 772

Nr. 111 400

3.

Mehrzweckfeld	X	Konto-Nr	X	Betrag	X	Bankleitzahl	X	Text

Bitte dieses Feld nicht beschriften und nicht bestempeln

Beleg 11:

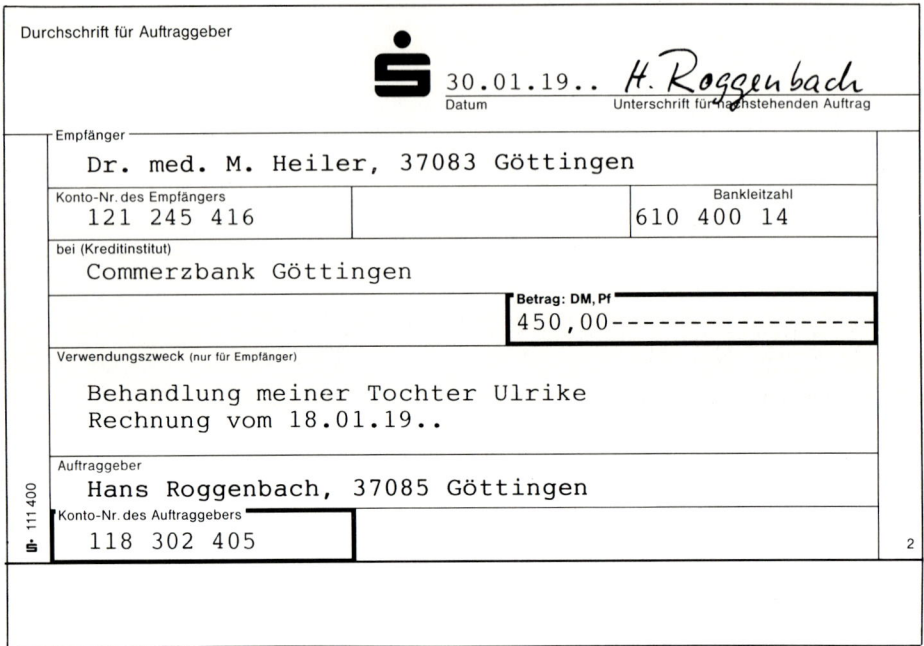

Durchschrift für Auftraggeber

30.01.19.. *H. Roggenbach*
Datum   Unterschrift für nachstehenden Auftrag

Empfänger

Dr. med. M. Heiler, 37083 Göttingen

Konto-Nr. des Empfängers		Bankleitzahl
121 245 416		610 400 14

bei (Kreditinstitut)

Commerzbank Göttingen

Betrag: DM, Pf
450,00------------------

Verwendungszweck (nur für Empfänger)

Behandlung meiner Tochter Ulrike
Rechnung vom 18.01.19..

Auftraggeber

Hans Roggenbach, 37085 Göttingen

Konto-Nr. des Auftraggebers

118 302 405

S- 111 400

2

Kontoauszug zu den Belegen 9–11:

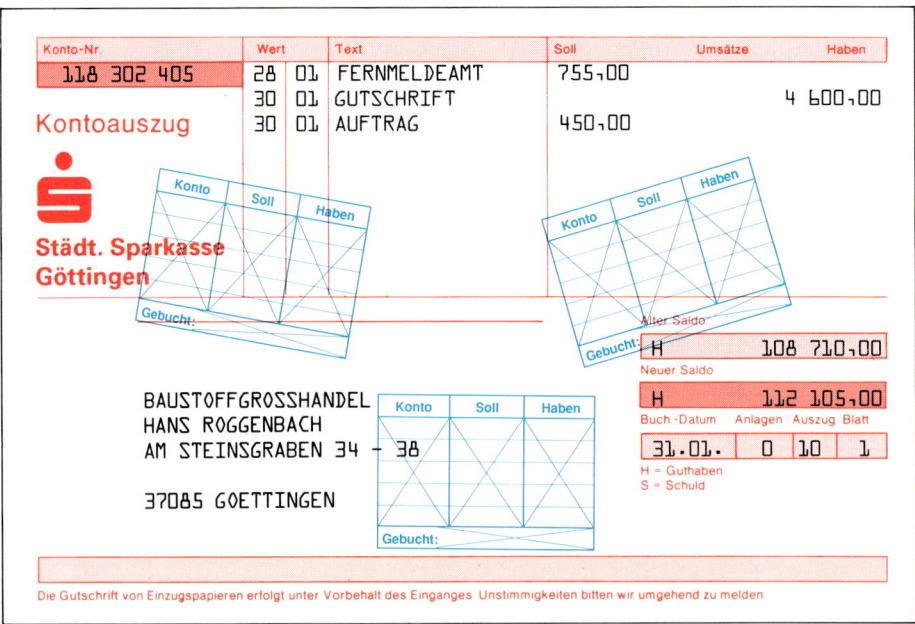

Konto-Nr.	Wert		Text	Soll	Umsätze	Haben
118 302 405	28	01	FERNMELDEAMT	755,00		
	30	01	GUTSCHRIFT			4 600,00
	30	01	AUFTRAG	450,00		

Kontoauszug

Städt. Sparkasse
Göttingen

Gebucht:

Alter Saldo
Gebucht: H   108 710,00
Neuer Saldo

BAUSTOFFGROSSHANDEL
HANS ROGGENBACH
AM STEINSGRABEN 34 – 38

37085 GOETTINGEN

Konto	Soll	Haben

Gebucht:

H   112 105,00

Buch.-Datum	Anlagen	Auszug	Blatt
31.01.	0	10	1

H = Guthaben
S = Schuld

Die Gutschrift von Einzugspapieren erfolgt unter Vorbehalt des Einganges. Unstimmigkeiten bitten wir umgehend zu melden.

110

6583110

Beleg 12:

Westfälische
Zementwerke GmbH

Zementwerke GmbH · Postfach 14 12 · 53111 Bonn

Eingang: 31.01.19..

Baustoffgroßhandel
Hans Roggenbach
Am Steinsgraben 34 - 38

37085 Göttingen

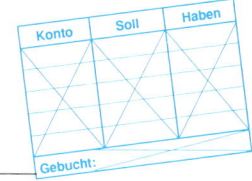

Ihre Bestellung vom/Tag/Zeich.	Unsere Auftrags-Nr./Zeich.	Zeit der Leistung/ Liefertag	53111 Bonn
21.01...	Z 812	27.01...	30.01...

Rechnung Nr. 45 867

Wir sandten für Ihre Rechnung und auf Ihre Gefahr:

Artikel Nr.	Gegenstand	Menge Stück	Stückpreis DM	Gesamtpreis DM
Z 1 244	Zement	1 000	14,75	14 750,00
K 2 627	Kalk	1 500	11,50	17 250,00
				32 000,00
		./. 5 % Mengenrabatt		1 600,00
		netto		30 400,00
		+ 15 % Umsatzsteuer		4 560,00
				34 960,00
				=========

Telex
Zementwerke

Fernsprecher
(02 28) 3 64 45

Fax
(02 28) 5 27 35

Bankkonto 482 222
Deutsche Bank, Bonn
(BLZ 380 700 59)

Postbank
Köln 124 45-503
(BLZ 370 100 50)

Beleg 13:

Roggenbach

Baustoffe · Farben
Bodenbeläge · Glas

Baustoffgroßhandel H. Roggenbach · Postfach 30 06 47 · 37081 Göttingen

GROSSHANDEL

Am Steinsgraben 34-38 · 37085 Göttingen
Telefon (05 51) 49 09-0
Telefax (05 51) 49 09 49

Baudienste
Werner Peters
Holzstr. 26 - 28

46147 Oberhausen

Bitte bei Zahlung angeben:		
Rechnung-Nr.:	Kunden-Nr.:	**Göttingen,**
4 214	10 003	31.01.19..

Rechnung

Auftrags-Nr.: Lieferschein
193/.. 146 827

Wir danken für Ihren Auftrag und berechnen Ihnen wie folgt:

Menge	Bezeichnung	Einzelpreis	Betrag in DM
200 Sack	Zement 433	15,80	3 160,00
20 m	Band X 366	42,00	840,00
	Warenwert		4 000,00
	Umsatzsteuer 15 %		600,00
	Endsumme		4 600,00

Zahlungsbedingungen:
14 Tage 2 % Skonto oder
30 Tage netto

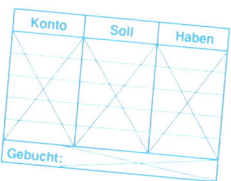

Städt. Sparkasse Göttingen (BLZ 260 500 01) Nr. 118 302 405

Gerichtsstand: Göttingen
Eigentumsvorbehalt gem. § 455 BGB

6583112

Beleg 14:

Entnahmebeleg 8

Zur privaten Verwendung wurden heute dem Lager entnommen:

```
100 l Fassadenfarbe X 404, Warenwert ....... 300,00 DM
+ 15 % Umsatzsteuer ......................  45,00 DM
                                           345,00 DM
```

Göttingen, den 30.01.19..

H. Roggenbach

Beleg 15:

Buchungsanweisung   Datum: 31.01.19..   Beleg-Nr.:

Betreff: Abschreibungen auf Sachanlagen   Gebucht:
                                                        Datum:

Buchungstext	Soll		Haben	
	Konto	Betrag	Konto	Betrag
Gebäude				
Technische Anlagen				
BGA				

Beleg 16:

Buchungsanweisung   Datum: 31.01.19..   Beleg-Nr.:

Betreff: Umbuchungen   Gebucht:
                                                        Datum:

Buchungstext	Soll		Haben	
	Konto	Betrag	Konto	Betrag
Vorsteuerverrechnung[1]				
Privatentnahmen[1]				
Warenminderbestand				

---

[1] In der EDV-Fibu erfolgen die Umbuchungen automatisch.

Aufgaben und Fragen zur Wiederholung

109
1. Nennen Sie die wichtigsten Aufgaben der Finanzbuchhaltung.
2. Welcher Zusammenhang besteht zwischen Inventur, Inventar, Schluß- und Eröffnungsbilanz?
3. Nennen Sie Beispiele für eine körperliche und buchmäßige Inventur.
4. Was bedeutet der Grundsatz der Bilanzidentität?
5. Erklären Sie jeweils anhand eines Beispiels die vier typischen Wertveränderungen der Bilanzposten und ihre Auswirkung auf die Bilanzsumme.
6. Um welche Art der Wertveränderung handelt es sich bei folgenden Buchungen:
    a) Abschreibungen an Betriebs- und Geschäftsausstattung
    b) Forderungen an Warenverkauf und Umsatzsteuer
    c) Gehälter an Bank
    d) Bank an Zinserträge
    e) Verbindlichkeiten an Eigenkapital
7. Erläutern Sie Aufgaben und Zusammenhang der Bücher der Buchführung.
8. Erklären Sie den Zusammenhang zwischen Sach- und Personenkonten.
9. Welchen Zwecken dient die Hauptabschlußübersicht (Betriebsübersicht)?
10. Nennen Sie Ihnen bekannte Buchungsvorgänge in der Umbuchungsspalte der Hauptabschlußübersicht.

110 Die Konten „1410 Vorsteuer" und „1810 Umsatzsteuer" weisen zum 31.12. folgende Zahlen aus:

S	1410 Vorsteuer	H	S	1810 Umsatzsteuer	H
...	182 800,00	... 172 600,00	...	168 000,00	... 176 200,00

Wie lauten die Buchungssätze zum Abschluß der beiden Konten?

111 Erläutern Sie in folgenden Fällen jeweils den Buchungsvorgang:

1. 0610 an 9300
2. 3910 an 3010
3. 1310 an 1620
4. 8710 an 9300
5. 9400 an 3910
6. 9300 an 3010
7. 1620 an 0610
8. 0610 an 1610
9. 1610 an 2780 und 1810
10. 1810 an 1410
11. 1610 an 8710 und 1810
12. 4910 an 0330
13. 9400 an 1410
14. 9300 an 0610
15. 1810 an 9400
16. 1310 an 1710

112 Erklären Sie, ob nachstehende Geschäftsfälle den Jahresgewinn einer Unternehmung ① mindern, ② mehren oder ③ nicht verändern:

1. Ausgleich einer Eingangsrechnung durch Banküberweisung.
2. Privatentnahme bar.
3. Zahlung der Gehälter und Löhne.
4. Eigenverbrauch von Waren.
5. Warenbestandserhöhung zum 31.12.
6. Verkauf von Waren auf Ziel.
7. Inhaber leistet Kapitaleinlage durch Bankeinzahlung.
8. Kassenfehlbetrag lt. Inventur.
9. Überweisung der Umsatzsteuer an das Finanzamt.
10. Bankgutschrift für Provisionserlöse.
11. Abschreibung auf Gebäude.
12. Verkauf eines nicht mehr benötigten LKWs zum Buchwert.

6583114

1. *Erläutern Sie die Notwendigkeit des Eröffnungsbilanzkontos.* **113**
2. *Worin unterscheiden sich Eröffnungsbilanzkonto und Eröffnungsbilanz?*
3. *Unterscheiden Sie grundlegend zwischen Anlage- und Umlaufvermögen.*
4. *Beurteilen Sie kritisch: Privatentnahmen > Jahresgewinn.*

1. *Worin unterscheiden sich lineare und degressive Abschreibung?* **114**
2. *Erläutern Sie die Auswirkung der Abschreibung a) auf den Gewinn und b) auf den Verlust des Unternehmens.*
3. *Kann man durch Abschreibungen Steuern (z. B. Einkommensteuer) sparen?*
4. *Warum wird in der Praxis in der Regel die degressive Abschreibung bevorzugt?*

Nach § 1 Abs. 1 Nr. 1 UStG unterliegen u. a. „die Lieferungen und sonstigen Leistungen, die ein **115** Unternehmer im Inland gegen Entgelt im Rahmen seines Unternehmens" ausführt, der Umsatzsteuer.

Nennen Sie Beispiele für 1. Lieferungen und 2. sonstige Leistungen.

Der Unternehmer Marc Schneider in Frankfurt verkauft an den Unternehmer Harald Richter **116** in Darmstadt seinen Privatwagen für 42000,00 DM.

Prüfen und begründen Sie, ob diese Lieferung gemäß § 1 Abs. 1 Nr. 1 UStG der Umsatzsteuer unterliegt.

Nach § 1 Abs. 1 Nr. 2 UStG unterliegt auch der „Eigenverbrauch im Inland" der Umsatzsteuer. **117**
1. *Nennen Sie die drei Möglichkeiten eines steuerpflichtigen Eigenverbrauchs.*
2. *Bilden Sie jeweils ein Beispiel zu 1.*

Wie wirken sich folgende Geschäftsfälle auf die Bilanzsumme aus? Begründen Sie die Verände- **118** *rungen.*

1. Wareneinkauf auf Ziel: 25000,00 DM netto + 3750,00 DM USt = 28750,00 DM
2. Unser Kunde begleicht AR 4567 durch Banküberweisung.
3. Barkauf von Büromaterial: 500,00 DM + 75,00 DM USt = 575,00 DM
4. Banküberweisung der Gehälter: 27000,00 DM
5. Verkauf von Waren auf Ziel: 45000,00 DM + 6750,00 DM USt = 51750,00 DM
6. Der Jahresgewinn beträgt lt. GuV-Rechnung 120000,00 DM
7. Der Jahresverlust beträgt lt. GuV-Rechnung 40000,00 DM
8. Privatentnahme bar
9. Privateinlage durch Bankeinzahlung
10. Eigenverbrauch an Waren: 2000,00 DM netto + 300,00 DM USt = 2300,00 DM

Erläutern Sie: **119**
1. Aufwendungen > Erträge
2. Vorsteuer < Umsatzsteuer
3. Eigenkapital > Anlagevermögen
4. Warenanfangsbestand < Warenschlußbestand
5. Erträge > Aufwendungen
6. Umsatzsteuer < Vorsteuer
7. Warenschlußbestand < Warenanfangsbestand
8. Warenbestände an Wareneingang
9. Eigenkapital an GuV
10. Wareneingang an Warenbestände

D   Buchhalterische Erfassung
betrieblicher Prozesse in Funktionsbereichen

1   Beschaffungs- und Absatzbereich

1.1   Bezugskalkulation

Aufgabe. Die Bezugskalkulation ist eine Preisberechnung, die der Käufer einer Ware –
z.B. zur Ermittlung des günstigsten Angebotes – durchführt. Sie geht vom Listenpreis
aus und schließt nach Berücksichtigung aller Abzüge (= Nachlässe) und Zurechnungen (= Bezugskosten) mit dem Einstandspreis (= Bezugspreis) ab.

> **Merke: Der Einstandspreis ist der vom Käufer aufzuwendende Preis bis zum Eintreffen der
> Ware in seinem Lager. Er entspricht den Anschaffungskosten nach § 255 HGB.**

1.1.1   Nachlässe auf den Listenpreis

Einkaufspreis. Der Listenpreis ist der vom Lieferer kalkulierte Warenwert je Mengeneinheit; er wird dem Kunden im Angebot genannt. Je nach der gekauften Menge und
der Warenart werden vom Lieferer Abzüge auf die Warenmenge (= Mengenabzüge)
oder auf den Warenwert (= Wertabzüge) gewährt. Nach Herausrechnung aller Abzüge
(vgl. Beispiel S. 119) ergibt sich der Einkaufspreis (= Anschaffungspreis).

Listenpreis — Abzüge ═ Einkaufspreis

Übersicht über die wesentlichen Abzüge beim Wareneinkauf	
Wertabzüge	
Liefererrabatt	In einem Prozentsatz angegebener Abzug vom Listenpreis, den der Lie-ferer als Mengen-, Treue-, Wiederverkäufer- oder Sonderrabatt bei Rech-nungserteilung gewährt. Rabatte werden also buchmäßig nicht erfaßt.
Liefererskonto	In einem Prozentsatz angegebener Abzug vom Rechnungspreis (= Ziel-einkaufspreis) für Zahlung innerhalb einer vereinbarten Zahlungsfrist.
Mengenabzüge	
Tara	Abzug vom Bruttogewicht für Verpackung. Die Tara kann bestimmt werden als: a) wirkliche Tara (= tatsächliches Verpackungsgewicht), b) handelsübliche Tara aufgrund von Erfahrungswerten oder Handels-brauch, c) durchschnittliche Tara durch Rückschluß von Stichproben auf das Gewicht der gesamten Sendung.
Leckage	Abzug vom Warengewicht für Verluste, die beim Umfüllen von Flüssig-keiten entstehen.
Gutgewicht	Abzug vom Warengewicht für Verluste, die beim Umpacken und Ein-wiegen von Schüttgütern in Kleinverpackungen entstehen.
Refaktie	Abzug vom Warengewicht für fehlerhafte, unreine oder verdorbene Warenbestandteile.

> **Merke:** ● **Mengen- und Wertabzüge vermindern den Einkaufspreis. Nicht bei jedem
> Wareneinkauf treten alle Abzüge auf.**
> ● **„Sofortrabatte" werden buchmäßig nicht gesondert erfaßt.**
> ● **Skonti sind Anschaffungspreisminderungen.**

6583116

1.1.2 Bezugskosten beim Wareneinkauf

Bezugskosten als Anschaffungsnebenkosten. Nach der gesetzlichen Regelung beim Handelskauf ist der Käufer verpflichtet, die Waren auf seine Kosten beim Lieferer abzuholen oder abholen zu lassen. Sofern also im Kaufvertrag keine von der gesetzlichen Regelung abweichende Vereinbarung getroffen wurde, erhöht sich der Einkaufspreis für den Käufer um die zusätzlich zum Kaufpreis anfallenden Nebenkosten (= Bezugskosten). In der nachfolgenden Übersicht sind die wesentlichen Nebenkosten beim Wareneinkauf als Gewichts- und Wertspesen zusammengestellt:

Übersicht über die wichtigsten Nebenkosten beim Wareneinkauf (Bezugskosten)	
Gewichtsspesen	
Porto	Beförderungsgebühr für Briefsendungen (vgl. Tarif der Deutschen Bundespost).
LKW- und Bahnfracht	Beförderungsgebühr für Warensendungen. Die Höhe richtet sich nach der Art der Sendung, dem Gewicht und der Entfernung.
Rollgeld	Beförderungsgebühr für die Zustellung der Ware vom Empfangsbahnhof zum Wohnsitz des Empfängers.
Verlade-, Umlade- und Lagerkosten	Gebühr für die genannten Dienste. Die Höhe richtet sich nach Gewicht, Stückzahl und Dauer.
Wertspesen	
Versicherungskosten	Gebühr (= Prämie) für die Versicherung der zu transportierenden Ware. Berechnungsgrundlage ist der Versicherungswert (= Rechnungspreis + Transportkosten + erwarteter Gewinn, aufgerundet auf volle 100,00 DM).
Einfuhrzölle	Grenzabgabe bei der Einfuhr einer Ware aus einem Nicht-EG-Land. Bemessungsgrundlage ist der Zollwert (= Rechnungspreis + Transportkosten – Skonto).
Vermittlungsgebühren	Hierzu zählen die Provisionen der Handelsvertreter und Gebühren der Handelsmakler.
Verpackungskosten	Aufwendungen, die der Kunde für die gesondert auf der Rechnung ausgewiesene Versandverpackung zu tragen hat.
Kursdifferenzen	Bei Importgeschäften beeinflußt die Differenz zwischen dem Kurs am Kauftag und dem Kurs am Tag des Rechnungsausgleichs die Anschaffungskosten der importierten Waren.

Anschaffungskosten. Bezugskosten stellen Anschaffungsnebenkosten dar. Zusammen mit dem Kaufpreis der Ware (nach Abrechnung der Mengen- und Wertabzüge) bilden sie handelsrechtlich die Anschaffungskosten der Ware (§ 255 HGB). Beim Einkauf sind die Waren zu ihren Anschaffungskosten zu buchen. Die Vorsteuer gehört nicht zu den Anschaffungskosten.

Merke:
- **Wareneinkäufe sind mit ihren Anschaffungskosten zu erfassen (§ 255, 1 HGB):**

  Anschaffungspreis der Ware (= Einkaufspreis)
  + Anschaffungsnebenkosten (= Bezugskosten)
  – Anschaffungspreisminderungen (z. B. Skonto)

  Anschaffungskosten (= Bezugs- oder Einstandspreis)

- **Bezugskosten fallen in Form von Gewichts- oder Wertspesen an. Sie erhöhen in der Kalkulation den aufzuwendenden Einkaufspreis.**

1.1.3 Angebotsvergleich – Ermittlung des Bezugspreises

Sortimentserweiterung. Bei einer beabsichtigten Sortimentserweiterung besteht der erste Schritt der Beschaffungshandlung in der Ermittlung geeigneter Lieferanten aus Lieferantenverzeichnissen (z.B. „Wer liefert was?"), Fachzeitschriften, Lieferantennachweisen der IHK usw. Anschließend werden die Lieferanten angeschrieben (= Anfrage), um Angebote zu erhalten und vergleichen zu können.

Beispiel: Die Papierwarengroßhandlung Kern KG, Köln, beabsichtigt, ihre Warengruppe „Hygienepapiere" um den Artikel „Küchenrollen" zu erweitern. Auf ihre Anfragen bei deutschen und ausländischen Herstellern liegen ihr 3 Angebote vor, deren wesentliche Inhalte in der folgenden Übersicht zusammengefaßt sind:

Angebotsinhalt	1. Angebot Zendermühle AG, Düsseldorf	2. Angebot Papeteries le Belgique S. A., Brüssel	3. Angebot Rättvik Bruks AB, Rättvik, Sverige
Warenbezeichnung, Qualität	Saugtuch, weiß, perforiert und auf Rollen gewickelt, 26 cm breit, mit Baumwollzusatz zur besseren Saugfähigkeit, Gewicht/Rolle ca. 200 g.	Saugtuch, bedruckt, perforiert und auf Rollen gewickelt, 26 cm breit, ohne Baumwollzusatz, Gewicht/Rolle ca. 200 g.	Saugtuch, bedruckt, perforiert und auf Rollen gewickelt, 26 cm breit, ohne Baumwollzusatz, Gewicht/Rolle ca. 200 g.
angefragte Menge	10 000 Rollen	10 000 Rollen	10 000 Rollen
Packungseinheit	2 Rollen/Packung	4 Rollen/Packung	2 Rollen/Packung
Listenpreis je Packung	2,50 DM	90,00 bfrs (Kurs 4,85)[1]	10,50 skr (Kurs 27,65)
Rabattstaffel	10 % bei mindestens 1 000 Packungen 15 % bei mindestens 1 500 Packungen 20 % ab mindestens 5 000 Packungen	5 % bei mindestens 1 000 Packungen 10 % ab mindestens 2 000 Packungen	15 % bei mindestens 5 000 Packungen
Zahlungsbedingungen	2,5 % Skonto in 10 Tagen, ohne Abzug in 40 Tagen	ohne Abzug in 30 Tagen	2 % Skonto in 15 Tagen, ohne Abzug in 40 Tagen
Lieferungsbedingungen	Anlieferung durch LKW; unfrei: LKW-Fracht 300,00 DM	frei Haus durch LKW	frachtfrei Hafen Hamburg, Ladegebühren und LKW-Fracht insgesamt 400,00 DM
Verpackung	in Kartons zu je 100 Packg., je Karton werden 8,00 DM berechnet	in Kartons zu je 50 Packg., je Karton werden 3,50 DM berechnet.	in Kartons zu je 100 Packg., ohne gesonderte Berechnung
Lieferzeit	3 Wochen	ca. 14 Tage	ca. 3–4 Wochen

1   vgl. S. 149 f.

Kalkulationsschema	1. Angebot	2. Angebot	3. Angebot
Listenpreis	12 500,00 DM	$\frac{4,85 \cdot 90 \cdot 2500}{100}$ = 10 912,50 DM	$\frac{27,65 \cdot 10,5 \cdot 5000}{100}$ = 14 516,25 DM
− Liefererrabatt	20 % 2 500,00 DM	10 % 1 091,25 DM	15 % 2 177,44 DM
Zieleinkaufspreis (= Rechnungspreis)	10 000,00 DM	9 821,25 DM	12 338,81 DM
− Liefererskonto	2,5 % 250,00 DM	–	2 % 246,78 DM
Bareinkaufspreis	9 750,00 DM	9 821,25 DM	12 092,03 DM
+ Bezugskosten: Verpackung	400,00 DM	175,00 DM	–
LKW-Fracht	300,00 DM	–	400,00 DM
Einstandspreis insg.	10 450,00 DM	9 996,25 DM	12 492,03 DM
Einstandspreis/Rolle	1,05 DM	1,00 DM	1,25 DM

Merke:
- Durch die **Bezugskalkulation** wird der **Einstandspreis** einer Ware ermittelt. Der Einstandspreis entspricht den **Anschaffungskosten** einer Ware gemäß § 255, 1 HGB.
- Die Bezugskalkulation dient dem Angebotsvergleich.

Lieferantenauswahl. Wegen der besseren Qualität (Baumwollanteil zur besseren Saugfähigkeit) und der Nähe des Lieferanten zum Abnehmer entscheidet sich die Papierwarengroßhandlung Kern KG für das Angebot der Zendermühle AG, obwohl dieses Angebot nicht das preisgünstigste ist.

Aufgaben

120

Eine Großgärtnerei hat zwei Angebote über Düngetorf vorliegen:
1. 2 000 Ballen Düngetorf, Listenpreis 5,20 DM je Ballen; 12,5 % Liefererrabatt; 1,5 % Liefererskonto; 52,00 DM Fracht je 100 Ballen Torf.
2. 2 000 Ballen Düngetorf, Listenpreis 5,60 DM je Ballen; 15 % Liefererrabatt; 2 % Liefererskonto; 54,00 DM Fracht je 100 Ballen Torf.

Berechnen Sie den Einstandspreis für 1 Ballen.

121

Der Fahrradgroßhändler Th. Schmitz erhält folgende Angebote über Tourenräder:
1. Ein deutscher Hersteller bietet an: Listenpreis 240,00 DM/Stück. Bei Abnahme von 200 Stück 15 % Rabatt. Zahlbar innerhalb von 10 Tagen mit 1 % Skonto, nach spätestens 30 Tagen netto. Die Verpackung wird mit 2,50 DM je Fahrrad berechnet; Frachtkosten für die gesamte Sendung 608,00 DM.
2. Ein Hersteller aus den USA bietet an: Listenpreis 225,00 DM/Stück. Bei Abnahme von 200 Stück 20 % Rabatt. Zahlbar innerhalb von 60 Tagen ohne Abzug, fob. Der Seespediteur berechnet 2 890 $ (Kurs 1,62); LKW-Fracht 340,00 DM. Die Verpackung wird mit 1,30 $/Fahrrad berechnet (Kurs 1,62).

Erstellen Sie einen Angebotsvergleich.

1.1.4 Buchung der Eingangsrechnung

Beispiel: Aufgrund ihrer Bestellung erhält die Kern KG, Köln, zugleich mit der Ware folgende Rechnung der Zendermühle AG, Düsseldorf:

Zendermühle AG
Düsseldorf

Zendermühle AG, Postfach 3 26 45, 40489 Düsseldorf

Papiergroßhandlung
Kern KG
Industriestraße 42 – 44

50735 Köln

Unser Angebot vom	Ihre Bestellung vom	Düsseldorf,
17.06...	27.06...	05.07...

Rechnung Nr. 48 321/..

Pos.	Menge	Artikel	Einzelpreis	Rabatt	Gesamtpreis
1	5 000	Küchenrollen (2er-Packung)	2,50 DM/Pack.	20 %	10 000,00 DM
		+ Verpackung			400,00 DM
		+ LKW-Fracht			300,00 DM
					10 700,00 DM
		+ 15 % Umsatzsteuer			1 605,00 DM
					12 305,00 DM
					============

Zahlungsbedingungen: Der Rechnungsbetrag ist innerhalb von 10 Tagen mit 2,5 % Skonto oder nach spätestens 40 Tagen ohne Abzug zu begleichen.

Bankverbindung: Bankhaus Drengler AG, Düsseldorf, Konto-Nr. 3 440 532, BLZ 50 07 00 20

Buchung. Bezugskosten können <u>direkt</u> auf dem Sammelkonto „3010 Wareneingang" gebucht werden. Für die Kalkulation der Warenpreise ist es jedoch übersichtlicher, sie zunächst <u>gesondert</u> auf einem <u>Unterkonto des Kontos „3010 Wareneingang"</u> (= Aufwendungen für Waren) zu erfassen:

3020 Warenbezugskosten.

Warengruppen. Werden in einer Großhandlung mehrere Warengruppen geführt (z.B. Hygienepapiere, Einschlagpapiere, Verpackungsmaterial, Büropapiere), so wird für jede Warengruppe ein eigenes Warenbezugskostenkonto eingerichtet. Damit läßt sich der Bezugs- oder Einstandspreis für jede Warengruppe ermitteln:

3010 Wareneingang I	3110 Wareneingang II	3210 Wareneingang III
3020 Warenbezugskosten	3120 Warenbezugskosten	3220 Warenbezugskosten

6583120

① **Buchung der Eingangsrechnung:**

		S	H
3010 Wareneingang	10 000,00		
3020 Warenbezugskosten	700,00		
1410 Vorsteuer	1 605,00		
an 1710 Verbindlichkeiten a. LL			12 305,00

Umbuchung der Bezugskosten. Die Warenbezugskosten werden monatlich oder vierteljährlich auf das entsprechende Wareneingangskonto umgebucht. Dadurch wird erreicht, daß auf dem Wareneingangskonto – entsprechend der Bestimmung des HGB – die Anschaffungskosten (= Einstandspreise) ausgewiesen werden.

② **Umbuchung der Bezugskosten:**

	S	H
3010 Wareneingang 700,00		
an 3020 Warenbezugskosten		700,00

S	3010 Wareneingang	H	S	1710 Verbindlichkeiten a. LL	H
① 10 000,00				①	12 305,00
② 700,00					

S	3020 Warenbezugskosten	H	S	1410 Vorsteuer	H
① 700,00	② 700,00		① 1 605,00		

Merke: **Bezugskosten sind Anschaffungsnebenkosten. Sie werden auf das Wareneingangskonto umgebucht, damit die Ware zu Anschaffungskosten ausgewiesen wird:**

	Einkaufspreis, netto	10 000,00 DM
+	Bezugskosten	700,00 DM
=	Einstandspreis (= Anschaffungskosten) .	10 700,00 DM

Aufgaben

122 Eine Sanitärgroßhandlung bezieht von einem Hersteller 6 000 Fliesen der Größe 20 x 20 cm. Der Hersteller gewährt 2 % Abzug für Bruch und berechnet 100 Fliesen zum Preis von 120,00 DM + USt. Als Mengenrabatt werden 5 % in Abzug gebracht. Bei Zahlung innerhalb von 10 Tagen erhält der Kunde 1 % Skonto. Die Speditionsrechnung macht 820,00 DM + USt aus.

1. Wie hoch ist der Bezugspreis für 1 m² Fliesen?
2. Buchen Sie die Eingangsrechnung und nennen Sie jeweils den Buchungssatz.
3. Schließen Sie das Warenbezugskostenkonto ab und nennen Sie den Buchungssatz.

123 Die in der Aufgabe 122 genannte Großhandlung erhält folgendes Angebot von einem anderen Fliesenhersteller:

Abzug für Bruch: 1,5 %, Listenpreis je 100 Stück 140,00 DM, bei Abnahme von 4 000 Stück 10 % Rabatt, bei Abnahme von 6 000 Stück 15 % Rabatt. Zahlung unter Abzug von 2 % Skonto innerhalb von 10 Tagen. An Frachtkosten sind 70,00 DM je 1000 Fliesen anzusetzen.

1. Wie hoch ist der Bezugspreis für 1 m² bei Abnahme von 4 000 Stück und 6 000 Stück?
2. Vergleichen Sie das Angebot mit den Bedingungen des italienischen Herstellers.

124 Eine Ladenkette importiert aus Japan 500 Kleinbildkameras, Listenpreis 3 450 000,00 Yen. Mengenrabatt: 10 %. Kurs 1,15 je 100 Yen. Die Lieferung erfolgt cif Hamburg. Der LKW-Spediteur berechnet für den Transport aus dem Freihafen bis zum Empfänger 835,00 DM Fracht. Der Rechnungsausgleich erfolgt nach 10 Tagen mit 2 % Skontoabzug.

1. Wie hoch ist der Bezugspreis für eine Kamera?
2. Buchen Sie die Eingangsrechnungen und schließen Sie das Warenbezugskostenkonto ab.

Leihverpackungen (Fässer, Kisten), für die meist ein Pfand berechnet wird, werden in der Regel auf einem Sonderkonto erfaßt:

3030 Leihemballagen

Beispiel: ① **Eingangsrechnung ER 185**

4 Fässer Öl à 600,00 DM netto	2 400,00 DM
+ 4 Leihemballagen	200,00 DM
	2 600,00 DM
+ Umsatzsteuer	390,00 DM
Rechnungsbetrag	2 990,00 DM

① **Buchung aufgrund der Eingangsrechnung ER 185:**

	S	H
3010 Wareneingang	2 400,00	
3030 Leihemballagen	200,00	
1410 Vorsteuer	390,00	
an 1710 Verbindlichkeiten a. LL		2 990,00

Bei Rückgabe der in Rechnung gestellten Leihverpackung erfolgt seitens des Lieferers entweder eine vollständige oder teilweise <u>Gutschrift</u>. Diese Gutschrift führt zu einer entsprechenden <u>Verminderung der Vorsteuer.</u>

Beispiel: ② **Gutschriftsanzeige des Lieferers**

Gutschrift für zurückgesandte Leihemballagen, netto	150,00 DM
+ Umsatzsteuer (Steuerberichtigung)	22,50 DM
Gutschrift, brutto	172,50 DM

② **Buchung aufgrund der Gutschriftsanzeige des Lieferers:**

	S	H
1710 Verbindlichkeiten a. LL	172,50	
an 3030 Leihemballagen		150,00
an 1410 Vorsteuer		22,50

Anschaffungsnebenkosten. Der auf dem Konto „3030 Leihemballagen" verbleibende <u>nicht rückvergütete Pfandbetrag</u> von 50,00 DM wird <u>als Anschaffungsnebenkosten</u> auf das Wareneingangskonto umgebucht.

③ **Umbuchung der Anschaffungsnebenkosten:**

	S	H
3010 Wareneingang	50,00	
an 3030 Leihemballagen		50,00

S	3010 Wareneingang	H	S	1710 Verbindlichkeiten a. LL	H
①	2 400,00		②	172,50	① 2 990,00
③	50,00				

S	3030 Leihemballagen	H
①	200,00	② 150,00
		③ 50,00

S	1410 Vorsteuer	H
①	390,00	② 22,50

Anschaffungspreis	2 400,00 DM
+ Anschaffungs-nebenkosten	50,00 DM
Anschaffungskosten	**2 450,00 DM**

Merke:
- **Bei Rückgabe der Leihverpackung gegen Gutschrift des Lieferers ist auch die Vorsteuer entsprechend zu berichtigen.**
- **Der vom Lieferer nicht gutgeschriebene Betrag der Leihverpackung stellt zu aktivierende Anschaffungsnebenkosten dar.**

6583122

Aufgaben

Für eine Warenlieferung liegt folgende Rechnung vor: **125**

Listenpreis	4 500,00 DM	
− 33⅓ % Wiederverkäuferrabatt	1 500,00 DM	3 000,00 DM
− 10 % Sonderrabatt		300,00 DM
		2 700,00 DM
+ Umsatzsteuer		405,00 DM
Rechnungsbetrag		3 105,00 DM

Buchen Sie die Rechnung 1. als Ausgangsrechnung und 2. als Eingangsrechnung.

a) Eingangsrechnung 4 285: **126**

8 Fernsehgeräte VST 88 zu je 1 100,00 DM ab Werk	8 800,00 DM	
− 25 % Rabatt	2 200,00 DM	
	6 600,00 DM	
+ Verpackung	150,00 DM	
+ Fracht	400,00 DM	
+ Transportversicherung	50,00 DM	
	7 200,00 DM	
+ Umsatzsteuer	1 080,00 DM	
Rechnungsbetrag	8 280,00 DM	

b) Barzahlung des Rollgeldes 100,00 DM + 15,00 DM Umsatzsteuer.
1. *Buchen Sie die Fälle a) und b) auf den entsprechenden Konten.*
2. *Schließen Sie das Konto „3020 Warenbezugskosten" ab und ermitteln Sie die Anschaffungskosten der Warensendung insgesamt.*
3. *Wie hoch ist der Einstandspreis (Anschaffungskosten) eines Fernsehgerätes?*

Die Baustoffgroßhandlung E. Wette, Hannover, liefert einem Kunden 200 Sack Zement je **127** 8,00 DM ab Lager. Der Kunde erhält 25 % Händlerrabatt und 5 % Sonderrabatt. Außerdem werden in Rechnung gestellt: Transportkosten 150,00 DM, Verlade- und Ausladekosten 100,00 DM sowie die Umsatzsteuer.
1. *Erstellen Sie die Rechnung und buchen Sie auf den entsprechenden Konten.*
2. *Ermitteln Sie die Anschaffungskosten bzw. den Einstandspreis je Sack Zement.*

Die Eingangsrechnung ER 4284 über 4 400,00 DM netto, Verpackungskosten 100,00 DM netto **128** und 675,00 DM Umsatzsteuer wurde wie folgt gebucht:

3010 Wareneingang	4 400,00	
3030 Leihemballagen	100,00	
1810 Umsatzsteuer	675,00	
an 1710 Verbindlichkeiten a.LL		5 175,00

Erstellen Sie einen Beleg für die Berichtigung der Falschbuchung (Stornobuchung).

a) Die Baustoffgroßhandlung E. Wette erhält folgende Eingangsrechnung: **129**

4 Fässer Öl 1004/8 zu je 300,00 DM	1 200,00 DM	
+ Leihverpackung	200,00 DM	1 400,00 DM
+ Umsatzsteuer		210,00 DM
Rechnungsbetrag		1 610,00 DM

b) Gutschrift des Lieferers für die Rückgabe der Fässer 57,50 DM einschließlich Umsatzsteuer.
1. *Buchen Sie die Fälle a) und b) und schließen Sie das Konto 3030 ab.*
2. *Wie hoch ist die Vergütung in % für die Rückgabe der Leihverpackung?*
3. *Nennen Sie den Einstandspreis (Anschaffungskosten) je Faß Öl.*

130 a) Eingangsrechnung 4984: Warenwert 8 200,00 DM, berechnete Leihverpackung 400,00 DM, Fracht 500,00 DM zuzüglich Umsatzsteuer.
   b) Barzahlung des Rollgeldes 115,00 DM einschließlich Umsatzsteuer.
   c) Für die Rückgabe der Verpackung wurden 80 % des berechneten Wertes gutgeschrieben.
   1. Buchen Sie die Fälle a) bis c). 2. Ermitteln Sie die Anschaffungskosten.

131

Vorläufige Summenbilanz der Großhandlung E. Wette	Soll	Haben
0330 BGA	83 000,00	2 500,00
0610 Eigenkapital	–	371 500,00
1010 Forderungen a. LL	844 200,00	782 300,00
1310 Bank	938 400,00	712 800,00
1410 Vorsteuer	81 300,00	48 600,00
1510 Kasse	65 200,00	53 400,00
1610 Privatentnahmen	48 400,00	–
1710 Verbindlichkeiten a. LL	463 400,00	542 100,00
1810 Umsatzsteuer	48 600,00	123 400,00
3010 Wareneingang	540 400,00	–
3020 Warenbezugskosten	32 600,00	–
3030 Leihverpackung	8 700,00	5 600,00
3910 Warenbestände	110 000,00	–
4000 Diverse Aufwendungen	280 600,00	–
4910 Abschreibungen auf Sachanlagen	–	–
8010 Warenverkauf	–	890 600,00
8710 Eigenverbrauch von Waren	–	12 000,00
Abschlußkonten: 9300 und 9400	3 544 800,00	3 544 800,00

Geschäftsfälle:

1. Eingangsrechnung 53 456, Warenwert 8 500,00
   Verpackungskosten 200,00
   Fracht 460,00
   Umsatzsteuer 1 374,00   10 534,00
2. Barzahlung von Rollgeld hierauf einschließlich Umsatzsteuer   230,00
3. ER 53 457, Warenwert 5 700,00
   Leihverpackung 800,00
   Fracht 460,00
   Transportversicherung 100,00
   Umsatzsteuer 1 059,00   8 119,00
4. Für die Rücksendung der Leihverpackung schreibt der Lieferer
   75 % des berechneten Wertes gut, netto .... ?
   + Umsatzsteuer .... ?   ?
5. Eigenverbrauch: Privatentnahme von Waren einschließlich
   Umsatzsteuer   575,00
6. Gutschriftsanzeige des Lieferers für die Rückgabe der Leihbehälter
   aus ER 53 449, brutto (einschließlich USt)   805,00

Abschlußangaben:

1. Warenendbestand lt. Inventur 160 000,00
2. Abschreibungen auf BGA 15 000,00
3. Im übrigen entsprechen die Buchwerte der Inventur.

Aufgaben:

1. Bilden Sie die Buchungssätze und buchen Sie auf den Konten des Hauptbuches.
2. Nennen Sie die Umbuchungen. Führen Sie den Abschluß in der Betriebsübersicht durch.
3. Ermitteln Sie a) den Einstandswert (Anschaffungskosten) der Waren, b) den Wareneinsatz und c) den Warenrohgewinn.

1.2 Nebenkosten beim Warenverkauf

Vertriebskosten. Beim Warenverkauf fallen Vertriebskosten an, die für den Großhändler <u>betrieblichen Aufwand</u> darstellen. So kauft der Großhändler z. B. Verpackungsmaterial ein oder übernimmt die Ausgangsfracht. Wichtige Vertriebskosten sind:

● **4500 Vertriebsprovisionen**	● **4620 Ausgangsfrachten**
● **4610 Verpackungsmaterial**	● **4630 Gewährleistungen**

Belastung des Kunden mit Vertriebskosten. Vielfach gehen die Vertriebskosten nicht zu Lasten des Verkäufers, sondern werden dem Kunden <u>in der Rechnung weiterbelastet</u>. In diesem Fall <u>veranlaßt der Verkäufer auf Kosten des Käufers</u> die Verpackung und den Versand der Ware und bucht die Aufwendungen (vgl. nachfolgendes Beispiel). Diese Aufwendungen sind danach <u>als Bestandteil der Umsatzerlöse zu buchen,</u> da sie nach § 10 UStG zum <u>umsatzsteuerlichen Entgelt</u> gehören (siehe S. 126).

Beispiel: Die Kern KG bezahlt die Fracht in Höhe von 277,50 DM + 41,63 DM Umsatzsteuer für eine Warensendung an die Handelskontor Erfurt GmbH bar.

① **Buchung aufgrund der Frachtrechnung des Spediteurs:**

	S	H
4620 Ausgangsfrachten	277,50	
1410 Vorsteuer	41,63	
an 1510 Kasse		319,13

1.2.1 Berechnung des Verkaufspreises

Angebotspreis. Bei Kundenanfragen und -bestellungen wird der Verkäufer zunächst den Angebotspreis (= Listenverkaufspreis) berechnen.

Beispiel: Der Kern KG, Köln, liegt eine Bestellung der Handelskontor Erfurt GmbH über 1500 Packungen (= 3000 Rollen) Saugpapier mit Baumwollzusatz vor. Die Kern KG ermittelt aufgrund folgender Angaben den Verkaufspreis (= Angebotspreis):

Die betriebsinterne Kalkulation hat einen <u>Barverkaufspreis</u> für 1 Packung (= 2 Rollen) Saugpapier von <u>4,00 DM</u> ergeben.

Zahlungsbedingung: Bei Zahlung innerhalb von 10 Tagen 2 % Skonto.

Bei Abnahme von mehr als 1000 Packungen wird ein Rabatt von 10 % gewährt.

Kalkulation des Verkaufspreises				
Barverkaufspreis/Packung	4,00 DM	≙ 98,0 %		
+ **2 % Kundenskonto**	0,08 DM	≙ 2,0 %		
Zielverkaufspreis	4,08 DM	≙ 100,0 % ▼	≙ 90,0 %	
+ **10 % Kundenrabatt**	0,45 DM		≙ 10,0 %	
Angebotspreis (= Listenpreis)	**4,53 DM**		≙ 100,0 % ▼	

Erläuterung: Kundenskonto:

$$98,0\,\% \sim 4,00\,\text{DM}$$
$$\underline{2,0\,\% \sim \text{x} \quad \text{DM}}$$

$$x = \frac{4,00 \cdot 2,0\,\%}{98,0\,\%} = \mathbf{0,08\ DM}$$

Kundenrabatt:

$$90,0\,\% \sim 4,08\,\text{DM}$$
$$\underline{10,0\,\% \sim \text{x} \quad \text{DM}}$$

$$x = \frac{4,08 \cdot 10,0\,\%}{90,0\,\%} = \mathbf{0,45\ DM}$$

Merke:
- Grundlage für die Berechnung des Kundenskontos (und der Vertriebsprovision) ist der Zielverkaufspreis.
- Grundlage für die Berechnung des Kundenrabatts ist der Angebotspreis.

1.2.2 Buchung der Ausgangsrechnung

Beispiel: Aufgrund der Verkaufskalkulation (vgl. S. 125) erstellt die Kern KG folgende Ausgangsrechnung an die Handelskontor Erfurt GmbH:

Kern KG · Papiergroßhandlung
Köln

Kern KG · Postfach 23 47 11, 50668 Köln

Handelskontor
Erfurt GmbH
Greifswalder Str. 17

99085 Erfurt

Unser Angebot vom	Ihre Bestellung vom 01.07.19..	Köln, 06.07.19..

Rechnungs-Nr. 12 675/..   **Kunden-Nr.** 10008

Pos.	Menge	Artikel	Einzelpreis	Rabatt	Gesamtpreis
1	1 500	Küchenrollen im Zweierpack	4,53 DM	10,0 %	6 115,50 DM
		+ LKW-Fracht			277,50 DM
					6 393,00 DM
		+ 15 % Umsatzsteuer			958,95 DM
					7 351,95 DM
					===========

Zahlungsbedingungen: Zahlbar in 10 Tagen mit 2 % Skonto, nach 30 Tagen ohne Abzug.

Bankverbindung: Deutsche Bank Köln (BLZ 37070060), Kto.-Nr. 129 376 880

---

② **Buchung der Ausgangsrechnung:**

		S	H
1010 Forderungen a.LL	.... 7 351,95		
an 8010 Warenverkauf	....		6 393,00
an 1810 Umsatzsteuer	....		958,95

Zusammen mit der zuvor gebuchten ① Frachtrechnung (vgl. S. 125) ergibt sich folgendes Kontenbild:

S	4620 Ausgangsfrachten	H	S	1010 Forderungen a.LL	H
①	277,50		②	7 351,95	
S	**1410 Vorsteuer**	**H**	**S**	**8010 Warenverkauf**	**H**
①	41,63			②	6 393,00
S	**1510 Kasse**	**H**	**S**	**1810 Umsatzsteuer**	**H**
	①	319,13		②	958,95

Merke:
- Vertriebskosten (z. B. Verpackung, Ausgangsfrachten) stellen für den Verkäufer betriebliche Aufwendungen dar.
- Die dem Kunden in Rechnung gestellten Vertriebskosten sind buchhalterisch als Umsatzerlöse zu behandeln (§ 10 UStG).

6583126

Warenexport. Bei Anfragen ausländischer Kunden werden die Angebote in der Regel in ausländischer Währung abgegeben. Hierbei ist die Umrechnung in ausländische Währung vorzunehmen[1].

Beispiel: Die Kern KG erhält die Anfrage eines französischen Kunden über 2000 Packungen Küchenrollen.

Zu welchem Preis in FF kann die Ware angeboten werden (Kurs 29,60)?

Lösung über Dreisatz:

$$29,60 \text{ DM} \sim 100 \text{ FF}$$
$$4,53 \text{ DM} \sim x \text{ FF}$$

$$x = \frac{100 \text{ FF} \cdot 4,53 \text{ DM}}{29,60 \text{ DM}} = 15,30 \text{ FF}$$

Bei 2000 Packungen wird der Angebotspreis auf 15,30 FF · 2000 = 30 600,00 FF lauten.

Aufgaben

Der Barverkaufspreis für 10 000 m Verpackungsfolie beträgt 30 500,00 DM. Das Angebot an einen Kunden wird mit 3 % Kundenskonto und 15 % Mengenrabatt kalkuliert. **132**

1. Wie hoch ist der Angebotspreis insgesamt und für 100 m Folie?

Die Bestellung des Kunden wird „frei Haus" ausgeführt. Die Rechnung des Spediteurs beläuft sich auf netto 420,00 DM + Umsatzsteuer.

Den Kunden belasten wir in der Rechnung mit Verpackung in Höhe von 340,00 DM netto.

2. Buchen Sie die Spediteurrechnung (die Rechnung wird innerhalb von 8 Tagen beglichen).

3. Erstellen Sie die Ausgangsrechnung an den Kunden und buchen Sie.

Ein Großhändler kalkuliert den Barverkaufspreis für 1 Büroschrank mit 316,00 DM. **133**

1. Berechnen Sie den Angebotspreis bei 6 % Vertriebsprovision, 3 % Skonto und 15 % Rabatt.

Ein Kunde bestellt 5 Schränke. Der Auftrag wird „ab Lager" mit eigenen Fahrzeugen ausgeführt; die Frachtkosten von 120,00 DM netto sind dem Kunden in der Rechnung zu belasten.

2. Erstellen Sie die Ausgangsrechnung und buchen Sie den Vorgang.

3. Von einem italienischen Kunden liegt ein Auftrag über 10 Schränke vor.

Zu welchem Lirepreis (Kurs 1,11 je 1000 Lit) können die Schränke angeboten werden?

Nennen Sie die Buchungssätze zu folgenden Geschäftsfällen: **134**

1. Ausgangsrechnung 4567: Warenwert 15 000,00
   + Umsatzsteuer 2 250,00   17 250,00
2. Ausgangsfracht hierauf bar, netto 500,00
   + Umsatzsteuer 75,00   575,00
3. ER 2345: Verpackungsmaterial für den Versand, netto 7 500,00
   + Umsatzsteuer 1 125,00   8 625,00
4. ER 2346: Reparaturkosten für verkaufte Waren werden von uns
   aus Garantieverpflichtung übernommen, netto 2 500,00
   + Umsatzsteuer 375,00   2 875,00
5. ER 2347: Unser Handelsvertreter stellt uns an Verkaufsprovisionen
   in Rechnung, netto 4 500,00
   + Umsatzsteuer 675,00   5 175,00
6. ER 2348: Spediteur berechnet für Warenlieferung an Kunden, netto 660,00
   + Umsatzsteuer 99,00   759,00

---

1 siehe S. 149 f.

135 a) Barzahlung der Ausgangsfracht für AR 607: netto 360,00 DM + 54,00 DM Umsatzsteuer.

b)

AR 607:	Warenwert		7 650,00
	Verpackungskosten	200,00	
	Verladekosten	150,00	
	Fracht	360,00	710,00
			8 360,00
+	Umsatzsteuer		1 254,00
	Rechnungsbetrag		9 614,00

1. Buchen Sie aus der Sicht des Lieferers.   *2. Wie hoch sind die Umsatzerlöse?*

136 a) Die Aufgabe 135 b) ist als Eingangsrechnung beim Kunden zu buchen.

b) Der Kunde zahlt das Rollgeld bar: 260,00 DM netto + 39,00 DM Umsatzsteuer.

1. Wie lauten die Buchungssätze für die Fälle a) und b)?

2. Ermitteln Sie die Anschaffungskosten der Warensendung.

137

AR 608:	10 Behälter Chlor zu je 250,00 DM	2 500,00	
	abzüglich 20 % Rabatt	500,00	2 000,00
	Transportversicherung	80,00	
	Fracht	220,00	300,00
			2 300,00
+	Umsatzsteuer		345,00
	Rechnungsbetrag		2 645,00

Buchen Sie den Vorgang und erläutern Sie die Höhe und Zusammensetzung der Umsatzerlöse.

138 a) Die Aufgabe 137 ist beim Kunden auf den entsprechenden Konten zu buchen.

b) Barzahlung des Rollgeldes 184,00 DM einschließlich Umsatzsteuer.

Nennen Sie die Buchungssätze und ermitteln Sie den Einstandswert.

139 *1. Nennen Sie die Buchungssätze zu ① und ②.*

2. Buchen Sie auf den entsprechenden Konten.

3. Wie hoch ist der effektive Verkaufsumsatz?

① **AR:** Warenwert	2 000,00 DM
+ Leihverpackung	300,00 DM
+ Fracht	200,00 DM
	2 500,00 DM
+ Umsatzsteuer	375,00 DM
Rechnungsbetrag	2 875,00 DM
② **Gutschriftsanzeige** für die Rückgabe der Verpackung (50 %)	150,00 DM
+ Umsatzsteuer	22,50 DM
Gutschrift	172,50 DM

6583128

Kern KG · Papiergroßhandlung
Köln

<u>Kern KG · Postfach 23 47 11 · 50668 Köln</u>

Magro-Großmarkt
Krefelder Straße 43

41063 Mönchengladbach

Unser Angebot vom	Ihre Bestellung vom 01.07.19..	Köln, 23.08.19..

Rechnungs-Nr. 12893/..　　　　　**Kunden-Nr.** 10016

Pos.	Menge	Artikel	Einzelpreis	Rabatt	Gesamtpreis
1	10 Rollen	Einschlagpapier	180,00 DM	10,0 %	1 620,00 DM
2	500 Stück	Faltkarton, Gr. III	3,40 DM	15,0 %	1 445,00 DM
3	100 m	Verpackungsfolie	5,20 DM	0	520,00 DM
					3 585,00 DM
		+ Frachtpauschale			255,00 DM
		+ Transportversicherung			60,00 DM
					3 900,00 DM
		+ 15 % Umsatzsteuer			585,00 DM
					4 485,00 DM
					==========

Zahlungsbedingungen: Zahlbar innerhalb von 10 Tagen mit 3 % Skonto oder nach 30 Tagen ohne Abzug.

Bankverbindung: Deutsche Bank Köln (BLZ 37070060), Kto.-Nr. 129376880

1. *Buchen Sie die Ausgangsrechnung für die Kern KG.*
2. *Geben Sie die Buchung der Eingangsrechnung für den Kunden Magro-Großmarkt an.*

Der Elektrogroßhandlung Eisengeb KG liegt die Bestellung eines Warenhauses über 50 Kaffeemaschinen „SANTOS II", 40 Toaster „Thermofix" und 30 Eierkocher „Superegg" vor. Die Eisengeb KG hat folgende Barverkaufspreise der Artikel kalkuliert:

Kaffeemaschine „SANTOS II",	Stückpreis 85,00 DM,	15 % Rabatt bei Abnahme von 50 Stück,
Toaster „Thermofix",	Stückpreis 65,00 DM,	10 % Rabatt bei Abnahme von 40 Stück,
Eierkocher „Superegg",	Stückpreis 42,50 DM,	8 % Rabatt bei Abnahme von 30 Stück.

Die Eisengeb KG gewährt bei Zahlungen innerhalb von 10 Tagen 3 % Skonto.

Die Lieferung erfolgt unfrei. Für Fracht zahlt die Eisengeb KG bei Auslieferung an den Spediteur 340,00 DM bar (zuzüglich Umsatzsteuer). Diesen Betrag belastet sie in der Ausgangsrechnung weiter an den Kunden.

1. *Kalkulieren Sie die Angebotspreise für die drei Artikel.*
2. *Erstellen Sie die Ausgangsrechnung an das Warenhaus.*
3. *Buchen Sie den Vorgang für die Eisengeb KG einschließlich der Frachtrechnung.*

1.3 Rücksendungen

Steuerberichtigung. <u>Berechnungsgrundlage</u> für die Umsatzsteuer ist der jeweilige <u>Nettobetrag</u> der Rechnung. Eine <u>nachträgliche Minderung</u> dieses Betrages <u>wegen</u> einer teilweisen oder vollständigen <u>Rücksendung</u> der erhaltenen oder gelieferten Waren führt somit auch zwangsläufig zu einer entsprechenden <u>Minderung (Berichtigung)</u> der bereits gebuchten <u>Vorsteuer bzw. Umsatzsteuer.</u>

Unterkonten. Aufgrund von Mängelrügen <u>zurückgesandte Waren</u> könnten direkt über das Wareneingangs- bzw. Warenverkaufskonto gebucht werden. Aus Gründen der Übersicht erfaßt man sie jedoch zunächst auf den <u>Unterkonten</u>

▶ **3050 Rücksendungen an Lieferer** und ▶ **8050 Rücksendungen vom Kunden,**

die über die Konten „3010 Wareneingang" und „8010 Warenverkauf" abzuschließen sind.

1.3.1 Rücksendungen an Lieferer

Mangelhafte Lieferung. Schicken wir Waren an die Lieferer zurück, weil sie <u>falsch oder mit Mängeln behaftet</u> geliefert wurden, so verringert sich deren Bestand mengen- und wertmäßig auf der Habenseite des Wareneingangskontos. Die <u>Vorsteuer</u> ist somit <u>anteilig</u> im Haben des Kontos 1410 zu berichtigen (<u>kürzen</u>). Die Verbindlichkeiten a. LL vermindern sich entsprechend im Soll.

Beispiel: Nach teilweiser Auslieferung der von der Zendermühle AG gekauften Küchenrollen (vgl. Beispiel S. 120) stellt man in der Papiergroßhandlung Kern KG einen versteckten Mangel fest: Ein Teil des Saugpapiers hat sich beim Aufrollen verzogen und ist eingerissen. Eine genaue Überprüfung zeigt, daß insgesamt 120 Packungen unbrauchbar sind. Mit dem Lieferer wird die Rücksendung der fehlerhaften Ware vereinbart.

Aufgrund der Rücksendung erteilt die Zendermühle AG folgende <u>Gutschrift</u>:

Rücknahme von 120 Packungen Küchenrollen zum Nettopreis von 2,50 DM (vgl. S. 120)	300,00 DM
+ 15 % Umsatzsteuer	45,00 DM
Gutschrift, brutto	**345,00 DM**

① **Buchung aufgrund der Eingangsrechnung** (vgl. Seite 120):　　S　｜　H

	S	H
3010 Wareneingang	10 700,00	
1410 Vorsteuer	1 605,00	
an 1710 Verbindlichkeiten a. LL		12 305,00

② **Buchung der Rücksendung aufgrund der Gutschriftsanzeige des Lieferers:**

	S	H
1710 Verbindlichkeiten a. LL	345,00	
an 3050 Rücksendungen an Lieferer		300,00
an 1410 Vorsteuer		45,00

③ **Umbuchung:** 3050 Rücksendungen an Lieferer an 3010 Wareneingang 300,00

S	3010 Wareneingang	H	S	3050 Rücksendungen an Lieferer	H
①	10 700,00 ｜ ③	300,00 ←	③	300,00 ｜ ②	**300,00**
S	1410 Vorsteuer	H	S	1710 Verbindlichkeiten a. LL	H
①	1 605,00 ｜ ②	**45,00**	②	**345,00** ｜ ①	12 305,00

Merke: Bei Rücksendungen an die Lieferer ist die Vorsteuer anteilig zu berichtigen.

6583130

1.3.2 Rücksendungen vom Kunden

Senden Kunden beanstandete Waren zurück, vermindern sich die Umsatzerlöse im Soll des Kontos 8010. Zugleich verringert sich unsere <u>Umsatzsteuerschuld im Soll</u> des Kontos 1810. Die Forderungen a. LL nehmen im Haben entsprechend ab.

Beispiel: Der bei den Küchenrollen entdeckte Mangel (s.o.) veranlaßt die Kern KG, ihren Kunden, die „Handelskontor Erfurt GmbH" (vgl. S. 126), um genaue Prüfung zu bitten. Die Handelskontor Erfurt GmbH teilt mit, daß <u>60 der gekauften 1500 Packungen Mängel aufweisen.</u> Die Kern KG erteilt nach Rücksendung folgende <u>Gutschrift</u>:

Rücknahme von 60 Packungen zum Nettopreis von 4,08 DM	244,80 DM
+ Umsatzsteuer	36,72 DM
Gutschrift, brutto	**281,52 DM**

① **Buchung aufgrund der Ausgangsrechnung** (S. 126): *Nennen Sie die Buchung zu* ①.

② **Buchung der Rücksendung durch den Kunden aufgrund unserer Gutschriftsanzeige:**

	S	H
8050 Rücksendungen vom Kunden	244,80	
1810 Umsatzsteuer	36,72	
an 1010 Forderungen a. LL		281,52

③ **Umbuchung:**

8010 Warenverkauf an 8050 Rücksendungen vom Kunden 244,80

S	8050 Rücksendungen vom Kunden	H		S	8010 Warenverkauf	H
②	**244,80**	③ 244,80 ➡		③	244,80	① 6393,00
S	1810 Umsatzsteuer	H		S	1010 Forderungen a. LL	H
②	**36,72**	① 958,95		①	7351,95	② **281,52**

Merke: Bei Rücksendungen vom Kunden ist die Umsatzsteuer(schuld) zu berichtigen.

Aufgaben – Fragen

Ermitteln Sie für die folgenden Geschäftsfälle jeweils den Rechnungs- bzw. Gutschriftsbetrag, **142** *und nennen Sie den Buchungssatz. Buchen Sie auf den Konten 1010, 1410, 1710, 1810, 3010, 3050, 8010, 8050 und schließen Sie die Unterkonten ab.*

1. ER 2356 für Waren: Listenpreis 20 000,00 DM, gewährter Mengenrabatt 15 % + USt
2. Rücksendung beschädigter Waren (ER 2356), Nettowert 5 000,00 DM + USt
3. AR 3456: Verkauf von Waren, Listenpreis 40 000,00 DM, 25 % Wiederverkäuferrabatt + USt
4. Kunde (AR 3456) sendet uns beschädigte Waren zurück, Nettowert 4 000,00 DM
5. AR 3457: Verkauf von Waren, Nettopreis 2 500,00 DM + USt
6. Kunde (AR 3457) erhält Gutschrift wegen Falschlieferung, netto 1 300,00 DM

1. Begründen Sie, warum in Gutschriftsanzeigen die Umsatzsteuer gesondert auszuweisen ist.

2. Welche Rechte können im Falle einer rechtzeitigen Mängelrüge geltend gemacht werden?

1.4 Nachlässe

1.4.1 Nachträgliche Preisnachlässe im Beschaffungsbereich

Nachlässe, die uns nachträglich in Form von

- **Preisnachlässen aufgrund von Mängelrügen,**
- **Boni** (nachträglich gewährte Rabatte) oder **Skonti**[1]

von Lieferern gewährt werden, mindern die Anschaffungs- bzw. Einstandspreise der bezogenen Waren und damit auch die darauf entfallende Vorsteuer. Aus Gründen der besseren Übersicht werden diese Nachlässe zunächst auf einem Unterkonto des betreffenden Aufwandskontos erfaßt:

3010 Wareneingang

▶ 3060 Nachlässe von Lieferern	▶ 3070 Liefererboni	▶ 3080 Liefererskonti

Umbuchung. Zum Jahresschluß werden diese Konten über das entsprechende Aufwandskonto abgeschlossen, das dann die berichtigten Anschaffungspreise ausweist.

Netto- oder Bruttobuchung. Nachlässe können netto oder brutto gebucht werden, je nachdem, ob man die Vorsteuer sofort oder erst später berichtigt.

Beispiel: Angenommen, die von der Zendermühle AG gelieferten Küchenrollen (vgl. S. 120) sind nur mit einem geringen Mangel behaftet: Sie sind z.T. nicht sauber geschnitten, können aber mit einem Preisnachlaß noch verkauft werden. Aufgrund der Mängelrüge der Kern KG gewährt die Zendermühle AG einen Preisnachlaß von netto 250,00 DM und erteilt folgende Gutschrift:

Preisnachlaß auf mangelhafte Ware, netto	250,00 DM
+ Umsatzsteuer	37,50 DM
Gutschrift, brutto	**287,50 DM**

Nettobuchung. Wird der Nachlaß buchhalterisch direkt mit dem Nettobetrag erfaßt, muß die anteilige Steuerberichtigung sogleich ermittelt und gebucht werden.

Nachlaß, netto	250,00 DM
+ Steuerberichtigung	37,50 DM
Bruttonachlaß	287,50 DM

① **Buchung aufgrund der Eingangsrechnung** (vgl. S. 121):

	S	H
3010 Wareneingang	10 700,00	
1410 Vorsteuer	1 605,00	
an 1710 Verbindlichkeiten a. LL		12 305,00

② **Nettobuchung des Preisnachlasses aufgrund der Gutschriftsanzeige:**

	S	H
1710 Verbindlichkeiten a. LL	287,50	
an 3060 Nachlässe von Lieferern		250,00
an 1410 Vorsteuer		37,50

③ **Umbuchung am Ende der Rechnungsperiode:**

	S	H
3060 Nachlässe von Lieferern	250,00	
an 3010 Wareneingang		250,00

---

1 ausführliche Behandlung der Skonti Seite 138 f.

6583132

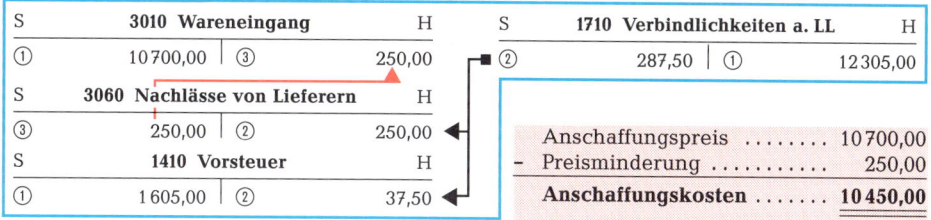

S	3010 Wareneingang	H	S	1710 Verbindlichkeiten a. LL	H
①	10 700,00	③ 250,00	② 287,50	①	12 305,00

S	3060 Nachlässe von Lieferern	H
③	250,00	② 250,00

S	1410 Vorsteuer	H
①	1 605,00	② 37,50

Anschaffungspreis 10 700,00
− Preisminderung 250,00
Anschaffungskosten 10 450,00

Bruttobuchung. Es ist rationeller, Nachlässe brutto zu buchen:

Buchung: ① 1710 Verbindlichk. a. LL an 3060 Nachl. von Lieferern 287,50

Steuerberichtigung am Monatsende. Erst am Ende des Monats, wenn die Zahllast ermittelt wird, werden die Konten „3060 Nachlässe" und „1410 Vorsteuer" um den anteiligen Steuerbetrag berichtigt. Die Steuerberichtigung wird aus dem Bruttobetrag ermittelt:[1]

$$115 \% \sim 287,50 \text{ DM}$$
$$15 \% \sim x \text{ DM} \qquad x = \frac{287,50 \cdot 15 \%}{115 \%} = \underline{37,50 \text{ DM}}$$

Buchung: ② 3060 Nachlässe von Lieferern .... an 1410 Vorsteuer 37,50

S	3060 Nachlässe von Lieferern	H	S	1710 Verbindlichkeiten a. LL	H
②	37,50	① 287,50	① 287,50	1410, 3010	12 305,00

S	1410 Vorsteuer	H
1710	1 605,00	② 37,50

Merke: Bei der Nettobuchung der Nachlässe wird die Steuer jeweils sofort, bei der Bruttobuchung dagegen erst am Ende des Monats summarisch berichtigt.[1]

Die Anschaffungskosten ergeben sich nach Umbuchung im Wareneingangskonto:

Anschaffungspreis .... 10 000,00 DM
+ Anschaffungsnebenkosten .... 700,00 DM
− Anschaffungspreisminderung .... 250,00 DM
Anschaffungskosten (§ 255 HGB) .... 10 450,00 DM

Nachträgliche Rabatte (Boni) von Lieferern. Der Bonus ist ein Mengen-, Treue- oder Umsatzrabatt, der am Ende einer Periode (Quartal, Halbjahr oder Jahr) für den insgesamt erreichten Warenumsatz zusätzlich gewährt wird. Die uns von Lieferern gewährten Boni mindern ebenfalls nachträglich den Anschaffungspreis der Waren.

Beispiel: Die Zendermühle AG gewährt der Kern KG für das 1. Quartal eine Umsatzvergütung von 3 % auf 80 000,00 DM Warenumsatz. Die Gutschriftsanzeige des Lieferers lautet: 2 400,00 DM Nettobonus + 360,00 DM USt = 2 760,00 DM

Buchung: 1710 Verbindlichkeiten a. LL 2 760,00
an 3070 Liefererboni 2 400,00
an 1410 Vorsteuer 360,00

Wie lautet der Buchungssatz für den Abschluß des Kontos „3070 Liefererboni"?

Merke: Preisnachlässe und Boni von Lieferern mindern nachträglich die Anschaffungspreise der eingekauften Waren, die Vorsteuer und die Verbindlichkeiten a. LL.

---

1 In der **EDV** erfolgt die **Steuerberichtigung** mit Eingabe des Bruttobetrages **automatisch** (Programmfunktion).

1.4.2   Nachträgliche Preisnachlässe im Absatzbereich

Erlösberichtigungen. Dem Kunden gewährte <u>Preisnachlässe</u> wegen Mängelrüge, Boni sowie Skonti <u>schmälern die Umsatzerlöse</u>. Sie werden auf <u>Unterkonten</u> erfaßt:

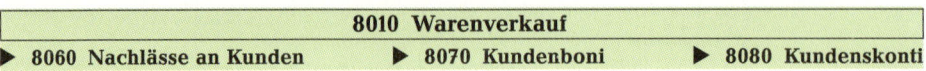

8010 Warenverkauf		
▶ **8060 Nachlässe an Kunden**	▶ **8070 Kundenboni**	▶ **8080 Kundenskonti**

Umbuchung. Am Ende der Rechnungsperiode werden die Unterkonten über das Konto „<u>8010 Warenverkauf</u>" abgeschlossen, das dann die <u>berichtigten Erlöse</u> ausweist.

Netto- oder Bruttobuchung. Auch die Erlösberichtigungen werden entweder netto oder brutto gebucht, wobei das Bruttoverfahren praxisgerechter ist.

Beispiel: Die Kern KG gewährt ihrem Kunden Handelskontor Erfurt GmbH wegen Mängelrüge einen Preisnachlaß von 120,00 DM und erteilt folgende Gutschrift:

Preisnachlaß auf 60 Küchenrollen je 2,00 DM, netto	120,00 DM
+ Umsatzsteuer	18,00 DM
Gutschrift, brutto	**138,00 DM**

① **Buchung aufgrund der Ausgangsrechnung** (vgl. S. 126):   S   H

1010 Forderungen a. LL **7 351,95**		
an	**8010 Warenverkauf**		**6 393,00**
an	**1810 Umsatzsteuer**		**958,95**

② **Nettobuchung des dem Kunden gewährten Preisnachlasses:**

8060 Nachlässe an Kunden **120,00**		
1810 Umsatzsteuer **18,00**		
an	**1010 Forderungen a. LL**		**138,00**

③ **Umbuchung am Ende der Rechnungsperiode:**

8010 Warenverkauf ..   an   **8060 Nachlässe an Kunden**   **120,00**

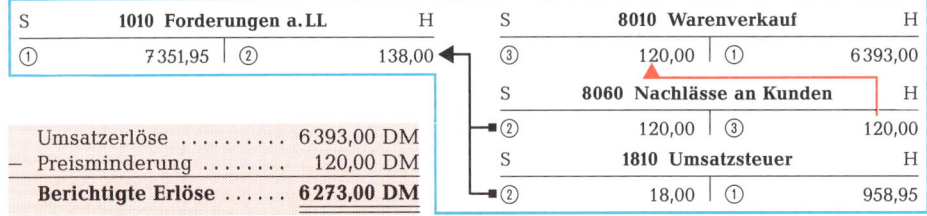

S	1010 Forderungen a. LL		H		S	8010 Warenverkauf		H
①	7 351,95	②	138,00	◀	③	120,00	①	6 393,00
					S	8060 Nachlässe an Kunden		H
					②	120,00	③	120,00
					S	1810 Umsatzsteuer		H
					②	18,00	①	958,95

Umsatzerlöse	6 393,00 DM
− Preisminderung	120,00 DM
Berichtigte Erlöse	**6 273,00 DM**

① **Bruttobuchung:**   **8060 Nachlässe a. Kunden**   an   **1010 Forderungen a. LL**   **138,00**[1]

② **Steuerberichtigung:**   **1810 Umsatzsteuer** ......   an   **8060 Nachlässe a. Kunden 18,00**[1]

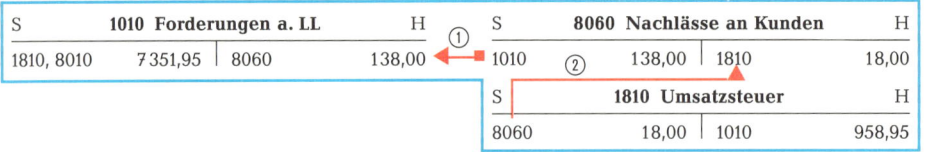

S	1010 Forderungen a. LL		H		S	8060 Nachlässe an Kunden		H
1810, 8010	7 351,95	8060	138,00	◀	1010	138,00	1810	18,00
					S	1810 Umsatzsteuer		H
					8060	18,00	1010	958,95

Merke:	**Nachträgliche Preisnachlässe bedingen entsprechende Steuerberichtigungen.**

---

1 In der **EDV** erfolgt die **Steuerberichtigung** mit Eingabe des Bruttobetrages **automatisch** (Programmfunktion).

6583134

Aufgaben

143
a) Ein Warenlieferer gewährt uns wegen Mängelrüge einen Preisnachlaß von 10 % des Rechnungsbetrages. Der Rechnungsbetrag (ER 488) lautete über 11 500,00 DM.
b) Wir gewähren einem Kunden aufgrund seiner Mängelrüge nachträglich einen Preisnachlaß von 20 % des Rechnungsbetrages. Die Ausgangsrechnung (AR 811) weist einen Rechnungsbetrag von 17 250,00 DM aus.

1. Ermitteln Sie jeweils die Gutschrift und die Steuerberichtigung.
2. Erstellen Sie die entsprechende Gutschriftsanzeige.
3. Nennen Sie den Buchungssatz aufgrund der Gutschriftsanzeige der Fälle a) und b).

144
Gutschrift über eine Umsatzvergütung von 3 % auf den Nettowarenumsatz des 2. Halbjahres in Höhe von 350 000,00 DM.

1. Erstellen Sie die Gutschriftsanzeige.
2. Wie bucht a) der Lieferer und b) der Kunde?
3. Erläutern Sie die Auswirkung der Boni im Ein- und Verkaufsbereich.

145
Buchen Sie den folgenden Beleg in der Finanzbuchhaltung der Firma Jörg Breuer.

Jörg Breuer MÖBELGROSSHANDEL

Möbelgroßhandel Jörg Breuer, Karlstraße 44, 51379 Leverkusen

Möbelfachgeschäft
Werner Theuer
Am Gierlichshof 15

51381 Leverkusen

Ihre Zeichen, ihre Nachricht vom	Unsere Zeichen	Durchwahl	**Leverkusen**
WG/20.12...	L/by	42	28.12...

Rechnung Nr. 1 315

Sehr geehrte Damen und Herren,

aufgrund Ihrer Beanstandung schreiben wir Ihnen gut:

```
        10 % von 10 000,00 DM Warenwert
        lt. o. g. Rechnung ................ 1 000,00 DM
        15 % Umsatzsteuer .................   150,00 DM
                                           1 150,00 DM
                                           ===========
```

Mit freundlichen Grüßen

MÖBELGROSSHANDEL
JÖRG BREUER

i. A. (Schreiner)

Geschäftsräume   Telefon (0 21 71) 5 63 56   Sparkasse Leverkusen   Postbank Köln
Karlstraße 44   Telefax (0 21 71) 5 67 39   (BLZ 375 514 40)   (BLZ 370 100 50)
51379 Leverkusen   Konto-Nr. 218 435 717   Konto-Nr. 9987 96-500

146 *Buchen Sie im Grund- und Hauptbuch. Erstellen Sie den Jahresabschluß zum 31.12.*

Kontenplan und vorläufige Saldenbilanz zum 27.12.	Soll	Haben
0330 Betriebs- und Geschäftsausstattung	248 000,00	–
0340 Fuhrpark	84 000,00	–
0610 Eigenkapital	–	450 000,00
1010 Forderungen a. LL	95 100,00	–
1310 Bank	140 000,00	–
1410 Vorsteuer	66 200,00	–
1510 Kasse	19 200,00	–
1610 Privatentnahmen	72 000,00	–
1710 Verbindlichkeiten a. LL	–	224 700,00
1810 Umsatzsteuer	–	87 200,00
3010 Wareneingang	808 400,00	–
3020 Warenbezugskosten	20 800,00	–
3030 Leihemballagen	4 600,00	–
3050 Rücksendungen an Lieferer	–	5 000,00
3060 Nachlässe von Lieferern	–	3 500,00
3070 Liefererboni	–	1 500,00
3910 Warenbestände	150 000,00	–
4000 Diverse Aufwendungen	155 000,00	–
4100 Mieten	62 000,00	–
4620 Ausgangsfrachten	8 500,00	–
4700 Betriebskosten, Instandhaltung	16 800,00	–
4800 Allgemeine Verwaltungskosten	132 700,00	–
4910 Abschreibungen auf Sachanlagen	–	–
8010 Warenverkauf	–	1 357 500,00
8050 Rücksendungen von Kunden	48 400,00	–
8060 Nachlässe an Kunden	7 100,00	–
8070 Kundenboni	2 900,00	–
8710 Eigenverbrauch von Waren	–	12 300,00
Abschlußkonten: 9300 und 9400	2 141 700,00	2 141 700,00

Geschäftsfälle vom 27.12. bis 31.12.:

1. Zieleinkäufe von Waren, ab Werk, ER 460–466
   Warenwert 18 900,00
   + Leihverpackung 800,00
   + Umsatzsteuer 2 955,00   22 655,00
2. Eingangsfrachten hierauf bar, Nettofrachtbetrag 860,00
   + Umsatzsteuer 129,00   989,00
3. Rücksendung mangelhafter Waren an Lieferer (ER 462)
   Warenwert 900,00
   + Umsatzsteuer 135,00   1 035,00
4. Lieferer schreibt uns für Rückgabe der Leihverpackung
   einschließlich Umsatzsteuer gut, brutto 690,00
5. Zielverkäufe von Waren, frei dort, AR 962–968
   Warenwert 52 400,00
   + Verpackungskosten 800,00
   + Umsatzsteuer 7 980,00   61 180,00
6. Ausgangsfrachten hierauf bar, brutto 1 610,00
7. Lastschrift der Bank für Mietüberweisung 6 500,00
   Darin enthalten ist die Miete für die Wohnung des Inhabers 900,00
8. Gutschriftsanzeige (Mängelrüge) an Kunden (AR 963), brutto 690,00
9. Kunde erhält von uns einen Bonus, netto 1 500,00
10. Gutschriftsanzeige (Mängelrüge) eines Lieferers (ER 465), brutto 391,00

11. Kunde sendet mangelhafte Waren zurück (AR 964), brutto 920,00
12. Lieferer gewährt uns einen Bonus von netto 2 000,00

Abschlußangaben:
1. 20 % Abschreibung vom Buchwert auf 0330 und 0340
2. Warenendbestand lt. Inventur 200 000,00
3. Im übrigen entsprechen die Buchwerte der Inventur.

Kontenplan und vorläufige Saldenbilanz der Aufgabe 146   147
Geschäftsfälle:

1. Banküberweisung für Ausgangsfrachten (AR 978–982)
   einschließlich Umsatzsteuer 1 150,00
2. Zielverkäufe von Waren, ab hier, AR 978–982
   Warenwert 24 800,00
   + Frachten 1 000,00
   + Leihverpackung 1 200,00
   + Umsatzsteuer 4 050,00   31 050,00
3. Einem Kunden (AR 966) werden aufgrund seiner Mängelrüge
   gutgeschrieben, brutto 1 081,00
4. Privatentnahme von Waren, Warenwert 600,00
5. Gutschrift an Kunden für Rückgabe der Leihverpackungen
   (AR 978–982), brutto 1 035,00
6. Rücksendung beschädigter Waren (ER 458), Warenwert 700,00
7. Zieleinkäufe von Waren, ab Werk, ER 489–490
   Warenwert 15 400,00
   + Fracht und Transportversicherung 600,00
   + Umsatzsteuer 2 400,00   18 400,00
8. Barzahlung des Rollgeldes hierauf einschließlich USt 230,00
9. Gutschriftsanzeige des Lieferers aufgrund unserer Mängelrüge
   (ER 432) einschließlich Umsatzsteuer 874,00
10. Banküberweisung für Fahrzeugreparatur, netto 2 800,00
    + Umsatzsteuer 420,00   3 220,00
11. Kunde sendet wegen Falschlieferung Waren (AR 980) zurück
    und erhält von uns eine Gutschrift einschließlich USt 2 875,00
12. Banküberweisung der Lebensversicherungsprämie des
    Geschäftsinhabers 860,00
13. Lieferer gewährt uns einen Bonus, brutto 3 450,00

Abschlußangaben:
1. Abschreibungen auf BGA: 32 000,00 DM; auf Fuhrpark: 18 000,00 DM.
2. Inventurwert des Warenschlußbestandes 250 000,00

Fragen

---

1. *Wie hoch sind in den Aufgaben 146/147 jeweils a) die berichtigten Umsatzerlöse,*   **148**
   b) der Wareneinsatz, c) der Rohgewinn und d) der Reingewinn?
2. *Halten Sie die Höhe des Reingewinns für angemessen, wenn man für die Arbeitsleistung des*
   Geschäftsinhabers einen Unternehmerlohn (= Vergütung für eine vergleichbare Tätigkeit) von
   60 000,00 DM je Geschäftsjahr zugrunde legt?
3. *Welche Gründe sprechen für die gesonderte buchhalterische Erfassung der Bezugskosten,*
   Rücksendungen, Nachlässe und Boni?
4. *Erläutern Sie die Zusammensetzung der Anschaffungskosten nach § 255 HGB.*

1.5　Skonti

Bedeutung des Skontos. Die Zahlungsbedingungen auf Eingangs- und Ausgangsrechnungen sehen oft Skontoabzüge vor. Sie können z. B. lauten: „Der Rechnungsbetrag ist innerhalb von 10 Tagen mit 2 % Skonto oder nach spätestens 30 Tagen ohne Abzug zu zahlen." Der Skonto ist also eine Zinsvergütung für Zahlung innerhalb einer angegebenen Frist. Er enthält auch eine Prämie für die Ersparung von Risiko und Aufwand, die mit Zielverkäufen verbunden sind.

Entgeltminderung. Nach Umsatzsteuerrecht sind Skonti nachträglich vorgenommene Entgeltminderungen (vgl. Abschnitt 151 UStR), die zu einer Berichtigung der Vor- und Umsatzsteuer führen (vgl. § 17 UStG). Nach HGB stellen die beim Wareneinkauf gewährten Skonti Anschaffungspreisminderungen (§ 255 HGB, vgl. S. 196 f., 227 f.) dar.

Je nach der Art der Skonti unterscheiden wir:

- **Liefererskonti.** Der Skonto, der uns von Lieferern gewährt wird, mindert nachträglich den Anschaffungspreis der eingekauften Waren und muß deshalb auch auf einem Unterkonto des Warenkontos gebucht werden: **„3080 Liefererskonti".**
- **Kundenskonti.** Skonti, die wir den Kunden gewähren, schmälern die Umsatzerlöse. Sie sind auf einem Unterkonto des Erlöskontos zu erfassen: **„8080 Kundenskonti".**

1.5.1　Liefererskonti

Beispiel: Die Kern KG, Köln, begleicht die Eingangsrechnung der Zendermühle AG (vgl. S. 120) unter Abzug von 2,5 % Skonto durch Banküberweisung.

Rechnungsbetrag der Eingangsrechnung	12 305,00 DM
− 2,5 % Skonto (brutto)	307,63 DM
Überweisungsbetrag an Zendermühle AG	11 997,37 DM

Bruttobuchung. Aus Vereinfachungsgründen bucht man den Skontobetrag brutto:

① **Buchung der Eingangsrechnung:** (vgl. S. 121)

② **Buchung des Zahlungsausgleichs mit Bruttoskonto:**

		S	H
1710 Verbindlichkeiten a. LL		12 305,00	
an 3080 Liefererskonti			307,63
an 1310 Bank			11 997,37

Steuerberichtigung. Erst am Monatsende – bei der Ermittlung der Zahllast – wird der Vorsteueranteil aus der Summe der Bruttoskonti ermittelt und umgebucht. In der EDV-gestützten Buchführung wird die Steuerberichtigung mit Eingabe des Rechnungsbetrages automatisch durchgeführt und gebucht.

Berechnung des im Bruttoskonto enthaltenen Steuerberichtigungsbetrages:

$$\begin{array}{ll} 115\ \% \text{ Bruttoskonto} & \sim\ \ 307,63 \text{ DM} \\ 15\ \% \text{ Steuerberichtigung} & \sim\ \ \ \text{x}\ \ \text{ DM} \end{array} \qquad \text{x DM} = \frac{307,63 \text{ DM} \cdot 15\ \%}{115\ \%} = \underline{\underline{40,13 \text{ DM}}}$$

Merke: $\qquad \text{Steuerberichtigungsbetrag} = \dfrac{\text{Bruttoskonto} \cdot 15\ \%}{115\ \%}$

6583138

③ **Umbuchung des Steuerberichtigungsbetrages:**

      3080 Liefererskonti   an   1410 Vorsteuer 40,13

④ **Abschlußbuchung:**

      3080 Liefererskonti   an   3010 Wareneingang 267,50

S	3010 Wareneingang	H	S	1710 Verbindlichkeiten a. LL	H
① 10 700,00	④	267,50	② 12 305,00	①	12 305,00

S	3080 Liefererskonti	H
③ 40,13	②	307,63
④ 267,50		

S	1410 Vorsteuer	H
① 1 605,00	③	40,13

S	1310 Bank	H
	②	11 997,37

Merke: Nach der Umbuchung des Nettoskontos weist das Wareneingangskonto die Anschaffungskosten aus:

      Anschaffungspreis .... 10 700,00 DM
  − Liefererskonto, netto ....   267,50 DM
  = Anschaffungskosten .... 10 432,50 DM

Nettobuchung. Der vom Lieferer gewährte Skonto wird direkt beim Rechnungsausgleich mit dem <u>Nettobetrag</u> gebucht, wobei die darauf entfallende <u>Vorsteuerberichtigung sofort</u> vorgenommen wird. Die folgende Übersicht erklärt den Zusammenhang:

100 % Nettopreis	10 700,00 DM	− 2,5 % Nettoskonto	267,50 DM	= 10 432,50 DM
+ 15 % Vorsteuer	1 605,00 DM	− 2,5 % Vorsteuerber.	40,13 DM	= 1 564,87 DM
115 % Bruttopreis	**12 305,00 DM**	**− 2,5 % Bruttoskonto**	**307,63 DM**	**= 11 997,37 DM**

① **Buchung aufgrund der Eingangsrechnung:** (vgl. S. 121)

② **Buchung des Rechnungsausgleichs:**

                                                    S | H

     1710 Verbindlichkeiten a. LL 12 305,00
           an   3080 Liefererskonti   267,50
           an   1410 Vorsteuer   40,13
           an   1310 Bank 11 997,37

③ **Abschlußbuchung:** 3080 Liefererskonti   an   3010 Wareneingang 267,50

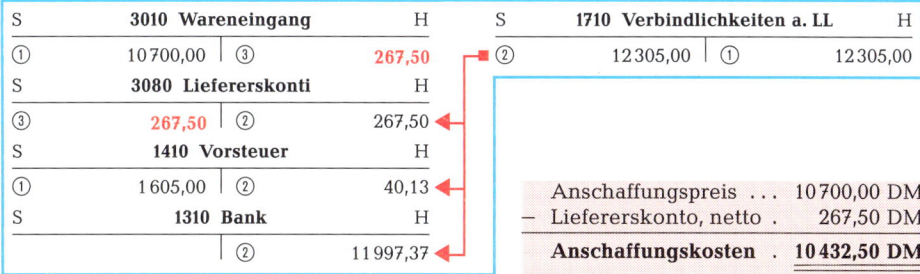

S	3010 Wareneingang	H	S	1710 Verbindlichkeiten a. LL	H
① 10 700,00	③	267,50	② 12 305,00	①	12 305,00

S	3080 Liefererskonti	H
③ 267,50	②	267,50

S	1410 Vorsteuer	H
① 1 605,00	②	40,13

S	1310 Bank	H
	②	11 997,37

      Anschaffungspreis ... 10 700,00 DM
  − Liefererskonto, netto .   267,50 DM
  Anschaffungskosten . **10 432,50 DM**

Merke: ● Bei <u>Liefererskonto</u> ist die <u>Vorsteuer</u> zu berichtigen.
            ● Liefererskonti mindern die Anschaffungspreise der Waren.
            ● Der Liefererskonto wird in der Regel brutto gebucht.

1.5.2 Kundenskonti

Beispiel: Die Kern KG bucht den Zahlungseingang für eine Rechnung an den Kunden Handelskontor Erfurt GmbH mit Skontoabzug (vgl. Rechnung S. 126). Auf der Überweisungsdurchschrift ist vermerkt:

Rechnungsbetrag lt. AR 12675/.. vom 06.07.19.. ..	7351,95 DM
− 2 % Skonto (brutto)	147,04 DM
Überweisungsbetrag	7204,91 DM

① **Berechnung der Steuerberichtigung[1]:**

$$\text{Steuerberichtigungsbetrag} = \frac{147{,}04 \text{ DM} \cdot 15\,\%}{115\,\%} = \underline{\underline{19{,}18 \text{ DM}}}$$

② **Buchung der Ausgangsrechnung:** (vgl. S. 126)

③ **Buchung des Zahlungseingangs (brutto):**

	S	H
1310 Bank	7204,91	
8080 Kundenskonti	147,04	
an 1010 Forderungen a. LL		7351,95

④ **Buchung der Steuerberichtigung:**

	S	H
1810 Umsatzsteuer	19,18	
an 8080 Kundenskonti		19,18

⑤ **Abschlußbuchung:**

	S	H
8010 Warenverkauf	127,86	
an 8080 Kundenskonti		127,86

S	1010 Forderungen a. LL	H
② 7351,95	③	7351,95

S	8010 Warenverkauf	H
⑤ 127,86	②	6393,00

S	1810 Umsatzsteuer	H
④ 19,18	②	958,95

S	1310 Bank	H
③ 7204,91		

S	8080 Kundenskonti	H
③ 147,04	④	19,18
	⑤	127,86

Umsatzerlöse	6393,00 DM
− Kundenskonti	127,86 DM
Berichtigte Erlöse	**6265,14 DM**

Aufgabe: *Führen Sie für das vorliegende Beispiel die Nettobuchung des Kundenskontos durch.*

Merke:
- Bei Kundenskonto ist die Umsatzsteuer zu berichtigen.
- Kundenskonti werden in der Regel brutto gebucht.
- Kundenskonti mindern die Umsatzerlöse:

	Umsatzerlöse
−	Kundenskonti
=	Berichtigte Erlöse

---

1 vgl. S. 138

6583140

Merke: **Die Umsatzsteuer-Zahllast kann am Monatsende erst nach Vornahme der anteiligen Berichtigungen auf den Steuerkonten ermittelt werden:**

S	2600 Vorsteuer	H
Vorsteuerbeträge	Berichtigungen	
aufgrund von Eingangsrechnungen	• Rücksendungen an Lieferer • Preisnachlässe von Lieferern • Liefererboni • Liefererskonti	

S	4800 Umsatzsteuer	H
Berichtigungen	Umsatzsteuerbeträge	
• Rücksendungen von Kunden • Preisnachlässe an Kunden • Kundenboni • Kundenskonti	aufgrund von Ausgangsrechnungen	

Aufgaben – Fragen

149 Die Eingangsrechnung 8857 über 2875,00 DM (Warenwert 2500,00 DM + 375,00 DM USt) wird unter Abzug von 2 % Skonto durch Banküberweisung an den Lieferer beglichen.
Konten: 1310 (AB 85000,00 DM), 1410, 1710, 3010, 3080.
1. *Buchen Sie den Eingang der Waren aufgrund der ER 8857.*
2. *Ermitteln Sie die Steuerberichtigung und buchen Sie beim Rechnungsausgleich den Skonto a) netto und b) brutto.*
3. *Wie lauten die entsprechenden Buchungen beim Lieferer?*

150 Der Kunde begleicht unsere Ausgangsrechnung 4459 über 17250,00 DM (Warenwert 15000,00 DM + 2250,00 DM USt) abzüglich 2 % Skonto durch Postüberweisung.
Konten: 1010, 1320, 1810, 8010, 8080.
1. *Buchen Sie den Verkauf der Waren aufgrund der AR 4459.*
2. *Buchen Sie den Skonto beim Zahlungseingang a) netto und b) brutto.*
3. *Nennen Sie die entsprechenden Buchungen zu 1. und 2. auch beim Kunden.*

151

Auszug aus der vorläufigen Summenbilanz:	Soll	Haben
1410 Vorsteuer	52500,00	48350,00
1810 Umsatzsteuer	72150,00	83450,00
3080 Liefererskonti (brutto)	?	3680,00
8080 Kundenskonti (brutto)	2875,00	?

1. *Ermitteln Sie am Monatsende die Steuerberichtigungen und buchen Sie.*
2. *Ermitteln Sie nach den Berichtigungsbuchungen die Umsatzsteuer-Zahllast.*

152

Auszug aus der vorläufigen Summenbilanz:	Soll	Haben
1410 Vorsteuer	28640,00	14450,00
1810 Umsatzsteuer	43560,00	66350,00
3080 Liefererskonti (brutto)	?	5290,00
8080 Kundenskonti (brutto)	6095,00	?

Ermitteln und buchen Sie die Steuerberichtigungen (runden). Wie hoch ist die Zahllast?

153 Buchen Sie die Skonti in der folgenden Aufgabe a) netto und b) brutto.

Bestände: Forderungen a. LL 28750,00, Bankguthaben 225600,00, Vorsteuer 2400,00, Verbindlichkeiten a. LL 27600,00, Umsatzsteuer 5800,00.

Konten: 1010, 1310, 1410, 1710, 1810, 3080, 8080.

Geschäftsfälle:
1. Kunde begleicht AR 256 durch Banküberweisung
   abzüglich 2 % Skonto, Rechnungsbetrag 5750,00
2. Banküberweisung an den Lieferer zum Ausgleich von ER 456
   abzüglich 2 % Skonto, Rechnungsbetrag 25875,00
3. Banküberweisung der Umsatzsteuer-Zahllast an das Finanzamt .... ?

1.5.3 Exkurs: Effektiver Zinssatz bei Liefererskonto

Anwendung. Bei Zahlungsbedingungen mit Skontoabzug <u>belastet</u> der Lieferer den Kunden mit einem <u>Zinszuschlag</u> für die Zeit, für die er den <u>Lieferantenkredit in Anspruch</u> nimmt.

Beispiel 1: Die Kern KG bezieht Küchenrollen von der Zendermühle AG[1] unter folgenden Zahlungsbedingungen: „Der Rechnungsbetrag ist innerhalb von 10 Tagen mit 2,5 % Skonto oder nach spätestens 40 Tagen ohne Abzug zu begleichen."
Wie hoch ist der effektive Zinssatz, der diesen Bedingungen zugrunde liegt?

① In diesem Beispiel gelten die ersten 10 Tage als sog. <u>Barzahlungszeitraum</u>, in dem der Kunde den vom Lieferer <u>in den Warenwert eingerechneten Zinszuschlag (= Skonto) nicht bezahlen muß</u>.

② Zahlt der Kunde erst nach Ablauf von 10 Tagen und bis spätestens 40 Tage nach Rechnungserhalt, so hat er den <u>vollen Rechnungsbetrag</u> (einschließlich des Zinszuschlags) zu begleichen.

③ Der Lieferer räumt also ein <u>Zahlungsziel von 30 Tagen</u> ein und berechnet <u>für diese Zeit</u> einen Skontozuschlag von 2,5 %.

0. Tag	**10. Tag**	**40. Tag**
← Barzahlung <u>mit</u> Skontoabzug →	← Zahlung des vollen Rechnungsbetrags → <u>ohne</u> Skontoabzug = <u>Kreditgewährung</u> des Lieferers	

Näherungsweise Lösung. Bei der näherungsweisen Lösung werden die tatsächliche Zahlung und der Skontoabzug in DM nicht berücksichtigt, sondern nur der <u>Skontosatz und die Kreditzeit</u>:

Lösung über den Dreisatz:

$$\begin{array}{l} 30 \text{ Tage} \sim 2,5 \text{ % Skonto} \\ 360 \text{ Tage} \sim \text{p } \text{ % Skonto} \end{array} \qquad \text{p \%} = \frac{2,5 \text{ %} \cdot 360 \text{ Tage}}{30 \text{ Tage}} = \underline{\underline{30 \text{ %}}}$$

Der auf 1 Jahr umgerechnete Skontosatz beträgt 30 %.

Die genaue Lösung berücksichtigt die tatsächliche Zahlung und den Skontoabzug in DM: Der Skontoabzug beträgt 12 305,00 DM · 0,025 = 307,63 DM; die Zahlung macht demnach (12 305,00 DM − 307,63 DM) = 11 997,37 DM aus.

$$\text{p \%} = \frac{Z \cdot 360}{K \cdot t} = \frac{307,63 \text{ DM} \cdot 360 \text{ Tage}}{11 997,37 \text{ DM} \cdot 30 \text{ Tage}} = \underline{\underline{\textbf{30,77 \%}}}$$

Bei genauer Rechnung liegt der effektive Skontosatz höher als bei verkürzter Rechnung.

Merke: ● **Der effektive Zinssatz bei Skonto kann überschlagsmäßig bestimmt werden, indem man den für die Laufzeit des Lieferantenkredits geltenden Skontosatz (= Zeitprozentsatz) auf den Jahreszinssatz umrechnet.**

● **Für die genaue Bestimmung des effektiven Skontosatzes sind Skontobetrag und tatsächliche Zahlung zu berücksichtigen.**

---

1 vgl. Eingangsrechnung, Seite 120

6583142

Beispiel 2: Die Kern KG hat eine Warenrechnung über 27 600,00 DM zu begleichen. Die Zahlungsbedingung lautet: „Zahlbar innerhalb von 10 Tagen mit 1,5 % Skonto oder spätestens nach 50 Tagen ohne Abzug."

Da die Kern KG zur Begleichung der Rechnung zur Zeit über kein Bankguthaben verfügt, wird überlegt,

a) ob sich die Aufnahme eines Kontokorrentkredits zur Begleichung der Rechnung unter Skontoabzug lohnt, oder

b) ob es günstiger wäre, auf die Skontierung zu verzichten, die Rechnung also erst nach Ablauf der Zahlungsfrist zu begleichen, um die Zinsen des Kontokorrentkredits einzusparen.

Die Bank berechnet 12,5 % Zinsen/Jahr für die Inanspruchnahme des Kontokorrentkredits.

Lösung zu a): Berechnung des effektiven Zinssatzes bei Skonto

① 27 600,00 DM – 414,00 DM Skonto = 27 186,00 DM tatsächliche Zahlung

② Zeitraum des Lieferantenkredits = 50 Tage – 10 Tage = 40 Tage

③ $p \% = \dfrac{414,00 \text{ DM} \cdot 360 \text{ Tage}}{27\,186,00 \text{ DM} \cdot 40 \text{ Tage}} = \textbf{13,7 \% effektiver Zinssatz}$

Das Ergebnis besagt, daß die Kern KG bei Skontoausnutzung einen Zinsvorteil von 13,7 % hat, während die Bank nur einen Zins von 12,5 % verlangt. In diesem Fall ist es günstiger, den Kontokorrentkredit in Anspruch zu nehmen und die Rechnung unter Ausnutzung von Skonto innerhalb von 10 Tagen zu begleichen.

④ **Berechnung des Finanzierungsvorteils:**

Skontoabzug (1,5 % von 27 600,00 DM) = ... 414,00 DM

– Kreditzinsen ($\dfrac{27\,186,00 \text{ DM} \cdot 40 \text{ Tg.} \cdot 12,5 \%}{100 \% \cdot 360 \text{ Tg.}}$) = . . 377,58 DM

Finanzierungsvorteil durch Skontoausnutzung   36,42 DM

Merke: Die Ausnutzung von Skonto lohnt sich auch dann, wenn der Rechnungsausgleich durch einen kurzfristigen Kredit finanziert werden muß, sofern der effektive Skontosatz höher als der Kreditzinssatz ist.

Aufgaben

154 Die Zahlungsbedingungen auf einer Rechnung lauten: „Zahlbar innerhalb von 15 Tagen mit 2,5 % Skonto oder nach spätestens 40 Tagen ohne Abzug."

1. Bestimmen Sie – nach vereinfachter Rechnung – den effektiven Skontosatz.

2. Die Rechnung lautet über brutto 17 940,00 DM. Wie hoch ist der effektive Skontosatz?

3. Für die Begleichung der Rechnung soll ein Kontokorrentkredit zu 13 %/Jahr aufgenommen werden. Weisen Sie nach, daß sich die Kreditaufnahme zur Skontoausnutzung lohnt und berechnen Sie den Finanzierungsvorteil.

155 Die Großhandlung Müller GmbH schuldet aus einer Warenlieferung 18 630,00 DM. Die Rechnung ist innerhalb 10 Tage mit 1 % Skonto oder nach 60 Tagen ohne Abzug zu begleichen.

Die Müller GmbH überlegt, ob zur Skontoausnutzung ein Kontokorrentkredit zu 11,5 %/Jahr aufgenommen werden soll, oder ob es günstiger ist, auf den Skontoabzug zu verzichten und die Rechnung erst nach 60 Tagen zu begleichen.

Zeigen Sie, welche Zahlungsmöglichkeit günstiger ist.

1.6 Anzahlungen an Lieferer und von Kunden

Bei Großaufträgen und Aufträgen mit Sonderanfertigungen werden in der Regel Anzahlungen (Vorauszahlungen) vereinbart. Dadurch entsteht eine Forderung auf Warenlieferung gegenüber dem Lieferer oder eine Schuld auf Lieferung der Ware gegenüber dem Kunden, je nachdem, ob es sich um eine geleistete (eigene) oder erhaltene Anzahlung handelt. Anzahlungen sind auf besonderen Konten zu erfassen:

- 1140 Geleistete Anzahlungen auf Vorräte[1] ▶ **Anzahlungen an Lieferer**
- 1750 Erhaltene Anzahlungen auf Bestellungen ▶ **Anzahlungen von Kunden**

Bestandskonten. Das Konto 1140 ist ein Aktivkonto, das Konto 1750 ein Passivkonto.

Umsatzbesteuerung von Anzahlungen. Ab 01.01.1994 sind sämtliche Anzahlungen – unabhängig von ihrer Höhe – der Umsatzsteuer zu unterwerfen. Für den Vorsteuerabzug ist allerdings eine Rechnung mit gesondertem Steuerausweis erforderlich.

Merke: **Alle Anzahlungen sind seit 01.01.1994 umsatzsteuerpflichtig.**

1.6.1 Geleistete Anzahlungen auf Vorräte[1]

Beispiel: Vertragsgemäß wurde am 01.07. auf eine **Papierlieferung** über

80 000,00 DM Warenwert + 12 000,00 DM Umsatzsteuer = 92 000,00 DM

eine Anzahlung von 25 % durch Bankscheck geleistet. **Anzahlungsrechnung:**

20 000,00 DM Anzahlung + 3 000,00 DM Umsatzsteuer = 23 000,00 DM brutto

Für die am 31.07. erfolgte Lieferung liegt folgende **Rechnung** vor:

Warenwert	80 000,00 DM	
− Anzahlung	20 000,00 DM	60 000,00 DM
+ 15 % Umsatzsteuer		9 000,00 DM
Rechnungsbetrag		**69 000,00 DM**

① **Buchung der geleisteten Anzahlung:**

	S	H
1140 Geleistete Anzahlungen a. V.	20 000,00	
1410 Vorsteuer	3 000,00	
an 1310 Bank		23 000,00

② **Buchung nach Eingang der Rechnung und der Lieferung:**

	S	H
3010 Wareneingang	80 000,00	
1410 Vorsteuer (12 000,00 DM – 3 000,00 DM)	9 000,00	
an 1140 Geleistete Anzahlungen a. V.		20 000,00
an 1710 Verbindlichkeiten a. LL		69 000,00

S	1140 Geleistete Anzahlungen a. V.	H	S	1310 Bank	H
① 20 000,00	② 20 000,00			① 23 000,00	

S	1410 Vorsteuer	H	S	1710 Verbindlichkeiten a. LL	H
① 3 000,00				② 69 000,00	
② 9 000,00					

S	3010 Wareneingang	H
② 80 000,00		

Wie lautet die Buchung für die Banküberweisung des Restbetrages von 69 000,00 DM?

Merke: **Eine geleistete (eigene) Anzahlung stellt eine Forderung auf Warenlieferung dar.**

---

[1] Anzahlungen auf Sachanlagen sind auf dem Konto „0350 Geleistete Anzahlungen auf Sachanlagen" zu buchen.

6583144

1.6.2   Erhaltene Anzahlungen auf Bestellungen

Das nebenstehende Beispiel wird nun aus der Sicht des Lieferers gebucht:

① **Buchung nach Eingang der Anzahlung:**

				S	H
1310	**Bank**	. . . .		23 000,00	
	an	**1750**	**Erhaltene Anzahlungen**		20 000,00
	an	**1810**	**Umsatzsteuer**		3 000,00

② **Buchung nach Ausgang der Rechnung und der Lieferung:**

				S	H
1010	**Forderungen a. LL**			69 000,00	
1750	**Erhaltene Anzahlungen a. B.**			20 000,00	
	an	**8010**	**Warenverkauf**		80 000,00
	an	**1810**	**Umsatzsteuer** (12 000,00 DM – 3 000,00 DM)		9 000,00

S	1310 Bank	H		S	1750 Erhaltene Anzahlungen a. B.	H
①	23 000,00			② 20 000,00	①	20 000,00

S	1010 Forderungen a. LL	H		S	1810 Umsatzsteuer	H
②	69 000,00				①	3 000,00
					②	9 000,00

S	8010 Warenverkauf	H
	②	80 000,00

Wie lautet die Buchung bei Eingang der Restzahlung von 69 000,00 DM auf dem Bankkonto?

Merke: **Eine erhaltene Anzahlung stellt eine Schuld auf Warenlieferung dar.**

Aufgaben

156   Bei einer Stahlbestellung über 24 000,00 DM + 3 600,00 DM USt leisten wir eine Anzahlung durch Banküberweisung in Höhe von 8 000,00 DM + 1 200,00 DM USt = 9 200,00 DM brutto.

Erstellen Sie die Rechnung nach Lieferung, und buchen Sie aufgrund der

a) Anzahlungsrechnung und
b) Eingangsrechnung.

157   *Die Aufgabe 156 ist aus der Sicht des Lieferers zu buchen. Bilden Sie die Buchungssätze.*

158   Für die Lieferung von Waren über 90 000,00 DM netto + USt zum 31.03.02 leisten wir bei Auftragserteilung am 10.12.01 10 % Anzahlung + USt vom Nettobetrag durch Banküberweisung.

Bilden Sie die Buchungssätze, und buchen Sie auf den Konten a) die Anzahlung am 10.12.01, b) den Abschluß des Anzahlungskontos, c) die Eingangsrechnung und d) den Rechnungsausgleich.

159   *Die Aufgabe 158 ist aus der Sicht des Lieferers zu buchen.*
Bilden Sie die Buchungssätze, und buchen Sie auf den Konten.

160   *Wie lauten die Buchungen der Aufgabe 159 bei einer 30%igen Anzahlung gegen Anzahlungsrechnung? Ein entsprechende Anzahlungsrechnung liegt vor.*

Merke: **Anzahlungen sind gesondert zu bilanzieren:**
- **eigene Anzahlungen   ➝   aktivieren**
- **erhaltene Anzahlungen ➝   passivieren**

161

Kontenplan und vorläufige Saldenbilanz	Soll	Haben
0330 Betriebs- und Geschäftsausstattung	210 000,00	—
0340 Fuhrpark	78 000,00	—
0610 Eigenkapital	—	400 000,00
1010 Forderungen aus Lieferungen und Leistungen	140 800,00	—
1310 Bank	170 600,00	—
1410 Vorsteuer	15 400,00	—
1510 Kasse	8 400,00	—
1610 Privatentnahmen	76 000,00	—
1710 Verbindlichkeiten aus Lieferungen und Leistungen	—	198 000,00
1810 Umsatzsteuer		25 800,00
3010 Wareneingang	899 200,00	—
3020 Warenbezugskosten	18 800,00	—
3050 Rücksendungen an Lieferer	—	8 500,00
3070 Liefererboni	—	3 400,00
3080 Liefererskonti	—	19 300,00
3910 Warenbestände	120 000,00	—
4000 Diverse Kostenarten	380 400,00	—
4910 Abschreibungen auf Sachanlagen	—	—
8010 Warenverkauf	—	1 535 000,00
8060 Nachlässe an Kunden	26 900,00	—
8070 Kundenboni	17 500,00	—
8080 Kundenskonti	28 000,00	—
Abschlußkonten: 9300 und 9400	2 190 000,00	2 190 000,00

Geschäftsfälle:

1. Banküberweisungen von Kunden: Rechnungsbeträge 32 200,00
   − Bruttoskonti (2 %) 644,00   31 556,00
2. Gutschriftsanzeige an Kunden für Boni:
   2,5 % von 480 000,00 DM Jahres-Nettoumsatz 12 000,00
   + Umsatzsteuer 1 800,00   13 800,00
3. Die Eingangsrechnung ER 1406
   Warenwert 22 500,00
   + Umsatzsteuer 3 375,00   25 875,00
   wurde versehentlich als Ausgangsrechnung gebucht.
   Stornieren Sie die Falschbuchung und buchen Sie ER 1406.
4. AR 1450–1460, Warenwert 78 600,00
   + Transportkosten 3 400,00
   + Umsatzsteuer 12 300,00   94 300,00
5. Banküberweisungen an Lieferer: Rechnungsbeträge 28 750,00
   − Bruttoskonti (2 %) 575,00   28 175,00
6. Kunde erhält Preisnachlaß wegen Mängelrüge, brutto   575,00
7. Lieferer schreiben uns Boni gut:
   3 % auf den Jahres-Nettoumsatz von 680 000,00 DM 20 400,00
   + Umsatzsteuer 3 060,00   23 460,00
8. Rücksendung beschädigter Waren an Lieferer, Warenwert 3 500,00

Abschlußangaben:

1. Abschreibungen auf BGA: 52 000,00 DM; auf Fuhrpark: 15 600,00 DM.
2. Warenschlußbestand lt. Inventur 80 000,00 DM.

Auswertung:

1. *Wie hoch ist a) der Rohgewinn und b) der Reingewinn des Unternehmens?*
2. *Ermitteln und beurteilen Sie die Rentabilität (Verzinsung) des Eigenkapitals in %, indem Sie den Reingewinn nach Abzug eines jährlichen Unternehmerlohnes in Höhe von 72 000,00 DM zum eingesetzten Eigenkapital (400 000,00 DM) in Beziehung setzen.*
3. *Wie beurteilen Sie das Verhältnis zwischen Eigenkapital und Fremdkapital?*
4. *Welche Vermögensteile werden durch eigene Mittel (Eigenkapital) gedeckt (finanziert)?*

6583146

1.7 Gliederung der Warenkonten nach Warengruppen

Warengruppenkonten. In den Großhandelsbetrieben werden in der Regel verschiedene Warensortimente geführt (z. B. Hygienepapiere, Einschlagpapiere, Büropapiere, Faltkartons). Diese Aufteilung ist aus folgenden Gründen notwendig:

Betriebswirtschaftliche Gründe	Ermittlung betriebswirtschaftlicher Kennzahlen (z. B. Lagerkennzahlen, Umsatzrentabilität) zur gewinnoptimalen Ausrichtung des Sortimentes.
Kalkulatorische Gründe	Die nach Warengruppen getrennte Ermittlung von Zuschlagssätzen (vgl. S. 362 f.) führt zu einer genaueren (verursachungsgerechteren) Kalkulation.
Steuerliche Gründe	Die Waren eines Gesamtsortiments können mit unterschiedlichen Umsatzsteuersätzen belastet sein. Dann ist es u. U. sinnvoll, Waren mit gleichen Steuersätzen zu Gruppen zusammenzufassen.

Konteneinteilung. Für jede einzelne Warengruppe wird jeweils ein eigenes <u>Warenbestands-, Wareneingangs- und Warenverkaufskonto</u> geführt; zusätzlich erhalten die Wareneingangs- und Warenverkaufskonten entsprechende <u>Unterkonten</u> (z. B. für Bezugskosten, Preisnachlässe/Rücksendungen, Boni und Skonti).

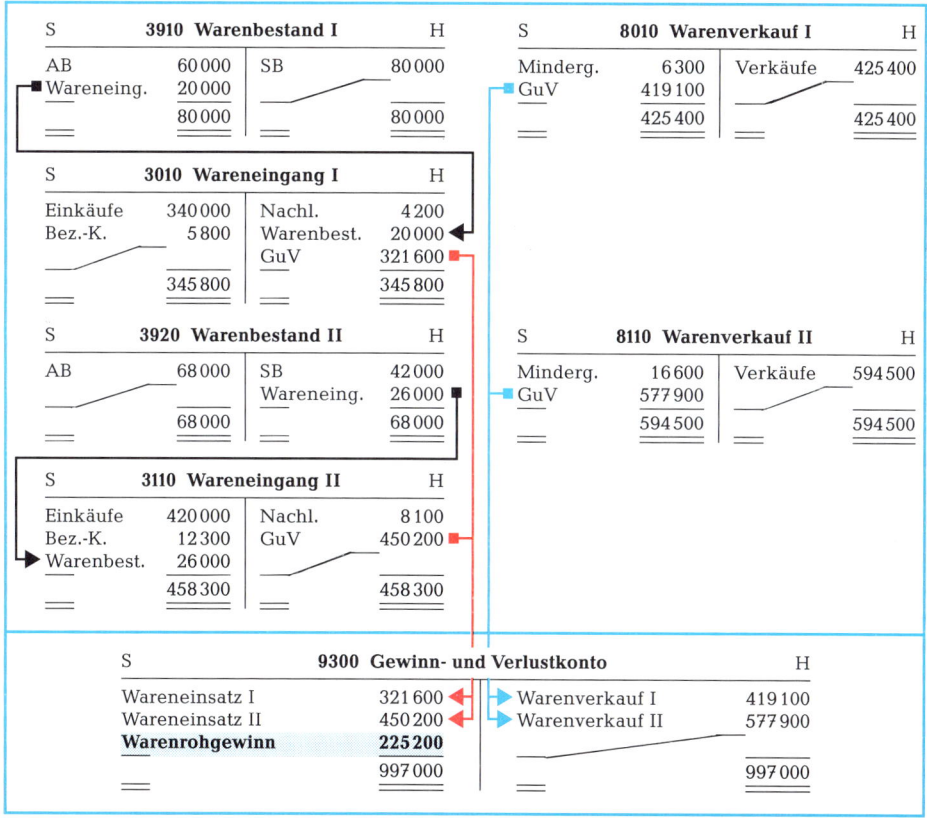

Der Umsatzerfolg jeder Warengruppe ist aus dem GuV-Konto klar zu erkennen:

	Warengruppe I		Warengruppe II	
Umsatzerlöse	419 100,00 DM	100,0 %	577 900,00 DM	100,0 %
− **Warenaufwand** (= Wareneinsatz)	321 600,00 DM	76,7 %	450 200,00 DM	77,9 %
= **Warenrohgewinn** je Warengruppe	97 500,00 DM	23,3 %	127 700,00 DM	22,1 %

Aufgabe: Mit wieviel Prozent ist jede Warengruppe am Gesamt-Rohgewinn beteiligt?

Warenabschlußkonto. Der Abschluß der nach Warengruppen gegliederten Einkaufs- und Verkaufskonten kann auch über ein Zwischenkonto „9200 Warenabschluß" erfolgen, das als Unterkonto des GuV-Kontos zu führen ist. Der Saldo dieses Kontos stellt den Gesamtrohgewinn aller Warengruppen dar und ist auf das GuV-Konto umzubuchen.

Kapitalgesellschaften, die ihren Jahresabschluß veröffentlichen müssen, bevorzugen den Abschluß der Warenkonten über das Warenabschlußkonto. Da die Gewinn- und Verlustrechnung lediglich den Rohgewinn ausweist, bleibt der Konkurrenz der Einblick in die Quellen des Warenrohgewinns, nämlich die Warenaufwendungen und die Umsatzerlöse, verborgen.[1]

Merke: ● **Die kontenmäßige Gliederung der Warenkonten nach Warengruppen ermöglicht einen klaren Einblick in den Umsatzerfolg jeder Warengruppe.**

● **Der Abschluß der nach Warengruppen gegliederten Einkaufs- und Verkaufskonten erfolgt in der Regel direkt über das Gewinn- und Verlustkonto.**

Aufgabe

162

Summen der Warenkonten zum 31.12.	Soll	Haben
3010 Wareneingang I	497 400,00	−
Warenbestandsmehrung 90 800,00 DM		
3020 Warenbezugskosten	18 000,00	−
3060 Nachlässe von Lieferern	−	12 800,00
3070 Liefererboni	−	24 700,00
3110 Wareneingang II	458 000,00	−
Warenbestandsminderung 38 000,00 DM		
3120 Warenbezugskosten	24 000,00	−
3160 Nachlässe	−	8 400,00
3170 Liefererboni	−	14 600,00
8010 Warenverkauf I	−	772 600,00
8060 Nachlässe an Kunden	22 600,00	−
8070 Kundenboni	14 800,00	−
8110 Warenverkauf II	−	738 600,00
8160 Nachlässe an Kunden	18 400,00	−
8170 Kundenboni	19 700,00	−

1. *Ermitteln Sie für jede Warengruppe die berichtigten Umsatzerlöse, den Wareneinsatz und den Rohgewinn.*
2. *Schließen Sie die Einkaufs- und Verkaufskonten ab.*
3. *Ermitteln Sie je Warengruppe den %-Anteil des Wareneinsatzes und des Rohgewinns an den Umsatzerlösen (= 100 %).*
4. *Berechnen Sie den %-Anteil des Rohgewinns jeder Warengruppe am Gesamt-Rohgewinn.*
5. *Ermitteln Sie den Reingewinn des Unternehmens, wenn die übrigen Aufwendungen 390 000,00 DM und die übrigen Erträge 35 000,00 DM betragen.*

1 Dieses Recht haben nur mittelgroße Kapitalgesellschaften (siehe S. 257 und 262).

6583148

2 Exkurs: Buchungen im Außenhandel

Im Außenhandel ist ab 1993 umsatzsteuerrechtlich zu unterscheiden zwischen

- **Warenverkehr im EU-Binnenmarkt** und
- **Warenverkehr mit Drittländern.** Drittlandsgebiet ist das Gebiet, das nicht EU-Gebiet ist, wie z.B. USA, Schweiz u.a.

Der Warenverkehr zwischen den EU-Mitgliedstaaten gilt umsatzsteuerrechtlich nicht als Ein- bzw. Ausfuhr von Waren, sondern als ein innergemeinschaftlicher Vorgang, der beim Erwerber der Umsatzsteuer unterliegt (siehe Kapitel 2.1).

Der Warenverkehr mit Drittländern ist dagegen umsatzsteuerrechtlich als Ein- und Ausfuhr zu verstehen:

- **Die Einfuhr** von Gegenständen aus dem Drittlandsgebiet in das Zollgebiet der Bundesrepublik Deutschland unterliegt der Einfuhrumsatzsteuer.
- **Die Ausfuhr** von Gegenständen in ein Drittland ist umsatzsteuerfrei.

Umrechnung in DM. Im Außenhandel werden Ein- und Ausgangsrechnungen sowohl in inländischer als auch in ausländischer Währung ausgestellt. Bei Fakturierung in fremder Währung müssen die Rechnungen auf der Grundlage amtlicher Devisenkurse (Kurstabellen) in DM umgerechnet werden.

Der **Kurs** gibt den **Preis in DM** an, der für eine bestimmte Menge ausländischen Geldes zu zahlen ist. Bei den meisten Währungen bezieht sich der Kurs auf 100 ausländische Geldeinheiten, z.B. bei französischen Francs (FF), belgischen Francs (bfrs), Schweizer Franken (sfrs), holländischen Gulden (hfl) u.a.

> **Beispiel:** Der Kurs 4,90 für belgische Francs bedeutet:
> 100 bfrs kosten 4,90 DM.

Beim US-Dollar und dem englischen Pfund zeigt der Kurs dagegen den Preis für jeweils 1 $ bzw. 1 £. Bei der italienischen Lira gibt der Kurs den Preis für je 1000 Lire (Lit) an.

Für die Ermittlung der Anschaffungskosten der importierten Waren ist stets der

Wechselkurs zum Zeitpunkt der Anschaffung

maßgebend (Abschnitt 32 a [2] ESTR). Gleiches gilt für den Ausweis der Umsatzerlöse aus dem Exportgeschäft.

Devisenumrechnungskosten (Maklergebühr, Abwicklungsgebühr) sind als Aufwand auf dem Konto

4860 Kosten des Geldverkehrs

zu erfassen.

Kursunterschiede zwischen dem Tag des Rechnungseingangs und dem Tag des Rechnungsausgleichs werden als Aufwand bzw. Ertrag auf den folgenden Konten gebucht:

- ▶ **2150 Aufwendungen aus Kursdifferenzen**
- ▶ **2650 Erträge aus Kursdifferenzen**

Merke:
- **Die Anschaffungskosten der Importwaren basieren auf dem Wechselkurs zum Anschaffungszeitpunkt.**
- **Umrechnungskosten und Kursdifferenzen sind erfolgswirksam zu buchen.**

2.1 Umsatzsteuer im EU-Binnenmarkt

Am 1. Januar 1993 hat für die 12 Mitgliedstaaten der Europäischen Union (Belgien, Dänemark, Deutschland, England, Frankreich, Griechenland, Irland, Italien, Luxemburg, Niederlande, Portugal und Spanien) der EU-Binnenmarkt begonnen. Von diesem Zeitpunkt an gilt eine Lieferung aus einem Mitgliedstaat in einen anderen weder als Einfuhr (Import) noch als Ausfuhr (Export), sondern als innergemeinschaftlicher Vorgang. Das bedeutet somit, daß im Rahmen des innergemeinschaftlichen Warenverkehrs auch keine Einfuhrumsatzsteuer mehr erhoben werden darf. An den Grenzübergängen zwischen den Mitgliedstaaten der EU entfallen außerdem die steuerlichen Grenzkontrollen. Damit wurde ein wichtiger Schritt auf dem Weg zur wirtschaftlichen und politischen Einheit Europas getan.

Merke: **Lieferungen zwischen den EU-Mitgliedstaaten gelten weder als Einfuhr noch als Ausfuhr, sondern als innergemeinschaftlicher Warenverkehr.**

Besteuerung nach dem Bestimmungslandprinzip. Um den EU-Mitgliedstaaten Einnahmeausfälle durch den Wegfall der Einfuhrumsatzsteuer im innergemeinschaftlichen Warenverkehr zu ersparen, wird für eine Übergangszeit

der innergemeinschaftliche Erwerb

der Waren der Umsatzsteuer des jeweiligen Bestimmungslandes unterworfen. Nicht die Lieferung, sondern der Erwerb der Ware ist umsatzsteuerpflichtig. Das geschieht insbesondere wegen der unterschiedlichen Umsatzsteuersätze in den EU-Staaten.

Normalsteuersätze in den 12 EU-Mitgliedstaaten (1993)			
Staaten	**Steuersatz**	**Staaten**	**Steuersatz**
Belgien	19,5 %	Irland	21,0 %
Dänemark	25,0 %	Italien	19,0 %
Deutschland	15,0 %	Luxemburg	15,0 %
England	17,5 %	Niederlande	17,5 %
Frankreich	18,6 %	Portugal	16,0 %
Griechenland	18,0 %	Spanien	15,0 %

Merke: **Im innergemeinschaftlichen (gewerblichen) Warenverkehr unterliegt nicht die Lieferung, sondern der Erwerb der Ware der Umsatzsteuer des jeweiligen Bestimmungslandes (§ 1 Abs. 1 Nr. 5 UStG). Bemessungsgrundlage ist das Entgelt.**

Der innergemeinschaftliche Erwerb setzt nach § 1 a Abs. 1 UStG folgendes voraus:

1. Der Gegenstand gelangt bei seiner Lieferung an den Erwerber aus dem Gebiet eines Mitgliedstaates in das Gebiet eines anderen Mitgliedstaates.
2. Die Lieferung an den Erwerber wird durch einen Unternehmer gegen Entgelt im Rahmen seines Unternehmens ausgeführt.
3. Der Erwerber muß den Gegenstand für sein Unternehmen erwerben.
4. Der Erwerber darf kein Kleinunternehmer sein, der von der USt befreit ist (§ 19 UStG).

Beispiel: Ein Unternehmer in Düsseldorf erwirbt von einem Unternehmer in Brüssel eine Maschine für 300 000,00 DM. Die Maschine wird vereinbarungsgemäß von Brüssel nach Düsseldorf versendet.

Der deutsche Unternehmer in Düsseldorf bewirkt einen innergemeinschaftlichen Erwerb, da alle Voraussetzungen des § 1 a Abs. 1 UStG erfüllt sind. Der Erwerb unterliegt in Deutschland der Umsatzsteuer mit 15 % = 45 000,00 DM.

Für den Unternehmer in Brüssel ist die Lieferung steuerfrei.

Vorsteuerabzug. Der Erwerber kann die für den innergemeinschaftlichen Erwerb geschuldete Umsatzsteuer als Vorsteuer abziehen, wenn er vorsteuerabzugsberechtigter Unternehmer ist. Diese Vorsteuer sollte aus Gründen der Klarheit auf einem gesonderten Konto erfaßt werden:

1411 Vorsteuer für innergemeinschaftliche Erwerbe (IE).

Buchungen:

① **0310 TA und Maschinen**   an   **1710 Verbindlichkeiten a. LL** **300 000,00**

② **1411 Vorsteuer für IE**   an   **1910 Verbindlichkeiten a. Steuern**   **45 000,00**

In der Umsatzsteuer-Voranmeldung sind die steuerpflichtigen innergemeinschaftlichen Erwerbe und die darauf entfallende Vorsteuer gesondert auszuweisen.

Für Privatpersonen gilt die Besteuerung nach dem Bestimmungslandprinzip nicht. Sie werden mit der Umsatzsteuer des jeweiligen Einkaufslandes belastet. Eine Ausnahme besteht lediglich beim Kauf eines neuen Fahrzeugs.

Beispiel: Ein deutscher Tourist erwirbt auf seiner Reise in Frankreich und Spanien verschiedene Gegenstände.

Die Lieferungen der Gegenstände sind in Frankreich mit 18,6 % und in Spanien mit 15 % umsatzsteuerpflichtig. Die Mitnahme oder Versendung der Waren unterliegt deshalb auch keinen Grenzformalitäten.

Eine innergemeinschaftliche Güterbeförderung gilt grundsätzlich dort als ausgeführt, wo die Beförderung des Gegenstandes beginnt. Sie unterliegt deshalb allgemein im Abgangsland der Umsatzsteuer und muß dort vom befördernden Unternehmer versteuert werden.

Beispiel: Eine Speditionsfirma in Köln befördert im Auftrag einer Kölner Firma Waren nach Paris.

Da die Beförderung in einem Mitgliedstaat (Deutschland) beginnt und in einem anderen Mitgliedstaat (Frankreich) endet, liegt eine innergemeinschaftliche Beförderung vor, die im „Abgangsland" Deutschland zu versteuern ist.

Kontrollsystem. Um eine wirksame Kontrolle der Umsatzsteuer im innergemeinschaftlichen Wirtschaftsverkehr zu gewährleisten, wird allen zum Vorsteuerabzug berechtigten Unternehmern jeweils eine

Umsatzsteuer-Identifikationsnummer (USt-IdNr.)

zugeteilt, die mit einem Ländercode (z. B. DE für Deutschland) beginnt.

In den Ausgangsrechnungen sind die eigene Identifikationsnummer und die des Kunden, also des Erwerbers der Ware, sowie die Steuerfreiheit der Lieferung zu vermerken. Außerdem müssen die Unternehmer, die innergemeinschaftliche Lieferungen ausführen, vierteljährlich zusammenfassende Meldungen an das Bundesamt für Finanzen (Außenstelle Saarlouis) abgeben, was einen schnellen Informationsaustausch mit den Finanzbehörden der übrigen Mitgliedstaaten ermöglicht.

Merke: **Rechnungen im innergemeinschaftlichen (gewerblichen) Wirtschaftsverkehr müssen die USt-Identifikationsnummern des Lieferers und Erwerbers enthalten.**

Ausfuhr und Einfuhr sind nach EU-Umsatzsteuerrecht ab 1993 nur noch mit einem Drittland (z. B. USA, Schweiz u. a.) möglich. Drittlandsgebiet ist also das Gebiet, das nicht Gemeinschaftsgebiet ist. Eine Ausfuhrlieferung in ein Drittland ist stets umsatzsteuerfrei, während die Einfuhr aus einem Drittland der Einfuhrumsatzsteuer unterliegt.

Aufgaben – Fragen

163 1. *Welche Staaten bilden das Gemeinschaftsgebiet der EU, d. h. den EU-Binnenmarkt?*

2. Im Umsatzsteuerrecht aller EU-Mitgliedstaaten unterscheidet man die Begriffe a) Inland, b) Gemeinschaftsgebiet, und c) Drittlandsgebiet (übriges Ausland).

Ordnen Sie entsprechend zu:
1. Niedersachsen, 2. Schweiz, 3. Stuttgart, 4. Italien, 5. Kanada, 6. Paris.

164 1. *Ergänzen Sie:*
Nach § 1 Abs. 1 Nr. 5 UStG unterliegt ab …?… auch der innergemeinschaftliche …?… im …?… gegen …?… der Umsatzsteuer.

2. *Welche Voraussetzungen müssen nach § 1 Abs. 1 UStG für die Besteuerung des innergemeinschaftlichen Erwerbs im einzelnen vorliegen?*

3. *Wo wird der innergemeinschaftliche Erwerb besteuert?*

4. *Warum unterliegt in der EU nicht die innergemeinschaftliche Lieferung, sondern der innergemeinschaftliche Erwerb der Ware der Umsatzsteuer?*

5. *Wie werden Privatkäufe umsatzsteuerrechtlich in der EU behandelt?*

6. *Wo unterliegen innergemeinschaftliche Güterbeförderungen der Umsatzsteuer?*

165 1. *Ergänzen Sie:*
a) Was aus der Sicht des vorsteuerabzugsberechtigten Verkäufers eine innergemeinschaftliche Lieferung ist, wird spiegelbildlich beim vorsteuerabzugsberechtigten Abnehmer zu einem innergemeinschaftlichen …?…

b) Die Lieferung im Ausgangsland ist stets steuer…?…, der Erwerb im Bestimmungsland ist steuer…?…

c) Der Erwerber kann die geschuldete Umsatzsteuer als …?… abziehen.

2. *Welche Maßnahmen haben die EU-Staaten getroffen, um die Besteuerung des innergemeinschaftlichen Erwerbs wirksam zu überwachen?*

166 Ein Textilgroßhändler in Stuttgart hat von einer Textilfabrik in Eindhoven (Niederlande) Waren im Nettowert von 250 000,00 DM bezogen. Die Ware wurde per Bahn versendet.

1. *Beurteilen Sie den Geschäftsfall umsatzsteuerrechtlich für a) den Lieferer und b) den Kunden.*

2. *Wie lauten die Buchungen für den Erwerber der Waren?*

3. *Wie lautet die Buchung beim Lieferer aufgrund der Ausgangsrechnung?*

167 Ein Elektrogroßhändler hat von einer Lampenfabrik in Amsterdam für sein Privathaus eine wertvolle Lampe als Sonderanfertigung gekauft. Die Lampe wurde von ihm mit eigenem Fahrzeug abgeholt.
Beurteilen Sie den Fall umsatzsteuerrechtlich.

168 Ein Autohändler in Frankfurt hat von einer Autofabrik in Japan Ersatzteile für 200 000,00 DM bezogen.

1. *Beurteilen Sie den Geschäftsfall umsatzsteuerrechtlich.*

2. *Wie lauten die Buchungen beim Autohändler in Frankfurt?*

169 Ein Möbelgroßhändler in Hamburg liefert an ein Unternehmen in Paris Büromöbel im Wert von 150 000,00 DM. Das Speditionsunternehmen stellt dem französischen Unternehmen für die Fracht 5 000,00 DM netto in Rechnung.

1. *Wie lautet die Buchung des Möbelgroßhändlers aufgrund der Ausgangsrechnung?*

2. *Ermitteln Sie den Rechnungsbetrag des Speditionsunternehmens.*

3. *Buchen Sie die Rechnung im Speditionsunternehmen.*

2.2   Warenimport aus Drittländern

Bei der Einfuhr von Gütern aus Drittländern (= Nicht-EU-Staaten) wird unter bestimmten Voraussetzungen Zoll erhoben. Außerdem ist Einfuhrumsatzsteuer zu entrichten.

Zölle dienen vor allem dem Schutz inländischer Erzeugnisse vor billigeren Importwaren. Mit den vielen Drittländern bestehen Abkommen über wechselseitige Zollfreiheit oder Zollermäßigungen bei der Ein- und Ausfuhr von Waren.

Bemessungsgrundlage der Zollabgabe ist der Zollwert. Bei seiner Ermittlung wird von den Zollämtern meist sofort eine mögliche Rechnungskontierung berücksichtigt, unabhängig davon, ob der Skontoabzug erfolgt oder nicht:

> **Warenwert**
> \+ **Verpackungskosten**
> \+ **Transportkosten**
> \− **Skontoabzug**
> ────────────────
> \= **Zollwert**

Die **Zollsätze** liegen je nach Eintarifierung der Produkte zwischen 5 und 15 %. Die **Zollschuld** wird nach § 37 Zollgesetz (ZG) mit Bekanntgabe des Zollbescheides fällig und kann auf Antrag bei entsprechender Sicherheitsleistung (z. B. Zoll-Aval als selbstschuldnerische Bankbürgschaft) gestundet werden.

Einfuhrumsatzsteuer (EUSt). Nach § 1 (1) Nr. 4 UStG unterliegt die Einfuhr von Gegenständen aus Drittländern der Umsatzsteuer. Die Einfuhrumsatzsteuer ist gemäß § 21 (1) UStG eine Verbrauchsteuer, die die importierten Waren in der gleichen Weise belasten soll wie die inländischen Erzeugnisse. Sie wird nach § 23 Abgabenordnung (AO) nicht von den Finanzämtern, sondern von den Zollbehörden erhoben. Die Einfuhrumsatzsteuer ist nach § 15 (1) UStG als Vorsteuer abzugsfähig und wird am Monatsende bei der Ermittlung der Umsatzsteuer-Zahllast entsprechend berücksichtigt.

Bemessungsgrundlage der EUSt. Die Einfuhrumsatzsteuer wird im Wege der Selbstveranlagung vom Importeur ermittelt:

> **Zollwert**
> \+ **Zollabgabe**
> ────────────────
> \= **Bemessungsgrundlage der EUSt**

Der **Steuersatz** der Einfuhrumsatzsteuer entspricht dem jeweils geltenden Umsatzsteuersatz.

Merke:
- Zölle sind als Anschaffungsnebenkosten entweder direkt auf dem Konto „3010 Wareneingang" oder über das Konto „3020 Warenbezugskosten" oder ein gesondertes Unterkonto des Wareneingangskontos zu buchen.
- Die Einfuhrumsatzsteuer (EUSt) ist als abzugsfähige Vorsteuer auf dem Sonderkonto „1430 Einfuhrumsatzsteuer" zu erfassen.
- Bei Devisenkursänderungen und Skontoabzügen erfolgt in der Buchungspraxis keine Korrektur der Zollabgaben und der Einfuhrumsatzsteuer.
- Bei der Ein- und Ausfuhr von Gegenständen sind Frachten und sonstige Leistungen umsatzsteuerfrei (§ 4 Ziffer 3 UStG).

Beispiel 1: Wareneinfuhr bei Kurserhöhung

Import von Waren aus USA zum Rechnungsbetrag von 15 000 Dollar cif Hamburg.
Die Ware wird mit eigenem LKW vom Freihafen abgeholt.

Der Zollsatz beträgt 15 %, die Einfuhrumsatzsteuer 15 %.
10.05.19..: Rechnungseingang zum Kurs von 1,60 DM je $.
25.05.19..: Rechnungsausgleich durch Banküberweisung zum Kurs von 1,70 DM je
$ unter Abzug von 2 % Skonto.

Die Bank berechnet an Abwicklungs- und Umrechnungsgebühren 48,00 DM.

① **Buchung der Eingangsrechnung zum 10.05...:** 15 000 $ zu je 1,60 DM = 24 000,00 DM

    3010 Wareneingang ..... an **1710 Verbindlichkeiten a. LL** 24 000,00

② **Buchung der Zollverbindlichkeit:**

    Warenwert .... 24 000,00 DM
  − 2 % möglicher Skontoabzug .... 480,00 DM
  = Zollwert .... 23 520,00 DM
    hierauf 15 % Zollabgabe .... 3 528,00 DM

    3010 Wareneingang ..... an **1980 Zollverbindlichkeiten** 3 528,00
oder: **3020 Warenbezugskosten** an **1980 Zollverbindlichkeiten** 3 528,00

③ **Buchung der Einfuhrumsatzsteuer:**

    Zollwert .... 23 520,00 DM
  + Zollabgabe .... 3 528,00 DM
  = Bemessungsgrundlage .... 27 048,00 DM
    davon 15 % EUSt .... 4 057,20 DM

    1430 Einfuhrumsatzsteuer an **1980 Zollverbindlichkeiten** 4 057,20

④ **Buchung der Kurserhöhung zum 25.05... als Aufwand:**

    Wert bei Rechnungseingang: 15 000 $ zu 1,60 DM = 24 000,00 DM
    Wert bei Zahlung: 15 000 $ zu 1,70 DM = 25 500,00 DM

    2150 Aufw. a. Kursdifferenzen an **1710 Verbindlichkeiten a. LL** ... 1 500,00

⑤ **Buchung des Rechnungsausgleichs mit 2 % Skontoabzug:**   S | H

    1710 Verbindlichkeiten a.LL 25 500,00
        an **1310 Bank** 24 990,00
        an **3080 Liefererskonti**   510,00

⑥ **Buchung der Umrechnungs- und Abwicklungsgebühren:**

    4860 Nebenkosten des Geldverkehrs an **1310 Bank** 48,00

S	3010 Wareneingang	H		S	1710 Verbindlichkeiten a. LL	H
① 24 000,00	⑦	510,00		⑤ 25 500,00	①	24 000,00
② 3 528,00					④	1 500,00

S	1430 Einfuhrumsatzsteuer	H		S	4860 Nebenkosten des Geldverkehrs	H
③ 4 057,20				⑥ 48,00		

S	1980 Zollverbindlichkeiten	H		S	1310 Bank	H
	②	3 528,00			⑤	24 990,00
	③	4 057,20			⑥	48,00

S	2150 Aufw. a. Kursdifferenzen	H		S	3080 Liefererskonti	H
④ 1 500,00				⑦ 510,00	⑤	510,00

Wie hoch sind die Anschaffungskosten der importierten Waren?

6583154

Aufgaben – Fragen

170 Ein Großhändler bezieht elektronische Schachspiele aus USA frei deutsche Grenze zum Rechnungsbetrag von 26 000 Dollar.

Die Zollabgabe beträgt 2 280,00 DM und die Einfuhrumsatzsteuer 15 %.

Rechnungseingang am 10.04.19.. zum Kurs von 1,70 DM je $.

Der Rechnungsausgleich erfolgt am 10.05.19.. zum Kurs von 1,75 DM je $ durch Banküberweisung. Für Umrechnungs- und Abwicklungskosten belastet uns die Bank mit 98,00 DM.

1. Buchen Sie auf den Konten 1310, 1430, 1710, 1980, 2150, 3010, 3020, 4860.
2. Nennen Sie den Buchungssatz für den Abschluß des Kontos 3020.
3. Wie hoch sind die Anschaffungskosten der importierten Waren?

171 Die Aufgabe 170 ist mit folgender Abänderung zugrunde zu legen: Der Rechnungsausgleich erfolgt zum Kurs von 1,60 DM je $.

1. Buchen Sie auf den Konten 1310, 1430, 1710, 1980, 2650, 3010, 3020, 4860.
2. Ermitteln Sie die Anschaffungskosten der importierten Waren.

172 Die Rechnung einer Warenlieferung aus USA ist in DM fakturiert und lautet über 28 500,00 DM fob New York. Außerdem erhalten wir folgende Spediteur-Rechnungen: Hafenspediteur New York 450,00 DM, See-Fracht New York – Rotterdam 3 000,00 DM, Rhein-Fracht Rotterdam – Duisburg 850,00 DM.

Alle Rechnungen werden mit 2 % Skontoabzug überwiesen. Die Bank belastet uns mit Abwicklungsgebühren: 68,00 DM.

1. Ermitteln Sie den Zollwert, die Zollabgabe bei einem Zollsatz von 5 %, die Bemessungsgrundlage für die EUSt und die Einfuhrumsatzsteuer bei 15 %.
2. Buchen Sie auf den Konten 1310, 1430, 1710, 1980, 3010, 3020, 3080, 4860.
3. Schließen Sie die Konten 3020 und 3080 entsprechend ab.
4. Wie hoch sind die Anschaffungskosten der importierten Waren?

173   Wir importieren aus Japan optische Geräte zu einem Rechnungswert von 8 500 000 Yen. Der Kurs beträgt am Tag der Buchung der Rechnung 1,40 DM je 100 Yen.

Die Lieferung erfolgt cif Rotterdam. Der LKW-Spediteur berechnet für den Transport bis zu unserem Betrieb 2 800,00 DM.

Es sind 10 % Zoll und 15 % Einfuhrumsatzsteuer zu entrichten.

Der Rechnungsausgleich erfolgt nach 14 Tagen mit 2 % Skontoabzug durch Banküberweisung. Der Kurs am Tag der Zahlung wird mit 1,50 DM je 100 Yen notiert. Die Bank belastet uns mit 110,00 DM Umrechnungsgebühren.

Buchen Sie auf den Konten 1310, 1430, 1710, 1980, 2150, 3010, 3020, 3080, 4860.

174   Aus Frankreich beziehen wir eine Sendung Rotwein. Die Rechnung lautet über 15 000 FF. Kurs am Buchungstag: 29,30 DM je 100 FF.

Nach 14 Tagen erfolgt der Rechnungsausgleich durch Bank zu einem Kurs von 28,90 DM unter Abzug von 2 % Skonto. Umsatzsteuer 15 %.

Buchen Sie auf den entsprechenden Konten.

175   Aus Belgien importieren wir eine Sendung Äpfel. Die Eingangsrechnung lautet über 600 000 bfrs frei deutsche Grenze. Die Rechnung des belgischen Spediteurs für den Transport bis zu unserem Betrieb lautet über 1 500,00 DM. Die Umsatzsteuer beträgt 7 %.

Kurs bei Rechnungseingang: 4,70 DM. Bei Zahlung (Bank) beträgt der Kurs 4,90 DM.

Buchen Sie auf den entsprechenden Konten.

176   Die Eingangsrechnung 487 weist einen Rechnungsbetrag von 4 800 000 Lire aus für eine Lieferung von 10 000 kg Weintrauben aus Italien. Kurs bei Rechnungseingang 1,15 DM je 1 000 Lit. Umsatzsteuer 7 %.

Der italienische Spediteur berechnet an Transportkosten 2 800,00 DM und für die Nachbeeisung der Ware 200,00 DM.

1. *Buchen Sie den Eingang der Rechnungen.*
2. *10 Tage nach Buchung der Rechnung erhalten wir aufgrund unserer Mängelrüge einen Preisnachlaß von 30 Prozent auf den Rechnungsbetrag. Buchen Sie die erforderlichen Korrekturen.*
3. *Die Zahlung des Restbetrages durch Bank erfolgt zu einem Kurs von 1,20 DM. Wie lautet die Buchung?*

177   Import von Fischkonserven aus Kanada. Die Eingangsrechnung lautet über 35 000 kan. $ cif Hamburg. 8 % Zoll und 7 % Einfuhrumsatzsteuer sind anzusetzen.

1. *Buchen Sie die Eingangsrechnung zum Kurs von 1,50 DM je kan. $, die Zollabgabe und die Einfuhrumsatzsteuer.*
2. *Wenige Tage nach Buchung der Rechnung erhalten wir nachträglich einen Rabatt von 10 % auf den bereits gebuchten Rechnungsbetrag. Ermitteln und buchen Sie die erforderlichen Korrekturen.*
3. *Der Restbetrag wird fristgerecht durch die Bank überwiesen (keine Kursänderung). Die Bank belastet uns mit 60,00 DM Umrechnungskosten.*

178   1. *Woraus setzt sich der Zollwert als Bemessungsgrundlage der Zollabgabe zusammen?*
2. *Was umfaßt im einzelnen die Bemessungsgrundlage der Einfuhrumsatzsteuer?*
3. *Erläutern Sie die Ermittlung der Anschaffungskosten bei Importwaren.*
4. *Warum erfolgt in der Praxis bei Skontoabzügen buchhalterisch keine Korrektur der Zollabgaben sowie der Einfuhrumsatzsteuer?*
5. *Die Zollabgabe von 10 000,00 DM für eine Importsendung wurde bereits an die Zollverwaltung abgeführt. Sie vermindert sich durch einen nachträglich gewährten Rabatt um 1 000,00 DM. Nennen Sie den Buchungssatz.*

6583156

2.3   Warenexport in Drittländer

Steuerbefreiung. Ausfuhrlieferungen, also Lieferungen in Nicht-EU-Staaten (Drittländer), sind aus Gründen der Exportförderung von der Umsatzsteuer befreit (§ 4 Nr. 1 UStG in Verbindung mit § 6 UStG).

Ausfuhrnachweis. Voraussetzung für die Steuerbefreiung ist gemäß § 6 UStG der Nachweis der Ausfuhrlieferung, der gegenüber dem Finanzamt in der Form des internationalen Frachtbriefes der Bundesbahn, der Versandanmeldung TZ bei LKW-Transporten oder einer Grenzübertrittsbescheinigung des Zollamtes zu erbringen ist.

Exportnebenkosten wie Frachten, Versicherungen und sonstige Leistungen, die dem Exportunternehmen in Rechnung gestellt werden, sind wie die Ausfuhrlieferungen steuerfrei (§ 4 Nr. 3 UStG) und über das Konto

4620 Ausgangsfrachten

zu buchen. Die dem Kunden in Rechnung gestellten Exportnebenkosten werden buchhalterisch als Verkaufserlöse (Umsatzerlöse) behandelt.

Vorsteuerüberhang. Wegen der steuerfreien Ausfuhrlieferungen entsteht in der Regel bei exportintensiven Unternehmen ein Vorsteuerüberhang, der vom Finanzamt nach Abgabe der monatlichen Umsatzsteuervoranmeldung erstattet wird.

> **Beispiel 1: Warenausfuhr bei Kurserhöhung**
>
> Export von Waren in die Schweiz mit eigenem LKW. Ausfuhrnachweis liegt vor. Am 30.04.19.. werden dem Kunden in Rechnung gestellt: Warenwert 73 000 sfr + Transportkosten 2 000 sfr (Kurs 108,00 DM je 100 sfr).
>
> Am 28.05.19.. wird die Rechnung fristgerecht durch Banküberweisung beglichen (Kurs 109,00). Die Bank belastet uns mit 65,00 DM Umrechnungsgebühren.

① **Buchung der Ausgangsrechnung am 30.04.:** 75 000 sfr zu 108,00 DM = 81 000,00 DM

     1010 Forderungen a. LL   an   8010 Warenverkauf . . .   81 000,00

② **Buchung des Rechnungsausgleichs zum 28.05.:**

Die Kurserhöhung (750,00 DM) ist als Ertrag aus Kursdifferenzen auszuweisen:

Wert bei Rechnungsausgang:	75 000 sfr zu 108,00 DM = 81 000,00 DM
Wert bei Zahlungseingang:	75 000 sfr zu 109,00 DM = 81 750,00 DM

     1310 Bank **81 750,00**
        an   **1010 Forderungen a. LL** **81 000,00**
        an   **2650 Erträge aus Kursdifferenzen** **750,00**

③ **Buchung der Devisenumrechnungskosten:**

     4860 Kosten des Geldverkehrs   an   1310 Bank **65,00**

S	1010 Forderungen a. LL	H	S	8010 Warenverkauf	H
①	81 000,00	② 81 000,00			① 81 000,00
S	**1310 Bank**	**H**	**S**	**2650 Erträge aus Kursdifferenzen**	**H**
②	81 750,00	③ 65,00			② 750,00
S	**4860 Kosten des Geldverkehrs**	**H**			
③	65,00				

Aufgaben – Fragen

179 Ein Werkzeugmaschinen-Großhandelsunternehmen exportiert eine Maschine zur Herstellung von Spezialwerkzeugen an einen Automobilhersteller in USA. Die Rechnung lautet über 155 000 $ cif New York. Der Seehafenspediteur stellt uns für Lager- und Verladekosten, Versicherung, Seefracht und Erledigung aller Zollformalitäten 15 000,00 DM in Rechnung.

Der Kurswert beträgt am Tag der Buchung der Ausgangsrechnung 1,70 DM je $. Der Kunde überweist fristgerecht auf unser Bankkonto zum Kurs von 1,75 je $. Die Bank berechnet 450,00 DM Umrechnungskosten.

1. Buchen Sie auf den Konten 1010, 1310, 1710, 2650, 4620, 4860, 8010.

2. Wie hoch sind die erzielten Exporterlöse?

180 Die Aufgabe 179 ist mit folgender Abänderung zugrunde zu legen:

1. Dem Kunden wird nachträglich noch ein Rabatt von 10 % gewährt.

2. Der Kurs bei Zahlungseingang beträgt 1,65 DM je $.

3. Der Kunde überweist den von ihm geschuldeten Betrag vereinbarungsgemäß unter Abzug von 2 % Skonto.

1. Wie lauten die Buchungssätze?

2. Buchen Sie auf den entsprechenden Konten.

181 Ein Großhandelsunternehmen für Werbeartikel versendet nach England Waren zum Rechnungsbetrag von 15 000,00 £. Für Fracht und sonstige Kosten werden dem Großhändler 4 800,00 DM + USt in Rechnung gestellt.

Der Kurs am Tag der Rechnungsbuchung beträgt 2,30 DM je £. Der Kunde zahlt termingerecht unter Abzug von 2 % Skonto. Die Bank schreibt den Überweisungsbetrag zum Tageskurs von 2,20 DM je £ gut und berechnet 120,00 DM an Gebühren.

1. Bilden Sie die Buchungssätze und buchen Sie auf den erforderlichen Konten.

2. Wie hoch sind die Erlöse aus dem Geschäft?

3. Wo muß die Ware der Umsatzsteuer unterworfen werden?

6583158

Export von Büromöbeln an einen Schweizer Kunden. Unsere Ausgangsrechnung lautet über **182**
25 000 sfr. Der Kurs bei Buchung der Rechnung lautet 106,00.

Die Sendung muß aus Mangel an eigener Lagerfläche 5 Tage vor dem Versandtermin im Spediteur-Lager zwischengelagert werden. Der Spediteur stellt uns für die Lagerung 600,00 DM und für den Transport 2 800,00 DM in Rechnung.

Der Kunde zahlt nach 8 Tagen unter Abzug von 2 % Skonto. Kurs bei Bankgutschrift 110,00. Die Bank berechnet 70,00 DM Gebühren.

1. *Buchen Sie auf den entsprechenden Konten.*
2. *Ermitteln Sie die Exporterlöse.*

Wir senden einem österreichischen Kunden die Rechnung für die im September abgerufene **183**
Teillieferung der vereinbarten Jahresmenge. Der Rechnungsbetrag lautet über 150 000 öS (Kurs 14,25).

Der Kunde zahlt fristgerecht abzüglich 2 % Skonto. Die Bank schreibt den Überweisungsbetrag zum Tageskurs von 14,50 DM für 100 öS gut.

Bilden Sie die Buchungssätze und buchen Sie auf den erforderlichen Konten.

Warenexport an einen australischen Kunden. Die Ausgangsrechnung lautet über 120 000 **184**
austr. $ fob Rotterdam. Kurs 1,20 je austr $.

Die Bankgutschrift erfolgt zum Kurs von 1,17. Außerdem stellt die Bank 2,5 $^0/_{00}$ Inkasso- und Umrechnungsgebühren in Rechnung.

Der LKW-Spediteur berechnet 3 000,00 DM Frachtkosten für den Transport der Waren zum Freihafen Rotterdam und 1500,00 DM für die Schiffsverladung.

Wie lauten die Buchungen?

Lieferung von Waren an einen holländischen Kunden im Gesamtwert von 40 000 hfl. Der Kurs **185**
bei Lieferung beträgt 88.

Der Kunde erhält aufgrund einer berechtigten Mängelrüge einen Preisnachlaß von 4000 hfl.

Der Restbetrag wird vom Kunden rechtzeitig überwiesen. Die Bankgutschrift erfolgt zum Tageskurs von 90.

Bilden Sie die Buchungssätze.

Zum 30.04.19.. weisen die Konten 1410, 1430 und 1810 eines Groß- und Außenhandelsunterneh- **186**
mens folgende Summen aus:

	S	H
1410 Vorsteuer	210 000,00	5 000,00
1430 Einfuhrumsatzsteuer	25 000,00	—
1810 Umsatzsteuer	6 000,00	136 000,00

1. *Ermitteln Sie buchhalterisch das Ergebnis der Umsatzsteuervoranmeldung für den Monat April.*
2. *Das Finanzamt erstattet den Vorsteuerüberhang durch Banküberweisung. Die Bankgutschrift erfolgt zum 15.05.19.. Wie lautet der Buchungssatz?*

---

1. *Warum sind Ausfuhrlieferungen in nahezu allen Staaten umsatzsteuerfrei?* **187**
2. *Nennen Sie die grundlegende Voraussetzung für eine steuerfreie Ausfuhrlieferung.*
3. *Wodurch kann die Ausfuhrlieferung nachgewiesen werden?*
4. *Inwiefern entsteht bei exportintensiven Unternehmen in der Regel ein Vorsteuerüberhang?*

3   Personalbereich

3.1   Grundlagen der Lohn- und Gehaltsabrechnung

Personalkosten. Als Entgelt für ihre Arbeitsleistung erhalten Arbeiter Löhne und Angestellte Gehälter. Löhne und Gehälter sind für die Arbeitnehmer Einkommen, für den Arbeitgeber Personalkosten.

Zum steuerpflichtigen Arbeitslohn zählen grundsätzlich alle Einnahmen, die ein Arbeitnehmer aus einem Arbeitsverhältnis erzielt:

> Arbeitslohn, Mehrarbeitsvergütungen, Zulagen, Zuschläge, Aufwandsentschädigungen, Sachbezüge, Gratifikationen, Jubiläumszuwendungen u. a.

Zum Teil sind diese Einnahmen bis zu einer bestimmten Grenze steuerfrei. Die Lohnsteuerpflicht beginnt in der Steuerklasse I ab 792,15 DM (1994).

Die Lohn- und Gehaltszahlungen erfolgen in der Regel monatlich.

3.1.1   Lohn- und Kirchensteuerabzug

Lohnsteuer. Das Einkommensteuergesetz (EStG) verpflichtet in § 1 alle inländischen natürlichen Personen zur Einkommensteuerzahlung. Unter Einkommen sind hierbei die in § 2 genannten 7 Einkunftsarten zu verstehen, u. a. auch die Einkünfte aus nichtselbständiger Arbeit. Die Steuer auf diese Einkünfte heißt Lohnsteuer.

Einbehaltene Abzüge. Durch gesetzliche Vorschrift ist der Arbeitgeber verpflichtet, vom Arbeitslohn des Arbeitnehmers

Lohnsteuer, Kirchensteuer und Sozialversicherungsbeiträge

einzubehalten und an das Finanzamt bzw. an die gesetzliche Krankenkasse abzuführen. An den Arbeitnehmer wird der verbleibende Nettolohn ausgezahlt.

Freibeträge. Der steuerpflichtige Arbeitslohn wird vor der Berechnung der Lohnsteuer um Freibeträge gekürzt, z.B.

- **Persönlicher Freibetrag** (Pauschalbetrag für Behinderte u.a.),
- **Altersentlastungsbetrag** (40 % des Lohnes, höchstens 3 720,00 DM).

Tabellenfreibeträge. Zusätzlich zu den oben genannten Freibeträgen stehen dem Steuerpflichtigen Freibeträge zu, die als Pauschalabzüge in die Lohnabzugstabellen eingearbeitet sind. Nur bei Überschreiten der Pauschalbeträge wird auf Antrag ein Freibetrag auf der Lohnsteuerkarte eingetragen, z.B.:

- **Grundfreibetrag** (Ledige 5 616,00 DM, Verheiratete 11 232,00 DM/Jahr),
- **Arbeitnehmerpauschbetrag** (für Werbungskosten 2 000,00 DM/Jahr),
- **Sonderausgabenpauschbetrag** (Ledige 108,00 DM, Verheiratete 216,00 DM/Jahr),
- **Vorsorgepauschale** (16 % des Arbeitslohnes bis Höchstbetrag, einschließlich 6 000,00 DM/Jahr Vorwegabzug),
- **Haushaltsfreibetrag** (z.B. 5 616,00 DM/Jahr in Steuerklasse II),
- **Kinderfreibetrag** (2 052,00 DM bzw. 4 104,00 DM/Jahr je Kind, s.u.).

Kinderfreibeträge. Für jedes Kind wird ein Kinderfreibetrag von 2 052,00 DM im Jahr gewährt. Der Freibetrag erhöht sich auf 4 104,00 DM/Jahr, wenn die Eltern miteinander verheiratet sind und nicht dauernd getrennt leben. Jeder Freibetrag von 2 052,00 DM wird mit der Zahl 0,5 und jeder Freibetrag von 4 104,00 DM mit der Zahl 1,0 berücksichtigt. Die Summe der Zahlen erscheint auf der Lohnsteuerkarte als „Zahl der Kinderfreibeträge".

6583160

Lohnsteuerklassen. Die Höhe der Lohnsteuer ist abhängig von

- der **Höhe des Arbeitslohnes** und
- der **Steuerklasse,** in die der Steuerpflichtige nach seinen persönlichen Merkmalen (Alter, Familienstand, Kinderzahl) eingestuft wird.

Das Einkommensteuergesetz unterscheidet in § 38 b insgesamt 6 Steuerklassen, die hier verkürzt wiedergegeben werden:

> **Steuerklasse I:** Ledige, verwitwete, geschiedene sowie verheiratete Arbeitnehmer, die dauernd getrennt leben.
>
> **Steuerklasse II:** Arbeitnehmer der Steuerklasse I mit mindestens 1 Kind.
>
> **Steuerklasse III:** Verheiratete Arbeitnehmer, die nicht dauernd getrennt leben und deren Ehepartner keinen Arbeitslohn beziehen oder auf gemeinsamen Antrag in Steuerklasse V eingestuft werden.
>
> **Steuerklasse IV:** Verheiratete, die beide Arbeitslohn beziehen und nicht dauernd getrennt leben.
>
> **Steuerklasse V:** Arbeitnehmer der Steuerklasse IV, wenn einer der Ehegatten auf gemeinsamen Antrag in die Steuerklasse III eingestuft wird.
>
> **Steuerklasse VI:** Für eine zweite und alle weiteren Lohnsteuerkarten eines Arbeitnehmers, der gleichzeitig Arbeitslohn von mehreren Arbeitgebern bezieht.

Lohnsteuerkarte. § 39 EStG bestimmt, daß die Gemeinden den steuerpflichtigen Arbeitnehmern eine nach amtlichem Muster vorgeschriebene Lohnsteuerkarte auszustellen haben. Die Lohnsteuerkarte legt der Arbeitnehmer zu Beginn eines jeden Jahres seinem Arbeitgeber vor. Er erhält sie am Jahresende nach dem Eintrag des Jahresarbeitslohnes und des Steuerabzugs zur Durchführung der Antragsveranlagung oder zur Abgabe der Einkommensteuererklärung beim Finanzamt zurück.

Die Lohnsteuerkarte enthält alle für die Lohnsteuerberechnung wichtigen Angaben über den Steuerpflichtigen.

Nennen und erläutern Sie die für die Berechnung der Lohn- und Kirchensteuer wichtigen Daten der nebenstehenden Lohnsteuerkarte.

Auszug aus der Lohnsteuertabelle für monatliche Lohn- und Gehaltszahlung[1]

Lohn/ Gehalt	Abzüge an Lohnsteuer und Kirchensteuer (8%, 9%) in den Steuerklassen																						
	I, III–VI				I, II, III, IV																		
	ohne Kinder-freibeträge				mit Zahl der Kinderfreibeträge . . .																		
					0,5			1			1,5			2			2,5			3□			
bis DM		LSt	8%	9%		LSt	8%	9%	LSt	8%	9%	LSt	8%	9%	LSt	8%	9%	LSt	8%	9%	LSt	8%	9%
2 758,65	I,IV	370,50	29,64	33,34	I	329,–	25,32	28,48	288,66	21,09	23,72	249,33	16,94	19,06	211,08	12,88	14,49	173,91	8,91	10,02	137,83	5,02	5,65
	III	220,16	17,61	19,81	II	221,08	16,68	18,77	183,58	12,68	14,27	147,25	8,78	9,87	111,91	4,95	5,57	77,66	1,21	1,36	44,41	Min	Min
	V	672,–	53,76	60,48	III	185,66	13,85	15,58	151,66	10,13	11,39	118,33	6,46	7,27	85,50	2,84	3,19	53,–	Min	Min	20,50	Min	Min
	VI	732,–	58,56	65,88	IV	349,58	27,46	30,89	329,–	25,32	28,48	308,66	23,19	26,09	288,66	21,09	23,72	268,83	19,–	21,38	249,33	16,94	19,06
2 763,15	I,IV	371,58	29,72	33,44	I	330,08	25,40	28,58	289,66	21,17	23,81	250,33	17,02	19,15	212,08	12,96	14,58	174,91	8,99	10,11	138,75	5,10	5,73
	III	222,–	17,76	19,98	II	222,08	16,76	18,86	184,58	12,76	14,36	148,16	8,85	9,95	112,83	5,02	5,65	78,50	1,28	1,44	45,33	Min	Min
	V	673,66	53,89	60,62	III	187,50	14,–	15,75	153,50	10,28	11,56	120,–	6,60	7,42	87,16	2,97	3,34	54,66	Min	Min	22,16	Min	Min
	VI	733,66	58,69	66,02	IV	350,66	27,55	30,99	330,08	25,40	28,58	309,75	23,28	26,19	289,66	21,17	23,81	269,91	19,09	21,47	250,33	17,02	19,15
2 767,65	I,IV	372,66	29,81	33,53	I	331,16	25,49	28,67	290,75	21,26	23,91	251,41	17,11	19,25	213,08	13,04	14,67	175,83	9,06	10,19	139,66	5,17	5,81
	III	222,–	17,76	19,98	II	223,08	16,84	18,95	185,58	12,84	14,45	149,08	8,92	10,04	113,75	5,10	5,73	79,41	1,35	1,52	46,16	Min	Min
	V	675,16	54,01	60,76	III	187,50	14,–	15,75	153,50	10,28	11,56	120,–	6,60	7,42	87,16	2,97	3,34	54,66	Min	Min	22,16	Min	Min
	VI	735,33	58,82	66,17	IV	351,75	27,64	31,09	331,16	25,49	28,67	310,83	23,36	26,28	290,75	21,26	23,91	270,91	19,17	21,56	251,41	17,11	19,25
2 772,15	I,IV	373,75	29,90	33,63	I	332,25	25,58	28,77	291,83	21,34	24,01	252,41	17,19	19,34	214,08	13,12	14,76	176,83	9,14	10,28	140,58	5,24	5,90
	III	223,83	17,90	20,14	II	224,08	16,92	19,04	186,50	12,92	14,53	150,08	9,–	10,13	114,66	5,17	5,81	80,33	1,42	1,60	47,–	Min	Min
	V	676,83	54,14	60,91	III	189,16	14,13	15,89	155,33	10,42	11,72	121,83	6,74	7,58	88,83	3,10	3,49	56,33	Min	Min	23,83	Min	Min
	VI	737,–	58,96	66,33	IV	352,91	27,73	31,19	332,25	25,58	28,77	311,91	23,45	26,38	291,83	21,34	24,01	272,–	19,26	21,66	252,41	17,19	19,34
2 776,65	I,IV	376,–	30,08	33,84	I	334,41	25,75	28,97	293,91	21,51	24,20	254,41	17,35	19,52	216,08	13,28	14,94	178,75	9,30	10,46	142,50	5,40	6,07
	III	223,83	17,90	20,14	II	226,08	17,08	19,22	188,50	13,08	14,71	151,91	9,15	10,29	116,50	5,32	5,98	82,08	1,56	1,76	48,75	Min	Min
	V	678,50	54,28	61,06	III	189,16	14,13	15,89	155,33	10,42	11,72	121,83	6,74	7,58	88,83	3,10	3,49	56,33	Min	Min	23,83	Min	Min
	VI	738,66	59,09	66,47	IV	355,08	27,90	31,39	334,41	25,75	28,97	314,–	23,62	26,57	293,91	21,51	24,20	274,–	19,42	21,84	254,41	17,35	19,52
2 781,15	I,IV	377,08	30,16	33,93	I	335,50	25,84	29,07	294,91	21,59	24,29	255,50	17,44	19,62	217,08	13,36	15,03	179,75	9,38	10,55	143,41	5,47	6,15
	III	223,83	17,90	20,14	II	227,08	17,16	19,31	189,41	13,15	14,79	152,91	9,23	10,38	117,41	5,39	6,06	83,–	1,64	1,84	49,58	Min	Min
	V	680,16	54,41	61,21	III	189,16	14,13	15,89	155,33	10,42	11,72	121,83	6,74	7,58	88,83	3,10	3,49	56,33	Min	Min	23,83	Min	Min
	VI	740,33	59,22	66,62	IV	356,16	27,99	31,49	335,50	25,84	29,07	315,08	23,70	26,66	294,91	21,59	24,29	275,08	19,50	21,94	255,50	17,44	19,62
2 785,65	I,IV	378,25	30,26	34,04	I	336,58	25,92	29,16	296,–	21,68	24,39	256,50	17,52	19,71	218,08	13,44	15,12	180,66	9,45	10,63	144,41	5,55	6,24
	III	225,66	18,05	20,30	II	228,08	17,24	19,40	190,41	13,23	14,88	163,83	9,30	10,46	118,33	5,46	6,14	83,83	1,70	1,91	50,50	Min	Min
	V	681,66	54,53	61,34	III	191,–	14,28	16,06	157,–	10,56	11,88	123,50	6,88	7,74	90,66	3,25	3,65	58,–	Min	Min	25,50	Min	Min
	VI	742,–	59,36	66,78	IV	357,25	28,08	31,59	336,58	25,92	29,16	316,16	23,79	26,76	296,–	21,68	24,39	276,08	19,58	22,03	256,50	17,52	19,71
2 790,15	I,IV	379,33	30,34	34,13	I	337,66	26,01	29,26	297,08	21,76	24,48	257,50	17,60	19,80	219,08	13,52	15,21	181,66	9,53	10,72	145,33	5,62	6,32
	III	225,66	18,05	20,30	II	229,08	17,32	19,49	191,41	13,31	14,97	154,75	9,38	10,55	119,25	5,54	6,23	84,75	1,78	2,–	51,33	Min	Min
	V	683,16	54,65	61,48	III	191,–	14,28	16,06	157,–	10,56	11,88	123,50	6,88	7,74	90,66	3,25	3,65	58,–	Min	Min	25,50	Min	Min
	VI	743,66	59,49	66,92	IV	358,33	28,16	31,68	337,66	26,01	29,26	317,25	23,88	26,86	297,08	21,76	24,48	277,16	19,67	22,13	257,50	17,60	19,80
2 794,65	I,IV	380,41	30,43	34,23	I	338,75	26,10	29,36	298,08	21,84	24,57	258,58	17,68	19,89	220,08	13,60	15,30	182,66	9,61	10,81	146,25	5,70	6,41
	III	227,50	18,20	20,47	II	230,08	17,40	19,58	192,33	13,38	15,05	155,75	9,46	10,64	120,16	5,61	6,31	85,66	1,85	2,08	52,16	Min	Min
	V	684,83	54,78	61,63	III	192,83	14,42	16,22	158,83	10,70	12,04	125,33	7,02	7,90	92,33	3,38	3,80	59,83	Min	Min	27,33	Min	Min
	VI	745,33	59,62	67,07	IV	359,41	28,25	31,78	338,75	26,10	29,36	318,33	23,96	26,96	298,08	21,84	24,57	278,16	19,75	22,22	258,58	17,68	19,89
2 799,15	I,IV	381,58	30,52	34,34	I	339,83	26,18	29,45	299,16	21,93	24,67	259,58	17,76	19,98	221,08	13,68	15,39	183,58	9,68	10,89	147,25	5,78	6,50
	III	227,50	18,20	20,47	II	231,08	17,48	19,67	193,33	13,46	15,14	156,66	9,53	10,72	121,08	5,68	6,39	86,50	1,92	2,16	53,08	Min	Min
	V	686,50	54,92	61,78	III	192,83	14,42	16,22	158,83	10,70	12,04	125,33	7,02	7,90	92,33	3,38	3,80	59,83	Min	Min	27,33	Min	Min
	VI	746,83	59,74	67,21	IV	360,58	28,34	31,88	339,83	26,18	29,45	319,33	24,04	27,05	299,16	21,93	24,67	279,25	19,84	22,32	259,58	17,76	19,98
2 803,65	I,IV	383,75	30,70	34,53	I	342,–	26,36	29,65	301,25	22,10	24,86	261,66	17,93	20,17	223,08	13,84	15,57	185,58	9,84	11,07	149,08	5,92	6,66
	III	227,50	18,20	20,47	II	233,08	17,64	19,85	195,33	13,62	15,32	158,58	9,68	10,89	122,91	5,83	6,56	88,33	2,06	2,32	54,83	Min	Min
	V	688,16	55,05	61,93	III	192,83	14,42	16,22	158,83	10,70	12,04	125,33	7,02	7,90	92,33	3,38	3,80	59,83	Min	Min	27,33	Min	Min
	VI	748,50	59,88	67,36	IV	362,75	28,52	32,08	342,–	26,36	29,65	321,50	24,22	27,24	301,25	22,10	24,86	281,33	20,–	22,50	261,66	17,93	20,17
2 808,15	I,IV	384,91	30,79	34,64	I	343,08	26,44	29,75	302,33	22,18	24,95	262,66	18,01	20,26	224,08	13,92	15,66	186,50	9,92	11,16	150,08	6,–	6,75
	III	229,33	18,34	20,63	II	234,08	17,72	19,94	196,33	13,70	15,41	159,50	9,76	10,98	123,83	5,90	6,64	89,25	2,14	2,40	55,66	Min	Min
	V	689,66	55,17	62,06	III	194,66	14,57	16,39	160,66	10,85	12,20	127,–	7,16	8,05	94,–	3,52	3,96	61,50	Min	Min	29,–	Min	Min
	VI	750,33	60,02	67,52	IV	363,83	28,60	32,18	343,08	26,44	29,75	322,58	24,30	27,34	302,33	22,18	24,95	282,33	20,08	22,59	262,66	18,01	20,26
2 812,65	I,IV	386,–	30,88	34,74	I	344,16	26,53	29,84	303,41	22,27	25,05	263,66	18,09	20,35	225,08	14,–	15,75	187,50	10,–	11,25	151,–	6,08	6,84
	III	229,33	18,34	20,63	II	235,08	17,80	20,03	197,25	13,78	15,50	160,50	9,84	11,07	124,75	5,98	6,72	90,08	2,20	2,48	56,50	Min	Min
	V	691,33	55,30	62,21	III	194,66	14,57	16,39	160,66	10,85	12,20	127,–	7,16	8,05	94,–	3,52	3,96	61,50	Min	Min	29,–	Min	Min
	VI	752,–	60,16	67,68	IV	364,91	28,69	32,27	344,16	26,53	29,84	323,66	24,39	27,44	303,41	22,27	25,05	283,41	20,17	22,69	263,66	18,09	20,35
2 817,15	I,IV	387,08	30,96	34,83	I	345,25	26,62	29,94	304,41	22,35	25,14	264,75	18,18	20,45	226,08	14,08	15,84	188,50	10,08	11,34	151,91	6,15	6,92
	III	231,16	18,49	20,80	II	236,16	17,89	20,12	198,25	13,86	15,59	161,41	9,91	11,15	125,66	6,05	6,80	91,–	2,28	2,56	57,41	Min	Min
	V	693,–	55,44	62,37	III	196,50	14,72	16,56	162,33	10,98	12,35	128,83	7,30	8,21	95,83	3,66	4,12	63,16	*0,05	*0,05	30,66	Min	Min
	VI	753,66	60,29	67,82	IV	366,08	28,78	32,38	345,25	26,62	29,94	324,75	24,48	27,54	304,41	22,35	25,14	284,41	20,25	22,78	264,75	18,18	20,45
2 821,65	I,IV	388,25	31,06	34,94	I	346,33	26,70	30,04	305,50	22,44	25,24	265,75	18,26	20,54	227,08	14,16	15,93	189,41	10,15	11,42	152,91	6,23	7,01
	III	231,16	18,49	20,80	II	237,16	17,97	20,21	199,25	13,94	15,68	162,41	9,99	11,24	126,66	6,13	6,89	91,91	2,35	2,64	58,25	Min	Min
	V	694,50	55,56	62,50	III	196,50	14,72	16,56	162,33	10,98	12,35	128,83	7,30	8,21	95,83	3,66	4,12	63,16	*0,05	*0,05	30,66	Min	Min
	VI	755,16	60,41	67,96	IV	367,16	28,87	32,48	346,33	26,70	30,04	325,83	24,56	27,63	305,50	22,44	25,24	285,50	20,34	22,88	265,75	18,26	20,54

Quelle: PRESTO Lohnsteuertabelle/Monat 01.01.1993, S. 61

1 Für das Bearbeiten der Aufgaben ist es nicht von Bedeutung, aus welchem Jahr die im Buch enthaltenen Abzugstabellen stammen. **Zusatzaufgabe:** Beschaffen Sie sich aktuelle Tabellen in der Personalabteilung Ihres Ausbildungsbetriebes, bei der Krankenkasse oder über den örtlichen Buchhandel, und lösen Sie die folgenden Aufgaben auch mit Hilfe dieser Tabellen.

6583162

Lohnsteuertabellen. Die vom Steuerpflichtigen zu zahlende Lohnsteuer wird aus Lohnsteuertabellen abgelesen. Die Tabellen berücksichtigen die persönlichen Steuermerkmale (Steuerklasse, Zahl der Kinderfreibeträge) und bestimmte Freibeträge (s. S. 160). Sie liegen für tägliche, wöchentliche und monatliche Lohnzahlung vor.

Beispiel: Ein kaufmännischer Angestellter (35 Jahre alt) wird nach Tarif entlohnt. Er ist verheiratet und hat ein Kind. Seine Frau bezieht keinen Arbeitslohn. Sein Lohnsteuerabzug wird mit Hilfe der Gehaltstafel und der Lohnsteuertabelle ermittelt:

Tarifgehalt nach der Gehaltstafel	2 762,00 DM
Steuerklasse (verheiratet, 1 Kinderfreibetrag, vgl. S. 161)	III/1,0
Lohnsteuer nach der Lohnsteuertabelle (vgl. S. 162) . . .	**153,50 DM**

Lohnkonto. Zur genauen Aufzeichnung des Lohnzahlungstermins, der Höhe des Bruttoarbeitslohns, der Abzüge und Zulagen hat der Arbeitgeber für jeden Arbeitnehmer ein Lohnkonto zu führen und am Jahresende abzuschließen. Über das Ergebnis erhält der Arbeitnehmer eine Lohnsteuerbescheinigung.

Kirchensteuer. Arbeitnehmer, die einer steuererhebenden Religionsgemeinschaft angehören, zahlen Kirchensteuer. Die Kirchensteuer wird zusammen mit der Lohnsteuer vom Arbeitgeber einbehalten und an das Finanzamt abgeführt. Sie beträgt in den Bundesländern Baden-Württemberg, Bayern, Bremen und Hamburg 8 % der Lohnsteuer nach Kürzung um 12,50 DM je 0,5 Kinderfreibetrag in den Steuerklassen I bis III, in den übrigen Bundesländern 9 %. Die Kirchensteuer ist aus der Lohnsteuertabelle abzulesen.

Beispiel: Der im vorhergehenden Beispiel genannte Angestellte zahlt 9 % Kirchensteuer. Die Kirchensteuer beträgt lt. Tabelle Seite 162: **11,56 DM.**

Merke:
- Arbeitnehmer, die Einkünfte aus nichtselbständiger Arbeit beziehen, sind mit ihrem Lohn oder Gehalt lohnsteuerpflichtig.
- Die Höhe der Lohnsteuer ist von der Höhe des Arbeitsentgelts und von den persönlichen Steuermerkmalen, die auf der Lohnsteuerkarte vermerkt sind, abhängig.
- Lohn- und Kirchensteuer werden aus der Lohnsteuertabelle abgelesen.
- Religionsgemeinschaften erheben Kirchensteuer, deren Höhe von der Lohnsteuer abhängt.

Aufgabe

Für folgende Mitarbeiter eines Großhandelsbetriebes sind die Lohn- und Kirchensteuerbeträge zu bestimmen. **188**

Nr.	Name	Tarifgehalt	Familienstand	Sonstige Hinweise
1	W. Beyer	2 815,00 DM	verheiratet, 2,0 Ki.-Freibeträge	St.-Klasse V für Ehefrau
2	A. Fellner	2 766,00 DM	ledig	—
3	B. Hübner	2 791,50 DM	geschieden, 0,5 Ki.-Freibetrag	—
4	G. Lamper	2 809,00 DM	verheiratet, keine Kinder	St.-Klasse IV für Ehefrau
5	R. Schmidt	2 775,00 DM	ledig	—
6	J. Steiner	2 820,50 DM	verheiratet, keine Kinder	Steuerklasse III
7	H. Winter	2 791,80 DM	verwitwet, keine Kinder	—

3.1.2 Sozialversicherungsabzüge

Versicherungspflicht. Aufgrund gesetzlicher Vorschriften (Reichsversicherungsverordnung [RVO], Arbeitsförderungsgesetz [AFG]) sind Arbeiter und Angestellte grundsätzlich in folgenden Zweigen der Sozialversicherung pflichtversichert:

- **Rentenversicherung (RV).** Die Versicherungspflicht besteht unabhängig von der Höhe des Arbeitslohnes.
- **Krankenversicherung (KV).** Die Versicherungspflicht besteht für Arbeiter und für Angestellte bis zur Jahresarbeitsverdienstgrenze (Krankenversicherungspflichtgrenze) von z. Z. 5 700,00 DM monatlich (1994). Mehrverdiener können eine private Versicherung abschließen.
- **Arbeitslosenversicherung (ALV).** Sie erfaßt alle Arbeiter und Angestellten.
- **Unfallversicherung.** Sie erfaßt alle Arbeiter und Angestellten.

Von der allgemeinen Versicherungspflicht sind u. a. Beamte, Soldaten und Geringfügig-Beschäftigte (bis monatlich 560,00 DM) ausgenommen.

Beitragspflicht und Beitragshöhe. Die Beiträge zu den Zweigen der Sozialversicherung werden zu einem Gesamtversicherungsbeitrag zusammengefaßt und sind vom Arbeitgeber und vom Arbeitnehmer jeweils zur Hälfte zu tragen. Die Beiträge für Geringverdiener (bis 610,00 DM monatlich – 1994) und zur Unfallversicherung zahlt der Arbeitgeber in voller Höhe.

Für die Berechnung der Beiträge werden bestimmte Beitragsprozentsätze und von Jahr zu Jahr bestimmte Höchstgrenzen (= Beitragsbemessungsgrenzen) festgelegt. Zur Zeit (1994) gilt folgende Regelung:[1]

Versicherungszweig	Beitragssatz in %	Beitragsbemessungsgrenze
• **Rentenversicherung (RV)**	19,2 %	7 600,00 DM monatlich
• **Krankenversicherung (KV)**	11 bis 14 % je nach Krankenkasse	75 % der Bemessungsgrenze zur Rentenversicherung, z. Z. 5 700,00 DM monatlich
• **Arbeitslosenversicherung (ALV)**	6,5 %	Bemessungsgrenze der Rentenversicherung, z. Z. 7 600,00 DM monatlich

Beitragsberechnung. Die Beiträge zur Sozialversicherung werden in der Regel nach dem wirklichen Arbeitsverdienst berechnet. Vereinfacht gilt: Der Arbeitslohn, der der Lohnsteuer unterworfen ist, ist zugleich Bemessungsgrundlage für die Sozialversicherungsbeiträge. Das hat den Vorteil, daß die Beiträge zur Sozialversicherung von den Lohnstufenmittelwerten der Lohnsteuertabelle berechnet und aus entsprechenden Abzugstabellen abgelesen werden können (vgl. S. 165). Die Tabellen weisen nur den Arbeitnehmeranteil ($\frac{1}{2}$) aus.

Beitragsgruppen. Die Höhe des Sozialversicherungsbeitrages hängt außer vom Arbeitsentgelt und von den Bemessungsgrenzen auch von der Zugehörigkeit des Arbeitnehmers zu einzelnen oder allen Zweigen der Sozialversicherung ab. Hieraus ergeben sich unterschiedliche Zusammensetzungen der Versicherungsbeiträge, die in insgesamt 16 Beitragsgruppen zum Ausdruck kommen. Die wichtigsten Beitragsgruppen sind:

G: allgemeiner Beitrag zur Krankenversicherung (KV)
K/L: Beitrag zur Rentenversicherung (RV): K = Arbeiter; L = Angestellte
M: Beitrag zur Arbeitslosenversicherung (ALV)

---

1 In den neuen Bundesländern sind die Bemessungsgrenzen z. Z. noch niedriger.

Auszug aus der Gesamtabzugstabelle für monatliche Lohn- und Gehaltszahlung[1]

Abzüge für Krankenversicherung (KV) bei einem Beitrag zur Krankenversicherung (in %) von · Abzüge für RV ALV

11,0 12,9 14,8 Gruppe G	11,1 13,0 14,9 Gruppe G	11,2 13,1 15,0 Gruppe G	11,3 13,2 15,1 Gruppe G	11,4 13,3 15,2 Gruppe G	11,5 13,4 15,3 Gruppe G	11,6 13,5 15,4 Gruppe G	11,7 13,6 15,5 Gruppe G H/F	11,8 13,7 15,6 Gruppe G	Arbeitsentgelt bis DM	11,9 13,8 15,7 Gruppe G	12,0 13,9 15,8 Gruppe G	12,1 14,0 15,9 Gruppe G	12,2 14,1 16,0 Gruppe G	12,3 14,2 16,1 Gruppe G	12,4 14,3 16,2 Gruppe G	12,5 14,4 16,3 Gruppe G	12,6 14,5 16,4 Gruppe G	12,7 14,6 16,5 Gruppe G	RV ALV Gruppe K/L M
151,60	152,98	154,36	155,74	157,11	158,49	159,87	161,25	162,63		164,01	165,38	166,76	168,14	169,52	170,90	172,28	173,65	175,03	241,19
177,79	179,17	180,54	181,92	183,30	184,68	186,06	187,44	188,81	2758,65	190,19	191,57	192,95	194,33	195,70	197,08	198,46	199,84	201,22	89,58
203,97	205,35	206,73	208,11	209,49	210,86	212,24	213,62	215,—		216,38	217,76	219,13	220,51	221,89	223,27	224,65	226,02	227,40	
151,85	153,23	154,61	155,99	157,37	158,75	160,13	161,51	162,89		164,27	165,65	167,03	168,41	169,80	171,18	172,56	173,94	175,32	241,58
178,08	179,46	180,84	182,22	183,60	184,98	186,36	187,74	189,12	2763,15	190,50	191,88	193,26	194,64	196,02	197,40	198,78	200,17	201,55	89,73
204,31	205,69	207,07	208,45	209,83	211,21	212,59	213,97	215,35		216,73	218,11	219,49	220,87	222,25	223,63	225,01	226,39	227,77	
152,10	153,48	154,86	156,25	157,63	159,01	160,39	161,78	163,16		164,54	165,92	167,31	168,69	170,07	171,45	172,84	174,22	175,60	241,97
178,37	179,75	181,13	182,52	183,90	185,28	186,66	188,05	189,43	2767,65	190,81	192,20	193,58	194,96	196,34	197,73	199,11	200,49	201,87	89,88
204,64	206,02	207,41	208,79	210,17	211,55	212,94	214,32	215,70		217,08	218,47	219,85	221,23	222,61	224,—	225,38	226,76	228,15	
152,34	153,73	155,11	156,50	157,88	159,27	160,65	162,04	163,42		164,81	166,19	167,58	168,96	170,35	171,73	173,12	174,50	175,89	242,37
178,66	180,04	181,43	182,81	184,20	185,58	186,97	188,35	189,74	2772,15	191,12	192,51	193,89	195,28	196,66	198,05	199,43	200,82	202,20	90,02
204,97	206,36	207,74	209,13	210,51	211,90	213,28	214,67	216,05		217,44	218,82	220,21	221,59	222,98	224,36	225,75	227,13	228,52	
152,59	153,98	155,37	156,75	158,14	159,53	160,92	162,30	163,69		165,08	166,46	167,85	169,24	170,63	172,01	173,40	174,79	176,17	242,76
178,95	180,34	181,72	183,11	184,50	185,88	187,27	188,66	190,05	2776,65	191,43	192,82	194,21	195,60	196,98	198,37	199,76	201,14	202,53	90,17
205,31	206,69	208,08	209,47	210,85	212,24	213,63	215,02	216,40		217,79	219,18	220,56	221,95	223,34	224,73	226,11	227,50	228,89	
152,84	154,23	155,62	157,01	158,40	159,79	161,18	162,57	163,96		165,34	166,73	168,12	169,51	170,90	172,29	173,68	175,07	176,46	243,15
179,24	180,63	182,02	183,41	184,80	186,19	187,58	188,97	190,35	2781,15	191,74	193,13	194,52	195,91	197,30	198,69	200,08	201,47	202,86	90,31
205,64	207,03	208,42	209,81	211,20	212,59	213,98	215,36	216,75		218,14	219,53	220,92	222,31	223,70	225,09	226,48	227,87	229,26	
153,09	154,48	155,87	157,26	158,65	160,05	161,44	162,83	164,22		165,61	167,—	168,40	169,79	171,18	172,57	173,96	175,35	176,75	243,55
179,53	180,92	182,31	183,70	185,10	186,49	187,88	189,27	190,66	2785,65	192,05	193,45	194,84	196,23	197,62	199,01	200,40	201,80	203,19	90,46
205,97	207,36	208,76	210,15	211,54	212,93	214,32	215,71	217,11		218,50	219,89	221,28	222,67	224,06	225,46	226,85	228,24	229,63	
153,33	154,73	156,12	157,52	158,91	160,30	161,70	163,09	164,49		165,88	167,27	168,67	170,06	171,46	172,85	174,24	175,64	177,03	243,94
179,82	181,21	182,61	184,—	185,40	186,79	188,18	189,58	190,97	2790,15	192,37	193,76	195,15	196,55	197,94	199,33	200,73	202,12	203,52	90,61
206,30	207,70	209,09	210,49	211,88	213,27	214,67	216,06	217,46		218,85	220,24	221,64	223,03	224,43	225,82	227,21	228,61	230,—	
153,58	154,98	156,37	157,77	159,17	160,56	161,96	163,36	164,75		166,15	167,54	168,94	170,34	171,73	173,13	174,53	175,92	177,32	244,34
180,11	181,51	182,90	184,30	185,69	187,09	188,49	189,88	191,28	2794,65	192,68	194,07	195,47	196,86	198,26	199,66	201,05	202,45	203,85	90,75
206,64	208,03	209,43	210,83	212,22	213,62	215,01	216,41	217,81		219,20	220,60	222,—	223,39	224,79	226,18	227,58	228,98	230,37	
153,83	155,23	156,63	158,02	159,42	160,82	162,22	163,62	165,02		166,42	167,81	169,21	170,61	172,01	173,41	174,81	176,20	177,60	244,73
180,40	181,80	183,20	184,60	185,99	187,39	188,79	190,19	191,59	2799,15	192,99	194,38	195,78	197,18	198,58	199,98	201,38	202,78	204,17	90,90
206,97	208,37	209,77	211,17	212,56	213,96	215,36	216,76	218,16		219,56	220,96	222,35	223,75	225,15	226,55	227,95	229,35	230,74	
154,08	155,48	156,88	158,28	159,68	161,08	162,48	163,88	165,28		166,68	168,08	169,48	170,88	172,29	173,69	175,09	176,49	177,89	245,12
180,69	182,09	183,49	184,89	186,29	187,69	189,09	190,50	191,90	2803,65	193,30	194,70	196,10	197,50	198,90	200,30	201,70	203,10	204,50	91,05
207,30	208,70	210,11	211,51	212,91	214,31	215,71	217,11	218,51		219,91	221,31	222,71	224,11	225,51	226,91	228,31	229,71	231,12	
154,32	155,73	157,13	158,53	159,94	161,34	162,74	164,15	165,55		166,95	168,35	169,76	171,16	172,56	173,97	175,37	176,77	178,17	245,52
180,98	182,38	183,79	185,19	186,59	188,—	189,40	190,80	192,20	2808,15	193,61	195,01	196,41	197,82	199,22	200,62	202,02	203,43	204,83	91,19
207,64	209,04	210,44	211,85	213,25	214,65	216,05	217,46	218,86		220,26	221,67	223,07	224,47	225,87	227,28	228,68	230,08	231,49	
154,57	155,98	157,38	158,79	160,19	161,60	163,—	164,41	165,81		167,22	168,62	170,03	171,43	172,84	174,24	175,65	177,06	178,46	245,91
181,27	182,68	184,08	185,49	186,89	188,30	189,70	191,11	192,51	2812,65	193,92	195,32	196,73	198,13	199,54	200,94	202,35	203,75	205,16	91,34
207,97	209,37	210,78	212,19	213,59	215,—	216,40	217,81	219,21		220,62	222,02	223,43	224,83	226,24	227,64	229,05	230,45	231,86	
154,82	156,23	157,63	159,04	160,45	161,86	163,26	164,67	166,08		167,49	168,89	170,30	171,71	173,12	174,52	175,93	177,34	178,75	246,30
181,56	182,97	184,38	185,78	187,19	188,60	190,01	191,41	192,82	2817,15	194,23	195,64	197,04	198,45	199,86	201,27	202,67	204,08	205,49	91,48
208,30	209,71	211,12	212,52	213,93	215,34	216,75	218,15	219,56		220,97	222,38	223,79	225,19	226,60	228,01	229,41	230,82	232,23	
155,07	156,48	157,89	159,30	160,71	162,12	163,53	164,93	166,34		167,75	169,16	170,57	171,98	173,39	174,80	176,21	177,62	179,03	246,70
181,85	183,26	184,67	186,08	187,49	188,90	190,31	191,72	193,13	2821,65	194,54	195,95	197,36	198,77	200,18	201,59	203,—	204,41	205,82	91,63
208,64	210,05	211,46	212,86	214,27	215,68	217,09	218,50	219,91		221,32	222,73	224,14	225,55	226,96	228,37	229,78	231,19	232,60	

Quelle: PRESTO Gesamtabzugstabelle/Monat 01.01.1993, S. 60

Beispiel: Der Angestellte W. Briegel bezieht ein steuerpflichtiges Bruttogehalt von 2770,00 DM. Seine Beiträge zur Sozialversicherung werden nach den Gruppen G/L/M berechnet, wobei ein Krankenkassenbeitrag von 13,5 % zugrunde gelegt ist: Seine Abzüge an Sozialversicherungsbeiträgen sind in der obigen Tabelle in der Zeile „bis 2772,15" abzulesen: **KV** 180,04 DM; **RV** 242,37 DM; **ALV** 90,02 DM; zusammen also **512,43 DM.**

---

1   siehe Fußnote auf S. 162

Aufgaben – Fragen

189 Bestimmen Sie für die in Aufgabe 188, Seite 163, genannten Angestellten W. Beyer und B. Hübner mit Hilfe der Abzugstabelle von Seite 165 die Sozialversicherungsbeiträge, wenn beide Angestellte den Beitragsgruppen G/L/M zugeordnet sind und ein Krankenkassenbeitrag von 12,7 % anzusetzen ist.

1. *Wieviel DM Nettogehalt werden beiden Angestellten überwiesen?*
2. *Wieviel Prozent betragen jeweils die Gesamtabzüge vom Bruttogehalt?*

190 Der kaufmännische Angestellte R. Hemmerle ist in der Textilgroßhandlung Brückner KG, Rosenheim, in verantwortlicher Position tätig (Gehaltsgruppe V). Sein Tarifgehalt beträgt 2 785,00 DM. Er ist verheiratet und hat 2 Kinder. Seine Ehefrau ist nicht erwerbstätig. Für seine mehr als 10jährige Betriebszugehörigkeit erhält Herr Hemmerle eine monatliche Treueprämie von 30,00 DM. Seine Beiträge zur Sozialversicherung werden nach den Gruppen G/L/M berechnet, wobei ein Krankenkassenbeitrag von 13,0 % zugrunde gelegt wird.

1. *Berechnen Sie aus der Lohnabzugstabelle die von Herrn Hemmerle zu zahlende Lohn- und Kirchensteuer (2,0 Kinderfreibeträge).*
2. *Bestimmen Sie den Sozialversicherungsbeitrag für Herrn Hemmerle.*
3. *Berechnen Sie den Prozentsatz der Gesamtabzüge vom Bruttogehalt.*
4. *Stellen Sie in einer Gehaltsabrechnung das Nettogehalt fest.*

191 Das Unternehmen Schätzke & Co., Kempten, beschäftigt den Angestellten A. Wagner im Außendienst. Herr Wagner ist 26 Jahre alt, ledig. Sein Tarifgehalt beträgt 2 395,00 DM. Zusätzlich zum Tarifgehalt erhält er einen steuerpflichtigen Zuschuß für Kleidung von monatlich 100,00 DM. Als steuerpflichtiger Sachbezug (vgl. S. 169) sind monatlich 320,00 DM für die Kraftfahrzeuggestellung anzusetzen.

Für die Berechnung der Sozialversicherungsbeiträge wird das steuerpflichtige Bruttogehalt zugrunde gelegt. Herr Wagner zahlt die Beiträge zur Sozialversicherung nach den Gruppen G/L/M bei einem Krankenversicherungsbeitragssatz von 13,8 %.

1. *Berechnen Sie das steuerpflichtige Bruttogehalt.*
2. *Ermitteln Sie aus den Lohnsteuer- und Sozialversicherungstabellen die Abzüge für Lohn- und Kirchensteuer sowie für die Sozialversicherung.*
3. *Stellen Sie in einer Gehaltsabrechnung das Nettogehalt fest.*

192
1. *Welche vertraglichen Grundlagen sind für die Gehaltsberechnung maßgeblich?*
2. *Was zählt im einzelnen zum steuerpflichtigen Arbeitseinkommen?*
3. *Nennen Sie Beispiele für „Zulagen" und „Zuschläge".*
4. *Nennen Sie die in die Lohnsteuertabelle eingearbeiteten Freibeträge.*
5. *Welche Merkmale müssen vorliegen, damit ein Arbeitnehmer nach Steuerklasse III besteuert wird?*
6. *Erläutern Sie den Begriff „Beitragsbemessungsgrenze".*
7. *Warum werden in der Sozialversicherung Beitragsgruppen gebildet?*

6583166

3.2 Buchung der Löhne und Gehälter

Bruttolöhne und **Bruttogehälter** werden erfaßt im Soll der Aufwandskonten

4010 Löhne und **4020 Gehälter.**

Die Abzüge des Arbeitnehmers, also die Lohn- und Kirchensteuer sowie der Anteil des Arbeitnehmers an der Sozialversicherung, muß der Arbeitgeber vom Lohn bzw. Gehalt einbehalten und bis zum 10. des Folgemonats an das Finanzamt und die gesetzliche Krankenkasse überweisen. Bis dahin werden die <u>einbehaltenen Abzüge</u> als „durchlaufende Posten" im Haben folgender Konten erfaßt:

▶ 1910 Verbindlichkeiten aus Steuern
▶ 1920 Verbindlichkeiten aus Sozialversicherung (SV)

Der Arbeitgeberanteil zur Sozialversicherung wird als <u>zusätzlicher Aufwand</u> auf dem Konto „4040 Gesetzliche soziale Aufwendungen"

erfaßt und auf dem Konto „1920 Verbindlichkeiten aus SV" gegengebucht.

Beispiel: Der Angestellte H. Klein bezieht ein Bruttogehalt von 2 800,00 DM, das gemäß Eintragung auf seiner Lohnsteuerkarte nach Steuerklasse III/0 zu versteuern ist. Nach Abzug der Lohn- und Kirchensteuer (8 %) und des Arbeitnehmeranteils zur Sozialversicherung (13 % KV, Gruppen G/L/M) erhält er das Nettogehalt auf sein Konto überwiesen. Der Arbeitgeberanteil zur Sozialversicherung ist zu buchen.

Auszug aus der Gehaltsliste Monat Februar:

Name	Steuer-klasse	Brutto-gehalt	Abzüge				Gesamt-abzüge	Aus-zahlung
			LSt	KSt	SV	Sonst.		
Klein, H.	III/0	2 800,00	227,50	18,20	518,26	–	763,96	2 036,04

① **Buchung bei Gehaltszahlung:**   S | H

4020 Gehälter 2 800,00
     an 1910 Verbindlichkeiten aus Steuern . . . . | 245,70
     an 1920 Verbindlichkeiten aus SV . . . . | 518,26
     an 1310 Bank . . . . | 2 036,04

② **Buchung des Arbeitgeberanteils zur Sozialversicherung:**

4040 Ges. soz. Aufw.   an 1920 Verbindlichkeiten a. SV . . . 518,26

③ **Überweisung der einbehaltenen und noch abzuführenden Beträge:**

1910 Verbindlichkeiten aus Steuern 245,70
1920 Verbindlichkeiten aus SV 1 036,52
     an 1310 Bank 1 282,22

S	4020 Gehälter	H		S	1910 Verbindlichkeiten aus Steuern	H
①	2 800,00			③	245,70 ①	245,70

S	4040 Gesetzliche soz. Aufw.	H		S	1920 Verbindlichkeiten aus SV	H
②	518,26			③	1 036,52 ①	518,26
					②	518,26

Bruttogehalt 2 800,00
+ Arbeitgeberanteil SV 518,26
Personalkosten **3 318,26**

S	1310 Bank	H
	①	2 036,04
	③	1 282,22

Merke: Lohn- und Gehaltslisten, in denen die Einzelabrechnungen aller Arbeitnehmer monatlich zusammengefaßt werden, bilden den Buchungssammelbeleg (s. S. 170).

3.3 Vorschüsse

Vorschüsse an Arbeitnehmer werden bis zur nächsten Lohn- oder Gehaltszahlung als kurzfristige Darlehensforderungen erfaßt und verrechnet auf dem Konto

1160 Forderungen an Mitarbeiter.

Beispiel: Der Angestellte Klein erhält einen Vorschuß von 500,00 DM bar.

Buchung: 1160 Forderungen an Mitarbeiter   an   1510 Kasse   500,00

Verrechnung des Vorschusses bei der nächsten Gehaltszahlung:

Rechnung:		
	Bruttogehalt	2 800,00 DM
–	Lohn- und Kirchensteuer	245,70 DM
–	Sozialversicherung	518,26 DM
	Nettogehalt	2 036,04 DM
–	Vorschuß	500,00 DM
	Auszahlung	**1 536,04 DM**

Buchung:	4020 Gehälter	2 800,00	
	an	**1160 Forderungen an Mitarbeiter**	500,00
	an	**1910 Verbindlichkeiten aus Steuern**	245,70
	an	**1920 Verbindlichkeiten aus SV**	518,26
	an	**1310 Bank**	1 536,04

3.4 Sonstige (geldliche) Bezüge

Sonstige Bezüge umfassen einmalige Arbeitslohnzahlungen, die zusätzlich zum laufenden Arbeitslohn gezahlt werden. Sie werden auf den Lohn- oder Gehaltskonten der Arbeitnehmer gebucht und unterliegen – abgesehen von bestimmten Freigrenzen – der Lohnsteuer. Zu ihnen zählen u. a.:

Weihnachtsgeld, Urlaubsgeld, 13. und 14. Monatsgehalt, Gratifikationen, Jubiläumszuwendungen, Heiratsbeihilfe, Geburtsbeihilfe, sonstige Beihilfen[1].

Zuwendungen des Arbeitgebers zu Firmenjubiläen, Betriebsveranstaltungen sowie zu betrieblichen Fort- und Weiterbildungsmaßnahmen liegen im eigenbetrieblichen Interesse und gehören deshalb in der Regel nicht zu den sonstigen Bezügen.

Beispiel: 1. Der 25jährige ledige Arbeiter Krause erhält im Juli zu seinem laufenden Lohn in Höhe von 2 460,00 DM eine Erholungsbeihilfe von 300,00 DM. Diese Zuwendung ist ein „sonstiger Bezug" und wird gemäß § 39 b EStG als „laufender Arbeitslohn" besteuert. Abzüge: 405,02 DM LSt/KSt (9 %), 519,05 DM SV (13,6 % KV, Gruppen G/K/M).

2. Zuschuß des Betriebes für eine Betriebsfeier: 1 500,00 DM bar.

Buchungen:	① 4010 Löhne	2 760,00	
	an	**1910 Verbindlichkeiten a. St.**	405,02
	an	**1920 Verbindlichkeiten a. SV**	519,05
	an	**1310 Bank**	1 835,93
	4040 Ges. soz. Aufw.	519,05	
	an	**1920 Verbindlichkeiten a. SV**	519,05
	② **4050 Freiw. soz. Aufw.** an **1510 Kasse**	1 500,00

Die aufgrund von Lohn- und Gehaltspfändungen einbehaltenen Beträge werden auf der Habenseite des Kontos „1940 Sonstige Verbindlichkeiten" gebucht.

---

1 Lohnsteuerfrei sind Zuwendungen zum 25jährigen Dienstjubiläum bis 1 200,00 DM, Heiratsbeihilfen bis 700,00 DM, Geburtsbeihilfen bis 700,00 DM (Stand 1994).

Sachleistungen an die Arbeitnehmer (Waren, Werkswohnung) werden ebenfalls mit dem Gehalt verrechnet. So ist z.B. die Miete des Arbeitnehmers für eine Werkswohnung auf dem Konto „2421 Mieterträge" gutzuschreiben.

Geldwerte Vorteile. Zusätzlich zum tariflichen oder außertariflichen Arbeitsentgelt und zu den sonstigen (geldlichen) Bezügen erhalten Arbeitnehmer häufig Zuwendungen, die nicht in Geld bestehen. Es handelt sich hierbei um sog. Sachbezüge, auch geldwerte Vorteile genannt. Sofern sie ständig gewährt werden, gehören sie zum laufenden Arbeitslohn. Zu ihnen zählen vor allem:

- ständige Überlassung von Dienstfahrzeugen zur privaten Nutzung,
- freie oder verbilligte Mahlzeiten und Wohnungen.

Umsatzsteuer. Für den Arbeitgeber stellt die Gewährung von Sachbezügen grundsätzlich eine umsatzsteuerpflichtige Leistung dar.

Beispiel: Der Angestellte Kreiber erhält ein Bruttogehalt von 4 000,00 DM; er wird besteuert nach III/2; der Krankenkassenbeitrag macht 13,5 % aus. Herrn Kreiber steht kostenlos ein firmeneigener PKW zur privaten Nutzung zur Verfügung.

Berechnung des Sachbezugs:

Das Steuerrecht läßt mehrere Möglichkeiten der Berechnung des Sachbezugs zu. Eine Möglichkeit sieht vor, ihn mit 1 % des auf volle 100,00 DM abgerundeten Kaufpreises des PKWs anzusetzen.

Beispiel: Kaufpreis (einschl. Umsatzsteuer) .... 34 557,00 DM
abgerundet auf volle 100,00 DM .... 34 500,00 DM
davon 1 % Sachbezug .... **345,00 DM**
In diesem Sachbezug von 345,00 DM ist der Umsatzsteueranteil, den der Arbeitgeber zu entrichten hat, mit 45,00 DM enthalten.

Gehaltsabrechnung:

Bruttogehalt .... 4 000,00 DM
+ Sachbezug (private PKW-Nutzung) .... 345,00 DM

steuer- und sozialversicherungspflichtiges Gehalt .... 4 345,00 DM
− Lohn- und Kirchensteuer .... 380,98 DM
− Sozialversicherung .... 814,67 DM
− Sachbezug .... 345,00 DM

Auszahlung .... **2 804,35 DM**

Die verrechneten Sachbezüge werden mit ihrem Nettobetrag auf dem Konto „Sonstige Erträge" erfaßt.

			S	H
Buchung:	**4020**	**Gehälter**	4 345,00	
	an	**1910 Verbindlichkeiten a. St.**		380,98
	an	**1920 Verbindlichkeiten a. SV**		814,67
	an	**2460 Sonstige Erträge**		300,00
	an	**1810 Umsatzsteuer**		45,00
	an	**1310 Bank**		2 804,35

Merke:
- **Sachbezüge sind für den Arbeitnehmer Bestandteile seines steuerpflichtigen Arbeitsentgeltes.**
- **Für den Arbeitgeber stellt der gewährte Sachbezug eine umsatzsteuerpflichtige Leistung dar.**

193

Gehaltsliste Monat Januar

Name	Steuer-klasse	Brutto-gehalt	Abzüge				Aus-zahlung
			Lohn-steuer	Kirchen-steuer	Steuer-abzüge	Sozial-versich.	
1. Tierjung, Volker	III/2,0	2 850,00	101,00	4,59	105,59	527,41	2 217,00
2. Steinbring, Wilhelm	I	3 450,00	565,25	50,87	616,12	638,14	2 195,74
3. Walter, Fritz	II/0,5	3 830,00	496,41	43,55	539,96	708,89	2 581,15
		10 130,00	1 162,66	99,01	**1 261,67**	**1 874,44**	**6 993,89**

Buchen Sie auf den Konten 1310 (AB 35 000,00 DM), 1910, 1920, 4020 und 4040

1. die Gehaltsabrechnung lt. Gehaltsliste zum 31.01. (Banküberweisung),

2. den Arbeitgeberanteil zur Sozialversicherung,

3. die Überweisung der einbehaltenen Abzüge zum 10.02.

Wie hoch sind die Personalkosten des Betriebes?

---

194 *Buchen Sie auf den Konten 1160, 1310 (AB 32 000,00 DM), 1910, 1920, 4010 und 4040*

1. Zahlung eines Lohnvorschusses durch Banküberweisung: 4 000,00 DM,

2. Lohnabrechnung mit Verrechnung des Vorschusses in Höhe von 500,00 DM monatlich:

Brutto-löhne	LSt/KSt	Sozial-Vers.	Verrechneter Vorschuß	Auszahlung (Bank)	Arbeitgeber-anteile
7 800,00	1 100,00	880,00	500,00	5 320,00	880,00

3. Banküberweisung der einbehaltenen Abzüge zum 10. n. M.

---

195 Zahlung der Gehälter durch Banküberweisung zum 31.12. *Bilden Sie die Buchungssätze:*

1. Gehälter lt. Gehaltsliste für den Monat Dezember:
   Bruttobeträge . . . . 55 800,00 DM
   Lohn- und Kirchensteuer . . . . 10 050,00 DM
   Sozialversicherungsbeiträge der Arbeitnehmer . . . . 9 765,00 DM

2. Verrechnung von Vorschüssen (Bestand: 8 000,00 DM) . . . . 2 500,00 DM

3. Arbeitgeberanteil . . . . ?

4. Die einbehaltenen Abzüge werden erst Anfang Januar an das Finanzamt und die Allgemeine Ortskrankenkasse (AOK) überwiesen.

1. Nennen Sie die Buchungen bis zum Jahresabschluß.

2. Wie lauten a) die Eröffnungsbuchung zum 01.01. n. J. und b) die Überweisungsbuchung?

3. Wie hoch sind die gesamten Personalkosten des Betriebes für Dezember?

---

196 Zum 31.12. weisen die nachstehenden Konten folgende Salden aus:

1160 Forderungen an Mitarbeiter . . . . 16 000,00 DM

1910 Verbindlichkeiten aus Steuern . . . . 12 600,00 DM

1920 Verbindlichkeiten aus Sozialversicherung . . . . 14 300,00 DM

Bilden Sie die Abschlußbuchungssätze.

Die Miete der Arbeitnehmer für Werkswohnungen wird mit den Gehältern verrechnet. Die **197**
Nettogehälter werden durch Banküberweisung ausgezahlt:

Bruttogehälter lt. Gehaltsliste .... 66 300,00 DM
Lohn- und Kirchensteuer .... 12 300,00 DM
Sozialversicherungsbeiträge der Arbeitnehmer .... 11 600,00 DM
Einbehaltene Mieten für Werkswohnungen .... 3 600,00 DM

Ermitteln Sie die Nettoauszahlung und buchen Sie auf den entsprechenden Konten die Gehalts-
abrechnung, den Arbeitgeberanteil zur Sozialversicherung und die Überweisung der Abzüge
und des Arbeitgeberanteils.
Konten: 1310 (50 000,00 DM Bestand), 1910, 1920, 2421, 4020 und 4040.

Bruttogehälter lt. Gehaltsliste .... 28 730,00 DM **198**
Abzüge:
Lohn- und Kirchensteuer .... 5 310,00 DM
Arbeitnehmeranteil zur Sozialversicherung .... 4 680,00 DM
Verrechnung von Vorschüssen .... 1 800,00 DM
Einbehaltene Mieten für Werkswohnungen .... 1 750,00 DM
Einbehaltene Beträge aufgrund von Gehaltspfändungen .... 1 450,00 DM
Banküberweisung der Nettogehälter für Dezember am 30.12.19.. .... ? DM
Arbeitgeberanteil .... ? DM

1. Erstellen Sie die Gehaltsabrechnung einschließlich Arbeitgeberanteil.
2. Wie hoch sind die gesamten Personalkosten?
3. Bilden Sie die Buchungssätze.
4. Buchen Sie auf den Konten 1160 (12 000,00 DM Bestand), 1310 (80 000,00 DM Bestand), 1910,
*   1920, 1940, 2421, 4020 und 4040.*
5. Wie lautet der Abschlußbuchungssatz für die einbehaltenen Steuern und Sozialabgaben?

Bilden Sie die Buchungssätze: **199**
1. Banküberweisung der Beiträge zur Berufsgenossenschaft: 1200,00 DM.
2. Ein Angestellter erhält einen Vorschuß durch Banküberweisung: 2 000,00 DM.
3. Ein Angestellter erhält zum 25jährigen Dienstjubiläum 750,00 DM (Banküberweisung).
4. Einem Arbeiter wird eine Heiratsbeihilfe überwiesen: 300,00 DM.

Ein Angestellter eines Großhandelsbetriebes nutzt das Dienstfahrzeug auch privat. Der Kauf- **200**
preis des PKW betrug einschließlich Umsatzsteuer 46 000,00 DM.
Berechnen Sie den monatlichen Sachbezug bzw. geldwerten Vorteil des Angestellten.

Das Bruttogehalt des Angestellten (Aufgabe 200), verheiratet, zwei Kinder, beträgt 4 500,00 **201**
DM. Abzüge: Lohnsteuer 386,66 DM, Kirchensteuer 30,29 DM, Arbeitnehmeranteil zur Sozialversicherung 832,65 DM. Der geldwerte monatliche Vorteil aus der privaten Nutzung des
Geschäftsfahrzeuges ist zu berücksichtigen.
1. Erstellen Sie die Gehaltsabrechnung.
2. Nennen Sie den Buchungssatz (Banküberweisung).
3. Buchen Sie auf den Konten: 1310, 1810, 1910, 1920, 2460, 4020 und 4040.

---

202 Beim Vergleich von Großhandelsbetrieben ist die Lohnquote in % = $\dfrac{\text{Personalkosten} \cdot 100\,\%}{\text{Umsatzerlöse}}$

besonders aussagefähig. Diese Kennzahl zeigt den Anteil der gesamten Personalkosten an den Umsatzerlösen und gibt Aufschluß über die Wirtschaftlichkeit des Leistungsprozesses.

Großhandelsbetriebe	A	B	C	D	E	F
Personalkosten in TDM	630	1 056	684	1 196	703	943
Umsatzerlöse in TDM	3 500	4 800	3 600	5 200	3 800	4 600

Ermitteln und beurteilen Sie die Lohnquoten im Betriebsvergleich.

203

Kontenplan und vorläufige Saldenbilanz	Soll	Haben
0330 Betriebs- und Geschäftsausstattung	208 000,00	–
0340 Fuhrpark	72 000,00	–
0610 Eigenkapital	–	640 000,00
1010 Forderungen a. LL	108 000,00	–
1160 Forderungen an Mitarbeiter	2 800,00	–
1310 Bank	237 300,00	–
1410 Vorsteuer	41 600,00	–
1510 Kasse	18 900,00	–
1610 Privat	82 400,00	–
1710 Verbindlichkeiten a. LL	–	200 900,00
1810 Umsatzsteuer	–	64 900,00
1910 Verbindlichkeiten aus Steuern	–	–
1920 Verbindlichkeiten aus Sozialversicherung	–	–
1940 Sonstige Verbindlichkeiten	–	6 800,00
3010 Wareneingang I	467 600,00	–
3020 Warenbezugskosten I	15 000,00	–
3070 Liefererboni	–	4 800,00
3110 Wareneingang II	509 000,00	–
3120 Warenbezugskosten II	18 400,00	–
3180 Liefererskonti	–	20 000,00
3910 Warenbestände I	102 000,00	–
3920 Warenbestände II	95 000,00	–
4010 Löhne	59 400,00	–
4020 Gehälter	85 800,00	–
4040 Gesetzliche soziale Aufwendungen	16 600,00	–
4050 Freiwillige soziale Aufwendungen	26 300,00	–
4100 Mieten	107 800,00	–
4620 Ausgangsfrachten	8 300,00	–
4800 Allgemeine Verwaltungskosten	82 300,00	–
4910 Abschreibungen auf Sachanlagen	–	–
8010 Warenverkauf I	–	781 500,00
8050 Rücksendungen	51 000,00	–
8070 Kundenboni	7 900,00	–
8080 Kundenskonti	16 500,00	–
8110 Warenverkauf II	–	750 000,00
8150 Rücksendungen	29 000,00	–
Richten Sie noch folgende Konten ein: 9300, 9400.	2 468 900,00	2 468 900,00

Geschäftsfälle:

1. Gehaltsvorschuß an einen Angestellten, bar 1 500,00
2. Banküberweisung des Beitrages an die Berufsgenossenschaft 960,00
3. Zuschuß des Betriebes für einen Betriebsausflug, bar 2 100,00
4. Lohnzahlung durch Banküberweisung lt. Lohnliste:

Bruttolöhne	LSt/KSt	Sozial-Vers.	Auszahlung	Arbeitgeberanteil
5 400,00	960,00	900,00	3 540,00	900,00

5. Gutschriftsanzeige an einen Kunden für Bonus (Waren I), netto 1 600,00
6. Banküberweisung von Kunden, Rechnungsbeträge (Waren I) 9 200,00
   − 2 % Skonto, brutto 184,00
7. Kunden senden wegen Mängelrüge Waren zurück:
   Warengruppe I (AR 1623), Warenwert 2 800,00
   Warengruppe II (AR 1588), Warenwert 1 500,00
8. Banküberweisung der Gehälter lt. Gehaltsliste:

Brutto-gehälter	LSt/KSt	Sozial-Vers.	Verrechneter Vorschuß	Netto-auszahlung	Arbeitgeber-anteil
7 800,00	1 450,00	1 200,00	500,00	4 650,00	1 200,00

9. Gutschriftsanzeige eines Lieferers für Bonus (Waren I), netto 700,00
10. Verkauf von Waren der Warengruppe II lt. AR 1698:
    Warenwert 4 820,00
    + Verpackungskosten 80,00
    + Umsatzsteuer .... ?
11. Barzahlung der Ausgangsfracht auf diese Sendung (AR 1698) 360,00
    + Umsatzsteuer .... ?
12. Banküberweisung an Lieferer, Rechnungsbeträge (Waren II) 3 450,00
    − 2 % Skonto, brutto 69,00

Abschlußangaben:

1. Steuerberichtigungen wegen Skonti (Geschäftsfälle 6 und 12).
2. Abschreibung auf BGA: 31 000,00 DM, auf Fuhrpark: 18 000,00 DM.
3. Inventurbestände: Warengruppe I: 189 000,00 DM, Warengruppe II: 177 000,00 DM.
4. Im übrigen entsprechen die Buchbestände der Inventur.

Auswertung:

1. *Ermitteln Sie jeweils den Rohgewinn der Warengruppen I und II.*
2. *Errechnen Sie den %-Anteil des Rohgewinns jeder Warengruppe am Gesamtgewinn.*
3. *Ermitteln Sie die gesamten Personalkosten und die Lohnquote.*

204

1. *Welche Bedeutung haben die Steuerklassen für den Arbeitnehmer?*
2. *Welche Zweige der Sozialversicherung unterscheidet man?*
3. *Nennen Sie Beispiele für gesetzliche soziale Aufwendungen des Arbeitgebers, die auf dem Konto 4040 zu buchen sind.*
4. *Freiwillige soziale Aufwendungen des Betriebes erhalten Arbeitnehmer in Form von a) direkten und b) indirekten Sondervergütungen. Nennen Sie Beispiele.*
5. *Warum werden direkte Sondervergütungen in der Praxis auf dem Lohn- bzw. Gehaltskonto des betreffenden Arbeitnehmers gebucht?*
6. *Nennen Sie Empfänger und Zeitpunkt der Überweisung der einbehaltenen Abzüge.*
7. *Woraus setzen sich die gesamten Personalkosten des Betriebes zusammen?*

3.5 Vermögenswirksame Leistungen

Durch das **Steuerreformgesetz 1990** wurde das bisher geltende „5. Vermögensbildungsgesetz" in wesentlichen Teilen geändert. Die Änderungen betreffen sowohl Alt- als auch Neuverträge. Im folgenden werden die ab 01.01.1990 geltenden wichtigsten Regelungen dargestellt.

Nach dem 5. Vermögensbildungsgesetz in der Fassung vom 25.07.1988 haben Arbeitnehmer die Möglichkeit, von ihrem Einkommen

bis zu 936,00 DM pro Jahr staatlich begünstigt zu sparen,

wenn sie die Sparbeträge auf eine bestimmte Zeit (7 Jahre Sperrfrist) vermögenswirksam anlegen. Sie erhalten dann vom Staat eine Sparzulage.

Welche Sparzulage bei welcher Sparform (Anlageart)?

- **10 % Sparzulage von maximal 936,00 DM/Jahr (78,00 DM/Monat)** Sparleistung bei einer vermögenswirksamen Anlage zum **Bausparen** (Bausparvertrag).

- **10 % Sparzulage von maximal 936,00 DM/Jahr (78,00 DM/Monat)** Sparleistung bei einer vermögenswirksamen Anlage zum Erwerb von **Kapitalbeteiligungen** über den Arbeitgeber.

- **Für alle anderen Sparformen,** die bisher begünstigt waren, **entfällt die Sparzulage,** insbesondere gilt dies für
  - **Geldsparverträge** (Sparverträge mit einem Kreditinstitut),
  - **Versicherungsverträge** (Einzahlung auf einen Lebensversicherungsvertrag),
  - **Erwerb von Gewinnschuldverschreibungen und Genußscheinen.**

- **Übergangsregelungen:**
  - Die oben genannten Neuregelungen gelten für alle vermögenswirksamen Leistungen, die nach dem 31.12.1988 erbracht werden.
  - Geldsparverträge und Versicherungssparverträge, die vor dem 01.01.1989 abgeschlossen wurden, sind mit 10 % auf höchstens 624,00 DM/Jahr (52,00 DM/Monat) auch nach dem 01.01.1990 begünstigt.

- **Bedingung für die Inanspruchnahme der Arbeitnehmer-Sparzulage:**
  - Die Arbeitnehmer-Sparzulage können nur Arbeitnehmer in Anspruch nehmen, deren zu versteuerndes Jahreseinkommen höchstens 27000,00 DM (Nichtverheiratete) bzw. 54000,00 DM (Verheiratete) beträgt.

Die Auszahlung der Arbeitnehmer-Sparzulage erfolgt durch das Finanzamt im Rahmen einer Antragsveranlagung oder einer Veranlagung zur Einkommensteuer in einer Summe am Ende der für die Anlageart vorgeschriebenen Sperrfrist.

Die vermögenswirksamen Sparleistungen werden entweder ganz vom Arbeitnehmer bzw. Arbeitgeber oder von beiden gemeinsam erbracht. Sie werden häufig aufgrund eines Tarifvertrages oder einer Betriebsvereinbarung zusätzlich zum Arbeitsentgelt gewährt. In diesem Fall erhöhen sich die Lohn- und Gehaltskosten des Betriebes entsprechend. Für den Arbeitnehmer bedeutet die vermögenswirksame Leistung des Betriebes eine Erhöhung seines steuerpflichtigen Einkommens.

Der Arbeitgeberanteil zur Vermögensbildung wird in der Regel auf dem Konto

„4070 Vermögenswirksame Leistungen"

erfaßt. Er kann auch direkt auf den Konten „Löhne" oder „Gehälter" im Soll gebucht werden.

Die abzuführende vermögenswirksame Sparleistung wird gebucht auf der Habenseite des Kontos

„1950 Verbindlichkeiten aus Vermögensbildung".

Beispiel: Der Angestellte Heinz Klein, verheiratet, 2 Kinder, bezieht ein Monatsgehalt von 2 841,00 DM. Er hat einen Bausparvertrag abgeschlossen.
Laut Tarifvertrag erhält er vom Arbeitgeber zusätzlich zu seinem Gehalt 39,00 DM vermögenswirksame Leistung, die einschließlich seiner eigenen Sparleistung von 39,00 DM auf sein Konto bei der Bausparkasse überwiesen werden.

Gehaltsabrechnung

Tarifgehalt	2 841,00 DM
+ vermögenswirksame Leistung des Arbeitgebers ...	39,00 DM
steuer- und versicherungspflichtige Bruttobezüge .	**2 880,00 DM**
− Lohn- und Kirchensteuer	108,67 DM
− Sozialversicherungsanteil (12,9 % KV; G/L/M)	530,97 DM
	2 240,36 DM
− vermögenswirksame Sparleistung insgesamt	78,00 DM
Nettogehalt (= Auszahlung)	**2 162,36 DM**
Arbeitgeberanteil zur Sozialversicherung	530,97 DM

Buchungen:

			S	H
① 4020	Gehälter		2 841,00	
4070	Vermögenswirksame Leistungen		39,00	
	an	1910 Verbindlichkeiten aus Steuern		108,67
	an	1920 Verbindlichkeiten aus SV		530,97
	an	1950 Verbindlichkeiten aus Vermögensbildung		78,00
	an	1310 Bank		2 162,36
② 4040	Gesetzliche soziale Aufwendungen		530,97	
	an	1920 Verbindlichkeiten aus SV		530,97

③ Überweisung der Steuern, Sozialabgaben und der Sparleistung:

		S	H
1910	Verbindlichkeiten aus Steuern	108,67	
1920	Verbindlichkeiten aus SV	1 061,94	
1950	Verbindlichkeiten aus Vermögensbildung	78,00	
	an 1310 Bank		1 248,61

Merke:
- **Die vermögenswirksame Leistung des Arbeitgebers erhöht das Bruttoentgelt des Arbeitnehmers und ist steuer- und sozialversicherungspflichtig.**
- **Die gesamte Sparleistung wird vom Gehalt (Lohn) einbehalten und der Vermögensanlage des Arbeitnehmers zugeführt.**

Aufgaben

205 Das Gehalt eines Angestellten, verheiratet, 3 Kinderfreibeträge, beträgt 3 200,00 DM. Für einen Bausparvertrag spart er selbst monatlich 78,00 DM, die vom Arbeitgeber an die Bausparkasse überwiesen werden. Seine Abzüge für Lohn- und Kirchensteuer betragen 92,06 DM und für Sozialversicherung 592,35 DM.
Erstellen Sie die Gehaltsabrechnung und buchen Sie.

206 Ein Angestellter, verheiratet, 2 Kinderfreibeträge, mit einem Tarifgehalt von 2 850,00 DM hat mit seiner Bank vor dem 01.01.89 einen vermögenswirksamen Sparvertrag mit einer monatlichen Sparleistung von 52,00 DM abgeschlossen. Aufgrund einer Betriebsvereinbarung beteiligt sich der Arbeitgeber mit 50 % (26,00 DM) an der vermögenswirksamen Leistung. Lohn- und Kirchensteuer 109,21 DM; Sozialversicherungsanteil 532,40 DM.
Erstellen Sie die Gehaltsabrechnung und buchen Sie.

207 Das Gehalt eines Angestellten, ledig, beträgt 2 450,00 DM. Lt. Arbeitsvertrag erhält er von seinem Arbeitgeber zusätzlich zu seinem Gehalt 78,00 DM vermögenswirksame Leistung, die zum Erwerb von Anteilen an einem Aktienfonds überwiesen werden. Lohn- und Kirchensteuer 343,43 DM, Arbeitnehmeranteil zur Sozialversicherung 467,48 DM.
Erstellen Sie die Gehaltsabrechnung und buchen Sie.

4 Finanzbereich

4.1 Wechselverkehr

4.1.1 Grundlagen des Wechselverkehrs

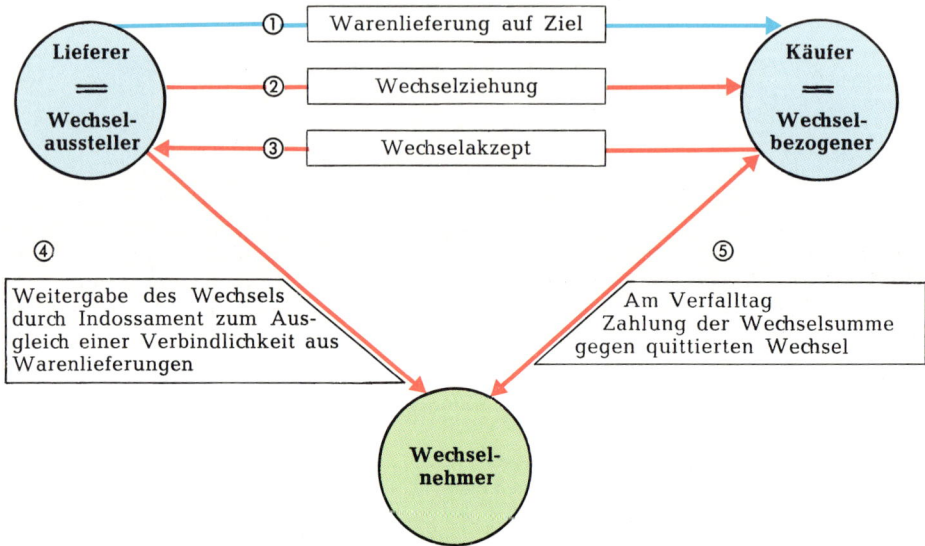

Erläuterung der Abbildung

① **Beim Verkauf von Waren auf Ziel** entsteht für den Lieferer eine Forderung a. LL, für den Käufer bzw. Kunden dagegen eine Verbindlichkeit a. LL.

② **Wechselziehung.** Der Lieferer kann seine Forderung sicherer und zugleich beweglicher machen, indem er auf den Kunden einen Wechsel zieht, d. h. ausstellt.

③ **Akzept.** Durch seine Unterschrift akzeptiert der Kunde seine Wechselschuld und verpflichtet sich, den Wechselbetrag am vereinbarten Tag (Verfalltag) zu zahlen.

④ **Wechselnehmer.** Der Aussteller des Wechsels kann auf dem Wechsel entweder sich selbst oder auch eine dritte Person als Wechselnehmer einsetzen. Der Wechselnehmer kann den Wechsel aufbewahren und am Verfalltag dem Bezogenen zur Zahlung vorlegen oder aber durch einen Übertragungsvermerk auf der Rückseite des Wechsels (= Indossament) an einen Dritten, gegenüber dem eine Verbindlichkeit besteht, als Zahlungsmittel weitergeben. Er kann den Wechsel aber auch zur Geldbeschaffung von einer Bank diskontieren lassen.

⑤ **Einlösung.** Am Verfalltag wird der Wechsel dem Bezogenen zur Einlösung (zum Inkasso) vorgelegt, womit meist ein Geldinstitut beauftragt wird. Nach Zahlung der Wechselsumme erhält der Bezogene den quittierten Wechsel.

Merke: Mit dem Wechsel gewährt der Lieferer dem Kunden Kredit (z. B. Zahlung erst in drei Monaten) und erhält wegen der strengen Bestimmungen des Wechselgesetzes eine zusätzliche Sicherheit. Außerdem kann er den Wechsel als Zahlungsmittel (z. B. durch Weitergabe an seinen Lieferer) verwenden oder bei einer Bank diskontieren lassen.

6583176

4.1.2 Besitzwechsel und Schuldwechsel

Beispiel: <u>Beim Abschluß</u> eines Warengeschäftes über

netto 5 340,00 DM + 801,00 DM Umsatzsteuer = **6 141,00 DM**

<u>vereinbaren</u> die Papiergroßhandlung Kern KG und die Handelskontor Erfurt GmbH die <u>Zahlung durch Wechsel zu 12 % Diskont.</u> Der Wechsel soll <u>in drei Monaten fällig</u> sein.

Ausgangsrechnung. Die Großhandlung Kern KG bucht den Zielverkauf zunächst aufgrund der Ausgangsrechnung:

		S	H
① **1010 Forderungen a.LL**		6 141,00	
an	**8010 Warenverkauf**		5 340,00
an	**1810 Umsatzsteuer**		801,00

Besitzwechsel. Durch die Wechselziehung auf den Kunden Handelskontor Erfurt wird die Forderung des Lieferers Kern KG in eine <u>strengere Wechselforderung</u> umgewandelt. Der Lieferer Kern KG weist die Rechtmäßigkeit seiner Wechselforderung durch den <u>Besitz der Urkunde</u> („Besitzwechsel") nach. Sobald der Wechsel vom Kunden <u>akzeptiert</u> zurückkommt, bucht der Lieferer:

② **1530 Besitzwechsel** ..... an **1010 Forderungen a.LL** 6 141,00

S	1010 Forderungen a.LL	H	S	8010 Warenverkauf	H
①	6 141,00 ǀ ②	6 141,00		ǀ ①	5 340,00
S	1530 Besitzwechsel	H	S	1810 Umsatzsteuer	H
②	6 141,00 ǀ			ǀ ①	801,00

Eingangsrechnung. Der Kunde Handelskontor Erfurt GmbH bucht entsprechend den Zieleinkauf zunächst aufgrund der Eingangsrechnung:

		S	H
① **3010 Wareneingang**		5 340,00	
1410 Vorsteuer		801,00	
an	**1710 Verbindlichkeiten a.LL**		6 141,00

Schuldwechsel. Durch sein Akzept verpflichtet sich der Kunde, den Betrag über 6 141,00 DM am Verfalltag des Wechsels zu zahlen. Seine Verbindlichkeit gegenüber dem Lieferer wird somit in eine strengere Wechselverbindlichkeit umgewandelt. Bei <u>Akzeptierung des Wechsels</u> bucht der Kunde:

② **1710 Verbindlichk. a.LL** .. an **1760 Schuldwechsel** 6 141,00

S	3010 Wareneingang	H	S	1710 Verbindlichkeiten a.LL	H
①	5 340,00 ǀ		②	6 141,00 ǀ ①	6 141,00
S	1410 Vorsteuer	H	S	1760 Schuldwechsel	H
①	801,00 ǀ			ǀ ②	6 141,00

Merke:
- Besitzwechsel des Lieferers = Schuldwechsel des Kunden
- Besitz- und Schuldwechsel entstehen buchhalterisch durch Umbuchung:
  - ▶ Forderungen a.LL ◆ Wechselforderungen: **1530 Besitzwechsel**
  - ▶ Verbindlichkeiten a.LL ◆ Wechselverbindlichkeiten: **1760 Schuldwechsel**

Diskontbelastung. Der im vorhergehenden Beispiel genannte Wechsel über 6 141,00 DM hat eine Laufzeit von 90 Tagen. Für diesen Wechselkredit stellt der Lieferer Kern KG seinem Kunden Handelskontor Erfurt Zinsen in Form des Diskonts zu 12 %/Jahr in Rechnung. Diskont wird wie Zins berechnet:

$$\text{Diskont} = \frac{6141,00 \text{ DM} \cdot 12\,\% \cdot 90 \text{ Tage}}{100\,\% \cdot 360 \text{ Tage}} = 184,23 \text{ DM}$$

Umsatzsteuerbefreiung des Diskonts. Zinsen aus selbständigen Kreditverträgen (z. B. Darlehensvertrag) sind nach § 4 Nr. 8a UStG von der Umsatzsteuer befreit. Da das Wechselgeschäft in der Regel eine von der Warenlieferung getrennt vereinbarte Kreditleistung darstellt, unterliegt auch der Diskont zuzüglich etwaiger Nebenkosten nicht der Umsatzsteuer (siehe Abschnitt 29a Abs. 2, 4 und 6 UStR).

Der dem Kunden in Rechnung gestellte Diskont ist für den Lieferer ein Ertrag, der auf dem Konto „2630 Diskonterträge" gebucht wird; der Kunde bucht den Diskont dagegen als Aufwand auf dem Konto „2130 Diskontaufwendungen".

Buchung des Diskonts beim Lieferer Kern KG:

1010 Forderungen a. LL ...... an 2630 Diskonterträge 184,23

Buchung des Diskonts beim Kunden Handelskontor Erfurt:

2130 Diskontaufwendungen .. an 1710 Verbindlichkeiten a. LL ... 184,23

Merke: **Die Belastung des Kunden mit Diskont unterliegt nicht der Umsatzsteuer.**

Aufgaben – Fragen

208
1. Wir verkaufen Waren auf Ziel lt. AR 234 .... 5 000,00
   + Umsatzsteuer 750,00 5 750,00
2. Vereinbarungsgemäß akzeptiert der Kunde einen Wechsel
   über den genannten Rechnungsbetrag von 5 750,00
3. Wir belasten den Kunden mit Diskont in Höhe von 128,00
4. Der Kunde überweist den Diskontbetrag auf unser Bankkonto 128,00

209 *Buchen Sie die Aufgabe 208 aus der Sicht des Kunden.*

210
1. Zielverkauf von Waren lt. AR 456, netto 9 000,00
   + Umsatzsteuer 1 350,00 10 350,00
2. Bei Kaufabschluß wurde zwischen Lieferer und Kunde Zahlung mit Wechsel zu 11 % Diskont vereinbart. Laufzeit des Wechsels: 90 Tage. Der Kunde akzeptiert den vom Lieferer ausgestellten Wechsel und schickt ihn zurück.
3. Dem Kunden werden 11 % Diskont für drei Monate berechnet .... ?
   Das Konto des Kunden wird entsprechend belastet.
4. Der Kunde überweist den Diskont durch seine Hausbank .... ?
5. Am Verfalltag wird der Wechsel fristgerecht durch die Bank eingelöst.

211 *Die Geschäftsfälle der Aufgabe 210 sind aus der Sicht des Kunden zu buchen.*

212 Ein Lieferer zieht auf uns einen Wechsel über 3 450,00 DM, den wir akzeptiert zurücksenden. *Buchen Sie aus der Sicht 1. des Kunden und 2. des Lieferers.*

213 *1. Welche Bedeutung hat das Wechselakzept des Kunden?*
2. Welche Vorteile hat der Wechsel für den Wechselaussteller und den Wechselnehmer?

4.1.3　Verwendungsmöglichkeiten des Besitzwechsels

Der Inhaber des Besitzwechsels hat verschiedene Verwendungsmöglichkeiten für den Wechsel. Er kann ihn

- bei der Bank **diskontieren** lassen oder
- als Zahlungsmittel an einen Lieferer **weitergeben** oder
- bis zum Verfalltag **aufbewahren.**

4.1.3.1　Diskontierung von Besitzwechseln

Wesen. Der Wechselaussteller will mit der Wechselziehung dem Bezogenen ein Zahlungsziel (etwa 3 Monate) einräumen und gleichzeitig seine Forderung wechselmäßig absichern. Trotzdem ist er nicht gezwungen, bis zum Verfalltag des Wechsels auf den Eingang des Geldes zu warten. Er kann den Wechsel <u>vor</u> Ablauf der Fälligkeit an seine Bank verkaufen (= diskontieren!). Die Bank schreibt nach Abzug von Diskont und Nebenkosten den <u>Barwert</u> gut.

Diskont ist ein Zinsabzug vom Wechselbetrag, den die Bank dafür berechnet, daß sie dem Wechseleinreicher vom Tag der Gutschrift bis zum Tag der Fälligkeit des Wechsels Kredit gewährt. Der Diskont wird wie Zins berechnet.

Die Höhe des Diskonts richtet sich nach der <u>von der Deutschen Bundesbank für den Rediskont festgesetzten Bankrate</u> (= Rediskontsatz). Die Bankrate beträgt zur Zeit ca. 8 %; die von den Geschäftsbanken berechneten Diskontsätze liegen um <u>3 % bis 4,5 %</u> <u>über der Bankrate.</u>

4.1.3.2　Einzelabrechnung von Wechseln

Beispiel:　Die Papiergroßhandlung Kern KG hatte auf ihren Kunden Handelskontor Erfurt GmbH für gelieferte Waren (Fälligkeit der Rechnung 06.07.19..) vereinbarungsgemäß einen Wechsel über 6 141,00 DM, fällig am 06.10.19.., ausgestellt. Die Kern KG reicht den Wechsel am 16.07.19.. bei ihrer Bank zum Diskont ein. Die Bank berechnet 12 % Diskont/Jahr und 15,00 DM Spesen.

Rechnung:　Wechselbetrag, fällig 06.10. .... 6 141,00 DM ≙ 100 %
−　Diskont 80 Tage / 12 % .... 163,76 DM
−　Spesen .... 15,00 DM

　　Bankgutschrift am 16.07. .... 5 962,24 DM

$$\text{Diskont} = \frac{K \cdot p \cdot t}{100 \cdot 360} \qquad \text{Diskont} = \frac{6\,141,00\ \text{DM} \cdot 12\ \% \cdot 80\ \text{Tage}}{100\ \% \cdot 360\ \text{Tage}} = \textbf{163,76 DM}$$

Buchung:　1310　Bank 5 962,24
　　　　　　2130　Diskontaufwendungen 163,76
　　　　　　4860　Kosten des Geldverkehrs 15,00
　　　　　　　　　an　1530　Besitzwechsel 6 141,00

Merke:
- **Für die Kreditgewährung beim Wechselankauf berechnen die Banken einen Zinsabzug in Form des Diskonts.**
- **Die Diskontrechnung ist eine angewandte Zinsrechnung. Als Diskonttage sind die Tage von der Einreichung bis zur Fälligkeit des Wechsels einzusetzen.**
- **Der nach Abzug von Diskont und Nebenkosten (Spesen, Porto) gutgeschriebene Betrag heißt Barwert.**

4.1.3.3 Summarische Abrechnung von Wechseln

Reicht ein Bankkunde mehrere Besitzwechsel mit unterschiedlichen Verfalltagen am gleichen Tag zum Diskont ein, so rechnet die Bank diese Wechsel mit Hilfe der kaufmännischen Zinsgleichung summarisch ab.

Beispiel: Die Kern KG, Köln, reicht der Deutschen Bank AG, Köln, am 10.05.19.. folgende Wechsel zum Diskont ein:

nichtbundesbankfähige Wechsel:
1. Wechsel über   2 472,50 DM, fällig 30.05.,
2. Wechsel über   1 610,00 DM, fällig 16.06.,

bundesbankfähige Wechsel:
3. Wechsel über 13 800,00 DM, fällig 10.07.,
4. Wechsel über   6 900,00 DM, fällig 30.07.

Die Bank berechnet für nichtbundesbankfähige (also nicht rediskontierbare) Wechsel 12 % Diskont, für bundesbankfähige Wechsel 10,5 %. Die angefallenen Spesen sind in der nachfolgenden Abrechnung aufgeführt.

Rechnung:

Diskontierungstag: 10.05.

Wechselbetrag	Verfall	Tage	Diskontzahlen zu 12 %	zu 10,5 %	Spesen
2 472,50 DM	30.05.	20	494[1]	–	2,40
1 610,00 DM	16.06.	36	580[1]	–	2,80
13 800,00 DM	10.07.	60	–	8 280	–
6 900,00 DM	30.07.	80	–	5 520	–
24 782,50 DM		#	1 074	13 800	5,20
– 438,30 DM		Diskont	35,80	402,50[2]	
5,20 DM					
24 339,00 DM	Gutschrift am 10.05.	1 074 : 30 = 35,80 DM			

Aufgabe: *Buchen Sie den Vorgang (vgl. S. 179).*

Erläuterungen:

1. Die Wechsel werden in der Reihenfolge ihrer Fälligkeit in das Abrechnungsschema eingetragen. Die Zeitspanne zwischen dem Diskontierungstag und den Verfalltagen ergibt die Diskonttage.

2. Zu jedem Wechsel lassen sich nunmehr die **Diskontzahlen (= Zinszahlen)** $= \dfrac{\mathbf{K \cdot t}}{\mathbf{100}}$ berechnen.

3. Bei der Berechnung der Diskontzahlen werden die Pfennigbeträge nicht berücksichtigt. Außerdem sind die Diskontzahlen nach kaufmännischer Regel auf- oder abzurunden. Beim 1. Wechsel beträgt also die Diskontzahl:

$$\text{Diskontzahl} = \frac{2\,472,00 \text{ DM} \cdot 20 \text{ Tage}}{100} = 494{,}4, \text{ abgerundet } \mathbf{494.}$$

4. Da es zu 10,5 % keinen ganzzahligen Diskontdivisor gibt, wird wie folgt gerechnet:

$$\text{Diskont} = \frac{\text{Diskontzahl} \cdot p}{360} = \frac{13\,800 \cdot 10{,}5}{360} = \mathbf{402{,}50 \text{ DM Diskont.}}$$

Aufgabe

214 Ein Lieferer reicht seiner Bank folgende bundesbankfähigen Wechsel zum Diskont ein:

1. Wechsel über   3 680,00 DM, fällig 17.06.; Spesen 3,80 DM,
2. Wechsel über   4 025,00 DM, fällig 28.06.; Spesen 4,30 DM,
3. Wechsel über 12 420,00 DM, fällig 31.07.; Spesen –.

Die Bank rechnet die Wechsel mit 12,5 % Diskont ab und schreibt den Barwert am 10.05. gut.

1. Stellen Sie die Wechselabrechnung auf.   *2. Bilden Sie die Buchung.*

---

1   siehe Erläuterungen, Punkt 3
2   siehe Erläuterungen, Punkt 4

4.1.3.4 Weitergabe von Besitzwechseln

Zahlung durch Wechsel. Kaufleute verwenden Besitzwechsel als Zahlungsmittel, indem sie sie ihren Gläubigern zum vollen oder teilweisen Ausgleich einer Verbindlichkeit übereignen. Da diese Wechsel in der Regel später fällig sind als die zugrunde liegende Verbindlichkeit, ist eine Diskontierung auf den Fälligkeitstag der Verbindlichkeit erforderlich (= Ermittlung des Barwertes). Die Diskontierung nimmt der Wechselempfänger (= Gläubiger) vor. Der Diskont ist dann nicht umsatzsteuerpflichtig, wenn die Weitergabe des Wechsels als selbständiges Kreditgeschäft vereinbart wird.

Beispiel: Die Großhandlung Kern KG hat die Rechnung der Zendermühle AG (vgl. S. 120) über 12 305,00 DM, fällig am 15.08.19.. Vereinbarungsgemäß übersendet die Kern KG zum teilweisen Ausgleich dieser Verbindlichkeit den Besitzwechsel über 6 141,00 DM (vgl. S. 179), fällig am 06.10.19.. Die Zendermühle AG belastet die Großhandlung Kern KG für die Zeit vom 15.08. bis 06.10. (= 51 Tage) mit 12,5 % Diskont.

Rechnung:

$$\text{Diskont} = \frac{6141,00 \text{ DM} \cdot 51 \text{ Tage} \cdot 12,5 \%}{100 \% \cdot 360 \text{ Tage}} = \underline{\underline{108,75 \text{ DM}}}$$

Die Lastschrift der Zendermühle AG an Kern KG lautet über 108,75 DM.

Buchung beim Kunden Kern KG:

1. 1710 Verbindlichkeiten a. LL . . . . an 1530 Besitzwechsel 6 141,00
2. 2130 Diskontaufwendungen . . . . an 1710 Verbindlichkeiten a. LL . 108,75

Buchung beim Lieferer Zendermühle AG:

1. 1530 Besitzwechsel . . . . an 1010 Forderungen a. LL 6 141,00
2. 1010 Forderungen a. LL . . . . an 2630 Diskonterträge 108,75

4.1.3.5 Einziehung von Wechseln

Zur Einziehung des Wechsels am Verfalltag ist der jeweilige Wechselinhaber berechtigt:

- der Wechselaussteller selbst, wenn er den Wechsel bis zum Verfalltag aufbewahrt,
- der Wechselnehmer eines Wechsels „an fremde Order",
- der letzte Inhaber eines als Zahlungsmittel weitergegebenen Wechsels.

Inkasso. Da Wechsel üblicherweise bei einem Geldinstitut am Zahlungsort zur Zahlung vorzulegen sind, beauftragt der Wechselinhaber in der Regel seine Bank mit der Einziehung des Wechselbetrages (= Inkasso!).

Beispiel: Die Großhandlung Kern KG (Beispiel S. 177) übergibt den Wechsel über 6 141,00 DM kurz vor Verfall ihrer Bank zum Einzug. Die Bank berechnet 40,00 DM Inkassospesen.

Wechselbetrag	6 141,00 DM
− Inkassospesen . . .	40,00 DM
Bankgutschrift	6 101,00 DM

Buchung: 1310 Bank 6 101,00
4860 Kosten des Geldverkehrs   40,00   an 1530 Besitzwechsel . . 6 141,00

4.1.4 Wechselkopierbuch

Nebenbuch. Das Wechselkopierbuch ist ein Nebenbuch der Buchführung. Es erfaßt die Daten aller Besitzwechsel und – getrennt davon – aller Schuldwechsel:

Verfalltag – Wechselbetrag – Zahlungsort – Name und Anschrift des Ausstellers, des Bezogenen, des Vormannes sowie des Empfängers bei Weitergabe des Wechsels – Diskontierung – Besonderheiten (Notadresse, Prolongation, Protest) – Buchungshinweise u. a.

Aufgaben. Das Wechselkopierbuch dient sowohl der Erläuterung der Buchungen auf den Hauptbuchkonten „1530 Besitzwechsel" und „1760 Schuldwechsel" als auch der terminlichen Überwachung der Wechsel (Fälligkeitskontrolle).

Merke: **Das Wechselkopierbuch ist ein Hilfsbuch (Nebenbuch) der Buchführung.**

Aufgaben – Fragen

215
1. *Beurteilen Sie die Verwendungsmöglichkeiten des Wechsels unter besonderer Berücksichtigung der Sicherung der Zahlungsfähigkeit (Liquidität) des Unternehmens.*
2. *Begründen Sie die Wechselstrenge.*

216 *Bilden Sie die Buchungssätze und buchen Sie auf den erforderlichen Konten:*
1. Wir verkaufen am 18. Juni an einen Kunden Waren im Werte von 20 000,00 DM + 3 000,00 DM USt mit einem Zahlungsziel von 4 Wochen.
2. Der Kunde bittet kurz vor Ablauf der Zahlungsfrist um ein weiteres Zahlungsziel. Zur Sicherung unserer Forderung ziehen wir vereinbarungsgemäß auf den Kunden einen Wechsel über 23 000,00 DM, fällig am 18. Oktober, den dieser akzeptiert und an uns zurücksendet.
3. Für den dreimonatigen Wechselkredit belasten wir den Kunden mit 12 % Diskont. Der Diskontbetrag ist zu berechnen und zu buchen.
4. Am Verfalltag wird der Wechsel durch die Bank eingelöst. Die Bank berechnet 30,00 DM Inkassospesen und schreibt 22 970,00 DM gut.

217 *Bilden Sie zu den Geschäftsfällen der Aufgabe 216 die Buchungssätze aus der Sicht des Kunden.*

218 *Nennen Sie die Buchungssätze:*
1. Wir begleichen eine Liefererrechnung in Höhe von 17 250,00 DM durch Weitergabe (Indossierung) eines Kundenwechsels über 5 750,00 DM und durch Verrechnungsscheck über 11 500,00 DM.
2. Der Lieferer belastet uns mit Diskont in Höhe von 145,00 DM.
3. Wir überweisen den Diskont.
4. Wir reichen der Bank einen Kundenwechsel in Höhe von 11 500,00 DM zur Diskontierung ein. Die Bank berechnet 285,00 DM Diskont und schreibt den Barwert gut.

219 Zum teilweisen Ausgleich einer Forderung über 14 950,00 DM, fällig 30.06., übersendet der Schuldner 3 Wechsel:

        1. Wechsel über 5 750,00 DM, fällig 25.07.,
        2. Wechsel über 4 025,00 DM, fällig 10.08.,
        3. Wechsel über 3 680,00 DM, fällig 30.08.

Der Schuldner will die Restforderung durch einen Scheck begleichen.
1. *Berechnen Sie den Barwert der eingereichten Wechsel zum 30.06. bei 12 % Diskont.*
2. *Ermitteln Sie den Scheckbetrag.*
3. *Buchen Sie den gesamten Vorgang für den Lieferer und den Kunden.*

6583182

Anfangsbestände:

0330 BGA	86 000,00	1510 Kasse ... 6 800,00
0340 Fuhrpark	94 000,00	1530 Besitzwechsel ... 17 100,00
0610 Eigenkapital	500 000,00	1710 Verbindlichkeiten a. LL ... 79 800,00
1010 Forderungen a. LL	77 000,00	1760 Schuldwechsel ... 4 560,00
1310 Bank	89 460,00	3910 Warenbestände ... 214 000,00

Kontenplan:

0330, 0340, 0610, 1010, 1310, 1410, 1510, 1530, 1610, 1710, 1760, 1810, 1910, 1920, 2130, 2630, 3010, 3020, 3080, 3910, 4020, 4040, 4100, 4860, 4910, 8010, 8080, 8710, 9300, 9400.

Geschäftsfälle:

1. Wareneinkauf lt. ER 509, Warenwert ... 16 500,00
   + Umsatzsteuer ... 2 475,00 — 18 975,00
2. Transportkosten auf diese Sendung bar, netto ... 700,00
   + Umsatzsteuer ... 105,00 — 805,00
3. Der Lieferer (Fall 1) zieht vereinbarungsgemäß auf uns
   einen Wechsel, den wir akzeptieren ... 18 975,00
4. Der Lieferer belastet uns mit Diskont, 12,5 % für 45 Tage ... ?
5. Unsere Bank löst unseren Schuldwechsel ein ... 4 600,00
   und belastet uns zusätzlich mit Spesen ... 40,00 — 4 640,00
6. Verkauf von Waren lt. AR 816, Warenwert ... 8 200,00
   + Umsatzsteuer ... 1 230,00 — 9 430,00
7. Der Kunde (Fall 6) akzeptiert vereinbarungsgemäß
   den von uns ausgestellten Wechsel ... 9 430,00
8. Wir belasten den Kunden mit Diskont, 13 % für 60 Tage ... ?
9. Banklastschriften für: Geschäftsmiete ... 7 800,00
   Wohnungsmiete des Inhabers ... 1 200,00 — 9 000,00
10. Inhaber entnimmt Waren für Privatzwecke, Warenwert ... 500,00
11. Banküberweisung an Warenlieferer, Rechnungsbetrag ... 17 250,00
    abzüglich 2 % Skonto, brutto ... 345,00 — 16 905,00
12. Inkasso eines Kundenwechsels durch die Bank ... 2 875,00
    abzüglich Inkassospesen ... 30,00 — 2 845,00
13. Verkauf von Waren lt. AR 817-821, Warenwert ... 65 000,00
    + Umsatzsteuer ... 9 750,00 — 74 750,00
14. Kunde überweist zum Ausgleich von AR 815, Rechnungsbetrag ... 5 750,00
    abzüglich 2 % Skonto, brutto ... 115,00 — 5 635,00
15. Weitergabe eines Kundenwechsels an den Lieferer
    zum Ausgleich von ER 588 ... 1 725,00
16. Lieferer belastet uns mit Diskont ... 35,00
17. Gehaltszahlung durch Banküberweisung, Bruttogehalt ... 4 500,00
    Abzüge: Steuer: 300,00 DM; Sozialabgaben: 500,00 DM.
    Arbeitgeberanteil zur Sozialversicherung ... ?

Abschlußangaben:

1. Warenschlußbestand lt. Inventur ... 192 000,00
2. Abschreibungen auf BGA ... 2 800,00
   auf Fuhrpark ... 5 600,00
3. Im übrigen entsprechen die Buchwerte der Inventur.

4.1.5 Exkurs: Wechselprotest und Wechselrückgriff

Protest mangels Zahlung. Löst der Bezogene oder die von ihm beauftragte Bank am Verfalltag den Wechsel nicht ein, muß der letzte Wechselinhaber Protest mangels Zahlung erheben lassen. Protestwechsel müssen aus Gründen der Bilanzklarheit von den einwandfreien Besitzwechseln getrennt und auf das Konto

1540 Protestwechsel

umgebucht werden. Die Protestkosten und sonstigen Auslagen werden in der Regel zu Lasten des Kontos „4860 Kosten des Geldverkehrs" gebucht.

Beispiel:	Ein Wechsel von 6 000,00 DM geht mangels Zahlung zu Protest. Die Rechnung des Notars über die Protesterhebung wird durch Banküberweisung beglichen:

Protestkosten .... 30,00 DM
\+ Umsatzsteuer .... 4,50 DM
Rechnungsbetrag .... 34,50 DM

			S	H
Buchungen:	① 1540 **Protestwechsel**	6 000,00	
	an **1530 Besitzwechsel**		6 000,00
	② 4860 **Kosten des Geldverkehrs**	30,00	
	1410 **Vorsteuer**	4,50	
	an **1310 Bank**		34,50

Rückrechnung. Nach Protesterhebung und der Benachrichtigung aller Beteiligten macht der letzte Wechselinhaber von seinem Rückgriffsrecht Gebrauch. Er stellt den Protestwechsel mit der Rückrechnung entweder seinem unmittelbaren Vormann (Reihenrückgriff) oder einem beliebigen Vormann oder dem Aussteller (Sprungrückgriff) zu. Nach dem Wechselgesetz können Protestkosten und Auslagen sowie $\frac{1}{3}$ % Provision vom Wechselbetrag und mindestens 6 % Zinsen gesondert in Rechnung gestellt werden. Diese Rückgriffskosten stellen Schadenersatz dar, der nicht umsatzsteuerbar ist.[1]

Wechselbetrag .... 6 000,00 DM
\+ Protestkosten, netto .... 30,00 DM
\+ $\frac{1}{3}$ % Provision von 6 000,00 DM .... 20,00 DM
\+ 6 % Zinsen für 10 Tage von 6 000,00 DM .... 10,00 DM
Gesamtbetrag der Rückrechnung .... 6060,00 DM

Der letzte Wechselinhaber bucht als Aussteller der Rückrechnung:

		S	H
1010 **Forderungen a. LL**	6 060,00	
an **1540 Protestwechsel**		6 000,00
an **2770 Sonstige Erträge** (30,00 + 20,00)		50,00
an **2610 Zinserträge**		10,00

Der Vormann bucht entsprechend bei Eingang der Rückrechnung:

		S	H
1540 **Protestwechsel**	6 000,00	
4860 **Kosten des Geldverkehrs**	50,00	
2110 **Zinsaufwendungen**	10,00	
an **1710 Verbindlichkeiten a. LL**		6 060,00

Merke:	**Der Rückrechnungsbetrag ist beim letzten Wechselinhaber als Forderung, beim regreßpflichtigen Vormann als Verbindlichkeit zu buchen.**

---

1 Verzugszinsen sind seit 1983 nicht mehr umsatzsteuerbar, alle übrigen Vergütungen seit 1986.

Aufgaben

Bilden Sie die Buchungssätze und buchen Sie auf den entsprechenden Konten: **221**

1. Zielverkauf von Waren lt. AR 1511. Warenwert 7 000,00 DM + 1 050,00 DM Umsatzsteuer.
2. Kunde akzeptiert Dreimonatswechsel in Höhe des Rechnungsbetrages (Fall 1).
3. Wir belasten den Kunden (Fall 2) mit 11 % Diskont.
4. Weitergabe des Wechsels an die Bank zum Einzug bei Verfall. Die Bank berechnet 40,00 DM Spesen.

b) *Die Geschäftsfälle der Aufgabe 221 a) sind aus der Sicht des Kunden zu buchen.*

---

1. Kunde übergibt uns zum Ausgleich von AR 1204 einen Wechsel über 9 200,00 DM. **222**
2. Wir reichen den Wechsel unserer Bank zur Diskontierung ein. Die Bank berechnet: Diskont für 90 Tage (Diskontsatz 12 %) und 35,00 DM Spesen.
3. Wir belasten den Kunden mit allen von der Bank berechneten Abzugsposten.
4. Der Wechsel über 9 200,00 DM geht am Verfalltag mangels Zahlung zu Protest. Die Bank belastet uns mit Protestkosten in Höhe von 50,00 DM zuzüglich Umsatzsteuer.

Bilden Sie die Buchungssätze.

Wir nehmen Rückgriff auf unseren Vormann (Aufgabe 222). Unsere Auslagen (Porto u. a.) **223** betragen 10,00 DM. Die Verzugszinsen belaufen sich auf 25,00 DM.

1. *Erstellen Sie unter Berücksichtigung der Angaben in den Aufgaben 221/222 die Rückrechnung.*
2. *Wie lautet der Buchungssatz aufgrund der Rückrechnung?*
3. *Nennen Sie die entsprechende Buchung des Vormannes.*

Buchen Sie die folgenden Geschäftsfälle aus der Sicht des letzten Wechselinhabers: **224**

1. Ein Kundenwechsel in Höhe von 6 900,00 DM geht mangels Zahlung zu Protest.
2. Banküberweisung der Protestkosten von 25,00 DM + 3,75 DM Umsatzsteuer.
3. Belastung des unmittelbaren Vormannes aufgrund folgender Rückrechnung:

Wechselbetrag	6 900,00 DM
+ Protestkosten	25,00 DM
+ Auslagen	12,20 DM
+ 1/3 % Provision von 6 900,00 DM	23,00 DM
+ 8 % Zinsen für 10 Tage	15,33 DM
Rückrechnungsbetrag	6 975,53 DM

4. Der Kunde (Vormann) überweist den Rückrechnungsbetrag auf das Bankkonto.

Die Geschäftsfälle 3 und 4 der Aufgabe 224 sind aus der Sicht des regreßpflichtigen Vormannes **225** *zu buchen. Erläutern Sie: „Kein Regreß ohne Protest."*

Buchen Sie für den letzten Wechselinhaber folgende Geschäftsfälle: **226**

1. Ein Kundenwechsel von 4 600,00 DM geht zu Protest. Die Protestkosten von 20,00 DM + 3,00 DM USt werden durch die Bank überwiesen.
2. Neben Wechselbetrag und Protestkosten wird der Vormann mit 10,00 DM Auslagen, 1/3 % Provision und 8 % Zinsen für 10 Tage belastet. Die Rückrechnung ist zu erstellen.
3. Der Vormann wird mit dem Rückrechnungsbetrag (Fall 2) belastet.
4. Der Rückrechnungsbetrag wird durch die Bank überwiesen.

Die Geschäftsfälle 3 und 4 der Aufgabe 226 sind beim regreßpflichtigen Vormann zu buchen. **227** *Unterscheiden Sie zwischen Reihen- und Sprungrückgriff.*

4.2   Exkurs: Wertpapiere

Arten der Wertpapiere. Kapital der Unternehmung kann in Wertpapieren angelegt werden. Man unterscheidet Dividendenpapiere und Zinspapiere.

- **Dividendenpapiere** (Aktien, Investmentanteile) verbriefen Teilhaberrechte. Der Inhaber ist am Grundkapital (Aktienkapital) des Unternehmens bzw. Fondsvermögen der Investmentgesellschaft beteiligt. Er erhält jährlich einen entsprechenden Anteil am Gewinn in Form der Dividende oder Ausschüttung. Gleichzeitig ist er am Vermögenszuwachs beteiligt, allerdings auch an einem Vermögensverlust.

- **Zinspapiere** (festverzinsliche Wertpapiere) verbriefen Gläubigerrechte: Anleihen der öffentlichen Hand, Obligationen der Industrie, Hypothekenpfandbriefe u. a. Der Inhaber dieser Papiere erhält einen festen Zins, der jährlich ausgezahlt wird.

Beim Erwerb der Wertpapiere ist die Absicht entscheidend, ob die Wertpapiere im Anlagevermögen oder im Umlaufvermögen ausgewiesen werden:

Anlagevermögen. Aktien, die mit der Absicht erworben werden, auf ein anderes Unternehmen Einfluß zu gewinnen, sind im Anlagevermögen als Beteiligung (im Zweifel bei mindestens 20 % des Aktienkapitals) auszuweisen (§ 271 HGB). Ist der Erwerb von Aktien lediglich als langfristige Vermögensanlage gedacht, so rechnen diese wie auch alle übrigen Wertpapiere zu den Wertpapieren des Anlagevermögens.

Umlaufvermögen. Werden Wertpapiere zur vorübergehenden Anlage (als Liquiditätsreserve) erworben, handelt es sich um Wertpapiere des Umlaufvermögens.

Merke: **Ausweis der Wertpapiere in der Bilanz:**
- bei Beteiligungsabsicht   ➜ **0430 Beteiligungen**
- bei langfristiger Anlage   ➜ **0450 Wertpapiere des Anlagevermögens**
- bei kurzfristiger Anlage   ➜ **1200 Wertpapiere des Umlaufvermögens**

Anschaffungskosten. Beim Kauf sind die Wertpapiere mit ihren Anschaffungskosten zu aktivieren. Dazu rechnen auch die Nebenkosten:

Anschaffungskurs		Gebührentabelle	
		Aktien	Industrieobligationen
+ **Anschaffungsnebenkosten**			
Bankprovision ➜		1 % vom Kurswert	0,5 % vom Nennwert
Maklergebühr (Courtage) ➜		0,6 ‰ vom Kurswert	0,75 ‰ vom Nennwert
		1,06 % vom Kurswert	0,575 % vom Nennwert
= **Anschaffungskosten**			

4.2.1   An- und Verkauf von Aktien

Beispiel 1: **Kauf von 40 Stück X-Aktien zur kurzfristigen Anlage zum**

Stückkurs von 150,00 DM durch die Bank	6 000,00 DM
+ 1,06 % Nebenkosten	63,60 DM
Anschaffungskosten (Banklastschrift)	6 063,60 DM

Buchung: **1200 Wertpapiere des Umlaufvermögens   an   1310 Bank** **6 063,60**

Gewinne und Verluste durch Verkauf von Wertpapieren des UV sind auf den Konten „2720 Erträge aus dem Abgang von (Wertpapieren) UV" bzw. „2050 Verluste aus dem Abgang von (Wertpapieren) UV" zu buchen. Verkaufskosten werden buchhalterisch nicht erfaßt.

Beispiel 2: Verkauf von 30 Stück X-Aktien durch die Bank zum

Stückkurs von 170,00 DM ...	5 100,00 DM	Erlös	5 045,94 DM
− 1,06 % Verkaufskosten	54,06 DM	− Buchwert	4 547,70 DM
Erlös (Bankgutschrift)	5 045,94 DM	**Ertrag**	498,24 DM

		S	H
Buchung:	1310 Bank	5 045,94	
	an **1200 Wertpapiere des UV**		4 547,70
	an **2720 Erträge aus dem Abgang von UV**		498,24

Merke: **Gewinne und Verluste aus Wertpapierverkäufen werden erfaßt auf:**

▷ **2720 Erträge aus dem Abgang von UV**
▷ **2050 Verluste aus dem Abgang von UV**

4.2.2 Bewertung der Wertpapiere zum Jahresabschluß

Zum Jahresabschluß (Bilanzstichtag) muß der noch vorhandene Wertpapierbestand durch die Inventur erfaßt und zum Niederstwert gebucht werden (§ 253 [2, 3] HGB).

Das Niederstwertprinzip besagt, daß von den beiden Werten, nämlich Anschaffungs-kosten (AK) der Wertpapiere und Tageswert (TW) zum 31.12., jeweils der niedrigere als Schlußbestand einzusetzen ist. Die Anschaffungskosten dürfen somit nie überschrit-ten werden. Damit wird aus Gründen der Vorsicht zum Schutz der Gläubiger sicher-gestellt, daß keine Gewinne (Buchgewinne) ausgewiesen werden, die noch nicht durch Verkauf entstanden (realisiert) sind. Verluste sind dagegen zu erfassen und abzuschreiben. Die Anschaffungsnebenkosten sind bei der Ermittlung des Schluß-bestandes zum Niederstwert anteilig zu berücksichtigen.

Ermittlung des Niederstwertes für den Schlußbestand zum 31.12.:

Von den 40 Stück X-Aktien wurden 30 Stück verkauft. Es sind also noch 10 Stück am 31.12. lt. Inventur vorhanden. Der Anschaffungskurs dieser Aktien betrug 150,00 DM je Stück; der Tageskurs am 31.12. beträgt 140,00 DM je Stück.

Nach dem Niederstwertprinzip müssen die noch vorhandenen 10 Aktien somit zum niedrige-ren Tageswert (TW) eingesetzt werden, wobei die Nebenkosten anteilig mit 1,06 % zu berück-sichtigen sind. Der Buchwert (AK) dieser Aktien beträgt 1 515,90 DM.

10 Stück X-Aktien zu 140,00 DM ..	1 400,00		Buchwert	1 515,90 DM
+ 1,06 % anteilige Nebenkosten	14,84		− Niederstwert	1 414,84 DM
Schlußbestand zum Niederstwert .	**1 414,84**		Verlust	101,06 DM

Buchung des Schlußbestandes zum Niederstwert:

9400 Schlußbilanzkonto .... an **1200 Wertpapiere d. UV** 1 414,84

Nach Eintragung des Schlußbestandes stellt der dann noch verbleibende Saldo auf dem Wertpapierkonto den Kursverlust dar, der abzuschreiben ist.

Buchung des Kursverlustes:

4940 Abschreibung a. Wertpapiere ... an **1200 Wertpapiere d. UV** 101,06

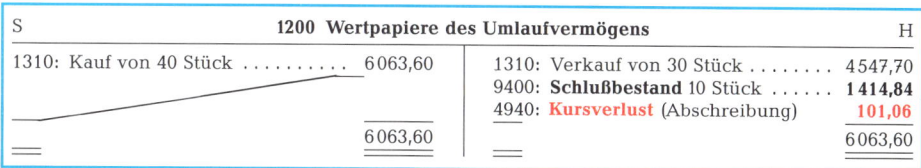

S	1200 Wertpapiere des Umlaufvermögens		H
1310: Kauf von 40 Stück 6 063,60		1310: Verkauf von 30 Stück	4 547,70
		9400: **Schlußbestand** 10 Stück	1 414,84
		4940: **Kursverlust** (Abschreibung)	101,06
6 063,60			6 063,60

Merke:
● **Beim Kauf sind die Wertpapiere zu Anschaffungskosten zu aktivieren.**
● **Zum Bilanzstichtag sind Wertpapiere zum Niederstwert einzusetzen:**

AK > TW ➡ Bewertung zum **Tageswert** (TW)
AK < TW ➡ Bewertung zu **Anschaffungskosten** (AK)

● **Die Anschaffungskosten bilden die Höchstgrenze.**
● **Die Nebenkosten sind jeweils anteilig zu berücksichtigen.**

Man unterscheidet zwischen strengem und gemildertem Niederstwertprinzip:

- **Wertpapiere des Umlaufvermögens** sind stets nach dem **strengen Niederstwertprinzip** zu bewerten. Das bedeutet, daß die zur kurzfristigen Anlage erworbenen Wertpapiere in der Jahresbilanz immer zum niedrigsten Wert auszuweisen sind (§ 253 [3] HGB).

- Für **Wertpapiere des Anlagevermögens** (Finanzanlagen) gilt das **gemilderte Niederstwertprinzip,** d.h., sie dürfen bei nur vorübergehender Kursminderung mit dem niedrigeren Wert angesetzt werden. Ist jedoch die Kursminderung von Dauer (§ 253 [2] HGB), so gilt das strenge Niederstwertprinzip.

Merke:
- **Wertpapiere des Umlaufvermögens → strenges Niederstwertprinzip**
- **Wertpapiere des Anlagevermögens → gemildertes Niederstwertprinzip**

4.2.3 Kauf und Verkauf festverzinslicher Wertpapiere

Beispiel 1: Kauf von 10 000,00 DM 6 %-Obligationen zu 99 % am 31.08.:

Kurswert (99 % von 10 000,00 DM)	9 900,00 DM
+ 0,575 % Nebenkosten (Bankprovision und Maklergebühr)	57,50 DM
Anschaffungskosten	9 957,50 DM
+ Stückzinsen (6 % von 10 000,00 DM für 8 Monate)	400,00 DM
Banklastschrift	**10 357,50 DM**

Buchung:
1200	Wertpapiere des UV	9 957,50
2110	Zinsaufwendungen	400,00
	an 1310 Bank	10 357,50

Beispiel 2: Verkauf von 10 000,00 DM 6 %-Obligationen zu 98 % am 30.09.:

Kurswert (98 % von 10 000,00 DM Nennwert)	9 800,00 DM
− 0,575 % Verkaufskosten (Bankprovision und Maklergebühr) ..	57,50 DM
	9 742,50 DM
+ Stückzinsen (6 % von 10 000,00 DM für 9 Monate)	450,00 DM
Bankgutschrift	**10 192,50 DM**

Buchung:
1310	Bank	10 192,50
	an 1200 Wertpapiere des UV	9 742,50
	an 2610 Zinserträge	450,00

Buchung des Kursverlustes:
2040	Verluste aus Abgang von UV	215,00
	an 1200 Wertpapiere des UV	215,00

S	1200 Wertpapiere des Umlaufvermögens		H
1310: Kauf 9 957,50		1310: Verkauf	9 742,50
		2040: **Kursverlust**	**215,00**
9 957,50			9 957,50

Merke: **Stückzinsen werden vom Nennwert (Nominalwert) berechnet.**

4.2.4 Buchhalterische Behandlung der Dividende

Steuerabzug. Dividenden aus Aktien unterliegen sowohl der Körperschaftsteuer (30 %) als auch der Kapitalertragsteuer (25 %). Beide Steuern sind von der Aktiengesellschaft einzubehalten und an das Finanzamt abzuführen.

Beispiel:
Bruttodividende (erforderlicher Gewinn)	3 600,00 DM
− 30 % Körperschaftsteuer	1 080,00 DM
Zwischensumme	2 520,00 DM
− 25 % Kapitalertragsteuer	630,00 DM
Nettodividende (Auszahlung als Bankgutschrift)	**1 890,00 DM**

6583188

Bruttobuchung. Aus steuerlichen Gründen ist die Dividende beim Aktienbesitzer brutto auf dem Konto „2640 Zinsähnliche Erträge" und die in Abzug gebrachte <u>Körperschaft- und Kapitalertragsteuer</u> auf dem Konto „1610 Privat" als <u>Vorauszahlung auf seine eigene Einkommensteuer</u> zu buchen.

Buchung:	1310 Bank	. . . .	1 890,00	
	1610 Privat	. . . .	1 710,00	
	an	2640 Zinsähnliche Erträge	. . . .	3 600,00

Merke: **Die Dividende unterliegt mit ihrem Bruttobetrag beim Empfänger der Einkommensteuer. Die in Abzug gebrachte Körperschaft- und Kapitalertragsteuer wird in voller Höhe auf die Einkommensteuer angerechnet.**

Aufgaben – Fragen

228
1. Kauf von 600 X-Aktien zur kurzfristigen Anlage durch die Bank. Nennwert je Stück 100,00 DM. Stückkurs 200,00 DM, Kaufnebenkosten 1272,00 DM.
2. Am Bilanzstichtag beträgt der Stückkurs a) 220,00 DM und b) 150,00 DM.

Buchen Sie die Anschaffung der Wertpapiere und den Abschluß des Wertpapierkontos. Begründen Sie auch Ihre Bewertungsentscheidung zum 31.12.

229
230

	229	230
1. Kauf von 20 Stück A-Aktien als kurzfristige Anlage		
Nennwert je 50,00 DM, Stückkurs	150,00	170,00
Nebenkosten lt. Bankabrechnung	31,80	36,04
2. Verkauf von 15 Stück A-Aktien zum Stückkurs von	160,00	140,00
Verkaufskosten lt. Bankabrechnung	25,44	22,26
3. a) Tagesstückkurs am Bilanzstichtag	160,00	180,00
b) Tagesstückkurs am Bilanzstichtag	130,00	160,00

Buchen Sie die Geschäftsfälle und den Abschluß des Kontos „1200 Wertpapiere des Umlaufvermögens". Begründen Sie die Bewertung des Schlußbestandes zum 31.12. und erläutern Sie die Erfolgsauswirkung.

231
Die Bruttodividende für die in Aufgabe 228 erworbenen Aktien beträgt 6 000,00 DM.
1. Ermitteln Sie die Nettodividende, die ausgezahlt wird (Bankgutschrift).
2. Buchen Sie die Dividendenabrechnung der Bank beim Empfänger der Dividende.

232
1. Kauf von 5 000,00 DM 6%-Obligationen zu 85 % = 4 250,00 DM am 31.03. zuzüglich 75,00 DM Stückzinsen; Kaufkosten lt. Bankabrechnung 28,75 DM.
2. Verkauf aller Obligationen (Fall 1) zu 90 % = 4 500,00 DM am 30.08. zuzüglich 200,00 DM Stückzinsen. Verkaufskosten 28,75 DM.

Buchen Sie auf den entsprechenden Konten und ermitteln Sie den Erfolg.

233
1. Kauf von nominal 5 000,00 DM 6%ige X-Anleihen zu 90 % zuzüglich 120,00 DM Stückzinsen zur langfristigen Anlage. Kaufkosten lt. Bankabrechnung 28,75 DM.
2. Zum Bilanzstichtag beträgt der Tageswert (Kurswert einschließlich anteiliger Nebenkosten) a) 4 529,00 DM; b) 4 729,00 DM; c) 4 229,00 DM.

Buchen Sie und begründen Sie jeweils Ihre Bewertungsentscheidung zum 31.12.

234
1. Unterscheiden Sie zwischen Dividenden- und Zinspapieren.
2. Zu welchem Wert sind Wertpapiere zum Zeitpunkt der Anschaffung zu bilanzieren?
3. Wann rechnen Wertpapiere a) zum Anlagevermögen, b) zum Umlaufvermögen?
4. Unterscheiden Sie zwischen strengem und gemildertem Niederstwertprinzip.
5. Weshalb dürfen bei der Bewertung die Anschaffungskosten nie überschritten werden?
6. Inwiefern ist das Niederstwertprinzip Ausdruck des kaufmännischen Prinzips der Vorsicht?

5 Buchhalterische Behandlung der Steuern

Hinsichtlich ihrer buchhalterischen Behandlung unterscheidet man bei den Steuern

- aktivierungspflichtige Steuern,
- Aufwandsteuern (Betriebssteuern),
- Personensteuern (Privatsteuern),
- Steuern als „durchlaufende Posten".

5.1 Aktivierungspflichtige Steuern

Anschaffungsnebenkosten. Bestimmte Steuern und Abgaben sind als Anschaffungs-nebenkosten auf den entsprechenden Bestandskonten zu buchen (zu aktivieren):

- **Grunderwerbsteuer** bei Kauf von Grundstücken und Gebäuden (Steuersatz 2 %).
- **Zölle** bei der Einfuhr von Waren, Maschinen aus Nicht-EU-Staaten u.a.

Beispiel: Kauf eines Grundstücks gegen Bankscheck für 100 000,00 DM. Die Grunderwerb-steuer über 2 % des Kaufpreises = 2 000,00 DM und die Notariats- und Grundbuch-kosten sowie die Vermessungskosten über 3 000,00 DM werden durch die Bank überwiesen. Die Nebenkosten sind Teil der Anschaffungskosten (§ 255 HGB):

Anschaffungspreis des Grundstücks		**100 000,00 DM**
+ **Anschaffungsnebenkosten**		
2 % Grunderwerbsteuer	2 000,00 DM	
Notariats-, Grundbuch- und Vermessungskosten	3 000,00 DM	**5 000,00 DM**
Anschaffungskosten des Grundstücks		**105 000,00 DM**

Buchung: 0210 Unbebaute Grundstücke   an   1310 Bank 105 000,00

Merke: Grunderwerbsteuern und Zölle sind Anschaffungsnebenkosten (§ 255 [1] HGB).

5.2 Aufwandsteuern (Betriebssteuern)

Zu den Aufwandsteuern gehören alle Steuern, die Aufwand des Industriebetriebes darstellen und somit den Gewinn mindern. Im steuerlichen Sinne gelten sie als Betriebsausgaben. Sie gehen grundsätzlich in die Kalkulation als Kostenbestandteil ein. Man bezeichnet sie daher auch als Kostensteuern. Dazu rechnen u.a.:

Arten der Aufwandsteuern	Konto
● **Gewerbesteuer** (Gemeindesteuer)	
Gewerbeertragsteuer	4211
Gewerbekapitalsteuer	4212
● **Kraftfahrzeugsteuer**	4220
● **Grundsteuer** (Gemeindesteuer)	4230
● **Sonstige Betriebssteuern**	4240

Die Gewerbesteuer ist die bedeutendste Aufwandsteuer. Sie ist eine Gemeindesteuer. Besteuerungsgrundlagen sind

- **Gewerbeertrag** und ● **Gewerbekapital.**

Aus dem Gewerbeertrag errechnet man mit Hilfe der Steuermeßzahl (einheitlich 5 %) den Steuermeßbetrag. Der Steuermeßbetrag vom Gewerbekapital ergibt sich durch Anwendung einer Steuermeßzahl von 2 ‰. Nach Berücksichtigung von Freibeträgen erhält man durch Addition der beiden Meßbeträge den einheitlichen Steuermeßbetrag, auf den der Hebesatz (z.B. 300 %) der jeweiligen Gemeinde anzuwenden ist. Das Ergebnis ist die Gewerbesteuer.

Gewerbesteuer = Einheitlicher Steuermeßbetrag · Hebesatz

Merke: Aufwandsteuern (Betriebssteuern) **mindern** den steuerpflichtigen Gewinn des Unternehmens. Als Kostensteuern gehen sie in die Kalkulation der Waren ein.

6583190

5.3   Personensteuern (Privatsteuern)

Wesen. Personensteuern betreffen die Person des Unternehmers und nicht das Unternehmen. Sie dürfen daher nicht als Aufwand bzw. abzugsfähige Betriebsausgabe behandelt werden. Personensteuern sind aus dem Gewinn zu zahlen.

Die wichtigsten Personensteuern	Konto
• Einkommensteuer	1610
• Kirchensteuer	1610
• Vermögensteuer	1610 bzw. 2240
• Körperschaftsteuer	2210

Die buchhalterische Behandlung der Personensteuern richtet sich nach der jeweiligen Rechtsform der Unternehmung.

Einzelunternehmen und Personengesellschaften (OHG, KG). Die Personensteuern (Einkommen-, Kirchen- und Vermögensteuer) sind als Privatentnahme über das entsprechende

Privatkonto

zu buchen, sofern sie vom Betrieb für den Unternehmer oder Gesellschafter an das Finanzamt überwiesen werden. Aus Gründen der Klarheit können auch besondere Privatsteuerkonten als Unterkonten des Privatkontos eingerichtet werden.

Einkommensteuer. Steuerschuldner sind die Inhaber von Einzelunternehmen und Personengesellschaften. Einkommen ist der Gesamtbetrag der Einkünfte abzüglich Sonderausgaben (z. B. Beiträge zur Lebens- und Sozialversicherung u. a.). Haupteinkunftsart des Unternehmers ist der Gewinn bzw. Gewinnanteil. Hat der Unternehmer noch weitere Einkünfte (z. B. aus Vermietung und Verpachtung, aus Kapitalvermögen u. a.), zählen diese ebenfalls zum Einkommen. Die Höhe der Einkommensteuer ist abhängig von der Höhe des steuerpflichtigen Einkommens und von persönlichen Steuermerkmalen u. a. Während des Jahres sind festgesetzte Vorauszahlungen auf die Einkommensteuer zu leisten: 10.03., 10.06., 10.09. und 10.12.

Kirchensteuer. Sie beträgt je nach Bundesland 8 % bzw. 9 % der Einkommensteuer.

Vermögensteuer. Das Reinvermögen wird nach bestimmten Vorschriften unter Abzug von Freibeträgen ermittelt. Die Steuer beträgt für natürliche Personen 0,5 %, für Kapitalgesellschaften 0,6 % des steuerpflichtigen Vermögens.

Kapitalgesellschaften (AG, GmbH) zahlen anstelle der Einkommensteuer Körperschaftsteuer. Sie unterliegen ebenfalls der Vermögensteuer. Da Kapitalgesellschaften keine Privatkonten führen können, müssen diese Personensteuern zunächst als Aufwand auf den Konten

2210 Körperschaftsteuer und **2240 Vermögensteuer**

gebucht werden.

Zur Ermittlung des körperschaftsteuerlichen Gewinns sind dem ausgewiesenen Jahresgewinn alle nicht abzugsfähigen Ausgaben wieder hinzuzurechnen, praktisch außerhalb der Buchführung. Dazu zählen vor allem die als Aufwand gebuchten Zahlungen für die Körperschaft- und Vermögensteuer sowie die sog. verdeckten Gewinnausschüttungen (z. B. unangemessen hohe Vorstandsbezüge, Vorteile bei Darlehensgewährungen an Vorstandsmitglieder).

Die Körperschaftsteuer beträgt für einbehaltene Gewinne 45 % des Gewinns. Der zur Ausschüttung vorgesehene Teil des Gewinns wird jedoch nur mit 30 % besteuert, da die Empfänger mit diesen Einkünften auch der Einkommensteuer im Anrechnungsverfahren unterliegen.

Merke: Personensteuern dürfen den steuerpflichtigen Gewinn nicht mindern. Sie sind als nicht abzugsfähige Betriebsausgabe aus dem Gewinn zu zahlen.

5.4 Steuern als „durchlaufende Posten" (Durchlaufsteuern)

Die Unternehmen sind durch Gesetz verpflichtet, bestimmte Steuern von anderen Steuerpflichtigen im Auftrag des Finanzamtes einzuziehen und abzuführen. Diese Steuern stellen daher für die Unternehmen lediglich durchlaufende Posten dar und sind als „Sonstige Verbindlichkeiten" gegenüber dem Finanzamt auszuweisen:

Die wichtigsten Durchlaufsteuern	Konto
● Umsatzsteuer	1410 und 1810
● Vom Arbeitnehmer einbehaltene Lohn- und Kirchensteuer	1910

Die Umsatzsteuer ist die bedeutendste „Durchlaufsteuer". Folgende Umsätze unterliegen nach § 1 UStG der Umsatzsteuer:

- **Die Lieferungen und Leistungen** (z.B. Leistungen der freien Berufe, Reparaturen u.a.), die ein Unternehmer im Inland gegen Entgelt im Rahmen seines Unternehmens ausführt;
- **der Eigenverbrauch** (z.B. Entnahme von Gegenständen zu Privatzwecken und die private Nutzung von Betriebsgegenständen und -dienstleistungen);
- **die Einfuhr** von Gegenständen aus Nicht-EU-Staaten;
- **der innergemeinschaftliche Erwerb** im Inland gegen Entgelt: z.B. Ware aus EU-Ländern.

Zu den Durchlaufsteuern zählen auch alle Verbrauchsteuern (Mineralölsteuer, Tabaksteuer, Kaffeesteuer u.a.), die als Kosten in die Verkaufspreise einkalkuliert werden. Sie werden auf dem Konto „4240 Sonstige Betriebssteuern" erfaßt.

Merke: **Durchlaufsteuern sind Steuern, die der Betrieb im Auftrag des Finanzamtes einzuziehen und an das Finanzamt abzuführen hat.**

5.5 Steuernachzahlungen und Steuerrückerstattungen

Nachzahlungen von Betriebssteuern für frühere Geschäftsjahre, in denen keine ausreichenden Steuerrückstellungen gebildet wurden, sind als Aufwand in der Kontenklasse 2 zu erfassen. Gleiches gilt für Steuerrückerstattungen von Betriebssteuern.

Rückerstattungen und Nachzahlungen von Betriebssteuern werden wie folgt erfaßt:

▶ **2030 Periodenfremde Erträge**   ▶ **2430 Periodenfremde Aufwendungen**

Beispiel: Aufgrund einer Betriebsprüfung müssen wir für die vergangenen 4 Jahre 10 000,00 DM Gewerbesteuer nachzahlen. Dieser Betrag wird durch die Bank überwiesen.

Buchung: 2030 Periodenfremde Aufwendungen . . . . . . an 1310 Bank 10 000,00

Beispiel: Für zuviel gezahlte Gewerbesteuer werden 2 000,00 DM durch Banküberweisung erstattet.

Buchung: 1310 Bank . . . . an 2430 Periodenfremde Erträge 2 000,00

Merke:
- **Nur Aufwandsteuern mindern den Gewinn des Unternehmens.**
- **Nachzahlungen und Rückerstattungen von Aufwandsteuern sind als periodenfremder Aufwand bzw. Ertrag zu erfassen.**
- **Steuerberatungskosten werden grundsätzlich auf dem Konto „4840 Rechts- und Beratungskosten" erfaßt, Ausnahme: Private Steuern.**
- **Säumnis- und Verspätungszuschläge werden wie die betreffende Steuer gebucht.**
- **Steuerstrafen sind als Privatentnahme zu behandeln.**

Aufgaben – Fragen

Bilden Sie die Buchungssätze für folgende Zahlungen (Bank):

235

1. Einbehaltene
   Lohn- und Kirchensteuer 20 000,00
2. Einkommensteuer 22 000,00
3. Grunderwerbsteuer (Betrieb) . 14 000,00
4. Grundsteuer (Betrieb) 8 000,00
5. Private Nutzung (Telefon) 2 000,00
6. Rechnung des Steuerberaters:
   Erstellen der Steuerbilanz 20 700,00
   Einkommensteuererklärung . . 2 300,00
7. Zinsen für nicht fristgerechte
   Zahlung der Grundsteuer 100,00

8. Betriebsprüfung: Nachzahlung
   von Gewerbesteuern 12 000,00
9. Umsatzsteuervorauszahlung . . 29 800,00
10. Gewerbekapitalsteuer 6 000,00
11. Gewerbeertragsteuer 4 000,00
12. Erbschaftsteuer des Inhabers . 5 000,00
13. Kfz-Steuer (Betrieb) 3 600,00
    (privat) 500,00
14. Vermögensteuer (Inhaber) . . . 2 500,00
15. Rückerstattung v. Gewerbest. 6 000,00
    Vorsteuerguthaben 8 000,00
    Einkommensteuer 9 000,00

Auszug aus der Summenbilanz zum 31.12.19..:	Soll	Haben
1410 Vorsteuer	186 400,00	2 200,00
1810 Umsatzsteuer	3 100,00	223 800,00

236

1. *Schließen Sie die Konten zum 31.12. ab und nennen Sie die Buchungssätze.*
2. *Buchen Sie die Banküberweisung der Umsatzsteuer-Zahllast zum 08.01. n. J.*

Auszug aus der Summenbilanz zum 31.12.19..:	Soll	Haben
1410 Vorsteuer	243 500,00	1 600,00
1810 Umsatzsteuer	1 300,00	202 800,00

237

1. *Nennen Sie die Buchungen zum Abschluß der Konten.*
2. *Das Finanzamt überweist das Vorsteuerguthaben auf unser Bankkonto. Buchen Sie.*

Bilden Sie die Buchungssätze:

238

1. Die Vermögensteuer des Geschäftsinhabers in Höhe von 4 800,00 DM wurde wie folgt gebucht: 4240 Sonstige Betriebssteuern an 1310 Bank.
2. Der Buchhalter hat die Überweisung der Erbschaftsteuer über das Konto „4280 Gebühren und sonstige Abgaben" gebucht: 12 800,00 DM.
3. Aufgrund einer Betriebsprüfung müssen für die letzten 3 Geschäftsjahre nachgezahlt werden (Banküberweisung):
   a) Einkommensteuer 12 800,00, b) Kirchensteuer 1152,00, c) Gewerbesteuer 16 448,00 DM.

Die Instandhaltungsaufwendungen des Geschäftsjahres betragen insgesamt 78 000,00 DM. 1,5 % davon entfallen auf Reparaturen im Privathaus des Inhabers.

239

1. *In welcher Höhe liegt Eigenverbrauch vor?*   2. *Begründen Sie die Besteuerung.*
3. *Erstellen Sie den Buchungsbeleg (Entnahmebeleg).*   4. *Buchen Sie zum 31.12.19..*

Buchen Sie die folgenden Geschäftsfälle:

240

1. Eingang der Honorarrechnung des Steuerberaters für:
   a) Erstellen der Einkommensteuererklärung 1 600,00
   b) Erstellen der Gewerbesteuererklärung 800,00
   c) Erstellen der Steuerbilanz (Jahresabschluß) 2 600,00
   _____
   5 000,00
   + Umsatzsteuer 750,00   5 750,00
2. Die Rechnung des Steuerberaters (Fall 1) wird durch Banküberweisung beglichen.

241 Ein Großhandelsbetrieb erwirbt für den geplanten Bau einer Lagerhalle ein Baugrundstück zum Kaufpreis von 250000,00 DM gegen Bankscheck. Die Grunderwerbsteuer (Steuersatz: 2 %), Notariatskosten in Höhe von 2000,00 DM netto + USt, Vermessungskosten 2800,00 DM netto + USt und Grundbuchkosten von 450,00 DM werden durch Bank überwiesen.

1. Ermitteln Sie die Anschaffungskosten des Grundstücks.
2. Mit welchem Wert werden Anlagegüter zum Zeitpunkt ihres Erwerbs bilanziert?
3. Buchen Sie die Anschaffung des Baugrundstücks.
4. Warum gibt es bei Grundstücken grundsätzlich keine AfA? Kennen Sie Ausnahmen?

242 Buchen Sie die folgenden Geschäftsfälle:

1. Wegen verspäteter Überweisung der Vorauszahlungen zum 10.03. sind Säumniszuschläge zu zahlen (Banküberweisung):
   Einkommen- und Kirchensteuer 120,00 DM;   Gewerbesteuer 80,00 DM.
2. Wegen Steuerhinterziehung wird der Inhaber eines Großhandelsunternehmens gemäß Abgabenordnung mit einer Geldstrafe von 7500,00 DM belegt. Postüberweisung.
3. Der Großhändler (Fall 2) wird auf einer Fahrt zur Möbelmesse wegen Geschwindigkeitsübertretung belangt. Das Bußgeld von 150,00 DM wird durch Banküberweisung gezahlt.

243 Begründen Sie die Buchungen für folgende Geschäftsfälle:

1. Der Inhaber eines Großhandelsunternehmens schenkt seinem Sohn einen bis auf 1,00 DM abgeschriebenen Geschäfts-PKW, dessen Zeitwert 1000,00 DM beträgt.
2. Der Geschäftsinhaber (Fall 1) entnimmt Waren für den Haushalt; Warenwert 1200,00 DM.
3. Der Privat-PKW des Inhabers wird im eigenen Betrieb repariert: 3500,00 DM.
4. Die Heizölrechnung wurde als Betriebsausgabe gebucht:
   4300 Energie/Betriebsstoffe 18800,00
   1410 Vorsteuer 2820,00   an   1310 Bank 21620,00
   25 % des Heizöls werden für das Einfamilienhaus des Inhabers benötigt.

244 Buchen Sie die folgenden Geschäftsfälle:

1. Aufgrund der Steuerbescheide für das abgelaufene Geschäftsjahr erhalten wir folgende Rückerstattungen (Banküberweisung):
   a) Einkommen- und Kirchensteuer 2592,00 DM;   b) Gewerbesteuer 1240,00 DM.
2. Die Webwaren-Großhandel GmbH überweist zum 10.03. die Körperschaftsteuervorauszahlung für das laufende Geschäftsjahr in Höhe von 15000,00 DM.
3. Die Vermögensteuer der im Fall 2 genannten Gesellschaft mit beschränkter Haftung wird mit 8900,00 DM durch Bankscheck beglichen.
4. Die Rechnung über das Gutachten eines Fachanwaltes für Steuerrecht in einer Frage der Gewerbesteuer wird durch Bank beglichen: 4500,00 DM + Umsatzsteuer.

245 1. Nennen Sie Beispiele für a) aktivierungspflichtige Steuern, b) Betriebssteuern, c) Personensteuern, d) Durchlaufsteuern.
2. Nennen Sie die Konten, auf denen die unter 1. a) bis d) genannten Steuern erfaßt werden.
3. Welche der unter 1. genannten Steuerarten ist a) erfolgswirksam und b) erfolgsneutral?
4. Wodurch unterscheiden sich Grund- und Grunderwerbsteuer?
5. Warum werden Nachzahlungen von Betriebssteuern in der Kontenklasse 2 erfaßt?
6. Welche Umsätze unterliegen gemäß § 1 UStG der Umsatzsteuer?
7. Welche Voraussetzungen müssen gemäß § 1 UStG erfüllt sein, damit Lieferungen und sonstige Leistungen steuerbar sind?
8. Begründen Sie die Umsatzsteuerpflicht für den Eigenverbrauch. Nennen Sie Beispiele.
9. Welche Besteuerungsgrundlagen sieht das Gewerbesteuergesetz für die Ermittlung der Gewerbesteuer vor?

6 Anlagenbereich[1]

6.1 Anlagenbuchhaltung (Anlagenkartei)

Sachanlagen. Das Anlagevermögen eines Unternehmens umfaßt alle Vermögensgegenstände, die dazu bestimmt sind, langfristig (dauernd) dem Unternehmen zu dienen (§ 247 [2] HGB). Dazu zählen nach § 266 HGB vor allem die Sachanlagen:[1]

- Grundstücke und Gebäude
- Technische Anlagen und Maschinen
- Betriebs- und Geschäftsausstattung
- Fuhrpark

Finanzanlagen. Außer den Sachanlagen gehören auch Finanzanlagen zum Anlagevermögen, wie z.B. Kapitalbeteiligungen an anderen Unternehmen oder Wertpapiere, die als langfristige Anlage angeschafft wurden.

Immaterielle Vermögensgegenstände, wie z.B. der käuflich erworbene Geschäfts- oder Firmenwert, sind im Anlagevermögen meist von untergeordneter Bedeutung.

Zweck der Anlagenbuchhaltung. Die Anlagekonten des Hauptbuches werden als Sammelkonten geführt. Sie enthalten z.B. die Anlagegruppen: Grundstücke, Gebäude, Technische Anlagen und Maschinen, Fuhrpark, Betriebs- und Geschäftsausstattung u.a. Diese Anlagegruppen setzen sich aus zahlreichen Einzelgegenständen und -werten zusammen. Um bei der Vielfalt der Anlagegegenstände die Abschreibungen im Rahmen der Inventur zum Bilanzstichtag richtig ermitteln zu können, ist eine Anlagenbuchführung als Nebenbuchhaltung erforderlich.

Anlagenkarte. Für jeden einzelnen Anlagegegenstand ist daher eine besondere Anlagenkarte zu führen, die auf der Vorderseite alle wichtigen Daten (vgl. Muster) ausweist. Die Rückseite enthält meist technische Angaben über die Anlage.

Anlagenkartei. Alle Anlagenkarten bilden zusammen die Anlagenkartei, in der sie nach den Sachkonten der Klasse 0 entsprechend geordnet sind.

Muster einer Anlagenkarteikarte

Inventar-Nr.: 418	Bezeichnung der Anlage: Verpackungsautomat		Baujahr: 19..		
Anlagen-Kto.: 076	Kostenstelle: Vertrieb		Anschaffungsdatum: 08.01.19..		
Lieferant: Schneider GmbH in: München			Bestellnummer: 3 648 Garantie: 2 Jahre		
Voraussichtl. Nutzungsdauer: 10 Jahre			Voraussichtl. Schrottwert:		
Anschaffungskosten: 98 000,00 DM		Versicherungswert: 100 000,00 DM			
Jahr	Abschreibungen (degressiv)			Reparaturen		
	%satz	Betrag	Buchwert	Tag	Art	DM
31.12.19..	30 %	29 400,00	68 600,00			

Merke: Die Anlagenkartei erläutert und ergänzt als Nebenbuchhaltung die einzelnen Anlagekonten des Hauptbuches.

---

[1] Siehe auch **Bilanz gemäß § 266 HGB** auf S. 259 und **im Anhang** des Lehrbuches und **Anlagenspiegel** auf S. 262.

6.2 Anschaffung von Anlagegütern

Anschaffungskosten. Gegenstände des Anlagevermögens sind zum Zeitpunkt der Beschaffung mit ihren Anschaffungskosten auf dem entsprechenden Anlagekonto zu aktivieren (§ 253 [1] HGB). Zu den Anschaffungskosten zählen alle Aufwendungen, die geleistet werden, um das Anlagegut zu erwerben und in einen betriebsbereiten Zustand zu versetzen (§ 255 [1] HGB):

> **Anschaffungspreis**
> + **Anschaffungsnebenkosten**
> − **Anschaffungskostenminderungen**
> **Anschaffungskosten**

Der Anschaffungspreis ist der Nettopreis des Anlagegutes. Die in Rechnung gestellte Vorsteuer ist zu verrechnen und zählt deshalb nicht zu den Anschaffungskosten.

Anschaffungsnebenkosten sind alle Ausgaben und Aufwendungen, die bei Anschaffung des Anlagegutes neben dem Kaufpreis gleichzeitig oder auch nachträglich anfallen. Sie sind als wichtiger Bestandteil der Anschaffungskosten zu aktivieren:

● Kosten der Überführung und Zulassung beim Kauf eines Kraftfahrzeugs; Transport-, Fundamentierungs- und Montagekosten bei Maschinen u. a.
● Kosten der Vermittlung und Beurkundung sowie die Grunderwerbsteuer als auch Vermessungskosten beim Erwerb von Grundstücken und Gebäuden.

Handels- und Steuerrecht schreiben die **Aktivierung der Nebenkosten** vor, um sie über die Abschreibungen als Aufwand auf die gesamte Nutzungsdauer des Anlagegutes zu verteilen. **Die Erfolgsrechnungen** der einzelnen Nutzungsjahre werden somit **gleichmäßig belastet,** Gewinnverschiebungen treten nicht ein (siehe auch S. 227).

Anschaffungskostenminderungen sind alle Preisnachlässe, die beim Erwerb des Anlagegutes sofort oder nachträglich gewährt werden, wie Rabatte, Boni und Skonti.

Beispiel: 1. Kauf eines Verpackungsautomaten auf Ziel zum Nettopreis von 94 000,00 DM zuzüglich Transport- und Montagekosten in Höhe von netto 6 000,00 DM. Die Umsatzsteuer beträgt lt. Rechnungen 15 000,00 DM.
2. Rechnungsausgleich mit 2 % Skontoabzug durch Banküberweisung.

Ermittlung der Anschaffungskosten des Verpackungsautomaten:

Anschaffungspreis	94 000,00 DM
+ Nebenkosten	6 000,00 DM
	100 000,00 DM
− 2 % Skonto	2 000,00 DM
aktivierungspflichtige Anschaffungskosten	**98 000,00 DM**

① **Buchung bei Anschaffung des Verpackungsautomaten lt. Eingangsrechnung:**

0310	Technische Anlagen und Maschinen .	100 000,00	
1410	Vorsteuer	15 000,00	
	an 1710 Verbindlichkeiten a. LL		115 000,00

② **Buchung beim Rechnungsausgleich:**

1710	Verbindlichkeiten a. LL	115 000,00	
	an 0310 TA u. Maschinen (Nettoskonto)		2 000,00
	an 1410 Vorsteuer (Steuerberichtigung)		300,00
	an 1310 Bank		112 700,00

Beachten Sie: Beim Erwerb von Anlagegütern ist der Skonto auf der Habenseite des entsprechenden Anlagekontos als Minderung der Anschaffungskosten zu buchen.

S	0310 TA u. Maschinen	H	S	1710 Verbindlichkeiten a.LL	H
①	100 000,00	② 2 000,00	②	115 000,00	① 115 000,00
S	1410 Vorsteuer	H	S	1310 Bank	H
①	15 000,00	② 300,00			② 112 700,00

Bemessungsgrundlage für die Abschreibungen (Absetzung für Abnutzung: AfA) bilden die aktivierungspflichtigen <u>Anschaffungskosten</u> des Anlagegutes.

Merke:
- **Anlagegüter sind bei Erwerb mit den Anschaffungskosten zu bewerten.**
- **Finanzierungskosten gehören nicht zu den Anschaffungskosten.**
- **Nachlässe mindern die Anschaffungskosten des Anlagegutes und sind deshalb unmittelbar auf dem entsprechenden Anlagekonto zu buchen.**
- **Die Anschaffungskosten bilden die Bemessungsgrundlage für die AfA.**

Aufgaben – Fragen

246 Kauf einer Verpackungsmaschine zum Nettopreis von 50 000,00 DM + USt; Transportkosten 2 500,00 DM + USt; Montagekosten 4 500,00 DM + USt.
1. *Ermitteln Sie die Anschaffungskosten des Anlagegutes.*
2. *Buchen Sie die vorstehenden Eingangsrechnungen auf den entsprechenden Konten.*

247 Auf den Nettopreis der Verpackungsmaschine (Aufgabe 246) erhalten wir nachträglich wegen eines versteckten Mangels einen Nachlaß von 10 %.
1. *Ermitteln Sie die aktivierungspflichtigen Anschaffungskosten.*
2. *Buchen Sie den Preisnachlaß.*
3. *Buchen Sie die Zahlungen (Banküberweisung).*

248 Die „Fahrzeughandelsgesellschaft mbH" stellt uns für den Kauf eines Lastwagens in Rechnung (ER 1 412): Nettopreis 84 500,00 DM, Spezialaufbau 9 500,00 DM, Sonderlackierung mit Werbeaufschrift 3 100,00 DM, Anhängerkupplung 1 400,00 DM, Überführungskosten 1 200,00 DM, Zulassungskosten 300,00 DM, zuzüglich Umsatzsteuer vom Gesamtbetrag.
Die Kraftfahrzeugsteuer über 800,00 DM und die Haftpflichtversicherung mit 1 800,00 DM werden von uns durch Banküberweisung bezahlt.
Die erste Tankfüllung wird bar bezahlt: 300,00 DM netto + USt.
1. *Begründen Sie, welche und warum Anschaffungsnebenkosten zu aktivieren sind.*
2. *Ermitteln Sie die Anschaffungskosten des Lastwagens.*
3. *Buchen Sie die Geschäftsfälle auf den entsprechenden Konten.*

249 Die Eingangsrechnung (ER 1 412) der Aufgabe 248 wird unter Abzug von 2 % Skonto von uns durch Banküberweisung beglichen.
1. *Ermitteln Sie die Anschaffungskosten und buchen Sie den Rechnungsausgleich.*
2. *Begründen Sie die Buchungsweise der Nachlässe beim Erwerb von Anlagegütern.*

250 Beim Kauf eines Betriebsgrundstückes zum Preis von 250 000,00 DM fallen weitere Kosten an: 2 % Grunderwerbsteuer vom Kaufpreis, Vermessungskosten 3 800,00 DM + USt, Maklergebühr 10 000,00 DM + USt, Notariatskosten 2 600,00 DM + USt, Kosten für die Eintragung in das Grundbuch des zuständigen Amtsgerichts 450,00 DM. Für ein Entwässerungsgutachten wurden in Rechnung gestellt 1 500,00 DM + USt. Für den Anschluß an den städtischen Kanal schickt uns die Tiefbaufirma eine Rechnung über 8 000,00 DM + USt.
Für das laufende Quartal werden für das Grundstück an die Gemeinde überwiesen: Grundsteuer 750,00 DM, Kanalbenutzungsgebühren 120,00 DM.
1. *Entscheiden Sie, welche Kosten aktivierungspflichtige Anschaffungsnebenkosten sind.*
2. *Ermitteln Sie die Anschaffungskosten des Grundstücks und buchen Sie entsprechend.*

6.3 Abschreibung der Anlagegüter

6.3.1 Planmäßige und außerplanmäßige Abschreibungen

Wesen der Abschreibung. Abschreibungen erfassen die <u>Wertminderungen</u> der Anlagegüter, die durch <u>Nutzung, technischen Fortschritt, wirtschaftliche Entwertung</u> oder durch <u>außergewöhnliche Ereignisse</u> verursacht werden. In der Jahreserfolgsrechnung stellen die Abschreibungen <u>Aufwand</u> dar; sie <u>vermindern</u> somit den <u>steuerpflichtigen Gewinn</u> und damit auch zugleich die gewinnabhängigen <u>Steuern:</u> Einkommen- bzw. Körperschaftsteuer, Gewerbesteuer.

Für die Bewertung (Abschreibung) der Anlagegüter ist zu unterscheiden zwischen

- **abnutzbaren** und **nicht abnutzbaren Anlagegütern** sowie
- **planmäßiger** und **außerplanmäßiger Abschreibung.**

Abnutzbare Anlagegüter	Nicht abnutzbare Anlagegüter
− Gebäude − Technische Anlagen und Maschinen − Fahrzeuge − Betriebs- und Geschäftsausstattung	− Grundstücke − Wertpapiere des Anlagevermögens − Beteiligungen an Unternehmen − Langfristige Forderungen
Nutzung ist zeitlich begrenzt.	Nutzung ist zeitlich nicht begrenzt.

Planmäßige Abschreibung (AfA). <u>Abnutzbare</u> Anlagegüter sind nach § 253 (2) HGB planmäßig, d.h. <u>nach ihrer betriebsgewöhnlichen Nutzungsdauer abzuschreiben.</u> Die Anschaffungs-/Herstellungskosten werden je nach Abschreibungsmethode

- **linear,** - **degressiv** oder - **nach Leistungseinheiten**

auf die Nutzungsjahre verteilt. Die planmäßige Abschreibung, die der steuerlichen **AfA** (<u>A</u>bsetzung <u>f</u>ür <u>A</u>bnutzung) entspricht, wird gebucht auf dem Konto

4910 Abschreibungen auf Sachanlagen.

Die Anlagenkarte (vgl. S. 195) bildet den „Plan" und weist alle wichtigen <u>Daten</u> des abnutzbaren Anlagegutes aus: Anschaffungskosten, Herstellungskosten (z. B. bei Gebäuden), Zeitpunkt der Anschaffung oder Herstellung, Nutzungsdauer, Abschreibungsmethode, AfA-Satz in %, Restbuchwert je Nutzungsjahr u. a. Grundlage für die Ermittlung der Nutzungsdauer sind die <u>AfA-Tabellen</u> der Finanzverwaltung (vgl. S. 204).

Beginn der planmäßigen Abschreibung. Bei abnutzbaren Anlagegütern beginnt die AfA grundsätzlich im Monat der Anschaffung oder Herstellung (= **zeitanteilige AfA**). <u>Für bewegliche abnutzbare</u> Anlagegüter besteht jedoch folgende **Vereinfachungsregel:** Für die in der <u>ersten Hälfte</u> des Jahres angeschafften oder hergestellten <u>beweglichen Anlagegüter</u> gilt der <u>volle</u> Jahres-AfA-Satz, in der <u>zweiten</u> Jahreshälfte die <u>halbe</u> Jahres-AfA.

Außerplanmäßige Abschreibungen müssen bei <u>abnutzbaren</u> Anlagegütern im Falle einer <u>außergewöhnlichen und dauernden</u> Wertminderung <u>neben</u> der planmäßigen Abschreibung vorgenommen werden. Werden beispielsweise Kühlcontainer wegen Aufgabe der Warengruppe „Tiefkühlkost" nicht mehr benötigt, muß nach § 253 (2) HGB eine <u>zusätzliche</u> außerplanmäßige Abschreibung erfolgen. <u>Nicht abnutzbare</u> Anlagegegenstände unterliegen keiner zeitlichen Nutzungsbegrenzung und können deshalb auch nur <u>außerplanmäßig</u> abgeschrieben werden, wenn eine Wertminderung eintritt. Außerplanmäßige Abschreibungen werden ebenfalls erfaßt auf Konto 4910.

Merke:	● **Abnutzbare Anlagegüter werden planmäßig nach ihrer Nutzungsdauer abgeschrieben. Daneben müssen außerplanmäßige Abschreibungen für außergewöhnliche und dauernde Wertminderungen vorgenommen werden.** ● **Nicht abnutzbare Anlagen können nur außerplanmäßig abgeschrieben werden.**

6583198

Bewertung der abnutzbaren Anlagegüter. Nach den handelsrechtlichen (§ 253 [2] HGB) und steuerrechtlichen Vorschriften (§§ 6–7 EStG) sind abnutzbare Anlagegüter mit ihren fortgeführten Anschaffungskosten (Herstellungskosten) in das Inventar und die Schlußbilanz aufzunehmen, also zu den Anschaffungskosten (Herstellungskosten) abzüglich planmäßiger und gegebenenfalls außerplanmäßiger Abschreibungen.

Beispiel: Eine Maschine, deren Anschaffungskosten 100 000,00 DM betragen, hat eine Nutzungsdauer von 5 Jahren und wird linear mit 20 000,00 DM abgeschrieben.

Zum 31.12. des 2. Jahres bietet der Maschinenhersteller ein verbessertes Modell zu einem niedrigeren Preis an. Dadurch sinkt der Wert der Maschine auf 45 000,00 DM.

Neben der planmäßigen AfA muß nun wegen der zusätzlich eingetretenen dauernden Wertminderung auch noch eine außerplanmäßige Abschreibung auf den niedrigeren Wert von 45 000,00 DM vorgenommen werden (= „Niederstwertprinzip"). Der Rest von 45 000,00 DM ist dann in der Restnutzungsdauer von 3 Jahren abzuschreiben: 45 000,00 DM : 3 = 15 000,00 DM.

Anschaffungskosten	100 000,00 DM
− planmäßige AfA zum 31.12. des 1. Nutzungsjahres	20 000,00 DM
fortgeführte Anschaffungskosten zum 31.12. d. 1. Nj.	80 000,00 DM
− planmäßige AfA zum 31.12. d. 2. Nj.	**20 000,00 DM**
− außerplanmäßige Abschreibung zum 31.12. d. 2. Nj.	**15 000,00 DM**
fortgeführte Anschaffungskosten zum 31.12. d. 2. Nj.	45 000,00 DM
− planmäßige AfA zum 31.12. d. 3. Nj.	15 000,00 DM
fortgeführte Anschaffungskosten zum 31.12. d. 3. Nj.	30 000,00 DM

Buchung: 4910 Abschreibungen auf Sachanlagen an 0310 TA u. Maschinen 35 000,00

Die Bewertung der nicht abnutzbaren Anlagegüter darf höchstens zu Anschaffungskosten erfolgen. Ist der Wert jedoch am Bilanzstichtag nachhaltig niedriger, so muß das Anlagegut mit dem niedrigeren Tageswert (Niederstwertprinzip!) angesetzt werden (§ 253 [2] HGB). Das bedingt eine außerplanmäßige Abschreibung.

Beispiel: Bei einem Betriebsgrundstück, das mit 250 000,00 DM Anschaffungskosten zu Buch steht, tritt durch Straßenverlegung eine dauernde Wertminderung ein. Der Tageswert beträgt zum 31.12. 100 000,00 DM.

Anschaffungskosten des Grundstücks	250 000,00 DM
− außerplanmäßige Abschreibung	150 000,00 DM
Wertansatz zum 31.12.	100 000,00 DM

Buchung: 4910 Abschreibungen auf Sachanlagen an 0310 Grundstücke ... 150 000,00

Merke: ● **Wertansätze für abnutzbare Anlagegüter in der Jahresbilanz:**

Anschaffungskosten	Herstellungskosten
− Abschreibungen	− Abschreibungen
= **fortgeführte Anschaffungskosten**	= **fortgeführte Herstellungskosten**

● **Nicht abnutzbare Anlagegüter sind höchstens zu Anschaffungskosten in der Schlußbilanz zu bewerten.**

● **Bei allen Anlagegütern dürfen auch bei einer nur vorübergehenden Wertminderung außerplanmäßige Abschreibungen vorgenommen werden. Bei einer voraussichtlich dauernden Wertminderung sind sie jedoch zwingend erforderlich (Strenges Niederstwertprinzip).**

6.3.2 Methoden der planmäßigen Abschreibung

Die Berechnung der planmäßigen Abschreibung erfolgt nach folgenden Methoden:

▷ **linear**   ▷ **degressiv**   ▷ **nach Leistungseinheiten**

6.3.2.1 Lineare (gleichbleibende) Abschreibung

Die Abschreibung erfolgt stets in einem gleichbleibenden Prozentsatz von den Anschaffungs- oder Herstellungskosten des Anlagegutes. Die Anschaffungskosten (Herstellungskosten) werden somit „planmäßig" in gleichen Beträgen auf die Nutzungsjahre verteilt. Deshalb ist das Anlagegut bei linearer Abschreibung am Ende der Nutzungsdauer voll abgeschrieben. Bei linearer Abschreibung wird also eine gleichmäßige Nutzung und Wertminderung des Anlagegegenstandes unterstellt.

Beispiel: Betragen die Anschaffungskosten einer Maschine 50 000,00 DM und die Nutzungsdauer 10 Jahre, so ist der jährliche Abschreibungsbetrag 5 000,00 DM und der AfA-Satz 10 %:

$$\text{AfA-Betrag} = \frac{\text{Anschaffungskosten}}{\text{Nutzungsdauer}} \quad \bigg| \quad \text{AfA-Satz \%} = \frac{100\,\%}{\text{Nutzungsdauer}}$$

Steuerrechtlich ist die lineare Abschreibung bei allen beweglichen und unbeweglichen abnutzbaren Anlagegütern erlaubt. Daneben dürfen außerplanmäßige Abschreibungen für dauernde Wertminderungen vorgenommen werden.

6.3.2.2 Degressive Abschreibung (Buchwert-AfA)

Die Abschreibung wird nur im ersten Jahr von den Anschaffungskosten des Anlagegutes berechnet, in den folgenden Jahren dagegen mit einem gleichbleibenden Prozentsatz vom jeweiligen Restbuchwert (daher: Buchwert-AfA). Da der Buchwert von Jahr zu Jahr kleiner wird, ergeben sich fallende Abschreibungsbeträge. Am Ende der Nutzungsdauer bleibt ein Restwert. Diese Buchwertabschreibung nennt man auch geometrisch-degressive Abschreibung.[1]

Der degressive AfA-Satz muß höher sein als bei linearer Abschreibung, um nach Ablauf der Nutzungsdauer einen möglichst niedrigen Restwert zu erzielen. Dieser Restwert ist im letzten Nutzungsjahr mit der laufenden Jahres- AfA abzuschreiben.

Steuerrechtlich ist die degressive Abschreibung nur bei beweglichen abnutzbaren Anlagegütern möglich. Der Abschreibungssatz bei degressiver Abschreibung darf das Dreifache des linearen AfA-Satzes betragen, wobei aber 30 % nicht überschritten werden dürfen (§ 7 [2] EStG).

Vorteile der Buchwert-AfA. Die degressive Abschreibung führt in den ersten Jahren der Nutzung des Anlagegutes zu wesentlich höheren Abschreibungsbeträgen als die lineare Abschreibung (vgl. nachfolgende Tabelle). Außergewöhnliche Wertminderungen, bedingt durch wirtschaftliche und technische Entwicklungen, werden somit stärker berücksichtigt. Der höhere Abschreibungsaufwand bewirkt zudem eine stärkere Minderung des steuerpflichtigen Gewinns. Die geringeren Steuerzahlungen erhöhen zugleich die Liquidität des Unternehmens. Die degressive Abschreibungsmethode wird daher in der Praxis bevorzugt.

Merke: ● **Lineare** AfA = **Abschreibung vom Anschaffungswert**
　　　　● **Degressive** AfA = **Abschreibung vom Buchwert** (Buchwert-AfA)

---

1 Die arithmetisch-degressive (digitale) Abschreibung ist seit 01.01.1985 steuerrechtlich nicht mehr zulässig.

Der Wechsel von der degressiven zur linearen AfA ist steuerrechtlich erlaubt, jedoch nicht umgekehrt (§ 7 [3] EStG). Er ist aus folgenden Gründen zu <u>empfehlen</u>:

- Das Anlagegut ist am Ende der Nutzungsdauer <u>voll</u> abgeschrieben (<u>kein Restwert</u>).
- Der <u>lineare Abschreibungsbetrag</u> ist vom Zeitpunkt des Wechsels an <u>höher</u> als bei degressiver Abschreibung (<u>Steuervorteil</u>).

Der günstigste Zeitpunkt des Wechsels ist gegeben, wenn der AfA-Betrag bei linearer Abschreibung <u>größer</u> ist als bei fortgeführter degressiver Abschreibung. Das ist z. B. bei Anlagegütern mit einer Nutzungsdauer von 10 Jahren im 8. Jahr der Fall. Der <u>Restbuchwert</u> wird dann <u>in gleichen Beträgen</u> auf die <u>verbleibenden</u> Jahre verteilt:

$$\text{Abschreibungsbetrag} = \frac{\text{Restbuchwert zum Zeitpunkt des Wechsels}}{\text{Restnutzungsjahre}}$$

Beispiel: Anschaffungskosten einer Maschine 50 000,00 DM, Nutzungsdauer nach AfA-Tabelle 10 Jahre. Das Anlagegut kann somit linear mit 10 %, degressiv mit dem steuerlichen Höchstsatz von 30 % abgeschrieben werden.

Die nachstehende Übersicht macht folgendes deutlich:

1. Die lineare AfA erreicht nach Ablauf der zehnjährigen Nutzungsdauer den Nullwert. Die degressive Buchwert-AfA endet dagegen mit einem Restwert von 1 412,00 DM.

2. Deshalb empfiehlt sich im 8. Nutzungsjahr der Übergang von der degressiven zur linearen AfA: Linearer AfA-Betrag > degressiver AfA-Betrag:

Degressiver AfA-Betrag = 30 % von 4 117,00 DM Buchwert = 1 235,00 DM
Linearer AfA-Betrag = 4 117,00 DM Buchwert : 3 (Restjahre) = 1 372,00 DM

	Lineare AfA 10 %	Degressive AfA 30 %	Übergang degressiv → linear
Anschaffungskosten	50 000,00	50 000,00	**Berechnung:**
AfA: 1. Jahr	5 000,00	15 000,00	$i = n - \dfrac{100}{p} + 1$
Buchwert	45 000,00	35 000,00	
AfA: 2. Jahr	5 000,00	10 500,00	i = Übergangsjahr
Buchwert	40 000,00	24 500,00	n = Nutzungsdauer
AfA: 3. Jahr	5 000,00	7 350,00	p = AfA-Satz
Buchwert	35 000,00	17 150,00	
AfA: 4. Jahr	5 000,00	5 145,00	$i = 10 - \dfrac{100}{30} + 1$
Buchwert	30 000,00	12 005,00	
AfA: 5. Jahr	5 000,00	3 602,00	$i = 7\,{}^{2}\!/_{3}$
Buchwert	25 000,00	8 403,00	aufgerundet:
AfA: 6. Jahr	5 000,00	2 521,00	$\underline{\underline{i = 8}}$
Buchwert	20 000,00	5 882,00	
AfA: 7. Jahr	5 000,00	1 765,00	**Lineare AfA**
Buchwert	15 000,00	4 117,00 ———→	4 117,00
AfA: 8. Jahr	5 000,00	**1 235,00**	**1 372,00**
Buchwert	10 000,00	2 882,00	2 745,00
AfA: 9. Jahr	5 000,00	865,00	**1 372,00**
Buchwert	5 000,00	2 017,00	1 373,00
AfA: 10. Jahr	5 000,00	605,00	**1 373,00**
Buchwert	0,00	1 412,00	0,00

Merke:
- Die <u>lineare</u> AfA ist steuerrechtlich bei <u>allen</u> abnutzbaren Anlagegütern zulässig, die <u>degressive</u> AfA nur bei <u>beweglichen</u> abnutzbaren Anlagegütern.
- Der <u>Übergang von</u> der <u>degressiven zur linearen AfA</u> ist <u>steuerrechtlich erlaubt,</u> nicht aber umgekehrt.

6.3.2.3 Abschreibung nach Leistungseinheiten (Leistungs-AfA)

Die Abschreibung kann bei Anlagegütern, deren Leistung in der Regel erheblich schwankt und deren Verschleiß dementsprechend wesentliche Unterschiede aufweist, auch nach Maßgabe der Inanspruchnahme oder Leistung (km, Stunden u. a.) vorgenommen werden. Diese steuerrechtlich zulässige AfA-Methode kommt der technischen Abnutzung am nächsten.

Beispiel: Betragen die Anschaffungskosten eines LKWs 80 000,00 DM und die voraussichtliche Gesamtleistung 200 000 km, so ergibt sich daraus ein Abschreibungsbetrag je Leistungseinheit (km) von: 80 000 : 200 000 = 0,40 DM/km.

Den Jahresabschreibungsbetrag erhält man, indem man die jährliche Fahrtleistung, nachzuweisen durch Fahrtenbuch, mit dem AfA-Betrag von 0,40 DM je km multipliziert:

> **1. Jahr:** 40 000 km · 0,40 DM = **16 000,00 DM AfA**
> **2. Jahr:** 60 000 km · 0,40 DM = **24 000,00 DM AfA**
> **3. Jahr:** 35 000 km · 0,40 DM = **14 000,00 DM AfA**
> **4. Jahr:** 65 000 km · 0,40 DM = **26 000,00 DM AfA**

Merke: **Bei Anwendung der Leistungs-AfA ist die jährliche Leistung nachzuweisen.**

6.4 Geringwertige Wirtschaftsgüter (GWG)

Wahlrecht. Nach § 6 (2) EStG kann man bei beweglichen Anlagegütern mit Anschaffungskosten bis 800,00 DM zwischen der

- **Vollabschreibung im Jahr der Anschaffung** und der
- **Abschreibung nach der Nutzungsdauer**

wählen. Diese „geringwertigen" Wirtschaftsgüter (GWG) müssen jedoch auch selbständig nutzbar und bewertbar sowie abnutzbar sein. Einbauteile oder Bestandteile eines Aggregates sind somit keine geringwertigen Wirtschaftsgüter im steuerlichen Sinne, wie z. B. die Eingabetastatur einer EDV-Anlage.

Buchhalterische Behandlung. Geringwertige Wirtschaftsgüter werden zum Zeitpunkt ihrer Anschaffung zunächst auf einem besonderen Anlagekonto

0370 Geringwertige Wirtschaftsgüter

erfaßt. Bei Aufstellung des Jahresabschlusses muß man sich dann für eine der beiden Abschreibungsmöglichkeiten entscheiden. Das hängt natürlich in erster Linie von der Gewinnsituation (Steuerspareffekt!) des Unternehmens ab.

Beispiel: Kauf einer Schreibmaschine gegen Bankscheck: 600,00 DM + 90,00 DM USt.

① **Buchung bei Anschaffung:**

	S	H
0370 Geringwertige Wirtschaftsgüter	600,00	
1410 Vorsteuer	90,00	
an 1310 Bank		690,00

② **Buchung zum Jahresabschluß** (Vollabschreibung):

	S	H
4910 Abschreibungen auf Sachanlagen	600,00	
an 0370 Geringwertige Wirtschaftsgüter		600,00

Beachten Sie: Geringwertige Wirtschaftsgüter mit Anschaffungskosten bis 100,00 DM können zum Zeitpunkt des Erwerbs sofort als Aufwand gebucht werden.

Merke: **Geringwertige Wirtschaftsgüter sind auf einem Sonderkonto (0370 GWG) zu erfassen. Steuerrechtlich bestehen zwei Abschreibungsmöglichkeiten (Wahlrecht).**

Aufgaben – Fragen

Anschaffungskosten einer Maschine 220 000,00 DM. Nutzungsdauer 10 Jahre. **251**

1. *Stellen Sie in einer tabellarischen Übersicht a) die lineare Abschreibung, b) die degressive Abschreibung mit dem steuerrechtlich zulässigen Höchstsatz vergleichend gegenüber.*
2. *Nennen Sie die Vorteile a) der linearen und b) der degressiven Abschreibung.*

Die Abschreibungsmethoden der Aufgabe 251 sind als Abschreibungskurven in einem Koordinatenkreuz (Abszisse: Nutzungsjahre; Ordinate: AfA-Beträge) darzustellen. **252**

Erläutern Sie den Verlauf der Abschreibungskurven.

Die Anschaffungskosten eines LKWs betragen 150 000,00 DM. Die Gesamtleistung wird auf **253** 250 000 km geschätzt.

1. *Nennen Sie die Voraussetzung für die steuerliche Anerkennung der Abschreibung nach Leistungseinheiten (Leistungs-AfA) und ermitteln Sie die AfA für: 1. Nutzungsjahr: 48 000 km, 2. Jahr: 84 000 km, 3. Jahr: 62 000 km, 4. Jahr: 56 000 km.*
2. *Stellen Sie den Verlauf der Leistungs-AfA grafisch in einem Koordinatenkreuz dar.*
3. *Was spricht betriebswirtschaftlich für und gegen eine AfA nach Maßgabe der Leistung?*

Ein LKW wurde am 01.05. für 120 000,00 DM angeschafft. Er hat eine Nutzungsdauer von 5 Jah- **254** ren und wird linear abgeschrieben.

1. *Ermitteln Sie a) die zeitanteilige AfA und b) die AfA nach der Vereinfachungsregel.*
2. *Wie hoch sind jeweils die fortgeführten Anschaffungskosten in den Fällen a) und b)?*

Ein PKW wurde am 01.12. für 48 000,00 DM angeschafft. Er wird bei einer Nutzungsdauer von **255** 4 Jahren linear abgeschrieben.

1. *Wie hoch ist a) die zeitanteilige AfA und b) die AfA nach der Vereinfachungsregel?*
2. *Ermitteln Sie zu 1. a) und b) jeweils die fortgeführten Anschaffungskosten zum 31.12.*
3. *Gilt die Vereinfachungsregel für alle abnutzbaren Anlagegüter?*

Eine Maschine mit einer Nutzungsdauer von 5 Jahren, die linear abgeschrieben wurde, hatte **256** zum 31.12. des 2. Nutzungsjahres noch einen Restbuchwert (fortgeführte Anschaffungskosten) von 60 000,00 DM. Zum Jahresende wird gleichzeitig bekannt, daß in den nächsten Monaten ein verbessertes Nachfolgemodell zu einem wesentlich günstigeren Preis angeboten wird. Dadurch sinkt der Wert der Maschine auf 45 000,00 DM zum 31.12.

1. *Wie hoch waren die Anschaffungskosten und die bisherigen Abschreibungen?*
2. *Was empfehlen Sie dem Unternehmen? 3. Ermitteln Sie für die Restnutzungsdauer die AfA je Jahr.*

Eine Maschine mit Anschaffungskosten von 150 000,00 DM und einer Nutzungsdauer von **257** 10 Jahren soll unter Beachtung der steuerlichen Höchstgrenzen abgeschrieben werden.

1. *Welche Abschreibungsmethode empfehlen Sie dem Unternehmen? Begründen Sie.*
2. *Erstellen Sie den Abschreibungsplan für die Nutzungsdauer der Maschine.*
3. *Ist ein Wechsel von einer AfA-Methode zu einer anderen steuerrechtlich möglich?*
4. *Welche Gründe sprechen für einen Wechsel von der degressiven zur linearen AfA?*
5. *In welchem Jahr sollte Ihrer Meinung nach ein Wechsel vorgenommen werden?*
6. *Führen Sie den Wechsel in den Abschreibungsmethoden rechnerisch durch.*

Kauf einer Schreibmaschine gegen Bankscheck am 15.02.: 780,00 DM + USt. **258**

Buchen Sie 1. am 15.02. und 2. zum 31.12. (Wahlrecht!).

Barkauf einer Heftmaschine am 18.06.: 98,00 DM + USt. *Buchen und begründen Sie.* **259**

Kauf einer Hängeregistratur am 20.05.: 770,00 DM netto + 45,00 DM Versandspesen + 122,25 **260** DM Umsatzsteuer. Der Rechnungsbetrag wird abzüglich 2 % Skonto durch die Bank überwiesen. *Ermitteln Sie 1. die Anschaffungskosten und 2. buchen Sie a) die Anschaffung, b) den Rechnungsausgleich, c) zum 31.12. die AfA (Wahlrecht!).*

261

Auszug aus der AfA-Tabelle für nichtbranchengebundene Anlagegüter		
Anlagegegenstand	Nutzungsdauer (Jahre)	Lineare AfA %
Geschäftsgebäude	25–40	4–2,5
PKW, LKW	4	25
Sonstige Fahrzeuge (Stapler)	5	20
Waagen	20	5
Klimaanlagen	8	12
Einrichtungen für Lager	10	10
Büromöbel	10	10
Büromaschinen, Computer u. a.	5	20

1. *Bei welchen Anlagegütern würden Sie eine degressive Buchwertabschreibung empfehlen?*
2. *Ermitteln Sie jeweils den steuerrechtlich höchstmöglichen degressiven AfA-Satz in %.*

262 Ein Unternehmen hat vor vier Jahren ein Grundstück erworben und seitdem zu Anschaffungskosten von 150 000,00 DM bilanziert. Zum 31.12. des laufenden Jahres ist der Tageswert (Verkehrswert) des Grundstücks a) auf 180 000,00 DM gestiegen, b) auf 50 000,00 DM wegen Wegfalls der Verkehrsverbindung gefallen.

1. *Begründen Sie Ihre Bewertung.*   2. *Nennen Sie gegebenenfalls auch die Buchung.*

263 Eine Maschine, Anschaffungskosten 180 000,00 DM, hat eine Nutzungsdauer von 10 Jahren.

1. *Erstellen Sie den tabellarischen Abschreibungsplan für die gesamte Nutzungsdauer bei höchstzulässiger degressiver Abschreibung. (Beträge sind zu runden.)*
2. *In welchem Jahr ist ein Übergang zur linearen AfA zu empfehlen?*

264 Eine Maschine, Anschaffungskosten 500 000,00 DM, wurde bei einer 10jährigen Nutzungsdauer linear abgeschrieben. Die Maschine ist zum Schluß des 8. Nutzungsjahres nicht mehr verwendbar. Sie hat nur noch einen Wert von 20 000,00 DM und soll bald veräußert werden.

1. *Ermitteln Sie aufgrund der planmäßigen Abschreibungen den Buchwert zum 31.12.08.*
2. *Wie hoch ist die außerplanmäßige Wertminderung zum gleichen Zeitpunkt?*
3. *Buchen Sie die planmäßige und außerplanmäßige Abschreibung zum 31.12.08.*

265 Ein Unternehmen schließt im Geschäftsjahr 19.. mit einem Gesamtverlust von 80 000,00 DM ab. Geringwertige Wirtschaftsgüter wurden im laufenden Geschäftsjahr für insgesamt 25 000,00 DM angeschafft und über Konto „0370 GWG" gebucht.

1. *Begründen Sie Ihre Entscheidung hinsichtlich der Bewertung der GWG zum 31.12.*
2. *Erklären Sie die Voraussetzungen für die steuerrechtliche Anerkennung als GWG.*

266 1. *Nennen Sie Beispiele für a) abnutzbare und b) nicht abnutzbare Anlagegüter.*
2. *Unterscheiden Sie zwischen a) planmäßiger und b) außerplanmäßiger Abschreibung.*
3. *Nennen Sie die Methoden der planmäßigen Abschreibung.*
4. *Welche Abschreibungsmethode kommt der tatsächlichen Abnutzung des Anlagegegenstandes am nächsten?*
5. *Bei welchen Anlagegütern ist steuerrechtlich die degressive Abschreibung erlaubt?*

267 1. *Bei welchen Anlagegütern sind neben der planmäßigen Abschreibung auch außerplanmäßige Abschreibungen vorzunehmen?*
2. *Zu welchem Höchstwert sind a) abnutzbare und b) nicht abnutzbare Anlagegüter zum Jahresabschluß in das Inventar und die Schlußbilanz einzustellen?*
3. *Weshalb wird in der Praxis die degressive Buchwert-AfA bevorzugt angewandt?*
4. *Nennen Sie wesentliche Unterschiede zwischen linearer und degressiver Abschreibung.*
5. *Warum können nicht abnutzbare Anlagegüter nicht planmäßig abgeschrieben werden?*
6. *Wodurch entstehen stille Reserven im Anlagevermögen?*

6583204

Kontenplan und vorläufige Saldenbilanz	Soll	Haben	**268**
0210 Grundstücke	280 000,00	–	
0230 Gebäude	780 000,00	–	
0310 Technische Anlagen und Maschinen	675 000,00	–	
0330 Betriebs- und Geschäftsausstattung	280 000,00	–	
0370 Geringwertige Wirtschaftsgüter	6 000,00	–	
0610 Eigenkapital	–	1 300 000,00	
0820 Hypothekenschulden	–	680 000,00	
1010 Forderungen a. LL	184 000,00	–	
1310 Bank	370 000,00	–	
1410 Vorsteuer	86 000,00	–	
1510 Kasse	3 000,00	–	
1610 Privatentnahmen	62 000,00	–	
1710 Verbindlichkeiten a. LL	–	230 200,00	
1810 Umsatzsteuer	–	93 000,00	
2770 Sonstige Erträge	–	37 400,00	
3010 Wareneingang	420 000,00	–	
3020 Bezugskosten	3 000,00	–	
3070 Liefererboni	–	15 380,00	
3080 Liefererskonti	–	3 120,00	
3910 Warenbestände	155 600,00	–	
4000 Diverse Aufwendungen	418 000,00	–	
4910 Abschreibungen auf Sachanlagen	–	–	
8010 Warenverkauf	–	1 350 000,00	
8070 Kundenboni	3 220,00	–	
8080 Kundenskonti	8 780,00	–	
8710 Eigenverbrauch von Waren	–	25 500,00	
Zusätzliche Konten: 9300 und 9400	3 734 600,00	3 734 600,00	

Abschlußangaben zum Bilanzstichtag (31.12.):

1. Die Anschaffung einer Schreibmaschine, Anschaffungskosten 800,00 DM, wurde irrtümlich über das Konto „0310 TA und Maschinen" gebucht.
2. Die Steuerberichtigungen sind noch zu ermitteln und zu buchen:
   a) Liefererskonti, brutto: 920,00 DM;   b) Kundenskonti, brutto: 1380,00 DM.
3. Die Bonus-Gutschriftsanzeige unseres Lieferers ist noch zu buchen: 989,00 DM brutto.
4. Ein Kunde erhält noch eine Bonus-Gutschriftsanzeige über 1725,00 DM brutto.
5. Kassenüberschuß lt. Inventur 300,00 DM.
6. Eigenverbrauch: Private Entnahme von Waren: netto 1500,00 DM.
7. Planmäßige Abschreibungen: Gebäude: 2 % von 900 000,00 DM Herstellungskosten. TA u. Maschinen: 30 % degressiv; BGA: 10 % von 320 000,00 DM Anschaffungskosten.
8. Außerplanmäßige Abschreibungen:
   a) Vollabschreibung der GWG; b) Das mit 280 000,00 DM bilanzierte unbebaute Grundstück hat lt. Gutachten nur noch einen Wert von 220 000,00 DM.
9. Schlußbestände lt. Inventur: Waren 180 000,00 DM.
   Im übrigen entsprechen die Buchwerte der Inventur.

Ermitteln Sie die Rentabilität des Eigenkapitals.

---

1. Warum machen viele Unternehmen von dem Wahlrecht Gebrauch, geringwertige Wirtschaftsgüter bereits im Jahr ihrer Anschaffung voll abzuschreiben? **269**
2. Wann gilt im steuerlichen Sinne ein Wirtschaftsgut als „geringwertig"?
3. Ist ein Wechsel zwischen den Abschreibungsmethoden möglich?
4. Kann man durch Abschreibungen Ersatzinvestitionen finanzieren? Begründen Sie.

6.5   Ausscheiden von Anlagegütern

Der Abgang von Anlagegütern durch Verkauf oder Entnahme stellt einen steuerpflichtigen Umsatz dar. Grundlage für die Berechnung der Umsatzsteuer ist im Falle des Verkaufs der Nettoverkaufspreis, im Falle der Entnahme der Teilwert (§ 6 [1] EStG), der dem Tageswert (Wiederbeschaffungswert) entspricht. Verkäufe und Entnahmen von Grundstücken und Gebäuden sind umsatzsteuerfrei, da der Erwerber hierfür bereits eine andere Verkehrsteuer, nämlich Grunderwerbsteuer (2 %), zu zahlen hat.

Erfolgsauswirkung. Der Buchwert des ausscheidenden Anlagegutes stimmt nur selten mit dem erzielten Nettoverkaufspreis oder mit dem Tageswert überein. In der Regel sind Nettoverkaufspreis und Tageswert entweder höher oder niedriger als der Buchwert. Im ersten Fall entsteht für das Unternehmen ein Ertrag, der auf dem Konto

2710 Erträge aus Anlagenabgang

auszuweisen ist. Es handelt sich um die Auflösung einer „stillen Reserve".

Im zweiten Fall ergibt sich dagegen ein Aufwand, zu erfassen auf dem Konto

2040 Verluste aus Anlagenabgang.

Merke:
- **Erlös > Buchwert ✦ Ertrag bzw. Buchgewinn**
- **Erlös < Buchwert ✦ Aufwand bzw. Buchverlust**

Ermittlung des Buchwertes. Anlagegüter scheiden in der Regel während des Geschäftsjahres aus. In diesem Fall ist die Abschreibung noch zeitanteilig vorzunehmen, und zwar bis auf den vollen vorhergehenden Monat. Nur so sind Buchwert und damit die Erfolgsauswirkung aus dem Anlagenabgang genau zu ermitteln.

Beispiel: Eine Verpackungsanlage, die zum 01.01. eines Geschäftsjahres noch einen Buchwert von 24 000,00 DM hat und jährlich mit 12 000,00 DM linear abgeschrieben wird, soll am 07.08. des gleichen Jahres verkauft werden.

Wie hoch ist der Buchwert der Maschine zum Zeitpunkt des Ausscheidens?

Buchwert der Verpackungsanlage zum 01.01.	24 000,00 DM
− Abschreibung für 7 Monate (7/12 von 12 000,00 DM)	7 000,00 DM
Buchwert zum 07.08.	**17 000,00 DM**

Buchung der zeitanteiligen Abschreibung:

4910 Abschreibungen auf Sachanlagen   an   0310 TA u. Maschinen   7 000,00

Das Konto „0310 TA u. Maschinen" weist nunmehr den Buchwert des ausscheidenden Anlagegutes in Höhe von 17 000,00 DM aus:

S	0310 TA u. Maschinen	H	S	4910 Abschreibungen auf Sachanlagen	H
01.01. 24 000,00	4910	7 000,00 ←	0310	7 000,00	
	Buchwert	17 000,00			

Merke: **Scheidet ein Anlagegut während des Geschäftsjahres durch Verkauf oder Entnahme aus, muß es noch zeitanteilig abgeschrieben werden.**

6.5.1 Verkauf von Anlagegütern

Umsatzsteuergerechte Buchung. Nach § 22 (2) UStG müssen steuerpflichtige <u>Umsätze</u> (Verkaufserlöse) sowie der <u>Eigenverbrauch</u> aus den buchhalterischen Aufzeichnungen <u>klar zu ersehen</u> sein. Das erleichtert die notwendige <u>Verprobung der Umsatzsteuer</u> und die Erstellung der monatlichen <u>Umsatzsteuervoranmeldung.</u> Der Verkauf von nicht mehr benötigten Anlagegütern darf deshalb auch nicht unmittelbar über das betreffende Anlagekonto gebucht werden, sondern muß zunächst auf einem <u>eigenen</u> Erlöskonto erfaßt werden:

2700 Erlöse aus Anlagenabgang.

EDV-gerechte Buchung. In einer computergestützten Finanzbuchhaltung sind sowohl die <u>Erlöskonten</u> als auch die <u>Aufwandskonten</u> der verschiedenen Waren sowie das <u>Eigenverbrauchskonto</u> u. a. in der Regel <u>automatische Konten,</u> also mit einer Programmfunktion versehen, die bewirkt, daß die Vor- bzw. Umsatzsteuer nach Eingabe des Bruttobetrages automatisch herausgerechnet und entsprechend gebucht wird. Auch aus diesem Grund ist es erforderlich, für Anlagenverkäufe ein besonderes Erlöskonto einzurichten. Außerdem kann dann die Umsatzsteuervoranmeldung automatisch erstellt werden.

> **Merke:** **Erlöse aus Anlagenabgang sind aus umsatzsteuerlichen Gründen kontenmäßig <u>gesondert</u> zu buchen.**

Beispiel: Die o. g. Maschine, deren Buchwert zum Zeitpunkt des Ausscheidens aus dem Betrieb 17 000,00 DM beträgt, wird gegen Bankscheck verkauft, und zwar für:

> **1. netto 17 000,00 DM + 2 550,00 DM USt = 19 550,00 DM ➤ Nettoverkaufspreis = Buchwert**

Nettoverkaufspreis	17 000,00 DM
− Buchwert	17 000,00 DM
Ertrag/Aufwand aus Anlagenabgang	− DM

① **Buchung des Erlöses:**

		S	H
1310 Bank		**19 550,00**	
	an **2700 Erlöse aus Anlagenabgang**		**17 000,00**
	an **1810 Umsatzsteuer**		**2 550,00**

② **Buchung des Buchwertabgangs:**[1]

		S	H
2700 Erlöse aus Anlagenabgang		**17 000,00**	
	an **0310 TA u. Maschinen**		**17 000,00**

S	0310 TA u. Maschinen		H	S	2700 Erlöse aus Anlagenabgang		H
01.01.	24 000,00	AfA	7 000,00	②	17 000,00	①	17 000,00
		②	17 000,00				

S	1310 Bank		H	S	1810 Umsatzsteuer		H
①	19 550,00					①	2 550,00

---

1 In der **EDV-Fibu** wird diese Buchung wegen der monatlichen **Umsatzsteuer-Voranmeldung** und der **Umsatzsteuer-Jahresverprobung** auf einem **Gegenkonto zum Konto 2700** (Neutralisierungskonto) vorgenommen.

2. netto 20 000,00 DM + 3 000,00 DM USt = 23 000,00 DM ➔ Nettoverkaufspreis > Buchwert.

Nettoverkaufspreis	20 000,00 DM
− Buchwert	17 000,00 DM
Ertrag aus Anlagenabgang	3 000,00 DM

① **Buchung des Erlöses:**

	S	H
1310 Bank	23 000,00	
an 2700 Erlöse aus Anlagenabgang		20 000,00
an 1810 Umsatzsteuer		3 000,00

② **Buchung des Buchwertabgangs:[1]**

	S	H
2700 Erlöse aus Anlagenabgang	17 000,00	
an 0310 TA u. Maschinen		17 000,00

③ **Buchung des Ertrags aus dem Anlagenverkauf:[1]**

	S	H
2700 Erlöse aus Anlagenabgang	3 000,00	
an 2710 Erträge aus Anlagenabgang		3 000,00

S	0310 TA u. Maschinen		H		S	2700 Erlöse aus Anlagenabgang		H
01.01.	24 000,00	AfA	7 000,00		②	17 000,00	①	20 000,00
		②	17 000,00		③	3 000,00		

S	1310 Bank	H		S	2710 Erträge a. Anlagenabgang		H
①	23 000,00					③	3 000,00

	S	1810 Umsatzsteuer		H
			①	3 000,00

Die Buchungen ② und ③ können auch zusammengefaßt werden.

---

3. netto 15 000,00 DM + 2 250,00 DM USt = 17 250,00 DM ➔ Nettoverkaufspreis < Buchwert.

Nettoverkaufspreis	15 000,00 DM
− Buchwert	17 000,00 DM
Verlust aus Anlagenabgang	2 000,00 DM

	S	H
① 1310 Bank	17 250,00	
an 2700 Erlöse aus Anlagenabgang		15 000,00
an 1810 Umsatzsteuer		2 250,00
② 2700 Erlöse aus Anlagenabgang[1]	15 000,00	
2040 Verluste aus Anlagenabgang	2 000,00	
an 0310 TA u. Maschinen		17 000,00

S	0310 TA u. Maschinen		H		S	2700 Erlöse aus Anlagenabgang		H
01.01.	24 000,00	AfA	7 000,00		②	15 000,00	①	15 000,00
		②	17 000,00					

S	2040 Verluste a. Anlagenabgang		H
②	2 000,00		

S	1310 Bank	H
①	17 250,00	

S	1810 Umsatzsteuer		H
		①	2 250,00

1 In der **EDV-Fibu** wird diese Buchung wegen der monatlichen **Umsatzsteuer-Voranmeldung** und der **Umsatzsteuer-Jahresverprobung** auf einem **Gegenkonto zum Konto 2700** (Neutralisierungskonto) vorgenommen.

6.5.2 Entnahme von Anlagegütern

Eigenverbrauch. Wird ein Anlagegut in das Privatvermögen übernommen, liegt umsatzsteuerpflichtiger Eigenverbrauch vor (siehe auch S. 72 f.). Die Entnahme ist zum Tageswert (Teilwert) anzusetzen und unterliegt mit diesem Wert der Umsatzsteuer. Zum Zwecke der Umsatzsteuerverprobung erfolgt die Buchung über Konto

2780 Sonstiger Eigenverbrauch.

Beispiel: Ein betriebseigener PKW wird am 10.01. privat entnommen. Der Buchwert beträgt 2 000,00 DM, der Tageswert 3 000,00 DM. 15 % USt von 3 000,00 DM = 450,00 DM.

	Entnahme zum Tageswert	3 000,00 DM
−	Buchwert	2 000,00 DM
	Ertrag aus Anlagenabgang	1 000,00 DM

① **1610 Privatentnahmen** 3 450,00
     an   **2780 Sonstiger Eigenverbrauch** 3 000,00
     an   **1810 Umsatzsteuer** 450,00

② **2780 Sonstiger Eigenverbrauch**[1] 3 000,00
     an   **0340 Fuhrpark** 2 000,00
     an   **2710 Erträge aus Anlagenabgang** .... 1 000,00[1]

S	0340 Fuhrpark	H		S	2780 Sonstiger Eigenverbrauch	H
01.01.	2 000,00	② 2 000,00		② 3 000,00		① 3 000,00

S	1610 Privatentnahmen	H		S	2710 Erträge aus Anlagenabgang	H
① 3 450,00						② 1 000,00

S	1810 Umsatzsteuer	H
		① 450,00

> **Merke:** Bei Verkauf und Entnahme von Anlagegütern ist der steuerpflichtige Betrag (Erlös, Eigenverbrauch) buchhalterisch gesondert zu erfassen (§ 22 [2] UStG).

Aufgaben − Fragen

270 Ein LKW, der zum Zeitpunkt des Ausscheidens einen Buchwert von 20 000,00 DM hat, wird gegen Bankscheck verkauft für
a) 20 000,00 DM + USt,   b) 25 000,00 DM + USt,   c) 18 000,00 DM + USt.

1. Ermitteln Sie die Erfolgsauswirkung in den Fällen a), b) und c).
2. Wie hoch ist der jeweils gesondert auszuweisende steuerpflichtige Umsatz?
3. Nennen Sie die Buchungssätze und buchen Sie auf den entsprechenden Konten.
4. Inwiefern ist es vorteilhaft, den umsatzsteuerpflichtigen Erlös gesondert zu erfassen?

271 Eine Maschine, Anschaffungskosten 300 000,00 DM, Nutzungsdauer 10 Jahre, wurde linear abgeschrieben. Sie wird am 08.11. des neunten Nutzungsjahres gegen Bankscheck verkauft, und zwar
a) zum Buchwert + USt,   b) 50 % über Buchwert + USt,   c) 20 % unter Buchwert + USt.

1. Ermitteln Sie die zeitanteilige Abschreibung und den Buchwert der Maschine zum Zeitpunkt ihres Ausscheidens aus dem Betriebsvermögen. Buchen Sie die zeitanteilige Abschreibung.
2. Nennen Sie in den Fällen a), b) und c) jeweils die auszuweisenden steuerpflichtigen Erlöse.
3. Wie lauten die Buchungen in den Fällen a), b) und c)?

---

1 In der **EDV-Fibu** wird diese Buchung wegen der monatlichen **Umsatzsteuer-Voranmeldung** und der **Umsatzsteuer-Jahresverprobung** auf einem **Gegenkonto zum Konto 2780** (Neutralisierungskonto) vorgenommen.

272 Eine nicht mehr benötigte Maschine wird am 12.10.19.. gegen Bankscheck verkauft. Nettopreis 45 000,00 DM + Umsatzsteuer.

Der Buchwert der Maschine betrug am 01.01. des gleichen Jahres 48 000,00 DM. Sie wurde linear mit jährlich 10 % = 24 000,00 DM abgeschrieben.

1. *Wie hoch waren die Anschaffungskosten der Maschine?*
2. *Ermitteln Sie den Buchwert der Maschine zum Zeitpunkt ihres Ausscheidens und buchen Sie die zeitanteilige Abschreibung.*
3. *Ermitteln Sie die Erfolgsauswirkung und nennen Sie die Buchungen.*

273 Der Geschäftsinhaber schenkt seinem Sohn einen PC, der zum Betriebsvermögen gehört und zum Zeitpunkt der Entnahme mit 1,00 DM zu Buch steht. Der Tageswert beträgt 300,00 DM.

Erstellen Sie den Entnahmebeleg und nennen Sie die Buchungssätze.

274 Ein betriebseigener PKW wird am 10.05. zum Tageswert in das Privatvermögen übernommen. Zum 01.01. hatte der PKW noch einen Buchwert von 24 000,00 DM. Die jährliche Abschreibung beträgt 12 000,00 DM.

1. *Ermitteln Sie rechnerisch und buchmäßig den Buchwert des PKWs zum 10.05.*
2. *Die Entnahme erfolgt zu folgenden Tageswerten:*
   a) Buchwert = Tageswert,   b) 30 000,00 DM,   c) 15 000,00 DM.
   Wie lauten die Buchungen?

275 Ein Unternehmen kauft am 10.08. eine neue Faxanlage zu netto 2 000,00 DM + USt. Ein auf 1,00 DM Erinnerungswert abgeschriebenes Faxgerät wird mit 400,00 DM netto + USt in Zahlung gegeben. Die Restzahlung erfolgt durch Banküberweisung.

Erstellen Sie die Rechnung, buchen Sie die Neuanschaffung und den Rechnungsausgleich über das Konto „1710 Verbindlichkeiten a. LL" als Zwischen- bzw. Verrechnungskonto.

276 Anschaffung einer neuen EDV-Anlage: 200 000,00 DM + USt. Eine gebrauchte EDV- Anlage, die noch mit 15 000,00 DM zu Buch steht, wird mit 20 000,00 DM netto + USt in Zahlung gege- ben. Restzahlung erfolgt durch Banküberweisung.

Erstellen Sie die Rechnung und buchen Sie auf den entsprechenden Konten.

277
1. *Was versteht man unter dem Wertbegriff „Anschaffungskosten"?*
2. *In welchem Gesetz ist der Begriff der Anschaffungskosten definiert?*
3. *Nennen Sie Beispiele für aktivierungspflichtige Anschaffungsnebenkosten.*
4. *Nennen Sie Beispiele für Anschaffungspreisminderungen.*
5. *Warum rechnet die Vorsteuer nicht zu den Anschaffungsnebenkosten?*
6. *Begründen Sie, warum das HGB die Aktivierung der Anschaffungsnebenkosten vorschreibt.*
7. *Begründen Sie, warum das Umsatzsteuergesetz (§ 22 Abs. 2 UStG) buchhalterisch den vollen Ausweis sowohl der steuerpflichtigen Umsätze als auch des Eigenverbrauchs verlangt.*
8. *Zu welchem Wert sind Entnahmen von Vermögensgegenständen aus dem Betriebsvermögen anzusetzen? Begründen Sie die Umsatzsteuerpflicht bei Eigenverbrauch.*
9. *Erläutern Sie am Beispiel eines Anlagenverkaufs den Begriff „Stille Reserve".*
10. *Nennen Sie die wichtigsten Sachanlagen eines Großhandelsunternehmens.*
11. *Nennen Sie zwei Beispiele für immaterielle Gegenstände des Anlagevermögens.*
12. *Nennen Sie ein Beispiel für das Finanzanlagevermögen eines Unternehmens.*

6583210

E   Jahresabschluß

1   Jahresabschlußarbeiten im Überblick

Gliederung des Jahresabschlusses. Nach den handelsrechtlichen Vorschriften ist für den Schluß des Geschäftsjahres der Jahresabschluß aufzustellen. Bei Einzelunternehmen und Personengesellschaften (OHG: Offene Handelsgesellschaft, KG: Kommanditgesellschaft) besteht der Jahresabschluß lediglich aus der Bilanz und Gewinn- und Verlustrechnung (§ 242 HGB). Kapitalgesellschaften (GmbH: Gesellschaft mit beschränkter Haftung, AG: Aktiengesellschaft, KG a. A.: Kommanditgesellschaft auf Aktien) haben den Jahresabschluß um einen Anhang zu erweitern, der mit der Bilanz und Gewinn- und Verlustrechnung eine Einheit bildet (§ 264 HGB):

- **Die Schlußbilanz** ist eine Zeitpunktrechnung. Sie weist die Höhe des Vermögens, des Eigen- und Fremdkapitals zum Bilanzstichtag (31.12.) aus und soll somit unter Beachtung der Grundsätze ordnungsmäßiger Buchführung ein den tatsächlichen Verhältnissen entsprechendes Bild der Vermögens- und Finanzlage des Unternehmens vermitteln. Die Bilanzgliederung sollte deshalb auch § 266 HGB (siehe Anhang des Lehrbuches) entsprechen, die zwar nur für Kapitalgesellschaften verbindlich vorgeschrieben ist, jedoch auch von Personenunternehmen beachtet werden sollte.

- **Die Gewinn- und Verlustrechnung** ist dagegen eine Zeitraumrechnung. Sie weist alle Aufwendungen und Erträge des Geschäftsjahres aus und gewährt damit Einblick in die Quellen des Jahreserfolges. Personenunternehmen erstellen die GuV-Rechnung in Kontoform. Kapitalgesellschaften müssen die zu veröffentlichende GuV-Rechnung in Staffelform gemäß § 275 HGB (siehe Anhang) aufstellen.

- **Der Anhang** hat die Aufgabe, bestimmte Einzelposten der Bilanz und Gewinn- und Verlustrechnung der Kapitalgesellschaft näher zu erläutern. Als Erläuterungsbericht nimmt er z.B. Stellung zur Methode und Höhe der Abschreibungen auf das Anlagevermögen.

Aufgaben des Jahresabschlusses. Der Jahresabschluß dient vor allem der

- **Rechenschaftslegung und Information** sowie als
- **Grundlage der Gewinnverteilung** und der
- **Steuerermittlung.**

Vorarbeiten zur Aufstellung des Jahresabschlusses. Die Erstellung des Jahresabschlusses ist eine umfassende und schwierige Aufgabe. Sie bedarf einer sorgfältigen Planung (Sachplan, Terminplan, Arbeitsplan) und Organisation, denn die Salden der Bestands- und Erfolgskonten können nicht ohne Prüfung und Inventur in die Schlußbilanz und GuV-Rechnung übernommen werden. Die wichtigsten Jahresabschlußarbeiten sind:

- ▶ **Zeitraumrichtige Erfassung und Abgrenzung der Aufwendungen und Erträge,** damit der Erfolg des Geschäftsjahres periodengerecht ausgewiesen wird.

- ▶ **Inventur der Vermögensteile und Schulden vor Abschluß der Konten.** So sind beispielsweise noch Abschreibungen vorzunehmen und Bestandsveränderungen zu buchen. Inventurdifferenzen (z. B. Kassenfehlbetrag, Wertminderungen im Vorratsvermögen) müssen buchmäßig noch berücksichtigt werden. Die Personenkonten sind mit den Sachkonten „Forderungen a. LL" und „Verbindlichkeiten a. LL" abzustimmen u. a. m.

- ▶ **Abschluß der Unterkonten über die entsprechenden Hauptkonten.** Bezugskosten, Nachlässe, Erlösberichtigungen, Vorsteuer/Umsatzsteuer u. a. sind entsprechend umzubuchen.

- ▶ **Erstellung einer Hauptabschlußübersicht als Probeabschluß.**

- ▶ **Ordnungsmäßige Gliederung der Bilanz und Gewinn- und Verlustrechnung.**

Merke: Der Jahresabschluß soll Anteilseignern und Gläubigern Einblick in die Vermögens-, Finanz- und Ertragslage eines Unternehmens gewähren.

2 Zeitliche Abgrenzung der Aufwendungen und Erträge zum Jahresabschluß

Notwendigkeit der periodengerechten Erfolgsermittlung. Bisher haben wir Aufwendungen und Erträge dann gebucht, wenn sie gezahlt wurden. Würde man die Dezembermiete, die erst im Januar des neuen Geschäftsjahres von uns überwiesen wird, auch erst im neuen Jahr als Aufwand buchen, würde der Erfolg sowohl des alten als auch des neuen Geschäftsjahres falsch ausgewiesen. Will man den <u>Jahreserfolg</u> <u>zeitraumrichtig</u> ermitteln, ist es erforderlich, daß man die <u>Aufwendungen und Erträge</u> <u>dem Geschäftsjahr zuordnet,</u> zu dem sie <u>wirtschaftlich</u> gehören, und zwar

unabhängig vom Zeitpunkt ihrer Ausgabe bzw. Einnahme.

Nur so kann ein <u>periodengerechter und vergleichbarer Jahreserfolg</u> ermittelt werden.

Merke: „Aufwendungen und Erträge des Geschäftsjahres sind unabhängig von den Zeitpunkten der entsprechenden Zahlungen im Jahresabschluß zu berücksichtigen" (§ 252 Abs. 1 Zi. 5 HGB).

2.1 Sonstige Forderungen und Sonstige Verbindlichkeiten

Aufwendungen und Erträge, die <u>wirtschaftlich</u> das <u>alte Geschäftsjahr</u> betreffen, die aber erst <u>im neuen Jahr</u> zu <u>Ausgaben bzw. Einnahmen</u> führen, sind zum 31.12. zu erfassen als

- **Sonstige Verbindlichkeiten (Konto 1940) bzw.**
- **Sonstige Forderungen (Konto 1130).**

Beispiel 1: Die Lagermiete für Dezember überweisen wir erst im Januar: 1500,00 DM.

Die Dezembermiete ist <u>Aufwand des alten Jahres,</u> der erst <u>im neuen Jahr</u> zu einer <u>Ausgabe</u> führt. Aus Gründen einer <u>periodengerechten</u> Erfolgsermittlung ist sie noch in der Erfolgsrechnung des alten Jahres zu erfassen und zugleich als „Sonstige Verbindlichkeit" gegenüber dem Vermieter in der Schlußbilanz auszuweisen.

Buchungen zum 31.12. des alten Jahres

①	4100 Mietaufwendungen	an	1940	Sonstige Verbindlichkeiten	1 500,00
②	9300 GuV-Konto	an	4100	Mietaufwendungen	1 500,00
③	1940 Sonstige Verbindlichkeiten	an	9400	Schlußbilanzkonto	1 500,00

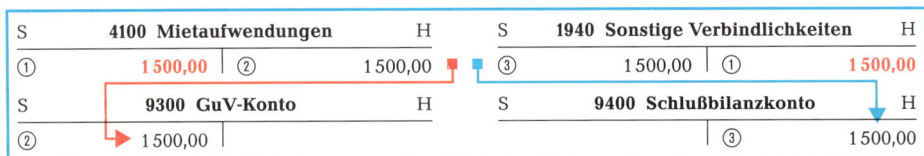

Buchungen im neuen Jahr

Nach Eröffnung des Kontos „1940 Sonstige Verbindlichkeiten" ist die Mietausgabe zu buchen:

①	9100 Eröffnungsbilanzkonto	an	1940	Sonstige Verbindlichkeiten	1 500,00
②	1940 Sonstige Verbindlichkeiten	an	1310	Bank	1 500,00

S	1310 Bank	H	S	1940 Sonstige Verbindlichkeiten	H
...	50 000,00 | ②	1 500,00 ◀━	②	1 500,00 | 9100 ①	1 500,00

Merke: Aufwendungen des alten Jahres, die erst im neuen Jahr zu Ausgaben führen, sind auf dem Konto „1940 Sonstige Verbindlichkeiten" zu erfassen. Buchung:

▶ **Aufwandskonto   an   Sonstige Verbindlichkeiten**

6583212

Beispiel 2: Unser Mieter überweist die Dezembermiete erst im Januar n. J.: 800,00 DM.

Die Dezembermiete stellt in diesem Fall einen <u>Ertrag des alten Geschäftsjahres</u> dar, der erst <u>im neuen Jahr</u> zu einer <u>Einnahme</u> führt. Der Mietertrag ist deshalb der Erfolgsrechnung des alten Jahres zuzurechnen und zugleich als „Sonstige Forderung" zu erfassen.

Buchungen zum 31.12. des alten Geschäftsjahres

① 1130 Sonstige Forderungen ..... an 2421 Mieterträge 800,00
② 2421 Mieterträge .... an 9300 GuV-Konto 800,00
③ 9400 Schlußbilanzkonto .... an 1130 Sonstige Forderungen 800,00

S	1130 Sonstige Forderungen	H	S	2421 Mieterträge	H
①	800,00	③ 800,00	②	800,00	① 800,00

S	9400 Schlußbilanzkonto	H	S	9300 GuV-Konto	H
③	800,00				② 800,00

Buchung im Januar des neuen Jahres

Mieteingang: **1310 Bank** ... an **1130 Sonst. Forder.** **800,00**

S	1130 Sonstige Forderungen	H	S	1310 Bank	H
9100	800,00	1310 800,00	1130	800,00	

Merke: **Erträge des alten Jahres, die erst im neuen Jahr zu Einnahmen führen, werden auf dem Konto „1130 Sonstige Forderungen" gebucht. Buchung:**
▶ **Sonstige Forderungen an Ertragskonto**

Beispiel 3: Wir haben einem Kunden am 01.09.01 ein Darlehen in Höhe von 10 000,00 DM zu 6 % Zinsen gewährt. Die halbjährlich zu zahlenden Darlehenszinsen sind nachträglich fällig, erstmals am 01.03.02: 300,00 DM.

Von der am 01.03. des neuen Jahres fälligen Zinszahlung sind ertragsmäßig 200,00 DM dem alten und 100,00 DM dem neuen Geschäftsjahr zuzurechnen.

Buchung zum 31.12.: 1130 Sonstige Forderungen an 2610 Zinserträge 200,00

S	1130 Sonstige Forderungen	H	S	2610 Zinserträge	H
2610	200,00	9400 200,00	9300	200,00	1130 200,00

S	9400 Schlußbilanzkonto	H	S	9300 GuV-Konto	H
1130	200,00				2610 200,00

Buchung im neuen Jahr: Am 01.03.02 ist der gesamte Zinsbetrag als Einnahme zu buchen:

1310 Bank ..... **300,00** an **1130 Sonstige Forderungen** (Zinsertrag des alten J.) **200,00**
an **2610 Zinserträge** (Ertragsanteil des neuen Jahres) **100,00**

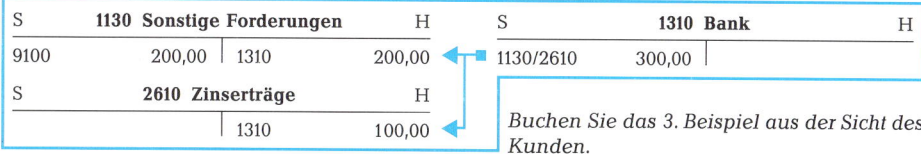

S	1130 Sonstige Forderungen	H	S	1310 Bank	H
9100	200,00	1310 200,00	1130/2610	300,00	

S	2610 Zinserträge	H
		1310 100,00

Buchen Sie das 3. Beispiel aus der Sicht des Kunden.

Merke: **Aufwendungen und Erträge, die teils das alte und teils das neue Geschäftsjahr betreffen, sind den einzelnen Geschäftsjahren entsprechend zuzuordnen.**

278 *Bilden Sie für nachstehende Geschäftsfälle die Buchungssätze*

    a) *beim Jahresabschluß zum 31.12.,*

    b) *nach Eröffnung der Konten im neuen Jahr für den Geldeingang und Geldausgang.*

1. Die Dezembermiete für die Geschäftsräume wird von uns erst im Monat Januar beglichen 800,00
2. Ein Mieter in unserem Geschäftshaus zahlt die Miete für Dezember erst im Januar 650,00
3. Eine Rechnung für Büromaterial steht am Jahresende noch aus 300,00
   + Umsatzsteuer[1] 45,00
4. Die vierteljährlichen Zinsen (November–Januar) für ein Darlehen werden von uns erst Ende Januar gezahlt 450,00
5. Unser Darlehensschuldner hat die lt. Vertrag zu zahlenden Jahreszinsen (Darlehensjahr: 01.04.–31.03.) am 31.03. des folgenden Jahres zu zahlen 2 400,00
6. Unser Darlehensschuldner zahlt uns für das Halbjahr 01.07.–31.12. die Zinsen erst im Januar 350,00
7. Der Handelskammerbeitrag für das letzte Vierteljahr Oktober–Dezember wird erst im Monat Januar gezahlt 620,00
8. Für die Lohnwoche vom 28.12. bis 03.01. sind 4 500,00 DM Löhne zu zahlen (Zahltag 03.01.). Hiervon entfallen auf die Zeit vom 28.12.–31.12. .... 2 500,00
   Im neuen Jahr werden durch die Bank ausgezahlt 3 800,00
9. Die Zinsgutschrift der Bank für die Zeit vom 01.10. bis 31.12. steht noch aus und wird erst im Januar eingehen 315,00
10. Die Provision unseres Handelsvertreters für Dezember wird erst im Januar überwiesen, netto 760,00
   + Umsatzsteuer 114,00
   Die Provisionsabrechnung (Beleg) ist am 29.12. erstellt worden.[2]

---

279 *Bilden Sie für nachstehende Geschäftsfälle jeweils die Buchungssätze*

    a) *zum Bilanzstichtag (31.12.),*

    b) *bei Zahlungseingang bzw. Zahlungsausgang (Bank) im neuen Jahr.*

1. Die Miete für einen von uns gemieteten Lagerraum beträgt monatlich 500,00 DM. Bei Erstellung des Jahresabschlusses wird festgestellt, daß die Dezembermiete erst im Januar überwiesen wurde.
2. Die Stromabrechnung für den Monat Dezember liegt zum 31.12. noch nicht vor. Wir erhalten die Rechnung Mitte Januar über 8 200,00 DM zuzüglich Umsatzsteuer[1].
3. Wir erhalten am 31. März die Darlehenszinsen für die Monate Oktober bis März durch Banküberweisung: 600,00 DM.
4. Die Garagenmiete für die Monate November, Dezember und Januar in Höhe von 240,00 DM wird von uns lt. Vertrag nachträglich am 05.02. des nächsten Jahres gezahlt.
5. Wir überweisen jeweils zum 01.03. und 01.09. nachträglich für 6 Monate Hypothekenzinsen in Höhe von 2 400,00 DM.
6. Für einen Wartungsvertrag, der für unsere Büromaschinen abgeschlossen worden ist, zahlen wir vierteljährlich nachträglich 400,00 DM zuzüglich Umsatzsteuer. Die Rechnung für das letzte Jahresquartal liegt zum 31.12. noch nicht vor.

---

1 Die Vorsteuer darf noch nicht verrechnet werden, da zum 31.12. noch keine Rechnung vorliegt.
2 Der Vorsteuerabzug ist möglich, da die Leistung erbracht und die Abrechnung (Rechnung) vorliegt.

2.2 Aktive und Passive Rechnungsabgrenzungsposten

Auf den Konten „1940 Sonstige Verbindlichkeiten" und „1130 Sonstige Forderungen" haben wir Aufwendungen und Erträge des alten Geschäftsjahres erfaßt, die erst im neuen Jahr zu Ausgaben und Einnahmen werden. Es handelt sich dabei um echte Verbindlichkeiten und Forderungen, die durch eine Zahlung im neuen Jahr beglichen werden.

Werden dagegen bereits Zahlungen im alten Jahr für Aufwendungen und Erträge des neuen Jahres geleistet, sind die Aufwands- und Ertragskonten zum Jahresabschluß mit Hilfe folgender Konten zu berichtigen:

0910 Aktive Rechnungsabgrenzung (ARA)

0930 Passive Rechnungsabgrenzung (PRA)

Aktive Rechnungsabgrenzung. Hierunter fallen Aufwendungen, die bereits im abzuschließenden Geschäftsjahr im voraus bezahlt und gebucht wurden, aber entweder nur zum Teil oder auch ganz wirtschaftlich dem neuen Geschäftsjahr zuzurechnen sind, wie z. B. von uns geleistete Vorauszahlungen für Versicherungen, Zinsen, Mieten u. a. Zum Bilanzstichtag sind die betreffenden Aufwandskonten durch eine „Aktive Rechnungsabgrenzung (ARA)" zu berichtigen. Sie stellt praktisch eine Leistungsforderung dar. So begründet z. B. unsere Mietvorauszahlung einen Anspruch auf Nutzung der gemieteten Räume im neuen Jahr.

Passive Rechnungsabgrenzung. Hierunter gehören Erträge, die im abzuschließenden Geschäftsjahr bereits als Einnahme gebucht worden sind, aber mit einem Teil oder auch ganz als Ertrag dem neuen Geschäftsjahr zuzuordnen sind, wie z. B. im voraus erhaltene Miete, Pacht, Zinsen u. a. Zum Jahresabschluß sind die betreffenden Ertragskonten durch Vornahme einer entsprechenden „Passiven Rechnungsabgrenzung (PRA)" zu korrigieren. Die PRA stellen Leistungsverbindlichkeiten dar. Eine an uns geleistete Zinsvorauszahlung begründet z. B. unsere Verpflichtung auf weitere Überlassung des gewährten Darlehens im neuen Jahr.

Transitorische Posten. Mit Hilfe der aktiven und passiven Rechnungsabgrenzungsposten werden die im alten Geschäftsjahr im voraus gezahlten Aufwendungen und vereinnahmten Erträge über die Schlußbilanz in die Erfolgsrechnung des neuen Geschäftsjahres übertragen. Man nennt sie deshalb auch „transitorische Posten" (lat. transire = hinübergehen).

Periodengerechte Erfolgsermittlung. Die Rechnungsabgrenzungsposten dienen ebenso wie die Sonstigen Forderungen und Sonstigen Verbindlichkeiten der zeitraumrichtigen Abgrenzung der Aufwendungen und Erträge, damit das Gesamtergebnis einer Unternehmung periodengerecht zum Jahresabschluß ermittelt werden kann.

Merke: Nach § 250 HGB dürfen als Rechnungsabgrenzungsposten nur ausgewiesen werden:

- auf der Aktivseite Ausgaben vor dem Abschlußstichtag, soweit sie Aufwand für eine bestimmte Zeit nach diesem Tag darstellen:

  → Aktive Rechnungsabgrenzung (ARA)

- auf der Passivseite Einnahmen vor dem Abschlußstichtag, soweit sie Ertrag für eine bestimmte Zeit nach diesem Tag darstellen:

  → Passive Rechnungsabgrenzung (PRA)

Beispiel 1: Am 01.12. haben wir einen Lagerraum für eine Monatsmiete von 500,00 DM gemietet. Lt. Vertrag zahlen wir die Miete vierteljährlich mit 1500,00 DM im voraus.

Buchung unserer Mietvorauszahlung am 01.12.

4100 Mietaufwendungen .. an **1310 Bank** **1 500,00**

Der gesamte Mietaufwand in Höhe von 1 500,00 DM ist zum 31.12. periodengerecht abzugrenzen: 500,00 DM entfallen auf den Monat Dezember des Abschlußjahres, 1000,00 DM auf Januar und Februar des neuen Jahres. Das Konto „4100 Mietaufwendungen" ist daher im Haben um 1000,00 DM mit Hilfe des Kontos „0910 Aktive Rechnungsabgrenzung" zu entlasten bzw. zu berichtigen. Durch die Vorauszahlung der Miete ist ein Anspruch auf Überlassung des Lagerraumes im neuen Jahr entstanden, also eine Leistungsforderung, die auf der Aktivseite der Bilanz als „Aktive Rechnungsabgrenzung" (ARA) auszuweisen ist.

Buchungen zum 31.12. des Abschlußjahres

① **0910 Aktive Rechnungsabgr.** .... an **4100 Mietaufwendungen** **1 000,00**
    (für die Abgrenzung und Überführung des Mietaufwandes in das neue Jahr)
② **9300 GuV-Konto** .... an **4100 Mietaufwendungen** **500,00**
③ **9400 Schlußbilanzkonto** .... an **0910 Aktive Rechnungsabgr.** ... **1 000,00**

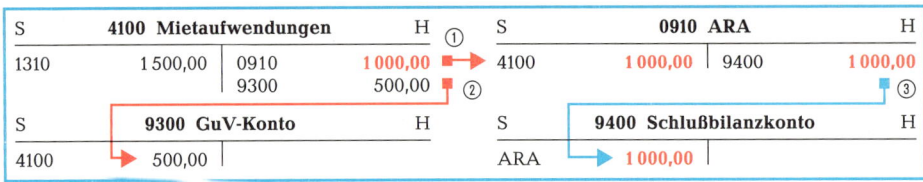

Buchungen zum 01.01. des Folgejahres

Nach Eröffnung ist das Konto „0910 ARA" über das betreffende Aufwandskonto aufzulösen.
① **0910 Aktive Rechnungsabgr.** .... an **9100 Eröffnungsbilanzkonto** .. **1 000,00**
② **4100 Mietaufwendungen** .... an **0910 Aktive Rechnungsabgr.** ... **1 000,00**

Das Konto „4100 Mietaufwendungen" weist nun die Miete für Januar und Februar des neuen Jahres periodengerecht aus. Das Konto „0910 ARA" hat seine „transitorische" Aufgabe erfüllt:

S	0910 ARA	H	②	S	4100 Mietaufwendungen	H
9100 ①	**1 000,00**	4100	**1 000,00** ➡	0910	**1 000,00**	

> **Direkte Rechnungsabgrenzung.** Ausgaben des laufenden Geschäftsjahres, die Aufwendungen des nächsten Jahres betreffen, können bereits direkt bei Zahlung entsprechend zeitlich abgegrenzt werden. Dadurch erübrigt sich zum Jahresabschluß eine besondere Überprüfung aller Ausgaben auf ihre periodengerechte Abgrenzung.

Buchung bei direkter Periodenabgrenzung am 01.12.

4100 Mietaufwendungen **500,00**
0910 Aktive Rechnungsabgrenzung **1 000,00** an **1310 Bank** **1 500,00**

S	4100 Mietaufwendungen	H	S	1310 Bank	H
1310	500,00			4100/0910	1 500,00
S	0910 Aktive Rechnungsabgrenzung	H			
1310	1 000,00				

Nennen Sie die Abschlußbuchungen.

Merke: **Das Konto „0910 Aktive Rechnungsabgrenzung" (ARA) erfaßt zum Jahresabschluß alle Ausgaben des alten Geschäftsjahres, die Aufwand des nächsten Jahres sind.**

Buchung: ▶ **ARA** an **Aufwandskonto** (bei Abgrenzung zum 31.12.)
▶ **ARA** an **Bank (Kasse)** (bei direkter Abgrenzung)

Beispiel 2: Von unserem Mieter haben wir am 01.12. die <u>Vierteljahresmiete</u> (Dezember–Februar) in Höhe von insgesamt 2 400,00 DM <u>im voraus erhalten</u>.

Buchung der Mieteinnahme am 01.12.

1310 Bank .... an **2421 Mieterträge** ... **2 400,00**

Der gesamte <u>Mietertrag</u> in Höhe von 2 400,00 DM ist zum 31.12. <u>periodengerecht abzugrenzen</u>: 800,00 DM entfallen auf das Abschlußjahr, 1 600,00 DM dagegen auf das neue Geschäftsjahr. Das Konto „2421 Mieterträge" muß daher auf seiner Sollseite um 1 600,00 DM durch Bildung einer „Passiven Rechnungsabgrenzung" (PRA) berichtigt werden, da für uns eine <u>Leistungsverbindlichkeit</u>, d. h. eine Verpflichtung zur Überlassung der Räume im nächsten Geschäftsjahr besteht, die auf der Passivseite der Bilanz auszuweisen ist.

Buchungen zum 31.12. des Abschlußjahres

① **2421 Mieterträge** .... an **0930 PRA** **1 600,00**

② **2421 Mieterträge** .... an **9300 GuV-Konto** **800,00**

③ **0930 PRA** .... an **9400 Schlußbilanzkonto** **1 600,00**

Buchungen zum 01.01. des Folgejahres

① **9100 Eröffnungsbilanzkonto** an **0930 PRA** **1 600,00**

② **0930 PRA** .... an **2421 Mieterträge** **1 600,00**

Das Konto „0930 PRA" ist zu Beginn des neuen Jahres über das entsprechende Ertragskonto aufzulösen. Nach der <u>Umbuchung</u> des passiven Rechnungsabgrenzungspostens weist das Konto „2421 Mieterträge" nun den <u>periodengerechten Mietertrag</u> für die Monate Januar und Februar des neuen Jahres aus:

Bei <u>direkter</u> Rechnungsabgrenzung ist am 01.12. zu buchen

1310 Bank **2 400,00**
    an **2421 Mieterträge** **800,00**
    an **0930 Passive Rechnungsabgrenzung** **1 600,00**

Buchen Sie die direkte Periodenabgrenzung auf den genannten Konten.

Merke: ● **Das Konto „0930 Passive Rechnungsabgrenzung" (PRA) erfaßt zum Bilanzstichtag alle Einnahmen des alten Jahres, die wirtschaftlich Erträge des nächsten Jahres sind.**

    Buchung: ▶ **Ertragskonto** an **PRA** (bei Abgrenzung zum 31.12.)

                    ▶ **Bank (Kasse)** an **PRA** (bei direkter Abgrenzung)

● **Die Posten der Rechnungsabgrenzung werden <u>zu Beginn des neuen Geschäftsjahres</u> aufgelöst, indem sie auf das entsprechende Erfolgskonto <u>umgebucht</u> werden:**

        ▶ **Aufwandskonto** an **ARA**

        ▶ **PRA** an **Ertragskonto**

| Geschäftsfall | Vorgang | | Buchung zum 31.12.: |
	im **alten** Jahr	im **neuen** Jahr	
Von uns noch zu zahlender Aufwand	**Aufwand**	Ausgabe	**Aufwandskonto an Sonstige Verbindlichkeiten**
Noch zu vereinnahmender Ertrag	**Ertrag**	Einnahme	**Sonstige Forderungen an Ertragskonto**
Von uns im voraus bezahlter Aufwand	Ausgabe	**Aufwand**	**Aktive Rechnungsabgrenzung an Aufwandskonto**
Im voraus vereinnahmter Ertrag	Einnahme	**Ertrag**	**Ertragskonto an Passive Rechnungsabgrenzung**

Aufgaben

280

a) *Buchen Sie die folgenden Geschäftsfälle zunächst auf Konten.*

b) *Nehmen Sie danach die zeitliche Abgrenzung zum 31.12. vor.*

c) *Welche Buchungen ergeben sich im neuen Jahr?*

	DM
1. Die Feuerversicherungsprämie für das Gebäude wird am 1. Oktober für ein Jahr im voraus überwiesen	260,00
2. Am 21. Dezember zahlen wir die Januarmiete für die Geschäftsräume im voraus durch Bankscheck	1 500,00
3. Wir zahlen am 20. Dezember Hypothekenzinsen für das 1. Vierteljahr des neuen Jahres durch Bankscheck im voraus	660,00
4. Ein Darlehensschuldner hat die Vierteljahreszinsen für Januar bis März des neuen Jahres am 20. Dezember durch Banküberweisung an uns gezahlt	330,00
5. Am 1. November wird die Kfz-Versicherung November–April für den LKW durch Bank überwiesen	660,00
6. Am 1. Dezember erhalten wir durch Banküberweisung im voraus Darlehenszinsen für ein Vierteljahr (01.12.–28.02.) in Höhe von	180,00
7. Die Jahrespacht für einen Parkplatz überweisen wir am 1. Oktober im voraus durch Bank	2 400,00
8. Die Kfz-Steuer für Betriebsfahrzeuge wird am 1. April für 1 Jahr im voraus an das Finanzamt durch Bank überwiesen	960,00
9. Am 1. Oktober erhalten wir die Halbjahresmiete für einen Lagerraum durch Banküberweisung im voraus	3 600,00

281

Auszug aus der vorläufigen Summenbilanz zum 31.12.	Soll	Haben
0910 Aktive Rechnungsabgrenzungsposten	–	–
0930 Passive Rechnungsabgrenzungsposten	–	–
1130 Sonstige Forderungen	4 500,00	–
1920 SV-Verbindlichkeiten	–	–
1940 Sonstige Verbindlichkeiten	–	5 500,00
2110 Zinsaufwendungen	22 800,00	
2421 Mieterträge	–	24 250,00
2610 Zinserträge	–	10 500,00
4010 Löhne	77 500,00	–
4040 Gesetzliche soziale Aufwendungen	3 650,00	–
4100 Mieten	11 750,00	–
4270 Beiträge	17 400,00	–

Zum 31.12.19.. (Bilanzstichtag) sind noch folgende zeitliche Abgrenzungen vorzunehmen:

1. Am 1. Dezember wurde die Miete für Lagerräume für die Monate Dezember bis Februar in Höhe von 1650,00 DM von uns bezahlt.

2. Am 1. Oktober zahlten wir Hypothekenzinsen 4500,00 DM halbjährlich im voraus.

3. Mieterträge für die Monate November bis Januar gingen am 1. November in Höhe von 2790,00 DM von unserem Mieter im Geschäftshaus ein.

4. Für die Lohnwoche vom 29.12. bis 04.01. sind an die Arbeiter 12100,00 DM Löhne zu zahlen, davon entfallen 3700,00 DM auf die Zeit vom 29. bis 31.12. Der Arbeitgeberanteil zur Sozialversicherung beträgt 1245,00 DM, davon entfallen 505,00 DM auf das alte Jahr. Zahltag 04.01.

5. Darlehenszinsen werden von unserem Kunden für die Zeit von Oktober bis Dezember in Höhe von 270,00 DM erst am 2. Januar beglichen.

6. Der Handelskammerbeitrag über 1420,00 DM wird erst im Januar bezahlt.

Bilden Sie die Buchungssätze für den Abschluß der Konten.

Auszug aus der vorläufigen Summenbilanz zum 31.12.	Soll	Haben
0910 Aktive Rechnungsabgrenzung	–	–
0930 Passive Rechnungsabgrenzung	–	–
1130 Sonstige Forderungen	6600,00	–
1410 Vorsteuer	134400,00	127200,00
1810 Umsatzsteuer	130720,00	182500,00
1940 Sonstige Verbindlichkeiten	–	5700,00
2110 Zinsaufwendungen	12000,00	–
2421 Mieterträge	–	29400,00
2610 Zinserträge	–	11150,00
4100 Mieten	35800,00	–
4220 Kfz-Steuer	3300,00	–
4260 Versicherungen	18600,00	–
4270 Beiträge	11700,00	–
4500 Provisionen	18000,00	–
4810 Bürobedarf	15600,00	–

Zum 31.12.19.. (Bilanzstichtag) sind noch folgende zeitliche Abgrenzungen vorzunehmen:

1. Die Feuerversicherungsprämie (Gebäude) für das kommende Kalenderjahr wurde am 27. Dezember durch Banküberweisung beglichen: 850,00 DM.

2. Die Bezugskosten für eine Fachzeitschrift wurden am 28. Dezember mit 260,00 DM netto im voraus für das folgende Geschäftsjahr bezahlt.

3. Die Kraftfahrzeugsteuer für den LKW wurde am 1. Dezember für 1 Jahr im voraus durch Banküberweisung mit 660,00 DM beglichen.

4. Der Handelskammerbeitrag für das letzte Quartal beträgt 750,00 DM.

5. Vertreterprovision für Dezember über 1700,00 DM netto wird von uns erst im Januar bei Rechnungserteilung überwiesen.

6. Die Dezember-Lagermiete über 2850,00 DM überweisen wir erst Anfang Januar.

7. Unser Mieter begleicht die Miete für Büroräume in unserem Gebäude für Dezember in Höhe von 1850,00 DM erst im neuen Jahr.

8. Am 28. Dezember gingen 1900,00 DM Vierteljahresmiete in unserem Betrieb für das neue Kalenderjahr auf unserem Bankkonto ein.

9. Wir haben die fälligen Darlehenszinsen von 450,00 DM für die Zeit vom 01.10. bis 31.12. am Jahresende noch nicht erhalten.

10. Hypothekenzinsen in Höhe von 12000,00 DM für das Halbjahr 01.07. bis 31.12. werden von uns erst im Januar beglichen.

Bilden Sie die Buchungssätze für den Abschluß dieser Konten.

2.3   Rückstellungen

Ungewisse Verbindlichkeiten für Aufwendungen. Aus Gründen einer perioden-gerechten Erfolgsermittlung sind zum Bilanzstichtag auch solche Aufwendungen zu erfassen, deren Höhe bzw. Fälligkeit noch nicht bekannt ist, die jedoch wirtschaftlich dem Abschlußjahr zugerechnet werden müssen. Für diese Art von Aufwendungen sind dann die Beträge zu schätzen und als Verbindlichkeiten in Form von Rückstellungen auf der Passivseite der Bilanz auszuweisen. Die Ungewißheit über Höhe und Fälligkeit der Verbindlichkeit unterscheidet die Rückstellungen von den genau bestimmbaren „Sonstigen Verbindlichkeiten".

Passivierungspflicht. Nach § 249 (1) HGB müssen Rückstellungen gebildet werden für

- **ungewisse Verbindlichkeiten** (z. B. zu erwartende Steuernachzahlungen, Prozeßkosten, Garantieverpflichtungen, Pensionsverpflichtungen, Provisionsverbindlichkeiten, Inanspruchnahme aus Bürgschaften und dem Wechselobligo u. a.),
- **drohende Verluste aus schwebenden Geschäften** (z. B. erheblicher Preisrückgang bereits gekaufter, jedoch noch nicht gelieferter Waren),
- **unterlassene Instandhaltungsaufwendungen,** die im folgenden Geschäftsjahr **innerhalb von drei Monaten** nachgeholt werden,
- **Gewährleistungen ohne rechtliche Verpflichtungen** (Kulanzgewährleistungen).

Passivierungswahlrecht. Rückstellungen dürfen außerdem noch gebildet werden für

- **unterlassene Instandhaltungsaufwendungen, die nach drei Monaten,** aber noch innerhalb des folgenden Geschäftsjahres nachgeholt werden (§ 249 [1] Satz 3 HGB),
- **bestimmte Aufwendungen, die dem abgelaufenen Geschäftsjahr zuzuordnen sind** (§ 249 [2] HGB). Diese „Aufwandsrückstellungen" sind z. B. möglich für Großreparaturen, Werbekampagnen, Messen, Betriebsverlegungen u. a.

Bilanzausweis. Da Rückstellungen Schulden sind, zählen sie in der Bilanz auch zum Fremdkapital. Rückstellungen sind nach § 266 HGB in der Bilanz auszuweisen als

- **Pensionsrückstellungen,**   - **Steuerrückstellungen,**   - **Sonstige Rückstellungen.**

Bei Bildung der Rückstellung wird zunächst das betreffende Aufwandskonto im Soll mit dem geschätzten periodengerechten Betrag belastet. Die Gegenbuchung wird auf dem entsprechenden Rückstellungskonto im Haben vorgenommen. Die grundlegende Buchung lautet:

Aufwandskonto an Rückstellungskonto

Auswirkung auf den Jahreserfolg. Da Rückstellungen für Aufwendungen gebildet werden, vermindert sich der auszuschüttende Gewinn und damit zugleich auch die zu zahlende Ertragsteuer, wie z. B. die Einkommensteuer. Die Bildung von Rückstellungen hat deshalb positive Auswirkungen auf die flüssigen (liquiden) Mittel und somit auch auf die Liquidität des Unternehmens.

Auflösung von Rückstellungen. Rückstellungen sind aufzulösen, wenn sie ihren Zweck erfüllt haben. Da Rückstellungen auf Schätzungen beruhen, sind drei Fälle bei ihrer Auflösung denkbar:

- Die Rückstellung entspricht der Zahlung.
- Die Rückstellung ist größer als die Zahlung. Es ergibt sich ein Ertrag, zu erfassen auf Konto
  „2430 Periodenfremde Erträge".
- Die Rückstellung ist kleiner als die Zahlung. Es entsteht ein Aufwand, zu erfassen auf Konto
  „2030 Periodenfremde Aufwendungen".

6583220

Beispiel: Zum Bilanzstichtag wird mit einer Gewerbesteuernachzahlung für das Abschlußjahr in Höhe von 4 500,00 DM gerechnet.

Buchung bei Bildung der Rückstellung zum 31.12.:

     ① 4210 Gewerbesteuer ....   an   **0722 Steuerrückstellungen**   4 500,00

Abschlußbuchungen:

     ② 9300 GuV-Konto ....   an   **4210 Gewerbesteuer** 4 500,00
     ③ 0722 Steuerrückstellungen ..   an   **9400 Schlußbilanzkonto** ..   4 500,00

S	4210 Gewerbesteuer	H		S	0722 Steuerrückstellungen	H
①	4 500,00	② GuV 4 500,00		③ SBK 4 500,00	①	4 500,00
S	9300 GuV-Konto	H		S	9400 Schlußbilanzkonto	H
②	4 500,00				③	4 500,00

Beispiel: Die Gewerbesteuer wird im Juni nächsten Jahres überwiesen (Bank):
     1. 4 500,00 DM,   **2.** 4 000,00 DM,   **3.** 5 100,00 DM.

Zu Beginn des Geschäftsjahres wird das Rückstellungskonto eröffnet:

     9100 Eröffnungsbilanzkonto (EBK)   an   **0722 Steuerrückstellungen**   4 500,00

Buchung im Fall 1:   **Rückstellung = Zahlung: 4 500,00 DM**

     0722 Steuerrückstellungen ....   an   **1310 Bank** 4 500,00

S	1310 Bank	H	S	0722 Steuerrückstellungen	H
	0722	4 500,00 ←	1310 4 500,00	EBK	4 500,00

Buchung im Fall 2:   **Rückstellung > Zahlung: 4 000,00 DM**

     0722 Steuerrückstellungen 4 500,00
         an   **1310 Bank** 4 000,00
         an   **2430 Periodenfremde Erträge**   500,00

S	1310 Bank	H	S	0722 Steuerrückstellungen	H
	0722	4 000,00 ←	1310/2430 4 500,00	EBK	4 500,00
S	2430 Periodenfremde Erträge	H			
	0722	500,00 ←			

Buchung im Fall 3:   **Rückstellung < Zahlung: 5 100,00 DM**

     0722 Steuerrückstellungen 4 500,00
     2030 Periodenfremde Aufwendungen 600,00
         an   **1310 Bank** 5 100,00

S	1310 Bank	H	S	0722 Steuerrückstellungen	H
	0722/2030	5 100,00 ←	1310 4 500,00	EBK	4 500,00
			S	2030 Periodenfremde Aufwendungen	H
			1310	600,00	

Drohende Verluste aus schwebenden Geschäften. Im allgemeinen werden schwebende Rechtsgeschäfte – z. B. Kaufverträge, die noch von keinem Vertragspartner erfüllt sind, da Lieferung und Zahlung noch ausstehen – buchhalterisch überhaupt nicht erfaßt. Ist aber bereits bei Bilanzaufstellung erkennbar, daß dem Betrieb aus den Verträgen Verluste erwachsen (drohen), so muß aus Gründen kaufmännischer Vorsicht eine Rückstellung in Höhe des zu erwartenden Verlustes gebildet werden.

Beispiel: Am 28.11. hat die Baustoff GmbH einen Auftrag über die Lieferung von 500 Stück Spanplatten (furniert) zu 80,00 DM netto je Stück erteilt. Der Gesamtnettopreis beträgt daher 40 000,00 DM. Liefertermin: 15.02. n. J. fix.

Bis zum Bilanzstichtag ist der Wiederbeschaffungswert (Tagespreis) der Spanplatten nachhaltig auf 70,00 DM netto je Stück gesunken.

Rückstellung für drohenden Verlust. Da die Baustoff GmbH als Auftraggeberin an den vereinbarten Preis von 80,00 DM je Spanplatte gebunden ist und im nächsten Jahr nur mit dem niedrigeren Wiederbeschaffungspreis von 70,00 DM je Stück kalkuliert werden kann, droht ihr ein Verlust von 5 000,00 DM (500 · 10,00 DM), für den eine Rückstellung gebildet werden muß. Auf diese Weise wird der Verlust in dem Jahr erfaßt, in dem er verursacht wurde:

Buchung der Rückstellung zum 31.12.:

2060 Sonstige Aufwendungen	5 000,00	
an 0724 Sonstige Rückstellungen		5 000,00

Nennen Sie jeweils die Abschluß- und Eröffnungsbuchung für das Konto 0724.

Buchung nach Rechnungseingang am 15.02. des folgenden Jahres:

① 3010 Wareneingang	40 000,00	
1410 Vorsteuer	6 000,00	
an 1710 Verbindlichkeiten a. LL		46 000,00
② 0724 Sonstige Rückstellungen	5 000,00	
an 3010 Wareneingang		5 000,00

S	3010 Wareneingang	H	S	0724 Sonstige Rückstellungen	H
①	40 000,00	② 5 000,00	②	5 000,00	9100 5 000,00
S	1410 Vorsteuer	H	S	1710 Verbindlichkeiten a. LL	H
①	6 000,00				① 46 000,00

Nach Übertragung des Rückstellungsbetrages auf das Konto „3010 Wareneingang" stehen die eingekauften Spanplatten mit dem niedrigeren Tageswert von 35 000,00 DM zu Buch. Die Buchungen ① und ② können auch zusammengefaßt werden:

0724 Sonstige Rückstellungen	5 000,00	
3010 Wareneingang	35 000,00	
1410 Vorsteuer	6 000,00	
an 1710 Verbindlichkeiten a. LL		46 000,00

Merke:
- **Rückstellungen sind Verbindlichkeiten für Aufwendungen, die am Bilanzstichtag zwar ihrem Grunde nach feststehen, aber nicht in ihrer Höhe bzw. Fälligkeit. Sie dienen der periodengerechten Ermittlung des Jahresergebnisses.**
- **Rückstellungen sind nur in Höhe des Betrages anzusetzen, der nach vernünftiger kaufmännischer Beurteilung notwendig ist (§ 253 [1] HGB).**
- **Die Bildung von Rückstellungen mindert den Gewinn und damit auch die zu zahlenden Ertragsteuern (Einkommen-, Körperschaft-, Gewerbeertragsteuer).**

  Buchung: ▶ **Aufwandskonto an Rückstellungen**

6583222

Aufgaben – Fragen

Für einen laufenden Prozeß werden voraussichtlich 6 400,00 DM Gerichtskosten entstehen. **283**
1. *Buchen Sie zum Bilanzstichtag (31.12.).*
2. *Am 06.03. n. J. bezahlen wir durch Banküberweisung a) 6 400,00 DM; b) 5 000,00 DM; c) 7 500,00 DM. Wie lauten die Buchungen?*

Ein Unternehmen gewährt seinen Kunden auf alle gelieferten Waren 1 Jahr Garantie. In den **284**
vergangenen Rechnungsperioden machten die Gewährleistungsverpflichtungen etwa 1,5 %
des Nettojahresumsatzes aus. Im Abschlußjahr beträgt der Nettoumsatz 25 Millionen.
Berechnen Sie die zu erwartenden Gewährleistungsverpflichtungen und buchen Sie zum 31.12.

Eine Dachreparatur konnte im Dezember nicht mehr durchgeführt werden und mußte des- **285**
halb bis Mitte Januar aufgeschoben werden. Kostenvoranschlag: 5 800,00 DM netto.
1. *Buchen Sie aufgrund des Sachverhalts zum 31.12.*
2. *Nennen Sie die Abschlußbuchungen.*
3. *Wie wirkt sich die Bildung der Rückstellung auf den steuerlichen Gewinn aus?*
4. *Nennen Sie für das Konto „Rückstellungen" die Eröffnungsbuchung zum 01.01.*
5. *Wie ist zu buchen, wenn im neuen Jahr nach Durchführung der Reparatur folgende Rechnungen durch Bank beglichen werden:*
   a) 5 800,00 DM + USt;   b) 6 400,00 DM + USt;   c) 5 400,00 DM + USt?

Bildung einer Gewerbesteuerrückstellung über 8 600,00 DM. Banküberweisung der Gewerbe- **286**
steuer im März n.J.:   a) 8 600,00 DM;   b) 7 200,00 DM;   c) 9 000,00 DM.
Buchen Sie 1. die Bildung und 2. die Auflösung der Gewerbesteuerrückstellung.

1. Am Jahresende werden der Pensionsrückstellung für unsere Belegschaftsmitglieder **287**
   120 000,00 DM zugeführt.
2. Pensionsrückstellungen in Höhe von 7 600,00 DM werden wegen Kündigung von Belegschaftsmitgliedern aufgelöst.

Wie lauten die Buchungen?

Die Baustoff GmbH bestellt am 02.12. 1500 t Zement XR 304 zu 120,00 DM je t + USt. Liefe- **288**
rungstermin 15.02. n. J. Am Bilanzstichtag (31.12.) beträgt der Tagespreis 110,00 DM je t.
1. *Begründen Sie, daß es sich hierbei um ein schwebendes Geschäft handelt.*
2. *In welchem Fall sind schwebende Geschäfte im Jahresabschluß zu berücksichtigen?*
3. *Buchen Sie a) zum 31.12. und b) nach Eingang der Rechnung im Februar n. J.*

Zum Bilanzstichtag rechnen wir mit Steuerberatungskosten in Höhe von 3 200,00 DM netto. **289**
Im April n.J. erhalten wir die Rechnung des Steuerberaters über a) 3 500,00 DM + USt und
b) 2 900,00 DM + USt.
1. *Buchen Sie zum Bilanzstichtag und geben Sie auch die Abschlußbuchungen an.*
2. *Nennen Sie die Eröffnungsbuchung für das Rückstellungskonto.*
3. *Wie lautet jeweils die Buchung nach Rechnungseingang?*

1. *Erläutern Sie den Begriff „Rückstellungen".* **290**
2. *Was haben Rückstellungen und Sonstige Verbindlichkeiten gemeinsam?*
3. *Worin unterscheiden sich Rückstellungen von Sonstigen Verbindlichkeiten?*
4. *Für welche Zwecke müssen nach § 249 (1) HGB zum Bilanzstichtag Rückstellungen gebildet werden (sog. Passivierungspflicht für Rückstellungen)?*
5. *Für welche Sachverhalte besteht dagegen ein Passivierungswahlrecht?*
6. *Kann man durch Rückstellungen den Gewinn und die Steuern beeinflussen? Begründen Sie.*
7. *Hat die Bildung von Rückstellungen Einfluß auf die Liquidität des Unternehmens?*
8. *Inwiefern können Rückstellungen „stille" Reserven enthalten? Begründen Sie.*

291

Kontenplan und vorläufige Saldenbilanz	Soll	Haben
0310 Technische Anlagen und Maschinen	1 260 000,00	–
0330 Betriebs- und Geschäftsausstattung	400 000,00	–
0370 Geringwertige Wirtschaftsgüter	8 600,00	–
0610 Eigenkapital	–	900 000,00
0724 Sonstige Rückstellungen	–	10 000,00
0820 Darlehensschulden	–	380 000,00
1010 Forderungen a. LL	171 000,00	–
1310 Bank	348 500,00	–
1410 Vorsteuer	85 800,00	–
1510 Kasse	7 400,00	–
1610 Privatentnahmen	88 700,00	–
1710 Verbindlichkeiten a. LL	–	170 000,00
1810 Umsatzsteuer	–	50 000,00
1940 Sonstige Verbindlichkeiten	–	110 000,00
2110 Zinsaufwendungen	46 400,00	–
2610 Zinserträge	–	4 000,00
3010 Wareneingang	626 000,00	–
3910 Warenbestände	95 000,00	–
4000 Diverse Aufwendungen	295 300,00	–
4100 Mietaufwendungen	145 300,00	–
4710 Instandhaltung	8 000,00	–
4840 Rechts- und Beratungskosten	14 000,00	–
8010 Warenverkauf	–	1 976 000,00
Weitere Konten: 0910, 0930, 2050, 4910, 8710, 9300, 9400	3 600 000,00	3 600 000,00

Abschlußangaben zum Bilanzstichtag:

1. Außerplanmäßige Abschreibungen: a) Vollabschreibung der GWG; b) Eine EDV-Anlage, Buchwert 8 500,00 DM, hat nur noch einen Wert von 500,00 DM.

2. Planmäßige Abschreibungen: TA und Maschinen: 30 % degressiv
   BGA: 20 % linear von 500 000,00 DM Anschaffungskosten.

3. Private Warenentnahme: 1 200,00 DM netto.

4. Bildung einer Prozeßkostenrückstellung in Höhe von 32 800,00 DM und einer Rückstellung für unterlassene Instandhaltungen über 68 000,00 DM.

5. Die Dezembermiete für die Lagerhalle wird von uns Anfang n. J. mit 15 000,00 DM gezahlt.

6. Ein Kunde hatte uns für einen kurzfristigen Kredit die Halbjahreszinsen in Höhe von 600,00 DM am 01.11. im voraus überwiesen.

7. Kassenfehlbetrag lt. Inventur 400,00 DM.

8. Am 01.10. zahlten wir 17 100,00 DM Halbjahres-Darlehenszinsen im voraus.

9. Der Tageswert des Inventurbestandes der Waren beträgt 92 000,00 DM. Die durchschnittlichen Anschaffungskosten betragen 80 000,00 DM.[1]

1. *Erstellen Sie den Jahresabschluß. Gliedern Sie die Bilanz nach § 266 HGB (siehe Anhang und Seite 259).*

2. *Ermitteln Sie in % die Rentabilität des Eigenkapitals, indem Sie vom Jahresgewinn für die Arbeitsleistung des Geschäftsinhabers zunächst einen Unternehmerlohn von 96 000,00 DM abziehen und den Restgewinn zum Eigenkapital vom 01.01. des Geschäftsjahres in Beziehung setzen. Hat sich der Kapitaleinsatz gelohnt?*

---

[1] **Beachten Sie:** Nach dem **Prinzip der kaufmännischen Vorsicht** sind Vermögensgegenstände des Umlaufvermögens in der Jahresbilanz zum niedrigsten Wert **(Niederstwertprinzip)** auszuweisen. (Siehe auch S. 230, 234.)

6583224

3 Bewertung nach Handels- und Steuerrecht

3.1 Maßgeblichkeit der handelsrechtlichen Bewertung

Auswirkung der Bewertung. Zum Jahresabschluß sind alle Vermögensteile und Schulden zu bewerten. Die Bewertung, d. h. die Bestimmung des Wertansatzes für den einzelnen Vermögens- und Schuldposten, kann sich in entscheidendem Maße auf den Jahresgewinn (Jahresverlust) auswirken. Ein Mehr oder Weniger im Wertansatz hat ein gleiches Mehr oder Weniger an Gewinn (Verlust) zur Folge.

Beispiel: Der zu Beginn des Geschäftsjahres erworbene Verpackungsautomat (Anschaffungskosten 300 000,00 DM, Nutzungsdauer 10 Jahre) kann sowohl a) linear mit 10 % oder auch b) degressiv mit 30 % abgeschrieben werden. Ohne Berücksichtigung der Fälle a) und b) beträgt der Gewinn des Unternehmens 200 000,00 DM. *Bestimmen Sie in den Fällen a) und b) jeweils den Wertansatz für die Schlußbilanz und erläutern Sie die Auswirkung auf den genannten Gewinn.*

Bewertungsvorschriften. Falsche Bewertungen (z. B. überhöhte, zu niedrige oder unterlassene Abschreibungen und Rückstellungen) führen zu einer falschen Darstellung der Vermögens-, Schulden- und Erfolgslage des Unternehmens, vor der insbesondere die Gläubiger des Unternehmens geschützt werden müssen. Der Gesetzgeber hat deshalb Bewertungsvorschriften erlassen, die willkürliche Über- und Unterbewertungen der Vermögensteile und Schulden unterbinden. Es gibt handels- und steuerrechtliche Bewertungsvorschriften. Sie haben unterschiedliche Zielsetzungen.

- **Die handelsrechtliche Bewertung** richtet sich nach §§ 252–256 Handelsgesetzbuch. Die handelsrechtlichen Bewertungsvorschriften gelten für alle Unternehmen, gleich welcher Rechtsform. Sie dienen der Kapitalerhaltung und damit auch dem Schutz der Gläubiger. Vermögen, Schulden und Erfolg des Unternehmens sind deshalb zum Jahresabschluß vorsichtig zu ermitteln. Das Prinzip der Vorsicht ist oberster Bewertungsgrundsatz.
- **Die steuerrechtliche Bewertung** richtet sich nach §§ 5–7 Einkommensteuergesetz. Sie soll die Ermittlung des Gewinns nach einheitlichen Grundsätzen sicherstellen und damit eine „gerechte" Besteuerung ermöglichen. So weisen z. B. die amtlichen AfA-Tabellen einheitlich die Nutzungsdauer der verschiedenen Anlagegüter aus.

Grundsatz der Maßgeblichkeit. Die nach den handelsrechtlichen Bewertungsvorschriften aufgestellte Bilanz heißt „Handelsbilanz". Die in der Handelsbilanz ausgewiesenen Werte für die Vermögensteile und Schulden sind zugleich verbindlich (maßgebend) für die dem Finanzamt einzureichende „Steuerbilanz", sofern die steuerlichen Vorschriften keine andere Bewertung zwingend vorschreiben. Man spricht deshalb auch vom „Grundsatz der Maßgeblichkeit der Handelsbilanz für die Steuerbilanz".

Beispiele: 1. Die o. g. Maschine wurde in der Handelsbilanz linear mit 30 000,00 DM abgeschrieben. Somit beträgt der Wertansatz 270 000,00 DM. Da das Steuerrecht keine andere Abschreibung vorschreibt, muß der Wertansatz der Handelsbilanz in die Steuerbilanz übernommen werden (Maßgeblichkeitsgrundsatz).

2. In der Handelsbilanz wurde die Maschine linear abgeschrieben. Um den steuerlichen Gewinn zu mindern, wurde in der Steuerbilanz degressiv mit 90 000,00 DM abgeschrieben. Der Wertansatz in der Steuerbilanz muß korrigiert werden, da ein Verstoß gegen den Maßgeblichkeitsgrundsatz vorliegt.

Die Handelsbilanz ist grundsätzlich für den zu versteuernden Gewinn maßgebend. Dieser Grundsatz der Maßgeblichkeit der handelsrechtlichen Bewertungsvorschriften für die Steuerbilanz ergibt sich aus § 5 (1) Einkommensteuergesetz.

§ 5 (1) EStG: Gewinn bei Vollkaufleuten und bei bestimmten anderen Gewerbetreibenden:
„Bei Gewerbetreibenden, die aufgrund gesetzlicher Vorschriften verpflichtet sind, Bücher zu führen und regelmäßig Abschlüsse zu machen oder die ohne eine solche Verpflichtung Bücher führen und regelmäßig Abschlüsse machen, ist für den Schluß des Wirtschaftsjahres das Betriebsvermögen anzusetzen, das nach den handelsrechtlichen Grundsätzen ordnungsmäßiger Buchführung auszuweisen ist."

Die Steuerbilanz darf von der Handelsbilanz nur insoweit abweichen, als das Steuerrecht ausdrücklich einen anderen Wertansatz (z. B. eine längere Nutzungsdauer für die AfA eines Anlagegutes) vorschreibt. Kann das Unternehmen nach dem Steuerrecht verschiedene Wertansätze wählen (z. B. lineare oder degressive AfA), so ist es an den Wertansatz der Handelsbilanz auch für die Steuerbilanz gebunden.

Getrennte Bilanzen. Unternehmen, die ihren Jahresabschluß veröffentlichen müssen, wie z. B. alle Kapitalgesellschaften, haben sowohl eine Handelsbilanz als auch eine davon getrennte – durch Hinzurechnungen und Kürzungen aus der Handelsbilanz abgeleitete – Steuerbilanz zu erstellen.

Einheitsbilanz. Unternehmen, die nicht der Publizitätspflicht unterliegen (alle Einzelunternehmen und Personengesellschaften), stellen in der Regel nur eine Bilanz auf, die zugleich Handels- und Steuerbilanz ist. Das bedeutet, daß bereits beim Jahresabschluß die steuerrechtlichen Bewertungsmöglichkeiten berücksichtigt werden.

Merke:
- Bewertung bedeutet Bestimmung des Wertansatzes für die einzelnen Vermögensteile und Schulden in der Jahresschlußbilanz.
- Die Bewertung beeinflußt das im Jahresabschluß auszuweisende Vermögen, die Schulden und den Jahreserfolg.
- Handels- und steuerrechtliche Bewertungsvorschriften haben unterschiedliche Zielsetzungen.
- Es gilt der „Grundsatz der Maßgeblichkeit der Handelsbilanz für die Steuerbilanz", solange das Steuerrecht keine andere Bewertung vorschreibt.

Aufgaben – Fragen

292 Die Textil-GmbH hat zu Beginn des Geschäftsjahres 01 einen Verpackungsautomaten erworben: Anschaffungskosten 400 000,00 DM, Nutzungsdauer 10 Jahre. Wegen des technischen Fortschritts wird die Maschine degressiv mit 40 % in der Handels- und Steuerbilanz abgeschrieben.
1. *Begründen Sie, inwieweit es sich in der vorliegenden Bewertungsentscheidung für die Steuerbilanz um eine Durchbrechung des Maßgeblichkeitsprinzips handelt.*
2. *Ermitteln Sie den Wertansatz zum 31.12.01 für die a) Handelsbilanz und b) Steuerbilanz.*

293 Die Südfrüchte GmbH hat im Geschäftsjahr 01 geringwertige Wirtschaftsgüter für insgesamt 35 000,00 DM erworben, die im zu veröffentlichenden handelsrechtlichen Jahresabschluß aktiviert und nach der Nutzungsdauer abgeschrieben werden. Um den steuerpflichtigen Gewinn zu mindern, wurden die geringwertigen Wirtschaftsgüter in der beim Finanzamt eingereichten Steuerbilanz voll abgeschrieben.
1. *Welches Bilanzierungwahlrecht besteht steuerlich bei geringwertigen Wirtschaftsgütern?*
2. *Nehmen Sie kritisch Stellung zu der vorliegenden Bewertung in beiden Bilanzen.*
3. *Erläutern Sie die unterschiedliche Zielsetzung der handels- und steuerrechtlichen Bewertung.*
4. *Begründen Sie, inwiefern durch eine vorsichtige Bewertung in der Handelsbilanz dem Gläubigerschutz Rechnung getragen wird.*
5. *Nennen Sie mögliche Abweichungen zwischen Handels- und Steuerbilanz.*
6. *Welche Vor- und Nachteile hat jeweils eine a) niedrige und b) hohe Abschreibung?*

6583226

3.2 Wertmaßstäbe

Für die Bewertung sind insbesondere folgende Wertmaßstäbe von Bedeutung:

● **Anschaffungskosten** ● **Herstellungskosten** ● **Fortgeführte AK/HK** ● **Tageswert**

Anschaffungskosten sind nach § 255 (1) HGB „die Aufwendungen, die geleistet werden, um einen Vermögensgegenstand zu erwerben und in einen betriebsbereiten Zustand zu versetzen, soweit sie einzeln zugeordnet werden können":

Anschaffungspreis	⬌ Netto-Kaufpreis
+ **Nebenkosten**	⬌ Bezugskosten, Zölle, Fundament, Montage, Zulassung, Grunderwerbsteuer, Notar, Makler
+ **nachträgliche Anschaffungskosten**	⬌ Erschließung, Straßenbau, Umbau, Ausbau, Zubehörteile für Anlagen u. a.
− **Anschaffungskostenminderungen**	⬌ Rabatte, Skonti, Gutschriften, erhaltene Zuschüsse u. a.
= **Anschaffungskosten (AK)**	⬌ **Aktivierung:** handels- und steuerrechtlich

Zinsen zur Anschaffungsfinanzierung sind keine Anschaffungsnebenkosten!

Herstellungskosten für im eigenen Betrieb erstellte Vermögensgegenstände (z. B. Erzeugnisse, selbsterstellte Anlagen, werterhöhende Großreparaturen) umfassen nach § 255 (2), (3) HGB mindestens die Einzelkosten der Herstellung. Die Gemeinkosten (keine Vertriebsgemeinkosten!) dürfen in die Herstellungskosten einbezogen werden. Den Unterschied zwischen handels- und steuerrechtlichen Herstellungskosten (Abschnitt 33 EStR) zeigt die folgende Gegenüberstellung:

Handelsrechtliche HK		**Steuerrechtliche HK**	
Pflicht	Fertigungsmaterial (FM) + Fertigungslöhne (FL) + Sondereinzelkosten der Fertigung = **Mindest-Herstellungskosten**	Pflicht	Fertigungsmaterial (FM) + Fertigungslöhne (FL) + Sondereinzelkosten der Fertigung + Materialgemeinkosten (MGK) + Fertigungsgemeinkosten (FGK) = **Mindest-Herstellungskosten**
Wahlrecht	+ Materialgemeinkosten (MGK) + Fertigungsgemeinkosten (FGK) + Verwaltungsgemeinkosten (VwGK) = **Höchste Herstellungskosten**	Wahlrecht	+ Verwaltungsgemeinkosten (VwGK) = **Höchste Herstellungskosten**

Fortgeführte Anschaffungs-/Herstellungskosten ergeben sich als Wertansatz für alle abnutzbaren Anlagegüter unter Berücksichtigung der Abschreibungen:

Anschaffungskosten/Herstellungskosten
− **planmäßige Abschreibungen**
= **fortgeführte Anschaffungskosten/Herstellungskosten**

Tageswert, auch Zeitwert oder Wiederbeschaffungswert genannt, ist der (all-)gemeine Wert, der sich aus dem Börsen- und Marktpreis ergibt. Falls ein Börsen- oder Marktpreis nicht festzustellen ist, gilt ein geschätzter Wert. Der Tageswert ist also lediglich als Vergleichswert anzuwenden bzw. anzusetzen.

Teilwert ist ein steuerlicher Wertbegriff, der sich kaum berechnen läßt:

„Teilwert ist der Betrag, den ein Erwerber des ganzen Betriebes im Rahmen des Gesamtkaufpreises für das einzelne Wirtschaftsgut ansetzen würde; dabei ist davon auszugehen, daß er den Betrieb fortführt" (§ 6 [1] Ziffer 1 EStG).

Dem Teilwert entsprechen hilfsweise die o. g. Wertmaßstäbe.

Merke: **Die Anschaffungs-/Herstellungskosten dürfen nie überschritten werden.**

3.3 Allgemeine Bewertungsgrundsätze nach § 252 HGB

Die allgemeinen Bewertungsgrundsätze (Prinzipien) sind <u>für alle Kaufleute verbindlich</u> in § 252 Abs. 1 HGB geregelt:

1. Grundsatz der Bilanzidentität (Bilanzgleichheit)

Der Grundsatz der Bilanzidentität verlangt, daß die Positionen der Schlußbilanz eines Geschäftsjahres **wertmäßig** mit den Positionen der Eröffnungsbilanz des folgenden Geschäftsjahres völlig **übereinstimmen,** also identisch sein müssen. Die Schlußbilanz ist **gleichzeitig** die Eröffnungsbilanz des Folgejahres.

Der Grundsatz der Bilanzidentität soll verhindern, daß beim Übergang auf das neue Geschäftsjahr nachträglich Wertveränderungen vorgenommen werden.

2. Grundsatz der Unternehmensfortführung (Going-concern-Prinzip)

Bei der Bewertung ist grundsätzlich von der Fortführung der Unternehmenstätigkeit auszugehen. Die einzelnen Vermögensgegenstände dürfen **nicht mit ihren Liquidationswerten** (Einzelveräußerungspreis im Falle einer freiwilligen Auflösung des Unternehmens) in die Jahresbilanz eingesetzt werden, sondern nur zu dem Wert, der sich aus der angenommenen Unternehmensfortführung ergibt. Das sind z. B. bei abnutzbaren Anlagegütern die Anschaffungskosten abzüglich Abschreibungen.

Eine Abweichung vom „Going-concern-Prinzip" ist nur im Falle einer Liquidation (freiwillige Auflösung) oder eines Konkurses (zwangsweise Auflösung) eines Unternehmens möglich.

3. Grundsatz der Einzelbewertung

Grundsätzlich sind alle Vermögensgegenstände und Schulden **einzeln** zu bewerten. Allerdings sind <u>Bewertungsvereinfachungsverfahren</u> aus Gründen der Wirtschaftlichkeit gesetzlich zugelassen, wie z. B. eine Gruppen- oder Sammelbewertung der Warenbestände nach Durchschnittswerten (§ 240 [4] HGB) u. a.

4. Grundsatz der Stichtagsbezogenheit (Stichtagsprinzip)

Die Bewertung der einzelnen Vermögensgegenstände und Schulden hat sich nach den <u>Verhältnissen am</u> Abschlußstichtag zu richten. Dabei sind alle Sachverhalte, die am Bilanzstichtag (31.12.01) objektiv bestanden, zu berücksichtigen, auch wenn sie nach diesem Zeitpunkt, jedoch noch **vor** dem Tag der Bilanzaufstellung (28.01.02) <u>bekannt werden</u> (sog. <u>wertaufhellende Tatsachen</u>).

Beispiel: Am 31.12.01 besteht eine Forderung gegenüber einem Kunden in Höhe von 11 500,00 DM. Am 12.01.02, also noch vor Bilanzaufstellung (28.01.02), erfahren wir, daß der Kunde bereits am 26.12.01 durch Konkurs völlig zahlungsunfähig war.

Die erlangte bessere Erkenntnis über den Wert der Forderung zum Bilanzstichtag muß bei der Bewertung berücksichtigt werden. Die Forderung ist zum 31.12.01 abzuschreiben, da sie objektiv uneinbringlich war.

Vorgänge, die sich **nach** dem Bilanzstichtag ereignen und Tatsachen geschaffen haben, die am Bilanzstichtag objektiv noch nicht gegeben waren, dürfen bei der Bewertung zu diesem Zeitpunkt <u>nicht</u> berücksichtigt werden.

6583228

Beispiel: Am 31.12.01 besteht gegenüber einem Kunden eine Forderung über 17 250,00 DM. Wertmindernde Tatsachen waren zu diesem Zeitpunkt nicht gegeben. Am 15.01.02, also noch vor Bilanzaufstellung (28.01.02), brennt das Warenlager des Kunden ab. Mangels ausreichender Versicherungsleistung kommt es zum Konkurs und damit zum Totalausfall der Forderung.

Die durch Brand eingetretene Zahlungsunfähigkeit des Kunden ist ein <u>Vorgang im neuen Geschäftsjahr</u>. Eine Abschreibung der Forderung darf deshalb zum 31.12.01 nicht vorgenommen werden.

5. Grundsatz der Vorsicht (Vorsichtsprinzip)

Der Kaufmann muß **vorsichtig** bewerten, indem er alle vorhersehbaren Risiken und Verluste, die bis zum Abschlußstichtag entstanden sind oder drohen, berücksichtigt. Das bedeutet, daß er die <u>Vermögensgegenstände</u> eher zu <u>niedrig</u> als zu hoch (<u>Niederstwertprinzip</u>) und die <u>Schulden</u> eher zu <u>hoch</u> als zu niedrig (<u>Höchstwertprinzip</u>) ansetzt.

<u>Gewinne</u> dürfen nur dann ausgewiesen werden, wenn sie durch Umsatz tatsächlich entstanden, also <u>realisiert</u> sind (<u>Realisationsprinzip</u>).

Das Vorsichtsprinzip soll überhöhte Gewinnausschüttungen verhindern und trägt deshalb zur Erhaltung des Eigenkapitals und damit der Haftungssubstanz gegenüber den Gläubigern (Gläubigerschutz) bei.

6. Grundsatz der Periodenabgrenzung

Nach dem Grundsatz der Periodenabgrenzung sind Aufwendungen und Erträge dem Geschäftsjahr zuzuweisen, in dem sie **wirtschaftlich verursacht** wurden, ohne Rücksicht auf den Zeitpunkt der Ausgabe und Einnahme.

Die zeitliche Abgrenzung der Aufwendungen und Erträge in der Form der „Aktiven und Passiven Rechnungsabgrenzung" sowie „Sonstigen Forderungen und Verbindlichkeiten" soll eine periodengerechte Erfolgsermittlung ermöglichen.

7. Grundsatz der Bewertungsstetigkeit

Der Grundsatz der Bewertungsstetigkeit besagt, daß die einmal gewählten **Bewertungs- und Abschreibungsmethoden** grundsätzlich **beizubehalten** sind.

Die Bewertungsstetigkeit, auch **materielle Bilanzkontinuität** genannt, soll insbesondere einen willkürlichen Wechsel der Bewertungs- und Abschreibungsmethoden für dasselbe oder gleichwertige Wirtschaftsgüter verhindern, damit die Vergleichbarkeit der Jahresabschlüsse sichergestellt ist.

Zu berücksichtigen ist aber auch die **formale Bilanzkontinuität,** also eine <u>einheitliche Bezeichnung und Gliederung der Posten des Jahresabschlusses</u> in der <u>Bilanz</u> (§ 266 HGB) und <u>Gewinn- und Verlustrechnung</u> (§ 275 HGB).

Merke: 1. **Die allgemeinen Bewertungsgrundsätze nach § 252 Abs. 1 HGB gelten für alle Kaufleute und Unternehmensformen:**

- **Einzelunternehmen,**
- **Personengesellschaften (OHG, KG),**
- **Kapitalgesellschaften (GmbH, AG) und**
- **Genossenschaften.**

2. **Von den allgemeinen Bewertungsgrundsätzen darf nur in begründeten Ausnahmefällen abgewichen werden (§ 252 Abs. 2 HGB).**

3.4 Besondere Bewertungsprinzipien[1]

Das Prinzip der Vorsicht ist der wichtigste handelsrechtliche Bewertungsgrundsatz, der insbesondere der Kapitalerhaltung des Unternehmens und damit dem Gläubigerschutz dient. Vorsichtige Bewertung bedeutet, daß bei Vermögensteilen stets der niedrigere und bei Schulden stets der höhere Wert anzusetzen ist, wenn zum Bilanzstichtag mehrere Wertansätze zur Verfügung stehen. Darüber hinaus sollen alle vorhersehbaren Risiken und Verluste erfaßt werden.

Konkrete Anwendung des Vorsichtsprinzips. Das Prinzip der Vorsicht (§ 252 [1] Ziffer 4 HGB) findet seine konkrete Anwendung in den folgenden Bewertungsprinzipien:

- Anschaffungswertprinzip,
- Niederstwertprinzip und
- Höchstwertprinzip.

Anschaffungswertprinzip: Die Anschaffungskosten dürfen nicht überschritten werden!

Bei der Bewertung des Vermögensgegenstandes zum Bilanzstichtag dürfen die ursprünglichen Anschaffungs- oder Herstellungskosten nicht überschritten werden. Durch diese Bewertungsobergrenze wird sichergestellt, daß nur die am Abschlußstichtag durch Verkauf oder Zahlung realisierten (entstandenen) Gewinne ausgewiesen werden.

Beispiel: Der Wert eines zu 250000,00 DM erworbenen Grundstücks ist inzwischen auf 300000,00 DM gestiegen.

Solange das Grundstück nicht zu dem höheren Wert verkauft ist, spricht man von einer stillen Reserve oder einem nicht realisierten Gewinn. Aus Gründen kaufmännischer Vorsicht sind nicht realisierte Gewinne noch keine Gewinne und dürfen deshalb auch nicht ausgewiesen (und somit auch nicht ausgeschüttet) werden. Das Grundstück darf höchstens mit 250000,00 DM Anschaffungskosten in die Bilanz eingesetzt werden.

Niederstwertprinzip für Gegenstände des Anlage- und Umlaufvermögens

Am Bilanzstichtag ist von zwei möglichen Wertansätzen – Tageswert (Börsen- oder Marktpreis) und Anschaffungskosten – grundsätzlich der niedrigere anzusetzen.

Beispiel: Der Wert eines für 220000,00 DM erworbenen Grundstücks ist wegen einer Straßenverlegung auf 100000,00 DM gesunken.

Auch wenn das Grundstück noch nicht zu dem niedrigeren Wert verkauft ist, muß der Wert um 120000,00 DM auf 100000,00 DM herabgesetzt werden. Das Niederstwertprinzip führt somit zum Ausweis eines noch nicht realisierten Verlustes. Denn: Nicht realisierte Verluste sind aus Gründen kaufmännischer Vorsicht Verluste und müssen deshalb wie Verluste behandelt werden.

Man unterscheidet zwischen strengem und gemildertem Niederstwertprinzip:

Strenges Niederstwertprinzip bedeutet, daß von den zwei möglichen Wertansätzen stets der niedrigere Wert angesetzt werden muß. Das gilt uneingeschränkt für alle Gegenstände des Umlaufvermögens und des nicht abnutzbaren Anlagevermögens. In Erfüllung des strengen Niederstwertprinzips sind abnutzbare Anlagegüter planmäßig abzuschreiben. Außerdem müssen alle Anlagegüter im Falle einer dauernden Wertminderung auch außerplanmäßig abgeschrieben werden (Abschreibungspflicht).

Das **gemilderte Niederstwertprinzip** besagt, daß beispielsweise bei allen Anlagegütern der niedrigere Wert auch bei vorübergehender Wertminderung angesetzt werden darf. Dieses Wahlrecht gilt bei Kapitalgesellschaften nur für das Finanzanlagevermögen.

---

[1] § 252 HGB (siehe Kapitel K und S. 228–229) enthält die allgemeinen Bewertungsgrundsätze.

Höchstwertprinzip für die Bewertung der Schulden

Schulden sind zu ihrem <u>Höchstwert</u> zu passivieren. Am Abschlußstichtag muß von zwei möglichen Werten jeweils der <u>höhere</u> in die Bilanz eingesetzt werden.

Beispiel: Import von Handelswaren am 20.12., Zahlungsziel 4 Wochen, Rechnungsbetrag 10 000 Dollar, Kurs am 20.12. 1,60 DM je $. Zum Bilanzstichtag am 31.12. beträgt der Kurs 1,80 DM je $.

Buchung zum 20.12.: 3010 Wareneingang an 1710 Verbindlichk. a.LL 16 000,00

Buchung zum 31.12.: 3010 Wareneingang an 1710 Verbindlichk. a.LL 2 000,00

Das Höchstwertprinzip führt somit wie das Niederstwertprinzip zum <u>Ausweis eines nicht realisierten Verlustes</u>. Eine Kurssenkung auf beispielsweise 1,50 DM darf in keinem Fall berücksichtigt werden, da dann wegen fehlender Zahlung ein nicht realisierter Gewinn von 1 000,00 DM ausgewiesen würde.

Imparitätsprinzip. Anschaffungs-, Niederst- und Höchstwertprinzip bewirken, daß zwar nicht realisierte Verluste ausgewiesen werden, nicht aber nicht realisierte Gewinne. Dieses Prinzip der <u>ungleichen</u> Behandlung von nicht realisierten Gewinnen und Verlusten bezeichnet man auch als <u>Imparitätsprinzip</u>. Es ist <u>Ausdruck kaufmännischer Vorsicht</u> als dem obersten Bewertungsgrundsatz.

Merke: ● **Das Imparitätsprinzip ist Ausdruck kaufmännischer Vorsicht:**
▷ **Nicht realisierte Gewinne dürfen nicht ausgewiesen werden!**
▷ **Nicht realisierte Verluste müssen ausgewiesen werden!**
● **Das Imparitäts- bzw. Vorsichtsprinzip findet seine konkrete Anwendung im Anschaffungs-, Niederst- und Höchstwertprinzip.**

Beibehaltung von Wertansätzen und Wertaufholung. <u>Handelsrechtlich darf bei allen Gegenständen</u> des Anlage- und Umlaufvermögens ein <u>niedriger Wert beibehalten</u> werden, auch wenn die Gründe dafür nicht mehr bestehen (§ 253 [5] HGB). Eine <u>Wertaufholung</u> ist aber <u>möglich</u>, d. h., der letzte Wertansatz <u>darf</u> überschritten werden, höchstens jedoch <u>bis zu den (fortgeführten) Anschaffungskosten</u>. Dieses <u>Wahlrecht besteht für alle Einzelunternehmen und Personengesellschaften</u>. Es gilt auch <u>grundsätzlich für Kapitalgesellschaften</u>, sofern der niedrigere Wert in der Steuer- <u>und</u> Handelsbilanz beibehalten wird (§ 280 [2] HGB).

Beispiel: Ein Unternehmen kauft am 15.07.01 zur kurzfristigen Anlage Aktien zum Stückkurs von 200,00 DM. Am 31.12.01 beträgt der Tagesstückkurs 180,00 DM. Bilanzansatz zum 31.12.01 nach dem strengen Niederstwertprinzip: 180,00 DM. Bis zum 31.12.02 steigt der Stückkurs auf 230,00 DM.

Mögliche Wertansätze zum 31.12.02 bei einem Tageskurs von 230,00 DM:
1. Beibehaltung des niedrigen Wertansatzes . . . . 180,00 DM
2. Wertaufholung bis zu den Anschaffungskosten . . . . 200,00 DM
3. Ansatz eines Zwischenwertes . . . . 180,00/200,00 DM

Eine Wertaufholung wird durch eine <u>Zuschreibung</u> (Aktivierung) vorgenommen. Dadurch werden <u>stille Reserven</u> aufgelöst. Im Beispiel darf der Wertansatz von 180,00 DM um 20,00 DM auf 200,00 DM erhöht werden:

Buchung der Zuschreibung: Wertpapiere an Sonstige betriebliche Erträge 20,00

Merke: Bei allen Vermögensgegenständen darf ein niedriger Wertansatz grundsätzlich beibehalten werden, auch wenn die Gründe dafür nicht mehr bestehen (§ 253 [5] HGB). Eine Wertaufholung ist grundsätzlich möglich, allerdings nur bis zu den (fortgeführten) Anschaffungskosten.

3.5 Bewertung des Anlagevermögens

Im Hinblick auf die Bewertung des Anlagevermögens unterscheidet man zwischen

- **abnutzbaren Wirtschaftsgütern des Anlagevermögens** und
- **nicht abnutzbaren Wirtschaftsgütern des Anlagevermögens.**

3.5.1 Bewertung der abnutzbaren Anlagegüter[1]

Planmäßige Abschreibung. Abnutzbare Anlagegüter (z.B. Gebäude, Maschinen u.a.) sind in ihrer Nutzung zeitlich begrenzt. Sie sind deshalb nach § 253 (2) HGB planmäßig abzuschreiben, d.h. entweder linear bzw. degressiv nach ihrer Nutzungsdauer oder nach der beanspruchten Leistung (z.B. km). Zum Bilanzstichtag sind sie grundsätzlich mit den fortgeführten Anschaffungs- bzw. Herstellungskosten anzusetzen.

Beispiel: Anschaffung einer Verpackungsmaschine am 10.01.01. Die Anschaffungskosten betragen 400 000,00 DM. Die Nutzungsdauer wird mit 10 Jahren angesetzt. Die Maschine soll linear mit 40 000,00 DM jährlich planmäßig abgeschrieben werden.

Anschaffungskosten	400 000,00 DM
– planmäßige Abschreibung	40 000,00 DM
= fortgeführte Anschaffungskosten zum 31.12.01 ...	**360 000,00 DM**

Wie hoch sind die fortgeführten Anschaffungskosten bei degressiver Abschreibung?

Außerplanmäßige Abschreibung. Außerordentliche und dauerhafte Wertminderungen (z.B. durch Schadensfall oder technischen Fortschritt) bedingen eine außerplanmäßige Abschreibung des abnutzbaren Anlagegutes auf den niedrigeren Tageswert. Nach § 253 (2) HGB besteht Abschreibungspflicht (strenges Niederstwertprinzip).

Beispiel: Die fortgeführten Anschaffungskosten der o.g. Maschine betragen am Ende des 6. Nutzungsjahres 160 000,00 DM. Durch Sortimentsumstellung kann diese Maschine im eigenen Unternehmen nicht mehr genutzt werden. Der Tageswert der Maschine beträgt 60 000,00 DM.

fortgeführte Anschaffungskosten zum 31.12.06 ...	160 000,00 DM
– Tageswert zum 31.12.06	60 000,00 DM
= außerplanmäßige Abschreibung	**100 000,00 DM**

Nennen Sie den Buchungssatz für die planmäßige und außerplanmäßige Abschreibung.

3.5.2 Bewertung der nicht abnutzbaren Anlagegüter[1]

Anschaffungskosten. Nicht abnutzbare Anlagegüter (z.B. Grundstücke, Finanzanlagen, wie Beteiligungen, Wertpapiere, die als Daueranlage angeschafft wurden u.a.) sind zum Abschlußstichtag grundsätzlich mit ihren Anschaffungskosten zu bewerten.

Niedrigerer Tageswert. Nur im Falle einer dauerhaften Wertminderung muß nach § 253 (2) HGB eine außerplanmäßige Abschreibung auf den niedrigeren Tageswert vorgenommen werden (strenges Niederstwertprinzip).

Beispiel: Die Metallhandels GmbH hat im Geschäftsjahr 01 ein Aktienpaket zum Kurswert von 250 000,00 DM erworben. Die Aktien, die noch mit ihren Anschaffungskosten bilanziert sind, haben am 31.12.02 nur noch einen Kurswert von 200 000,00 DM.

Anschaffungskosten der Aktien	250 000,00 DM
– Tageswert zum 31.12.02	200 000,00 DM
= außerplanmäßige Abschreibung	**50 000,00 DM**

Buchung: 4930 Abschreibungen a. Finanzanlagen an 0450 Wertpapiere d. AV 50 000,00

---

1 siehe auch S. 198 f.

6583232

Wertaufholung. Sollte in Zukunft, z.B. im Geschäftsjahr 04, der Kurswert auf 260 000,00 DM steigen, kann eine Zuschreibung (Wertaufholung) höchstens bis zu den Anschaffungskosten, also in Höhe von 50 000,00 DM, erfolgen.

Nennen Sie den Buchungssatz (siehe S. 231).

Merke:
- **Nur abnutzbare Anlagegüter unterliegen einer planmäßigen Abschreibung. Die fortgeführten Anschaffungskosten/Herstellungskosten bilden den Wertansatz.**
- **Die Anschaffungskosten stellen in der Regel den Wertansatz eines nicht abnutzbaren Anlagegutes dar.**
- **Alle Anlagegüter müssen bei einer voraussichtlich dauernden Wertminderung außerplanmäßig auf den niedrigeren Tageswert abgeschrieben werden.**
- **Anlagegüter dürfen nach § 253 (2) HGB auch bei einer nur vorübergehenden Wertminderung auf den niedrigeren Tageswert abgeschrieben werden (gemildertes Niederstwertprinzip). Dieses Abschreibungswahlrecht gilt bei Kapitalgesellschaften nach § 279 (1) HGB nur für das Finanzanlagevermögen.**
- **Eine Wertaufholung (Zuschreibung) ist bei Wegfall der Wertminderung grundsätzlich möglich, jedoch höchstens bis zu den (fortgeführten) Anschaffungskosten.**

Aufgaben – Fragen

294 Die Textilhandel GmbH hat im Geschäftsjahr 01 ein Aktienpaket zur langfristigen Anlage zum Kurswert von 150 000,00 DM erworben.

a) Am 31.12.01 beträgt der Kurswert 120 000,00 DM.
b) Am 31.12.02 ist der Kurswert wiederum auf 140 000,00 DM gestiegen.
c) Am 31.12.03 beträgt der Kurswert 200 000,00 DM.

Ermitteln und begründen Sie die Wertansätze in den Fällen a), b) und c).

295 Im Geschäftsjahr 01 hat die Textilhandel GmbH zur Erweiterung ein Baugrundstück zum Kaufpreis von 600 000,00 DM erworben. Grunderwerbsteuer 2 %; Notariatskosten 5 000,00 DM + USt; Maklergebühr 18 000,00 DM + USt; Kanalanschlußgebühr 12 000,00 DM; Grundbuchkosten 2 800,00 DM. Alle Zahlungen erfolgen durch Banküberweisungen.

Im Laufe des folgenden Geschäftsjahres ergibt ein Gutachten, daß das Grundstück wegen eines sumpfigen Unterbodens nur unter beträchtlichem Aufwand bebaut werden kann. Die Wertminderung des Grundstücks beträgt lt. Gutachten 80 000,00 DM.

1. *Ermitteln Sie die Anschaffungskosten des Grundstücks.*
2. *Nennen Sie die Buchungen zur Bilanzierung des Grundstücks.*
3. *Begründen Sie Ihre Bewertungsentscheidung zum 31.12.02 und nennen Sie die Buchung.*

296 Die Textilhandel GmbH hat im Februar des Geschäftsjahres 01 eine neue EDV-Anlage für 200 000,00 DM angeschafft. Lineare Abschreibung bei einer Nutzungsdauer von 5 Jahren.

Zum Schluß des 3. Geschäftsjahres ist die EDV-Anlage als wirtschaftlich und technisch überholt anzusehen, da die Lieferfirma ein verbessertes Nachfolgemodell zu einem erheblich günstigeren Preis anbietet. Der Tageswert der EDV-Anlage beträgt nur noch 20 000,00 DM.

Ermitteln und begründen Sie jeweils den Wertansatz zum a) 31.12.01, b) 31.12.02 und c) 31.12.03.

297 Die Textilhandel GmbH hat am 01.07.01 einen computergesteuerten Stoffschneideautomaten in Betrieb genommen. Die Anschaffungskosten betrugen 350 000,00 DM.

1. *Ermitteln Sie die Wertansätze der neuen Anlage für die ersten drei Geschäftsjahre a) bei linearer und b) bei degressiver Abschreibung. Die Nutzungsdauer beträgt 10 Jahre.*
2. *Welche Vorteile hat die degressive Abschreibungsmethode?*
3. *Ist ein Wechsel von der degressiven zur linearen Abschreibung möglich? Begründen Sie.*

3.6 Bewertung des Umlaufvermögens

Zum Umlaufvermögen zählen nach § 266 HGB (siehe Bilanzgliederung im Anhang des Lehrbuches) die folgenden Vermögensgruppen:

> I. Vorräte
> II. Forderungen und sonstige Vermögensgegenstände
> III. Wertpapiere
> IV. Scheck-, Kassenbestand, Bank- und Postbankguthaben

Strenges Niederstwertprinzip. Für die Bewertung der Wirtschaftsgüter des Umlaufvermögens gilt das strenge Niederstwertprinzip. Sie dürfen <u>höchstens</u> mit ihren <u>Anschaffungskosten (AK) oder Herstellungskosten (HK)</u> angesetzt werden. Liegt jedoch der Wert am Bilanzstichtag darunter, muß dieser <u>niedrigere Tageswert (TW)</u> nach § 253 (3) HGB in das Inventar und die Schlußbilanz eingesetzt werden.

Zusätzliche Abschreibungen dürfen handelsrechtlich noch außerdem vorgenommen werden, wenn eine weitere <u>Wertminderung in nächster Zukunft</u> zu erwarten ist (§ 253 [3] HGB).

Beibehaltungswahlrecht. Ein niedrigerer Wertansatz <u>kann</u> handels- und steuerrechtlich grundsätzlich auch dann beibehalten werden, wenn die Gründe für die Wertminderung nicht mehr bestehen. In diesem Fall wird eine <u>stille Reserve</u> gebildet. Eine <u>Wertaufholung</u> ist aber auch <u>möglich,</u> höchstens jedoch bis zu den Anschaffungs- oder Herstellungskosten.

Merke:
- **Strenges Niederstwertprinzip bedeutet, daß von zwei am Bilanzstichtag möglichen Wertansätzen, dem Tageswert (TW) und den Anschaffungskosten (AK) oder Herstellungskosten (HK), stets der niedrigere Wert in das Inventar und die Schlußbilanz einzusetzen sind:**

  > ▷ AK/HK > TW ➡ Bewertung zum TW
  > ▷ AK/HK < TW ➡ Bewertung zu AK/HK

- **Die Anschaffungs- oder Herstellungskosten bilden stets die absolute Wertobergrenze.**

- **Der niedrigere Wertansatz darf auch beibehalten werden, wenn der Wert steigt (Wahlrecht).**

3.6.1 Bewertung der Vorräte

Zum Vorratsvermögen eines Großhandelsbetriebes zählen im allgemeinen nur die Bestände an Handelswaren. Das Vorratsvermögen eines Industriebetriebes ist dagegen vielfältiger und umfaßt

> 1. Roh-, Hilfs- und Betriebsstoffe,
> 2. Unfertige Erzeugnisse,
> 3. Fertige Erzeugnisse und
> 4. Handelswaren.

Inventur. Zum Bilanzstichtag sind die Gegenstände des Vorratsvermögens körperlich (mengenmäßig) zu erfassen und zu bewerten. An Stelle dieser Stichtagsinventur kann die Bestandsaufnahme auch in Form einer permanenten oder verlegten Inventur (siehe auch S. 13) durchgeführt werden.

Ausgangswert für die Bewertung bilden

> ▷ bei Roh-, Hilfs- und Betriebsstoffen sowie Handelswaren die .. ➡ **Anschaffungskosten**
> ▷ bei unfertigen und fertigen Erzeugnissen die .... ➡ **Herstellungskosten**

6583234

Einzelbewertung. Nach diesem Bewertungsgrundsatz sind Vermögensteile und Schulden zum Bilanzstichtag grundsätzlich einzeln zu bewerten (§ 252 [1] HGB).

Sammel- oder Gruppenbewertung. Wenn Roh-, Hilfs- und Betriebsstoffe sowie Handelswaren zu unterschiedlichen Preisen und zu verschiedenen Zeitpunkten angeschafft wurden, ist eine Einzelbewertung kaum möglich. Zum Bilanzstichtag läßt sich nämlich nicht genau feststellen, aus welcher Lieferung der jeweilige Schlußbestand stammt und zu welchem Preis dieser Bestand eingekauft wurde. Der Gesetzgeber erlaubt deshalb bei gleichartigen Artikeln eine Sammel- oder Gruppenbewertung in Form einer Durchschnitts- oder Verbrauchsfolgebewertung (§§ 240 [4], 256 HGB).

3.6.1.1 Durchschnittsbewertung nach § 240 (4) HGB

Jährliche Durchschnittswertermittlung. Am Ende des Geschäftsjahres werden die Anschaffungskosten aus Anfangsbestand und Zugängen durch die Gesamtmenge dividiert. Das Ergebnis sind die durchschnittlichen Anschaffungskosten, mit denen der Endbestand zu bewerten ist, sofern der Tageswert der betreffenden Handelsware am Bilanzstichtag nicht niedriger ist (strenges Niederstwertprinzip).

Beispiel:	Menge	Anschaffungskosten je Einheit	Gesamtwert
01.01. Anfangsbestand	1 000	5,00 DM	5 000,00 DM
10.01. Zugang	2 000	6,00 DM	12 000,00 DM
15.07. Zugang	4 000	6,50 DM	26 000,00 DM
20.12. Zugang	600	7,00 DM	4 200,00 DM
	7 600		47 200,00 DM

Bewertung. Die durchschnittlichen Anschaffungskosten betragen 6,21 DM (47 200 : 7 600). Bei einem Tageswert zum 31.12. von 7,20 DM und einem Schlußbestand von 2 000 Einheiten ergibt sich nach dem strengen Niederstwertprinzip folgender Bilanzansatz:

$$\text{Inventurmenge} \cdot \text{Wert je Einheit} = \text{Bilanzansatz}$$
$$2 000 \cdot 6,21 = 12 420,00 \text{ DM}$$

Wie lautet der Bilanzansatz bei einem Tageswert (31.12.) von 5,80 DM/Stück?

Die permanente Durchschnittswertermittlung ist im Ergebnis genauer. Hierbei ermittelt man die durchschnittlichen Anschaffungskosten laufend (permanent) nach jedem Lagerzugang und -abgang an Hand der Lagerkartei. Die Abgänge werden jeweils zum neuesten Durchschnittswert abgesetzt. Nach der letzten Lagerbestandsveränderung erhält man zum Bilanzstichtag die durchschnittlichen Anschaffungskosten des Endbestandes, die mit dem Tageswert zum 31.12. (Niederstwertprinzip!) verglichen werden.

Anfangsbestand	01.01.	1 000	Einheiten zu	5,00 DM	=	5 000,00 DM
+ Zugang	10.01.	2 000	Einheiten zu	6,00 DM	=	12 000,00 DM
= Bestand	11.01.	3 000	Einheiten zu	5,67 DM	=	17 000,00 DM
− Abgang	13.06.	1 800	Einheiten zu	5,67 DM	=	10 206,00 DM
= Bestand	14.06.	1 200	Einheiten zu	5,66 DM	=	6 794,00 DM
+ Zugang	15.07.	4 000	Einheiten zu	6,50 DM	=	26 000,00 DM
= Bestand	16.07.	5 200	Einheiten zu	6,31 DM	=	32 794,00 DM
− Abgang	17.09.	3 800	Einheiten zu	6,31 DM	=	23 978,00 DM
= Bestand	18.09.	1 400	Einheiten zu	6,30 DM	=	8 816,00 DM
+ Zugang	20.12.	600	Einheiten zu	7,00 DM	=	4 200,00 DM
Schlußbestand	31.12.	**2 000**	Einheiten zu	**6,51 DM**	=	**13 016,00 DM**

3.6.1.2   Verbrauchsfolgebewertung nach § 256 HGB

Die zeitliche Reihenfolge der Zu- und Abgänge bildet hierbei die Grundlage für die Bewertung von gleichartigen Vorräten bei schwankenden Anschaffungskosten. Man unterscheidet zwischen Fifo-Methode und Lifo-Methode.

Fifo-Methode. Hierbei wird unterstellt, daß die zuerst erworbenen oder hergestellten Güter auch zuerst verbraucht oder verkauft werden: first in – first out. Der Endbestand lt. Inventur stammt daher stets aus den letzten Zugängen und ist deshalb auch mit deren Preisen zu bewerten.

Beispiel:	Menge	Anschaffungskosten je Einheit
Anfangsbestand 01.01.	1 000	5,00 DM
Zugang 10.01.	2 000	6,00 DM
Zugang 15.07.	4 000	6,50 DM
Zugang 20.12.	600	7,00 DM

Bewertung: Beträgt der Endbestand 2 000 Einheiten, so ist wie folgt zu bewerten:

600 Einheiten zu 7,00 DM	=	4 200,00 DM
1 400 Einheiten zu 6,50 DM	=	9 100,00 DM
2 000 Einheiten **Endbestand**	=	**13 300,00 DM Bilanzansatz nach fifo**

Lifo-Methode. Bei diesem Sammelbewertungsverfahren geht man von der Annahme aus, daß die zuletzt erworbenen oder hergestellten Güter als erste verbraucht oder verkauft werden: last in – first out. Der Schlußbestand lt. Inventur setzt sich daher stets aus dem Anfangsbestand sowie den ersten Zugängen zusammen und ist deshalb auch mit diesen Preisen zu bewerten.

Die Bewertung nach obigem Beispiel wird wie folgt vorgenommen:

1 000 Einheiten zu 5,00 DM	=	5 000,00 DM
1 000 Einheiten zu 6,00 DM	=	6 000,00 DM
2 000 Einheiten **Endbestand**	=	**11 000,00 DM Bilanzansatz nach lifo**

Bei steigenden Preisen führt die Lifo-Methode somit zu einer möglichst niedrigen Bewertung des Endbestandes am Bilanzstichtag. Sollte der Tageswert am Abschlußstichtag jedoch noch niedriger sein, so muß dieser Wert nach dem Niederstwertprinzip angesetzt werden. Bei fallenden Preisen ist das Lifo-Verfahren nicht anwendbar.

Handelsrechtlich sind nach § 256 HGB alle aufgezeigten Sammelbewertungsverfahren zulässig, sofern ihre Ergebnisse nicht gegen das Niederstwertprinzip verstoßen. In allen Fällen ist aber der Tageswert am Bilanzstichtag vergleichend hinzuzuziehen. Das einfachste Verfahren ist mit Abstand die Durchschnittsmethode. Deshalb wird dieses Sammelbewertungsverfahren überwiegend in der Praxis angewandt.

Steuerrechtlich zulässig ist die Durchschnittsbewertung und – ab 1990 – auch die Lifo-Methode. Gemäß § 6 (1) EStG darf für den Wertansatz gleichartiger Wirtschaftsgüter des Vorratsvermögens unterstellt werden, daß die zuletzt angeschafften oder hergestellten Wirtschaftsgüter zuerst veräußert oder verbraucht worden sind.

Merke:	● **Die Sammelbewertungsverfahren vereinfachen die Bewertung gleichartiger Güter, die zu unterschiedlichen Preisen und Zeitpunkten angeschafft wurden.**
	● **Die Ergebnisse müssen jedoch mit dem Tageswert am Bilanzstichtag verglichen werden. Von beiden Werten ist dann der niedrigere anzusetzen (strenges Niederstwertprinzip).**

6583236

Aufgaben – Fragen

Die Elektrogroßhandel GmbH hat am Abschlußstichtag noch Elektromotoren auf Lager. Der **298** mengenmäßige Bestand beträgt lt. körperlicher Inventur 280 Stück. Die Anschaffungskosten betrugen 350,00 DM je Stück.

a) Zum Bilanzstichtag beträgt der Tageswert 380,00 DM je Stück.

b) Zum Bilanzstichtag beträgt der Tageswert 270,00 DM je Stück.

1. Begründen Sie Ihre Bewertungsentscheidung und ermitteln Sie den Bilanzansatz für die Elektromotoren. Wie lautet die Buchung?

2. Erklären Sie die Auswirkung auf den Erfolg.

Der Lagerbestand einer bestimmten Handelsware beträgt in einem Unternehmen lt. Inventur **299** 300 Stück, die für 40,00 DM je Stück angeschafft wurden. Zum Bilanzstichtag beträgt der Wiederbeschaffungswert 50,00 DM je Stück. Der Buchhalter bewertet diesen Bestand mit 300 · 50 = 15 000,00 DM Bilanzansatz.

1. Nehmen Sie zu dieser Bewertungsentscheidung des Buchhalters Stellung und erklären Sie die Auswirkung auf die Erfolgsrechnung.

2. Ermitteln Sie gegebenenfalls den neuen Bilanzansatz, begründen und buchen Sie.

Ein Großhandelsunternehmen hat zum Bilanzstichtag lt. Inventur noch einen Bestand von **300** 2 500 Elektromotoren auf Lager. Die Elektromotoren wurden während des Geschäftsjahres erworben, jedoch nicht – nach Lieferungen getrennt – gelagert. Zum Bilanzstichtag ist somit nicht feststellbar, aus welchen Lieferungen die Elektromotoren stammen und zu welchen Preisen sie angeschafft wurden.

1. Unterscheiden Sie zwischen Einzel- und Sammelbewertung.

2. Begründen Sie, warum im vorliegenden Fall eine Sammelbewertung rechtlich möglich ist.

3. Schlagen Sie ein sowohl handels- als auch steuerrechtlich zulässiges Sammelbewertungsverfahren vor.

Der Leiter des Rechnungswesens (Aufgabe 300) stellt Ihnen folgende Unterlagen für eine **301** Sammelbewertung der Elektromotoren zum Bilanzstichtag zur Verfügung:

Anfangsbestand zum	01.01.	2 000 Stück zu je 45,00 DM Anschaffungskosten
Zugänge	10.02.	3 000 Stück zu je 50,00 DM Anschaffungskosten
	10.08.	2 000 Stück zu je 55,00 DM Anschaffungskosten
	10.10.	1 500 Stück zu je 58,00 DM Anschaffungskosten

1. Ermitteln Sie zum Bilanzstichtag die durchschnittlichen jährlichen Anschaffungskosten je Stück (gewogener Durchschnittspreis).

2. Errechnen Sie den zulässigen Bilanzansatz für den Schlußbestand von 2 500 Stück,

a) wenn die durchschnittlichen Anschaffungskosten dem Tageswert am Bilanzstichtag (31.12.) entsprechen,

b) wenn der Tageswert 70,00 DM je Stück beträgt,

c) wenn der Tageswert zum Abschlußstichtag bei 50,00 DM liegt.

Führen Sie nun auf Grund der Angaben in den Aufgaben 300 und 301 eine permanente Durch- **302** *schnittsrechnung durch. Folgende Abgänge liegen vor:*

20.01.: 1 000 Stück	15.07.: 500 Stück	10.09.: 3 500 Stück	15.12.: 1 000 Stück

Wie ist auf Grund der Angaben der Aufgaben 300 und 301 zu bewerten **303** *a) nach dem Fifo-Verfahren und b) nach der Lifo-Methode?*

1. Inwiefern ist das Niederstwertprinzip Ausdruck kaufmännischer Vorsicht? **304**

2. Welchen Vorteil hat der jeweils niedrigstmögliche Wertansatz?

3. Begründen Sie, weshalb die Anschaffungs- bzw. Herstellungskosten eines Wirtschaftsgutes stets die Bewertungsobergrenze (Höchstwert!) bilden.

4. Unterscheiden Sie zwischen a) Stichtagsinventur, b) permanenter Inventur und c) verlegter (vor- bzw. nachverlegter) Inventur. Vgl. auch S. 13.

3.6.2 Bewertung der Forderungen

3.6.2.1 Einführung

Bewertung zum Jahresabschluß. Zum Schluß des Geschäftsjahres sind die „Forderungen a. LL" hinsichtlich ihrer Güte (Bonität) zu überprüfen und zu bewerten. Dabei unterscheidet man drei Gruppen:

1. **einwandfreie** Forderungen
2. **zweifelhafte** Forderungen
3. **uneinbringliche** Forderungen

Einwandfrei sind Forderungen, wenn mit ihrem Zahlungseingang in voller Höhe gerechnet werden kann.

Zweifelhaft ist eine Forderung, wenn der Zahlungseingang unsicher ist, also ein vollständiger oder teilweiser Forderungsausfall zu erwarten ist. Das ist beispielsweise der Fall, wenn der Kunde trotz Mahnung nicht gezahlt hat oder über sein Vermögen ein Vergleichs- oder Konkursverfahren beantragt oder eröffnet worden ist. Zweifelhafte Forderungen werden auch als „Dubiose" bezeichnet.

Uneinbringlich ist eine Forderung, wenn der Forderungsausfall endgültig feststeht. Das ist beispielsweise der Fall, wenn das Konkursverfahren mangels Masse eingestellt oder fruchtlos gepfändet worden ist oder bei Verjährung der Forderung.

Die Bewertung der Forderungen (§ 253 [3] HGB) entspricht dieser Einteilung:

- **einwandfreie** Forderungen sind mit dem **Nennbetrag** anzusetzen,
- **zweifelhafte** Forderungen sind mit ihrem **wahrscheinlichen** Wert zu bilanzieren,
- **uneinbringliche** Forderungen sind **voll** abzuschreiben.

Bewertungsverfahren. Für die Bewertung von Forderungen zum Bilanzstichtag gibt es drei Möglichkeiten:

1. **Einzelbewertung** für das **spezielle Ausfallrisiko** (z. B. Konkurs)
2. **Pauschalbewertung** für das **allgemeine Ausfallrisiko**
3. **Einzel- und Pauschalbewertung** (gemischtes Bewertungsverfahren)

Abschreibung vom Nettowert der Forderung. Die Bewertung von Forderungen a. LL bedingt oft auch Abschreibungen auf Forderungen. Dabei ist zu beachten, daß die Abschreibung wegen eines zu erwartenden oder bereits eingetretenen Forderungsverlustes stets nur vom Nettowert der Forderung vorgenommen und somit als Aufwand gebucht werden kann. Die in der Forderung enthaltene Umsatzsteuer wird beim Ausfall der Forderung vom Finanzamt in entsprechender Höhe erstattet. Sie darf deshalb auch erst dann berichtigt werden, wenn der Ausfall (Verlust) der Forderung endgültig feststeht und somit „das vereinbarte Entgelt für eine steuerpflichtige Lieferung oder sonstige Leistung uneinbringlich geworden ist" (§ 17 [2] Ziffer 1 UStG), wie beispielsweise nach Abschluß eines Konkursverfahrens über das Vermögen eines Kunden.

Merke:	• Die **Abschreibung** wegen eines zu erwartenden oder bereits eingetretenen Forderungsausfalls darf **nur vom Nettowert der Forderung** erfolgen.
	• Bei Abschreibungen auf Forderungen darf die **Umsatzsteuer erst berichtigt** werden, **wenn** der **Ausfall** der Forderung **endgültig feststeht.**

6583238

3.6.2.2 Einzelbewertung von Forderungen

Spezielles Ausfallrisiko. Zum Jahresende werden alle Forderungen aus Lieferungen und Leistungen einzeln auf ihre Bonität oder Einbringlichkeit überprüft. Die Einzelbewertung (§ 152 [1] Ziffer 3 HGB) berücksichtigt das individuelle Ausfallrisiko beim Kunden, wie z. B. die Eröffnung des Konkurs- oder Vergleichsverfahrens.

Aus Gründen der Klarheit in der Buchführung werden zunächst die im Rahmen der Einzelbewertung ermittelten zweifelhaften Forderungen von den einwandfreien (vollwertigen) Forderungen buchhalterisch getrennt. Das geschieht durch Umbuchung der gefährdeten Einzelforderungen auf das Konto

1020 Zweifelhafte Forderungen.

3.6.2.2.1 Direkte Abschreibung von uneinbringlichen Forderungen

Beispiel 1: Über das Vermögen unseres Kunden Anton Pleite wurde am 10.12. das Konkursverfahren eröffnet. Unsere Forderung beträgt 2 300,00 DM (2 000,00 DM netto + 300,00 DM USt). Vor Aufstellung der Bilanz zum 31.12.19.. erfahren wir, daß das Konkursverfahren mangels Masse eingestellt wurde.

Die gefährdete Forderung wird zunächst kontenmäßig gesondert erfaßt:

① **Buchung:** 1020 Zweifelhafte Forderungen   an   1010 Forderungen a. LL .   2 300,00

Werden zweifelhafte Forderungen teilweise oder vollständig **uneinbringlich,** wird der Nettobetrag des entsprechenden Forderungsausfalls direkt abgeschrieben:

2310 Übliche Abschreibungen auf Forderungen.[1]

Gleichzeitig ist die Umsatzsteuer im Soll des Kontos „1810 USt" zu berichtigen, da durch den Forderungsausfall eine Rückforderung an das Finanzamt entsteht.

② **Buchung:** 2310 Übliche Abschreibungen auf Forderungen 2 000,00
            1810 Umsatzsteuer   300,00
                 an   1020 Zweifelhafte Forderungen 2 300,00

S	1020 Zweifelhafte Forderungen	H	S	2310 Übliche Abschreibungen a. F.	H
①	2 300,00 ②	2 300,00	②	2 000,00	
S	1010 Forderungen a. LL	H	S	1810 Umsatzsteuer	H
...	115 000,00 ①	2 300,00	②	300,00	

Beispiel 2: Auf eine im vorigen Jahr als uneinbringlich abgeschriebene Forderung erhalten wir am 30.12. unerwartet 345,00 DM (300,00 DM netto + 45,00 DM USt) durch Banküberweisung. Damit lebt die Umsatzsteuer wieder auf.

Buchung: 1310 Bank   345,00
            an   2740 Erträge aus abgeschriebenen Forderungen   300,00
            an   1810 Umsatzsteuer   45,00

Merke:
- Uneinbringliche Forderungen sind direkt (2310 an 1020) abzuschreiben. Gleichzeitig ist die Umsatzsteuer auf Konto 1810 im Soll zu berichtigen.
- Bei Zahlungseingang einer abgeschriebenen Forderung lebt die Umsatzsteuer wieder auf.

---

1 Das Konto „2320 Außerordentliche Abschreibungen auf Forderungen" erfaßt **besonders hohe Forderungsausfälle.**

3.6.2.2.2   Einzelwertberichtigung (EWB) zweifelhafter Forderungen

Indirekte Abschreibung. Ist zum Bilanzstichtag bei einer Forderung ein Verlust zu erwarten, so muß in Höhe des vermuteten (geschätzten) Ausfalls eine entsprechende Abschreibung vorgenommen werden. Diese Abschreibung erfolgt aus Gründen der Klarheit und Übersichtlichkeit in der Buchführung in der Regel nicht direkt über das Konto „Zweifelhafte Forderungen", sondern indirekt über ein Wertberichtigungskonto:

0521 Einzelwertberichtigungen zu Forderungen (EWB).

Das Wertberichtigungskonto, auch „Delkredere" genannt, ist ein Passivkonto. Die Zuführung zu der EWB, also die Bildung der EWB, erfolgt über das Aufwandskonto

2330 Zuführungen zu Einzelwertberichtigungen zu Forderungen.

Beispiel: Unser Kunde Kurz hat am 13.12.01 das Konkursverfahren beantragt. Unsere Forderung beträgt 11 500,00 DM (= 10 000,00 DM netto + 1 500,00 DM USt). Zum 31.12.01 wird der Verlust auf 80 % von 10 000,00 DM (= 8 000,00 DM) geschätzt.

① **Umbuchung der zweifelhaft gewordenen Forderung zum 13.12.01:**

1020 Zweifelhafte Forderungen   an   1010 Forderungen a. LL . . .   **11 500,00**

② **Indirekte Abschreibung des vermuteten Forderungsverlustes zum 31.12.01:**

2330 Zuführungen zu EWB . . . .   an   0521 EWB zu Forderungen   **8 000,00**

S	1010 Forderungen a. LL		H		S	1020 Zweifelhafte Forderungen		H
...	230 000,00	①	11 500,00 ➡		①	11 500,00	SBK	11 500,00
		SBK	218 500,00					

S	2330 Zuführungen zu EWB		H		S	0521 EWB zu Forderungen		H
②	8 000,00	GuV	8 000,00		SBK	8 000,00	②	8 000,00

S	9400 Schlußbilanzkonto		H
1010 Forderungen a. LL 218 500,00		0521 EWB zu Forderungen **8 000,00**	
1020 Zweifelhafte Forderungen **11 500,00**			

Nennen Sie den Abschlußbuchungssatz für die Bestandskonten 1010, 1020 und 0521.

Vorteile der indirekten Abschreibung. Der Bestand der zweifelhaften Forderungen wird zum Bilanzstichtag in voller Höhe ausgewiesen und stimmt mit dem Rechtsanspruch, dem Kontostand im Hauptbuch und im Kontokorrentbuch (Kundenkonten) überein, während die „Wertberichtigungen" zu den zweifelhaften Forderungen insgesamt die Höhe des zu erwartenden Verlustes ausweisen. Die indirekte Abschreibung auf Forderungen zum Bilanzstichtag entspricht somit dem Grundsatz der Klarheit. Zudem bewirkt sie eine bessere Abstimmung der Kundenkonten mit den Sachkonten „Forderungen a. LL" und „Zweifelhafte Forderungen".

Beachten Sie: In den zu veröffentlichenden Bilanzen der Kapitalgesellschaften dürfen zweifelhafte Forderungen und Wertberichtigungen nicht ausgewiesen werden. Sie sind vorab aktivisch mit den Forderungen a. LL zu verrechnen (siehe Bilanz nach § 266 HGB im Anhang).

Merke: **Zum Bilanzstichtag werden zweifelhafte Forderungen in Höhe des vermuteten Ausfalls indirekt in Form einer Einzelwertberichtigung (EWB) abgeschrieben.**

Direkte Abschreibung des tatsächlichen Forderungsausfalls. Zu Beginn des neuen Jahres werden die Konten 1020 und 0521 über „9100 EBK" eröffnet:

▶ 1020 Zweifelhafte Ford. . . .   an   9100 EBK 11 500,00

▶ 9100 EBK . . . .   an   0521 EWB zu Ford.   8 000,00

Der sich im neuen Jahr ergebende tatsächliche Ausfall der zweifelhaften Forderung wird **direkt** abgeschrieben über das Konto

2310 Übliche Abschreibungen auf Forderungen,

obwohl für diese Forderung bereits eine Wertberichtigung besteht. Auf diese Weise werden alle umsatzsteuermindernden Forderungsausfälle lediglich auf dem Konto 2310 erfaßt, das, versehen mit einer Umsatzsteuerautomatik, wiederum eine EDV-gerechte Umsatzsteuerverprobung ermöglicht. Die für die zweifelhafte Forderung gebildete Einzelwertberichtigung bleibt deshalb bis zum Jahresende unberührt.

Beispiel: Nach Abschluß des Konkursverfahrens gegen unseren Kunden Kurz überweist der Konkursverwalter 2300,00 DM. Die Restforderung in Höhe von 9200,00 DM (11500,00 DM – 2300,00 DM) ist endgültig verloren. Die darin enthaltene Umsatzsteuer über 1200,00 DM wird berichtigt.

Buchung:

1310 Bank	2300,00	
2310 Übliche Abschreibungen auf Forderungen	8000,00	
1810 Umsatzsteuer	1200,00	
an **1020 Zweifelhafte Forderungen**		11500,00

Anpassung der Einzelwertberichtigung. Die bisherige EWB (8000,00 DM) wird zum 31.12. jeweils der aktuellen EWB zweifelhafter Forderungen angepaßt.

Beispiele: EWB zum 31.12.: ① 5000,00 DM, ② 9000,00 DM

① **Neue EWB < bisherige EWB:** In Höhe des Differenzbetrages (8000,00 DM – 5000,00 DM = 3000,00 DM) erfolgt eine **Herabsetzung der EWB.**

Buchung:

0521 EWB zu Forderungen	3000,00	
an **2751 Erträge aus der Auflösung von Einzelwert-**		
berichtigungen zu Forderungen		3000,00

② **Neue EWB > bisherige EWB:** In Höhe des Differenzbetrages (9000,00 DM – 8000,00 DM = 1000,00 DM) erfolgt eine **Erhöhung der EWB.**

Buchung: **2330 Zuführungen zu EWB** .. an **0521 EWB zu Forderungen** .. 1000,00

Merke:
- Endgültige Ausfälle zweifelhafter Forderungen werden direkt abgeschrieben. Die hierfür gebildete EWB bleibt bis zum Jahresende unberührt.
- Zum 31.12. ist die EWB dem aktuellen Abschreibungsbedarf anzupassen.

Aufgaben – Fragen

305 Der Kunde Mathias Schneider hat am 08.11. beim zuständigen Amtsgericht das Konkursverfahren beantragt. Unsere Forderung beträgt einschließlich Umsatzsteuer 5 750,00 DM. Am 20.11. erfahren wir, daß die Konkurseröffnung mangels Masse abgelehnt wurde.

Das Konto „1010 Forderungen a. LL" weist einen Bestand von 230 000,00 DM aus, das Konto „1810 Umsatzsteuer" 18 500,00 DM.

1. *Buchen Sie auf den entsprechenden Konten a) zum 08.11. und b) zum 20.11.*
2. *Begründen Sie die Trennung der zweifelhaften von den einwandfreien Forderungen.*
3. *Warum darf die Abschreibung nur vom Nettowert der Forderung vorgenommen werden?*

306 Der Kunde H. Moog hat am 2. Dezember das Vergleichsverfahren beantragt. Unsere Forderung: 1150,00 DM. Der Vergleich kommt am 28. Dezember zustande. Die Vergleichsquote beträgt 50 % = 575,00 DM. Die Bankgutschrift erfolgt noch zum 29. Dezember.
Buchen Sie 1. zum 02.12. und 2. zum 29.12.

307 Der Kunde Dirk Krämer hat am 10.11. das Vergleichsverfahren beantragt. Unsere Forderung beträgt einschließlich Umsatzsteuer 4 600,00 DM.

Beim letzten Vergleichstermin am 15.12. ergab sich eine Vergleichsquote von a) 50 % und b) 70 %. Die Zahlung erfolgte zum gleichen Zeitpunkt durch Banküberweisung.

Bestand auf Konto 1010: 262 000,00 DM, auf Konto 1810: 18 200,00 DM.

1. *Buchen Sie auf den erforderlichen Konten zum 10.11.*
2. *Wie lauten die Buchungen zum 15.12. a) bei 50 % und b) bei 70 % Vergleichsquote?*
3. *Warum werden uneinbringliche Forderungen direkt abgeschrieben?*
4. *Inwiefern ergibt sich in den Fällen 2 a) und 2 b) ein Kürzungsanspruch und damit eine Korrektur der Umsatzsteuer?*

308 Im vergangenen Jahr war eine uneinbringlich gewordene Forderung von 3 450,00 DM direkt in voller Höhe abgeschrieben worden. Unerwartet erhalten wir am 15.05. des laufenden Jahres 1725,00 DM einschließlich USt auf unser Bankkonto überwiesen.

1. *Buchen Sie.*   2. *Begründen Sie die Auswirkung des Falles auf die Umsatzsteuer.*

309 Über das Vermögen unseres Kunden M. Ohnesorg wird am 15.12. das Konkursverfahren eröffnet. Unsere Forderung beträgt 4 600,00 DM (4 000,00 DM netto + 600,00 DM USt). Zum Bilanzstichtag wird mit einem Ausfall von 70 % der Forderung gerechnet. Das Konto „1010 Forderungen a. LL" weist einen Bestand von 345 000,00 DM aus.

1. *Wie lauten die Buchungen a) zum 15.12. und b) zum 31.12.?*
2. *Schließen Sie die Bestandskonten über das Schlußbilanzkonto ab und erläutern Sie den Aussagewert dieser Bilanzposten.*
3. *Wie wäre zum 31.12. bei einem EWB-Anfangsbestand von a) 0,00 DM, b) 3 500,00 DM und c) 1 000,00 DM zu buchen?*
4. *Vergleichen Sie die Aussagefähigkeit der <u>Kundenkonten</u> bei direkter und bei indirekter Abschreibung der zweifelhaften Forderungen.*
5. *Warum darf im vorliegenden Fall zum 31.12. noch keine Umsatzsteuerkorrektur erfolgen?*

310 Die Bestandskonten der Aufgabe 309 sind mit ihren Beständen zum 01.01.19.. zu eröffnen. Das Konto „1810 Umsatzsteuer" weist einen Bestand von 15 600,00 DM aus.

Am 15.02. des laufenden Geschäftsjahres werden uns nach Abschluß des Konkursverfahrens folgende Beträge einschließlich Umsatzsteuer auf unser Bankkonto überwiesen:

a) 1840,00 DM;   b) 920,00 DM.

1. *Ermitteln Sie rechnerisch jeweils die Umsatzsteuerkorrektur.*
2. *Buchen Sie auf den entsprechenden Konten die Fälle a) und b).*
3. *Bei der Bewertung der Forderungen zum Bilanzstichtag gilt — wie bei allen Wirtschaftsgütern — der Grundsatz der Einzelbewertung. Begründen Sie diesen Bewertungsgrundsatz.*

6583242

Der Kunde S. Hartmann hat am 12.12. das gerichtliche Vergleichsverfahren beantragt. Unsere **311** Forderung beträgt einschließlich Umsatzsteuer 9 200,00 DM. Der Bestand der Forderungen beträgt 288 000,00 DM; Anfangsbestand im Konto 0521: 2 800,00 DM.

Das Vergleichsverfahren ist bis zum Bilanzstichtag noch nicht abgeschlossen. Allerdings rechnen wir zum 31.12. mit einem Forderungsausfall von 40 %.

1. *Wie hoch sind die einwandfreien und zweifelhaften Forderungen zum 31.12.?*
2. *Buchen Sie auf den erforderlichen Konten a) zum 12.12. und b) zum 31.12.*
3. *Bei einer zweifelhaften Forderung besteht stets ein besonderes (individuelles) Ausfallrisiko. Nennen Sie Beispiele.*
4. *Worüber gibt die Bilanzposition „Einzelwertberichtigungen" Auskunft?*

Der Vergleich (Aufgabe 311) kommt zu Beginn des neuen Geschäftsjahres bei folgenden **312** Quoten zustande: a) 70 %; b) 50 %. Zahlung durch Bank.

1. *Ermitteln Sie rechnerisch die Umsatzsteuerberichtigung und die Erfolgsauswirkung.*
2. *Nennen Sie die Buchungssätze für die Fälle a) und b).*
3. *Welcher Zusammenhang besteht zwischen den Posten „Zweifelhafte Forderungen" und „Einzelwertberichtigungen bei zweifelhaften Forderungen"?*

Wie lauten die Buchungssätze? **313**

1. Vom Amtsgericht erhalten wir die Mitteilung, daß die von uns gegen den Kunden Berg beantragte Zwangsvollstreckung fruchtlos war. Unsere Forderung: 2 760,00 DM.
2. Durch ein Versehen unserer Buchhaltung ist ein Kunde nicht rechtzeitig zur Zahlung gemahnt worden. Unsere Forderung in Höhe von 529,00 DM ist inzwischen verjährt.

Zum Ende des Geschäftsjahres werden folgende Forderungen überprüft: **314**
a) Kunde Beinstock: 4 025,00 DM; b) Jerckes: 2 300,00 DM; c) Nadeck: 2 530,00 DM.

Buchen Sie aufgrund der folgenden Vorgänge (Anfangsbestand im Konto 0521: 4 500,00 DM):

a) Kunde Beinstock hat am 10.10. das Vergleichsverfahren beantragt. Der Vergleichsverwalter teilt uns im Dezember mit, daß mit einem Ausfall von 40 % zu rechnen sei.
b) Kunde Jerckes hat am 15.11. Konkurs angemeldet. Auf Anfrage beim Konkursverwalter erfahren wir rechtzeitig zum Ende des Geschäftsjahres, daß mit einer Konkursquote von 30 % gerechnet werden kann.
c) Im Dezember erfahren wir, daß sich der Kunde Nadeck in Zahlungsschwierigkeiten befindet. Er hat in einem Fall einen auf ihn gezogenen Wechsel nicht am Fälligkeitstag eingelöst und in einem anderen Fall einen Lieferanten um Zahlungsaufschub gebeten. Nadeck hat noch kein Vergleichs- oder Konkursverfahren beantragt. Vorsorglich rechnen wir mit einem Verlust von 50 %.

Die in Aufgabe 314 beschriebenen Vorgänge finden im darauffolgenden Geschäftsjahr ihren **315** Abschluß. *Buchen Sie entsprechend.*

a) Im Fall des Kunden Beinstock kommt am 10.05. ein Vergleich zustande. Der Vergleichsverwalter überweist auf unser Bankkonto 2 875,00 DM.
b) Der Konkurs des Kunden Jerckes schließt mit einer Konkursquote von 20 % ab.
c) Kunde Nadeck zahlt unsere Forderung nicht termingerecht und reagiert auch nicht auf unsere Mahnungen. Im Februar erhalten wir die Mitteilung, daß Nadeck den Antrag auf Konkurs gestellt hat. Der Konkurs wird im April mangels Masse eingestellt.

Buchen Sie den folgenden Vorgang im Zeitablauf (Anfangsbestand im Konto 0521: 6 000,00 DM): **316**
a) Verkauf von Waren an den Kunden G. Stark am 15.10.,
Zahlungsziel 30 Tage, netto 12 000,00 DM + Umsatzsteuer.
b) Am 10.11. wird gegen den Kunden Stark das Vergleichsverfahren eröffnet.
c) Am 20.12. teilt der Vergleichsverwalter mit, daß ein Ausfall in Höhe von 60 % zu erwarten sei. Am Jahresende wird eine entsprechende Abschreibung vorgenommen.
d) Am 15.02. des folgenden Jahres gehen 8 280,00 DM auf unser Bankkonto ein.

3.6.2.3 Pauschalwertberichtigung (PWB) der Forderungen

Allgemeines Ausfallrisiko. Bei großem Kundenstamm ist eine Einzelbewertung aller Forderungen zum Bilanzstichtag zu zeitaufwendig. Erfahrungsgemäß ist aber auch bei den einwandfreien Forderungen im Laufe des Geschäftsjahres mit Ausfällen zu rechnen. Kunden von an sich guter Bonität können durch nicht vorhergesehene Ereignisse in Zahlungsschwierigkeiten geraten. Ein Abschwächen der Konjunktur kann bei bisher zahlungsfähigen Kunden ebenfalls zu einem Liquiditätsengpaß führen. Diesem nicht vorhersehbaren allgemeinen Ausfall- bzw. Kreditrisiko trägt man vorsorglich durch eine Pauschalabschreibung der Forderungen Rechnung.

Berechnung der Pauschalabschreibung. Aufgrund der betrieblichen Erfahrungen (Forderungsausfälle der letzten 3–5 Jahre) wird ein Prozentsatz ermittelt und auf den Bestand der Forderungen (Nettowert) angewandt. Dieser Pauschalsatz muß rechnerisch nachweisbar sein. Er sollte aus steuerlichen Gründen 5 % nicht überschreiten.

Indirekte Abschreibung. Die Pauschalabschreibung wird aus Gründen der Klarheit nicht direkt im Haben des Kontos „1010 Forderungen a.LL" gebucht, sondern indirekt im Haben eines besonderen Wertberichtigungs- oder Korrekturkontos. Der Abschreibungsbetrag wird zunächst im Soll des Aufwandskontos

2340 Zuführungen zu Pauschalwertberichtigungen zu Forderungen

gebucht. Die entsprechende Habenbuchung erscheint auf dem Passivkonto

0522 Pauschalwertberichtigungen zu Forderungen (PWB).

Zum Jahresabschluß wird das Konto 2340 zum GuV-Konto, das Konto 0522 zum Schlußbilanzkonto abgeschlossen. Im Schlußbilanzkonto bildet somit die auf der Passivseite der Bilanz ausgewiesene „Pauschalwertberichtigung zu Forderungen" einen Korrekturposten zum Posten „Forderungen a.LL" auf der Aktivseite der Bilanz.

Beispiel:	Gesamtbetrag der Forderungen zum 31.12.01, brutto	230 000,00 DM
	− Umsatzsteueranteil	30 000,00 DM
	Nettoforderungen, die der Pauschalbewertung unterliegen	200 000,00 DM
	Hierauf 3 % Pauschalabschreibung	**6 000,00 DM**

Buchungen zum 31.12.:

① 2340 Zuführungen zu PWB . . . . an 0522 PWB zu Forderungen 6 000,00

② 9300 GuV-Konto . . . . an 0522 Zuführungen zu PWB 6 000,00

③ 9400 Schlußbilanzkonto . . . . an 1010 Forderungen a.LL 230 000,00

④ 0522 PWB zu Forderungen . . . . an 9400 Schlußbilanzkonto 6 000,00

S	2340 Zuführungen zu PWB	H	S	9300 GuV	H
①	6 000,00	② 6 000,00	②	6 000,00	

S	1010 Forderungen a.LL	H	S	0522 PWB zu Forderungen	H
...	230 000,00	③ 230 000,00	④	6 000,00	① 6 000,00

S	9400 Schlußbilanzkonto		H
1010 Forderungen a.LL 230 000,00		0522 PWB zu Forderungen 6 000,00	

Aussagewert der Bilanz. Das Schlußbilanzkonto weist nun im Soll den Gesamtbetrag der Forderungen aus Lieferungen und Leistungen aus, im Haben dagegen den vermuteten Forderungsausfall in Höhe der Pauschalwertberichtigung. **Beachten Sie:** In Bilanzen von Kapitalgesellschaften, die veröffentlicht werden sollen, muß die Pauschalwertberichtigung vorher von den Forderungen aktivisch abgesetzt werden (siehe § 266 HGB).

6583244

Buchungen während des Geschäftsjahres. Bei Ausfall einer Forderung während des Geschäftsjahres wird die <u>Pauschalwertberichtigung nicht in Anspruch genommen</u>. Der Ausfall wird <u>direkt</u> über das Konto 2310 (mit Steuerberichtigung) gebucht.

Beispiel: Im März des neuen Geschäftsjahres wird ein Kunde zahlungsunfähig. Unsere Forderung in Höhe von 1035,00 DM (900,00 + 135,00) ist uneinbringlich.

Buchung: 2310 Übliche Abschreibungen auf Forderungen 900,00
1810 Umsatzsteuer 135,00
    an   1010 Forderungen a. LL 1 035,00

Anpassung zum Bilanzstichtag. Die <u>Pauschalwertberichtigung</u> ist zum Jahresabschluß stets dem neuen Forderungsbestand anzupassen. Sie muß entweder herauf- oder herabgesetzt werden. Eine <u>Aufstockung</u> bedeutet eine zusätzliche Neubildung in Höhe des Unterschiedsbetrages zwischen dem Bestand der PWB und dem zu bildenden neuen Wert der Pauschalwertberichtigung. Eine <u>Herabsetzung</u> bedingt eine entsprechende Auflösung der PWB über das Konto

„2752 Erträge aus der Auflösung von Pauschalwertberichtigungen".

Beispiel: Die PWB hat im obigen Beispiel am 31.12.02 einen Bestand von 6 000,00 DM. Aufgrund des relativ geringen Forderungsausfalls im letzten Jahr setzen wir den Pauschalsatz von 3 % auf 2 % herab. Zwei Fälle sind möglich:

● **Forderungsbestand zum 31.12.: netto 350 000,00 DM; Pauschalsatz 2 %**

    2 % von 350 000,00 DM Forderungsbestand zum 31.12.02   7 000,00 DM
− Bestand der PWB des Vorjahres .... 6 000,00 DM
    Heraufsetzung der PWB zum 31.12.02 .... 1 000,00 DM

Buchung: 2340 Zuführungen zu PWB   an   0522 PWB zu Forderungen ...   1 000,00

S	0522 PWB zu Forderungen		H
SBK zum 31.12.	7 000,00	EBK zum 01.01.	6 000,00
		2340	1 000,00
	7 000,00		7 000,00

● **Forderungsbestand am 31.12.: netto 200 000,00 DM; Pauschalsatz 2 %**

    2 % von 200 000,00 DM Forderungsbestand zum 31.12.02   4 000,00 DM
− Bestand der PWB des Vorjahres .... 6 000,00 DM
    Auflösung der PWB zum 31.12.02 .... 2 000,00 DM

Buchung: 0522 PWB   an   2752 Erträge aus der Auflösung von PWB 2 000,00

S	0522 PWB zu Forderungen		H
2752	2 000,00	EBK zum 01.01.	6 000,00
SBK zum 31.12.	4 000,00		
	6 000,00		6 000,00

Merke:
● **Die Pauschalwertberichtigung berücksichtigt lediglich das <u>allgemeine</u> Ausfallrisiko bei Forderungen.**
● **Während des Geschäftsjahres werden alle Forderungsausfälle zu Lasten des Kontos „2310 Übliche Abschreibungen auf Forderungen" gebucht.**
● **Zum Bilanzstichtag ist die Pauschalwertberichtigung lediglich dem neuen Forderungsbestand durch Aufstockung oder Herabsetzung anzupassen.**

3.6.2.4 Kombination von Einzel- und Pauschalbewertung

In den meisten Unternehmen werden die Forderungen zum Bilanzstichtag <u>sowohl einzeln als auch pauschal</u> bewertet und berichtigt. <u>Bestimmte zweifelhafte Forderungen,</u> bei denen am Abschlußtag ein <u>spezielles</u> Ausfallrisiko (z. B. wegen eines noch nicht abgeschlossenen Konkursverfahrens) besteht, bedürfen einer <u>Einzelbewertung</u> durch Bildung einer entsprechenden Einzelwertberichtigung. Für die <u>einwandfreien Forderungen</u> wird wegen des <u>allgemeinen</u> Ausfallrisikos eine <u>Pauschalwertberichtigung</u> gebildet.

Zur Ermittlung der Pauschalwertberichtigung müssen die <u>zweifelhaften Forderungen,</u> die der Einzelbewertung unterliegen, zunächst vom <u>Gesamtbetrag</u> der Forderungen <u>abgezogen</u> werden.

Beispiel: Der Forderungsbestand eines Großhandelsunternehmens beträgt zum Bilanzstichtag (31.12.) 345 000,00 DM. Bei Inventur der Forderungen wird noch festgestellt, daß über das Vermögen des Kunden Werner Theuer bereits am 13.12. das Konkursverfahren eröffnet worden ist. Unsere Forderung: 23 000,00 DM.

Vor Erstellung des Jahresabschlusses teilt uns der Konkursverwalter mit, daß mit einer Konkursquote von 20 % zu rechnen ist. Im übrigen unterliegen die einwandfreien Forderungen einer Pauschalwertberichtigung von 2 %.

<u>Anfangsbestände: EWB 12 000,00 DM; PWB 7 500,00 DM.</u>

● **Berechnung und Buchung der Pauschalwertberichtigung:**

Gesamtbetrag der Forderungen, brutto	345 000,00
− Zweifelhafte Forderungen (Einzelbewertung) Werner Theuer	23 000,00
Forderungen, die der Pauschalbewertung unterliegen, brutto ...	322 000,00
− Umsatzsteueranteil	42 000,00
Forderungen, die der Pauschalbewertung unterliegen, **netto**	280 000,00
Hierauf Pauschalwertberichtigung von 2 %	**5 600,00**

Buchung: 0522 PWB zu Forderungen 1 900,00
an 2752 Erträge aus der Auflösung von PWB 1 900,00

● **Berechnung und Buchung der Einzelwertberichtigung:**

Mutmaßlicher Ausfall = 80 % von 20 000,00 DM netto, also **16 000,00 DM.**

① 1020 Zweifelhafte Forderungen ...... an 1010 Forderungen a. LL 23 000,00
② 2330 Zuführungen zu EWB .... an 0521 EWB zu Forderungen . 4 000,00

S	9400 Schlußbilanzkonto	H
1010 Forderungen a. LL .... 322 000,00 ◄——► 0522 PWB		5 600,00
1020 Zweifelhafte Forderungen .. 23 000,00 ◄——► 0521 EWB		16 000,00

Merke: ● Die <u>Pauschal</u>wertberichtigung berücksichtigt das <u>allgemeine</u> Ausfallrisiko.
● Die <u>Einzel</u>wertberichtigung berücksichtigt das <u>besondere</u> Ausfallrisiko.

Kapitalgesellschaften. In der zu <u>veröffentlichenden</u> Jahresbilanz einer Kapitalgesellschaft dürfen nach § 266 HGB (siehe Bilanzgliederung S. 259 und im Anhang) keine Wertberichtigungsposten und zweifelhaften Forderungen ausgewiesen werden. Diese Posten sind vorab mit den „Forderungen a. LL" zu verrechnen. In diesem Fall würde die Bilanz dann folgendes Aussehen haben:

Aktiva	Bilanz der X-AG	Passiva
Forderungen a. LL 323 400,00		

Aufgaben – Fragen

317

Die Netto-Forderungsbestände der letzten 5 Jahre betragen insgesamt 1506 000,00 DM, die entsprechenden Forderungsverluste 45 180,00 DM netto.

1. *Ermitteln Sie den Prozentsatz für eine Pauschalwertberichtigung der Forderungen.*
2. *Bilden und buchen Sie die Pauschalwertberichtigung zum 31.12. des laufenden Jahres bei einem Forderungsbestand von 690 000,00 DM und einem Anfangsbestand der PWB von a) 15 000,00 DM und b) 25 000,00 DM.*

318

Zum 31.12. betragen die Forderungen a. LL insgesamt 322 000,00 DM. Die Forderung an den Kunden B. Trug in Höhe von 28 750,00 DM gilt wegen eines beantragten Vergleichsverfahrens als zweifelhaft. Wir rechnen mit einem Ausfall von 50 % unserer Forderung.

Auf den Restbestand der Forderungen ist eine Pauschalwertberichtigung von 3 % zu bilden. Der Bestand auf dem Konto „0522 PWB zu Forderungen" beträgt a) 4 000,00 DM und b) 10 650,00 DM. Das Konto „0521 EWB z. F." weist einen Bestand von 7 000,00 DM aus.

Führen Sie die notwendigen Berechnungen und Buchungen zum 31.12. durch.

319

Nach Abschluß des Vergleichsverfahrens (Aufgabe 318) gehen im nächsten Jahr auf unser Bankkonto ein: a) 14 375,00 DM, b) 17 250,00 DM und c) 11 500,00 DM.

Auf die restlichen Forderungen wird verzichtet. *Wie lauten die Buchungen zu a), b) und c)?*

320

Auszug aus der Saldenbilanz	Soll	Haben
0521 Einzelwertberichtigungen zu Forderungen	–	6 000,00
0522 Pauschalwertberichtigungen zu Forderungen	–	24 000,00
0722 Steuerrückstellungen	–	–
0724 Sonstige Rückstellungen	–	35 000,00
1010 Forderungen a. LL	512 900,00	–
1020 Zweifelhafte Forderungen	–	–
1310 Bank	86 000,00	–
1810 Umsatzsteuer	–	45 000,00
1940 Sonstige Verbindlichkeiten	–	26 000,00
2310 Übliche Abschreibungen auf Forderungen	14 000,00	–
2330 Zuführungen zu Einzelwertberichtigungen z. F.	–	–
2430 Periodenfremde Erträge	–	–
2740 Erträge aus abgeschriebenen Forderungen	–	–
2752 Erträge aus der Auflösung von PWB z. F.	–	–
4100 Mietaufwendungen	33 000,00	–
4210 Gewerbesteuer	22 000,00	–
Weitere Konten: 9300 GuV, 9400 SBK		

Zum Jahresschluß sind noch folgende Sachverhalte zu berücksichtigen:

1. Totalausfall unserer Forderung an den Kunden Bach: 2 300,00 DM.
2. Im Rahmen der Einzelbewertung sind folgende Forderungen wegen eines speziellen Ausfallrisikos als zweifelhaft anzusehen:
   Forderung an den Kunden W. Rüger: 18 400,00 DM; geschätzter Ausfall: 40 %
   Forderung an den Kunden R. Abel: 13 800,00 DM; geschätzter Ausfall: 50 %
3. Eine Rückstellung für Prozeßkosten in Höhe von 8 600,00 DM hat sich erübrigt.
4. Auf eine Forderung, die zu Beginn des Geschäftsjahres wegen Uneinbringlichkeit völlig abgeschrieben wurde, gehen unerwartet 2 070,00 DM auf unser Bankkonto ein.
5. Die Dezembermiete für einen Lagerraum wird von uns erst Anfang Januar des nächsten Jahres überwiesen: 3 000,00 DM.
6. Für die Gewerbesteuerabschlußzahlung schätzen wir den Betrag auf 24 000,00 DM.
7. Auf den verbleibenden Forderungsbestand ist eine PWB in Höhe von 3 % zu bilden.

Bilden Sie die Buchungssätze, buchen Sie auf den genannten Konten und schließen Sie diese ab.

3.7   Bewertung der Schulden

Höchstwertprinzip. Verbindlichkeiten sind zum Bilanzstichtag gemäß § 253 [1] HGB zu ihrem Höchstwert, d. h. mit ihrem

höheren Rückzahlungsbetrag

in die Bilanz einzusetzen, sofern überhaupt eine Wahlmöglichkeit zwischen einem niedrigeren und höheren Wert besteht. Das ist z. B. der Fall bei

- **Währungsverbindlichkeiten**   und   • **Hypotheken.**

Bei Währungsverbindlichkeiten (Valutaverbindlichkeiten) ist zunächst der Tages-Wechselkurs am Bilanzstichtag festzustellen. Ist dieser gesunken, so darf nicht der niedrigere Kurs eingesetzt werden (nicht realisierter Gewinn!). Ist der Wechselkurs dagegen gestiegen, so muß aus Gründen kaufmännischer Vorsicht die Verbindlichkeit zum höheren Wert in der Bilanz ausgewiesen werden (Höchstwertprinzip!).

> **Beispiel:**   Wir haben am 18.12. aus den USA Waren mit einem Zahlungsziel von 4 Wochen importiert. Die Rechnung lautet über 5 000 Dollar. Zum 18.12. betrug der Wechselkurs 1,70 DM/Dollar. Der Rechnungsbetrag der Eingangsrechnung von 8 500,00 DM (5000 · 1,70) wurde gebucht:
>
> **3010 Wareneingang** . . . .   an   **1710 Verbindlichkeiten a. LL** . .   **8 500,00**

Bei der Bewertung der Währungsverbindlichkeit sind drei Fälle möglich:

- ☐ **Am Bilanzstichtag entspricht der Tageskurs dem Anschaffungskurs von 1,70 DM/Dollar.**

Die Auslandsschuld ist zum Anschaffungskurs zu passivieren:

Bilanzansatz = 5 000 Dollar · 1,70 DM = <u>8 500,00 DM</u>

- ☐ **Am Bilanzstichtag ist der Kurs auf 1,80 DM/Dollar gestiegen.**

Nach dem strengen Höchstwertprinzip müssen Verbindlichkeiten zum Abschlußstichtag mit ihrem höheren Rückzahlungsbetrag bewertet und in die Schlußbilanz eingesetzt werden:

Bilanzansatz = 5 000 Dollar · 1,80 DM = <u>9 000,00 DM</u>

Damit wird bereits zum Bilanzstichtag ein Verlust von 500,00 DM ausgewiesen.

Buchung: 3010 Wareneingang   an   **1710 Verbindlichkeiten a. LL** **500,00**

Nach dieser Buchung erscheint die Währungsverbindlichkeit mit ihrem höheren Tageswert von 9 000,00 DM in der Bilanz.

- ☐ **Am Bilanzstichtag ist der Kurs auf 1,60 DM/Dollar gesunken.**

Die Währungsverbindlichkeit darf nun nicht mit dem niedrigeren Wert von 8 000,00 DM (5 000 Dollar zu 1,60 DM) angesetzt werden, da sonst ein Gewinn von 500,00 DM ausgewiesen würde, der durch Bezahlung der Rechnung noch nicht entstanden (realisiert) ist. Nicht realisierte Gewinne dürfen nicht ausgewiesen werden! Aus Gründen der Vorsicht muß die Verbindlichkeit zum höheren ursprünglichen Anschaffungswert von 8 500,00 DM passiviert werden.

> **Merke:**   • **Zum Bilanzstichtag sind Verbindlichkeiten zum höheren Rückzahlungsbetrag in die Bilanz einzusetzen (Höchstwertprinzip):**
>
> Tageskurs zum 31.12. > Anschaffungskurs ➜ Ansatz zum Tageskurs
> Tageskurs zum 31.12. < Anschaffungskurs ➜ Ansatz zum Anschaffungskurs
>
> • **Das Höchstwertprinzip ist Ausdruck kaufmännischer Vorsicht.**

Bei Hypothekenschulden ist der Rückzahlungsbetrag (= 100 %) meist höher als der vereinnahmte Betrag. Der Unterschiedsbetrag, das sogenannte Abgeld, auch Damnum oder Disagio genannt, darf nach § 250 (3) HGB unter die Rechnungsabgrenzungsposten der Aktivseite (ARA) aufgenommen werden (Aktivierungsrecht). Das Disagio ist dann allerdings durch planmäßige Abschreibungen auf die gesamte Laufzeit der Hypothek zu verteilen. Steuerrechtlich muß das Disagio aus Gründen einer periodengerechten Ermittlung des steuerpflichtigen Gewinns aktiviert und gleichmäßig abgeschrieben werden (Aktivierungspflicht).

Beispiel: Zur Finanzierung einer Lagerhalle haben wir bei der Bank eine Hypothek von 500 000,00 DM aufgenommen, die zu 96 % = 480 000,00 DM ausgezahlt wurde. Das Disagio von 20 000,00 DM ist als Zinsaufwand auf die zehnjährige Laufzeit der Hypothek planmäßig zu verteilen (abzuschreiben), also jährlich 2 000,00 DM.

① **Buchung bei Aufnahme der Hypothek:**   S | H

    1310 **Bank** 480 000,00
    0910 **ARA** 20 000,00
        an   0820 **Hypothekenschulden** .... | 500 000,00 (Rückzahlungsbetrag)

② **Buchung zum 31.12.:**
    2140 **Zinsähnliche Aufwendungen** .... an 0910 **ARA** 2 000,00

Merke: **Bei Hypotheken- und Anleiheschulden werden Abgeld (Damnum bzw. Disagio) und Aufgeld (Rückzahlungsagio) unter der ARA gesondert erfaßt und durch planmäßige Abschreibungen (Konto 2140) auf die entsprechende Laufzeit verteilt.**

Aufgaben – Fragen

321 Die Elektrohandel GmbH bezieht aus den USA Mikrochips. Rechnungseingang am 18.12. über 15 000 Dollar zum Tageskurs von 1,60 DM. Zahlungsziel vier Wochen.
1. Wie lautet die Buchung bei Rechnungseingang?
2. Wie ist die Auslandsverbindlichkeit zum 31.12. zu bewerten, wenn der Kurs a) 1,60 DM, b) 1,70 DM, c) 1,50 DM beträgt? Begründen Sie Ihre Bewertung.

322 Die Baustoff GmbH importiert Fertigteile aus der Schweiz zum Rechnungsbetrag von 25 000 sfrs. Zahlungsziel vier Wochen. Rechnungseingang 22.12. Kurs 117,00 DM je 100 sfrs.
1. Buchen Sie zum 22.12.   2. Bewerten Sie zum 31.12. zum Kurs a) 115,00 DM; b) 120,00 DM.

323 Ein Unternehmen hat am 02.01. eine Hypothek in Höhe von 300 000,00 DM aufgenommen. Laufzeit 10 Jahre. Dem Bankkonto wurde der Auszahlungsbetrag von 282 000,00 DM gutgeschrieben. 8 % Zinsen, jeweils zum 30.06. und 31.12., zuzüglich Tilgung.
1. Buchen Sie bei Aufnahme der Hypothek.   2. Buchen Sie zum 30.06. und zum 31.12.

324 Im Konto „1710 Verbindlichkeiten a. LL" ist eine Verbindlichkeit von 20 000 Dollar zum Kurs von 1,80 DM enthalten. Am Bilanzstichtag beträgt der Kurs a) 1,90 DM; b) 1,60 DM.
1. Ermitteln und begründen Sie den Bilanzansatz zum 31.12.   2. Wie lautet die Buchung?

325 Wir haben am 10.01. eine Hypothek von 900 000,00 DM zu 98 % für einen Neubau aufgenommen. Laufzeit der Hypothek 20 Jahre.
1. Buchen Sie   a) bei Aufnahme der Hypothek und   b) zum 31.12.
2. Begründen Sie, weshalb steuerlich das Disagio gleichmäßig auf die Laufzeit verteilt wird.

326 *1. Nennen Sie Verbindlichkeiten, die zum Nennwert zu passivieren sind.*
2. Bei welchen Schulden ergibt sich oft ein Bilanzansatz zum höheren Rückzahlungswert?
3. Welcher Zusammenhang besteht zwischen Höchstwert- und Niederstwertprinzip?

3.8 Diverse Aufgaben und Fragen zur Bewertung der Wirtschaftsgüter in der Jahresbilanz

327 Die Textil GmbH exportiert am 15.11.01 Waren in die USA. Abrechnung erfolgt auf Dollarbasis. Dem Kunden werden 200 000,00 Dollar in Rechnung gestellt, zahlbar am 15.01.02. Am Tag der Rechnungsstellung beträgt der Dollarkurs 1,75 DM.

1. *Wie hoch sind die Anschaffungskosten der Forderung? Buchen Sie.*
2. *Mit welchem Wert muß die Forderung zum 31.12.01 angesetzt werden, wenn der Dollarkurs a) 1,90 DM und b) 1,70 DM beträgt? Begründen Sie Ihre Bewertung und nennen Sie, sofern erforderlich, die entsprechende Buchung zum 31.12.*

328 Kauf eines Betriebsgrundstücks für 300 000,00 DM. Die Grunderwerbsteuer beträgt 2 %. Der Makler stellt 9 000,00 DM + USt in Rechnung. Für ein Entwässerungsgutachten für das Grundstück wurden 2 000,00 DM + USt gezahlt. Der Anschluß des Grundstücks an den Kanal verursachte Kosten in Höhe von 3 000,00 DM + USt.

Der Notar berechnet 1500,00 DM + USt. Die Grundbuchkosten belaufen sich auf 450,00 DM.

Alle Zahlungen erfolgen durch Banküberweisung.

Zur Finanzierung des Grundstücks mußte bei der Sparkasse eine Hypothek über 200 000,00 DM bei 100%iger Auszahlung und 10 % Zinsen aufgenommen werden. Die Zinsen sind halbjährlich im voraus zu zahlen.

1. *Ermitteln Sie die Anschaffungskosten des Grundstücks.*
2. *Begründen Sie, welche Kosten im vorliegenden Fall nicht zu den Anschaffungskosten gehören.*
3. *Buchen Sie die Anschaffung des Grundstücks aufgrund der vorliegenden Rechnungen.*
4. *Nennen Sie den Buchungssatz zur Aufnahme der Hypothek.*
5. *Buchen Sie die Hypothekenzinsen bei Zahlung am 01.10. Welche Buchung ist zum 31.12. erforderlich?*
6. *Zu welchem Wert dürfen nicht abnutzbare Anlagegüter zum Bilanzstichtag höchstens angesetzt werden?*

329 Das in Aufgabe 328 genannte Grundstück hat zum Abschlußstichtag des folgenden Geschäftsjahres einen Verkehrswert von 380 000,00 DM.

1. *Nennen Sie den Wertansatz zum 31.12.*
2. *Begründen Sie Ihre Bewertungsentscheidung.*

330 Es wird unterstellt, daß das in Aufgabe 328 genannte Grundstück nach fünf Jahren wegen Wegfalls der Hauptverkehrsanbindung nur noch einen Wert von 220 000,00 DM hat.

1. *Nennen Sie d. Wertansatz f. d. Jahresbilanz.*   2. *Begründen Sie ausführlich Ihre Bewertung.*
3. *Nennen Sie den Buchungssatz.*   4. *Erläutern Sie die Auswirkung auf den Jahreserfolg.*

331 1. *In welchen Gesetzen sind die grundlegenden Bewertungsvorschriften enthalten?*
2. *Nennen Sie die Zielsetzung a) der Handelsbilanz und b) der Steuerbilanz.*
3. *Was beinhaltet der „Grundsatz der Maßgeblichkeit" der Handelsbilanz für die Steuerbilanz?*
4. *Welche Unternehmen stellen sowohl eine Handels- als auch eine Steuerbilanz auf?*
5. *Erläutern Sie den Zusammenhang zwischen dem Prinzip der Vorsicht und dem Anschaffungswert-, Niederstwert-, Höchstwert- und Imparitätsprinzip.*
6. *Unterscheiden Sie zwischen strengem und gemildertem Niederstwertprinzip.*
7. *Nennen Sie Ausnahmen des Grundsatzes der Einzelbewertung.*
8. *Nennen Sie mögliche Abweichungen in der Handels- und Steuerbilanz.*

Ein Textilgroßhandelsbetrieb hat einen Posten Stoffe am 04.12. für 15 000,00 DM netto ab Werk **332** gekauft. An den Spediteur wurden für Transport und Versicherung 680,00 DM netto gezahlt. Bei Bezahlung der Ware wurden 2 % Skonto abgezogen.

1. *Ermitteln Sie die Anschaffungskosten.*
2. *Wie ist die Ware zum 31.12. zu bewerten, wenn am Bilanzstichtag der Wiederbeschaffungswert* *a) 15 800,00 DM und b) 14 000,00 DM beträgt?*
3. *Begründen Sie jeweils Ihre Bewertungsentscheidung zu 2. a) und 2. b) und nennen Sie die Auswirkung auf den Jahreserfolg.*

Im Konto „1710 Verbindlichkeiten a. LL" ist eine Währungsverbindlichkeit von 20 000 Dollar **333** zum Anschaffungskurs von 1,80 DM enthalten. Am Bilanzstichtag beträgt der Kurs

a) 1,50 DM   und   b) 2,00 DM.

1. *Ermitteln Sie den Bilanzansatz zu a) und b).*
2. *Begründen Sie Ihre Bewertungsentscheidung auch im Hinblick auf den Jahreserfolg.*
3. *Wie lautet die Buchung zum 31.12.?*

Ein Unternehmen hat zur kurzfristigen Anlage 50 Aktien zum Stückkurs von 150,00 DM **334** erworben. Die Bank berechnet insgesamt für Nebenkosten (Maklergebühr, Bankprovision) 1,06 % vom Kurswert.

Zum 31.12. des Anschaffungsjahres beträgt der Stückkurs a) 160,00 DM und b) 120,00 DM.

1. *Ermitteln Sie die Anschaffungskosten.*
2. *Begründen Sie den Wertansatz zum 31.12. des Anschaffungsjahres zu a) und b).*
3. *Welche Wertansätze sind möglich, wenn der Kurs zum Bilanzstichtag des folgenden Jahres a) 140,00 DM und b) 170,00 DM beträgt?*
4. *Begründen Sie buchhalterisch, daß durch Wertaufholungen stille Reserven aufgelöst werden.*

Die Textilhandel GmbH hat in der Handelsbilanz zum 31.12. eine im Vorjahr zu 100 000,00 DM **335** Anschaffungskosten erworbene Maschine mit 10 % linear abgeschrieben.

In der dem Finanzamt eingereichten Steuerbilanz wurde die gleiche Maschine mit dem steuerlichen Höchstsatz degressiv abgeschrieben.

1. *Nennen Sie den Wertansatz für die Handels- und Steuerbilanz.*
2. *Begründen Sie, warum das Finanzamt den niedrigeren Wertansatz in der Steuerbilanz nicht anerkennt, obwohl er steuerlich zulässig ist.*

Die Elektrohandel GmbH hat zum 31.12. noch 80 Elektromotoren zum durchschnittlichen **336** Anschaffungswert von 190,00 DM auf Lager.

Die Wiederbeschaffungskosten betragen am Bilanzstichtag a) 210,00 DM und b) 160,00 DM.

Begründen Sie den Wertansatz a) und b) und erläutern Sie die Erfolgsauswirkung.

Ein Unternehmen hat am 15.01. eine Verpackungsanlage erworben. Der Listenpreis beträgt **337** 80 000,00 DM. Die Lieferfirma gewährt hierauf 10 % Rabatt.

In Rechnung gestellt werden ferner: Transportkosten 2 000,00 DM, Fundamentierungskosten 2 500,00 DM, Montagekosten 3 500,00 DM, + Umsatzsteuer.

Der Rechnungsbetrag wurde mit 2 % Skonto durch Banküberweisung beglichen.

Zur Finanzierung der Anlage wurde ein Darlehen von 60 000,00 DM aufgenommen. Die Zinsen für das laufende Geschäftsjahr wurden mit 5 600,00 DM im voraus überwiesen.

1. *Ermitteln Sie die Anschaffungskosten der Verpackungsanlage.*
2. *a) Erstellen Sie die Rechnung der Lieferfirma.*
   b) Buchen Sie den Eingang der Rechnung.
3. *Nennen Sie die Buchung für den Rechnungsausgleich.*
4. *Die Verpackungsanlage hat eine Nutzungsdauer von 10 Jahren. Ermitteln Sie a) den niedrigsten und b) den höchstmöglichen Abschreibungsbetrag zum 31.12.*
5. *Nennen Sie den Wertansatz für die Fälle 4 a) und 4 b).*
6. *Für welchen Wertansatz würden Sie sich entscheiden, wenn das Unternehmen a) mit Verlust und b) mit hohem Gewinn abschließt? Begründen Sie.*

338 Der Wert einer Maschine mit Anschaffungskosten von 200 000,00 DM, die linear über 10 Jahre abgeschrieben wird, sinkt im Jahr 04 infolge des technischen Fortschritts zusätzlich um 20 % der Anschaffungskosten.

1. *Begründen Sie Ihre Bewertungsentscheidung.*

2. *Ermitteln Sie die fortgeführten Anschaffungskosten zum 31.12.04.*

3. *Nennen Sie den Buchungssatz zum 31.12.*

4. *Ermitteln Sie die Abschreibung für die Restnutzungsdauer.*

339 Eine GmbH hat in ihrer dem Handelsregister eingereichten Handelsbilanz die im Abschluß-jahr mit Anschaffungskosten von 40 000,00 DM erworbenen geringwertigen Wirtschaftsgüter aktiviert und mit 20 % linear abgeschrieben. In der dem Finanzamt eingereichten Steuer-bilanz wurde von der Möglichkeit der Vollabschreibung der geringwertigen Wirtschaftsgüter Gebrauch gemacht.

1. *Welche Überlegungen standen im Vordergrund?*

2. *Begründen Sie die Entscheidung der Finanzverwaltung im vorliegenden Fall.*

340 Die fortgeführten Anschaffungskosten einer Maschine betragen zum 31.12.19.. 24 000,00 DM. Der Wert (Teilwert) der Maschine ist infolge Preissteigerung auf 30 000,00 DM gestiegen. Der Buchhalter möchte daher eine Zuschreibung in Höhe von 6 000,00 DM vornehmen, die zu einem Wertansatz von 30 000,00 DM führt.

Beraten Sie den Buchhalter und begründen Sie Ihre Auffassung.

341 Waren wurden am 20.12.19.. zu 5 000,00 DM netto zuzüglich Bezugskosten netto 300,00 DM angeschafft. Beim Rechnungsausgleich wurden 2 % Skonto abgezogen. Die Waren sind am 31.12. noch am Lager.

1. *Ermitteln Sie die Anschaffungskosten.*

2. *Wie sind die Waren zum 31.12. zu bewerten, wenn der Tageswert a) 6 000,00 DM und b) 4 600,00 DM beträgt? Begründen Sie Ihre Entscheidung.*

342 Die in Aufgabe 341 genannten Waren wurden in der Bilanz zum 31.12.19.. nach dem strengen Niederstwertprinzip mit 4 600,00 DM bewertet. Es wird unterstellt, daß die Waren auch noch zum 31.12. des folgenden Jahres vorhanden sind und der Tageswert nunmehr 5 100,00 DM beträgt.

1. *Nennen Sie die möglichen Wertansätze zum 31.12. des letzten Jahres, wenn der Steuerpflich-tige a) niedrigste und b) höchste Bewertung wünscht.*

2. *Erklären Sie an diesem Beispiel das Recht auf Wertbeibehaltung und Wertaufholung.*

3. *Erläutern Sie die Auswirkungen auf den Gewinn.*

343 Ein Unternehmen hat ein Grundstück erworben. Anschaffungskosten 150 000,00 DM. Am Bilanzstichtag beträgt der Tageswert (Teilwert) a) 180 000,00 DM und b) 100 000,00 DM. Im Fall b) handelt es sich um eine Wertminderung, die auf ein Bauverbot für das Grundstück zurückzuführen ist.

1. *Ermitteln und begründen Sie für die beiden Fälle den jeweiligen Wertansatz.*

2. *Welche Möglichkeiten der Bilanzierung des Grundstücks bestehen, wenn nach vier Jahren das Bauverbot aufgehoben wird?*

344 Im Geschäftsjahr 19.. wurde eine Beteiligung an einer Handelsgesellschaft für 10 Millionen DM erworben. Zum 31.12. des gleichen Jahres ist der Wert geringfügig auf 9,7 Millionen DM gesunken. Die Unternehmensleitung erwartet für das nächste Jahr wieder eine Wertsteige-rung.

1. *Welche Möglichkeiten der Bewertung bestehen nach § 253 (2) HGB?*

2. *Begründen Sie Ihre Bewertungsentscheidung für die Beteiligung, wenn das Unternehmen a) mit Gewinn und b) mit Verlust abschließt.*

4 Jahresabschluß der Personengesellschaften

4.1 Abschluß der Offenen Handelsgesellschaft (OHG)

Unbeschränkte Haftung. Die Gesellschafter der OHG haften voll in unbeschränkter Höhe, also nicht nur mit ihren Kapitaleinlagen, sondern auch mit ihrem Privatvermögen. Jeder Gesellschafter hat sein Eigenkapital- und Privatkonto.

Gewinn- und Verlustverteilung. Die Verteilung des Gesamtgewinns der OHG ist entweder von den Gesellschaftern vertraglich geregelt (Gesellschaftsstatut) oder richtet sich nach den gesetzlichen Vorschriften (§ 121 HGB). Danach erhalten die Gesellschafter ihre Kapitaleinlagen zu 4 % verzinst, der Rest des Gewinns wird nach Köpfen verteilt. Der Verlust wird von allen Gesellschaftern zu gleichen Teilen getragen. Für ihre Arbeitsleistung erhalten die geschäftsführenden Gesellschafter der OHG vorab entsprechende Gewinnanteile.

Beispiel: In einer OHG betragen die Kapitalanteile der Gesellschafter A 240 000,00 DM und B 360 000,00 DM. Das Privatkonto A weist 68 000,00 DM, Privatkonto B 70 000,00 DM Entnahmen aus. Der Gesamtgewinn von 200 000,00 DM wird wie folgt verteilt: Gesellschafter B erhält für die Geschäftsführung vorab 72 000,00 DM. Die Kapitaleinlagen werden mit 8 % verzinst. Der Restgewinn wird nach Köpfen verteilt.

Gesell-schafter	Kapital 01.01.	Arbeits-anteil	Kapital-verzinsung	Rest-gewinn	Gesamt-gewinn	Privat-entnahme	Kapital 31.12.
A	240 000,00	–	19 200,00	40 000,00	59 200,00	68 000,00	231 200,00
B	360 000,00	72 000,00	28 800,00	40 000,00	140 800,00	70 000,00	430 800,00
	600 000,00	72 000,00	48 000,00	80 000,00	200 000,00	138 000,00	662 000,00

Buchungen. Die Gewinnanteile werden den Kapitalkonten der Gesellschafter auf der Grundlage einer Gewinnverteilungstabelle (Beleg!) gutgeschrieben. Im Falle eines Verlustes sind die Kapitalkonten entsprechend zu belasten. Die Privatkonten werden über die zugehörigen Kapitalkonten abgeschlossen. *Nennen Sie die Abschlußbuchungssätze ①, ② und ③.*

S		Gewinn und Verlust		H
Aufwand	560 000,00	Erträge		760 000,00
Gewinnanteil **A**	59 200,00	①		
Gewinnanteil **B**	140 800,00			

S	Privat A		H	②	S	Kapital A		H
Entnahme	68 000,00	Kap. A	68 000,00 →		Privat	68 000,00	AB	240 000,00
					SB	231 200,00	Gewinn	59 200,00

S	Privat B		H	③	S	Kapital B		H
Entnahme	70 000,00	Kap. B	70 000,00 →		Privat	70 000,00	AB	360 000,00
					SB	430 800,00	Gewinn	140 800,00

Merke:
- Die OHG führt für jeden Gesellschafter ein Kapital- und Privatkonto.
- Gewinn- und Verlustanteile werden deshalb unmittelbar auf dem Kapitalkonto des Gesellschafters gebucht.

Der Jahresgewinn einer OHG in Höhe von 220 000,00 DM soll nach § 121 HGB auf zwei Gesellschafter mit den Kapitalanteilen A 200 000,00 DM und B 300 000,00 DM verteilt werden. Die Privatentnahmen von A betragen 48 000,00 DM und von B 50 000,00 DM.

1. Erstellen Sie eine Gewinnverteilungstabelle mit Kapitalentwicklung und buchen Sie.
2. Nehmen Sie kritisch Stellung zur gesetzlichen Regelung der Gewinnverteilung.

345

346

Saldenbilanz der Paul von Raupach OHG zum 31.12.	Soll	Haben
0330 Betriebs- und Geschäftsausstattung	360 000,00	–
0340 Fuhrpark	220 000,00	–
0522 Pauschalwertberichtigungen zu Forderungen	–	4 500,00
0610 Kapital P. von Raupach.........................	–	400 000,00
0611 Kapital M. Breuer	–	200 000,00
0724 Sonstige Rückstellungen	–	15 200,00
0820 Darlehensschulden	–	294 800,00
0910 Aktive Rechnungsabgrenzung	–	
1010 Forderungen aus Lieferungen und Leistungen	288 000,00	–
1130 Sonstige Forderungen	2 000,00	–
1310 Bank...	228 500,00	–
1410 Vorsteuer	63 000,00	–
1610 Privatentnahmen Raupach	82 600,00	–
1611 Privatentnahmen Breuer	78 900,00	–
1710 Verbindlichkeiten aus Lieferungen und Leistungen .	–	115 000,00
1810 Umsatzsteuer	–	80 000,00
1940 Sonstige Verbindlichkeiten	–	15 900,00
2010 a. o. (nicht geschäftstypische) Aufwendungen	–	
2060 Sonstige Aufwendungen	3 000,00	–
2110 Zinsaufwendungen	30 400,00	–
2310 Übliche Abschreibungen auf Forderungen	–	–
2340 Zuführungen zu Pauschalwertberichtigungen	–	–
2610 Zinserträge	–	8 600,00
2760 Erträge aus der Auflösung von Rückstellungen	–	
3010 Wareneingang	2 300 000,00	
3060 Nachlässe von Lieferern	–	12 100,00
3080 Liefererskonti	–	54 500,00
3910 Warenbestände	150 000,00	–
4000 Verschiedene Kostenarten	553 600,00	–
4100 Mieten	110 400,00	–
4910 Abschreibungen auf Sachanlagen		
8010 Warenverkauf.................................	–	3 308 400,00
8070 Kundenboni	7 800,00	–
8080 Kundenskonti	30 800,00	–
Abschlußkonten: 9300 und 9400	4 509 000,00	4 509 000,00

Abschlußangaben:

1. Planmäßige Abschreibungen: BGA: 38 000,00 DM; Fuhrpark: 52 000,00 DM.
2. Eine im Vorjahr gebildete Garantierückstellung über 5 000,00 DM erübrigt sich.
3. Kunde Mies überweist von 2 300,00 DM nur 575,00 DM. Der Rest gilt als verloren.
4. Kunde Schneider erhält Gutschrift für Bonus: 3 000,00 DM + USt.
5. Steuerberichtigungen: Liefererskonti: 450,00 DM; Kundenskonti: 380,00 DM.
6. Darlehenszinsen in Höhe von 12 000,00 DM werden von der OHG halbjährlich jeweils zum 31.03. und 30.09. im voraus gezahlt. Letzte Zahlung erfolgte am 30.09.
7. Brandschaden im Warenlager 35 000,00 DM (kein Versicherungsanspruch).
8. Für einen drohenden Verlust aus einem schwebenden Geschäft ist eine Rückstellung über 60 000,00 DM zu bilden.
9. Die Dezembermiete für die Geschäftsräume wird am 02.01. n. J. überwiesen: 8 000,00 DM.
10. Die Zinsgutschrift der Bank über 4 500,00 DM erfolgt erst am 06.01. n. J.
11. Die PWB ist auf 5 % des Forderungsbestandes aufzustocken.
12. Warenschlußbestand: Anschaffungskosten: 180 000,00 DM; Tageswert: 195 000,00 DM.
13. Gewinnverteilung: 8 % Kapitalverzinsung vorab, Rest nach Kapitalanteilen.

Erstellen Sie den Jahresabschluß. Ermitteln Sie die Rendite der Kapitalanteile der Gesellschafter.

4.2 Abschluß der Kommanditgesellschaft (KG)

Die unterschiedliche Haftung der Gesellschafter unterscheidet die KG von der OHG:

- **Der Vollhafter (Komplementär)** haftet wie der OHG-Gesellschafter <u>unbeschränkt</u> mit seinem Betriebs- und Privatvermögen (§ 161 HGB).
- **Der Teilhafter (Kommanditist)** haftet nur <u>beschränkt</u> in Höhe der <u>vertraglich festgesetzten</u> und im <u>Handelsregister eingetragenen Kapitaleinlage</u>. Der Kommanditist verfügt deshalb über <u>kein Privatkonto</u> (§§ 161, 171 HGB).

Die Gewinn- und Verlustverteilung ist auch bei der KG entweder <u>vertraglich</u> geregelt <u>oder</u> richtet sich <u>nach den gesetzlichen Vorschriften</u> (§§ 167–169 HGB). Danach erhalten die Vollhafter wie auch die Teilhafter zunächst ihre Kapitaleinlage zu <u>4 %</u> verzinst. Der <u>Restgewinn</u> wird in einem „angemessenen Verhältnis" der Kapitalanteile, also unter Berücksichtigung der Einlagehöhe, der Mitarbeit im Unternehmen und der persönlichen Haftung, verteilt. Am <u>Verlust</u> sind die Gesellschafter ebenfalls <u>in angemessenem Verhältnis</u> zu beteiligen.

Beispiel: In einer KG betragen die Kapitaleinlagen des Komplementärs A 500 000,00 DM und des Kommanditisten B 200 000,00 DM. Das Privatkonto A weist Entnahmen in Höhe von 80 000,00 DM aus. Der Gesamtgewinn beträgt zum 31.12. 240 000,00 DM.

Vertragliche Gewinnverteilung: Der Komplementär erhält aus dem Jahresgewinn für seine Arbeitsleistung vorab 60 000,00 DM. Die Kapitaleinlagen werden mit 4 % verzinst, der Restgewinn wird im Verhältnis 3 : 1 verteilt.

Gesell-schafter	Kapital 01.01.	Arbeits-anteil	Kapital-verzinsung	Rest-gewinn	Gesamt-gewinn	Privat-entnahme	Kapital 31.12.
A	500 000,00	60 000,00	20 000,00	114 000,00	194 000,00	80 000,00	614 000,00
B	200 000,00	–	8 000,00	38 000,00	46 000,00	–	200 000,00
	700 000,00	60 000,00	28 000,00	152 000,00	240 000,00	80 000,00	814 000,00

Buchungen. Die unterschiedlichen Haftungsverhältnisse der Gesellschafter der KG bedingen auch unterschiedliche Buchungen. Beim <u>Komplementär</u> ergeben sich die gleichen Buchungen <u>wie beim OHG-Gesellschafter</u>. Der <u>Gewinnanteil des Kommanditisten</u> darf jedoch wegen der <u>festen</u> Kapitaleinlage nicht dem Kapitalkonto gutgeschrieben werden, sondern muß als „Sonstige Verbindlichkeit" auf dem Konto „1930 Verbindlichkeiten gegenüber Gesellschaftern" gebucht werden. Ein <u>Verlustanteil</u> ist als „Sonstige Forderung" der KG an den Kommanditisten zu buchen (1150 an 9300), damit das Kommanditkapitalkonto das <u>vereinbarte Haftungskapital unverändert ausweist.</u>

Buchung: 9300 Gewinn und Verlust 240 000,00
an 0610 Kapital Vollhafter A 194 000,00
an 1930 Verbindl. gegenüber Gesellschaftern ... 46 000,00

Aktiva	Bilanz der A-KG			Passiva
			01.01.	31.12.
Anlagevermögen		Kapital Vollhafter A	500 000,00	614 000,00
Umlaufvermögen		Kapital Teilhafter B	200 000,00	200 000,00
		Sonstige Verbindlich.	–	46 000,00

Merke: Gewinnanteile der Kommanditisten sind „Sonstige Verbindlichkeiten".

Die Schulz KG besteht aus dem Vollhafter H. Schulz (400 000,00 DM Kapitalanteil) und dem Teilhafter R. Schneider (200 000,00 DM Kommanditkapital). Das Privatkonto Schulz weist 70 000,00 DM Entnahmen zum 31.12. aus. Der Gesamtgewinn beträgt 180 000,00 DM. Für die Geschäftsführung erhält Schulz monatlich 5 500,00 DM. Jeder Gesellschafter erhält vorab 8 %. Der Restgewinn ist im Verhältnis 4 : 1 zu verteilen. *Erstellen Sie die Gewinnverteilungstabelle mit Kapitalentwicklung und buchen Sie. Beurteilen Sie auch den Erfolg der KG.*

347

348

Saldenbilanz der K. J. Bredel KG	Soll	Haben
0210 Grundstücke	154 000,00	–
0230 Gebäude	720 000,00	–
0330 Betriebs- und Geschäftsausstattung	150 000,00	–
0340 Fuhrpark	120 000,00	–
0522 Pauschalwertberichtigungen zu Forderungen	–	22 100,00
0610 Kapital Vollhafter Bredel	–	500 000,00
0611 Kapital Teilhafter Naumann	–	240 000,00
0722 Steuerrückstellungen	–	12 400,00
0820 Hypothekenschulden	–	475 900,00
1010 Forderungen aus Lieferungen und Leistungen	250 000,00	–
1130 Sonstige Forderungen	–	–
1310 Bank	217 000,00	–
1410 Vorsteuer	48 000,00	–
1610 Privatentnahmen Bredel	140 000,00	–
1710 Verbindlichkeiten aus Lieferungen und Leistungen .	–	238 000,00
1810 Umsatzsteuer	–	22 000,00
1940 Sonstige Verbindlichkeiten	–	22 800,00
2050 Verluste aus dem Abgang von UV	18 200,00	–
2110 Zinsaufwendungen	36 800,00	–
2421 Mieterträge	–	22 200,00
3010 Wareneingang	2 291 000,00	–
3070 Liefererboni	–	32 600,00
3910 Warenbestände	190 000,00	–
4000 Verschiedene Kostenarten	351 700,00	–
4210 Gewerbesteuer	10 300,00	–
4260 Versicherungen	35 000,00	–
8010 Warenverkauf	–	3 162 000,00
8060 Nachlässe an Kunden	21 000,00	–
8710 Eigenverbrauch von Waren	–	11 000,00
Weitere Konten: 0910, 0930, 1930, 2752, 4910, 9300, 9400	4 761 000,00	4 761 000,00

Abschlußangaben zum 31.12.:

1. Planmäßige Abschreibungen insgesamt in Höhe von 98 000,00 DM, und zwar auf: Gebäude 28 000,00 DM, BGA 30 000,00 DM, Fuhrpark 40 000,00 DM.
2. Ein unbebautes Grundstück hat eine dauernde Wertminderung von 25 000,00 DM.
3. Warenentnahmen des Vollhafters: 7 500,00 DM netto.
4. Kunde M. Hein hat zum 31.12. noch einen Nachlaß von brutto 575,00 DM erhalten.
5. Eine Forderung an den Kunden R. Göbel über 4 600,00 DM ist uneinbringlich.
6. Bildung einer Gewerbesteuerrückstellung in Höhe von 15 600,00 DM.
7. Verrechnung des Mietwertes für die Wohnung des Vollhafters im Geschäftsgebäude: 900,00 DM.
8. Ein Mieter hatte die Lagerraummiete für Dezember bis Februar n. J. am 01.12. mit 2 700,00 DM im voraus an die KG überwiesen.
9. Die Kfz-Versicherungen wurden am 01.10. für 1 Jahr im voraus gezahlt: 2 400,00 DM.
10. Gutschrift für Liefererboni steht zum 31.12. noch aus: netto 5 000,00 DM.
11. Hypothekenzinsen in Höhe von 12 000,00 DM werden halbjährlich nachträglich jeweils zum 31.03. und 30.09. gezahlt. Letzte Zahlung erfolgte am 30.09.
12. Die PWB ist auf 5 % des Forderungsbestandes zu bemessen.
13. Warenschlußbestand: Anschaffungskosten: 115 000,00 DM; Tageswert: 100 000,00 DM.
14. Gewinnverteilung: Der Gesamtgewinn ist im Verhältnis 4 : 1 zu verteilen.

Erstellen Sie den Jahresabschluß. Ermitteln Sie die Rendite der Kapitalanteile der Gesellschafter.

6583256

5 Jahresabschluß der Kapitalgesellschaften
5.1 Publizitäts- und Prüfungspflicht

Der Jahresabschluß der Kapitalgesellschaften (GmbH, AG, KGaA) besteht aus drei Teilen, die nach § 264 HGB eine Einheit bilden (→ Faltblatt im Anhang):

● **Bilanz** (§ 266 HGB)   ● **Gewinn- und Verlustrechnung** (§ 275 HGB)   ● **Anhang** (§ 284 HGB)

Der Anhang ist gleichwertiger Bestandteil des Jahresabschlusses und soll die Bilanz und die Gewinn- und Verlustrechnung in den einzelnen Positionen näher erläutern. Die Bewertungs- und Abschreibungsmethoden sind dabei ebenso darzustellen wie die Beteiligungen an anderen Unternehmen, die Verbindlichkeiten mit einer Restlaufzeit von über fünf Jahren, die Bezüge der Geschäftsführer und Mitglieder des Vorstandes sowie des Aufsichtsrates, die Zahl der Arbeitnehmer u. a. m.

Lagebericht. Für das Abschlußjahr ist auch noch ein Lagebericht gemäß § 289 HGB zu erstellen. Der Lagebericht ist kein Bestandteil des Jahresabschlusses. Er soll lediglich zusätzliche Informationen über den Geschäftsverlauf im Abschlußjahr und die wirtschaftliche und finanzielle Lage der Gesellschaft am Bilanzstichtag darstellen, wie z. B. Höhe des Absatzes im Inland und Ausland, Personalentwicklung, Liquiditätslage u. a. Außerdem muß die voraussichtliche Entwicklung des Unternehmens erörtert werden.

Größenordnung der Kapitalgesellschaften. Kapitalgesellschaften sind grundsätzlich verpflichtet, den Jahresabschluß und den Lagebericht zu veröffentlichen und vorher durch unabhängige Abschlußprüfer prüfen zu lassen. Zum Schutz kleiner und mittelständischer Unternehmen vor Konkurrenzeinblick sowie zur Vermeidung von Kosten richten sich jedoch Art und Umfang der Veröffentlichung sowie die Prüfungspflicht nach der Größe der Kapitalgesellschaft. Man unterscheidet:

● **kleine,**   ● **mittelgroße**   und   ● **große Kapitalgesellschaften.**

Für die Zuordnung der Unternehmen zu einer Größenklasse müssen zwei der drei Größenmerkmale an zwei aufeinanderfolgenden Bilanzstichtagen zutreffen:[1]

Merkmale	kleines Unternehmen	mittleres Unternehmen	großes Unternehmen
① **Bilanzsumme** (DM)	bis 3 900 000	bis 15 500 000	über 15 500 000
② **Umsatz** (DM)	bis 8 000 000	bis 32 000 000	über 32 000 000
③ **Beschäftigte**	bis 50	bis 250	über 250

Veröffentlichung und Prüfung des Jahresabschlusses und des Lageberichts ergeben sich aus der nachfolgenden Tabelle. Sie zeigt, was und an welcher Stelle (HR: Einreichung beim Handelsregister; BA: Vollständige Veröffentlichung im Bundesanzeiger) offenzulegen ist und ob eine Prüfungspflicht besteht.

Kapital-gesellschaften	Offenlegung (§ 325 HGB)			Lagebericht	Publizität	Prüfung (§ 316 HGB)
	Jahresabschluß					
	Bilanz	GuV	Anhang			
kleine	x	—	x	—	HR[2]	—
mittelgroße	x	x	x	x	HR[2]	x
große	x	x	x	x	HR + BA	x

1 AG mit börsengängigen Aktien gilt stets als große Kapitalgesellschaft (§ 267 [3] HGB).
2 Im Bundesanzeiger wird lediglich auf die erfolgte Einreichung beim HR hingewiesen.

5.2   Gliederung der Bilanz nach § 266 HGB

Kapitalgesellschaften haben die Jahresbilanz, die veröffentlicht wird, nach § 266 HGB zu gliedern. Zum Schutz kleiner und mittelgroßer Unternehmen richtet sich jedoch der Umfang der Gliederung nach der Größe der Kapitalgesellschaft.

- **Große Kapitalgesellschaften** müssen ihre Bilanzen unter Berücksichtigung des in § 266 Abs. 2 und 3 HGB ausgewiesenen **vollständigen Gliederungsschemas** aufstellen und veröffentlichen (siehe nebenstehende Seite und im Anhang auf der Rückseite des Kontenrahmens). Die Bilanz wird hierbei in ihren Einzelpositionen sehr detailliert dargestellt und ermöglicht somit einen tiefen Einblick in die Vermögens- und Finanzlage eines Unternehmens.

- **Kleine Kapitalgesellschaften** brauchen nur eine **verkürzte Bilanz** (siehe unten) zu veröffentlichen, in der die mit Buchstaben und römischen Zahlen bezeichneten Posten des vollständigen Gliederungsschemas aufgeführt sind (§ 266 [1] HGB). Durch die starke Straffung der Bilanzpositionen sind diese Bilanzen natürlich für Außenstehende nur von geringem Aussagewert.

- **Mittelgroße Kapitalgesellschaften** müssen ihre Bilanzen zwar **nach dem vollständigen Gliederungsschema erstellen**, brauchen sie aber nur in der für kleine Kapitalgesellschaften vorgeschriebenen **Kurzform** zu **veröffentlichen**. Sie müssen dann allerdings wahlweise in der Bilanz oder im Anhang bestimmte Posten zusätzlich gesondert angeben, wie z. B. Gebäude, Technische Anlagen und Maschinen, Beteiligungen, Verbindlichkeiten gegenüber Kreditinstituten u. a. m. (§ 327 HGB).

Aktiva	Bilanzschema kleiner Kapitalgesellschaften	Passiva

A. Anlagevermögen
   I. Immaterielle Vermögens-
     gegenstände
   II. Sachanlagen
   III. Finanzanlagen
B. Umlaufvermögen
   I. Vorräte
   II. Forderungen und sonstige
     Vermögensgegenstände
   III. Wertpapiere
   IV. Flüssige Mittel
C. Rechnungsabgrenzungsposten
	A. Eigenkapital
	   I. Gezeichnetes Kapital
	   II. Kapitalrücklage
	   III. Gewinnrücklagen
	   IV. Gewinn-/Verlustvortrag
	   V. Jahresüberschuß/Jahresfehlbetrag
	B. Rückstellungen
	C. Verbindlichkeiten
	D. Rechnungsabgrenzungsposten	

Zur Erhöhung der Bilanzklarheit ist bei Bilanzen, die veröffentlicht werden, zusätzlich noch folgendes zu beachten:

- Zu jedem Bilanzposten ist der entsprechende Vorjahresbetrag anzugeben.
- In der Bilanz oder im Anhang ist die Entwicklung des Anlagevermögens durch einen Anlagenspiegel darzustellen (siehe Seite 262).
- In der Bilanz muß der Betrag der Forderungen mit einer Restlaufzeit von über einem Jahr sowie der Verbindlichkeiten mit einer Restlaufzeit von unter einem Jahr angegeben werden. Das verschafft Außenstehenden mehr Einblick in die Liquiditätslage des Unternehmens.
- Unter der Bilanz oder im Anhang sind Eventualverbindlichkeiten aus weitergegebenen Wechseln sowie aus Bürgschaftsverpflichtungen und aus Gewährleistungsverträgen anzugeben. Sie dürfen in einem Betrag angegeben werden (§ 251 HGB)[1].

Merke: **Art und Umfang der Veröffentlichung, Prüfungspflicht** sowie **Gliederung** der **Bilanz richten sich nach der Größe** der Kapitalgesellschaft.

---

1   Auch Bilanzen nicht offenlegungspflichtiger Unternehmen müssen diesen Vermerk nach § 251 HGB enthalten.

Gliederung der Jahresbilanz

nach § 266 Abs. 2 und 3 Handelsgesetzbuch

Aktiva   **Passiva**

A. Anlagevermögen

I. Immaterielle Vermögensgegenstände
1. Konzessionen, gewerbliche Schutzrechte und ähnliche Rechte und Werte sowie Lizenzen an solchen Rechten und Werten
2. Geschäfts- oder Firmenwert
3. geleistete Anzahlungen

II. Sachanlagen
1. Grundstücke, grundstücksgleiche Rechte und Bauten einschließlich der Bauten auf fremden Grundstücken
2. technische Anlagen und Maschinen
3. andere Anlagen, Betriebs- und Geschäftsausstattung
4. geleistete Anzahlungen und Anlagen im Bau

III. Finanzanlagen
1. Anteile an verbundenen Unternehmen
2. Ausleihungen an verbundene Unternehmen
3. Beteiligungen
4. Ausleihungen an Unternehmen, mit denen ein Beteiligungsverhältnis besteht
5. Wertpapiere des Anlagevermögens
6. sonstige Ausleihungen

B. Umlaufvermögen

I. Vorräte
1. Roh-, Hilfs- und Betriebsstoffe
2. unfertige Erzeugnisse
3. fertige Erzeugnisse und Waren
4. geleistete Anzahlungen

II. Forderungen und sonstige Vermögensgegenstände
1. Forderungen aus Lieferungen und Leistungen
2. Forderungen gegen verbundene Unternehmen
3. Forderungen gegen Unternehmen, mit denen ein Beteiligungsverhältnis besteht
4. sonstige Vermögensgegenstände

III. Wertpapiere
1. Anteile an verbundenen Unternehmen
2. eigene Anteile
3. sonstige Wertpapiere

IV. Schecks, Kassenbestand, Bundesbank- und Postbankguthaben, Guthaben bei Kreditinstituten

C. Rechnungsabgrenzungsposten

A. Eigenkapital

I. Gezeichnetes Kapital

II. Kapitalrücklage

III. Gewinnrücklagen
1. gesetzliche Rücklage
2. Rücklage für eigene Anteile
3. satzungsmäßige Rücklagen
4. andere Gewinnrücklagen

IV. Gewinnvortrag/Verlustvortrag

V. Jahresüberschuß/Jahresfehlbetrag

B. Rückstellungen
1. Rückstellungen für Pensionen und ähnliche Verpflichtungen
2. Steuerrückstellungen
3. sonstige Rückstellungen

C. Verbindlichkeiten
1. Anleihen, davon konvertibel
2. Verbindlichkeiten gegenüber Kreditinstituten
3. erhaltene Anzahlungen auf Bestellungen
4. Verbindlichkeiten aus Lieferungen und Leistungen
5. Verbindlichkeiten aus der Annahme gezogener Wechsel und der Ausstellung eigener Wechsel
6. Verbindlichkeiten gegenüber verbundenen Unternehmen
7. Verbindlichkeiten gegenüber Unternehmen, mit denen ein Beteiligungsverhältnis besteht
8. sonstige Verbindlichkeiten, davon aus Steuern davon im Rahmen der sozialen Sicherheit

D. Rechnungsabgrenzungsposten

5.3 Ausweis des Eigenkapitals in der Bilanz

Zusammenfassung der Eigenkapitalposten. Alle Posten des Eigenkapitals einer Kapitalgesellschaft werden in der Bilanz unter Einbeziehung des Jahresgewinns oder eines Jahresverlustes sowie eines Gewinn- oder Verlustvortrages zu einer Gruppe „A. Eigenkapital" übersichtlich zusammengefaßt.

Beispiel: Darstellung des Eigenkapitals in der Bilanz der X-GmbH für das
Berichtsjahr: Gewinnvortrag und Jahresüberschuß (Jahresgewinn)
Vorjahr: Verlustvortrag und Jahresfehlbetrag (Jahresverlust)

Bilanz X-GmbH				Passiva
A. Eigenkapital	**Berichtsjahr**		**Vorjahr**	
I. Gezeichnetes Kapital	800 000,00		800 000,00	
II. Kapitalrücklage	100 000,00		100 000,00	
III. Gewinnrücklage	250 000,00		250 000,00	
IV. Gewinn-/Verlustvortrag	50 000,00		20 000,00	
V. Jahresüberschuß/-fehlbetrag .	300 000,00	1 500 000,00	130 000,00	1 000 000,00

Gezeichnetes Kapital ist das im Handelsregister eingetragene Kapital, auf das die Haftung der Gesellschafter beschränkt ist. Bei der GmbH stellt das Stammkapital (mindestens 50 000,00 DM), bei der AG das Grundkapital (mindestens 100 000,00 DM) das „Gezeichnete Kapital" dar. Es ist stets zum Nennwert auszuweisen. Ausstehende Einlagen auf das gezeichnete Kapital werden in der Regel auf der Aktivseite vor dem Anlagevermögen als Forderung des Unternehmens an die Gesellschafter und somit als Korrekturposten zum „Gezeichneten Kapital" ausgewiesen. Sie dürfen nach § 272 (1) HGB auch auf der Passivseite offen vom „Gezeichneten Kapital" abgesetzt werden.

Beispiel: Bilanzausweis der „Ausstehenden Einlagen" (Regelfall)

Aktiva	Bilanz der Y-GmbH	Passiva
A. Ausstehende Einlagen auf das gezeichnete Kapital .... **400 000,00**[1]	A. Eigenkapital I. Gezeichnetes Kapital ... **2 000 000,00**	
B. Anlagevermögen		

▶ **Der Gewinn-/Verlustvortrag** ist der Gewinn- bzw. Verlustrest des Vorjahres.

▶ **Der Jahresüberschuß/Jahresfehlbetrag** ist das in der Gewinn- und Verlustrechnung ermittelte Ergebnis des Geschäftsjahres, das in die Jahresbilanz einzustellen ist, sofern die Bilanz vor Verwendung des Jahresergebnisses (Gewinnverwendung bzw. Verlustdeckung) aufgestellt wird, was bei der GmbH die Regel ist.[2]

▶ **Rücklagen sind getrennt ausgewiesenes Eigenkapital,** die es in der Regel nur bei Kapitalgesellschaften wegen des konstanten „Gezeichneten Kapitals" gibt. Nach § 272 Abs. 2 und 3 HGB unterscheidet man Kapital- und Gewinnrücklagen.

▶ **Kapitalrücklagen** entstehen durch ein Aufgeld (Agio), das bei der Ausgabe von Anteilen (Stammanteile, Aktien) über den Nennwert erzielt wird oder durch Zuzahlungen von Gesellschaftern für die Gewährung einer Vorzugsdividende.

Beispiel: Eine Aktiengesellschaft erhöht ihr „Gezeichnetes Kapital" durch Ausgabe junger Aktien: Nennwert 10 000 000,00 DM, Ausgabekurs 150 % = 15 000 000,00 DM (Bank). Das Agio ist der Kapitalrücklage zuzuführen.

Buchung: Bank .... 15 000 000,00   an **Gezeichnetes Kapital** 10 000 000,00
                                                  an **Kapitalrücklage** 5 000 000,00

---

1 Davon bereits eingeforderte Beträge sind in ( ) zu vermerken.   2 Die Bilanz kann auch nach teilweiser oder vollständiger Verwendung des Jahresergebnisses gemäß § 268 (1) HGB aufgestellt werden.

Gewinnrücklagen werden aus dem bereits versteuerten Jahresgewinn (45 % Körperschaftsteuer) durch Einbehaltung bzw. Nichtausschüttung von Gewinnanteilen gebildet (§ 272 [3] HGB). Man unterscheidet vor allem zwischen gesetzlichen, satzungsmäßigen und anderen (freien) Gewinnrücklagen:

> ▶ **Gesetzliche Rücklagen** müssen Aktiengesellschaften zur Deckung von Verlusten bilden. Nach § 150 AktG sind jährlich 5 % des um einen Verlustvortrag geminderten Jahresüberschusses in die gesetzliche Rücklage einzustellen, bis die gesetzliche Rücklage und die Kapitalrücklage zusammen mindestens 10 % oder den in der Satzung bestimmten höheren Anteil des Grundkapitals erreichen. Solange die gesetzliche und die Kapitalrücklage die Mindesthöhe nicht übersteigen, müssen ein Gewinnvortrag aus dem Vorjahr und freie Rücklagen zur Verlustdeckung herangezogen werden. Bei der GmbH gibt es keine gesetzlich vorgeschriebenen, sondern nur freie (freiwillige) Rücklagen.
>
> ▶ **Satzungsmäßige oder auf Gesellschaftsvertrag beruhende Rücklagen.**
>
> ▶ **Andere Gewinnrücklagen (Freie Rücklagen).** Über die gesetzliche Verpflichtung hinaus können bei Aktiengesellschaften bis zur Hälfte des Jahresüberschusses in die andere (freie) Gewinnrücklage eingestellt werden (§ 58 AktG). Freie Rücklagen können für beliebige Zwecke verwendet werden, z. B. zur Finanzierung von Ersatz- und Erweiterungsinvestitionen. Da Rücklagen aus nicht ausgeschütteten Gewinnen gebildet werden, dienen sie zugleich der Selbstfinanzierung des Unternehmens und ganz allgemein der Stärkung der Eigenkapitalbasis der Unternehmen.

Beispiel: In einer Aktiengesellschaft werden aus dem Jahresüberschuß u. a. 60 000,00 DM der gesetzlichen und 140 000,00 DM der freien Rücklage zugeführt.

Buchung (vereinfacht): **Gewinn- und Verlustkonto** 200 000,00
  an **Gesetzliche Rücklage** 60 000,00
  an **Andere Gewinnrücklagen** 140 000,00

Offene Rücklagen. Kapital- und Gewinnrücklagen werden in der Bilanz offen als gesonderte Eigenkapitalposten ausgewiesen. Man spricht von „offenen" Rücklagen.

Stille Rücklagen (stille Reserven) sind im Gegensatz zu den offenen Rücklagen aus der Bilanz nicht zu ersehen. Sie entstehen in der Regel durch Unterbewertung der Vermögenswerte (z. B. durch überhöhte Abschreibungen) oder durch Überbewertung von Rückstellungen. Stille Reserven sind auch stets in den Erinnerungswerten von 1,00 DM enthalten. Die gesetzlichen Bewertungsvorschriften engen allerdings den Spielraum zur Bildung stiller Reserven ein. Die Vollabschreibung geringwertiger Wirtschaftsgüter im Jahr ihrer Anschaffung oder Herstellung ist z. B. eine gesetzlich erlaubte Möglichkeit zur Bildung von stillen Reserven. Da Wirtschaftsgüter höchstens zu ihren Anschaffungs- bzw. Herstellungskosten aktiviert werden dürfen, entstehen zwangsläufig stille Reserven, wenn die Preise am Markt (Tageswert) steigen. Beträgt z. B. der Wiederbeschaffungspreis eines Grundstücks 80,00 DM je m^2, das 1950 mit 10,00 DM je m^2 angeschafft und bilanziert worden ist, so ist die stille Reserve 70,00 DM je m^2. Auch Währungsverbindlichkeiten enthalten oft stille Reserven.

Merke:
- **Kapitalgesellschaften müssen das „Gezeichnete Kapital" stets zum Nennwert ausweisen. Gewinne, Verluste und Rücklagen sind deshalb in der Bilanz gesondert auszuweisen.**
- **Kapitalrücklagen entstehen durch Zuzahlungen der Gesellschafter oder Aktionäre, Gewinnrücklagen dagegen aus dem bereits versteuerten Gewinn.**
- **Stille Rücklagen (Reserven) entstehen in der Regel durch Unterbewertung von Aktivposten und Überbewertung bestimmter Passivposten. Die Bildung stiller Reserven läßt den Gewinn und das Eigenkapital geringer erscheinen, als es der Wirklichkeit am Bilanzstichtag entspricht.**
- **Rücklagen stärken die Eigenkapitalbasis des Unternehmens.**

5.4 Darstellung der Anlagenentwicklung im Anlagenspiegel

Anlagenspiegel. Kapitalgesellschaften müssen die <u>Entwicklung der einzelnen Posten</u> <u>des Anlagevermögens</u> in der Bilanz oder im Anhang darstellen (§ 268 [2] HGB). Im <u>Anlagenspiegel (Anlagengitter)</u> ist von den <u>ursprünglichen Anschaffungs- und Her-</u> <u>stellungskosten</u> (AK/HK) auszugehen und folgendes auszuweisen:

Anfangsbestand zu Anschaffungs- und Herstellungskosten am 01.01.
+ **Zugänge** zu AK/HK im Abschlußjahr (Investitionen)
− **Abgänge** zu AK/HK im Abschlußjahr
± **Umbuchungen** zu AK/HK im Abschlußjahr (z. B. bei Anlagen im Bau)
+ **Zuschreibungen** (werterhöhende Korrekturen) im Abschlußjahr
− **Gesamte (= kumulierte) Abschreibungen,** die aus Gründen der Klarheit in Abschreibungen der Vorjahre und des lfd. Geschäftsjahres unterteilt werden.
= **Buchwert in der Schlußbilanz des Abschlußjahres am 31.12.**

Anlagevermögen	Bestand zu AK/HK am 01.01.	Zugänge	Abgänge	Umbuchungen	Zuschreibungen	Abschreibungen			Buchwert am 31.12.
						In Vorjahren	Im Abschlußjahr	Insgesamt	
Maschinen	200 000,00	10 000,00	2 000,00	−	5 000,00	85 000,00	22 000,00	107 000,00	106 000,00

Merke: **Der Anlagenspiegel zeigt die <u>Entwicklung</u> der einzelnen Posten des Anlagevermögens und gewährt Einblick in die <u>Abschreibungs- und Investitionspolitik</u> des Unternehmens. Er ist in der <u>Bilanz oder im Anhang</u> auszuweisen.**

5.5 Gliederung der Gewinn- und Verlustrechnung nach § 275 HGB

Staffelform. Nur <u>mittelgroße und große</u> Kapitalgesellschaften müssen ihre Gewinnund Verlustrechnung <u>veröffentlichen,</u> und zwar nach § 275 HGB <u>in Staffelform.</u> Wie bei der Bilanz ist auch hier zu jedem Posten der Vorjahresbetrag anzugeben. Die Staffelform ermöglicht auch dem Buchführungslaien einen schnellen Überblick über <u>Entstehung und Zusammensetzung des Jahresergebnisses.</u>

Für ein Großhandelsunternehmen ergibt sich aus dem nebenstehenden Gliederungsschema des § 275 (2) HGB folgender <u>kurzgefaßter Aufbau</u> der Erfolgsrechnung:

Umsatzerlöse (Posten 1)
+ sonstige betriebliche Erträge (2)
− Aufwendungen für Waren (3)

= Rohergebnis
− übrige betriebliche Aufwendungen (4–6)
+ Erträge aus dem Finanzbereich (7–9)
− Aufwendungen aus dem Finanzbereich (10–11)

= Ergebnis der gewöhnlichen Geschäftstätigkeit (12)
+ außerordentliche Erträge (13)
− außerordentliche Aufwendungen (14)

± außerordentliches Ergebnis (15)
− Personen- und Betriebssteuern (16–17)

= Jahresüberschuß/Jahresfehlbetrag (18)

Erleichterung für Mittelbetriebe. Mittelgroße Kapitalgesellschaften dürfen in der zu veröffentlichenden Erfolgsrechnung die <u>Posten 1 bis 3 als Rohergebnis zusammenfassen.</u> Damit bleibt der Konkurrenz die <u>Umsatzhöhe verborgen.</u>

6583262

Gliederung der Gewinn- und Verlustrechnung in Staffelform (§ 275 [2] HGB)

1. Umsatzerlöse
2. Sonstige betriebliche Erträge
   (z. B. Mieterträge, Buchgewinne u. a.)
3. Warenaufwendungen
4. Personalaufwand
   a) Löhne und Gehälter
   b) Soziale Abgaben und Aufwendungen für Altersversorgung und für Unterstützung
5. Abschreibungen
   a) auf immaterielle Anlagewerte und Sachanlagen
   b) auf Vermögensgegenstände des Umlaufvermögens, soweit diese die in der Kapitalgesellschaft üblichen Abschreibungen überschreiten
6. Sonstige betriebliche Aufwendungen
   (z. B. Raumkosten, Buchverluste u. a.)
7. Erträge aus Beteiligungen[1]
8. Erträge aus anderen Wertpapieren und Ausleihungen des Finanzanlagevermögens[1]
9. Sonstige Zinsen und ähnliche Erträge[1]
10. Abschreibungen auf Finanzanlagen und auf Wertpapiere des Umlaufvermögens
11. Zinsen und ähnliche Aufwendungen[1]

12. **Ergebnis der gewöhnlichen Geschäftstätigkeit** (= Saldo aus 1–11)

13. Außerordentliche Erträge
14. Außerordentliche Aufwendungen

15. **Außerordentliches Ergebnis** (= Saldo)

16. Steuern vom Einkommen und vom Ertrag (Körperschaft-, Gewerbeertragsteuer)
17. Sonstige Steuern (z. B. Vermögen-, Gewerbekapital-, Grund-, Kfz-Steuer u. a.)

19. **Jahresüberschuß/Jahresfehlbetrag**

Erläuterungen (siehe auch Rückseite des Kontenrahmens):

Die Posten 1–2 stellen betriebsgewöhnliche Erträge und die Posten 3–6 betriebsgewöhnliche Aufwendungen der Kapitalgesellschaft dar.

Die Posten 2/6 sind Sammelposten für alle nicht im Gliederungsschema gesondert auszuweisenden Erträge und Aufwendungen aus der gewöhnlichen Geschäftstätigkeit (siehe nebenstehende Beispiele).

Die Posten 7–11 sind Erträge und Aufwendungen des Finanzbereiches.

Die Posten 13–14 erfassen lediglich ungewöhnliche (seltene) Aufwendungen (z. B. Verluste aus sehr großen Schadensfällen und Enteignungen, Verlust aus dem Verkauf eines Teilbetriebs u. a.) und Erträge (z. B. Steuererlaß, Gewinne aus dem Verkauf eines Teilbetriebs, Erträge aus Gläubigerverzicht u. a.).

Zwei Möglichkeiten der Gliederung. Dem nebenstehenden Gliederungsschema liegt das Gesamtkostenverfahren zugrunde, bei dem der gesamten Leistung die gesamten Kosten gegenübergestellt werden. Die Gewinn- und Verlustrechnung kann nach § 275 (3) HGB auch nach dem Umsatzkostenverfahren gegliedert werden, das den Umsatzerlösen die Umsatzkosten gegenüberstellt (siehe Anhang). Die Erfolgsrechnung nach dem Umsatzkostenverfahren setzt eine Kostenstellenrechnung voraus (S. 362 f.).

Merke: **Große und mittelgroße Kapitalgesellschaften müssen die Gewinn- und Verlustrechnung in Staffelform veröffentlichen. Mittelbetriebe** dürfen dabei die Posten **1 bis 3 als Rohergebnis (§ 276 HGB)** zusammenfassen.

---

1   In der Vorspalte ist jeweils anzugeben: ... davon aus (an) verbundene(n) Unternehmen ...

5.6 Jahresabschluß der Gesellschaft mit beschränkter Haftung

Die Aufstellung des Jahresabschlusses und des Lageberichtes erfolgt durch die Geschäftsführer der Gesellschaft mit beschränkter Haftung. Die Aufstellungsfrist beträgt für große und mittelgroße Unternehmen drei Monate, für kleine sechs Monate nach Ablauf des Geschäftsjahres (§ 264 [1] HGB).

Prüfung durch Abschlußprüfer. Jahresabschluß und Lagebericht großer und mittelgroßer Gesellschaften müssen unverzüglich nach ihrer Aufstellung durch besondere Abschlußprüfer (Wirtschaftsprüfer, vereidigte Buchprüfer) geprüft werden. Für kleine Unternehmen besteht keine Prüfungspflicht (siehe auch Seite 257).

Prüfung durch Aufsichtsrat. Hat die Gesellschaft einen Aufsichtsrat, so muß dieser zunächst noch den Jahresabschluß, den Lagebericht sowie den Prüfungsbericht der Abschlußprüfer prüfen und über das Ergebnis der Prüfung einen Bericht erstellen. Die Geschäftsführer haben sodann alle Unterlagen den Gesellschaftern zur Beschlußfassung (Feststellung) vorzulegen (§ 42 a [1] GmbHG).

Beschlußfassung durch die Gesellschafter. Die Gesellschafter haben nun spätestens bis zum Ablauf von acht Monaten oder, wenn es sich um eine kleine Gesellschaft handelt, bis zum Ablauf von elf Monaten über die

- Feststellung des Jahresabschlusses und die
- Verwendung des Ergebnisses

in der Gesellschafterversammlung zu beschließen (§ 42 a [2] GmbHG).

Offenlegung. Nach der Feststellung des Jahresabschlusses haben die Geschäftsführer folgende Unterlagen zum Handelsregister einzureichen (§ 325 HGB):

- Jahresabschluß
- Bestätigungsvermerk der Abschlußprüfer
- Lagebericht
- Bericht des Aufsichtsrates
- Vorschlag über die Verwendung des Ergebnisses
- Beschluß über die Ergebnisverwendung

Kleine Gesellschaften müssen lediglich die Bilanz und den Anhang einschließlich Vorschlag und Beschluß über die Verwendung des Ergebnisses zum Handelsregister einreichen. Während große Gesellschaften außerdem alle Unterlagen im Bundesanzeiger bekanntzumachen haben, müssen kleine und mittelgroße Unternehmen lediglich im Bundesanzeiger bekanntgeben, bei welchem Handelsregister die Unterlagen eingereicht wurden (§§ 325 f. HGB).

Darstellung der Ergebnisverwendung. In der Regel wird der Jahresabschluß vor Verwendung des Ergebnisses aufgestellt. Bilanz und Gewinn- und Verlustrechnung weisen deshalb einen Jahresüberschuß oder einen Jahresfehlbetrag als Ergebnis des Geschäftsjahres aus. Die Verwendung des Gewinns, also die Einstellung eines bestimmten Betrages in die Gewinnrücklage oder die Ausschüttung einer Dividende an die Gesellschafter, aber auch die Deckung des Verlustes durch entsprechende Auflösung von Rücklagen kann in folgender Weise dargestellt und als Ergebnisverwendungsbeschluß veröffentlicht werden (§ 325 [1] HGB):

	Jahresüberschuß/Jahresfehlbetrag
(±)	Gewinnvortrag/Verlustvortrag aus dem Vorjahr
(+)	Entnahmen aus der Kapitalrücklage
(+)	Entnahmen aus Gewinnrücklagen
(−)	Einstellungen in Gewinnrücklagen
(−)	Gewinnausschüttung (Dividende)
=	Gewinnvortrag/Verlustvortrag

Die erforderlichen Buchungen erfolgen nach Aufstellung des Jahresabschlusses.

6583264

Beispiel: **Die X-GmbH (S. 260) weist zum 31.12. in der Schußbilanz folgende Zahlen aus:**

A. Eigenkapital	Berichtsjahr	
I. Gezeichnetes Kapital	800 000,00	
II. Kapitalrücklage	100 000,00	
III. Gewinnrücklage	250 000,00	
IV. Gewinnvortrag	50 000,00	
V. Jahresüberschuß	300 000,00	1 500 000,00

Im neuen Jahr soll auf Beschluß der Gesellschafterversammlung der Gewinn wie folgt verwendet werden:

1. 180 000,00 DM werden der Gewinnrücklage zugeführt.
2. Die Gesellschafter erhalten 20 % Gewinn[1] auf ihren Stammanteil unter Abzug von 25 % Kapitalertragsteuer (KESt):

Ausschüttung (20 % von 800 000,00)	160 000,00
− 25 % Kapitalertragsteuer	40 000,00
Netto-Ausschüttung	120 000,00

Darstellung der Gewinnverwendung:

	DM	DM
Jahresüberschuß	300 000,00	
+ Gewinnvortrag aus dem Vorjahr	50 000,00	350 000,00
− Einstellung in die Gewinnrücklage		180 000,00
− Gewinnausschüttung (Dividende)		160 000,00
Gewinnvortrag		10 000,00

Buchungen:

① **Eröffnung der Konten „0650 Jahresüberschuß" und „0640 Gewinnvortrag":**

9100 Eröffnungsbilanzkonto	an	0650 Jahresüberschuß	300 000,00
9100 Eröffnungsbilanzkonto	an	0640 Gewinnvortrag	50 000,00

② **Übernahme des Jahresüberschusses und des Gewinnvortrags aus dem Vorjahr auf das Zwischenkonto „0670 Ergebnisverwendung":**

0650 Jahresüberschuß	an	0670 Ergebnisverwendung ...	300 000,00
0640 Gewinnvortrag	an	0670 Ergebnisverwendung ...	50 000,00

③ **Einstellung in die Gewinnrücklage:**

0670 Ergebnisverwendung	an	0630 Gewinnrücklagen	180 000,00

④ **Ausschüttung der Dividende und Einbehaltung der Kapitalertragsteuer:**

0670 Ergebnisverwendung			160 000,00
	an	1910 Verbindlichkeiten aus Steuern	40 000,00
	an	1930 Verbindlichkeiten gegenüber Gesellschaftern	120 000,00

⑤ **Übernahme des Gewinnrestes auf das Gewinnvortragskonto:**

0670 Ergebnisverwendung	an	0640 Gewinnvortrag	10 000,00

Die Buchungen ③ bis ⑤ können auch zusammengefaßt werden. Das Gewinnvortragskonto ist als Bestandskonto zum 31.12. des laufenden Geschäftsjahres über das Schlußbilanzkonto abzuschließen und unter „A. Eigenkapital" auszuweisen. Nach der Gewinnverwendung setzt sich das bilanzielle Eigenkapital wie folgt zusammen:

Gezeichnetes Kapital	800 000,00
+ Kapitalrücklage	100 000,00
+ Gewinnrücklage	430 000,00
+ Gewinnvortrag	10 000,00
Eigenkapital	1 340 000,00

Merke: **Die Geschäftsführer erstellen den Jahresabschluß der GmbH. Die Gesellschafter der GmbH beschließen die Feststellung des Jahresabschlusses und die Verwendung des Ergebnisses (Jahresüberschuß/Jahresfehlbetrag).**

---

1 zum besseren Verständnis ohne Einbeziehung der Körperschaftsteuer (30 %)

349 Die Metallwaren GmbH weist zum 31.12. des Berichtsjahres und des Vorjahres folgende zusammengefaßte Bilanzposten aus:

Bilanzposten zum 31.12.	Berichtsjahr	Vorjahr
Sachanlagen	850 000,00	680 000,00
Finanzanlagen	150 000,00	120 000,00
Warenvorräte	1 640 000,00	1 720 000,00
Forderungen aus Lieferung und Leistungen	360 000,00	280 000,00
davon mit einer Restlaufzeit über ein Jahr	(20 000,00)	(10 000,00)
Wertpapiere	45 000,00	–
Bankguthaben	215 000,00	240 000,00
Kasse	30 000,00	40 000,00
Aktive Rechnungsabgrenzung	10 000,00	20 000,00
Gezeichnetes Kapital	1 200 000,00	1 000 000,00
Gewinnrücklage	450 000,00	250 000,00
Gewinnvortrag aus dem Vorjahr	10 000,00	20 000,00
Rückstellungen	45 000,00	60 000,00
Verbindlichkeiten gegenüber Kreditinstituten	675 000,00	800 000,00
davon mit einer Restlaufzeit bis zu einem Jahr	(80 000,00)	(70 000,00)
Verbindlichkeiten aus Lieferungen und Leistungen	570 000,00	680 000,00
davon mit einer Restlaufzeit bis zu einem Jahr	(570 000,00)	(680 000,00)
Passive Rechnungsabgrenzung	20 000,00	10 000,00

1. Ermitteln Sie den Jahresüberschuß als Saldo zwischen Aktiv- und Passivseite und weisen Sie ihn in der Bilanz entsprechend aus.

2. Erstellen Sie für das mittelgroße Unternehmen (150 Beschäftigte, 8,1 Mio. DM Umsatz) eine ordnungsgemäß gegliederte Jahresbilanz für das Berichtsjahr (vgl. S. 259 und Anhang).

3. Warum müssen Rücklagen in der Bilanz einer Kapitalgesellschaft gesondert ausgewiesen werden?

4. Wie hoch ist das Mindeststammkapital einer GmbH?

5. Unter welcher Bezeichnung und zu welchem Wert ist das Stammkapital in der Bilanz der GmbH auszuweisen?

6. Worauf führen Sie die Veränderung in den Positionen „Gezeichnetes Kapital" und „Gewinnrücklage" zurück?

7. Beurteilen Sie die Veränderungen in der Finanzierung des Unternehmens mit Eigen- und Fremdkapital im Berichtsjahr.

8. Welche Veränderungen erscheinen Ihnen auf der Aktivseite von Bedeutung?

350 Die Sachanlagen der Metallwaren GmbH (Aufgabe 349) wiesen zum 31.12. des Vorjahres Anschaffungs- und Herstellungskosten in Höhe von 1 280 000,00 DM aus. Die gesamten Abschreibungen betrugen zum gleichen Zeitpunkt 600 000,00 DM.

Für das Abschlußjahr sind Zugänge (Investitionen) von 400 000,00 DM Anschaffungskosten, Abgänge von 50 000,00 DM und Abschreibungen von 180 000,00 DM zu berücksichtigen.

Zuschreibungen und Umbuchungen liegen nicht vor.

1. Erstellen Sie für das Sachanlagevermögen einen Anlagenspiegel nach dem Muster auf S. 262.

2. Welche Unternehmen müssen einen Anlagenspiegel erstellen?

3. Wo kann der Anlagenspiegel ausgewiesen werden?

4. Worin sehen Sie die besondere Bedeutung des Anlagenspiegels?

5. Wieviel % der Anlageinvestitionen (Zugänge) wurden durch Abgänge und Abschreibungen im Abschlußjahr finanziert?

Die Buchwerte des Finanzanlagevermögens der Metallwaren GmbH für das Berichts- und Vor- **351** jahr sind der Aufgabe 349 zu entnehmen. Bis zum 31.12. des Vorjahres wurden Gesamt-abschreibungen in Höhe von 10 000,00 DM vorgenommen. Im Abschlußjahr waren keine Abschreibungen erforderlich. Allerdings sind Neuanschaffungen von 35 000,00 DM und Abgänge von 5 000,00 DM zu berücksichtigen.

1. *Ermitteln Sie den ursprünglichen Anschaffungswert der Finanzanlagen zum 31.12. des Vorjahres.*
2. *Stellen Sie die Entwicklung der Finanzanlagen in einem Anlagenspiegel dar.*
3. *Was ist im einzelnen im Finanzanlagevermögen eines Unternehmens auszuweisen?*
4. *Unterscheiden Sie zwischen Wertpapieren des Anlage- und Umlaufvermögens.*

Die Metallwaren GmbH (Aufgabe 349) stellt aus ihrer Erfolgsrechnung folgende zusammen- **352** gefaßte Aufwands- und Ertragsposten für das <u>Berichtsjahr (01)</u> zur Verfügung:

Umsatzerlöse	8 150 000,00
Sonstige betriebliche Erträge	50 000,00
Warenaufwendungen	5 750 000,00
Personalkosten	820 000,00
Abschreibungen auf Sachanlagen	180 000,00
Sonstige betriebliche Aufwendungen	850 000,00
Zinserträge	5 000,00
Zinsaufwendungen	75 000,00
außerordentliche Erträge	80 000,00
außerordentliche Aufwendungen	50 000,00
Steuern vom Einkommen und Ertrag	144 000,00
Sonstige Steuern	86 000,00

1. *Erstellen Sie die Gewinn- und Verlustrechnung in Staffelform gemäß § 275 (2) HGB (siehe S. 263 und im Anhang auf der Rückseite des Kontenrahmens).*
2. *Stellen Sie die Erfolgsrechnung in der <u>Kurzfassung der Staffelform</u> (vgl. S. 262) dar und ermitteln Sie*
   a) *die betriebsgewöhnlichen Erträge,*
   b) *das Rohergebnis,*
   c) *das Ergebnis der gewöhnlichen Geschäftstätigkeit,*
   d) *das außerordentliche Ergebnis und*
   e) *das Jahresergebnis (Jahresüberschuß/Jahresfehlbetrag).*
3. *Worin liegen die Vorteile der Gewinn- und Verlustrechnung in Staffelform?*
4. *Warum erlaubt der Gesetzgeber mittleren Unternehmen, in der zu veröffentlichenden Gewinn- und Verlustrechnung lediglich das „Rohergebnis" auszuweisen?*
5. *Das Gewinn- und Verlustkonto der Metallwaren GmbH weist als Ergebnis des Abschlußjahres einen Jahresüberschuß in Höhe von 330 000,00 DM aus. Wie lautet der Buchungssatz für die Übernahme des Jahresüberschusses in das Schlußbilanzkonto?*

Die Gesellschafterversammlung der Metallwaren GmbH beschließt mit Mehrheit die Feststel- **353** lung des Jahresabschlusses sowie die folgende Verwendung des Jahresgewinns in Höhe von 330 000,00 DM und des Gewinnvortrages aus dem Vorjahr von 10 000,00 DM:

   a) 140 000,00 DM Einstellung in die Gewinnrücklage,
   b) 15 % Gewinnausschüttung auf das Stammkapital von 1 200 000,00 DM,
   c) Vortrag des Restgewinns und
   d) Darstellung der Gewinnverwendung im Anhang des Jahresabschlusses.

1. *Stellen Sie die Verwendung des Ergebnisses tabellarisch dar.*
2. *Nennen Sie die Buchungen für die Gewinnverteilung. Die Kapitalertragsteuer beträgt 25 %.*
3. *Wie hoch ist nunmehr das Eigenkapital der GmbH?*

354

Saldenbilanz der Heisan GmbH zum 31.12.	Soll	Haben
0330 Betriebs- und Geschäftsausstattung	280 000,00	—
0340 Fuhrpark	180 000,00	—
0450 Wertpapiere des Anlagevermögens	40 000,00	—
0522 Pauschalwertberichtigungen zu Forderungen	—	8 600,00
0610 Gezeichnetes Kapital (Stammkapital)	—	500 000,00
0630 Gewinnrücklage	—	150 000,00
0640 Gewinnvortrag	—	10 000,00
0650 Jahresüberschuß	—	—
0722 Steuerrückstellungen	—	—
0724 Sonstige Rückstellungen	—	58 000,00
0820 Darlehensschulden (Restlaufzeit bis 1 Jahr: 8 000,00)	—	180 000,00
0910 Aktive Rechnungsabgrenzungen	—	—
1010 Forderungen a. LL (Restlaufzeit über 1 Jahr: 25 000,00) ...	360 600,00	—
1310 Bank	307 400,00	—
1410 Vorsteuer	75 000,00	—
1710 Verbindlichkeiten a. LL (Restlaufzeit bis 1 Jahr: 150 000,00)	—	160 000,00
1810 Umsatzsteuer	—	52 000,00
1940 Sonstige Verbindlichkeiten mit Restlaufzeit 1 Jahr	—	38 400,00
2010 Außerordentliche Aufwendungen	24 700,00	—
2110 Zinsaufwendungen	11 300,00	—
2210 Steuern vom Einkommen	85 000,00	—
2310 Übliche Abschreibungen auf Forderungen	10 000,00	—
2340 Zuführungen zu Pauschalwertberichtigungen	—	—
2420 Betriebsfremde Erträge	—	40 000,00
2760 Erträge aus der Auflösung von Rückstellungen	—	—
3010 Wareneingang	7 420 000,00	—
3910 Warenbestände	130 000,00	—
4000 Diverse Aufwendungen	320 200,00	—
4100 Mieten	118 500,00	—
4200 Steuern	68 500,00	—
4800 Allgemeine Verwaltungskosten	160 800,00	—
4910 Abschreibungen auf Sachanlagen	—	—
8010 Warenverkauf	—	8 395 000,00
Abschlußkonten: 9300 und 9400	9 592 000,00	9 592 000,00

Abschlußangaben zum 31.12.:

1. Planmäßige Abschreibungen: BGA: 36 000,00 DM; Fuhrpark: 48 000,00 DM.
2. Der Tageswert der Wertpapiere des Anlagevermögens beträgt 48 000,00 DM.
3. Von einer Forderung an den Kunden M. Bender über 1150,00 DM gehen 575,00 DM auf unserem Bankkonto ein. Der Rest ist uneinbringlich.
4. Kfz-Steuer über 4800,00 DM wurde am 01.10. für ein Jahr im voraus überwiesen.
5. Die Geschäftsmiete für Dezember wird erst am 02.01. n. J. überwiesen: 9875,00 DM.
6. Eine Rückstellung für Prozeßkosten ist aufzulösen: 3200,00 DM.
7. Die PWB ist auf 5 % des Forderungsbestandes zum 31.12. zu bemessen.
8. Bildung einer Gewerbesteuerrückstellung in Höhe von 18 400,00 DM.
9. Warenschlußbestand: Anschaffungskosten: 230 000,00 DM; Tageswert: 245 000,00 DM.

Aufgaben:

1. *Führen Sie den Abschluß auf den Abschlußkonten 9300 und 9400 durch.*
2. *Erstellen Sie eine nach § 266 HGB gegliederte Jahresbilanz (siehe S. 259 u. Anhang). Zuvor ist die Pauschalwertberichtigung von den Forderungen aktiv abzusetzen.*
3. *Erstellen Sie die GuV-Rechnung in Staffelform nach § 275 HGB (siehe S. 263 u. Anhang).*
4. *Erstellen Sie im Folgejahr die Ergebnisverwendungsrechnung nach Beschluß der Gesellschafter: Rücklagenzuführung 80 000,00 DM, 20 % Dividende. Nennen Sie die Buchungen.*

6583268

F   Beleggeschäftsgang 2 – computergestützt

In der Finanzbuchhaltung der Elektrogroßhandlung Karl Wirtz, Rheinstr. 44, **355** 90451 Nürnberg, Bankverbindungen: Stadtsparkasse Nürnberg, Konto-Nr. 218435717 (BLZ 76050101); Postbank Nürnberg, Konto-Nr. 998796-850 (BLZ 76010085), werden folgende <u>Bücher</u> geführt:

- **Grundbuch** (Journal) für die laufenden Buchungen, die vorbereitenden Abschlußbuchungen und die Abschlußbuchungen.
- **Hauptbuch** für die Sachkonten: Bestandskonten, Erfolgskonten, Abschlußkonten.
- **Kontokorrentbuch** für die Personenkonten: Kundenkonten, Lievererkonten.
- **Bilanzbuch** für die Aufnahme des ordnungsmäßig gegliederten Jahresabschlusses: Jahresbilanz und Gewinn- und Verlustrechnung mit Unterschrift.

In der EDV-Fibu müssen die folgenden <u>Salden der Sach- und Personenkonten</u> über das Hilfs- bzw. Gegenkonto „9150 Saldenvorträge" gebucht werden.

I. Die Sachkonten der Elektrogroßhandlung Karl Wirtz weisen zum 27.12.19.. im Soll und im Haben folgende Salden aus (<u>Saldenbilanz</u>):

Kontenplan und vorläufige Saldenbilanz	Soll	Haben
0330 Betriebs- und Geschäftsausstattung	275 204,00	–
0340 Fuhrpark	107 200,00	–
0610 Eigenkapital	–	625 000,00
1010 Forderungen a.LL	115 000,00	–
1310 Bank	272 600,00	–
1320 Postbank	28 100,00	–
1410 Vorsteuer	109 778,00	–
1510 Kasse	12 400,00	–
1610 Privatentnahmen	52 600,00	–
1710 Verbindlichkeiten a.LL	–	155 342,00
1810 Umsatzsteuer	–	180 540,00
3010 Wareneingang	767 200,00	–
3020 Bezugskosten	45 200,00	–
3060 Nachlässe von Lieferern	–	3 200,00
3080 Liefererskonti	–	13 600,00
3910 Warenbestände	142 400,00	–
4000 Personalkosten	143 400,00	–
4100 Mieten	64 800,00	–
4200 Steuern, Beiträge, Versicherungen	16 100,00	–
4400 Werbe- und Reisekosten	2 800,00	–
4700 Betriebskosten, Instandhaltung	20 100,00	–
4800 Allgemeine Verwaltungskosten	6 400,00	–
4910 Abschreibungen auf Sachanlagen	–	–
8010 Warenverkauf	–	1 220 000,00
8060 Nachlässe an Kunden	3 400,00	–
8080 Kundenskonti	21 600,00	–
8710 Eigenverbrauch von Waren	–	8 600,00
Abschlußkonten im Hauptbuch: 9300 und 9400	2 206 282,00	2 206 282,00

II. Offene-Posten-Liste: Folgende Rechnungen an die Kunden und von den Lieferern stehen noch offen, sind also noch nicht bezahlt:

Kundenkonten (Debitoren)		Offene Posten – Kunden			
Konto	**Kunden**	**Datum**	**Rechnungs-Nr.**	**Betrag**	**Salden**
10001	Heinz Karls Hauptstraße 7 06132 Halle	10.12.19.. 16.12.19.. 18.12.19..	4538 4552 4556	14 375,00 805,00 7 820,00	**23 000,00**
10002	Werner Gruppe Am Römerhof 8 52066 Aachen	04.12.19.. 21.12.19..	4535 4563	40 250,00 11 500,00	**51 750,00**
10003	Rolf Naumann Amselweg 14 67063 Ludwigshafen	21.12.19.. 27.12.19..	4565[1] 4567[1]	5 750,00 11 500,00	**17 250,00**
10004	Stadtwerke 90475 Nürnberg	12.12.19.. 21.12.19..	4541 4564	2 300,00 11 500,00	**13 800,00**
10005	Wolfgang Kunde 76646 Bruchsal	10.12.19.. 27.12.19..	4539 4566	2 070,00 7 130,00	**9 200,00**
Saldensumme der Kundenkonten (Abstimmung mit Konto 1010)					**115 000,00**

1 Firma Naumann werden 2 % Skonto gewährt.

Liefererkonten (Kreditoren)		Offene Posten – Lieferer			
Konto	**Lieferer**	**Datum**	**Rechnungs-Nr.**	**Betrag**	**Salden**
60001	Velox GmbH Postfach 65 11 20 22359 Hamburg	23.12.19..	4567	28 957,00	**28 957,00**
60002	Hausgeräte GmbH Kantstraße 22 19063 Schwerin	09.12.19.. 21.12.19..	5500 5567	20 700,00 19 550,00	**40 250,00**
60003	Franz Schneider KG Saalestraße 16 39126 Magdeburg	15.12.19..	8765	36 800,00	**36 800,00**
60004	Hausmann GmbH Am Wiesenrain 16 75181 Pforzheim	20.12.19.. 23.12.19..	7654[1] 7660[1]	17 250,00 12 535,00	**29 785,00**
60005	Sonstige Lieferer	—	—	19 550,00	**19 550,00**
Saldensumme der Liefererkonten (Abstimmung mit Konto 1710)					**155 342,00**

1 Rechnungen der Hausmann GmbH werden mit 2 % Skonto beglichen.

III. Geschäftsfälle:

Die Belege 1–26 auf den folgenden Seiten stellen die Geschäftsfälle der Elektrogroßhandlung Karl Wirtz vom 27.12.19.. bis zum 31.12.19.. dar.

IV. Abschlußangaben (→ siehe Belege 25-26):

1. Abschreibungen auf Betriebs- und Geschäftsausstattung . . . .   45 400,00 DM
   Fuhrpark . . . .   24 000,00 DM
2. Warenendbestand lt. Inventur . . . .   207 400,00 DM
3. Im übrigen entsprechen die Buchbestände der Inventur.

V. Aufgaben:

1. Eröffnen Sie die Sach- und Personenkonten mit den Salden zum 27.12.19..
2. Führen Sie die Vorkontierung der Belege auf einem besonderen Grundbuchblatt durch:

Soll-konto	Beleg-nummer	Beleg-datum	Haben-konto	Betrag	Steuerart V bzw. M	Prozent-satz	OP-Nr.	B-Text

3. Buchen Sie die Geschäftsfälle konventionell oder EDV-gestützt.
4. Erstellen Sie einen ordnungsmäßigen Jahresabschluß.

6583270

Beleg 1:

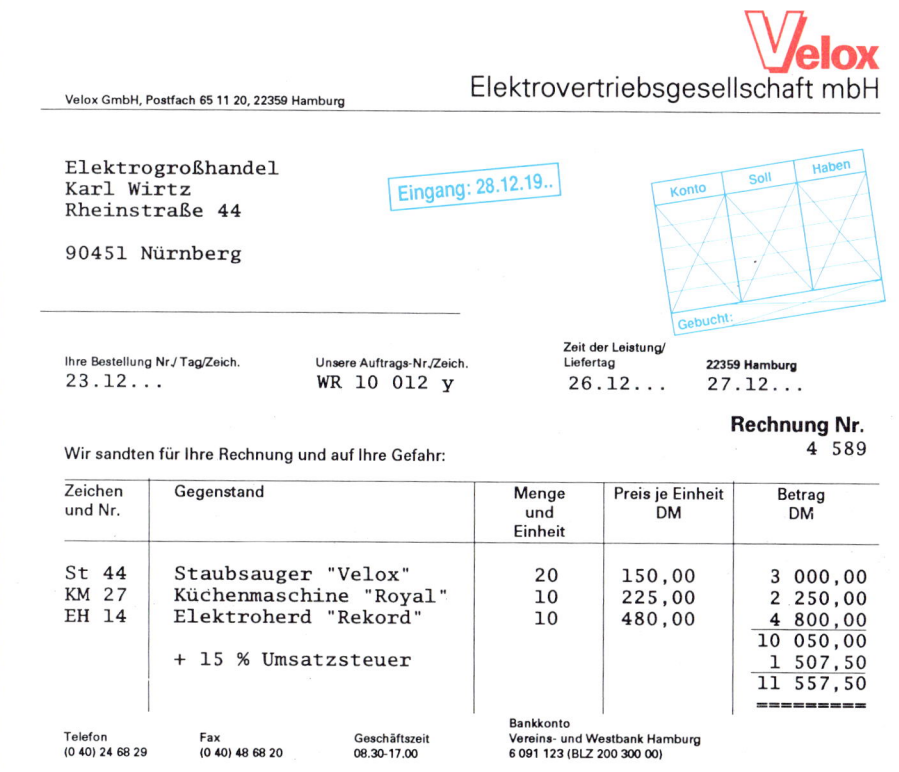

EBERHARD ZACK
Bezirks-Schornsteinfegermeister
90451 Nürnberg
Heidestr. 84 – Telefon (09 11) 5 28 09

QUITTUNG
RECHNUNG

Fachgerechte Reinigung spart Heizkosten

Firma/Herrn/Frau *Elektrogroßhandlung Karl Wirtz*

Rauchgasanalyse .... | 35 | 00

Reinigung der Zentralheizung................................. | 115 | 00

Konto   Soll   Haben

....

....

Nürnberg *27.12.*.................19....... Nettobetrag | 150 | 00

Betrag erhalten: *Zack* Gebucht: +15 % Umsatzsteuer | 22 | 50

.... Bruttobetrag | 172 | 50

Bezirks-Schornsteinfegermeister
Anlage: Bescheinigung über das Meßergebnis
Bankkonto: Deutsche Bank, Nürnberg   Konto-Nr. 104 000 700 (BLZ 760 700 12)

Beleg 2:

Velox
Elektrovertriebsgesellschaft mbH

Velox GmbH, Postfach 65 11 20, 22359 Hamburg

Elektrogroßhandel
Karl Wirtz
Rheinstraße 44

90451 Nürnberg

Eingang: 28.12.19..

Konto   Soll   Haben

Gebucht:

Ihre Bestellung Nr./ Tag/Zeich. 23.12...	Unsere Auftrags-Nr./Zeich. WR 10 012 y	Zeit der Leistung/ Liefertag 26.12...	22359 Hamburg 27.12...

Rechnung Nr.
4 589

Wir sandten für Ihre Rechnung und auf Ihre Gefahr:

Zeichen und Nr.	Gegenstand	Menge und Einheit	Preis je Einheit DM	Betrag DM
St 44	Staubsauger "Velox"	20	150,00	3 000,00
KM 27	Küchenmaschine "Royal"	10	225,00	2 250,00
EH 14	Elektroherd "Rekord"	10	480,00	4 800,00
				10 050,00
	+ 15 % Umsatzsteuer			1 507,50
				11 557,50

Telefon (0 40) 24 68 29	Fax (0 40) 48 68 20	Geschäftszeit 08.30-17.00	Bankkonto Vereins- und Westbank Hamburg 6 091 123 (BLZ 200 300 00)

Beleg 3:

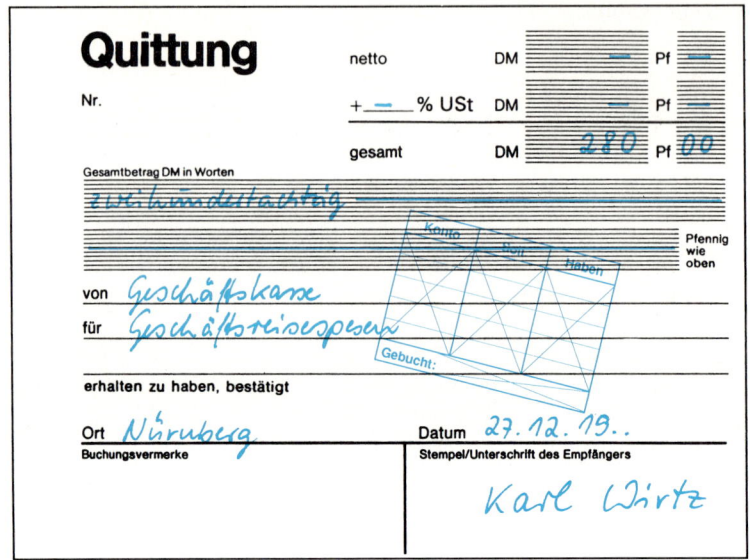

Quittung

Nr.

netto   DM ▆▆▆ Pf ▆▆▆

+ ▬ % USt   DM ▆▆▆ Pf ▆▆▆

gesamt   DM *280* Pf *00*

Gesamtbetrag DM in Worten

zweihundertachtzig

von *Geschäftskasse*

für *Geschäftsreisespesen*

erhalten zu haben, bestätigt

Ort *Nürnberg*   Datum *27.12.19..*

Buchungsvermerke   Stempel/Unterschrift des Empfängers

Karl Wirtz

Beleg 4:

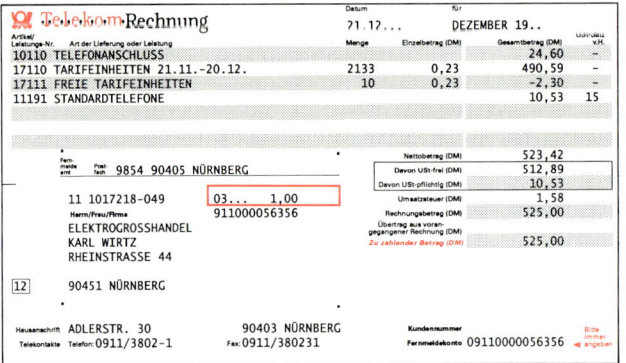

Telekom-Rechnung

	Datum	für
	21.12...	DEZEMBER 19..

Artikel/Leistungs-Nr.	Art der Lieferung oder Leistung	Menge	Einzelbetrag (DM)	Gesamtbetrag (DM)	USt-Satz v.H.
10110	TELEFONANSCHLUSS			24,60	–
17110	TARIFEINHEITEN 21.11.-20.12.	2133	0,23	490,59	–
17111	FREIE TARIFEINHEITEN	10	0,23	-2,30	–
11191	STANDARDTELEFONE			10,53	15

Fernmeldeamt Postfach 9854 90405 NÜRNBERG

11 1017218-049   03... 1,00   911000056356

Herrn/Frau/Firma
ELEKTROGROSSHANDEL
KARL WIRTZ
RHEINSTRASSE 44

12   90451 NÜRNBERG

Nettobetrag (DM)	523,42
Devon USt-frei (DM)	512,89
Devon USt-pflichtig (DM)	10,53
Umsatzsteuer (DM)	1,58
Rechnungsbetrag (DM)	525,00
Übertrag aus vorangegangener Rechnung (DM)	
Zu zahlender Betrag (DM)	525,00

Hausanschrift ADLERSTR. 30   90403 NÜRNBERG   Kundennummer 09110000056356
Telekontakte Telefon: 0911/3802-1   Fax: 0911/380231   Fernmeldekonto 09110000056356   Bitte immer angeben

---

Kontoauszug zu Beleg 4:

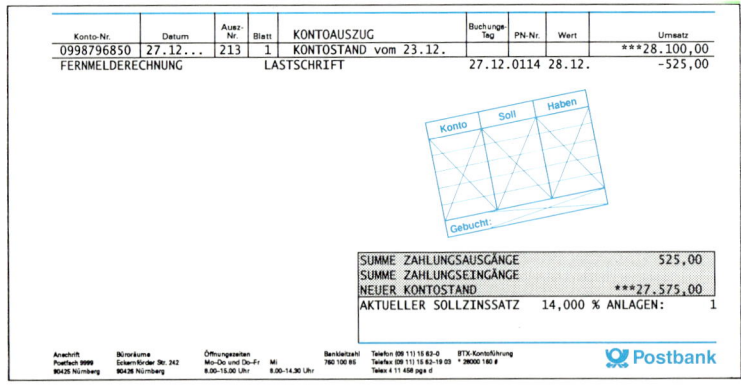

Konto-Nr.	Datum	Ausz.-Nr.	Blatt	KONTOAUSZUG	Buchungs-Tag	PN-Nr.	Wert	Umsatz
0998796850	27.12...	213	1	KONTOSTAND vom 23.12.				***28.100,00
FERNMELDERECHNUNG				LASTSCHRIFT	27.12.0114		28.12.	-525,00

SUMME ZAHLUNGSAUSGÄNGE   525,00
SUMME ZAHLUNGSEINGÄNGE
NEUER KONTOSTAND   ***27.575,00
AKTUELLER SOLLZINSSATZ   14,000 % ANLAGEN: 1

Anschrift Postfach 9999 90425 Nürnberg   Büroräume Eckernförder Str. 242 90426 Nürnberg   Öffnungszeiten Mo-Do und Do-Fr 8.00-15.00 Uhr   Mi 8.00-14.30 Uhr   Bankleitzahl 760 100 85   Telefon (09 11) 15 63-0 Telefax (09 11) 15 63-19 03 Telex 4 11 458 pgs d   BTX-Kontoführung * 26000 160 #

Postbank

Beleg 5:

Karl Wirtz ELEKTROGROSSHANDEL

Elektrogroßhandel K. Wirtz, Rheinstr. 44, 90451 Nürnberg

Elektrofachgeschäft
Werner Gruppe
Am Römerhof 8

52066 Aachen

Unsere Auftrags-Nr.	20 336
Lieferschein-Nr.	20 586
Versanddatum:	28.12...
Versandart:	LKW
Verpackungsart:	Kartons

Bitte bei Zahlung angeben:

| Rechnungs-Nr. | 4 586 |
| Rechnungsdatum: | 28.12... |

| Ihre Zeichen/Bestellung Nr. vom | Kunden-Nr. |
| WA/4 896/18.12... | 10 002 |

Rechnung

Position	Sachnummer	Bezeichnung der Lieferung/ Leistung	Menge und Einheit	Preis je Einheit	Betrag DM
L	4 842	Kaiser-Leuchte	4	260,00	1 040,00
K	2 245	Küchenmaschine "Royal"	3	290,00	870,00
H	3 451	Elektroherd "Rekord"	2	580,00	1 160,00
					3 070,00
		+ 15 % Umsatzsteuer			460,50
					3 530,50
					========

Zahlbar rein netto innerhalb von 20 Tagen. Skontoabzug ist nicht zulässig.

Geschäftsräume		Stadtsparkasse Nürnberg	Postbank Nürnberg
Rheinstraße 44	Telefon (09 11) 5 63 56	(BLZ 760 501 01)	(BLZ 760 100 85)
90451 Nürnberg	Telefax (09 11) 4 44 81	Konto-Nr. 218 435 717	Konto-Nr. 9987 96-850

Beleg 6:

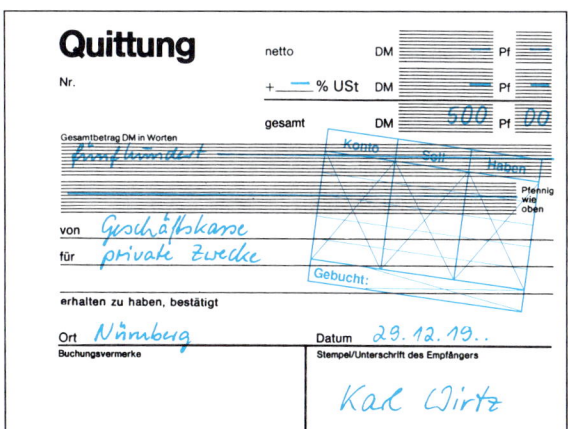

Beleg 7:

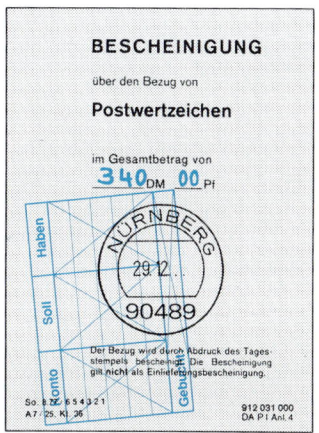

Beleg 8:

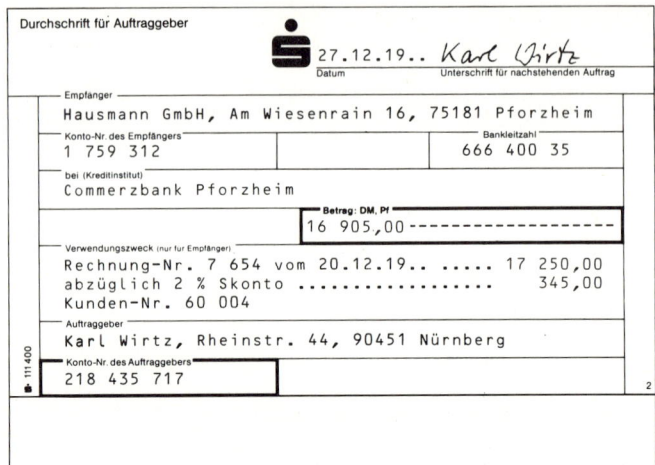

Beleg 9:

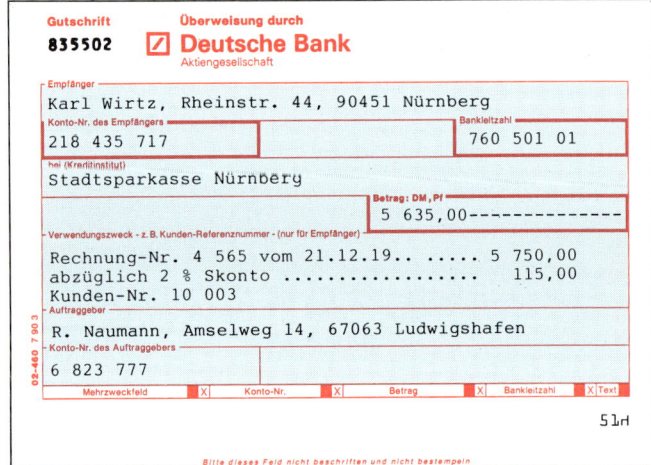

Beleg 10:

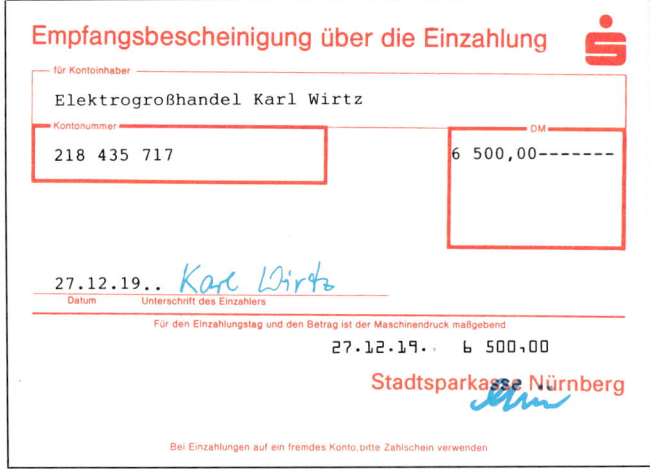

Kontoauszug zu den Belegen 8–10:

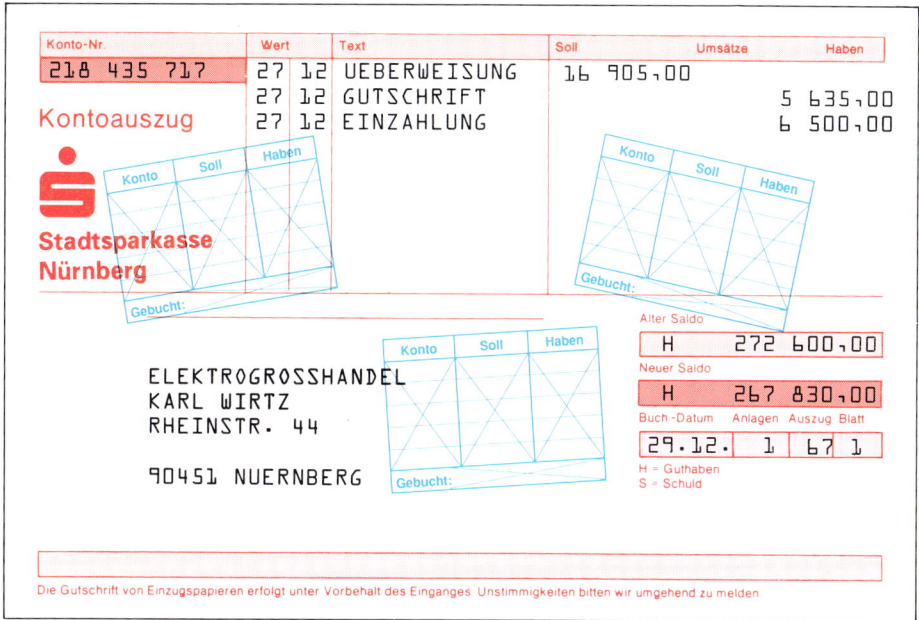

Beleg 11:

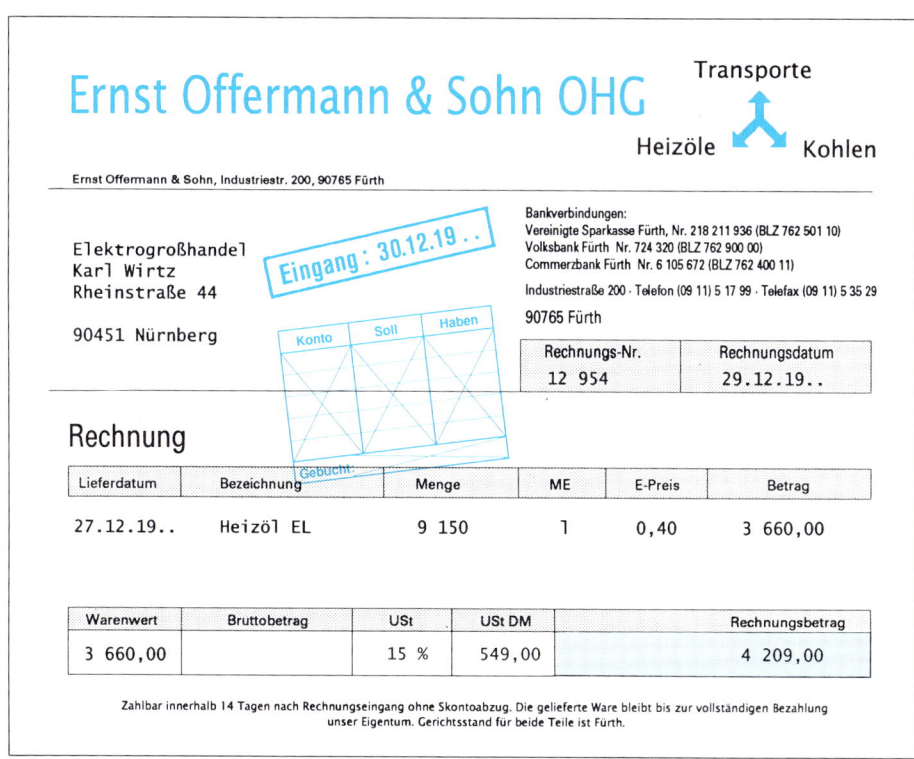

Beleg 12:

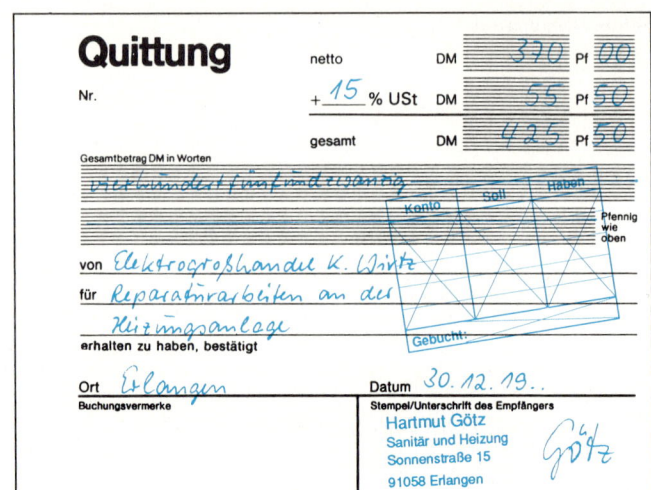

Quittung

	netto	DM	370	Pf	00
Nr.	+ 15 % USt	DM	55	Pf	50
	gesamt	DM	425	Pf	50

Gesamtbetrag DM in Worten

vierhundertfünfundzwanzig

Konto — Soll — Haben

Pfennig
wie
oben

von *Elektrogroßhandel K. Wirtz*

für *Reparaturarbeiten an der*

Heizungsanlage

Gebucht:

erhalten zu haben, bestätigt

Ort *Erlangen*   Datum 30.12.19..

Buchungsvermerke

Stempel/Unterschrift des Empfängers

Hartmut Götz
Sanitär und Heizung
Sonnenstraße 15
91058 Erlangen

Götz

Beleg 13:

Überweisungsauftrag an 760 100 85

Postbank
90425 Nürnberg
9987 96-850

29.12.19..   *Karl Wirtz*
Datum   Unterschrift für nachstehenden Auftrag
Durchschrift für den Auftraggeber

Empfänger:
Hausgeräte GmbH, Kantstr. 22, 19063 Schwerin

| Konto-Nr. des Empfängers | Auftr.-Nr. | Bankleitzahl |
| 3549 82-203 | 0030 | 200 100 20 |

bei
Postbank Hamburg

Betrag: DM   Pf
--------- 20 700   00

Verwendungszweck, z. B. Kunden-Referenznummer (nur für Empfänger)
Rechnung-Nr. 5 500 vom 09.12.19..
Kunden-Nr. 60 002

Auftraggeber: Name, Vorname/Firma, Ort
Karl Wirtz, Rheinstr. 44, 90451 Nürnberg

| Konto-Nr. des Auftraggebers | A | B | C |
| 9987 96-850 | | | |

3013177800030 0998796850   76010085

Beleg 14:

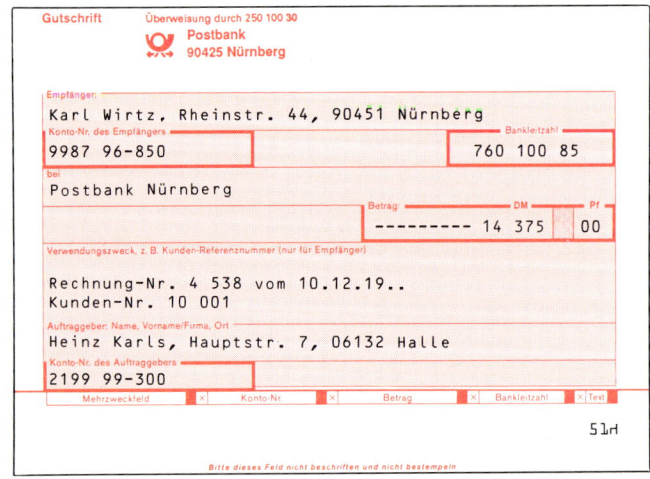

Gutschrift   Überweisung durch 250 100 30
Postbank
90425 Nürnberg

Empfänger:
Karl Wirtz, Rheinstr. 44, 90451 Nürnberg

| Konto-Nr. des Empfängers | Bankleitzahl |
| 9987 96-850 | 760 100 85 |

bei
Postbank Nürnberg

Betrag: DM   Pf
-------- 14 375   00

Verwendungszweck, z. B. Kunden-Referenznummer (nur für Empfänger)
Rechnung-Nr. 4 538 vom 10.12.19..
Kunden-Nr. 10 001

Auftraggeber: Name, Vorname/Firma, Ort
Heinz Karls, Hauptstr. 7, 06132 Halle

Konto-Nr. des Auftraggebers
2199 99-300

| Mehrzweckfeld | X | Konto-Nr. | X | Betrag | X | Bankleitzahl | X | Text |

51H

Bitte dieses Feld nicht beschriften und nicht bestempeln

Kontoauszug zu den Belegen 13–15:

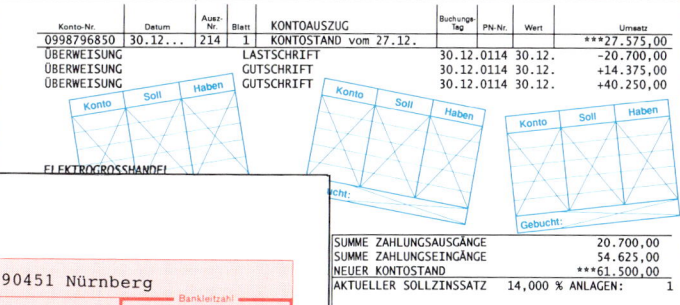

Konto-Nr.	Datum	Ausz.-Nr.	Blatt	KONTOAUSZUG		Buchungs-Tag	PN-Nr.	Wert	Umsatz
0998796850	30.12...	214	1	KONTOSTAND vom 27.12.					***27.575,00
ÜBERWEISUNG				LASTSCHRIFT		30.12.0114		30.12.	−20.700,00
ÜBERWEISUNG				GUTSCHRIFT		30.12.0114		30.12.	+14.375,00
ÜBERWEISUNG				GUTSCHRIFT		30.12.0114		30.12.	+40.250,00

ELEKTROGROSSHANDEL

SUMME ZAHLUNGSAUSGÄNGE	20.700,00
SUMME ZAHLUNGSEINGÄNGE	54.625,00
NEUER KONTOSTAND	***61.500,00
AKTUELLER SOLLZINSSATZ	14,000 % ANLAGEN: 1

Telefon (09 11) 16 62–0   BTX-Kontoführung
Telefax (09 11) 16 62–19 03   * 28000 160 #
Telex 4 11 458 pga d

Beleg 15:

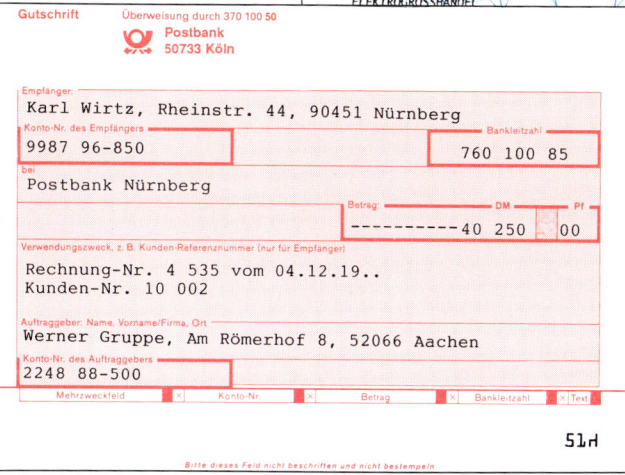

Gutschrift   Überweisung durch 370 100 50

Postbank
50733 Köln

Empfänger:
Karl Wirtz, Rheinstr. 44, 90451 Nürnberg

Konto-Nr. des Empfängers: Bankleitzahl:
9987 96-850   760 100 85

bei
Postbank Nürnberg

Betrag: DM   Pf
----------40 250   00

Verwendungszweck, z. B. Kunden-Referenznummer (nur für Empfänger)
Rechnung-Nr. 4 535 vom 04.12.19..
Kunden-Nr. 10 002

Auftraggeber: Name, Vorname/Firma, Ort
Werner Gruppe, Am Römerhof 8, 52066 Aachen

Konto-Nr. des Auftraggebers
2248 88-500

| Mehrzweckfeld | x | Konto-Nr. | x | Betrag | x | Bankleitzahl | x | Text |

51d

Bitte dieses Feld nicht beschriften und nicht bestempeln

Beleg 16:

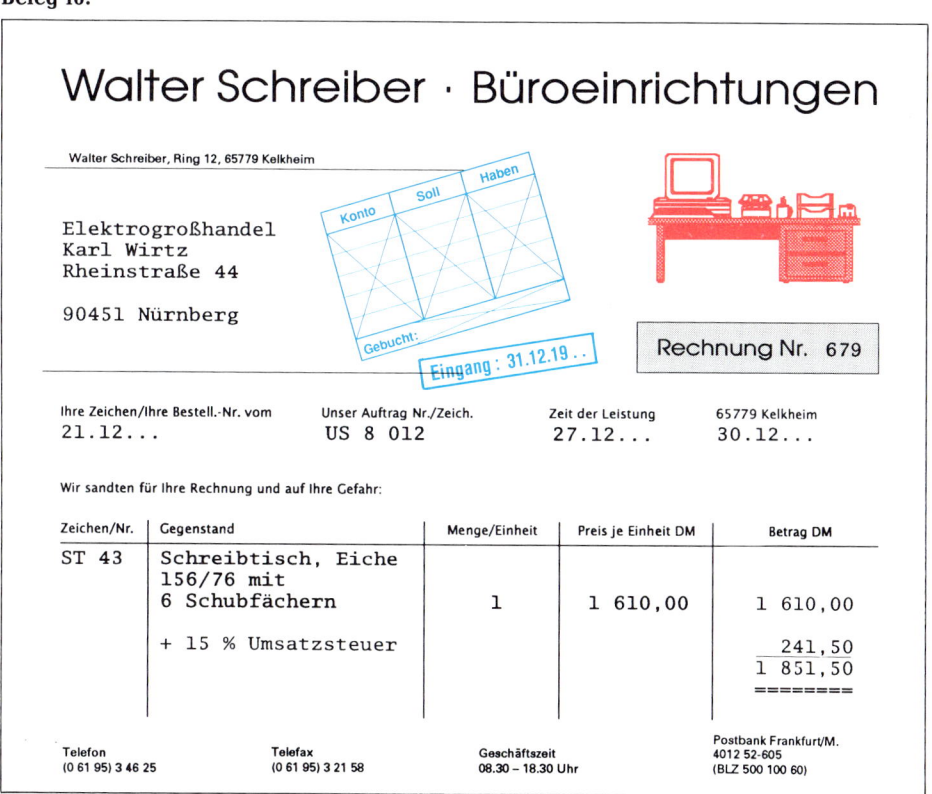

Walter Schreiber · Büroeinrichtungen

Walter Schreiber, Ring 12, 65779 Kelkheim

Elektrogroßhandel
Karl Wirtz
Rheinstraße 44

90451 Nürnberg

Eingang: 31.12.19..

Rechnung Nr. 679

Ihre Zeichen/Ihre Bestell.-Nr. vom	Unser Auftrag Nr./Zeich.	Zeit der Leistung	65779 Kelkheim
21.12...	US 8 012	27.12...	30.12...

Wir sandten für Ihre Rechnung und auf Ihre Gefahr:

Zeichen/Nr.	Gegenstand	Menge/Einheit	Preis je Einheit DM	Betrag DM
ST 43	Schreibtisch, Eiche 156/76 mit 6 Schubfächern	1	1 610,00	1 610,00
	+ 15 % Umsatzsteuer			241,50
				1 851,50
				========

Telefon	Telefax	Geschäftszeit	Postbank Frankfurt/M.
(0 61 95) 3 46 25	(0 61 95) 3 21 58	08.30 – 18.30 Uhr	4012 52-605 (BLZ 500 100 60)

Beleg 17:

Herstellung von Elektrogeräten

Franz Schneider KG

Franz Schneider, Postfach 12 60, 39104 Magdeburg

Elektrogroßhandel
Karl Wirtz
Rheinstraße 44

90451 Nürnberg

Konto	Soll	Haben

Gebucht:

Eingang : 31.12.19..

Ihre Bestellung vom.	Unser Auftrag Nr.	Zeit der Leistung	39104 Magdeburg
21.12...	K 4 789 IV	27.12...	30.12...

Rechnung Nr. 9 345

Wir sandten für Ihre Rechnung auf Ihre Gefahr:

Artikel Nr.	Gegenstand	Menge/Stück	Stückpreis DM	Gesamtpreis DM
TS 12	Warmwassergerät	10	80,00	800,00
W 26	Elektro-Warmluftofen	15	160,00	2 400,00
				3 200,00
	+ 15 % Umsatzsteuer			480,00
				3 680,00

Geschäftsräume:	Telefon	Telefax	Bankkonto 486 222	Postbank
Saalestraße 16	(03 91) 48 69	(03 91) 3 52 75	Deutsche Bank, Magdeburg	Berlin 124 45-101
39126 Magdeburg			(BLZ 810 700 00)	(BLZ 100 100 10)

Beleg 18:

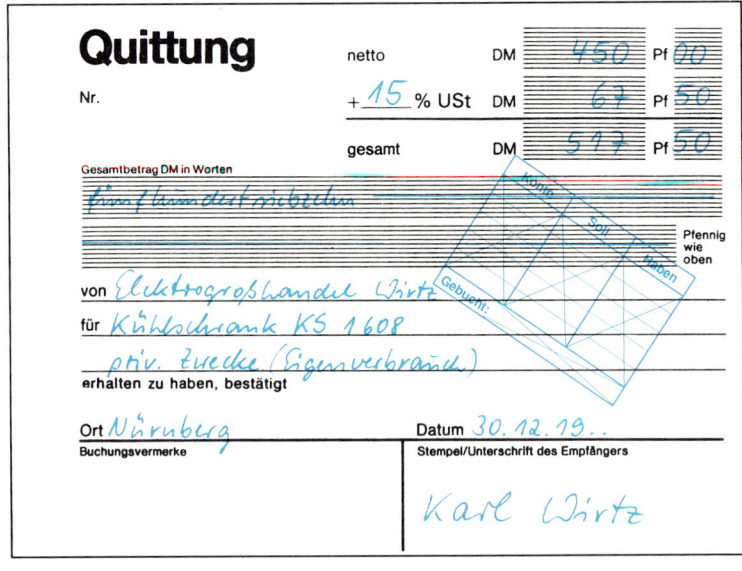

Quittung

	netto	DM	*450*	Pf *00*
Nr.	+ *15* % USt	DM	*67*	Pf *50*
	gesamt	DM	*517*	Pf *50*

Gesamtbetrag DM in Worten

fünfhundertsiebzehn

Pfennig wie oben

von *Elektrogroßhandel Wirtz*
für *Kühlschrank KS 1608*
priv. Zwecke (Eigenverbrauch)
erhalten zu haben, bestätigt

Ort *Nürnberg*   Datum *30.12.19..*

Buchungsvermerke   Stempel/Unterschrift des Empfängers

Karl Wirtz

Beleg 19:

Karl Wirtz ELEKTROGROSSHANDEL

Elektrogroßhandel K. Wirtz, Rheinstr. 44, 90451 Nürnberg

Haushaltsgerätevertrieb
Rolf Naumann
Amselweg 14

67063 Ludwigshafen

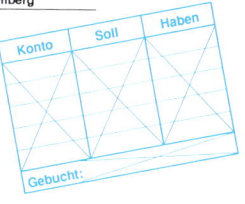

| Konto | Soll | Haben |

Gebucht:

Unsere Auftrags-Nr. 20 337
Lieferschein-Nr. 20 587
Versanddatum: 29.12...
Versandart: LKW
Verpackungsart: Original

| Ihre Zeichen/Bestellung Nr. vom | Kunden-Nr. |
| LZ/2 112/27.12... | 10 003 |

Bitte bei Zahlung angeben:

Rechnungs-Nr. 4 569
Rechnungsdatum: 30.12...

Rechnung

Position	Sachnummer	Bezeichnung der Lieferung/Leistung	Menge und Einheit	Preis je Einheit	Betrag DM
KS	5 634	Kühlschrank 150 l	6	480,00	2 880,00
GT	4 321	Geschirrspülmaschine	2	750,00	1 500,00
					4 380,00
		+ 15 % Umsatzsteuer			657,00
					5 037,00
					=========

Bei Zahlung innerhalb von 8 Tagen 2 % Skonto.

Geschäftsräume
Rheinstraße 44
90451 Nürnberg

Telefon (09 11) 5 63 56
Telefax (09 11) 4 44 81

Stadtsparkasse Nürnberg
(BLZ 760 501 01)
Konto-Nr. 218 435 717

Postbank Nürnberg
(BLZ 760 100 85)
Konto-Nr. 9987 96-850

Beleg 20:

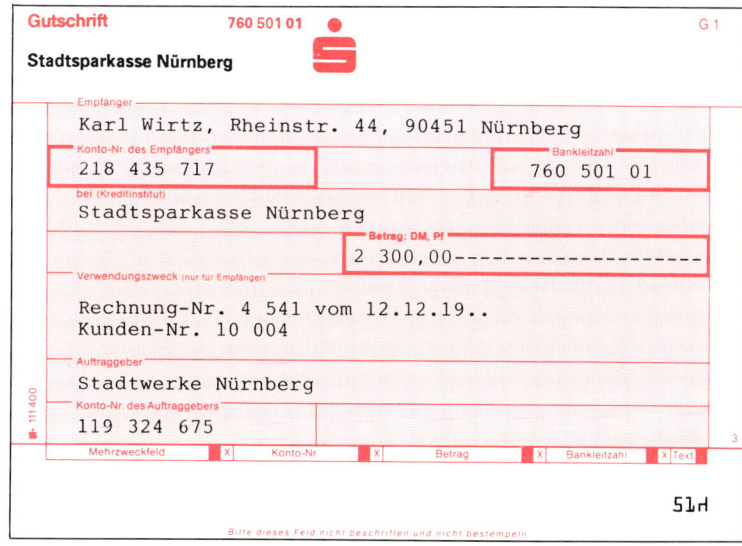

Beleg 21:

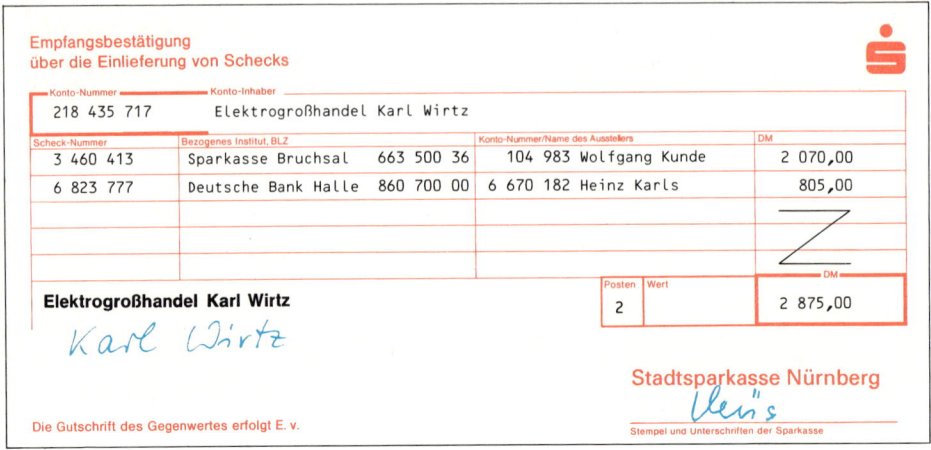

Kontoauszug zu den Belegen 20–22[1]:

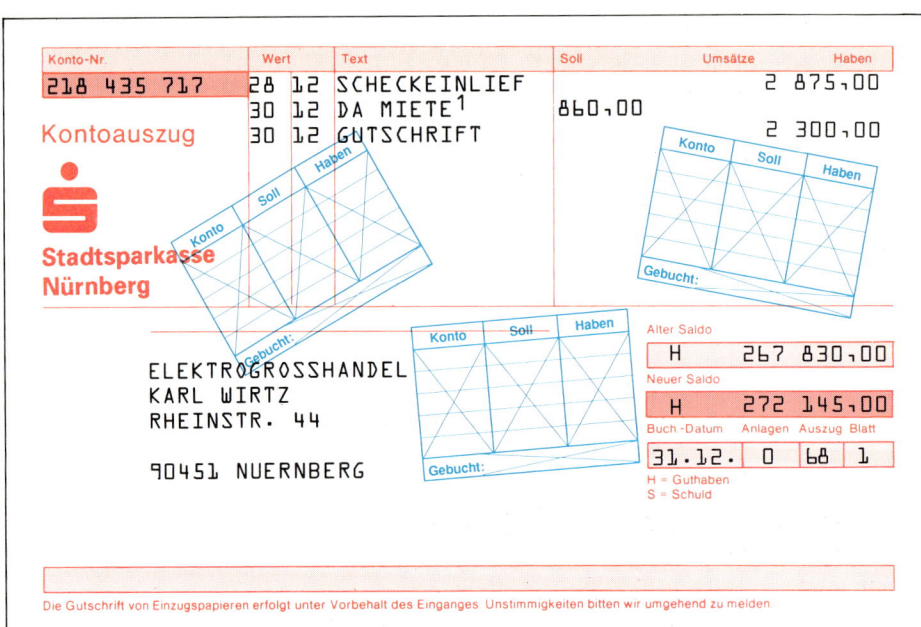

---

1 **Beleg 22: DA = Dauerauftrag für die Wohnungsmiete des Geschäftsinhabers.**

6583280

Beleg 23:

Herstellung von Elektrogeräten

Franz Schneider, Postfach 12 60, 39104 Magdeburg

Franz **Schneider KG**

Eingang : 31.12.19..

Elektrogroßhandel
Karl Wirtz
Rheinstraße 44

90451 Nürnberg

Ihre Zeichen/Ihre Nachricht vom	Unsere Zeichen	Hausruf	39104 Magdeburg
16.12...	KO/re	31	30.12...

Rechnung Nr. 9 288

Sehr geehrter Herr Wirtz,

auf die von Ihnen zu Recht beanstandete Lieferung vom 15.12... erhalten Sie nachträglich einen

```
          Preisnachlaß von netto .............. 600,00 DM
          15 % Umsatzsteuer .................... 90,00 DM
                                               690,00 DM
                                               =========
```

Wir bitten um gleichlautende Buchung.

Mit freundlichen Grüßen

Franz Schneider KG

ppa. *J. Kolberg*

Beleg 24:

Karl Wirtz ELEKTROGROSSHANDEL

Elektrogroßhandel K. Wirtz, Rheinstr. 44, 90451 Nürnberg

Elektrofachgeschäft
Werner Gruppe
Am Römerhof 8

52066 Aachen

Ihre Zeichen, ihre Nachricht vom	Unsere Zeichen	Durchwahl	**90451 Nürnberg**
WG/20.12...	L/by	42	28.12...

Rechnung Nr. 4 339

Sehr geehrte Damen und Herren,

aufgrund Ihrer Beanstandung schreiben wir Ihnen gut:

```
          10 % von 5 500,00 DM Warenwert
          lt. o. g. Rechnung .................. 550,00 DM
          15 % Umsatzsteuer .................... 82,50 DM
                                               632,50 DM
                                               =========
```

Mit freundlichen Grüßen

ELEKTROGROSSHANDEL
K. WIRTZ

i. A. *Schreiner*

Beleg 25:

Buchungsanweisung	Datum: 31.12.19..	Beleg-Nr.:			
Betreff: Abschreibungen auf Sachanlagen lt. Anlagenkartei					

Buchungstext	Soll		Haben	
	Konto	Betrag	Konto	Betrag
Abschreibungen auf SA				
BGA				
Fuhrpark				

Beleg 26:

Buchungsanweisung	Datum: 31.12.19..	Beleg-Nr.:			
Betreff: Umbuchungen					

Buchungstext	Soll		Haben	
	Konto	Betrag	Konto	Betrag
1410 Vorsteuerübertragung ..				
1610 Privatentnahmen				
3020 Bezugskosten				
3060 Nachlässe von Lieferern				
3080 Liefererskonti				
3910 Warenmehrbestand				
8060 Nachlässe an Kunden ...				
8080 Kundenskonti				

6583282

G   Auswertung des Jahresabschlusses

Aus dem Jahresabschluß lassen sich wertvolle Erkenntnisse über die Vermögens-, Finanz- und Erfolgslage des Unternehmens gewinnen, wenn man die Abschlußzahlen entsprechend auswertet. Ein Vergleich mit den Jahresabschlüssen der Vorjahre (Zeitvergleich) gibt außerdem Auskunft über die betriebseigene Entwicklung. Wie das Unternehmen innerhalb seiner Branche zu beurteilen ist, zeigt ein Vergleich mit den Zahlen branchengleicher Unternehmen (Betriebsvergleich).

Die betriebswirtschaftliche Auswertung des Jahresabschlusses umfaßt die

- **Aufbereitung (Analyse)** und die
- **Beurteilung (Kritik)** des Zahlenmaterials.

Allgemein spricht man auch von „Bilanzanalyse und Bilanzkritik".

1   Auswertung der Bilanz

1.1   Aufbereitung der Bilanz (Bilanzanalyse)

Umgliederung der Bilanzposten. Die Bilanzen müssen zunächst für eine kritische Beurteilung entsprechend aufbereitet werden. Die zahlreichen Bilanzposten sind daher nach bestimmten Gesichtspunkten umzugliedern und gruppenmäßig zusammenzufassen. Die Vermögensseite umfaßt die beiden Hauptgruppen „Anlagevermögen" und „Umlaufvermögen", die Kapitalseite „Eigenkapital" und „Fremdkapital". Das Umlaufvermögen ist nach der Flüssigkeit in die Gruppen „Vorräte", „Forderungen" und „Flüssige Mittel" zu gliedern. Die Positionen des Fremdkapitals sind nach der Fälligkeit in „Langfristiges Fremdkapital" und „Kurzfristiges Fremdkapital" zu ordnen. Wertberichtigungen sind vorab mit dem entsprechenden Aktivposten zu saldieren. Aktive Rechnungsabgrenzungssammelposten werden den Forderungen, passive Rechnungsabgrenzungsposten den kurzfristigen Verbindlichkeiten zugeordnet.

Die Bilanzstruktur ist das Ergebnis der Aufbereitung der Bilanzposten. Sie läßt bereits deutlich den Vermögens- und Kapitalaufbau des Unternehmens erkennen:

Vermögen		Bilanzstruktur	Kapital
I. Anlagevermögen		**I. Eigenkapital**	
II. Umlaufvermögen	1. Vorräte		
	2. Forderungen	**II. Fremdkapital**	1. langfristig
	3. Flüssige Mittel		2. kurzfristig
Wie ist das Kapital angelegt?		*Woher stammt das Kapital?*	

Zur besseren Vergleichbarkeit und Überschaubarkeit stellt man die Bilanzstruktur nicht nur in absoluten Zahlen, sondern auch in Prozentzahlen dar, wobei die Bilanzsumme die Basis ($\triangleq$ 100 %) bildet. Damit wird auf einen Blick erkennbar, welches Gewicht die einzelnen Hauptgruppen innerhalb des Gesamtvermögens (Aktiva) und Gesamtkapitals (Passiva) haben. Vermögens- und Kapitalaufbau werden dadurch noch anschaulicher dargestellt.

Merke:	**Die aufbereiteten Bilanzen eines Unternehmens zeigen deutlich**
● **die Finanzierung** ▷	Eigenkapital : Fremdkapital
● **den Vermögensaufbau** ▷	Anlagevermögen : Umlaufvermögen
● **die Anlagendeckung** ▷	Eigenkapital : Anlagevermögen
● **die Zahlungsfähigkeit** ▷	flüssige Mittel : kurzfristige Verbindlichkeiten

Beispiel: Die Bilanzen der Elektrogroßhandlung Marc Gruppe lauten für die beiden letzten Geschäftsjahre:

Aktiva	Berichtsjahr TDM	Vorjahr TDM	Passiva	Berichtsjahr TDM	Vorjahr TDM
Gebäude	1 200	850	Eigenkapital 01.01.	1 710	1 600
Maschinen	290	240	− Entnahmen	106	60
BuG-Ausstattung	170	90		1 604	1 540
Fuhrpark	140	120	+ Einlagen	700	—
Waren	1 300	1 940		2 304	1 540
Forderungen a. LL	950	400	+ Gewinn	306	170
Kasse	15	10	Eigenkapital 31.12.	2 610	1 710
Postbankguthaben	55	20	Rückstellungen	200	400
Bankguthaben	380	130	Hypotheken	440	331
			Darlehen	520	305
			Verbindlichk. a. LL	680	769
			Schuldwechsel	—	160
			Sonstige Verbindl.	50	125
	4 500	3 800		4 500	3 800

Anmerkungen zur Bilanzaufbereitung: Die Rückstellungen sind je zur Hälfte als langfristig und kurzfristig zu behandeln. Der Gewinn verbleibt im Unternehmen.

Die Aufbereitung der Bilanzen wird nach folgendem Schema vorgenommen:

AKTIVA	Berichtsjahr		Vorjahr		Zu- oder Abnahme
	TDM	%	TDM	%	TDM
Anlagevermögen	**1 800**	**40**	**1 300**	**34**	**+ 500**
Vorräte	1 300	29	1 940	51	− 640
Forderungen a. LL	950	21	400	11	+ 550
Flüssige Mittel	450	10	160	4	+ 290
Umlaufvermögen	**2 700**	**60**	**2 500**	**66**	**+ 200**
Gesamtvermögen	4 500	100	3 800	100	+ 700

PASSIVA	Berichtsjahr		Vorjahr		Zu- oder Abnahme
	TDM	%	TDM	%	TDM
Eigenkapital	**2 610**	**58**	**1 710**	**45**	**+ 900**
50 % Rückstellungen	100	2	200	5	− 100
Hypotheken	440	10	331	9	+ 109
Darlehen	520	12	305	8	+ 215
Langfr. Fremdkapital	**1 060**	**24**	**836**	**22**	**+ 224**
50 % Rückstellungen	100	2	200	5	− 100
Verbindlichkeiten a. LL	680	15	769	21	− 89
Schuldwechsel	—	—	160	4	− 160
Sonstige Verbindlichk.	50	1	125	3	− 75
Kurzfr. Fremdkapital	**830**	**18**	**1 254**	**33**	**− 424**
Gesamtkapital	4 500	100	3 800	100	+ 700

1.2 Beurteilung der Bilanz (Kritik)

Die aufbereiteten Bilanzen enthalten bereits die wichtigsten Kennzahlen und Angaben zur Beurteilung der

- **Kapitalausstattung,**
- **Anlagenfinanzierung,**
- **Zahlungsfähigkeit** und des
- **Vermögensaufbaues**

des Unternehmens. Die nun einsetzende Bilanzbeurteilung stellt zwischen den durch die Aufbereitung gewonnenen Verhältniszahlen sinnvolle Beziehungen her und wertet diese im Hinblick auf die Lage und Entwicklung des Unternehmens.

1.2.1 Beurteilung der Kapitalausstattung (Finanzierung)

Grad der Unabhängigkeit. Bei der Beurteilung der Kapitalausstattung oder Finanzierung geht es vor allem um die Frage, ob das Unternehmen überwiegend mit eigenem oder fremdem Kapital arbeitet. In der Regel kann die Finanzierung eines Unternehmens als günstig bezeichnet werden, wenn das Eigenkapital als Haftungs- bzw. Schutzkapital das Fremdkapital überwiegt; denn je höher der Anteil des Eigenkapitals am Gesamtkapital, um so sicherer ist die Lage des Unternehmens in Krisenzeiten und um so unabhängiger ist das Unternehmen gegenüber seinen Gläubigern. Der Anteil des Eigenkapitals am Gesamtkapital ist daher zugleich Ausdruck des Grades der finanziellen Unabhängigkeit des Unternehmens.

Der Grad der Verschuldung kommt durch den Anteil des Fremdkapitals am Gesamtkapital zum Ausdruck. Ein im Verhältnis zum Eigenkapital zu hohes Fremdkapital bedeutet eine erhebliche Einengung der Selbständigkeit des Unternehmens, da mit jeder weiteren Kreditaufnahme stets der Nachweis der Kreditverwendung und ständige Kontrollen durch Gläubiger verbunden sind. Ist der Anteil an kurzfristigen Schulden sehr hoch, so wird die Liquidität (Zahlungsfähigkeit) des Unternehmens stark eingeschränkt. Die Zusammensetzung des Fremdkapitals (lang- und kurzfristig) ist daher eine wichtige Frage bei der Beurteilung der Finanzierung eines Unternehmens.

Kennzahlen der Finanzierung (Kapitalstruktur)		B	V
① Grad der finanziellen Unabhängigkeit $= \dfrac{\text{Eigenkapital} \cdot 100\ \%}{\text{Gesamtkapital}}$		58 %	45 %
② Grad der Verschuldung $= \dfrac{\text{Fremdkapital} \cdot 100\ \%}{\text{Gesamtkapital}}$		42 %	55 %
③ Anteil des langfristigen Fremdkapitals $= \dfrac{\text{lgfr. Fremdkapital} \cdot 100\ \%}{\text{Gesamtkapital}}$		24 %	22 %
④ Anteil des kurzfristigen Fremdkapitals $= \dfrac{\text{kfr. Fremdkapital} \cdot 100\ \%}{\text{Gesamtkapital}}$		18 %	33 %

Die Kennzahlen zeigen deutlich, daß sich im Berichtsjahr der Grad der finanziellen Unabhängigkeit von 45 % auf 58 % und damit entsprechend der Grad der Verschuldung von 55 % auf 42 % entscheidend verbessert haben. Die beachtliche Steigerung des Eigenkapitals ist auf eine Kapitaleinlage des Unternehmers in Höhe von 700 TDM sowie auf den im Berichtsjahr erwirtschafteten hohen Jahresgewinn von 306 TDM zurückzuführen. Erfreulicherweise konnte dadurch der Anteil des Fremdkapitals und somit der Einfluß der Gläubiger erheblich vermindert werden. Der Rückgang des kurzfristigen Fremdkapitals von 33 % auf 18 % ist im Hinblick auf die Liquidität des Unternehmens besonders positiv zu beurteilen. Der beachtliche Abbau der kurzfristigen Fremdmittel ist vor allem auf eine Umschuldung zurückzuführen, also auf eine Umwandlung kurzfristiger in langfristige Schulden. So steht einer Abnahme an kurzfristigen Fremdmitteln in Höhe von 424 TDM eine Zunahme der langfristigen Schulden in Höhe von 224 TDM gegenüber (vgl. aufbereitete Bilanzen auf Seite 284).

Die Unternehmensleitung hat im Berichtsjahr sinnvolle Maßnahmen durchgeführt, um die Finanzierung des Unternehmens noch krisenfester zu gestalten.

Merke: **Je größer das Eigenkapital im Verhältnis zum Fremdkapital ist, desto solider und krisenfester ist die Finanzierung und desto geringer ist die Abhängigkeit gegenüber Gläubigern.**

1.2.2 Beurteilung der Anlagenfinanzierung (Investierung)

Die Finanzierung (Deckung) des Anlagevermögens durch

- **Eigenkapital** → **Deckungsgrad I** und durch
- **langfristiges Kapital** (Eigenkapital und langfr. Fremdkapital) → **Deckungsgrad II**

ist zugleich ein wichtiger Maßstab zur Beurteilung der Kapitalausstattung des Unternehmens schlechthin. Da Anlagegegenstände in der Regel langfristig gebundenes Vermögen darstellen, müssen sie durch entsprechend langfristiges Kapital finanziert werden. Damit wird sichergestellt, daß im Krisenfalle keine Anlagegüter veräußert werden müssen, um den Tilgungsverpflichtungen termingerecht nachzukommen. Deshalb sollen Wirtschaftsgüter des Anlagevermögens grundsätzlich nicht kurzfristig finanziert werden. Die Anlagenfinanzierung kann somit als sehr gut bezeichnet werden, wenn das Anlagevermögen voll durch Eigenkapital (Deckungsgrad I) gedeckt ist. Reicht das Eigenkapital jedoch nicht zur Finanzierung des Anlagevermögens aus, so darf zusätzlich nur langfristiges Fremdkapital herangezogen werden. Der Deckungsgrad II muß mindestens 100 % betragen, wenn eine volle Deckung durch langfristiges Kapital gegeben sein soll.

Kennzahlen der Anlagendeckung (Investierung)	Berichtsjahr	Vorjahr
Deckungsgrad I $= \dfrac{\text{Eigenkapital} \cdot 100\,\%}{\text{Anlagevermögen}}$	145 %	132 %
Deckungsgrad II $= \dfrac{\text{Langfristiges Kapital} \cdot 100\,\%}{\text{Anlagevermögen}}$	204 %	196 %

Die Anlagendeckung durch Eigenkapital (Deckungsgrad I) war bereits im Vorjahr sehr gut. Sie konnte im Berichtsjahr durch die bereits erwähnte Erhöhung des Eigenkapitals noch wesentlich verbessert werden. Nicht nur das Anlagevermögen, sondern auch der größte Teil der Warenvorräte werden nunmehr durch eigene Mittel finanziert. Besonders erfreulich ist auch die Tatsache, daß die erheblichen Anschaffungen (Investitionen) im Anlagevermögen in Höhe von 500 TDM ebenfalls in vollem Umfang durch Eigenkapital finanziert wurden.

Die Anlagendeckung durch langfristiges Kapital (Deckungsgrad II) ist in den beiden Vergleichsjahren ausgezeichnet. Besonders im Berichtsjahr wird der größte Teil des Umlaufvermögens langfristig finanziert, was sich auf die Liquidität des Unternehmens zwangsläufig günstig auswirken muß.

Die für das Berichtsjahr als sehr gut beurteilte Finanzierung wird durch die Anlagendeckung I und II voll bestätigt.

Merke:
- **Die Anlagendeckung ist zugleich Maßstab zur Beurteilung der Finanzierung (Kapitalausstattung) des Unternehmens.**
- **Das Anlagevermögen und der eiserne Bestand an Waren sollten stets durch entsprechend langfristiges Kapital finanziert sein.**

6583286

1.2.3 Beurteilung der Zahlungsfähigkeit (Liquidität)

Liquidität ist die Zahlungsfähigkeit eines Unternehmens, die sich aus dem Verhältnis der flüssigen (liquiden) Mittel zu den fälligen kurzfristigen Verbindlichkeiten erkennen läßt. Es muß deshalb untersucht werden, ob das Unternehmen in der Lage sein wird, die fälligen Verbindlichkeiten fristgerecht zu begleichen.

Aufgrund der Bilanzzahlen kann die Liquidität eines Unternehmens natürlich nur überschlägig ermittelt werden, da wichtige Angaben aus den Bilanzen nicht hervorgehen, wie Fälligkeiten der Verbindlichkeiten und Forderungen, laufende Zahlungen für Steuern, Mieten u. a. m. Dennoch lassen sich verschiedene Stufen oder Grade der Zahlungsfähigkeit aus den Abschlußzahlen errechnen, die im Vergleich der Jahre Aufschluß über die Liquidität des Unternehmens geben.

Die Kennzahlen der Liquidität berücksichtigen jeweils den Grad der Zahlungsfähigkeit. Die Liquidität I (1. Grades), auch Barliquidität genannt, setzt die flüssigen Mittel (Kasse, Bank- und Postbankguthaben, diskontfähige Besitzwechsel, börsenfähige Wertpapiere des Umlaufvermögens) ins Verhältnis zu den kurzfristigen Fremdmitteln. Die Liquidität II, auch einzugsbedingte Liquidität genannt, berücksichtigt zusätzlich die Forderungen. Die umsatzbedingte Liquidität III setzt schließlich das gesamte Umlaufvermögen zum kurzfristigen Fremdkapital in Beziehung. Nach einer Erfahrungsregel sollte mindestens die Liquidität II bereits eine volle Deckung der kurzfristigen Schulden bringen. Die Liquidität III müßte nach einer amerikanischen Faustregel zu einer zweifachen Deckung (200 %) führen.

Liquiditätskennzahlen			Berichtsjahr	Vorjahr
Liquidität I	$=$	$\dfrac{\text{flüssige Mittel} \cdot 100\,\%}{\text{kurzfristiges Fremdkapital}}$	54 %	13 %
Liquidität II	$=$	$\dfrac{(\text{flüssige Mittel + Forderungen}) \cdot 100\,\%}{\text{kurzfristiges Fremdkapital}}$	169 %	45 %
Liquidität III	$=$	$\dfrac{\text{Umlaufvermögen} \cdot 100\,\%}{\text{kurzfristiges Fremdkapital}}$	325 %	199 %

Die Liquiditätslage des Unternehmens hat sich im Berichtsjahr gegenüber dem Vorjahr ganz entschieden verbessert. Selbst unter Berücksichtigung der Forderungen konnte im Vorjahr keine volle Deckung der kurzfristigen Verbindlichkeiten erreicht werden. Im Berichtsjahr führte dagegen die Liquidität II bereits zu einer erheblichen Überdeckung. Die Liquidität 3. Grades zeigt im Berichtsjahr deutlich die ausgezeichnete finanzielle Lage des Unternehmens. Das Umlaufvermögen ist über dreimal so groß wie die kurzfristigen Fremdmittel. Diese äußerst positive Entwicklung der Zahlungsfähigkeit ist einerseits auf die bereits erwähnte Kapitalerhöhung sowie Umschuldung und andererseits vor allem auch auf die erhebliche Absatzsteigerung zurückzuführen. Diese von der Unternehmensleitung getroffenen Maßnahmen dienten nicht zuletzt der Stärkung der Liquidität.

Merke:
- **Je mehr die flüssigen Mittel 1., 2. und 3. Grades die kurzfristigen Verbindlichkeiten decken, desto liquider und damit sicherer ist das Unternehmen.**
- **Für die fälligen Schulden müssen stets Zahlungsmittel bereitstehen, denn Zahlungsunfähigkeit bedeutet in der Regel Konkurs.**
- **Nach einer Erfahrungsregel gilt die Zahlungsfähigkeit eines Unternehmens als gesichert, wenn das gesamte Umlaufvermögen doppelt so groß ist wie das kurzfristige Fremdkapital.**

1.2.4 Beurteilung des Vermögensaufbaues (Vermögensstruktur)

Die Vermögensstruktur zeigt sich im Verhältnis zwischen Anlage- und Umlaufvermögen. Dieses Verhältnis ist weitgehend abhängig von der Branche, der das Unternehmen angehört, sowie vom Ausmaß der Ausstattung und Automatisierung. So sind beispielsweise Unternehmen der Grundstoff- und Schwerindustrie mit einem Anlagenanteil von 60–70 % besonders anlagenintensiv, im Gegensatz zu Großhandelsunternehmen, in denen in der Regel das Umlaufvermögen deutlich überwiegt.

Das Anlagevermögen verursacht erhebliche fixe (feste) Kosten, wie Abschreibungen, Instandhaltungen u. a., die unabhängig von der Beschäftigungs- und Absatzlage, also auch in Krisenzeiten, anfallen und ständig die Erfolgsrechnung als Aufwand belasten. Je niedriger das Anlagevermögen im Verhältnis zum Umlaufvermögen ist, desto geringer ist die Belastung mit festen Kosten und desto besser kann sich ein Unternehmen den veränderten Marktverhältnissen anpassen.

Das Umlaufvermögen besteht in der Regel aus Warenvorräten, Forderungen sowie flüssigen Mitteln. Vergleicht man die Posten mit den Umsatzerlösen, lassen sich wertvolle Erkenntnisse über die Absatzlage des Unternehmens in den Vergleichsjahren erzielen. Ein erhöhter Bestand an Forderungen bedeutet Absatzsteigerung, wenn zugleich die Umsatzerlöse entsprechend gestiegen sind. Eine Veränderung der Vorräte und flüssigen Mittel sollte daher auch im Zusammenhang mit den Verkaufserlösen (Umsatzerlösen) gesehen werden.

Kennzahlen der Vermögensstruktur		Berichtsjahr	Vorjahr
① **Anteil des Anlagevermögens**	$= \dfrac{AV \cdot 100\,\%}{\text{Gesamtvermögen}}$	40 %	34 %
② **Anteil des Umlaufvermögens**	$= \dfrac{UV \cdot 100\,\%}{\text{Gesamtvermögen}}$	60 %	66 %
③ **Anteil der Vorräte**	$= \dfrac{\text{Vorräte} \cdot 100\,\%}{\text{Gesamtvermögen}}$	29 %	51 %
④ **Anteil der Forderungen**	$= \dfrac{\text{Forderungen} \cdot 100\,\%}{\text{Gesamtvermögen}}$	21 %	11 %
⑤ **Anteil der flüssigen Mittel**	$= \dfrac{\text{Flüssige Mittel} \cdot 100\,\%}{\text{Gesamtvermögen}}$	10 %	4 %

Angaben lt. GuV-Rechnung:	Berichtsjahr	Vorjahr
Umsatzerlöse	8 200 TDM	5 500 TDM

Die Kennzahlen der Vermögensstruktur zeigen deutlich die positive Entwicklung des Unternehmens im Vergleichszeitraum. Die Steigerung des Anlagevermögens ist auf Neuanschaffungen in Höhe von 500 TDM zurückzuführen, die zu einer Kapazitätserweiterung führten, worauf auch die gestiegenen Umsatzerlöse hinweisen. Auch der Abbau der Vorräte und die Erhöhung der Forderungen sowie der flüssigen Mittel stehen offensichtlich im Zusammenhang mit einer erheblichen Absatzsteigerung.

Merke:
- **Das Verhältnis zwischen Anlage- und Umlaufvermögen wird weitgehend von der Branche und dem Grad der Ausstattung des Unternehmens bestimmt.**
- **Der Anteil der Vorräte und Forderungen ist stets im Zusammenhang mit den Verkaufserlösen (Umsatzerlösen) zu beurteilen.**

6583288

Aufgaben – Fragen

1. Welche Möglichkeiten hat der Unternehmer, die Finanzierung (Kapitalausstattung des Unternehmens) zu verbessern?
2. Ein Unternehmer hat einen sehr großen Teil des Anlagevermögens mit einem kurzfristigen Bankkredit finanziert. Wie beurteilen Sie das?
3. Wodurch wird die Vermögensstruktur (AV : UV) bestimmt?
4. Welche Gefahr liegt in einem a) zu geringen und b) zu großen Anlagevermögen?
5. Welche Gefahr liegt in einem a) zu geringen und b) zu hohen Umlaufvermögen?

1. Welche Möglichkeiten hat der Unternehmer, die Liquidität zu verbessern?
2. Der Bestand an sofort greifbaren flüssigen Mitteln ist im Verhältnis zu hoch. Was empfehlen Sie dem Unternehmen?
3. Vermittelt die Bilanz ein eindeutiges Bild der Zahlungsfähigkeit?
4. Beurteilen Sie die folgenden Bilanzstrukturen:

Bilanz	
Anlagevermögen 40 %	Eigenkapital 50 %
Umlaufvermögen 60 %	Fremdkapital 50 %

Bilanz	
Anlagevermögen 40 %	Eigenkapital 30 %
	langfristiges Fremdkapital 10 %
Umlaufvermögen 60 %	kurzfristiges Fremdkapital 60 %

Nach der Aufbereitung zeigt die Bilanz eines Großhandelsunternehmens die folgende Vermögens- und Kapitalstruktur:

Vermögen	Aufbereitete Bilanz			Kapital		
	TDM	%		TDM	%	
I. Anlagevermögen	2 400	**30**	**I. Eigenkapital**	4 800	**60**	
II. Umlaufvermögen			**II. Fremdkapital**			
1. *nicht* flüssig ...... (Vorräte)	3 300	⎫	1. *langfristig* .... (Hyp. u. Darl.)	2 000	⎫	
2. *bedingt* flüssig .... (Forderungen a.LL, Besitzwechsel)	1 700	⎬ **70**	2. *kurzfristig* .... (Verbindlichkeiten a. LL., Schuldwechsel u. a.)	1 200	⎬ **40**	
3. *sofort* flüssig ...... (Kasse, Postbank, Bankguthaben)	600	⎭			⎭	
	8 000	**100**		8 000	**100**	

1. Beurteilen Sie auch unter Berücksichtigung von Branchen-Richtwerten ( )
   a) die Finanzierung oder Kapitalausstattung (35 : 65),
   b) den Vermögensaufbau (25 : 75),
   c) die Anlagenfinanzierung bzw. -deckung (Deckung I: 80 %; II: 120 %) sowie
   d) die Zahlungsfähigkeit (Liquidität) des Unternehmens.
2. Inwiefern erübrigt sich im vorliegenden Fall die Ermittlung des Deckungsgrades II im Rahmen der Beurteilung der Anlagenfinanzierung?
3. Welchen entscheidenden Vorteil bietet die Auswertung bei einem Bilanzvergleich (Zeit- oder Betriebsvergleich)?

359

Aktiva	Berichts-jahr	Vorjahr	Passiva	Berichts-jahr	Vorjahr
	TDM	TDM		TDM	TDM
I. **Anlagevermögen**			I. **Eigenkapital**	3 000	1 600
1. Gebäude	1 480	1 000	II. **Fremdkapital**		
2. BuG-Ausstattg.	500	200	1. Hypotheken	650	680
3. Fuhrpark	280	100	2. Darlehen	880	520
II. **Umlaufvermögen**			3. Lieferer-schulden	450	900
1. Vorräte	1 400	1 650	4. Schuldwechsel	20	300
2. Forderungen	800	600			
3. Besitzwechsel	100	150			
4. Kasse	20	10			
5. Postbankguth.	30	40			
6. Bankguthaben	390	250			
	5 000	4 000		5 000	4 000

1. *Bereiten Sie obige Bilanzen der Textilgroßhandlung J. Kolberg entsprechend dem Aufbereitungsschema auf Seite 284 auf und stellen Sie jeweils die Veränderungen der Vermögens- und Kapitalposten fest.*
2. *Ermitteln Sie die Kennzahlen zur Beurteilung der a) Finanzierung, b) Anlagendeckung, c) Liquidität, d) Vermögensstruktur.*
3. *Beurteilen Sie die Entwicklung des Unternehmens in den Vergleichsjahren aufgrund der Kennzahlen und versuchen Sie, die Ursachen der Veränderungen offenzulegen. Stellen Sie sich dabei stets folgende Fragen:*
   - *Wie ist die Entwicklung in absoluten und relativen Zahlen?*
   - *Worauf könnte die positive oder negative Entwicklung zurückzuführen sein?*
   - *Welche Maßnahmen zur Verbesserung der Finanzierung, Anlagendeckung, Liquidität und Vermögensstruktur würden Sie der Unternehmensleitung empfehlen?*

360

Aktiva	Berichtsjahr TDM	Vorjahr TDM	Passiva	Berichtsjahr TDM	Vorjahr TDM
Gebäude	960	710	Eigenkapital 01.01.	1 160	1 030
BuG-Ausstattung	610	390	− Entnahmen	80	60
Fuhrpark	130	160		1 080	970
Waren	1 200	1 850	+ Einlagen	400	—
Forderungen a. LL	820	370		1 480	970
Kasse	20	15	+ Gewinn	320	190
Bank	260	105	Eigenkapital 31.12.	1 800	1 160
			Rückstellungen	80	60
			Hypotheken	670	480
			Darlehen	930	750
			Verbindlichkeiten a. LL .	520	1 150
	4 000	3 600		4 000	3 600

Anmerkungen: Die Rückstellungen sind je zur Hälfte lang- und kurzfristig. Die Umsatzerlöse betrugen im Berichtsjahr 7 800 TDM, im Vorjahr 5 800 TDM.

1. *Bereiten Sie obenstehende Bilanzen der Elektrogroßhandlung G. Heider auf.*
2. *Ermitteln und beurteilen Sie die Kennzahlen a) der Finanzierung, b) der Anlagendeckung, c) der Liquidität und d) der Vermögensstruktur.*
3. *Worauf führen Sie die hohen Vorräte im Vorjahr zurück?*
4. *Fassen Sie in einem Kurzbericht das Ergebnis Ihrer Auswertung zusammen.*

2 Auswertung der Erfolgsrechnung
2.1 Beurteilung der Rentabilität

Die Rentabilität ist Maßstab für den Erfolg eines Unternehmens. Sie wird ermittelt, indem man den Gewinn zum Eigenkapital oder Umsatz in Beziehung setzt.

Unternehmerlohn. Bei Einzelunternehmen und Personengesellschaften muß der Jahresgewinn vorab noch um einen Unternehmerlohn für den mitarbeitenden Inhaber (Gesellschafter) gekürzt werden. Nur so ist ein Vergleich mit einer Kapitalgesellschaft der gleichen Branche (z.B. GmbH) möglich, in der die Gehälter der geschäftsführenden Gesellschafter Aufwand (Betriebsausgabe) darstellen und somit den Gewinn schmälern. Die Höhe des Unternehmerlohns bemißt sich nach dem Gehalt eines leitenden Angestellten in vergleichbarer Position.

Beispiel: Großhandlung M. Gruppe	Berichtsjahr	Vorjahr
Jahresgewinn (vgl. Bilanz S. 284)[1]	306 TDM	170 TDM
− **Unternehmerlohn**	60 TDM	60 TDM
= **Unternehmergewinn**	246 TDM	110 TDM

2.1.1 Eigenkapitalrentabilität (Unternehmerrentabilität)

Die Rentabilität des Eigenkapitals wird ermittelt, indem man den Unternehmergewinn (UG) zum Eigenkapital ins Verhältnis setzt. Um Zufallsschwankungen auszuschalten, rechnet man beim Eigenkapital mit dem Durchschnittswert aus Anfangs- und Schlußbestand des Geschäftsjahres (vgl. Bilanzen S. 284).

Beispiel: Großhandlung M. Gruppe	Berichtsjahr	Vorjahr
Eigenkapitalrentabilität $= \dfrac{UG \cdot 100\,\%}{Eigenkapital}$	$\dfrac{246 \cdot 100}{2160} = 11,4\,\%$	$\dfrac{110 \cdot 100}{1655} = 6,7\,\%$

Risikoprämie. Vergleicht man nun die ermittelte Eigenkapitalrendite mit dem landesüblichen Zinssatz für langfristig angelegte Gelder (im Beispiel werden 6 % unterstellt), so ist der Überschuß der Eigenkapitalverzinsung ein Entgelt oder eine Prämie für das allgemeine Risiko des Unternehmers.

Beispiel: Großhandlung M. Gruppe	Berichtsjahr	Vorjahr
Eigenkapitalrentabilität	11,4 %	6,7 %
− **landesüblicher Zinssatz für langfr. Kapital**	6,0 %	6,0 %
= **Risikoprämie für Unternehmerwagnis**	5,4 %	0,7 %

Beurteilung der Erfolgslage. Der Jahresgewinn der Elektrogroßhandlung Marc Gruppe ist von absolut 170 TDM im Vorjahr auf 306 TDM im Berichtsjahr, also um 136 TDM oder 80 % gestiegen. Diese beachtliche Gewinnsteigerung konnte sich bei der Eigenkapitalrentabilität nicht entsprechend auswirken, da sich im Berichtsjahr auch das Eigenkapital erheblich erhöht hatte. Dennoch zeigte die Rentabilität des Eigenkapitals eine erfreuliche Steigerung von 6,7 % auf 11,4 %. Im Berichtsjahr wurde außer der landesüblichen Verzinsung eine Risikoprämie von 5,4 % erwirtschaftet.

Merke: Der Jahresgewinn eines Personenunternehmens sollte folgendes entgelten:
1. einen angemessenen Unternehmerlohn,
2. eine landesübliche Verzinsung des Eigenkapitals und
3. zusätzlich eine branchenübliche Prämie für das Unternehmerrisiko.

---

[1] Der Jahresgewinn enthält keine außerordentlichen Aufwendungen und Erträge.

2.1.2 Gesamtkapitalrentabilität (Unternehmungsrentabilität)

Der Gewinn wird mit dem Gesamtkapital der Unternehmung erzielt. Will man die Rentabilität des Gesamtkapitals (Eigen- und Fremdkapital) ermitteln, muß man die für das Fremdkapital gezahlten Zinsen dem Unternehmergewinn wieder hinzurechnen, da diese als Aufwand den Gewinn gemindert haben.

$$\text{Gesamtkapitalrentabilität} = \frac{(\text{Unternehmergewinn} + \text{Zinsen}) \cdot 100\ \%}{\text{Gesamtkapital}}$$

Beispiel: Großhandlung M. Gruppe	Berichtsjahr	Vorjahr
Gesamtkapital am 01.01. Gesamtkapital am 31.12.	3 800 TDM 4 500 TDM	3 600 TDM 3 800 TDM
Durchschnittliches Gesamtkapital (GK)	4 150 TDM	3 700 TDM
Unternehmergewinn (UG)	246 TDM	110 TDM
Zinsen lt. GuV-Rechnung (Z)	106 TDM	85 TDM
$\text{Gesamtkapitalrentabilität} = \dfrac{(\text{UG} + \text{Z}) \cdot 100\ \%}{\text{GK}}$	$\dfrac{(246 + 106) \cdot 100}{4\,150}$ $\underline{8,5\ \%}$	$\dfrac{(110 + 95) \cdot 100}{3\,700}$ $\underline{5,3\ \%}$
Eigenkapitalrentabilität	11,4 %	6,7 %

Beurteilung. Die Gesamtkapitalrentabilität gibt Aufschluß darüber, ob sich die Aufnahme von Fremdkapital gelohnt hat. Das ist stets der Fall, wenn der Fremdkapitalzins niedriger ist als die Gesamtkapitalrentabilität oder – anders ausgedrückt –, wenn die Rentabilität des Eigenkapitals größer ist als die des Gesamtkapitals. Das Unternehmen muß daher bestrebt sein, möglichst zinsniedriges Fremdkapital aufzunehmen. In beiden Vergleichsjahren übersteigt die Eigenkapitalrentabilität die Gesamtkapitalrendite, wobei sich das Ergebnis im Berichtsjahr deutlich verbessert hat.

2.1.3 Umsatzrentabilität (Umsatzverdienstrate)

Umsatzverdienstrate. Setzt man den Unternehmergewinn zu den Umsatzerlösen in Beziehung, erhält man Auskunft darüber, wieviel Prozent der Umsatzerlöse als Gewinn dem Unternehmen zugeflossen sind. Oder anders ausgedrückt: wieviel DM je 100,00 DM Umsatz verdient wurden.

Beispiel: Großhandlung M. Gruppe	Berichtsjahr	Vorjahr
$\text{Umsatzrentabilität} = \dfrac{\text{Unternehmergewinn} \cdot 100\ \%}{\text{Umsatzerlöse}}$	$\dfrac{246 \cdot 100}{8\,200} = \underline{3\ \%}$	$\dfrac{110 \cdot 100}{5\,500} = \underline{2\ \%}$

Beurteilung. Die sehr positive Entwicklung des Unternehmens zeigt sich auch deutlich in der Umsatzrendite, die im Vergleichszeitraum von 2 % auf 3 %, also um 50 % erhöht werden konnte. Im Berichtsjahr wurden somit 3,00 DM je 100,00 DM Umsatz gegenüber 2,00 DM im Vorjahr verdient. Das bedeutete eine erhebliche Steigerung der Ertragskraft des Unternehmens.

Merke: Aus Gründen der besseren Vergleichbarkeit der Ergebnisse sollte der Jahresgewinn vorab um einmalige und zufällige Posten bereinigt werden:

> Jahresgewinn
> + außergewöhnliche Aufwendungen
> − außergewöhnliche Erträge
> = Bereinigter Jahresgewinn

Aufgaben – Fragen

361

Zahlen (TDM) des Baustoffgroßhandels Lang:	Berichtsjahr	Vorjahr
Eigenkapital zum 01.01.	1 260	1 130
Eigenkapital zum 31.12.	1 800	1 260
Bereinigter Jahresgewinn	320	190
Unternehmerlohn	60	60
Umsatzerlöse	7 800	5 800

1. *Ermitteln Sie a) das durchschnittliche Eigenkapital und b) den Unternehmergewinn.*
2. *Berechnen Sie a) die Rentabilität des Eigenkapitals und*
   b) die Risikoprämie bei einem landesüblichen Zinssatz von 7 %.
3. *Berechnen Sie die Umsatzrentabilität in Prozent.*
4. *Beurteilen Sie die Erfolgslage des Unternehmens im Vergleichszeitraum.*

362

Zahlen (TDM) der Textilgroßhandlung Hay:	1. Jahr	2. Jahr	3. Jahr
Eigenkapital zum 01.01.	2 400	2 600	3 400
Eigenkapital zum 31.12.	2 600	3 400	4 600
Jahresgewinn	520	660	790
außergewöhnliche Aufwendungen	20	10	30
außergewöhnliche Erträge	50	30	—
Unternehmerlohn	72	72	72
Umsatzerlöse	12 880	15 200	18 100

1. *Ermitteln Sie den bereinigten Jahresgewinn.*
2. *Ermitteln Sie a) das Durchschnittskapital und b) den Unternehmergewinn.*
3. *Berechnen Sie a) die Eigenkapitalrendite und b) die Risikoprämie bei einer unterstellten*
   landesüblichen Verzinsung von 7 %.
4. *Wieviel DM je 100,00 DM Umsatz wurden jeweils verdient?*
5. *Fassen Sie die Ergebnisse der Rentabilitätsauswertung in einem Kurzbericht zusammen.*

Den Jahresabschlüssen eines Großhandelsunternehmens entnehmen wir folgende Zahlen:

363

Jahresabschlußzahlen (TDM)	1. Jahr	2. Jahr	3. Jahr
Durchschnittl. Eigenkapital	2 500	3 000	4 000
Durchschnittl. Gesamtkapital	4 000	6 000	6 500
Jahresgewinn	550	750	880
außergewöhnliche Aufwendungen	40	60	120
außergewöhnliche Erträge	30	70	80
Unternehmerlohn	100	100	100
Zinsaufwendungen	90	200	180
Umsatzerlöse	13 860	16 200	19 100

1. *Ermitteln Sie den bereinigten Unternehmergewinn.*
2. *Berechnen Sie die Rentabilität des a) Eigenkapitals, b) Gesamtkapitals, c) Umsatzes.*
3. *Beurteilen Sie die Entwicklung der Rentabilitätskennziffern.*
4. *Worüber gibt die Gesamtkapitalrentabilität Auskunft?*
5. *Inwiefern ist bei Rentabilitätsberechnungen vom bereinigten Jahresgewinn auszugehen?*
6. *Was sollte der Jahresgewinn eines Personenunternehmens im einzelnen abdecken?*
7. *Welcher Zusammenhang besteht zwischen Wirtschaftszweig und Risikoprämie?*

2.2 Cash-flow-Analyse

Meßziffer für die Selbstfinanzierungskraft des Unternehmens ist der <u>Cash-flow</u> <u>(Kassenzufluß)</u>, eine Kennzahl, die aus den USA stammt und Eingang in die deutsche Bilanzanalyse gefunden hat. Sie gibt an, welche im Geschäftsjahr <u>selbsterwirtschaf-teten</u> Mittel den Unternehmen frei <u>zur Verfügung stehen für</u>

- **die Finanzierung von Investitionen,**
- **die Schuldentilgung** und
- **die Gewinnausschüttung (Dividende).**

Zum Cash-flow zählen außer dem Jahresgewinn auch alle <u>nicht ausgabewirksamen</u> <u>Aufwendungen des Geschäftsjahres</u>, wie z. B. insbesondere die Abschreibungen:

Jahresgewinn
+ Abschreibungen
= Cash-flow

Aussagefähigkeit. Der Cash-flow läßt somit erkennen, in welchem Umfang sich ein Unternehmen <u>aus eigener Kraft finanziert.</u> Setzt man die selbsterwirtschafteten Mittel zu den Umsatzerlösen in Beziehung, wird erkennbar, wieviel Prozent der Umsatzerlöse frei für Investitionszwecke, Schuldentilgung und Gewinnausschüttung zur Verfügung stehen:

$$\text{Cash-flow-Umsatzverdienstrate} = \frac{\text{Cash-flow} \cdot 100\ \%}{\text{Umsatzerlöse}}$$

Beispiel: Großhandlung M. Gruppe	Berichtsjahr	Vorjahr
Unternehmergewinn	246 TDM	110 TDM
+ Abschreibungen auf Anlagen	164 TDM	90 TDM
= Cash-flow	410 TDM	200 TDM
Umsatzerlöse lt. GuV-Rechnung	8 200 TDM	5 500 TDM
Cash-flow-Umsatzverdienstrate	$\frac{410 \cdot 100}{8\,200} = 5\ \%$	$\frac{200 \cdot 100}{5\,500} = 3{,}6\ \%$

Beurteilung. Im Berichtsjahr stehen somit der Großhandlung M. Gruppe 5 % der Umsatzerlöse gegenüber 3,6 % im Vorjahr an selbsterwirtschafteten Finanzierungsmitteln frei zur Verfügung. Oder: 5,00 DM bzw. 3,60 DM je 100,00 DM Umsatz. Das ist auf den gestiegenen Gewinn und die höheren Abschreibungen zurückzuführen.

Merke: Die <u>Cash-flow-Umsatzverdienstrate</u> gibt an, wieviel Prozent der Umsatzerlöse dem Unternehmen zur Investitionsfinanzierung, Schuldentilgung und Gewinnausschüttung frei zur Verfügung stehen. Sie ist <u>Maßstab für die Ertrags- und Selbstfinanzierungskraft</u> des Unternehmens.

Aufgaben – Fragen

364 Die Sani GmbH, Arzneimittelgroßhandlung, stellt folgende Zahlen zur Verfügung:

Jahresabschlußzahlen in TDM	1. Jahr	2. Jahr	3. Jahr
Jahresgewinn	560	620	680
Abschreibungen	150	180	200
Umsatzerlöse	8 400	9 300	10 500

1. *Ermitteln Sie den Cash-flow und berechnen Sie die Cash-flow-Umsatzverdienstrate.*
2. *Inwiefern sind Cash-flow-Kennziffern aussagefähiger als Rentabilitätskennzahlen?*
3. *Nennen Sie Möglichkeiten der Selbstfinanzierung der Investitionen.*
4. *Worauf führen Sie die Erhöhung der Abschreibungen zurück?*

2.3   Umschlagskennzahlen

Maßstab der Wirtschaftlichkeit. Umschlagskennzahlen sind ein Maßstab zur Beurteilung und Kontrolle der Wirtschaftlichkeit des Betriebsprozesses, also des Verhältnisses der betriebsbedingten Aufwendungen (= Kosten) zu den betriebsbedingten Erträgen (= Leistungen). Sie werden ermittelt, indem man bestimmte Posten der Bilanz (Waren, Forderungen a. LL, Kapital) zum Wareneinsatz bzw. zu den Umsatzerlösen in Beziehung setzt.

2.3.1   Lagerumschlag der Warenbestände[1]

Die Lagerumschlagshäufigkeit des Warenbestandes errechnet sich aus dem Verhältnis von Wareneinsatz zum Durchschnittsbestand der Waren. Sie gibt an, wie oft in einem Jahr der durchschnittliche Lagerbestand umgesetzt, d. h. verkauft und ersetzt wurde:

$$\text{Lagerumschlagshäufigkeit} = \frac{\text{Wareneinsatz}}{\varnothing \text{ Lagerbestand an Waren}}$$

Die durchschnittliche Lagerdauer ergibt sich, indem man das Jahr mit 360 Tagen ansetzt und durch die Umschlagshäufigkeit dividiert:

$$\text{Durchschnittliche Lagerdauer} = \frac{360}{\text{Lagerumschlagshäufigkeit}}$$

Aus den Angaben der Großhandlung M. Gruppe ergeben sich folgende Ergebnisse. Für das Vorjahr wurde das entsprechende Vergleichsjahr vorgeschaltet:

Beispiel: Großhandlung M. Gruppe	Berichtsjahr	Vorjahr
Warenbestand zum 01.01............ Warenbestand zum 31.12............	1 940 TDM 1 300 TDM	1 660 TDM[2] 1 940 TDM
Wareneinsatz lt. GuV-Rechnung	6 480 TDM	4 500 TDM
Durchschn. Lagerbestand an Waren ..	$\frac{1\,940 + 1\,300}{2} = 1\,620$	$\frac{1\,660 + 1\,940}{2} = 1\,800$
Lagerumschlagshäufigkeit	$\frac{6\,480}{1\,620} = 4\text{mal}$	$\frac{4\,500}{1\,800} = 2{,}5\text{mal}$
Durchschnittliche Lagerdauer	$\frac{360}{4} = 90 \text{ Tage}$	$\frac{360}{2{,}5} = 144 \text{ Tage}$

Lagerumschlagshäufigkeit und -dauer haben sich im Berichtsjahr ganz entscheidend verbessert. Die hohe Umschlagshäufigkeit trägt dazu bei, daß der Kapitaleinsatz geringer wird, da in kürzeren Abständen (90 statt 144 Tage) immer wieder Kapital zurückfließt. Dadurch werden Zinsen und Lagerkosten geringer, was sich positiv auf die Wirtschaftlichkeit, den Gewinn und die Rentabilität auswirkt.

> **Merke:** **Je höher die Umschlagshäufigkeit des Lagerbestandes ist, desto**
> - **kürzer ist die Lagerdauer,**
> - **geringer sind der Kapitaleinsatz und das Lagerrisiko,**
> - **geringer sind die Kosten für die Lagerhaltung (Zinsen, Schwund, Verwaltungskosten),**
> - **höher ist die Wirtschaftlichkeit[1] und desto**
> - **höher ist letztlich der Gewinn und damit die Rentabilität.**

---

1 vgl. auch S. 57/58   2 angenommener Bestand

2.3.2 Umschlag der Forderungen

Die Kennzahlen des Forderungsumschlags sind zugleich ein Maßstab zur Beurteilung der Liquidität eines Unternehmens:

$$\text{Umschlagshäufigkeit der Forderungen} = \frac{\text{Umsatzerlöse}}{\varnothing\ \text{Forderungsbestand}}$$

Daraus ergibt sich die Laufzeit der Forderungen, d. h. die von den Kunden durchschnittlich in Anspruch genommene Kreditdauer (Zahlungsziel):

$$\text{Durchschnittliche Kreditdauer} = \frac{360}{\text{Umschlagshäufigkeit der Forderungen}}$$

Beispiel: Großhandlung M. Gruppe	Berichtsjahr	Vorjahr
Forderungsbestand zum 01.01.	400 TDM	822 TDM[1]
Forderungsbestand zum 31.12.	950 TDM	400 TDM
Durchschnittlicher Forderungsbestand	$\frac{400\ +\ 950}{2} = \underline{\underline{675}}$	$\frac{822\ +\ 400}{2} = \underline{\underline{611}}$
Umsatzerlöse lt. GuV-Rechnung	8 200	5 500
Umschlagshäufigkeit	8 200 : 675 = $\underline{\underline{12,15\text{mal}}}$	5 500 : 611 = $\underline{\underline{9\text{mal}}}$
Durchschnittliche Kreditdauer	360 : 12,15 = $\underline{\underline{30\ \text{Tage}}}$	360 : 9 = $\underline{\underline{40\ \text{Tage}}}$

Im Berichtsjahr nahmen die Kunden durchschnittlich ein Zahlungsziel von 30 Tagen gegenüber 40 Tagen im Vorjahr in Anspruch. Unterstellt man ein übliches Zahlungsziel von 30 Tagen, so wird es im Berichtsjahr gerade erreicht.

Merke: **Je rascher der Forderungsumschlag, desto**
- **kürzer ist die durchschnittliche Kreditdauer,**
- **besser ist die eigene Liquidität,**
- **geringer sind Zinsbelastung und Wagnis (Kosten),**
- **höher sind Wirtschaftlichkeit und Rentabilität.**

2.3.3 Kapitalumschlag

Zur Ermittlung der Kapitalumschlagshäufigkeit wird der Umsatz mit dem Eigen- oder Gesamtkapital (Eigen- und Fremdkapital) in Beziehung gesetzt:

$$\text{Umschlagshäufigkeit des Eigenkapitals} = \frac{\text{Umsatzerlöse}}{\text{Eigenkapital}}$$

$$\text{Umschlagshäufigkeit des Gesamtkapitals} = \frac{\text{Umsatzerlöse}}{\text{Gesamtkapital}}$$

$$\text{Durchschnittliche Kapitalumschlagsdauer} = \frac{360}{\text{Kapitalumschlagshäufigkeit}}$$

Die Kapitalumschlagshäufigkeit gibt an, wie oft das eingesetzte Kapital in Form von Erlösen zurückgeflossen ist. Je rascher der Umschlagsprozeß vor sich geht, desto geringer ist der erforderliche Kapitaleinsatz. Bei hoher Kapitalumschlagshäufigkeit kann man deshalb mit einem verhältnismäßig niedrigen Kapitaleinsatz zu einer entsprechend hohen Rendite und infolge des raschen Kapitalrückflusses zu einer günstigen Liquidität gelangen.

---

1 angenommener Bestand

Beispiel: E-Großhandlung M. Gruppe	Berichtsjahr	Vorjahr
Durchschn. Eigenkapital	2 160 TDM	1 655 TDM
Umsatzerlöse lt. GuV	8 200 TDM	5 500 TDM
EK-Umschlagshäufigkeit	8 200 : 2 160 = 3,8mal	5 500 : 1 655 = 3,3mal
EK-Umschlagsdauer	360 : 3,8 = 95 Tage	360 : 3,3 = 109 Tage

Die Kapitalumschlagsziffern der Elektrogroßhandlung Marc Gruppe kennzeichnen ebenfalls die positive Entwicklung des Unternehmens im Berichtsjahr.

Merke: **Je höher die <u>Kapitalumschlagshäufigkeit</u> ist, desto**
- **rascher fließt das Kapital über die Erlöse zurück,**
- **geringer ist der erforderliche Kapitaleinsatz,**
- **höher ist die Rentabilität,**
- **günstiger ist die Liquidität des Unternehmens.**

Aufgaben – Fragen

Die Jahresabschlüsse eines Großhandelsunternehmens weisen folgende Zahlen aus: **365**

	1. Jahr	2. Jahr	3. Jahr
Warenbestand zum 01.01.	160 000,00	240 000,00	280 000,00
Warenbestand zum 31.12.	240 000,00	280 000,00	200 000,00
Wareneinsatz	1 600 000,00	2 340 000,00	2 880 000,00

1. Berechnen Sie jeweils a) den Durchschnittsbestand und b) die Lagerumschlagshäufigkeit und Lagerdauer. Beurteilen Sie die Entwicklung in den Vergleichsjahren.
2. Begründen Sie, inwiefern die Lagerumschlagshäufigkeit Kapitalbedarf, Kosten, Risiko, Wirtschaftlichkeit und damit die Rentabilität des Unternehmens beeinflußt.

Die Jahresabschlüsse eines Großhandelsunternehmens weisen folgende Zahlen aus: **366**

Forderungen	1. Jahr	2. Jahr	3. Jahr
Anfangsbestand	450 000,00	580 000,00	800 000,00
Schlußbestand	580 000,00	800 000,00	1 200 000,00
Umsatzerlöse	5 150 000,00	8 280 000,00	12 000 000,00

1. Berechnen Sie für die einzelnen Jahre a) den durchschnittlichen Forderungsbestand, b) die Umschlagshäufigkeit der Forderungen, c) die durchschnittliche Laufzeit (Kreditdauer) der Außenstände.
2. Begründen und erklären Sie den Zusammenhang zwischen der Umschlagshäufigkeit der Außenstände und der Liquidität, Wirtschaftlichkeit und Rentabilität.
3. Wie beurteilen Sie die Entwicklung? Welche Schlüsse ziehen Sie daraus?

Die Kapitalstruktur eines Großhandelsunternehmens (Durchschnittswerte) lautet: **367**

Kapital (Mittelwerte)	1. Jahr	2. Jahr	3. Jahr
Eigenkapital	2 000 TDM	2 500 TDM	2 500 TDM
Fremdkapital	1 000 TDM	1 500 TDM	600 TDM
Umsatzerlöse	15 000 TDM	16 400 TDM	13 200 TDM

1. Ermitteln Sie a) die Kapitalumschlagshäufigkeit des Eigen- und Gesamtkapitals, b) die Kapitalumschlagsdauer des Eigen- und Gesamtkapitals.
2. Welcher Zusammenhang besteht zwischen Kapitalumschlagshäufigkeit einerseits und Kapitaleinsatz, Liquidität und Rentabilität andererseits?
3. Wie beurteilen Sie die Entwicklung im Beispiel?

H Kosten- und Leistungsrechnung (KLR) im Großhandelsbetrieb

1 Ziele und Grundbegriffe der KLR

1.1 Betriebsergebnis, Neutrales Ergebnis, Gesamtergebnis

Betriebszweck. Einkaufen, Lagern und Verkaufen von Waren sind die eigentlichen betrieblichen Tätigkeiten im Großhandelsbetrieb. Durch diese Tätigkeiten werden Aufwendungen (= **Kosten,** z.B. Warenaufwendungen, Personalkosten, Miete, Steuern, Betriebskosten, vgl. Kontenklassen 3, 4) verursacht und Erträge (= **Leistungen,** z.B. Umsatzerlöse, vgl. Kontenklasse 8) erzielt. Die vollständige Ermittlung der Kosten und Leistungen bildet die grundlegende Aufgabe der KLR.

Merke: ● **Kosten im Großhandelsbetrieb sind vor allem die Warenaufwendungen, die Personalkosten, Mieten, Steuern und Betriebskosten.**
● **Leistungen im Großhandelsbetrieb sind vor allem die Umsatzerlöse.**

Betriebsergebnis. Aus der Gegenüberstellung aller Kosten und Leistungen einer Abrechnungsperiode (z. B. Monat, Quartal, Jahr) ergibt sich das Betriebsergebnis als Erfolg aus der betrieblichen Tätigkeit (vgl. Abgrenzungsrechnung S. 307 f.).

● Leistungen > Kosten = Betriebsgewinn
● Leistungen < Kosten = Betriebsverlust

Das Betriebsergebnis bildet die Grundlage für die Beurteilung der Rentabilität und Wirtschaftlichkeit des Unternehmens (vgl. S. 327).

Neutrales Ergebnis. Außer den Kosten und Leistungen gibt es im Großhandelsbetrieb auch Aufwendungen und Erträge, die nichts mit dem Betriebszweck zu tun haben, wie z.B. betriebsfremde, periodenfremde, außerordentliche Aufwendungen und Erträge (vgl. Kontenklasse 2). Sie dürfen weder das Betriebsergebnis beeinflussen noch in die Kalkulation der Verkaufspreise eingehen und sind deshalb von der KLR fernzuhalten. Sie heißen neutrale Aufwendungen und neutrale Erträge; ihre Verrechnung führt zum Neutralen Ergebnis. Das Neutrale Ergebnis wird außerhalb der Finanzbuchhaltung (= FB) ermittelt (vgl. Abgrenzungsrechnung S. 307 f.).

Gesamtergebnis. Die FB erfaßt alle Aufwendungen und Erträge einer Abrechnungsperiode in den Kontenklassen 2, 4 und 8 sowie den Wareneinsatz im Konto 3010. Sie schließt mit dem Gesamtergebnis der Unternehmung im Konto „9300 Gewinn und Verlust" ab. Die Ermittlung des Betriebsergebnisses und des Neutralen Ergebnisses ist in der FB nicht vorgesehen und wegen der nicht eindeutigen Trennung der Kosten (Klasse 4) von den neutralen Aufwendungen (Klasse 2) auch nicht möglich (vgl. S. 307). Betriebsergebnis und Neutrales Ergebnis werden in der KLR ermittelt. Sie stimmen in ihrer Summe mit dem Gesamtergebnis der FB überein.

Merke: ● **Die FB ist unternehmensbezogen und schließt mit dem Gesamtergebnis ab.**
● **Die KLR ist betriebsbezogen. In ihr wird das Betriebsergebnis festgestellt.**
● **Das Neutrale Ergebnis wird in einer Vorstufe zur Kosten- und Leistungsrechnung – der Abgrenzungsrechnung (vgl. S. 307 f.) – ermittelt.**
● **Die Abgrenzung der neutralen Aufwendungen und Erträge von den Kosten und Leistungen ist Voraussetzung einer genauen KLR.**

6583298

1.2 Ziele der Kosten- und Leistungsrechnung

Die grundlegende Aufgabe der Kosten- und Leistungsrechnung (KLR) besteht darin, die in einer Abrechnungsperiode (z. B. Monat) anfallenden <u>Kosten und Leistungen vollständig und richtig zu erfassen.</u> Darüber hinaus ist sie auf folgende betriebliche <u>Ziele</u> ausgerichtet:

- **Ermittlung des Betriebsergebnisses.** Durch die Verrechnung der <u>Kosten</u> mit den <u>Leistungen</u> einer Abrechnungsperiode wird das <u>Betriebsergebnis</u> ermittelt, das für die Beurteilung der wirtschaftlichen Lage des Unternehmens bedeutsam ist (vgl. S. 326 f.).

- **Ermittlung der Selbstkosten und Leistungen einer Abrechnungsperiode.** Durch die Erfassung <u>aller</u> Kosten und Leistungen einer Abrechnungsperiode außerhalb der Finanzbuchhaltung wird die Kosten- und Leistungsrechnung zu einem hervorragenden <u>Instrument der kurzfristigen (monatlichen) Erfolgsermittlung</u> (vgl. S. 326 f.).

- **Ermittlung der Selbstkosten der Wareneinheit.** Die Kostenrechnung ermittelt auch die Selbstkosten der Wareneinheit und schafft damit die <u>Grundlage für die Berechnung der Verkaufspreise.</u> Die Kenntnis der Selbstkosten gestattet dem Unternehmer die Entscheidung darüber, welcher Preis für ihn wirtschaftlich noch vertretbar ist (vgl. S. 342 f.).

- **Kontrolle der Wirtschaftlichkeit.** Es genügt aber nicht, lediglich die Selbstkosten zu ermitteln. Sie sollen vielmehr auch beeinflußt, d.h. gesenkt werden. Die <u>Wirtschaftlichkeit der Umsatzprozesse</u> muß ständig gesteigert werden, wenn der Betrieb im Wettbewerb nicht unterliegen will. Die <u>Entwicklung der Kosten und Leistungen ist daher dauernd zu kontrollieren.</u> Die Überwachung der Wirtschaftlichkeit zählt heute zu den wichtigsten Aufgaben der Kosten- und Leistungsrechnung (vgl. S. 327).

- **Ermittlung von Deckungsbeiträgen auf der Basis der Teilkostenrechnung.** Ausgehend von erzielbaren Umsatzerlösen kann mit Hilfe der Deckungsbeitragsrechnung festgestellt werden, ob eine Warengruppe einen <u>ausreichenden Beitrag zur Deckung der fixen Kosten und zur Erzielung von Gewinn</u> leistet (vgl. S. 375 f.).

- **Bewertung der Warenvorräte in der Jahresbilanz.** Nach den handels- und steuerrechtlichen Vorschriften sind die <u>Schlußbestände an Waren höchstens zu Anschaffungs- oder Herstellungskosten</u> in die Jahresbilanz einzusetzen. Stellt der Großhandelsbetrieb auch Waren selbst her, können die genauen Herstellungskosten nur mit Hilfe einer ordnungsgemäßen Kostenrechnung ermittelt werden.

- **Grundlage für Planungen und Entscheidungen.** Die oben genannten Aufgaben der Kosten- und Leistungsrechnung dürfen <u>nicht isoliert</u> betrachtet werden. Sie bilden letztlich die Grundlage für die Vorhaben und Entscheidungen des Unternehmers. Sofern marktorientierte <u>Entscheidungen zu treffen sind, steht der Unternehmensleitung in der Deckungsbeitragsrechnung</u> (vgl. S. 375 f.) eine geeignete Grundlage zur Verfügung.

Zur Erfüllung dieser Aufgaben werden die Kosten

- nach **Kostenarten** erfaßt (Warenaufwendungen, Personalkosten, Mieten, Steuern, Aufwendungen für Kommunikation und Beiträge, Abschreibungen u. a.),
- nach **Kostenstellen** aufgeteilt (z. B. Verkaufsabteilungen),
- den **Kostenträgern** zugerechnet (z. B. Warengruppen).

Merke:
- **Die Kosten- und Leistungsrechnung (KLR) umfaßt drei Stufen:**
  1. **Kosten<u>arten</u>rechnung:** ▷ „**Welche** Kosten sind entstanden?"
  2. **Kosten<u>stellen</u>rechnung:** ▷ „**Wo** sind die Kosten entstanden?"
  3. **Kosten<u>träger</u>rechnung:** ▷ „**Wer** hat die Kosten zu tragen?"

1.3 Grundbegriffe der Kosten- und Leistungsrechnung

1.3.1 Einnahmen und Ausgaben

Geldvermögen. In einem Großhandelsbetrieb stellt die Summe des jederzeit verfügbaren Geldes, d.h. die Summe aus Kassenbestand, Guthaben bei Kreditinstituten und Postbankguthaben, den <u>Zahlungsmittelbestand</u> dar. Der Zahlungsmittelbestand ist <u>Teil des Geldvermögens</u>. Kurzfristige Forderungen und Verbindlichkeiten beeinflussen auch das Geldvermögen:

> **Merke:**   **Zahlungsmittelbestand (Kasse, Bank- und Postbankguthaben)**
> **+ Forderungen**
> **– Verbindlichkeiten**
> **= Geldvermögen**

Wird dieses Geldvermögen durch Geschäftsfälle verändert, so sprechen wir von <u>Einnahmen und Ausgaben.</u>

Einnahmen. Alle Geschäftsfälle, die das <u>Geldvermögen erhöhen,</u> führen zu Einnahmen. So gehören z.B. <u>Bar- und Zielverkäufe von Waren</u> zu einnahmewirksamen Vorgängen. Eine Kreditaufnahme bei einer Bank dagegen führt zwar zu einer Erhöhung des Zahlungsmittelbestandes, gleichzeitig erhöhen sich aber auch die Verbindlichkeiten; das Geldvermögen bleibt also unverändert.

Ausgaben. Alle Geschäftsfälle, die das <u>Geldvermögen vermindern,</u> führen zu Ausgaben. Typische Ausgaben sind <u>Bar- und Zielkäufe von Waren,</u> nicht dagegen die Banküberweisung an einen Lieferer oder die teilweise Tilgung eines Bankkredites.

1.3.2 Aufwendungen und Erträge

Eigenkapital. Das Eigenkapital (= Reinvermögen) eines Großhandelsbetriebes ergibt sich vereinfacht nach folgender Rechnung:

> Geldvermögen (siehe oben)
> + Vorräte
> + Anlagevermögen
> – langfristige Schulden
> = **Eigenkapital (= Reinvermögen)**

Alle Geschäftsfälle, die das Eigenkapital verändern, führen zu <u>Aufwendungen oder Erträgen.</u>

Aufwendungen <u>vermindern</u> das Eigenkapital. Folgende Geschäftsfälle führen u.a. zu Aufwendungen:

- Ein Kaufmann hat bei einer Bank einen Kredit aufgenommen und <u>zahlt dafür Zinsen.</u> Die Zinszahlung verringert das Geldvermögen und damit zugleich das Eigenkapital.
- Auf einen betrieblich genutzten PKW <u>wird eine Abschreibung vorgenommen.</u> Die Abschreibung vermindert das Anlagevermögen und damit zugleich das Eigenkapital.

Erträge <u>erhöhen</u> das Eigenkapital. Folgende Geschäftsfälle führen u.a. zu Erträgen:

- Ein Bankguthaben wird verzinst. Die <u>Zinsgutschrift der Bank</u> erhöht das Geldvermögen und damit zugleich das Eigenkapital.
- Ein Grundstück ist im Vorjahr aufgrund fehlender Verkehrsanbindung außerplanmäßig abgeschrieben worden. Aufgrund einer Änderung des Flächennutzungsplanes steigt der Wert des Grundstücks im folgenden Jahr. <u>Dies führt zu einer Zuschreibung.</u> Die Zuschreibung erhöht das Anlagevermögen und damit zugleich das Eigenkapital.

6583300

1.3.3   Aufwendungen – Kosten

Aufwendungen. Unter Aufwendungen wird der <u>gesamte Werteverzehr</u> (= Verminderung des Eigenkapitals) in einem Unternehmen <u>an Gütern, Diensten und Abgaben</u> während einer Abrechnungsperiode (z.B. Monat, Jahr) verstanden.

Beispiel: Die Papiergroßhandlung Kern KG, Köln, erstellt aus den Zahlen der Erfolgskonten für den Monat September 19.. das folgende <u>vereinfachte</u> Gewinn- und Verlustkonto:

Soll		Gewinn- und Verlustkonto		Haben
2040 Verluste a. Anl.-Abgang	40 000,00	2421 Mieterträge		26 000,00
2110 Zinsaufwendungen	35 000,00	2610 Zinserträge		5 000,00
3010 Wareneingang	1 296 000,00	2760 Erträge aus d. Auflösung		
4010 Löhne	180 000,00	von Rückstellungen ...		38 000,00
4020 Gehälter	300 000,00	2780 Eigenverbrauch von		
4040 Soziale Aufwendungen .	50 000,00	Leistungen		1 000,00
4100 Mieten	60 000,00	8010 Umsatzerlöse		
42.. Betriebssteuern	55 000,00	(Warenverkauf)		2 490 000,00
4260 Versicherungsbeiträge .	5 000,00			
4400 Werbe- und Reisekosten	40 000,00			
4500 Provisionen	20 000,00			
4620 Ausgangsfrachten	80 000,00			
4710 Instandhaltung	60 000,00			
4910 Abschreibg. a. Sachanl. .	50 000,00			
Jahresüberschuß	**289 000,00**			
	2 560 000,00			2 560 000,00

Die Summe aller Aufwandspositionen auf der Sollseite des GuV-Kontos ergibt die gesamten Aufwendungen für den Monat September. Die **Aufwendungen** belaufen sich also auf:

2 560 000,00 DM – 289 000,00 DM = **2 271 000,00 DM.**

Einteilung der Aufwendungen. Für die Zwecke der Kostenrechnung werden die Aufwendungen eingeteilt in

- **betriebliche (kalkulierbare) Aufwendungen ═ Kosten,**
- **neutrale Aufwendungen** ═ **Nichtkosten.**

Betriebliche Aufwendungen stehen in <u>unmittelbarem Zusammenhang</u> mit dem eigentlichen <u>Betriebszweck</u>. Sie erfassen den Verzehr an Gütern, Diensten und Abgaben einer Abrechnungsperiode, der bei der Erzielung von <u>Leistungen</u> (= Umsatzerlöse) anfällt. Diese Aufwendungen werden <u>in der Regel</u> als **Kosten** in die Kosten- und Leistungsrechnung übernommen.

Kosten entstehen, wenn

- ein **mengenmäßiger Verbrauch** (z. B. kg, t, m, h) vorliegt,
- der zur **Erzielung von Leistungen** getätigt wird und
- der in **DM-Beträgen bewertet** ist.

Beispiel: Nach der obigen Aussage gelten – bis auf die Verluste aus Anlageabgängen – <u>alle</u> <u>Aufwendungen</u> des Gewinn- und Verlustkontos der Kern KG in der Kosten- und Leistungsrechnung als **Kosten:**

Gesamte Aufwendungen	....	2 271 000,00 DM
– Verluste aus Anlageabgängen	....	40 000,00 DM
= **Kosten**	....	**2 231 000,00 DM**

Neutrale Aufwendungen. Außer den Kosten gibt es im Großhandelsbetrieb in der Regel auch Aufwendungen, die in keinem Zusammenhang mit dem Einkauf, der Lagerung und dem Absatz von Waren stehen oder dabei unregelmäßig in außergewöhnlicher Höhe anfallen. Sie werden als neutrale Aufwendungen bezeichnet und nicht oder nicht in der ausgewiesenen Höhe in die Kosten- und Leistungsrechnung übernommen (vgl. S. 308 f.), da sie bei der Ermittlung des Betriebsergebnisses und der Selbstkosten der Waren nicht berücksichtigt werden dürfen.

Neutrale Aufwendungen entstehen

- bei der **Verfolgung betriebsfremder Ziele** (z. B. Verluste aus Wertpapierverkäufen),
- durch **Veränderungen in der Zusammensetzung des Vermögens** (z. B. Verluste aus dem Abgang von Vermögensgegenständen: z. B. Brandschäden, Verkauf von Sachanlagen unter Buchwert u. a.),
- aus zwar **betrieblichen, aber periodenfremden Vorgängen** (z. B. Nachzahlung von Löhnen und betrieblichen Steuern für frühere Geschäftsjahre),
- als **außerordentliche Aufwendungen** aufgrund ungewöhnlicher und selten vorkommender Geschäftsvorgänge (z. B. Verluste aus Enteignung oder dem Verkauf ganzer Teilbetriebe).

Beispiel: Unter den Aufwendungen des obigen Gewinn- und Verlustkontos sind
die Verluste aus dem Abgang von Sachanlagegegenständen . . . . **40 000,00 DM**
neutrale Aufwendungen.

Merke: **Betriebsfremde, betriebliche außerordentliche und betriebliche periodenfremde Aufwendungen gehören zu den neutralen Aufwendungen. Sie werden überhaupt nicht oder nicht in der ausgewiesenen Höhe in die Kosten- und Leistungsrechnung übernommen und deshalb von den Kosten abgegrenzt.**

1.3.4   Erträge – Leistungen

Erträge. Alle erfolgswirksamen Wertezuflüsse in das Unternehmen innerhalb einer Abrechnungsperiode stellen Erträge dar, ohne Rücksicht darauf, ob es sich um betriebliche oder neutrale Wertezuflüsse handelt.

Beispiel: Das Gewinn- und Verlustkonto der Kern KG, Köln, weist auf der Habenseite
Erträge in Höhe von **2 560 000,00 DM** aus.

Merke: **Erträge = Gesamter erfolgswirksamer Wertezufluß in ein Unternehmen innerhalb einer Abrechnungsperiode.**

Einteilung der Erträge. Für die Zwecke der Kosten- und Leistungsrechnung werden die Erträge eingeteilt in

- **betriebliche Erträge = Leistungen** und
- **neutrale Erträge.**

Betriebliche Erträge sind das Ergebnis der eigentlichen betrieblichen Tätigkeit. Sie entstehen vor allem beim Warenverkauf. In der Kosten- und Leistungsrechnung werden sie als „Leistungen" bezeichnet.

Merke: **Betriebliche Erträge entstehen vor allem beim Warenverkauf (= Umsatzerlöse). Sie stellen Leistungen in der KLR dar.**

Einteilung der Leistungen. Zu den Leistungen des Betriebes zählen:

- **Absatzleistungen**
  = **Umsatzerlöse** aus dem Verkauf von Waren;
- **Eigenverbrauch (Waren)**
  = In der Abrechnungsperiode für **private Zwecke** entnommene Waren;
- **Aktivierte Eigenleistungen**
  = **Selbsterstellte Anlagen,** die im eigenen Betrieb Verwendung finden.

Beispiel: Unter den Erträgen des Gewinn- und Verlustkontos der Kern KG, Köln, sind die Umsatzerlöse (Warenverkauf) Leistungen:

Umsatzerlöse .... **2 490 000,00 DM**

Neutrale Erträge. Außer den Leistungen gibt es im Großhandelsbetrieb auch Erträge, die in keinem Zusammenhang mit dem Einkauf, der Lagerung und dem Absatz stehen oder dabei unregelmäßig in außergewöhnlicher Höhe anfallen. Sie werden als neutrale Erträge bezeichnet und nicht in die Kosten- und Leistungsrechnung übernommen, da sie bei der Ermittlung des Betriebsergebnisses nicht berücksichtigt werden dürfen. Neutrale Erträge sind in den Kontengruppen „24 Außerordentliche und sonstige Erträge", „26 Sonstige Zinsen" und „27 Sonstige betriebliche Erträge" enthalten.

Neutrale Erträge entstehen

- bei der **Verfolgung betriebsfremder Ziele** (z.B. Mieterträge, Zinserträge, Erträge aus Wertpapierverkäufen),
- durch **Wertveränderungen im Vermögen und Wertkorrekturen** (z.B. Erträge aus dem Abgang von Vermögensgegenständen = Buchgewinne, Erträge aus der Auflösung von Rückstellungen),
- aus zwar **betriebsbedingten, aber periodenfremden Erträgen** (z.B. Steuerrückerstattung),
- als **außerordentliche Erträge** aufgrund ungewöhnlicher und selten vorkommender Geschäftsvorgänge (z.B. Steuererlaß, Erträge aus Gläubigerverzicht).

Beispiel: Unter den Erträgen des Gewinn- und Verlustkontos der Kern KG, Köln, zählen die folgenden zu den neutralen Erträgen:

Mieterträge .... 26 000,00 DM
Zinserträge .... 5 000,00 DM
Erträge aus der Auflösung von Rückstellungen ...... 38 000,00 DM
Eigenverbrauch von Leistungen .... 1 000,00 DM

Neutrale Erträge .... **70 000,00 DM**

Merke: **Betriebsfremde, betriebliche außerordentliche und betriebliche periodenfremde Erträge gehören zu den neutralen Erträgen. Sie werden nicht in die Kosten- und Leistungsrechnung übernommen und deshalb von den Leistungen abgegrenzt.**

Aufgaben – Fragen

368 Im Rechnungswesen unterscheidet man zwischen Ausgaben, Aufwendungen und Kosten.

Geben Sie je ein Beispiel an für

a) Aufwendungen, die zugleich Kosten sind,

b) Ausgaben, die keine Aufwendungen sind,

c) Ausgaben, die zugleich Aufwendungen und Kosten sind.

369 Im Rechnungswesen unterscheidet man ebenso zwischen Einnahmen, Erträgen und Leistungen.

Geben Sie je ein Beispiel an für

a) Einnahmen, die zugleich Erträge sind,

b) Erträge, die nicht zugleich Leistungen sind,

c) Einnahmen, die zugleich Erträge und Leistungen sind.

370 *1. Nennen Sie die wichtigsten Aufgaben der Finanzbuchhaltung sowie der Kosten- und Leistungsrechnung.*

2. Die Aufwendungen und Erträge der Finanzbuchhaltung können betrieblich oder neutral sein.

   a) Nennen Sie die Unterschiede zwischen betrieblichen und neutralen Aufwendungen und Erträgen.

   b) Geben Sie typische Beispiele mit den zugehörigen Konten für neutrale Aufwendungen, neutrale Erträge, Kosten und Leistungen an.

3. *Wie wird*

   a) das Gesamtergebnis der Unternehmung,

   b) das eigentliche Betriebsergebnis errechnet?

371 Die Aufwendungen der Finanzbuchhaltung sind entweder betrieblich oder neutral.

Ordnen Sie die folgenden Aufwandsarten nach betrieblichen und neutralen Aufwendungen:

a) Lohnzahlungen

b) Verlust aus Wertpapierverkäufen

c) Abschreibungen auf Sachanlagen

d) Brandschaden im Warenlager

e) Abschreibungen auf ein vermietetes Lagergebäude

f) Verlust aus dem Verkauf einer nicht benötigten Maschine

g) Gesetzliche soziale Aufwendungen

h) Gehaltszahlungen

i) Instandhaltungsaufwendungen für Fahrzeuge

j) Hoher Forderungsausfall durch den Konkurs eines Kunden

k) Nachzahlung von Betriebssteuern für vergangene Geschäftsjahre aufgrund einer Betriebsprüfung

l) Warenaufwendungen

m) Mietzahlung für gemietetes Lagergebäude

n) Überweisung der Kfz-Steuer für Betriebs-LKW

o) Zinsaufwendungen

p) Aufwendungen für Altersversorgung der Arbeitnehmer

q) Zahlung der Gebäudeversicherung

6583304

Auch die Erträge des Unternehmens sind entweder betrieblich oder neutral. **372**
Ordnen Sie die folgenden Ertragsarten nach betrieblichen oder neutralen Erträgen:

a) Umsatzerlöse für Waren

b) Mieterträge

c) Ertrag aus dem Abgang eines Vermögensgegenstandes

d) Selbsterstellte Maschine für die Verwendung im eigenen Betrieb

e) Zinsgutschrift der Bank

f) Provisionserträge

g) Eigenverbrauch von Waren

h) Erträge aus Wertpapierverkäufen

i) Erträge aus abgeschriebenen Forderungen

j) Rückerstattung zuviel entrichteter Betriebssteuern für vergangene Geschäftsjahre durch das Finanzamt

k) Erträge aus der Auflösung von Rückstellungen

l) Diskonterträge

In der Buchführung eines Großhandelsbetriebes schließen die Erfolgskonten mit folgenden **373**
Salden ab:

Umsatzerlöse für Waren	800 000,00
Mieterträge	45 000,00
Zinserträge	20 000,00
Warenaufwendungen	420 000,00
Reparaturen	9 000,00
Löhne	150 000,00
Gehälter	100 000,00
Soziale Abgaben	40 000,00
Gewerbesteuer	25 000,00
Zinsaufwendungen	10 000,00

1. Ermitteln Sie im Gewinn- und Verlustkonto das Gesamtergebnis des Unternehmens.

2. Berechnen Sie in gesonderten Aufstellungen das Neutrale Ergebnis und das Betriebsergebnis.

Fassen Sie folgende Salden der Erfolgskonten eines Großhandelsbetriebes auf dem Gewinn- und **374**
Verlustkonto zum Gesamtergebnis zusammen.

Umsatzerlöse für Waren	1 450 000,00
Mieterträge	8 000,00
Eigenverbrauch (Waren)	40 000,00
Diskonterträge	3 000,00
Warenaufwendungen	710 000,00
Ausgangsfrachten	7 000,00
Löhne	220 000,00
Gehälter	375 000,00
Soziale Abgaben	95 000,00
Mieten	15 000,00
Betriebssteuern	34 000,00
Zinsaufwendungen	12 000,00

Berechnen Sie in gesonderten Aufstellungen das Neutrale Ergebnis und das Betriebsergebnis.

---

2 Kostenartenrechnung

2.1 Aufgaben der Kostenartenrechnung

Die Kostenartenrechnung bildet die erste Stufe der Kosten- und Leistungsrechnung. Ihre Aufgabe besteht darin, die für die jeweiligen Zwecke der Kostenrechnung (z. B. Vorkalkulation, Nachkalkulation, Kostenkontrolle, Ergebnisermittlung) erforderlichen Kosten und Leistungen zur Verfügung zu stellen.

Voraussetzung zur Erfüllung dieser Aufgaben ist die Übernahme des Zahlenmaterials der Finanzbuchhaltung. Die Kosten- und Leistungsrechnung darf aber nicht <u>alle</u> Aufwendungen und Erträge aus der Finanzbuchhaltung ungeprüft übernehmen: Nur die betriebsbedingten Aufwendungen können als Kosten und die betriebsbedingten Erträge als Leistungen unter Beachtung folgender <u>Grundsätze</u> übernommen werden:

- **Periodengerechte Erfassung der Kosten.** Sofern betriebliche Aufwendungen für mehrere Abrechnungsperioden gebucht werden (z. B. Urlaubsgeld, Gratifikationen, Prämien, unvorhergesehene Reparaturen), ist der auf eine Abrechnungsperiode (z. B. Monat) entfallende Kostenanteil in der Kostenartenrechnung dieser Periode zu erfassen (<u>= kurzfristige zeitliche Abgrenzung</u>).

- **Erfassung der kalkulatorischen Kosten** (s. S. 314 f.). Nicht immer ist es zweckmäßig, den in der Finanzbuchhaltung gebuchten betrieblichen Aufwand in die Kostenrechnung zu übernehmen (z. B. bilanzmäßige Abschreibungen, Zinsaufwendungen u. a.). In diesen Fällen werden in der KLR <u>kalkulatorische Wertansätze</u> gebucht und den Aufwendungen der Finanzbuchhaltung gegenübergestellt. Es kommt auch vor, daß kalkulatorische Kosten in der Kostenartenrechnung erfaßt werden, denen <u>kein Aufwand in der Finanzbuchhaltung</u> zugrunde liegt (z. B. kalkulatorischer Unternehmerlohn bei Einzelunternehmungen und Personengesellschaften).

- **Geordnete Erfassung der Kosten** (s. S. 331 f.). Die Gruppierung der Aufwandsarten in der FB ist für die Zwecke der Finanzbuchhaltung sinnvoll; für die Kostenartenrechnung eignet sich diese Gliederung nicht. Die Kostenartenrechnung verfolgt u. a. das Ziel, die <u>Kostenkontrolle und die Kalkulation</u> vorzubereiten. Hierfür sind die <u>Kostenarten umzugruppieren</u>:

  a) nach der <u>Art ihrer Zurechnung zu den Kostenträgern</u> (vgl. S. 371) in
  - **Einzelkosten** (z. B. Warenaufwendungen = Wareneinsatz) und
  - **Gemeinkosten** (z. B. Personalkosten, Miete, betriebliche Steuern),

  b) nach der <u>Abhängigkeit der Kosten von der Beschäftigung</u> (vgl. S. 332 f.) in
  - **variable Kosten** (z. B. Warenaufwendungen) und
  - **fixe Kosten** (z. B. Miete, kalkulatorische Kosten).

- **Bewertung der Kostengüter.** Der betriebliche Werteverzehr wird in der Regel zunächst <u>mengenmäßig</u> erfaßt (z. B. Erfassung des Warenausgangs in der Lagerkartei, Erfassung der Lohnstunden auf Lohnlisten). Die Einbeziehung dieses mengenmäßigen Verzehrs in die Kostenrechnung macht die <u>Umrechnung in DM-Beträge</u> erforderlich. Je nach dem angestrebten Zweck sind <u>unterschiedliche Wertansätze</u> denkbar (z. B. Verrechnungspreise, Einstandspreise, Wiederbeschaffungspreise).

Merke:
- In der <u>Kostenartenrechnung</u> werden alle Kosten eines Zeitabschnittes in zweckmäßiger Gliederung erfaßt. „Ausgangsmaterial" sind die betriebsbedingten Aufwendungen der Finanzbuchhaltung.
- Hilfsmittel zur Kostenerfassung ist die Ergebnistabelle (s. S. 308).

6583306

2.2 Abgrenzungsrechnung zur Feststellung des Betriebsergebnisses

Die Abgrenzungsrechnung wird <u>tabellarisch außerhalb der Finanzbuchhaltung</u> in zwei Stufen durchgeführt:

- In einer **ersten Stufe** werden aus den gesamten Aufwendungen und Erträgen der FB die **neutralen** Aufwendungen und Erträge <u>herausgefiltert</u>. Nur die betrieblichen Aufwendungen fließen als Kosten und die betrieblichen Erträge als Leistungen in die Kosten- und Leistungsrechnung ein (= **unternehmensbezogene Abgrenzungen,** vgl. S. 308).
- In einer **zweiten Stufe werden die** korrekturbedürftigen betrieblichen Aufwendungen der FB (z.B. bilanzmäßige Abschreibungen, Zinsaufwendungen u. a.) von der Kostenrechnung ferngehalten. Ihnen sind <u>kalkulatorische Kosten</u> aus der Kostenrechnung <u>gegenüberzustellen</u> (= **kostenrechnerische Korrekturen,** vgl. S. 313).

Innerhalb der Finanzbuchhaltung sind diese Abgrenzungen aus folgenden Gründen nicht durchführbar:

- Der <u>Kontenrahmen</u> für den Groß- und Außenhandel kennt <u>keine Abschlußkonten für das Neutrale Ergebnis und das Betriebsergebnis:</u> Er ist auf die Erstellung der Gewinn- und Verlustrechnung nach HGB ausgerichtet.
- Die <u>Kontenklasse 2</u> enthält nicht nur reine Abgrenzungskonten, sondern <u>auch Konten mit Kostenbestandteilen.</u> So ist z.B. im Konto „2240 Vermögensteuer" die Vermögensteuer auf das betriebsnotwendige Kapital enthalten; sie hat Kostencharakter und darf nicht abgegrenzt werden. Zinsaufwendungen (Konto 2210) sind Kosten, sofern sie nicht durch kalkulatorische Zinsen (vgl S. 318) ersetzt werden.
- Die <u>Kontenklasse 4</u> enthält andererseits nicht nur Kosten, sondern <u>auch neutrale Aufwendungen.</u> So nimmt das Konto „4910 Abschreibungen auf Sachanlagen" die steuerrechtliche AfA auf, die in der Regel nicht Kostencharakter hat und in der Kostenrechnung durch kalkulatorische Abschreibungen ersetzt wird.

Ergebnisspaltung in der Abgrenzungsrechnung. Die Abgrenzungsrechnung ermittelt somit folgende Teilergebnisse:

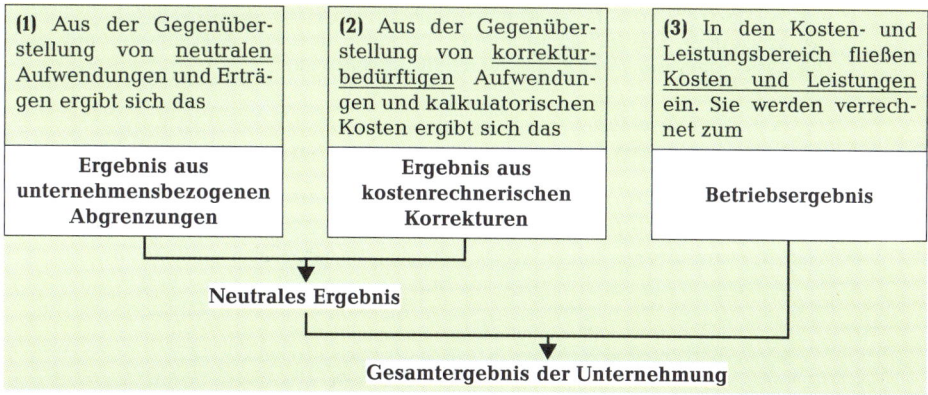

Abstimmung der Ergebnisse. Die Zusammenfassung des Betriebsergebnisses mit dem Neutralen Ergebnis führt zum Gesamtergebnis der Unternehmung, das mit dem <u>Gesamtergebnis der Finanzbuchhaltung im Gewinn- und Verlustkonto</u> übereinstimmen muß.

Merke:
- **Die** <u>Abgrenzungsrechnung</u> **ist eine** <u>Vorstufe</u> **der Kosten- und Leistungsrechnung.**
- **Sie** <u>trennt</u> **die neutralen Aufwendungen und Erträge von den Kosten und Leistungen und ermöglicht damit eine Abgrenzung des neutralen Ergebnisses vom Betriebsergebnis.**

Ergebnistabelle. Für die tabellarische Durchführung der Abgrenzungsrechnung und der Betriebsergebnisrechnung wird die Ergebnistabelle verwendet. Sie ist so aufgebaut, daß sie in den linken Spalten die Gesamtergebnisrechnung der Finanzbuchhaltung (Kontenklassen 2, 4, 8 sowie Konto 3010) – unterteilt nach Aufwendungen und Erträgen – wiedergibt. Der rechte Teil ist der Kosten- und Leistungsrechnung vorbehalten; er wird gegliedert in die Abgrenzungsrechnung für die Ermittlung des neutralen Ergebnisses und die Betriebsergebnisrechnung. In die Gesamtergebnisrechnung der FB werden die Salden der Erfolgskonten der Klassen 2, 4, 8 sowie der Saldo von Konto 3010 übernommen; sie weist damit das Gesamtergebnis der Unternehmung aus. Die neutralen Aufwendungen und Erträge werden aus der Gesamtergebnisrechnung in die Abgrenzungsrechnung übertragen, um das Neutrale Ergebnis (= Abgrenzungsergebnis) zu ermitteln. Zur Feststellung des Betriebsergebnisses werden die betrieblichen Aufwendungen und Erträge entsprechend aus der Gesamtergebnisrechnung der FB als Kosten und Leistungen in die Betriebsergebnisrechnung übernommen. So lassen sich Gesamtergebnis, Neutrales Ergebnis und Betriebsergebnis tabellarisch nebeneinander darstellen und abstimmen.

Ergebnistabelle

Finanzbuchhaltung			Kosten- und Leistungsrechnung			
Gesamtergebnisrechnung			Abgrenzungs-rechnung		Betriebsergebnis-rechnung	
Kto.-Kl. 2, 3, 4, 8	Aufwen-dungen: 2, 3, 4	Erträge: 2, 8	neutrale Aufwen-dungen	neutrale Erträge	Kosten	Leistungen
Ab-stimmung:	Gesamtergebnis	=	Neutrales Ergebnis (Abgrenzungsergebnis)	+	Betriebsergebnis	

Merke:
- Die Abgrenzungsrechnung ist der Betriebsergebnisrechnung vorgeschaltet. Sie führt zum Neutralen Ergebnis.
- Neutrales Ergebnis (= Abgrenzungsergebnis) und Betriebsergebnis bilden zusammen das Gesamtergebnis. Dadurch ist eine Abstimmung mit dem Gesamtergebnis der Finanzbuchhaltung möglich.

2.2.1 Unternehmensbezogene Abgrenzungen

Im ersten Teilbereich der Abgrenzungsrechnung – den unternehmensbezogenen Abgrenzungen – werden aus allen Aufwendungen und Erträgen der Finanzbuchhaltung die neutralen Aufwendungen und Erträge herausgefiltert. Nur die betrieblichen Aufwendungen (= Kosten, vgl. S. 301) und die betrieblichen Erträge (= Leistungen, vgl. S. 303) passieren diesen Filter und gelangen in die Kosten- und Leistungsrechnung.

Beispiel: Aus dem GuV-Konto der Kern KG, Köln (vgl. S. 301), ist eine Ergebnistabelle zur Ermittlung des Gesamtergebnisses, des Neutralen Ergebnisses und des Betriebsergebnisses zu erstellen. Hierbei sollen zunächst nur der neutrale Aufwand und Ertrag vom betrieblichen abgegrenzt werden. Die Einzelpositionen des GuV-Kontos werden also dahingehend untersucht, ob sie Kosten und Leistungen darstellen:

1. Die Mieterträge werden für ein vermietetes Gebäude erzielt.
2. Von den Abschreibungen auf Sachanlagen entfallen 5 000,00 DM auf das vermietete Gebäude.
3. In der GuV-Position „Betriebssteuern" sind Grundsteuern enthalten. Hiervon entfallen 3 000,00 DM auf das vermietete Gebäude.

Soll		Gewinn- und Verlustkonto				Haben
2040	Verluste a. Anl.-Abgang	40 000	2421	Mieterträge		26 000
2110	Zinsaufwendungen . . .	35 000	2610	Zinserträge		5 000
3010	Wareneingang	1 296 000	2760	Erträge aus der Auflösung		
4010/4020	Löhne/Gehälter	480 000		von Rückstellungen		38 000
4040	Soziale Aufwendungen	50 000	2780	Eigenverbrauch von		
4100	Mieten	60 000		Leistungen		1 000
42..	Betriebssteuern	55 000	8010	Umsatzerlöse		
4260	Versicherungsbeiträge	5 000		(Warenverkauf)		2 490 000
4400	Werbe- u. Reisekosten	40 000				
4500	Provisionen	20 000				
4620	Ausgangsfrachten	80 000				
4710	Instandhaltung	60 000				
4910	Abschreibg. a. Sachanl.	50 000				
	Jahresüberschuß	**289 000**				
		2 560 000				2 560 000

Ergebnistabelle

Finanzbuchhaltung			Kosten- und Leistungsrechnung			
Gesamtergebnisrechnung			Abgrenzungsrechnung (untern.-bez. Abgrenzg.)		Betriebsergebnis-rechnung	
Konto	Aufwen-dungen	Erträge	neutrale Aufwendg.	neutrale Erträge	Kosten	Leistungen
2040	40 000		40 000			
2110	35 000				35 000	
2421		26 000		26 000		
2610		5 000		5 000		
2760		38 000		38 000		
2780		1 000		1 000		
3010	1 296 000				1 296 000	
4010/4020	480 000				480 000	
4040	50 000				50 000	
4100	60 000				60 000	
42..	55 000		3 000		52 000	
4260	5 000				5 000	
4400	40 000				40 000	
4500	20 000				20 000	
4620	80 000				80 000	
4710	60 000				60 000	
4910	50 000		5 000		45 000	
8010		2 490 000				2 490 000
	2 271 000	2 560 000	48 000	70 000	2 223 000	2 490 000
	289 000		**22 000**		**267 000**	
	2 560 000	2 560 000	70 000	70 000	2 490 000	2 490 000

Abstimmung der Ergebnisse:

1. Gesamtergebnis der FB	**289 000,00 DM**
2. Neutraler Gewinn . . . . 22 000,00 DM	
3. Betriebsgewinn . . . . 267 000,00 DM	
4. Gesamtergebnis der KLR	**289 000,00 DM**

Erläuterungen zur Ergebnistabelle. Nachdem die Salden aller Erfolgskonten in die linken Spalten der Ergebnistabelle (Aufwendungen und Erträge der FB) übernommen und zum Gesamtergebnis zusammengefaßt worden sind, erfolgt die Übertragung dieser Salden in die Betriebsergebnisrechnung oder die Abgrenzungsrechnung.

In die Betriebsergebnisrechnung werden die Salden aus der FB dann übertragen,

wenn es sich um Erträge handelt, die **Leistungen** darstellen, oder
wenn es sich um Aufwendungen handelt, die **Kosten** darstellen.

So werden z. B. die Nettoumsatzerlöse (Konto 8010) aus der Ertragsspalte der FB in die Spalte „Leistungen" übertragen. Die Salden der Konten 2110, 3010, 4010/4020, 4040, 4100, 4260, 4400, 4500, 4620 und 4710 werden aus der Aufwandsspalte der FB als Kosten in die Spalte „Kosten" der Betriebsergebnisrechnung übernommen.

In die Abgrenzungsrechnung werden die Salden aus der FB dann übertragen,

wenn es sich um neutrale Erträge oder neutrale Aufwendungen handelt.

So gehen die Salden der Konten 2421, 2610, 2760, 2780 in die Ertragsspalte der Abgrenzungsrechnung über und werden somit von der KLR ferngehalten. Entsprechend ist bei den Aufwendungen zu verfahren: Konto 2040 enthält einen neutralen Aufwand, der in die Aufwandsspalte der Abgrenzungsrechnung übertragen wird.

Besondere Beachtung verdienen das Konto **„4910 Abschreibungen auf Sachanlagen"** und die Kontengruppe **„42 Betriebssteuern":** Von den bilanzmäßigen Abschreibungen in Höhe von 50 000,00 DM sind zunächst 5 000,00 DM als neutraler Aufwand in die Abgrenzungsrechnung einzustellen. Dieser Betrag hat mit den Abschreibungen auf das betrieblich genutzte Anlagevermögen nichts zu tun; er wird über den Filter „Unternehmensbezogene Abgrenzungen" von der Kosten- und Leistungsrechnung ferngehalten. In die Spalte „Kosten" ist nur der Restbetrag von 45 000,00 DM einzusetzen. Entsprechend ist bei der Kontengruppe 42 zu verfahren: Hier werden 3 000,00 DM Grundsteuer auf das vermietete Gebäude als neutraler Aufwand abgegrenzt; der Restbetrag von 52 000,00 DM gilt als Kosten.

Ausweis der Einzelergebnisse. Während das **GuV-Konto** auf Seite 301 nur das **Gesamtergebnis** der Unternehmung (= Jahresüberschuß) in Höhe von **289 000,00 DM** ausweist, lassen sich aus der **Ergebnistabelle** auf Seite 309 zusätzlich die **Teilergebnisse**

● **Neutrales Ergebnis (Gewinn)** . . . . (+) **22 000,00 DM**
   (Abgrenzungsergebnis) und
● **Betriebsergebnis (Gewinn)** . . . . (+) **267 000,00 DM**

ablesen. Die Ergebnistabelle macht damit in der Spalte „Betriebsergebnisrechnung" eine für die Unternehmensleitung wichtige Aussage über das Ergebnis aus der eigentlichen betrieblichen Tätigkeit. Im obigen Beispiel stammt der unternehmerische Erfolg überwiegend aus der betrieblichen Tätigkeit. Die sonstigen Vorgänge, die nichts mit regelmäßigen, planvollen betrieblichen Geschäftsfällen zu tun haben, führen zu Erträgen und Aufwendungen, aus denen sich in diesem Fall ein neutraler Gewinn von 22 000,00 DM errechnet.

Kosten und Leistungen. Die Ergebnistabelle verdeutlicht, daß das Betriebsergebnis des Abrechnungsmonats aus Absatzleistungen in Höhe von 2 490 000,00 DM besteht und durch den Einsatz von insgesamt 2 223 000,00 DM Kosten erzielt wurde.

Merke: **Die Ergebnistabelle zeigt im KLR-Bereich nicht nur die Teilergebnisse „Neutrales Ergebnis" und „Betriebsergebnis"; sie macht auch eine Aussage über die Höhe der Kosten und Leistungen einer Abrechnungsperiode.**

Aufgaben – Fragen

375

1. *Wozu dient die Abgrenzungsrechnung?*
2. *Erläutern Sie den Aufbau der Ergebnistabelle.*
3. *Welche Ergebnisse lassen sich aus der Ergebnistabelle ablesen?*
4. *Nennen Sie Beispiele für unternehmensbezogene Abgrenzungen.*

Der Finanzbuchhaltung der Möbelgroßhandlung Schneider OHG entnehmen wir für den Monat Juni 19.. folgende Aufwendungen, Erträge und Bestände:

376 377

		376 TDM	377 TDM
2250	Steuernachzahlungen	16	22
2420	Betriebsfremde Erträge	14	20
2520	Erträge aus Wertpapieren des AV	30	40
2610	Zinserträge	4	5
2710	Erträge aus dem Abgang von Vermögensgegenständen (AV)	56	45
3010	Wareneingang	530	580
3910	Warenbestand (AB)	20	40
4010	Löhne	120	140
4020	Gehälter	330	350
4040	Gesetzliche soziale Aufwendungen	140	170
4210	Gewerbesteuer	35	45
4400	Werbe- und Reisekosten	12	11
4700	Betriebskosten, Instandhaltung	10	15
4910	Abschreibungen auf Sachanlagen	60	80
8010	Umsatzerlöse (Warenverkauf)	1 480	1 390
8710	Eigenverbrauch (Waren)	30	20

Aufgaben für die Erstellung der Ergebnistabelle:

1. *Übernehmen Sie die Aufwendungen und Erträge der Finanzbuchhaltung in die Gesamtergebnisrechnung der Ergebnistabelle.*
2. *Führen Sie die Abgrenzungsrechnung durch, indem Sie die neutralen Aufwendungen und Erträge aus der Erfolgsrechnung auf die Abgrenzungsrechnung übertragen.*
3. *Die betrieblichen Aufwendungen und Erträge sind entsprechend als Kosten und Leistungen in die Betriebsergebnisrechnung einzubringen. Der Warenendbestand beträgt 30 TDM.*
4. *Errechnen Sie*
   a) das Neutrale Ergebnis,
   b) das Betriebsergebnis,
   c) das Gesamtergebnis der Unternehmung.
5. *Stimmen Sie das Gesamtergebnis der FB mit dem Gesamtergebnis der KLR nach folgendem Schema ab:*

Abstimmung der Ergebnisse

1. Gesamtergebnis der FB	.... DM
2. Neutrales Ergebnis	.... DM
3. Betriebsergebnis	.... DM
4. Gesamtergebnis der KLR (2 + 3)	.... DM

378
379
Die FB der Firma J. Wilhelm, Textilgroßhandlung, hat für das 1. Quartal 19.. folgende Aufwendungen, Erträge und Bestände erfaßt:

	378	379
2040 Verluste aus d. Abgang von Vermögensgegenständen (AV) .	55 600,00	21 500,00
2420 Betriebsfremde Erträge	25 200,00	12 450,00
2520 Erträge aus Wertpapieren des AV	8 200,00	3 640,00
2610 Zinserträge	4 100,00	8 300,00
2720 Erträge aus dem Abgang von Vermögensgegenständen (UV)	11 900,00	15 750,00
3010 Wareneingang	600 000,00	820 000,00
3910 Warenbestand (AB)	50 000,00	80 000,00
4010 Löhne	198 000,00	315 000,00
4020 Gehälter	701 000,00	632 000,00
4040 Gesetzliche soziale Aufwendungen	185 100,00	240 000,00
4100 Mieten, Pachten	64 900,00	93 800,00
4210 Gewerbesteuer	22 400,00	31 200,00
4400 Werbe- und Reisekosten	12 200,00	26 700,00
4910 Abschreibungen auf Sachanlagen	92 500,00	104 500,00
4940 Abschreibungen auf Wertpapiere	31 200,00	8 600,00
8010 Umsatzerlöse (Warenverkauf)	2 150 000,00	2 431 900,00
8710 Eigenverbrauch (Waren)	40 000,00	60 000,00
8720 Provisionserträge	31 500,00	81 200,00
Der Warenendbestand beträgt	30 000,00	110 000,00

1. *Erstellen Sie die Ergebnistabelle.*
2. *Beurteilen Sie die Erfolgslage des Unternehmens.*

380
381
Die FB der Sanitärgroßhandlung H. Schnell weist für das 1. Quartal 19.. folgende Aufwendungen, Erträge und Bestände aus:

	380	381
2040 Verluste aus dem Abgang von Anlagegegenständen	12 200,00	8 560,00
2420 Betriebsfremde Erträge	16 300,00	14 320,00
2520 Erträge aus Wertpapieren des AV	22 500,00	7 400,00
2610 Zinserträge	16 000,00	12 300,00
2720 Erträge aus dem Abgang von Vermögensgegenständen (UV)	24 800,00	13 800,00
2780 Eigenverbrauch von Leistungen	13 700,00	24 250,00
3010 Wareneingang	425 000,00	610 000,00
3910 Warenbestand (AB)	154 000,00	125 000,00
4010 Löhne	175 000,00	236 000,00
4020 Gehälter	410 000,00	384 000,00
4040 Gesetzliche soziale Aufwendungen	165 000,00	128 000,00
4050 Freiwillige soziale Aufwendungen	28 400,00	41 000,00
4100 Mieten, Pachten	21 200,00	36 750,00
4210 Gewerbesteuer	33 900,00	58 200,00
4220 Kfz-Steuer (Betrieb)	8 400,00	12 900,00
4270 Beiträge	13 200,00	4 500,00
4400 Werbe- und Reisekosten	36 100,00	43 800,00
4500 Provisionen	28 500,00	17 150,00
4710 Instandhaltungen	39 600,00	36 400,00
4910 Abschreibungen auf Sachanlagen	42 800,00	83 000,00
8010 Umsatzerlöse (Warenverkauf)	1 384 500,00	1 546 400,00
8710 Eigenverbrauch (Waren)	14 200,00	48 000,00
Der Warenendbestand beläuft sich auf	170 000,00	104 000,00

1. *Erstellen Sie die Ergebnistabelle.*
2. *Beurteilen Sie die Erfolgssituation des Unternehmens.*

6583312

2.2.2   Kostenrechnerische Korrekturen

Kostenrechnerische Korrekturen. Es gibt bestimmte Aufwendungen der Finanzbuchhaltung, die zwar <u>betriebsbedingt</u> sind, deren Höhe oder Berechnungsmethode jedoch nicht den Anforderungen der Kosten- und Leistungsrechnung entsprechen. Sie bedürfen einer kostenrechnerischen Korrektur, damit sie zu <u>verursachungsgerechten Kosten</u> werden. Diese Korrektur geschieht in einem <u>zweiten Filter</u> der Abgrenzungsrechnung, den „**Kostenrechnerischen Korrekturen**" (vgl. S. 307).

Merke: **Die Abgrenzungsrechnung umfaßt die Teilbereiche „Unternehmensbezogene Abgrenzungen" und „Kostenrechnerische Korrekturen".**

Korrekturbedürftige Aufwendungen. Zu den korrekturbedürftigen Aufwendungen der Finanzbuchhaltung zählen:

- bilanzmäßige Abschreibungen (s. S. 315 f.)
- Fremdkapitalzinsen (s. S. 318 f.)
- Einzelwagnisse (s. S. 322 f.)
- Anschaffungspreise für Waren
- nicht periodengerecht anfallende betriebliche Aufwendungen

In der Kosten- und Leistungsrechnung erscheinen statt

- bilanzmäßiger Abschreibungen   ▷ kalkulatorische Abschreibungen,
- gezahlter Fremdkapitalzinsen   ▷ kalkulatorische Zinsen,
- eingetretener Wagnisse   ▷ kalkulatorische Wagnisse,
- Anschaffungspreisen   ▷ Verrechnungspreise,
- nicht periodengerecht   ▷ periodengerecht verteilte Kosten.
  anfallender Aufwendungen

Merke: **Kostenrechnerische Korrekturen sind dann erforderlich, wenn die betriebsbedingten Aufwendungen der Finanzbuchhaltung nicht die verursachungsgerechten Kosten wiedergeben.**

Ergebnis aus kostenrechnerischen Korrekturen. Die Abgrenzungsrechnung nimmt zusätzlich zu den unternehmensbezogenen Aufwendungen und Erträgen in einer besonderen Spalte „Kostenrechnerische Korrekturen" die korrekturbedürftigen betrieblichen Aufwendungen aus der FB auf. Diesen tatsächlichen Aufwendungen werden die in der Kosten- und Leistungsrechnung ermittelten kalkulatorischen Kosten gegenübergestellt. Die Differenz stellt das <u>zweite neutrale Teilergebnis</u> dar, das sog.

Ergebnis aus kostenrechnerischen Korrekturen.

Sind die aus der Finanzbuchhaltung übernommenen Aufwendungen (–) höher als die in der Kosten- und Leistungsrechnung verrechneten Kosten (+), entsteht ein <u>neutraler Verlust</u> aus kostenrechnerischen Korrekturen. Im umgekehrten Fall ergibt sich ein <u>neutraler Gewinn</u> aus kostenrechnerischen Korrekturen.

Merke: **Das Neutrale Ergebnis der Abgrenzungsrechnung umfaßt**
- **das Ergebnis aus unternehmensbezogenen Abgrenzungen und**
- **das Ergebnis aus kostenrechnerischen Korrekturen.**

2.2.3 Kostenrechnerische Korrekturen durch kalkulatorische Kosten

2.2.3.1 Aufgaben und Arten der kalkulatorischen Kosten

Grundkosten. Die meisten Aufwendungen der Finanzbuchhaltung können <u>unverän-dert als Kosten</u> in die KLR übernommen werden. In diesen Fällen spricht man von <u>auf-wandsgleichen Kosten</u> oder Grundkosten.

Anderskosten. Es gibt aber auch Kosten, denen zwar ein Aufwand in der FB gegen-übersteht, der jedoch <u>kalkulatorisch ungeeignet</u> ist und deshalb mit einem <u>anderen Wert in der KLR</u> angesetzt wird. Dazu rechnen z. B. <u>kalkulatorische Abschreibungen, kalkulatorische Zinsen auf das Fremdkapital und ein Teil der kalkulatorischen Wag-nisse</u>. Kosten dieser Art heißen Anderskosten; sie sind <u>aufwandsungleiche Kosten</u>.

Zusatzkosten. Einigen Kosten liegt gar kein Aufwand in der FB zugrunde. Es handelt sich um aufwandslose Kosten (= Zusatzkosten). Sie dürfen in der FB nicht erfaßt wer-den, da mit ihnen <u>keine Geldausgaben</u> verbunden sind. Zusatzkosten stellen jedoch <u>echten leistungsbedingten Werteverzehr</u> dar und müssen deshalb in der KLR „zusätz-lich" berücksichtigt werden. Zu ihnen zählen der <u>kalkulatorische Unternehmerlohn</u> bei Einzelunternehmungen und Personengesellschaften und die <u>kalkulatorischen Zinsen</u>, soweit sie sich auf das <u>betriebsnotwendige Eigenkapital</u> beziehen.

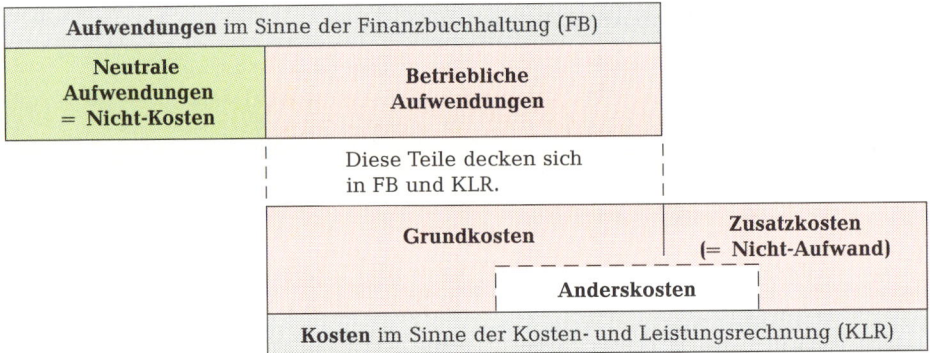

Zweck der kalkulatorischen Kosten. Die kalkulatorischen Kosten sorgen dafür, daß nur der Werteverzehr in die KLR eingebracht wird, der durch die Umsatzprozesse tat-sächlich entstanden ist, auch wenn er in der Erfolgsrechnung der FB nicht oder in anderer Höhe angefallen ist. Dadurch wird die KLR <u>genauer,</u> und ein <u>Kostenvergleich</u> mit einzelnen Perioden oder branchengleichen Betrieben ist möglich.

Ergebnisauswirkung. Die kalkulatorischen Kosten werden im Soll der Betriebsergeb-nisrechnung erfaßt und bilden zusammen mit den Grundkosten die <u>Grundlage der Angebotskalkulation</u> (siehe S. 335 f.). Beim Verkauf der Waren <u>fließen sie über die Erlöse</u> in das Unternehmen zurück. Kalkulatorische Kosten beeinflussen also nur dann <u>das Betriebsergebnis</u>, wenn sie über die Marktpreise <u>nicht voll ersetzt werden.</u>

<u>In der Abgrenzungsrechnung</u> werden die kalkulatorischen Kosten als „Verrechnete Kosten" den Aufwendungen der Finanzbuchhaltung gegenübergestellt. Sie wirken sich hier als <u>neutraler Ertrag</u> aus.

> **Merke:** **Kalkulatorische Kosten** > **Aufwendungen der FB** ➔ **Neutraler Gewinn**
> **Kalkulatorische Kosten** < **Aufwendungen der FB** ➔ **Neutraler Verlust**

6583314

2.2.3.2 Kalkulatorische Abschreibungen

Bilanzmäßige Abschreibungen. In der Ergebnistabelle auf Seite 309 hat die Kern KG die bilanzmäßigen Abschreibungen in Höhe von 45 000,00 DM als Kosten angesetzt. Das ist grundsätzlich korrekt, da diese Aufwendungen betriebsbedingt sind. Es ist allerdings zu fragen, ob diese Aufwendungen dem tatsächlichen Werteverzehr der Anlagen entsprechen und damit verursachungsgerechte Kosten wiedergeben. Da bilanzmäßige Abschreibungen in der Regel nach steuerlichen Grundsätzen oder gewinnpolitischen Zweckmäßigkeiten vorgenommen werden (z. B. degressive Abschreibung mit hohem Anfangsbetrag und fallenden Folgebeträgen), eignen sie sich dann nicht für die Kostenrechnung, in der u. a. die gleichmäßige Belastung jeder Abrechnungsperiode mit Kosten angestrebt wird (Kostenvergleich!); dies wäre nur über die lineare Abschreibung möglich.

Kalkulatorische Abschreibungen. In der Regel sind also die bilanzmäßigen Abschreibungen für die KLR ungeeignet und werden dort mit einem anderen Betrag (Anderskosten, vgl. S. 314) eingesetzt. Folgende Gründe sprechen für den unterschiedlichen Wertansatz von bilanzmäßigen und kalkulatorischen Abschreibungen:

- **Bilanzmäßig** abgeschrieben werden **alle** Wirtschaftsgüter des Anlagevermögens, unabhängig davon, ob sie dem eigentlichen Betriebszweck dienen oder nicht.

  Kalkulatorisch abgeschrieben werden dagegen **nur** solche **Anlagegüter, die betriebsnotwendig sind.** Als betriebsnotwendig gelten alle Anlagen, die laufend dem Betriebszweck und der Leistungserstellung und -verwertung dienen.

- **Bilanzabschreibungen** werden auf der Grundlage der Anschaffungs- oder Herstellungskosten des Anlagegutes vorgenommen.

  Kalkulatorische Abschreibungen werden dagegen von den gestiegenen Wiederbeschaffungskosten des Anlagegutes berechnet. Die Einbeziehung der kalkulatorischen Abschreibungen in den Verkaufspreis der Waren bezweckt, daß der Betrieb eines Tages in die Lage versetzt wird, über die in den Erlösen zurückgeflossenen Abschreibungsbeträge neue Anlagen zu beschaffen.

- **Bilanzmäßig** kann ein Anlagegut in der Finanzbuchhaltung nur bis zum Erinnerungswert von 1,00 DM abgeschrieben werden.

  Kalkulatorische Abschreibungen werden dagegen so lange fortgesetzt, wie das betreffende Anlagegut noch im Betrieb verwendet wird, also unabhängig davon, ob es bilanziell bereits abgeschrieben ist oder nicht.

- Unterschiede zwischen der bilanzmäßigen und der kalkulatorischen Abschreibung bestehen auch in der Anwendung der **Abschreibungsmethoden:**

  In der Finanzbuchhaltung wird man aus steuerlichen Gründen die Anlagegüter meist degressiv abschreiben, um in den ersten Jahren der Nutzung möglichst viel abzuschreiben und damit den steuerlichen Gewinn niedrig zu halten.

  In der Kosten- und Leistungsrechnung dagegen soll möglichst die tatsächliche Wertminderung der Anlagegüter durch die kalkulatorische Abschreibung berücksichtigt werden. Außerdem ist es hinsichtlich des Kostenvergleichs notwendig, in den Abrechnungsperioden gleiche Abschreibungsbeträge zu verrechnen. Kalkulatorisch wird daher in der Regel linear abgeschrieben.

Merke:
- **Kalkulatorische Abschreibungen stellen Kosten dar, die die tatsächliche Wertminderung der Anlagen erfassen und in der Selbstkosten- und Betriebsergebnisrechnung verrechnet werden. Sofern sie über die Marktpreise abgegolten werden, beeinflussen sie das Gesamtergebnis positiv.**
- **Bilanzmäßige Abschreibungen stellen Aufwand in der Erfolgsrechnung der FB dar und werden meist nach steuerlichen Gesichtspunkten bemessen. Sie beeinflussen die Wertansätze des Anlagevermögens in der Bilanz.**

Beispiel: Die Kern KG berechnet die kalkulatorischen Abschreibungen von den Wiederbeschaffungskosten der betrieblich genutzten Anlagegüter mit 60 000,00 DM/Monat.

Erfassung der kalkulatorischen Abschreibung in der KLR. Die kalkulatorische Abschreibung wird mit 60 000,00 DM in die Spalte „Kosten" der Betriebsergebnisrechnung eingesetzt und in der Spalte „Verrechnete Kosten" der Abgrenzungsrechnung gegengebucht durch die

Buchung: Kosten der Betriebsergebnisrechnung 60 000,00
an **Verrechnete Kosten** der Abgrenzungsrechnung **60 000,00**

Aus der Gesamtergebnisrechnung der FB wird die dort gebuchte bilanzmäßige Abschreibung mit 45 000,00 DM (vgl. S. 309) in die Aufwandsspalte der „Kostenrechnerischen Korrekturen" eingesetzt und somit von der KLR ferngehalten. In der Abgrenzungsrechnung stehen sich nunmehr bilanzmäßige und kalkulatorische Abschreibung gegenüber. Beide Zahlen werden zum Ergebnis aus kostenrechnerischen Korrekturen verrechnet. In diesem Fall ergibt sich ein neutraler Ertrag in Höhe von 15 000,00 DM und ein unternehmensbezogener Aufwand von 5 000,00 DM, insgesamt also ein neutraler Gewinn von 10 000,00 DM. Das entspricht dem in der FB ausgewiesenen Gewinn von 10 000,00 DM.

Ergebnistabelle

Finanzbuchhaltung			Kosten- und Leistungsrechnung					
Gesamtergebnisrechnung der FB			Abgrenzungsrechnung				Betriebsergebnisrechnung	
			Untern.-bezogene Abgrenzungen		Kostenrechnerische Korrekturen			
Konto	Aufwendungen	Erträge	Aufwendungen	Erträge	Aufwendungen der FB	Verrechn. Kosten lt. KLR	Kosten	Leistungen
4910	50 000		5 000[1]		45 000	60 000	60 000	
8010		60 000[2]						60 000[2]
	50 000	60 000	5 000	0	45 000	60 000	60 000	60 000
	10 000			5 000	15 000			0
	60 000	60 000	5 000	5 000	60 000	60 000	60 000	60 000

Ergebnisauswirkung der kalkulatorischen Abschreibung. In die Betriebsergebnisrechnung (und damit in die Kalkulation) geht die kalkulatorische Abschreibung mit 60 000,00 DM ein. Die bilanzmäßige Abschreibung wird von der KLR ferngehalten.

In der FB stellt die bilanzmäßige Abschreibung einen **Aufwand** dar. Die kalkulatorische Abschreibung wird dem Unternehmen – ganz oder teilweise – über die Umsatzerlöse „erstattet"; sie ist somit ein **Ertrag** in der FB und beeinflußt das Gesamtergebnis mit.

Die bilanzmäßige Abschreibung wird als **neutraler Aufwand** in die Abgrenzungsrechnung übernommen. Ihr steht hier die kalkulatorische Abschreibung als **neutraler Ertrag** gegenüber; dieser Ertrag beeinflußt damit das neutrale Ergebnis.

In der Betriebsergebnisrechnung sind die kalkulatorischen Abschreibungen Kosten. Den Kosten stehen die Umsatzerlöse, in denen die kalkulatorischen Abschreibungen enthalten sind, als Leistungen gegenüber. Die kalkulatorische Abschreibung beeinflußt also das Betriebsergebnis nicht, sofern ihr Ersatz über den Markt möglich ist.

---

1 vgl. Seite 309
2 über die Umsatzerlöse (Warenverkauf) erstattete kalkulatorische Abschreibungen

Abschreibungskreislauf. Ein wesentliches Unternehmensziel muß die <u>Erhaltung der Vermögenssubstanz</u> sein; insbesondere geht es hierbei um die Erhaltung der im Anlagevermögen ruhenden Leistungsfähigkeit. Dies wird durch die <u>Ersatzbeschaffung</u> (= Reinvestition) <u>verbrauchter Anlagen</u> erreicht. Die <u>Finanzierung</u> solcher Anlagen hat grundsätzlich aus „verdienten" Kosten <u>ohne Zuführung von Eigenkapital</u> zu erfolgen. Um dies zu erreichen, bedarf es des Ansatzes von Abschreibungen

- in der <u>Finanzbuchhaltung</u> als **Aufwand,** um zu verhindern, daß in der Gewinn- und Verlustrechnung <u>ein zu hoher Gewinn ausgewiesen</u> und möglicherweise <u>ausgeschüttet</u> wird (= Gefahr der Substanzausschüttung),

- in der <u>Kosten- und Leistungsrechnung</u> als **Kosten,** um den Werteverzehr der Anlagen zu erfassen und in die <u>Preisberechnung</u> einzubeziehen. In der Regel müssen dem Unternehmen im Preis für die Waren <u>alle Kosten</u> zurückerstattet werden. In den Umsatzerlösen fließen also auch die Abschreibungsbeträge (= <u>Abschreibungsgegenwerte</u>) zurück und stehen in Form flüssiger Mittel für die Erneuerung von Anlagen zur Verfügung.

So ergibt sich – unter der Voraussetzung, daß die kalkulatorischen Abschreibungen vom Markt vergütet werden – folgender

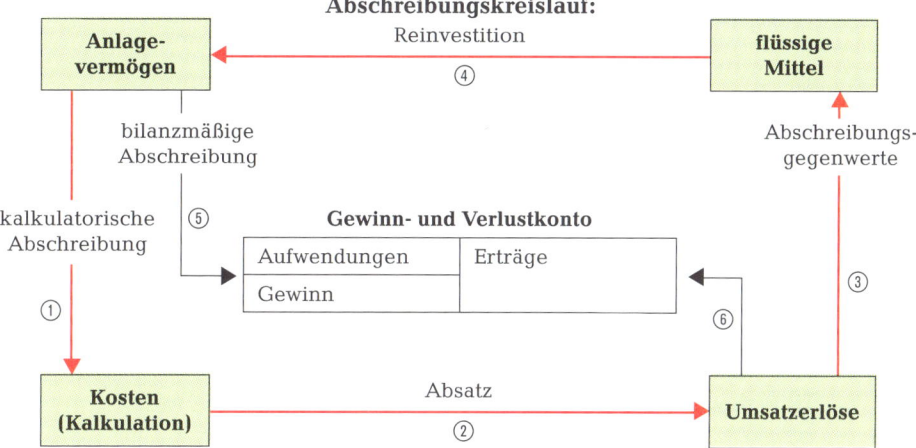

Aufgabe: *Erläutern Sie den Abschreibungskreislauf ① bis ⑥ anhand eines Zahlenbeispiels.*

Finanzierung aus Abschreibungsgegenwerten. Die obige Darstellung macht bereits deutlich, daß kein Unternehmen auf Abschreibungen als wesentliches Mittel der Finanzierung (= <u>Innenfinanzierung</u>) verzichten kann.

Bei der Finanzierungswirkung der Abschreibung lassen sich drei Fälle unterscheiden:

- **Bilanzmäßige Abschreibungen und kalkulatorische Abschreibungen stimmen überein.** In diesem Fall findet eine <u>Vermögensumschichtung</u> vom Anlagevermögen zum Umlaufvermögen statt. Auf Dauer wird die Substanz nur <u>nominell</u> erhalten.
- **Bilanzmäßige Abschreibungen sind höher als kalkulatorische Abschreibungen.** In diesem Fall führt der gebuchte Mehraufwand zu einer <u>verdeckten Finanzierung aus dem Gewinn</u>.
- **Bilanzmäßige Abschreibungen sind niedriger als kalkulatorische Abschreibungen.** In diesem Fall führt der erzielte Mehrerlös zu einer <u>offenen Finanzierung aus dem Gewinn</u>.

Merke: **Die mit den Umsatzerlösen in das Unternehmen zurückfließenden kalkulatorischen Abschreibungen stehen als flüssige Finanzierungsmittel zur Verfügung. Sie werden durch die als Aufwand gebuchten bilanzmäßigen Abschreibungen vor der Ausschüttung bewahrt.**

2.2.3.3 Kalkulatorische Zinsen

Fremdkapitalzinsen als Kosten. In der Ergebnistabelle auf Seite 309 hat die Kern KG die in der Finanzbuchhaltung gebuchten Fremdkapitalzinsen in Höhe von 35 000,00 DM als Kosten in die Kosten- und Leistungsrechnung übernommen. Das ist grundsätzlich richtig, da die Fremdkapitalzinsen einen betrieblichen Aufwand darstellen. Es stellt sich aber die Frage nach der Zweckmäßigkeit dieses Kostenansatzes. Die Kern KG kann zurecht erwarten, daß ihr in den Umsatzerlösen auch eine angemessene Verzinsung des eingesetzten Eigenkapitals zufließt. Um das zu erreichen, werden in der Kostenrechnung Zinsen für das gesamte bei der Leistungserstellung und -verwertung erforderliche Kapital angesetzt. Dadurch werden alle Handelsbetriebe in der Selbstkosten- und Betriebsergebnisrechnung gleichgestellt, unabhängig davon, in welchem Verhältnis sie mit Eigen- und Fremdkapital ausgestattet sind. Außerdem wird die Kostenrechnung von zufälligen Schwankungen befreit, die durch die Änderungen der Zinssätze für aufgenommene Kredite entstehen.

Betriebsnotwendiges Kapital. In der Kosten- und Leistungsrechnung werden somit an Stelle der tatsächlich gezahlten Zinsen kalkulatorische Zinsen angesetzt und verrechnet. Sie werden auf der Grundlage des betriebsnotwendigen Kapitals ermittelt. Der kalkulatorische Zinssatz richtet sich meist nach dem im betreffenden Zeitraum üblichen Zinssatz für langfristige Darlehen.

Beispiel: Die Kern KG ermittelt auf der Grundlage ihrer Bilanz das folgende betriebsnotwendige Kapital, das mit 9 %/Jahr kalkulatorisch verzinst werden soll:

Anlagevermögen (nach kalkulatorischen Restwerten, ohne vermietete Gebäude)	2 000 000,00 DM
+ Umlaufvermögen (nach kalkulatorischen Mittelwerten, ohne Wertpapiere)	3 850 000,00 DM
Betriebsnotwendiges Vermögen	5 850 000,00 DM
− Abzugskapital (Lieferantenkredite ohne Skontierung, Rückstellungen)	250 000,00 DM
= **Betriebsnotwendiges Kapital**	**5 600 000,00 DM**
Die **kalkulatorischen Zinsen** für das Jahr betragen dann: 5 600 000,00 DM · 0,09 = ...	**504 000,00 DM**
Die kalkulatorischen Zinsen f. d. Monat betragen	**42 000,00 DM**

Zum betriebsnotwendigen Anlagevermögen zählen nur solche Anlagegüter, die dauernd dem eigentlichen Betriebszweck dienen. Sie dürfen nicht mit den Bilanz- oder Buchwerten, sondern nur mit den kalkulatorischen Restwerten (= Anschaffungskosten – kalkulatorische Abschreibungen) angesetzt werden. Nicht betriebsnotwendige Anlagen, wie z. B. vermietete Gebäude, stillgelegte Anlagen u. a., bleiben außer Ansatz. Reserveanlagen (z. B. Reservetransporteinrichtungen) gehören stets zum betriebsnotwendigen Anlagevermögen, da sie für die Aufrechterhaltung der Betriebsbereitschaft erforderlich sind.

Das betriebsnotwendige Umlaufvermögen ist nach Ausgliederung der nicht betriebsbedingten Posten (z. B. Wertpapierbestände) mit den Beträgen anzusetzen, die während des Abrechnungszeitraumes durchschnittlich im Umlaufvermögen gebunden sind (sog. kalkulatorische Mittelwerte).

Das Abzugskapital besteht aus Kapitalposten, die dem Unternehmen zinslos zur Verfügung stehen, wie z. B. Anzahlungen von Kunden, Rückstellungen, Lieferantenkredite, sofern keine Skontierungsmöglichkeit hierfür besteht.

6583318

Erfassung der kalkulatorischen Zinsen in der KLR. Die kalkulatorischen Zinsen werden mit 42 000,00 DM (vgl. Beispiel S. 318) in die Spalte „Kosten" der Betriebsergebnisrechnung eingesetzt und wie bei den kalkulatorischen Abschreibungen in der Spalte „Verrechnete Kosten" der „Kostenrechnerischen Korrekturen" gegengebucht. Aus der FB werden die dort als Aufwand gebuchten Fremdkapitalzinsen (vgl. S. 309) in die Spalte „Aufwendungen lt. FB" der „Kostenrechnerischen Korrekturen" übertragen. Hier stehen sich Fremdkapitalzinsen und kalkulatorische Zinsen gegenüber und können zum Ergebnis aus kostenrechnerischen Korrekturen verrechnet werden. In diesem Fall ergibt sich ein neutraler Ertrag von 7 000,00 DM. Er stimmt mit dem in der FB ausgewiesenen Gewinn bei vollem Kostenersatz durch die Umsatzerlöse überein.

Ergebnistabelle

Finanzbuchhaltung			Kosten- und Leistungsrechnung				
Gesamtergebnisrechnung der FB			Abgrenzungsrechnung			Betriebsergebnisrechnung	
			Unterneh.-bezogene Abgrenz.	Kostenrechnerische Korrekturen			
Kto.	Aufwendungen	Erträge		Aufwdg. lt. FB	Verrechn. Kosten lt. KLR	Kosten	Leistungen
2110	35 000			▶ 35 000	42 000 ◀▶	42 000	
8010		42 000[1]					42 000[1]
	35 000	42 000		35 000	42 000	42 000	42 000
	7 000			**7 000**			0
	42 000	42 000		42 000	42 000	42 000	42 000

> **Merke:**
> - Kalkulatorische Zinsen stellen Kosten für die Nutzung des betriebsnotwendigen Kapitals dar. Ihre Verrechnung ermöglicht eine gleichmäßige Belastung der Abrechnungsperioden mit Zinskosten. In den Umsatzerlösen werden die Zinsen dem Unternehmen vergütet.
> - Die gezahlten Fremdkapitalzinsen stellen Aufwand in der Finanzbuchhaltung dar. Im Abgrenzungsbereich werden sie den verrechneten kalkulatorischen Zinsen gegenübergestellt.

Aufgabe

382

Ein Großhandelsbetrieb verfügt über folgende betriebsnotwendige Vermögenswerte:

Anlagevermögen:
Gebäude 750 000,00
Maschinelle Anlagen 220 000,00
Betriebs- und Geschäftsausstattung . 170 000,00
Fuhrpark 260 000,00

Umlaufvermögen:
Waren 530 000,00
Kundenforderungen 280 000,00
Zahlungsmittel 190 000,00

Das Abzugskapital besteht aus Lieferantenkrediten in Höhe von 200 000,00 DM.
Der kalkulatorische Zinssatz wird mit 9 % angesetzt.
Die tatsächlich gezahlten Fremdkapitalzinsen betragen im Geschäftsjahr 135 000,00 DM.
1. *Ermitteln Sie das betriebsnotwendige Kapital sowie die jährlichen und monatlichen kalkulatorischen Zinsen.*
2. *Erstellen Sie die Ergebnistabelle bei vollem Kostenersatz.*

---

1 über die Umsatzerlöse (Warenverkauf) erstattete kalkulatorische Zinsen

2.2.3.4 Kalkulatorische Lagerzinsen

Die Kosten für die Lagerung der Waren fallen entweder als tatsächliche Aufwendungen an und sind dann unter den Kostenarten der Kontenklasse 4 erfaßt oder werden über die „Kalkulatorischen Kosten" in Ansatz gebracht. So werden z. B. die kalkulatorischen Zinsen aus dem betriebsnotwendigen Kapital berechnet, in dem auch das in den Warenvorräten durchschnittlich gebundene Kapital enthalten ist. Somit entfällt in der Regel die gesonderte Verrechnung kalkulatorischer Zinsen für das durch die gelagerten Waren gebundene Kapital. Nur bei besonders langer Lagerdauer einer Warengruppe können kalkulatorische Lagerzinsen für diese Warengruppe Eingang in die Kostenrechnung finden. Die kalkulatorischen Lagerzinsen werden dann als Einzelkosten direkt dem Kostenträger (Warengruppe) zugerechnet.

Beispiel: Die Papiergroßhandlung Kern KG führt neben den gängigen Papieren auch spezielle Vliesstoffe mit längerer Lagerdauer. In dieser Warengruppe wurde im letzten Jahr ein Umsatz zu Einstandspreisen in Höhe von 315 000,00 DM erzielt. Die Lagerstatistik weist einen durchschnittlichen Lagerbestand von 140 000,00 DM aus. Der Einstandspreis einer Rolle Vliesstoff beträgt 1 250,00 DM.

① Zunächst wird festgestellt, wie oft der Lagerbestand umgesetzt wurde:

$$\textbf{Umschlagshäufigkeit} = \frac{\text{Umsatz}}{\text{Lagerbestand}} = \frac{315\,000}{140\,000} = \textbf{2,25}$$

② Mit Hilfe der Umschlagshäufigkeit läßt sich die durchschnittliche Lagerdauer ermitteln:

$$\textbf{Durchschnittliche Lagerdauer} = \frac{360\ \text{Tage}}{2,25} = \textbf{160 Tage}$$

③ Bei einem angenommenen Jahreszinssatz von 9 % ergibt sich der Lagerzinssatz für die Warengruppe nach folgender Rechnung:

$$360\ \text{Tage} \ \hat{=}\ 9\ \%$$
$$160\ \text{Tage} \ \hat{=}\ \text{x}\ \%$$

$$\text{x}\ \% = \frac{9\ \% \cdot 160}{360} = \textbf{4 \% Lagerzinssatz}$$

④ Einrechnung der Lagerzinsen in den Einstandspreis:

Einstandspreis einer Rolle Vliesstoff	**1 250,00 DM**
+ **4 % Lagerzinsen**	**50,00 DM**
= **Verzinster Einstandspreis**	**1 300,00 DM**

Merke: **Kalkulatorische Lagerzinsen werden in der Regel nicht gesondert als Kosten angesetzt. Bei Waren mit besonders langer Lagerdauer rechnet man sie als Einzelkosten in den Einstandspreis ein.**

Fragen

383

1. *Warum erübrigt sich in der Regel die gesonderte Einrechnung von Lagerzinsen in den Einstandspreis einer Ware?*

2. *Wie hoch ist der Lagerzinssatz?*

Warenanfangsbestand	420 000,00
Warenendbestand	280 000,00
Jahresumsatz zu Einstandspreisen	1 400 000,00
Banküblicher Zinssatz	10 %

2.2.3.5 Kalkulatorischer Unternehmerlohn

In Kapitalgesellschaften beziehen die Vorstandsmitglieder der AG und die Geschäftsführer der GmbH Gehälter, die als Kosten in die Selbstkosten- und Betriebsergebnisrechnungen dieser Unternehmensformen eingehen.

In Einzelunternehmungen und Personengesellschaften (OHG, KG) dagegen erhalten die mitarbeitenden Inhaber oder Gesellschafter keine Gehälter. Ihre Arbeitsleistung wird durch den Gewinn abgegolten. Der Gewinn ist in diesen Unternehmungsformen das Entgelt sowohl für die Tätigkeit des Unternehmers (Arbeitsleistungsanteil) als auch für den Einsatz des Eigenkapitals (Kapitalverzinsung) und für das übernommene allgemeine Unternehmerrisiko.

Kalkulatorischer Unternehmerlohn. Die Kosten- und Leistungsrechnung hat sämtliche Kosten zu erfassen, die durch die Umsatzprozesse verursacht werden. Dazu zählt auch die Nutzung der Arbeitskraft des mitarbeitenden Unternehmers. Deshalb muß ein kalkulatorischer Unternehmerlohn als Entgelt für die Arbeitsleistung des Unternehmers in die Kosten einbezogen werden. Im übrigen würde der Unternehmer bei der Leitung eines fremden Unternehmens ebenfalls ein kalkulierbares Gehalt beziehen. Außerdem werden ja auch für das Eigenkapital, das der Unternehmer für die Erfüllung der Betriebszwecke zur Verfügung stellt, kalkulatorische Zinsen als Kosten verrechnet.

Kostenvergleich. Durch die Einrechnung des kalkulatorischen Unternehmerlohns wird erreicht, daß Kapital- und Personengesellschaften in der Selbstkosten- und Betriebsergebnisrechnung gleichgestellt sind.

Die Höhe des kalkulatorischen Unternehmerlohns richtet sich nach dem Gehalt eines leitenden Angestellten in vergleichbarer Position.

Zusatzkosten. Der kalkulatorische Unternehmerlohn stellt echte Zusatzkosten dar, da keine Ausgaben und Aufwendungen in der Erfolgsrechnung der Finanzbuchhaltung entstehen.

Beispiel: Der Unternehmerlohn wird in der Kern KG, Köln, mit monatlich 8 000,00 DM angesetzt.

Dieser Betrag wird in der Ergebnistabelle unter der Spalte „Kosten" (–) der Betriebsergebnisrechnung erfaßt und in der Spalte „Kostenrechnerische Korrekturen" (+) der Abgrenzungsrechnung gegengebucht. Als Kostenfaktor geht dieser Betrag in die Kalkulation ein und wird in den Erlösen vom Markt vergütet. In der Abgrenzungsrechnung steht dem verrechneten kalkulatorischen Unternehmerlohn kein vergleichbarer Aufwand aus der Finanzbuchhaltung gegenüber. Der verrechnete Unternehmerlohn wird somit als neutraler Ertrag ausgewiesen.

Aufgabe: *Verdeutlichen Sie sich die Zusammenhänge des obigen Beispiels anhand einer Ergebnistabelle.*

Merke: Bei Einzelunternehmungen und Personengesellschaften wird für die mitarbeitenden Inhaber oder Gesellschafter ein angemessener Unternehmerlohn in die Selbstkosten- und Betriebsergebnisrechnungen einbezogen. Damit sind diese Unternehmungsformen hinsichtlich der Personalkosten den Kapitalgesellschaften gleichgestellt (Kostenvergleich!).

2.2.3.6 Kalkulatorische Wagnisse

Arten. Jede unternehmerische und betriebliche Tätigkeit ist mit Wagnissen oder Risiken verbunden und kann daher zu Verlusten führen. Diese Wagnisverluste lassen sich in ihrer Höhe und in ihrem zeitlichen Eintreten nicht vorhersehen. Man unterscheidet zwischen dem allgemeinen Unternehmerwagnis und den Einzelwagnissen.

Das allgemeine Unternehmerwagnis betrifft Verluste, die das Unternehmen als Ganzes gefährden. Dazu zählen Wagnisverluste, die sich insbesondere aus der gesamtwirtschaftlichen Entwicklung ergeben, wie z. B. Beschäftigungsrückgang, plötzliche Nachfrageverschiebung, technischer Fortschritt. Das allgemeine Unternehmerrisiko ist kein Kostenbestandteil. Es wird im Gewinn abgegolten.

Einzelwagnisse stehen dagegen im unmittelbaren Zusammenhang mit der Beschaffung, der Lagerung und dem Absatz der Waren. Da sie voraussehbar und aufgrund von Erfahrungswerten berechenbar sind, haben sie grundsätzlich Kostencharakter.

Zu den Einzelwagnissen zählen:

- **Anlagewagnis:** Verluste an Anlagegütern durch besondere Schadensfälle (Brand), Gefahr des vorzeitigen Ausfalls von Anlagen, z. B. durch technischen Fortschritt.
- **Beständewagnis:** Verluste an Waren durch Schwund, Verderb, Diebstahl, Veralten oder Preissenkungen.
- **Gewährleistungswagnis:** Garantieleistungen, z. B. kostenlose Ersatzlieferung, Preisnachlaß wegen Mängelrüge.
- **Vertriebswagnis:** Ausfälle und Währungsverluste bei Kundenforderungen.

Eingetretene Wagnisverluste. Die tatsächlichen Wagnisverluste fallen zeitlich unregelmäßig und in unterschiedlicher Höhe an und sind damit für die Kostenrechnung ungeeignet. Sie werden als Aufwand in der Erfolgsrechnung der Finanzbuchhaltung erfaßt.

Kalkulatorische Wagnisse. An Stelle der tatsächlich eingetretenen Wagnisverluste werden in der Kosten- und Leistungsrechnung kalkulatorische Wagniszuschläge für die betreffenden Einzelrisiken ermittelt und verrechnet. Die Verrechnung von konstanten kalkulatorischen Wagniszuschlägen führt zu einer gleichmäßigen und anteiligen Belastung der Abrechnungsperioden mit Wagnisverlusten und eliminiert somit die Zufallseinflüsse aus der Selbstkosten- und Betriebsergebnisrechnung.

Fremdversicherungen. Soweit die Einzelwagnisse bereits durch den Abschluß von entsprechenden Versicherungen gedeckt sind, dürfen keine kalkulatorischen Wagniszuschläge verrechnet werden. In diesem Fall sind die Versicherungsprämien als Kosten zu berücksichtigen.

| Merke: | - Die Verrechnung von konstanten kalkulatorischen Wagniszuschlägen trägt dazu bei, daß die Selbstkosten- und Betriebsergebnisrechnungen von Zufallsschwankungen befreit werden. |
| | - Das allgemeine Unternehmerwagnis und die durch Fremdversicherungen abgedeckten Einzelwagnisse dürfen nicht kalkulatorisch erfaßt werden. |

Berechnungsgrundlagen für Wagnisse. Je nach Wagnisart ist die Berechnungsgrundlage unterschiedlich:

Wagnis	Berechnungsgrundlage
● Anlagewagnis	Anschaffungskosten
● Beständewagnis	Einstandspreise der Waren
● Gewährleistungswagnis	Umsatz zu Selbstkosten
● Vertriebswagnis	Umsatz zu Selbstkosten

Die Höhe der kalkulatorischen Wagniszuschläge richtet sich nach entsprechenden Erfahrungswerten. Aus den betreffenden Wagnisverlusten der letzten 5 Jahre wird ein <u>Durchschnittswert in Prozent</u> ermittelt.

Beispiel: Ermittlung des kalkulatorischen Zuschlagssatzes für das Beständewagnis: Der Verlust an Warenvorräten durch Schwund, Verderb u.a. betrug in den letzten 5 Jahren durchschnittlich 300 000,00 DM. Für den gleichen Zeitraum wurden durchschnittliche Warenaufwendungen von 10 000 000,00 DM ermittelt.

$$\text{Kalkulatorischer Beständewagniszuschlag} = \frac{\text{Verlust} \cdot 100\,\%}{\text{Warenaufwendungen}}$$

$$= \frac{300\,000 \cdot 100\,\%}{10\,000\,000}$$

$$= \underline{\underline{3\,\%}}$$

Das bedeutet, daß auf die gekauften Waren 3 % Wagniskosten zu verrechnen sind.

Beispiel: Die Warenaufwendungen im Monat September betrug 1 296 000,00 DM (vgl. S. 309). Der kalkulatorische Wagniszuschlag ist auf 3 % festgesetzt.

$$\text{Kalkulatorischer Wagniszuschlag} = \frac{1\,296\,000\,\text{DM} \cdot 3\,\%}{100\,\%} = \underline{\underline{38\,880,00\,\text{DM}}}$$

Erfassung in der KLR. Dieser Betrag wird in der Ergebnistabelle unter der Spalte „Kosten" der Betriebsergebnisrechnung erfaßt und in der Spalte „Kostenrechnerische Korrekturen" der Abgrenzungsrechnung gegengebucht. Hier stehen ihm die tatsächlichen Wagnisverluste aus der FB gegenüber.

Aufgabe – Fragen

Wie hoch sind: **384**

a) das jährliche Wagnis in Prozent,
b) der Wagniszuschlag für das 6. Geschäftsjahr auf Grund der eingetretenen Wagnisse der letzten 5 Jahre?

	eingetretene Risiken	Umsatz zu Selbstkosten
1. Jahr	15 000,00	1 200 000,00
2. Jahr	28 000,00	1 400 000,00
3. Jahr	27 000,00	1 500 000,00
4. Jahr	17 500,00	1 250 000,00
5. Jahr	37 400,00	1 700 000,00

1. Aus welchen Gründen werden kalkulatorische Wagnisse verrechnet? **385**
2. Stellen kalkulatorische Wagniskosten Anders- oder Zusatzkosten dar?
3. Unterscheiden Sie zwischen Unternehmerrisiko und Einzelwagnis.

2.2.3.7 Kalkulatorische Miete

Mietwert für die betriebseigenen Gebäude. An Stelle der tatsächlich anfallenden Gebäude- und Grundstücksaufwendungen (Abschreibungen auf Gebäude, Hypothekenzinsen, Grundsteuern) könnte eine kalkulatorische Miete für die eigengenutzten betriebsnotwendigen Räume ermittelt und im KLR-Bereich erfaßt werden. In diesem Fall müßten jedoch alle tatsächlich entstandenen Gebäudeaufwendungen dem verrechneten kalkulatorischen Mietwert gegenübergestellt werden. Da wesentliche Teile der Gebäude- und Grundstücksaufwendungen durch die kalkulatorischen Abschreibungen und die kalkulatorischen Zinsen in der Kosten- und Leistungsrechnung bereits berücksichtigt werden, entfällt in den meisten Großhandelsbetrieben die Verrechnung einer besonderen kalkulatorischen Miete für die betriebseigenen Gebäude.

Diese kalkulatorische Miete sollte jedoch als fester Kostenbestandteil verrechnet werden, wenn ein Einzelunternehmer oder Personengesellschafter dem Betrieb unentgeltlich Räume zur Verfügung stellt, die zu seinem Privatvermögen gehören. In diesem Fall ist die ortsübliche Miete als kalkulatorischer Mietwert anzusetzen.

Diese kalkulatorische Miete stellt Zusatzkosten dar, die in der gleichen Weise verrechnet werden wie der kalkulatorische Unternehmerlohn.

Merke: ● **Für die Nutzung der betriebseigenen Gebäude wird in der Regel kein kalkulatorischer Mietwert verrechnet.**
● **Der Mietwert für betrieblich genutzte Privaträume ist als Kostenbestandteil zu verrechnen.**

Mietwert privat genutzter Räume im Geschäftsgebäude. Sofern der Geschäftsinhaber Räume des betriebseigenen Gebäudes für private Zwecke (z. B. als Wohnung) nutzt, darf der Mietwert in der Kostenrechnung nur in Höhe der betrieblichen Nutzung angesetzt werden. Der Mietwert der privat genutzten Räume ist zu buchen:

1610 Privat an **2421 Mieterträge.**

2.2.4 Erfassung der Leistungen

Handelsleistung. Die Leistung eines Großhandelsbetriebes besteht im Absatz von Handelswaren. Die Handelswaren verursachen durch den Einkauf, die Lagerung und den Verkauf Waren- und Handlungskosten, die zusammen mit dem Gewinn und etwaigen Verkaufszuschlägen die **Verkaufspreise** der jeweiligen Waren ausmachen. Aus dem Verkaufspreis der Wareneinheit und der abgesetzten Menge errechnet sich der Wert der Handelsleistung, nämlich die **Umsatzerlöse.** Die Umsatzerlöse werden — nach Warengruppen getrennt — in der Kontenklasse 8 der Finanzbuchhaltung gebucht und in jeder Abrechnungsperiode mit ihrem Nettowert, d.h. nach Abzug von Skonti, Rücksendungen und Gutschriften sowie der Einrechnung von Anschaffungsnebenkosten (z.B. Frachten), in die Kosten- und Leistungsrechnung übernommen.

Merke: **Die Nettoumsatzerlöse einer Abrechnungsperiode sind Ausdruck der Leistung eines Großhandelsbetriebes. Sie gehen in die KLR ein.**

Zu den Leistungen des Handelsbetriebes gehören auch der Eigenverbrauch von Waren durch den Inhaber (vgl. Konto 8710) sowie der Eigenverbrauch von Leistungen (vgl. Konto 2780) – also die Nutzung von Gegenständen des Betriebsvermögens für private Zwecke –, aber nur, sofern der Betrieb diese Leistungen regelmäßig erbringt (z. B. regelmäßige Nutzung der betrieblichen Telefonanlage für private Zwecke).

6583324

Aufgaben – Fragen

1. *Erklären Sie die Grundsätze der nominellen und substantiellen Kapitalerhaltung.* **386**
2. *Nennen Sie die Auswirkungen der bilanzmäßigen und der kalkulatorischen Abschreibung auf das Betriebsergebnis, das Neutrale Ergebnis und das Gesamtergebnis.*

Auf einen LKW mit Anschaffungskosten von 120 000,00 DM werden aus steuerlichen Gründen **387**
20 % bilanzmäßig abgeschrieben. Die verbrauchsbedingte kalkulatorische Abschreibung
beträgt 15 % von den Wiederbeschaffungskosten in Höhe von 140 000,00 DM.

1. *Stellen Sie den Vorgang in einer Ergebnistabelle dar.*
2. *Welche Auswirkung auf das Gesamtergebnis haben die kalkulatorischen Abschreibungen (bei vollem Kostenersatz)?*

Die in der Finanzbuchhaltung für das Jahr 19.. erfaßten Fremdkapitalzinsen betragen **388**
72 000,00 DM. Die kalkulatorischen Zinsen werden in der Kosten- und Leistungsrechnung mit
90 000,00 DM verrechnet.

1. *Um wieviel DM übersteigen die monatlichen Zusatzkosten, die durch die Verrechnung der kalkulatorischen Zinsen entstehen, die monatlichen Fremdkapitalzinsen?*
2. *Welche Zinsen beeinflussen in welcher Höhe*
   a) das Gesamtergebnis der Unternehmung,
   b) das Betriebsergebnis,
   c) das Neutrale Ergebnis?

In der Großhandlung Barthke KG wird für die Warengruppe Werkzeugmaschinen ein Umsatz **389**
zu Einstandspreisen von 930 000,00 DM erzielt. Der durchschnittliche Lagerbestand beträgt
372 000,00 DM.

*Wie hoch ist der in der Kalkulation anzusetzende Lagerzinssatz bei einem Jahreszinssatz von
12 %?*

Der Einzelunternehmer Eberhard Naumann berechnet für seine Arbeitsleistung in seinem **390**
Großhandelsbetrieb einen kalkulatorischen Unternehmerlohn von 12 000,00 DM monatlich.

1. *Wie wird der Vorgang in der Ergebnistabelle erfaßt?*
2. *Zeigen Sie an Hand der Ergebnistabelle auf, wie sich der kalkulatorische Unternehmerlohn auf die Kosten des Betriebs und auf das Gesamtergebnis der Unternehmung auswirkt, wenn voller Kostenersatz über die Umsatzerlöse möglich ist.*
3. *Weshalb bezeichnet man den kalkulatorischen Unternehmerlohn auch als Zusatzkosten?*

Ein Unternehmen hat aufgrund der angespannten Wirtschaftslage im abgelaufenen Jahr **391**
seine Waren unter Selbstkosten verkauft. Folgende Angaben aus der Finanzbuchhaltung und
der Kosten- und Leistungsrechnung liegen vor:

Umsatzerlöse (Warenverkauf) 1 140 000,00
Kosten (ohne Abschreibungen und Zinsen) 1 030 000,00
Bilanzmäßige Abschreibungen 33 000,00
Gezahlte Fremdkapitalzinsen 39 000,00
Kalkulatorische Abschreibungen 90 000,00
Kalkulatorische Zinsen 56 000,00

1. *Erstellen Sie die Ergebnistabelle.*
2. *Begründen Sie, warum trotz eines Betriebsverlustes ein Unternehmungsgewinn entsteht.*

2.2.5 Erstellung und Auswertung der Ergebnistabelle

Beispiel: Um die Kosten und Leistungen für den Monat September vollständig und periodengerecht zu erfassen, erstellt die Kern KG auf der Basis des Gewinn- und Verlustkontos von Seite 301 und unter Einbeziehung der kalkulatorischen Kosten (vgl. S. 315–324) folgende Ergebnistabelle.

Ergebnistabelle

Finanzbuchhaltung			Kosten- und Leistungsrechnung					
Gesamtergebnisrechnung der FB			**Abgrenzungsrechnung**				**Betriebsergebnisrechnung**	
			Unternehmensbez. Abgrenzungen		Kostenrechnerische Korrekturen			
Konto	Aufwendungen	Erträge	Aufwendungen	Erträge	Aufwendungen lt. FB	Verrechnete Kosten	Kosten	Leistungen
2040	40 000		40 000					
2110	35 000				35 000	42 000	42 000	
2421		26 000		26 000				
2610		5 000		5 000				
2760		38 000		38 000				
2780		1 000		1 000				
3010	1 296 000						1 296 000	
4010	180 000						180 000	
4020	300 000						300 000	
4040	50 000						50 000	
4100	60 000						60 000	
42..	55 000		3 000				52 000	
4260	5 000						5 000	
4400	40 000						40 000	
4500	20 000						20 000	
4620	80 000						80 000	
4710	60 000						60 000	
4910	50 000		5 000		45 000	60 000	60 000	
8010		2 490 000						2 490 000
U.-lohn						8 000	8 000	
	2 271 000	2 560 000	48 000	70 000	80 000	110 000	2 253 000	2 490 000
	289 000		**22 000**		**30 000**		**237 000**	
	2 560 000	2 560 000	70 000	70 000	110 000	110 000	2 490 000	2 490 000

Abstimmung der Ergebnisse:

1. Gesamtergebnis der FB .... **289 000,00 DM**
2. Ergebnis aus unternehmensbez. Abgrenzungen .. (+) 22 000,00 DM
3. Ergebnis aus kostenrechnerischen Korrekturen .. (+) 30 000,00 DM
4. Betriebsergebnis .... (+) 237 000,00 DM
5. Gesamtergebnis der KLR .... **289 000,00 DM**

6583326

2.2.5.1 Gesamtergebnis, Neutrales Ergebnis und Betriebsergebnis

Die Teilergebnisse in der KLR der nebenstehenden Ergebnistabelle zeigen dem Unternehmer sehr deutlich die Zusammensetzung des in der Finanzbuchhaltung (GuV-Konto) ausgewiesenen Gesamtergebnisses. Es läßt sich ablesen, daß die unternehmensbezogenen Erträge höher sind als die unternehmensbezogenen Aufwendungen; der Gewinn aus unternehmensbezogenen Abgrenzungen beträgt 22 000,00 DM.

Das Ergebnis aus kostenrechnerischen Korrekturen besagt, daß die Kern KG in den Posten „Abschreibungen", „Zinsen" und „Unternehmerlohn" so hohe kalkulatorische Wertansätze zugrunde gelegt hat, daß ein Überschuß von 30 000,00 DM über die Aufwendungen der Finanzbuchhaltung erzielt wird. Dieser Überschuß wird auch – so zeigt es das Betriebsergebnis – verwirklicht.

Der Neutrale Gewinn beträgt insgesamt 52 000,00 DM.

Das Betriebsergebnis erreicht eine angemessene Höhe. Es muß hierbei folgendes bedacht werden: Das Unternehmen Kern KG hat es geschafft, über die Umsatzerlöse alle Kosten – einschließlich der gesamten kalkulatorischen Kosten – zu „verdienen" und noch einen Überschuß von 237 000,00 DM zu erwirtschaften. Da der Unternehmerlohn und die Verzinsung des Eigenkapitals in den Kosten bereits berücksichtigt wurden, stellt dieser Überschuß einen Restgewinn dar, durch den die Kern KG das allgemeine Unternehmerrisiko abdecken kann.

2.2.5.2 Rentabilität und Wirtschaftlichkeit

Der ausgewiesene Gesamtgewinn kann zur Bestimmung der Rentabilität, d. h. zur Bestimmung der Ertragskraft des Unternehmens (= Eigenkapitalrentabilität, Umsatzrentabilität), und zur Berechnung der Wirtschaftlichkeit herangezogen werden.

Beispiel: Für seine Mitarbeit im Unternehmen setzt Herr Kern einen Unternehmerlohn von monatlich 8 000,00 DM an. Das durchschnittlich über das Jahr im Unternehmen gebundene Eigenkapital soll 16 000 000,00 DM betragen.

Wie hoch ist die Verzinsung des eingesetzten Eigenkapitals?

Gesamtgewinn (Monat September)	289 000,00 DM
– Unternehmerlohn (je Monat)	8 000,00 DM
= Restgewinn (zur Verzinsung des Eigenkapitals)	281 000,00 DM

$$\text{Eigenkapitalrentabilität} = \frac{\text{Restgewinn} \cdot 100\,\%}{\text{Eigenkapital}} = \frac{281\,000 \cdot 100\,\%}{16\,000\,000} = \underline{\underline{1,76\,\%/\text{Monat}}}$$

Im Vergleich zu einer langfristigen Geldanlage (= 8 %/Jahr) ist die verrechnete Verzinsung des Eigenkapitals (= 12 · 1,76 % = 21,12 %) sehr gut.

Beispiel: Anhand der Wirtschaftlichkeit soll festgestellt werden, ob die Kern KG mit den eingesetzten Faktoren sparsam umgegangen ist, bzw. ob der Ertrag (= Leistungen) in einem günstigen Verhältnis zum Aufwand (= Kosten) steht.

$$\text{Wirtschaftlichkeit} = \frac{\text{Leistungen}}{\text{Kosten}} = \frac{2\,490\,000}{2\,253\,000} = \underline{\underline{1,11}}$$

Die Wirtschaftlichkeitszahl 1,11 besagt, daß das Unternehmen Kern KG für je 1,00 DM Kosten Leistungen von 1,11 DM geschaffen hat.

Aufgaben

392 *Ermitteln Sie die kalkulatorischen Wagniszuschläge für die laufende Abrechnungsperiode:*

a) Beständewagnis: 2 % vom Wareneinsatz 800 000,00 DM

b) Gewährleistungswagnis: 3 % des Umsatzes zu SK von 4 200 000,00 DM

c) Vertriebswagnis: 1 % des Umsatzes zu SK von 4 200 000,00 DM

---

393 Der Summenbilanz eines Großhandelsbetriebes sind folgende Angaben entnommen:

0310 Techn. Anlagen und Maschinen (Buchwert)	675 000,00
0330 Betriebs- u. Geschäftsausstattung (Buchwert)	274 400,00

Abschlußangaben:

1. Bilanzmäßige Abschreibungen: geometrisch degressiv
   25 % auf 0310 vom Buchwert
   30 % auf 0330 vom Buchwert

2. Kalkulatorische Abschreibungen: linear
   15 % auf 0310 von den Wiederbeschaffungskosten 1 240 000,00
   20 % auf 0330 von den Wiederbeschaffungskosten 830 000,00

Erstellen Sie die Ergebnistabelle.

---

394 Die FB der Eisenwarengroßhandlung K. Barth, Stuttgart, hat für den Monat September folgende Aufwendungen, Erträge und Bestände erfaßt:

2110 Zinsaufwendungen	22 000,00
2310 Abschreibungen auf Forderungen	26 000,00
2421 Mieterträge	9 000,00
2610 Zinserträge	5 000,00
2710 Erträge aus dem Abgang von Vermögensgegenständen (AV)	8 000,00
3010 Wareneingang	840 000,00
4010 Löhne	210 000,00
4020 Gehälter	530 000,00
4040 Gesetzliche Soziale Aufwendungen	170 000,00
4100 Mieten	80 000,00
42.. Betriebssteuern	70 000,00
4620 Ausgangsfrachten	10 000,00
48.. Allgemeine Verwaltung	20 000,00
4910 Abschreibungen auf Sachanlagen	160 000,00
8010 Umsatzerlöse (Warenverkauf)	2 180 000,00

Angaben aus der KLR:

Die kalkulatorischen Abschreibungen betragen monatlich	120 000,00
Die kalkulatorischen Zinsen sind noch für den Monat September	
zu ermitteln und zu verrechnen:	
Betriebsnotwendiges Kapital	7 000 000,00
Kalkulatorischer Zinssatz (pro Jahr)	7 %
Der kalkulatorische Unternehmerlohn beträgt monatlich	10 000,00
Kalkulatorische Wagniskosten (Vertrieb) werden monatlich verrechnet mit	7 500,00
Der kalkulatorische Mietwert für betrieblich genutzte Privaträume	
des Unternehmers beträgt	1 500,00

1. *Ermitteln Sie das Betriebsergebnis in der Ergebnistabelle.*
2. *Errechnen Sie die Handlungskosten für den Abrechnungsmonat.*
3. *Werten Sie die Ergebnistabelle aus (durchschnittliches Eigenkapital 8 500 000,00 DM).*

                                                      6583328

In der Finanzbuchhaltung eines Betriebes wurden im abgelaufenen Jahr Kosten (ohne kalkulatorische Abschreibungen) in Höhe von 1 620 000,00 DM gebucht. Die Erlöse betrugen 2 110 000,00 DM. Die Anlagen (Buchwert 350 000,00 DM) werden mit 30 % geometrisch-degressiv abgeschrieben. In der Kostenrechnung veranschlagt man die tatsächliche Wertminderung dieser Anlagen mit 20 % linear von den Wiederbeschaffungskosten von 420 000,00 DM.

Erstellen Sie eine Ergebnistabelle und ermitteln Sie das Betriebsergebnis, das Neutrale Ergebnis und das Gesamtergebnis.

Der Summenbilanz eines Großhandelsbetriebes sind folgende Angaben entnommen:

0310 TA u. Maschinen	860 000,00 DM
0330 Betriebs- u. Geschäftsausstattung	340 000,00 DM

Abschlußangaben:

1. Bilanzmäßige Abschreibungen:
   30 % auf 0310 vom Buchwert .... (siehe oben)
   15 % auf 0330 von den Anschaffungskosten .... 500 000,00 DM
2. Kalkulatorische Abschreibungen:
   20 % auf 0310 von den Wiederbeschaffungskosten .... 1 240 000,00 DM
   10 % auf 0330 von den Wiederbeschaffungskosten .... 540 000,00 DM

Erstellen Sie die Ergebnistabelle.

Auszug aus der Summenbilanz eines Unternehmens für den Monat Juli:		Soll	Haben
03..	Anlagen	240 000,00	—
0610	Eigenkapital	—	450 000,00
0820	Verbindlichkeiten gegenüber Banken	—	50 000,00
10../15..	Finanzkonten	860 000,00	570 000,00
2110	Zinsaufwendungen	28 500,00	—
2310	Abschreibungen auf Forderungen	40 000,00	—
2421	Mieterträge	—	12 300,00
3010	Wareneingang	740 000,00	—
3910	Warenbestand (AB)	175 000,00	—
4010/4020	Löhne/Gehälter	150 000,00	—
4100	Mieten	13 800,00	—
42..	Betriebssteuern	60 000,00	—
4260	Versicherungen	20 000,00	—
4400	Werbe- und Reisekosten	30 000,00	—
4910	Abschreibungen auf Sachanlagen	—	—
8010	Umsatzerlöse (Warenverkauf)	—	1 275 000,00
		2 357 300,00	2 357 300,00

Abschlußangaben:

1. Bilanzmäßige Abschreibungen auf Anlagen 20 000,00
   Kalkulatorische Abschreibungen auf Anlagen 17 000,00
2. Verrechnung der Miete für die vom Betrieb genutzten Privaträume des Unternehmers 1 000,00
3. Kalkulatorische Zinsen auf das betriebsnotwendige Kapital 30 000,00
4. Kalkulatorischer Unternehmerlohn 15 000,00
5. Kalkulatorisches Vertriebswagnis 25 000,00
6. Endbestand an Waren 160 000,00

1. *Erstellen Sie die Ergebnistabelle und geben Sie das Betriebsergebnis an.*
2. *Ermitteln Sie die Handlungskosten für den Abrechnungsmonat.*
3. *Werten Sie die Ergebnistabelle aus (durchschnittliches Eigenkapital 425 000,00 DM).*

398
399 Die Buchhaltung der Mayer KG schließt mit folgenden Aufwendungen und Erträgen ab:

	398	399
2050 Verluste aus dem Abgang von Verm.-Gegenst. (UV)	22 000,00	31 000,00
2110 Zinsaufwendungen	3 500,00	4 900,00
2310 Abschreibungen auf Forderungen	70 000,00	85 000,00
2421 Mieterträge	9 800,00	7 100,00
2610 Zinserträge	4 500,00	5 100,00
2710 Erträge aus dem Abgang von Verm.-Gegenst. (AV)	42 000,00	53 000,00
3010 Wareneingang	350 000,00	395 000,00
3910 Warenbestand (AB)	56 000,00	78 000,00
4010 Löhne	110 000,00	135 000,00
4020 Gehälter	285 000,00	295 000,00
4040 Gesetzliche soziale Aufwendungen	75 000,00	98 000,00
4100 Mieten, Pachten	43 000,00	56 000,00
4910 Abschreibungen auf Sachanlagen	120 000,00	130 000,00
8010 Umsatzerlöse (Warenverkauf)	1 180 000,00	1 250 000,00
Warenendbestand lt. Inventur	88 000,00	53 000,00
Kalkulatorische Abschreibungen auf Sachanlagen betragen	140 000,00	115 000,00
Kalkulatorischer Unternehmerlohn wird angesetzt mit	15 000,00	20 000,00
Als kalkulatorische Zinsen sind zu verrechnen	18 000,00	15 000,00
Kalkulatorische Abschreibungen auf Forderungen betragen	16 000,00	25 000,00

Führen Sie die Gesamtergebnisrechnung, die Abgrenzungsrechnung und die Betriebsergebnisrechnung in der Ergebnistabelle durch.

400
401 Die Gewinn- und Verlustrechnung eines Großhandelsbetriebes weist folgende Beträge aus:

	400	401
2050 Verluste aus dem Abgang von Verm.-Gegenst. (UV)	7 500,00	8 900,00
2110 Zinsaufwendungen	1 250,00	1 890,00
2310 Abschreibungen auf Forderungen	15 800,00	18 600,00
2421 Mieterträge	14 200,00	15 100,00
2500 Erträge aus Wertpapieren	11 250,00	9 800,00
2610 Zinserträge	13 250,00	14 130,00
2710 Erträge aus dem Abgang von Verm.-Gegenst. (AV)	41 600,00	57 300,00
2760 Erträge aus der Auflösung von Rückstellungen	18 700,00	21 400,00
3010 Wareneingang	235 600,00	243 100,00
3910 Warenbestand (AB)	47 000,00	62 000,00
4010 Löhne	74 700,00	91 200,00
4020 Gehälter	131 800,00	134 300,00
4040 Gesetzliche soziale Aufwendungen	44 300,00	51 600,00
4210 Gewerbesteuer	21 300,00	24 100,00
4260 Versicherungen	18 100,00	21 200,00
4910 Abschreibungen auf Sachanlagen	78 900,00	81 500,00
8010 Umsatzerlöse (Warenverkauf)	775 000,00	883 000,00
8710 Eigenverbrauch (Waren)	25 900,00	32 100,00
Der Warenendbestand beträgt	56 400,00	45 700,00
Die Warenaufwendungen werden in der KLR wegen schwankender Anschaffungskosten zu Verrechnungspreisen angesetzt	220 000,00	250 000,00
Der kalkulatorische Unternehmerlohn beträgt	62 000,00	65 000,00
Die kalkulatorischen Zinsen belaufen sich auf	18 300,00	19 700,00
Die kalkulatorischen Abschreibungen auf Sachanlagen betragen .	72 500,00	75 600,00
Die kalkulatorischen Abschreibungen auf Forderungen betragen	5 000,00	6 000,00

Ermitteln Sie in der Ergebnistabelle das Gesamtergebnis der Unternehmung, das Neutrale Ergebnis und das Betriebsergebnis.

6583330

2.2.6 Gliederung der Kostenarten in der Kostenrechnung

2.2.6.1 Einzel- und Gemeinkosten

Weiterverrechnung der Kosten. In Großhandelsbetrieben mit wenig gegliedertem Warensortiment können die Handlungskosten der Ergebnistabelle ohne Umgliederung zur Berechnung der Selbstkosten und der kostendeckenden Verkaufspreise verwendet werden. Hierzu sind die Handlungskosten zu addieren und den Warenaufwendungen zuzurechnen (vgl. Kapitel „Handlungskostensatz", S. 340).

In mittleren und großen Unternehmen mit gefächertem Warensortiment reicht die undifferenzierte Übernahme der Handlungskosten nicht aus, um eine Kalkulation aufzustellen, die die Kosten verursachungsgerecht einzelnen Warengruppen zuweist und eine Kontrolle der Kostenentwicklung in den einzelnen Abteilungen ermöglicht. In diesem Fall sind die Handlungskosten in Einzel- und Gemeinkosten aufzuteilen (vgl. Kapitel „Kalkulation auf der Grundlage der Kostenstellenrechnung", s. S. 362 f.).

Einzelkosten können für den einzelnen Kostenträger (z. B. Warengruppe), der die Kosten verursacht hat, unmittelbar erfaßt und diesem zugerechnet werden.

Zu den Einzelkosten gehören:

- verschiedene Kostenarten der Kontenklasse 4, soweit sie von den Waren oder Warengruppen direkt verursacht wurden, z. B. Gehälter und Löhne, Lagerzinsen (s. S. 320), Provisionen, Transportkosten, Werbekosten,
- Wareneingänge der Kontenklasse 3,
- Warenbezugskosten.

> **Merke:** **Einzelkosten werden von den Kostenträgern (= Waren oder Warengruppen) unmittelbar verursacht. Sie gehen deshalb direkt in die Preisberechnung ein.**

Gemeinkosten lassen sich nicht für den einzelnen Kostenträger (= Ware oder Warengruppe) feststellen, weil sie für alle Artikelgruppen oder Abteilungen des Unternehmens insgesamt angefallen sind. Sie werden zunächst nach Belegen oder Verrechnungsschlüsseln den Abteilungen zugerechnet, in denen sie verursacht wurden (= Kostenkontrolle) und dann erst auf die Kostenträger (z. B. Warengruppen) umgeschlüsselt (vgl. Kapitel „Kalkulation auf der Grundlage der Kostenstellenrechnung").

Zu den Gemeinkosten gehören u. a. folgende Kostenarten der Kontenklasse 4 sowie die kalkulatorischen Kosten:

- Gehälter der Geschäftsleitung und der Angestellten in der Verwaltung,
- Soziale Aufwendungen,
- Mieten und sonstige Sachkosten für Geschäftsräume, Pachten,
- Steuern, Beiträge, Versicherungen,
- Energie, Betriebsstoffe,
- Kosten der Warenabgabe,
- Betriebskosten, Instandhaltung,
- Allgemeine Verwaltung.

> **Merke:** - **Gemeinkosten fallen für alle Warengruppen insgesamt an. Sie lassen sich nicht direkt den Kostenträgern zurechnen.**
> - **Die verursachungsgerechte Verteilung der Handlungskosten auf Abteilungen und Warengruppen zum Zweck der Kostenkontrolle und Preisermittlung setzt die Einteilung der Kostenarten in Einzel- und Gemeinkosten voraus.**

2.2.6.2 Variable Kosten und fixe Kosten

Abhängigkeit der Kosten vom Leistungsumfang (Beschäftigungsgrad) des Großhandelsbetriebes. Eine moderne Kostenrechnung bildet nicht nur die Grundlage für die Kalkulation der Verkaufspreise unter Einrechnung aller Kosten, sondern liefert auch die Daten für markt- und absatzorientierte Entscheidungen unter Einrechnung der beschäftigungsabhängigen Kosten (vgl. Kapitel „Deckungsbeitragsrechnung", S. 375 f.).

Variable Kosten haben die Eigenschaft, daß sie von der Beschäftigung (= Umsatz, Absatz) abhängig sind. Die wichtigsten variablen Kosten im Großhandelsbetrieb sind z.B. die Warenaufwendungen, die Verpackungs- und Transportkosten, Provisionen. Sie steigen mit zunehmender Beschäftigung und sinken mit abnehmender Beschäftigung. Einzelkosten und ein Teil der Gemeinkosten sind variable Kosten.

Variable Kosten als proportionale Kosten. Variable Kosten können in unterschiedlicher Weise vom Leistungsumfang abhängen. Sie können sich bei Veränderung des Absatzes überproportional, proportional oder unterproportional verändern. Aus Vereinfachungsgründen wird hier nur die proportionale Veränderung dargestellt.

Beispiel: Die Kern KG packt die bestellten Küchenrollen (vgl. S. 118 f.) in handelsübliche 4er-Packungen ab und kalkuliert die dabei anfallenden Verpackungskosten mit 0,10 DM je Packung. Bei unterschiedlichen Absatzmengen ergeben sich folgende Verpackungskosten:

Zahl der Packungen	0	1 000	2 000	3 000	4 000	5 000	6 000	7 000
Variable Stückkosten	—	0,10	0,10	0,10	0,10	0,10	0,10	0,10
Variable Kosten	0,00	100,00	200,00	300,00	400,00	500,00	600,00	700,00

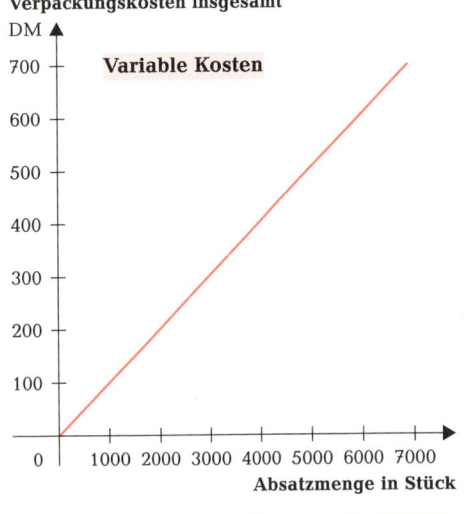

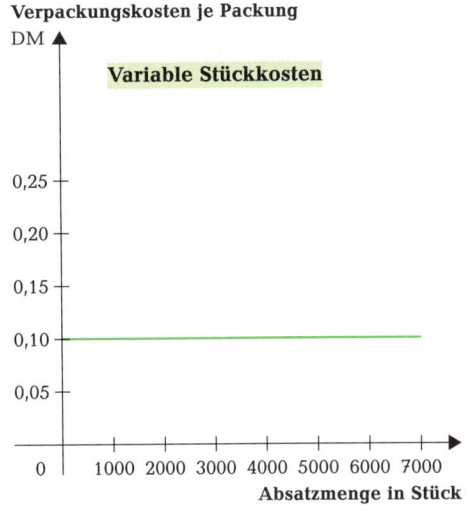

Merke: Die Verpackungskosten nehmen mit steigender Absatzmenge insgesamt proportional zu. Sie verringern sich im gleichen Verhältnis, wie die Absatzmenge zurückgeht.

Merke: Die auf eine Packung umgerechneten Verpackungskosten bleiben bei schwankender Beschäftigung konstant.

Merke: Einzelkosten und ein Teil der Gemeinkosten sind variable Kosten.

Fixe Kosten. Alle Kosten, die von Abrechnungsperiode zu Abrechnungsperiode bei unveränderter Betriebsgröße in annähernd gleicher Höhe unabhängig vom Leistungsumfang anfallen, heißen fixe Kosten oder Kosten der Betriebsbereitschaft. Der überwiegende Teil der Gemeinkosten gehört zu den fixen Kosten, so z. B. Personalkosten, Mieten, Steuern, Beiträge, kalkulatorische Abschreibungen. Fixe Kosten ändern sich sprunghaft, wenn die Betriebsgröße verändert wird.

Beispiel: Der in der Papiergroßhandlung Kern KG eingesetzte LKW wird monatlich mit 3 600,00 DM kalkulatorisch abgeschrieben. Dieser Betrag soll gleichmäßig auf die mit dem LKW transportierten Verpackungseinheiten verteilt werden.

Absatzmenge (Verpackungen in Stück)	Fixe Kosten	Fixe Stückkosten
0	3 600,00	–
100	3 600,00	36,00
200	3 600,00	18,00
300	3 600,00	12,00
400	3 600,00	9,00
500	3 600,00	7,20
600	3 600,00	6,00
.	.	.
.	.	.

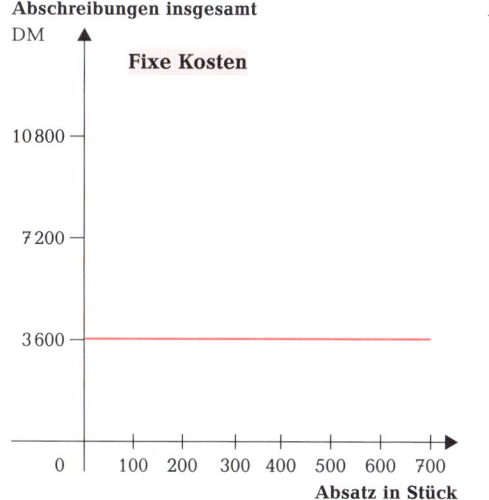

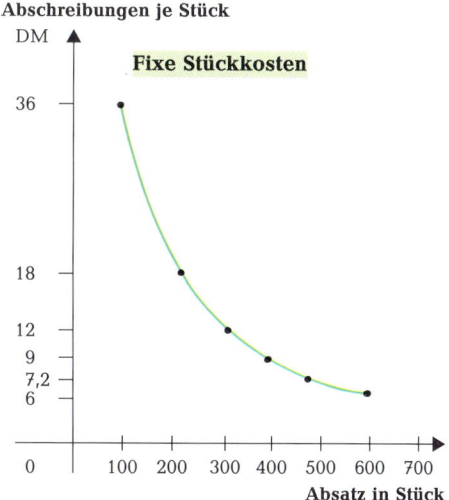

Merke: Die Abschreibungen verändern sich mit steigendem oder sinkendem Absatz nicht. Sie treten in jeder Abrechnungsperiode unverändert auf.

Merke: Die auf ein Stück umgerechneten Abschreibungen verringern sich mit steigendem Absatz und erhöhen sich bei rückläufigem Absatz.

Merke: Gemeinkosten sind überwiegend fixe Kosten.

402   1. *Unterscheiden Sie Einzel- und Gemeinkosten voneinander.*

2. *Erläutern Sie die Aussage: „Einzelkosten sind variable Kosten, Gemeinkosten sind überwiegend fixe Kosten."*

3. *Warum ist es richtig, das Gehalt eines Angestellten im Lager als fixe Kosten zu betrachten?*

4. *Ordnen Sie folgende Kostenarten den variablen und/oder fixen Kosten zu: Kalkulatorische Abschreibungen, Gewerbesteuer, freiwillige soziale Aufwendungen, Stromkosten, Telefonkosten, Transportkosten, Werbekosten, Ausgangsfrachten.*

5. *Begründen Sie, warum Lohnkosten nicht eindeutig zu den variablen Kosten zu rechnen sind.*

6. *Unterscheiden Sie Lohnarten, die zu den Einzelkosten gehören, von solchen, die zu den Gemeinkosten zählen.*

7. *Aus welchem Grund können die fixen Kosten nicht direkt auf den einzelnen Kostenträger (Ware) umgerechnet werden?*

8. *Ein Betrieb mit hohem Anteil der variablen Kosten an den Gesamtkosten kann sich einer veränderten Beschäftigung leicht anpassen. Begründen Sie diese Aussage.*

9. *Warum wird ein Großhandelsbetrieb mit hohem Anteil der fixen Kosten an den Gesamtkosten darauf achten, daß stets mit guter Auslastung der Anlagen gearbeitet wird?*

---

403   Die Warenaufwendungen sollen in der Kostenrechnung zum festen Verrechnungspreis angesetzt werden. *Der Verrechnungspreis ist als gewogener Durchschnittspreis aus folgenden Lieferungen des vergangenen Quartals zu bestimmen:*

Lieferdatum	Liefermenge in kg	Einstandspreis je kg
15.01.19..	12 500	80,00
23.01.19..	8 500	76,00
18.02.19..	10 000	82,00
05.03.19..	7 000	85,00

---

404   Die Abschreibungen betragen in einem Großhandelsbetrieb monatlich 36 000,00 DM. Die Verteilung auf die Kostenträger soll so vorgenommen werden, daß auf jedes eingekaufte Stück der gleiche Kostenanteil entfällt:

Monat	Einkaufsmenge in Stück
August	32 000
September	30 000
Oktober	38 000

Bestimmen Sie für jeden Monat den auf ein Stück entfallenden Abschreibungsbetrag, und stellen Sie die Abhängigkeit der Abschreibung von der Menge grafisch dar.

---

405   Ein Unternehmer kalkuliert mit variablen Stückkosten von 35,00 DM/Stück und fixen Kosten von insgesamt 65 000,00 DM/Periode.

Wieviel Stück muß er in einer Periode mindestens absetzen, um bei einem Verkaufspreis von 61,00 DM/Stück keinen Verlust zu erleiden?

---

3 Kalkulation mit einheitlichem Handlungskostensatz

3.1 Grundlagen

Kalkulation. Eine wichtige Aufgabe der Kostenrechnung ist die Berechnung der Ein-stands- und Verkaufspreise der Waren. Diese Rechnung geschieht auf der Grundlage der für eine Abrechnungsperiode in der Ergebnistabelle erfaßten Kosten. Werden diese Kosten auf einzelne Waren oder Warengruppen (= Kostenträger) verteilt, so spricht man von Kostenträgerstückrechnung oder Kalkulation.

Angebotsvergleich. Einstandspreise (= Anschaffungskosten) werden berechnet, um die Angebote mehrerer Lieferanten vergleichen zu können. Mit ihrer Hilfe läßt sich das preisgünstigste Angebot bestimmen (vgl. S. 118 f.).

Die Verkaufskalkulation in der Form der Zuschlagskalkulation hat das Ziel, den Preis einer Ware zu bestimmen, der unter Einrechnung aller anteiligen Handlungskosten (vgl. S. 340) und eines angemessenen Gewinns vom Kunden zu fordern wäre. Dieser Preis stellt somit sicher, daß dem Unternehmen über die Umsatzerlöse alle Kosten und ein Gewinn zur Abdeckung des allgemeinen Unternehmerrisikos zurückfließen. Von der Konkurrenzsituation auf dem jeweiligen Absatzmarkt hängt es ab, ob dieser Preis auch tatsächlich gefordert werden kann. Auf jeden Fall hat dieser Preis eine Kontrollfunktion: Wird er unterschritten, so muß auf einen Teil des Gewinnes verzichtet werden. Bis zu welcher unteren Grenze eine Preissenkung vorgenommen werden kann, ist ggf. mit Hilfe der Deckungsbeitragsrechnung (vgl. S. 375 f.) zu bestimmen.

> **Merke:** Die Kalkulation hat die Aufgabe, kostendeckende Preise und Preisuntergrenzen für einzelne Kostenträger zu bestimmen.
>
> Die im Großhandel üblichen Kalkulationsverfahren sind die Zuschlagskalkulation und die Deckungsbeitragsrechnung.

Kalkulationsverfahren. Vom Sortiment des Großhändlers und vom gewünschten Ziel der Kalkulation hängt es ab, welches Kalkulationsverfahren zur Anwendung gelangt.

Einfache Zuschlagskalkulation. Für den — ungewöhnlichen — Fall, daß eine Großhandlung nur eine Warengruppe führt, reicht es zur Preisermittlung aus, wenn auf die Einstandspreise der einzelnen Waren dieser Warengruppe ein einheitlicher Gesamtzuschlag kalkuliert wird. Dieser Gesamtzuschlag enthält dann den Kosten- und Gewinnanteil, der auf die einzelne Ware entfällt.

Beispiel: Auf der Grundlage der Ergebnistabelle von Seite 326 soll ein Gesamtzuschlag berechnet werden.

Die Warenaufwendungen betragen hiernach 1 296 000,00 DM.

Die gesamten Handlungskosten und der Gewinn machen zusammen 1 194 000,00 DM aus.

Bezieht man die Handlungskosten und den Gewinn prozentual auf die Warenaufwendungen, so ergibt sich der Zuschlagssatz, den jede Ware anteilig zu tragen hat, um alle Kosten und den Gewinn zu erfassen.

$$\text{Gesamtzuschlag} = \frac{\text{Handlungskosten} + \text{Gewinn}}{\text{Warenaufwendungen}} = \frac{1\,194\,000,00 \text{ DM}}{1\,296\,000,00 \text{ DM}} = 92,13\,\%$$

Eine Ware mit einem Einstandspreis von **1,05 DM** (vgl. S. 119) hat damit einen **kostendeckenden Verkaufspreis** von

$$1,05 \text{ DM} + (1,05 \text{ DM} \cdot 0,9213) = 2,02 \text{ DM}.$$

3.2   Mehrstufige Zuschlagskalkulation

Die mehrstufige Zuschlagskalkulation begnügt sich nicht mit der Zurechnung von Kosten und Gewinn auf den Kostenträger über einen <u>Gesamtzuschlag</u>. Sie ist unterteilt in die <u>Bezugs- und die Verkaufskalkulation</u>.

Die Bezugskalkulation ist für jede Ware getrennt durchzuführen, sofern die Ware zu abweichenden Konditionen (Einkaufspreis, Bezugskosten, Skonti) eingekauft wird.

In der Verkaufskalkulation kann mit einem <u>einheitlichen Zuschlagssatz für die Handlungskosten</u> kalkuliert werden,

- wenn der Großhandelsbetrieb nur <u>wenige Warengruppen führt,</u> und
- wenn diese Warengruppen die Betriebsabteilungen (= Kostenstellen, vgl. S. 362 f.) <u>annähernd gleich stark mit Kosten belasten,</u> so daß sich eine Aufteilung der Handlungskosten auf die Betriebsabteilungen (vgl. BAB, S. 365) und auf mehrere Warengruppen (= Kostenträger) erübrigt. Die Kalkulation der Verkaufspreise für einzelne Waren wird hierdurch stark vereinfacht.

Prozentuale Zuschlagssätze. In der Kalkulation wird in der Regel mit prozentualen Zuschlagssätzen gerechnet. Dadurch werden die im Unternehmen entstandenen Gemeinkosten <u>anteilmäßig</u> in den Preis der zu kalkulierenden Ware eingerechnet. Zudem kann das Kalkulationsschema mit den entsprechenden Zuschlagssätzen auf beliebige Waren einer Warengruppe angewandt werden.

Kalkulationsschema. Das in der Handelskalkulation übliche Kalkulationsschema für die Zuschlagskalkulation hat folgendes Aussehen:

Listeneinkaufspreis	
− Lieferrabatt	
Zieleinkaufspreis	
− Lieferskonto	Bezugskalkulation
Bareinkaufspreis	
+ Bezugskosten	
Einstandspreis (Bezugspreis)	
+ Handlungskosten	
Selbstkostenpreis	
+ Gewinn	
Barverkaufspreis	Selbstkosten- und Verkaufskalkulation
+ Kundenskonto	
+ Vertriebsprovision	
Zielverkaufspreis (Rechnungspreis)	
+ Kundenrabatt	
= **Angebotspreis** (Nettoverkaufspreis)	

Umsatzsteuer. Die Umsatzsteuer beim Wareneinkauf und Warenverkauf ist <u>nicht Gegenstand der Kalkulation</u>. Sie wird erst in der Rechnung gesondert ausgewiesen. Bei Rechnungen über Kleinbeträge bis 200,00 DM können Entgelt und Umsatzsteuerbetrag in einer Summe angegeben werden. Es genügt dann die Angabe des Steuersatzes (vgl. § 33 UStDV).

> **Merke:**   **Die Handelskalkulation wird in der Regel als Zuschlagskalkulation nach einem festen Kalkulationsschema durchgeführt.**

3.2.1 Bezugskalkulation

Aufgabe. Durch die Bezugskalkulation wird der Einstandspreis einer Ware ermittelt. Damit ist als Basis für den Angebotsvergleich der Preis gemeint, der nach Berücksichtigung aller Abzüge (= Nachlässe[1]) und Zurechnungen (= Bezugskosten[2]) aufgewendet werden muß, bis die Ware im Lager des Käufers eingetroffen ist. Die Bezugskalkulation wird ausführlich auf den Seiten 116 bis 119 dargestellt. Wir verweisen auf das dort stehende Beispiel.

3.2.1.1 Kalkulation des Einkaufspreises

Abzüge und Zuschläge. Die Einkaufskalkulation geht vom Listenpreis aus. Der Listenpreis ist der vom Lieferer kalkulierte Warenwert je Mengeneinheit. Je nach der gekauften Menge, der Warenart und des Vertriebssystems können Abzüge auf die Warenmenge (= Mengenabzüge[1]) oder auf den Warenwert (= Wertabzüge[1]) gewährt werden, oder es werden Wertzuschläge[1] eingerechnet. Nach Berücksichtigung aller Abzüge und Zuschläge ergibt sich der Einkaufspreis.

Beispiel: Ein Weingroßhändler erhält folgendes Angebot durch seinen Handelsvertreter: Mindestabnahme 10 000 l franz. Rotwein, Leckage 2,5 %, zu 235,00 DM je hl, 10 % Liefererrabatt, 2 % Liefererskonto. Der Handelsvertreter beansprucht eine Provision von 4 %.

Wieviel DM beträgt der Einkaufspreis für 1 hl?

Bruttogewicht 10 000 l		
− 2,5 % Leckage 250 l		
Warengewicht 9 750 l · 2,35 DM/l	**22 912,50**
− 10 % Liefererrabatt	2 291,25
Zieleinkaufspreis	**20 621,25**
− 2 % Liefererskonto	412,43
Bareinkaufspreis	**20 208,82**
+ 4 % Vertriebsprovision (v. Ziel-EKP)	824,85
= **aufzuwendender Einkaufspreis für 9 750 l**	**21 033,67**
aufzuwendender Einkaufspreis für 100 l	**215,73**

$$\text{Leckage} = \frac{10\,000\ l \cdot 2,5\ \%}{100\ \%} = 250\ l$$

$$\text{Liefererrabatt} = \frac{22\,912,50\ DM \cdot 10\ \%}{100\ \%} = 2\,291,25\ DM$$

$$\text{Liefererskonto} = \frac{20\,621,25\ DM \cdot 2\ \%}{100\ \%} = 412,43\ DM$$

$$\text{Vertriebsprovision} = \frac{20\,621,25\ DM \cdot 4\ \%}{100\ \%} = 824,85\ DM$$

$$\text{Einkaufspreis für 100 l} = \frac{21\,033,67\ DM \cdot 100\ l}{9\,750\ l} = 215,73\ DM$$

Merke:
- **Die Reihenfolge der Abzüge und Zuschläge ist stets einzuhalten.**
- **Die Berechnung der Abzüge und Zuschläge erfolgt von den im Kalkulationsschema angegebenen Preisen oder Gewichten.**

---

1 vgl. S. 116   2 vgl. S. 117

3.2.1.2 Kalkulation des Bezugspreises

Einfache Bezugskalkulation. Nach der <u>gesetzlichen</u> Regelung beim Handelskauf ist der Käufer verpflichtet, die Waren <u>auf seine Kosten</u> beim Lieferer abzuholen oder abholen zu lassen. Sofern im Kaufvertrag keine von der gesetzlichen Regelung abweichenden Vereinbarungen getroffen werden, <u>erhöht sich der Einkaufspreis</u> für den Käufer <u>um die Kosten für Frachten, Versicherungen, Zölle usw.</u> Rechnet er in den aufzuwendenden Einkaufspreis die Nebenkosten (= Bezugskosten, vgl. S. 117) ein, so erhält er den <u>Einstandspreis</u> oder <u>Bezugspreis</u> (vgl. auch Angebotsvergleich, S. 118).

Beispiel 1: Der im Beispiel auf Seite 337 genannte Großhändler rechnet mit folgenden Nebenkosten: Transportversicherung und LKW-Fracht 1 391,50 DM.

Wie hoch ist der Bezugspreis für 1 hl Wein?

	Aufzuwendender Einkaufspreis für 9 750 l	**21 033,67 DM**
+	Bezugskosten: Transportversicherung, Fracht	1 391,50 DM
=	**Einstandspreis (Bezugspreis) für 9 750 l**	**22 425,17 DM**
	Einstandspreis für 100 l	**230,00 DM**

Beispiel 2: Der im Beispiel auf Seite 337 genannte Großhändler bezieht eine Sendung tunesischen Tafelwein zu 90,00 DM je 100 l, cif Marseille. Einkaufskonditionen: 3 % Leckage; 10,5 % Liefererrabatt bei Abnahme von 15 000 l.

An Bezugskosten fallen an: Umladegebühren in Marseille 120,00 DM, LKW-Fracht in Frankreich einschl. Grenzabfertigung 1 430,00 DM, Frachtkosten in der Bundesrepublik Deutschland 402,75 DM (alle Kosten netto), Zoll 10 % vom Zollwert, Transportversicherung 0,75 % vom Versicherungswert (erwarteter Gewinn 25 %).

Wie hoch ist der Einstandspreis für 100 l?

	Bruttogewicht 15 000 l	
−	3 % Leckage 450 l	
=	**Nettogewicht 14 550 l** · 0,90 DM	**13 095,00 DM**
−	10,5 % Liefererrabatt	1 375,00 DM
=	**Zieleinkaufspreis**	**11 720,00 DM**
+	Umladegebühren	120,00 DM
+	LKW-Fracht, Grenzabfertigung	1 832,75 DM
+	10 % Zoll von 13 270,00 DM	1 327,00 DM
+	0,75 % Transportversicherung von 16 700,00 DM . .	125,25 DM
=	**Bezugspreis für 14 550 l**	**15 125,00 DM**
	Bezugspreis für 100 l	**103,95 DM**

Berechnung des Zollwertes und der Zollabgabe:

	Rechnungspreis (Zieleinkaufspreis)	11 720,00 DM
+	Gebühren, Transportkosten bis Grenze	1 550,00 DM
	Zollwert	13 270,00 DM
	davon 10 %	**1 327,00 DM**

Berechnung des Versicherungswertes und der Prämie:

	Rechnungspreis (Zieleinkaufspreis)	11 720,00 DM
+	Gebühren, Fracht	1 952,75 DM
+	erwarteter Gewinn (25 % vom Rechnungspreis) . . .	2 930,00 DM
	Versicherungswert	16 602,75 DM
	gerundeter Versicherungswert	16 700,00 DM
	davon 0,75 %	**125,25 DM**

6583338

Aufgaben

406 Eine Großhandlung bezieht 12 400 kg Düngemittel zum Listenpreis von 12,00 DM je 50 kg. *Berechnen Sie den Einstandspreis für 50 kg, wenn 15 % Liefererrabatt und 2 % Liefererskonto gewährt werden und die Bezugskosten 55,00 DM je t betragen.*

407 Eine Großhandlung für Autozubehör hat zwei Angebote über Radzierkappen vorliegen:
1. 2 000 Stück Radzierkappen, Listenpreis 52,00 DM je Satz (4 Stück); 12,5 % Liefererrabatt; 1,5 % Liefererskonto; 500,00 DM Fracht insgesamt.
2. 2 000 Stück Radzierkappen, Listenpreis 56,00 DM je Satz (4 Stück); 15 % Liefererrabatt; 2 % Liefererskonto; 540,00 DM Fracht insgesamt.

Berechnen Sie den Einstandspreis für 1 Satz Zierkappen.

408 Ein Fahrradgroßhändler bezieht 50 Herrensporträder zum Listenpreis von 180,00 DM je Fahrrad und 50 Damensporträder zum Listenpreis von 165,00 DM je Fahrrad. Der Einkaufsrabatt beträgt 12 %. Für Zahlung innerhalb der vereinbarten Frist werden 2 % Liefererskonto gewährt. Die Verpackung für die gesamte Sendung wird mit 320,00 DM in Rechnung gestellt. Für Fracht und Rollgeld fallen insgesamt 580,00 DM an. *Berechnen Sie den Einstandspreis für ein Herren- und ein Damensportrad.*

409 Ein Großhändler für Elektronikbauteile erwirbt von einem deutschen Hersteller 50 000 Speichermodule für PC's. Der Lieferant berechnet einen Stückpreis von 26,50 DM und gewährt einen Mengenrabatt von 18 %. Bei Zahlung innerhalb von 15 Tagen nach Rechnungseingang können 2,5 % Skonto abgezogen werden. Für Nebenkosten stellt der Lieferant pauschal 4 % in Rechnung. *Berechnen Sie den Einstandspreis für 1 Modul.*

410 Ein Obstimporteur erhält die Rechnung des italienischen Lieferanten: 12 000 kg Weintrauben zum Listenpreis von 380,00 Lire je kg. Kurs: 1,10 DM für 1 000 Lire. Tara 2 %, Refaktie 3 %. Die Rechnung wird unter Abzug von 1,5 % Skonto beglichen. Der Spediteur berechnet an Transportkosten 3 000,00 DM und an Kosten für die Nachbeeisung 155,00 DM. *Berechnen Sie den Bezugspreis für 100 kg Weintrauben.*

411 Der Listenpreis einer Lieferung von 100 elektronischen Schachspielen aus den USA beträgt 74 000,00 $. Da die Lieferung fob New York erfolgt, muß der Importeur folgende Spediteurrechnungen bezahlen: Hafenspediteur New York 65,00 $, Seefracht New York – Hamburg 1 100,00 $, LKW-Fracht 450,00 DM. Die Zollabgabe beträgt 6 %. Die Transportversicherung macht 0,5 % des Versicherungswertes (unter Einrechnung von 10 % erwartetem Gewinn) aus. Die Rechnung wird unter Abzug von 2 % Skonto beglichen. *Berechnen Sie den Einstandspreis für ein Schachspiel bei einem Kurs von 1,65.*

412 Ein Weingroßhändler bezieht von einer Winzergenossenschaft 10 000 Flaschen Wein der Qualität „Kabinett" zu je 2,25 DM mit 15 % Rabatt und 5 000 Flaschen Wein der Qualität „Spätlese" zu je 3,20 DM mit 10 % Rabatt. Zahlungsbedingungen: Zahlbar innerhalb von 10 Tagen mit 2 % Skonto oder innerhalb von 30 Tagen ohne Abzug. Gewicht der Sendung: „Kabinett" 10 200 kg, „Spätlese" 5 800 kg. Die Frachtkosten für die gesamte Sendung betragen 2 400,00 DM netto. Für die Transportversicherung sind 1 % des Versicherungswertes (unter Einrechnung von 20 % erwartetem Gewinn vom Rechnungspreis) anzusetzen. *Berechnen Sie die Einstandspreise für je 1 Karton (= 6 Flaschen) Wein.*

3.2.2   Handlungskostensatz

Kostenträger. Im Großhandelsbetrieb hat jede Ware oder Warengruppe die Kosten zu übernehmen, die durch sie bei der Beschaffung, bei der Lagerung, bei der Verwaltung und beim Absatz verursacht wurden. Die Ware oder Warengruppe ist somit in der Regel Kostenträger. Über den für die Ware errechneten Verkaufspreis müssen mindestens diese Kosten in das Unternehmen zurückfließen. Anderenfalls ist die Existenz des Unternehmens gefährdet.

Merke: **Kostenträger im Großhandelsbetrieb sind in der Regel die Waren oder Warengruppen.**

Verteilung der Kosten auf die Kostenträger. Die im Großhandelsbetrieb anfallenden Kosten lassen sich nicht immer direkt und genau auf die einzelne Ware oder Warengruppe verteilen:

● Die Warenaufwendungen lassen sich eindeutig einer bestimmten Ware oder Warengruppe zuordnen, da sie als Einzelkosten (vgl. S. 331) für eine bestimmte Ware angefallen sind. Sie werden in der Buchhaltung innerhalb der Kontenklasse 3 erfaßt und bilden die Grundlage zur Berechnung des Handlungskostensatzes.

● Die Handlungskosten lassen sich meist nicht eindeutig einer bestimmten Ware oder Warengruppe zuordnen, da sie überwiegend als Gemeinkosten (vgl. S. 331) für alle Waren insgesamt oder für den Betrieb angefallen sind. Sie werden innerhalb der Kontenklassen 2 und 4 erfaßt. Um sie dennoch einer bestimmten Ware oder Warengruppe zurechnen zu können, setzt man sie in ein Prozentverhältnis zu den Warenaufwendungen.

Handlungskostensatz. Der Handlungskostensatz gibt an, wieviel Prozent die Handlungskosten einer Abrechnungsperiode bezogen auf die Warenaufwendungen dieser Abrechnungsperiode betragen. Dadurch ist es möglich, jede Ware oder Warengruppe mit genau dem Teil der Handlungskosten zu belasten, der ihrem Anteil an den Warenaufwendungen entspricht.

Beispiel: Die Ergebnistabelle der Kern KG (vgl. S. 326) zeigt zum Ende des Abrechnungsmonats folgende Kosten und Leistungen:

Kosten			Leistungen	
Warenaufwendungen ...		1 296 000,00	Umsatzerlöse	
Handlungskosten:			(Warenverkauf)	2 490 000,00
Löhne	180 000,00			
Gehälter	300 000,00			
Soz. Aufwend.	50 000,00			
Mieten	60 000,00			
Steuern	55 000,00			
Versicherungen	5 000,00			
Werbe-/Reisek.	40 000,00			
Provisionen .	20 000,00			
Frachten	80 000,00			
Betriebskosten	60 000,00			
Kalk. Kosten .	110 000,00	957 000,00		
Kosten insgesamt		**2 253 000,00**	**Leistungen insgesamt** ..	**2 490 000,00**

Warenaufwendungen der Rechnungsperiode:	1296000,00 DM
Handlungskosten der Rechnungsperiode:	957000,00 DM

$$\text{Zuschlagssatz für Handlungskosten (Handlungskostensatz)} = \frac{\text{Handlungskosten} \cdot 100\,\%}{\text{Warenaufwendungen}}$$

$$= \frac{957\,000,00\ \text{DM} \cdot 100\,\%}{1\,296\,000,00\ \text{DM}} = \underline{\underline{73,84\,\%}}$$

Beispiel: Der Einstandspreis für eine <u>Doppelrolle</u> Küchenpapier beträgt 2,10 DM (vgl. S. 119; 2 · 1,05 DM = 2,10 DM). *Wie hoch sind bei einem Handlungskostensatz von 73,84 % die auf eine Doppelrolle entfallenden anteiligen Handlungskosten?*

Einstandspreis für eine Doppelrolle . . . . **2,10 DM**
darauf **73,84 % Handlungskosten** . . . . **1,55 DM**

Merke: **Der Handlungskostensatz drückt das Prozentverhältnis der Handlungskosten zu den Warenaufwendungen aus. Mit seiner Hilfe lassen sich für jede Ware die anteiligen Handlungskosten berechnen.**

Aufgaben

413 Die Elektrogroßhandlung Krüger KG, Rosenheim, bezieht 50 Heizlüfter mit Thermostat zum Bezugspreis von 45,00 DM je Stück.

Ermitteln Sie den Handlungskostensatz aus der Ergebnistabelle des vergangenen Geschäftsjahres und die anteiligen Handlungskosten für einen Heizlüfter.

Kosten		Leistungen	
Warenaufwendungen	1750000,00	Umsatzerlöse (Warenverk.) . .	2294000,00
Gehälter	130000,00		
Soziale Aufwendungen	47500,00		
Mieten und Pachten	36500,00		
Steuern/Abgaben	54000,00		
Reise/Werbung	65000,00		
Abschreibungen	26000,00		

414 *Errechnen Sie die Handlungskostensätze, und korrigieren Sie die früheren Handlungskostensätze.*

Früherer Zuschlagssatz	Warenaufwendg.	Handlungskosten	Neuer Zuschlagssatz
a) 30,5 %	980500,00	313760,00	?
b) 40,0 %	1045000,00	438900,00	?
c) 29,0 %	1312000,00	367360,00	?
d) 34,5 %	2080000,00	748800,00	?
e) 36,8 %	2460000,00	947100,00	?
f) 39,4 %	3530000,00	1447300,00	?

Aufgrund der angespannten Wirtschaftslage gehen die Verkaufszahlen und damit die Umsatzerlöse für einen Artikel zurück.

Welche Auswirkungen hat diese Entwicklung auf den Handlungskostenzuschlag?

3.2.3   Selbstkostenkalkulation

Handlungskosten. Die im Unternehmen anfallenden Handlungskosten werden dem Einstandspreis anteilmäßig zugerechnet. Im wesentlichen umfassen die Kosten folgende Kostenarten: Personalkosten, Mietkosten, Steuern, Abgaben, Werbe- und Reisekosten, Kosten der Warenabgabe, Allgemeine Verwaltungskosten, Abschreibungen u. a. (vgl. Beispiel S. 340).

Selbstkostenpreis. Aus der Summe von Einstandspreis und anteiligen Handlungskosten ergibt sich der Selbstkostenpreis einer Ware:

> **Einstandspreis**
> **+   anteilige Handlungskosten**
> **=   Selbstkostenpreis**

Beispiel: Der Einstandspreis für eine Doppelrolle Küchenpapier (vgl. S. 119, 341) beträgt 2,10 DM.

Wie hoch ist bei einem Handlungskostensatz von 73,84 % der Selbstkostenpreis?

	Einstandspreis für eine Doppelrolle	**2,10 DM**
+	**73,84 % Handlungskosten**	**1,55 DM**
=	**Selbstkostenpreis**	**3,65 DM**

Merke: **Nach Einrechnung der anteiligen Handlungskosten in den Einstandspreis einer Ware ergibt sich der Selbstkostenpreis.**

Lagerzinsen. Im Handlungskostensatz sind die anteiligen kalkulatorischen Zinsen für das im Lager gebundene Kapital bereits enthalten. Ein besonderer Zuschlag für Lagerzinsen kann nur dann angesetzt werden, wenn für eine Warengruppe eine besonders lange Lagerdauer festgestellt wurde (vgl. S. 320).

Beispiel: Die Papiergroßhandlung Kern KG hat für alle Warengruppen eine durchschnittliche Lagerdauer von 40 Tagen errechnet. Die Warengruppe „Vliesstoffe" fällt mit einer Lagerdauer von 160 Tagen deutlich aus dem Durchschnitt heraus. Für die zusätzliche Lagerdauer dieser Warengruppe von 120 Tagen soll ein Lagerzinszuschlag von 4 % (vgl. S. 320) kalkuliert werden.

Wie hoch ist der Selbstkostenpreis für eine Rolle Vliesstoff bei einem Einstandspreis von 1250,00 DM je Rolle und einem Handlungskostensatz von 73,84 %?

	Einstandspreis	**1 250,00 DM**
+	**4 % Lagerzinsen**	**50,00 DM**
	verzinster Einstandspreis	**1 300,00 DM**
+	**73,84 % Handlungskosten**	**959,92 DM**
=	**Selbstkostenpreis**	**2 459,92 DM**

Berechnung der Lagerzinsen:

$$4\,\% \text{ von } 1\,250{,}00 \text{ DM} = \frac{1\,250{,}00 \text{ DM} \cdot 4\,\%}{100\,\%} = 50{,}00 \text{ DM}$$

Berechnung der Handlungskosten:

$$73{,}84\,\% \text{ von } 1\,300{,}00 \text{ DM} = \frac{1\,300{,}00 \text{ DM} \cdot 73{,}84\,\%}{100\,\%} = 959{,}92 \text{ DM}$$

6583342

Aufgaben

Errechnen Sie die Selbstkosten für die gesamte Sendung und für eine Einheit.　　**415**

Menge	Listenpreis	Rabatt	Skonto	Bezugskosten	Hand-lungs-kosten
a) 200 Stück	35,00 DM je Stück	10 %	3 %	280,00 DM	32 %
b) 3850 kg	7,85 DM je kg	5 %	—	4,5 %	26 %
c) 3200 t	445,80 DM je t	25 %	2 %	48,50 DM je t	38 %
d) 400 Stück	8 400,00 DM gesamt	18 %	2½ %	736,30 DM gesamt	40 %
e) 2000 m	210,00 DM je m	40 %	1 %	17,25 DM je m	35 %
f) 800 kg	16 600,00 DM gesamt	16 %	—	2 %	44 %
g) 12 000 Stück	5,50 DM je Stück	12 %	3 %	0,18 DM je Stück	30 %
h) 824 m^3	182,00 DM je m^3	—	2 %	frei Haus	48 %
i) 360 hl	238,00 DM je hl	—	—	4,0 %	54 %
j) 125 m	42 400,00 DM gesamt	33 %	1 %	2040,00 DM gesamt	76 %

Die Lederwarengroßhandlung Merger KG, Köln, bezieht 100 Aktentaschen der Marke „Sena-　**416**
tor", schwarz, aus Offenbach zum Stückpreis von 98,00 DM.

Einkaufsbedingungen: Mengenrabatt 30 %; Skonto 2½ %; Bezugskosten 240,00 DM;
　　　　　　　　　　　Handlungskosten 35 %.

Errechnen Sie die Selbstkosten insgesamt und je Stück.

Die Farbengroßhandlung Berger & Co., Osnabrück, kauft 5 000 Dosen Holzschutzmittel zu　**417**
8,30 DM je Dose.

Einkaufsbedingungen: Mengenrabatt 35 %; Skonto 2½ %;
　　　　　　　　　　　Bezugskosten 2 400,00 DM für die gesamte Sendung.

Aus der FB und der KLR werden folgende Zahlen übernommen:

Aufwendungen: Warenaufwendungen 1 350 000,00 DM; Gehälter 220 000,00 DM; Miete/Pacht
45 000,00 DM; Steuern/Abgaben 30 500,00 DM; Betriebskosten 26 000,00 DM; AVK 36 800,00
DM; Werbungskosten 24 000,00 DM; kalkulatorische Abschreibungen 18 000,00 DM, kalkulatorische Zinsen 10 200,00 DM.

Erträge: Mieterträge 31 500,00 DM, Umsatzerlöse 1 940 000,00 DM.

Errechnen Sie die Selbstkosten für eine Dose.

Eine Großhandlung bezog zwei Waren in einer Sendung:　　**418**

Ware I: Bruttogewicht 4 200 kg, Tara 5 %, Listenpreis 12,00 DM je kg.

Ware II: Bruttogewicht 3 200 kg, Tara 4 %, Listenpreis 9,00 DM je kg.

Einkaufsbedingungen: 8 % Wiederverkäuferrabatt, 2 % Einkaufsskonto.

Die Bezugskosten für die gesamte Sendung beliefen sich auf 1 050,00 DM Gewichtsspesen
und 660,00 DM Wertspesen. Die Gewichtsspesen sind nach den Bruttogewichten, die Wertspesen nach den Listeneinkaufspreisen zu verteilen.

Wie hoch sind die Selbstkostenpreise für 1 kg jeder Ware, wenn der Großhändler mit 40 % Hand-
lungskosten kalkuliert?

3.2.4   Verkaufskalkulation

Aufgabe. Durch die Verkaufskalkulation wird der <u>kostendeckende Verkaufspreis</u> einer Ware ermittelt. Dieser Preis ergibt sich aus dem Selbstkostenpreis und der <u>stufenweisen Einrechnung</u> des <u>angemessenen Gewinns</u> und der anfallenden <u>Verkaufskosten</u>. Es ist nicht immer möglich, diesen kalkulierten Verkaufspreis auf dem Markt durchzusetzen. Preiskorrekturen sind erforderlich, wenn die Konkurrenzprodukte zu einem günstigeren Preis angeboten werden.

Kalkulatorischer Gewinn. Der unternehmerische Erfolg spiegelt sich im Betriebsgewinn wider. Dieser Gewinn muß so hoch ausfallen, daß er das <u>allgemeine Unternehmerrisiko</u> abdeckt. <u>Eigenkapitalverzinsung und Unternehmerlohn</u> werden in der Regel als <u>Teil der Handlungskosten kalkuliert</u> (vgl. S. 318/321). Sie sind damit anteilig im Handlungskostenzuschlag enthalten. Der kalkulatorische Gewinn läßt sich wie folgt bestimmen:

Beispiel 1: Die Gewinn- und Verlustrechnungen der Kern KG haben für die zurückliegenden Monate einen durchschnittlichen Umsatz in Höhe von 2 500 000,00 DM ausgewiesen. Der Unternehmer strebt eine Risikoprämie von 9 % des Umsatzes an.

Wie hoch ist der angestrebte durchschnittliche Monatsgewinn?

Risikoprämie (9 % von 2 500 000,00 DM) = ...	**225 000,00 DM**
= durchschnittlicher Monatsgewinn	**225 000,00 DM**

Gewinnzuschlag. Jede verkaufte Ware soll über den Erlös ihren Anteil zum Betriebsgewinn beitragen. Dies wird dadurch erreicht, daß bei der Kalkulation des Verkaufspreises ein Gewinnzuschlag in den Selbstkostenpreis eingerechnet wird. Als Zuschlagssatz wird entweder der branchenübliche Zuschlag oder der kalkulatorisch ermittelte Zuschlag verwendet, der zu dem angestrebten Monatsgewinn führt (vgl. oben).

Beispiel 2: Aus den Ergebnistabellen der Kern KG sind für die zurückliegenden Monate folgenden Zahlen errechnet worden:

durchschn. Warenaufwendungen 1 260 000,00 DM/Monat,
durchschn. Handlungskosten   970 000,00 DM/Monat.

Der Gewinnzuschlag ist bei einem angestrebten Monatsgewinn von 225 000,00 DM zu berechnen.

①   **durchschnittliche Warenaufwendungen . . . . .**   **1 260 000,00 DM**
    + durchschnittliche Handlungskosten . . . .   **970 000,00 DM**
    = durchschnittliche Selbstkosten der Periode . .   **2 230 000,00 DM**

② **Zuschlagssatz für Gewinn:**

$$\frac{\text{Gewinn} \cdot 100\,\%}{\text{Selbstkosten}} = \frac{225\,000,00 \cdot 100\,\%}{2\,230\,000,00} = 10,09\,\% \approx \underline{\underline{10\,\%}}$$

Merke: **Zuschlagsgrundlage für den kalkulatorischen Gewinnzuschlag sind die durchschnittlichen Selbstkosten mehrerer Abrechnungsperioden.**

Der tatsächlich erzielte Betriebsgewinn ist als Monatsgewinn oder als Jahresgewinn aus den monatlich und jährlich aufgestellten Ergebnistabellen zu ersehen. Er ist – über den tatsächlichen Gewinnzuschlag – mit dem kalkulatorischen Gewinnzuschlag zu vergleichen.

Beispiel 3: In der Ergebnistabelle der Kern KG für den Monat September (vgl. S. 326) wird der Betriebsgewinn mit 237 000,00 DM ausgewiesen. Aus den Zahlen der Ergebnistabelle läßt sich der Gewinnzuschlag wie folgt errechnen:

$$\frac{237\,000{,}00 \cdot 100\ \%}{2\,253\,000{,}00} = 10{,}52\ \%$$

Hieraus wird deutlich, daß der tatsächlich erzielte Gewinn den kalkulatorischen im betreffenden Monat übersteigt.

Der kalkulatorische Gewinn ist eine <u>Planungsgröße</u> des Unternehmers. Er wird <u>grundsätzlich in die Kalkulation eingesetzt</u>. In der Regel weicht der tatsächlich erzielte vom kalkulatorischen Gewinn ab, da die Marktpreise aufgrund unternehmerischer Entscheidungen festgesetzt werden oder durch die Marktsituation vorgegeben sind und nicht unbedingt mit den kalkulierten Verkaufspreisen übereinstimmen.

Merke: **Im kalkulatorischen Gewinn wird das allgemeine Unternehmerrisiko abgedeckt. Er ist Vergleichsgröße für den tatsächlich erzielten Gewinn.**

Barverkaufspreis. Durch Einrechnung des Gewinns in den Selbstkostenpreis wird sichergestellt, daß jede Ware ihren Anteil am Gewinn erbringt. Die Summe aus Selbstkostenpreis und Gewinn ist der Barverkaufspreis. In der Kalkulation ist somit folgendes Rechenschema zu verwenden:

	Selbstkostenpreis
+	**... % Gewinn**
=	**Barverkaufspreis**

Beispiel 4: Der Selbstkostenpreis für eine Doppelrolle Küchenpapier (vgl. Beispiel S. 342) beträgt 3,65 DM.

Wie hoch ist der Barverkaufspreis für die Ware bei einem Gewinnzuschlag von 10,0 %?

	Selbstkostenpreis	**3,65 DM**
+	**10,0 % Gewinn**	**0,37 DM**
=	**Barverkaufspreis**	**4,02 DM**

Nebenkosten beim Warenverkauf. Sofern beim Warenverkauf Kosten entstehen, die sich unmittelbar der Ware zurechnen lassen (z. B. Ausgangsfrachten, Transportkosten, Verpackungsmaterial, Vertriebsprovision), werden diese Kosten in den Barverkaufspreis eingerechnet. Sie gehen nicht zu Lasten des Verkäufers. In manchen Fällen müssen die Nebenkosten zunächst über entsprechende Prozentzuschläge ausgerechnet werden (z. B. Transportversicherung, Vertriebsprovision). Hierbei ist zu beachten, daß die Zuschlagsgrundlage ($\stackrel{\wedge}{=}$ 100 %) für die genannten Kosten der <u>Zielverkaufspreis</u> ist, nicht aber der Barverkaufspreis: Der Vertreter z. B. beansprucht seine Provision vom vereinbarten Rechnungspreis (= Zielverkaufspreis).

	Barverkaufspreis
+	**Nebenkosten (z. B. Vertriebsprovision)**
=	**Zielverkaufspreis**

Beispiel 5: Der Barverkaufspreis für eine Doppelrolle Küchenpapier beträgt 4,02 DM (vgl. Beispiel 4, S. 345). Die Vertriebsprovision beträgt 6 %.

Vertriebsprovision und Zielverkaufspreis sind zu berechnen.

Barverkaufspreis	**4,02 DM** $\hat{=}$	**94 %**
+ **Vertriebsprovision (i. H.)**	**0,26 DM** $\hat{=}$	**6 %**
= **Zielverkaufspreis**	**4,28 DM** $\hat{=}$	**100 %**

Lösung über Dreisatz:

94 % $\hat{=}$ 4,02 DM
6 % $\hat{=}$ x DM

$$x = \frac{4{,}02 \text{ DM} \cdot 6\,\%}{94\,\%} = 0{,}26 \text{ DM Vertriebsprovision}$$

Kundenskonto und Kundenrabatt stellen Verkaufszuschläge dar, die vom Verkäufer entweder für Zahlung innerhalb bestimmter Fristen (Kundenskonto) oder für die Abnahme bestimmter Warenmengen (Mengenrabatt) gewährt werden. Sie sollen dem Kunden nur unter den genannten Bedingungen zugute kommen und gehen nicht zu Lasten des Verkäufers.

Kundenskonto wird bei der Vorwärtskalkulation in den Barverkaufspreis eingerechnet, Kundenrabatt in den Zielverkaufspreis. Zu beachten ist hierbei, daß die Zuschlagsgrundlage ($\hat{=}$ 100 %) für <u>Kundenskonto</u> der <u>Zielverkaufspreis</u> ist, da der Kunde Skonto vom Rechnungspreis (= Zielverkaufspreis) abzieht. Die Zuschlagsgrundlage für <u>Kundenrabatt</u> ist der <u>Nettoverkaufspreis</u> (= Angebotspreis): Sofortrabatte werden bereits vor der Rechnungslegung vom Verkäufer in Abzug gebracht.

Da Kundenskonto und Vertriebsprovision jeweils vom Zielverkaufspreis berechnet werden, sind sie zu einem <u>gemeinsamen Zuschlagssatz</u> zusammenzufassen.

Beispiel 6: Die Kern KG kalkuliert den Einstandspreis für eine Doppelrolle Küchenpapier mit 2,10 DM (vgl. S. 341). Die Handlungskosten werden mit 73,84 % eingerechnet (vgl. S. 341), der Gewinn mit 10 %. Bei der Kalkulation des Angebotspreises sollen 2 % Kundenskonto, 6 % Vertriebsprovision und 10 % Kundenrabatt berücksichtigt werden.

Wie hoch ist der Angebotspreis für 1 Doppelrolle?

Einstandspreis	**2,10 DM**		
+ **73,84 % Handlungskosten** ..	**1,55 DM**		
Selbstkostenpreis	**3,65 DM**		
+ **10 % Gewinn**	**0,37 DM**		
Barverkaufspreis	**4,02 DM** $\hat{=}$	92 %	
+ **2 % Kundenskonto**	**0,09 DM** $\hat{=}$	8 %	
+ **6 % Vertriebsprovision**	**0,26 DM**		
Zielverkaufspreis	**4,37 DM** $\hat{=}$ 100 %	$\hat{=}$	90 %
+ **10 % Kundenrabatt**	**0,49 DM**	$\hat{=}$	10 %
= **Angebotspreis**	**4,86 DM**	$\hat{=}$	100 %

Der Angebotspreis wird auf 4,85 DM je Doppelrolle festgesetzt.

6583346

Berechnung der Zuschläge:

Kundenskonto:

$$\begin{aligned} 92\,\% &\overset{\wedge}{=} 4{,}02\ \text{DM} \\ 2\,\% &\overset{\wedge}{=} x\ \text{DM} \end{aligned} \qquad x\ \text{DM} = \frac{4{,}02\ \text{DM} \cdot 2\,\%}{92\,\%} = 0{,}09\ \text{DM}$$

Vertriebsprovision:

$$\begin{aligned} 92\,\% &\overset{\wedge}{=} 4{,}02\ \text{DM} \\ 6\,\% &\overset{\wedge}{=} x\ \text{DM} \end{aligned} \qquad x\ \text{DM} = \frac{4{,}02\ \text{DM} \cdot 6\,\%}{92\,\%} = 0{,}26\ \text{DM}$$

Kundenrabatt:

$$\begin{aligned} 90\,\% &\overset{\wedge}{=} 4{,}37\ \text{DM} \\ 10\,\% &\overset{\wedge}{=} x\ \text{DM} \end{aligned} \qquad x\ \text{DM} = \frac{4{,}37\ \text{DM} \cdot 10\,\%}{90\,\%} = 0{,}49\ \text{DM}$$

Merke:
- **Zuschlagsgrundlage für die Berechnung des Kundenskontos <u>und</u> der Vertriebsprovision ist der Zielverkaufspreis.**
- **Zuschlagsgrundlage für die Berechnung des Kundenrabatts ist der Nettoverkaufspreis (Angebotspreis).**

Aufgaben

419 Die Selbstkosten für 200 000 m Verpackungsfolien betragen 610 000,00 DM. Das Angebot an einen Kunden wird mit 12 % Gewinn, 3 % Kundenskonto und 20 % Mengenrabatt kalkuliert.
Wie hoch ist der Angebotspreis insgesamt und für 100 m Folie?

420 *Errechnen Sie die Angebotspreise insgesamt und für eine Einheit.*

Menge	Selbstkosten in DM	Gewinn	Verkaufsskonto	Verkaufsrabatt
a) 600 Stück	21 600,00	12 %	2 %	10 %
b) 200 m	9 000,00	15 %	1 %	20 %
c) 12,5 t	175 000,00	20 %	3 %	12½ %
d) 320 Stück	11 200,00	22 %	2½ %	25 %
e) 4 500 kg	30 500,00	18 %	2 %	15 %
f) 3 000 m	45 000,00	10 %	3 %	8 %

421 Der Barverkaufspreis einer Ware beträgt 316,00 DM.
Wie hoch ist der Angebotspreis, wenn 6 % Vertriebsprovision, 3 % Skonto und 15 % Rabatt kalkuliert werden?

422 Der Barverkaufspreis für eine Ware wurde mit 316,50 DM kalkuliert. Der Großhändler gewährt bei einer Abnahme von mindestens 10 Stück in einem Auftrag 40 % Wiederverkäuferrabatt.
Berechnen Sie den Listenverkaufspreis (= Angebotspreis) für 1 Stück, wenn zusätzlich 2 % Verkaufsskonto berücksichtigt werden sollen.

423 Eine Großhandlung bietet repräsentative Keramikvasen aus Italien an. Den Einstandspreis hat sie mit 34,50 DM je Vase kalkuliert.
Berechnen Sie den Angebotspreis unter Berücksichtigung folgender Zuschläge: 42 % Handlungskosten, 10 % Gewinn, 35 % Verkaufsrabatt bei einer Mindestabnahme von 50 Stück, 3 % Verkaufsskonto.

3.2.5 Zusammenfassung der Kalkulationsschritte

Bisher wurde die Zuschlagskalkulation in ihrem stufenweisen Aufbau als Bezugs-, Selbstkosten- und Verkaufskalkulation dargestellt. Das nachfolgende Beispiel zeigt die Kalkulation eines Artikels vom Listenpreis bis zum Angebotspreis auf der Grundlage des Kalkulationsschemas von Seite 336.

Beispiel: Die Papiergroßhandlung Kern KG kalkuliert auf der Grundlage des Angebotes der Zendermühle AG (vgl. S. 119) den Angebotspreis für eine Doppelrolle Küchenpapier. Als innerbetriebliche Zuschläge sind zu berücksichtigen: 73,84 % Handlungskosten, 10 % Gewinn, 2 % Kundenskonto, 6 % Vertriebsprovision, 10 % Kundenrabatt.

	Listenpreis	2,50 DM		
−	20 % Liefererrabatt	0,50 DM		
	Zieleinkaufspreis	2,00 DM		
−	2,5 % Liefererskonto	0,05 DM		
	Bareinkaufspreis	1,95 DM		
+	Bezugskosten (700 : 5 000 =)	0,14 DM		
	Einstandspreis je Doppelrolle	2,09 DM ≈ 2,10 DM		
+	73,84 % Handlungskosten	1,55 DM		
	Selbstkostenpreis	3,65 DM		
+	10 % Gewinn	0,37 DM		
	Barverkaufspreis	4,02 DM	≙ 92 %	
+	2 % Kundenskonto	0,09 DM	≙ 8 %	
+	6 % Vertriebsprovision	0,26 DM		
	Zielverkaufspreis (Rechnungspreis)	4,37 DM	≙ 100 % ▼	≙ 90 %
+	10 % Kundenrabatt	0,49 DM		≙ 10 %
=	Angebotspreis für eine Doppelrolle	4,86 DM		≙ 100 % ▼

Der Angebotspreis kann auf 4,85 DM je Doppelrolle festgesetzt werden.

Aufgaben

424 Der Einstandspreis für 5000 m Markisenstoff beträgt 132 500,00 DM. Das Angebot an einen Kunden wird mit 68 % Handlungskosten, 12 % Gewinn, 3 % Kundenskonto und 20 % Mengenrabatt kalkuliert.

Wie hoch ist der Angebotspreis insgesamt und für 100 m Stoff?

425 Eine Großhandlung bietet ihren Kunden kunsthandwerkliche Bodenvasen aus Italien an. Der Hersteller gewährt auf den Listeneinkaufspreis von 46,20 DM je Vase einen Liefererrabatt von 8 %.

Berechnen Sie den Angebotspreis unter Berücksichtigung folgender Zuschläge: 42 % Handlungskosten, 10 % Gewinn, 35 % Verkaufsrabatt bei einer Mindestabnahme von 50 Stück, 3 % Verkaufsskonto.

426 Aus der Ergebnistabelle einer Großhandlung sind die folgenden Zahlen entnommen worden:

Warenaufwendungen der Rechnungsperiode 425 000,00
Handlungskosten 255 000,00
Gewinn 153 000,00

1. *Berechnen Sie die Zuschlagssätze für die Handlungskosten und den Gewinn.*

2. *Kalkulieren Sie auf der Grundlage dieser Zuschlagssätze den Angebotspreis für folgenden Artikel: Zieleinkaufspreis 820,00 DM; 2,5 % Einkaufsskonto; 10,50 DM Bezugskosten; 3 % Verkaufsskonto; 4 % Vertriebsprovision; 5 % Verkaufsrabatt.*

6583348

Eine Lebensmittelgroßhandlung beschließt das Geschäftsjahr mit folgenden Kosten und **427** Erlösen:

Kosten	Auszug aus der Ergebnistabelle	Leistungen
Warenaufwendungen 800 000,00	Umsatzerlöse (Warenverk.) ... 1 620 000,00	
Personalkosten 265 000,00		
Miete 60 000,00		
Kalkulatorische Zinsen 12 000,00		
Werbekosten 45 000,00		
Transportkosten 33 000,00		
Betriebskosten 74 000,00		
Allgemeine Verwaltungskosten 21 000,00		
Kalkulator. Abschreibungen . 130 000,00		
Betriebsgewinn 180 000,00		
1 620 000,00		1 620 000,00

1. *Berechnen Sie den Handlungskosten- und den Gewinnzuschlag.*
2. *Der Großhändler hat im abgelaufenen Geschäftsjahr mit einem Handlungskostenzuschlag von 75 % und einem Gewinnzuschlag von 15 % kalkuliert. Vergleichen Sie in einer Gegenüberstellung die mit den bisherigen und den aktuellen Zuschlagssätzen kalkulierten Barverkaufspreise. (Gehen Sie von einem Einstandspreis 100,00 DM aus.)*
3. *Im folgenden Geschäftsjahr sollen die aktuellen Zuschlagssätze verwendet werden. Kalkulieren Sie den Angebotspreis für eine neu ins Sortiment aufzunehmende Ware: Listenpreis 420,00 DM, 8 % Einkaufsrabatt, 2 % Einkaufsskonto, 12,50 DM Bezugskosten, 1 % Kundenskonto, 5 % Kundenrabatt.*

Im Monat Juni zeigten die Warenkonten einer Großhandlung folgende Bewegungen: **428**

1. Anfangsbestand: Waren Sorte A 300 000,00
   Waren Sorte B 350 000,00
2. Verkäufe: Waren Sorte A, netto 223 680,00
   Waren Sorte B, netto 204 000,00
3. Einkäufe: Waren Sorte A, Warenwert 40 000,00
   Waren Sorte B, Warenwert 60 000,00
4. Bezugskosten: Waren Sorte A, netto 2 500,00
   Waren Sorte B, netto 3 500,00
5. Rücksendungen von Waren Sorte A an Lieferer, Warenwert 5 000,00
6. Rücksendungen von Waren Sorte B von Kunden, Warenwert 4 000,00
7. Lieferer gewährt Preisnachlaß für Waren Sorte B, netto 6 000,00
8. Kunde erhält Preisnachlaß für Waren Sorte A, netto 8 000,00
9. Schlußbestand: Waren Sorte A 237 500,00
   Waren Sorte B 287 500,00

1. *Führen Sie die Warenkonten und schließen Sie sie über das GuV-Konto ab.*
2. *Bestimmen Sie die Warenaufwendungen der Waren Sorte A und B und den gemeinsamen Handlungskostenzuschlag, wenn die gesamten Kosten der Rechnungsperiode 140 400,00 DM betragen.*
3. *Berechnen Sie den Gewinn in Prozent der Selbstkosten.*
4. *Kalkulieren Sie einen Artikel der Sorte A, der zum Listenpreis von 415,00 DM mit 12 % Liefererrabatt, 2 % Liefererskonto sowie 13,50 DM Bezugskosten eingekauft wird. Für Kundenskonto sind 1,5 % einzurechnen.*

429 Die aufbereitete Ergebnistabelle eines Großhandelsbetriebes weist für die abgelaufene Rechnungsperiode folgende Zahlen aus:

Auszug aus der Ergebnistabelle (KLR-Bereich)

Warenaufwendungen	420 000,00 DM	–
ges. Handlungskosten	168 000,00 DM	–
Umsatzerlöse (Warenverkauf)	–	676 200,00 DM
	588 000,00 DM	676 200,00 DM
Betriebsgewinn	88 200,00 DM	
	676 200,00 DM	676 200,00 DM

1. *Berechnen Sie den Handlungskosten- und den Gewinnzuschlag.*

2. *Kalkulieren Sie auf dieser Grundlage den Angebotspreis einer Ware unter Berücksichtigung folgender Angaben:*

   260,00 DM Listenpreis, 15 % Liefererrabatt, 2 % Bezugskosten, 3 % Kundenskonto, 10 % Kundenrabatt.

430 Für einen Taschenrechner, der vom Hersteller zum Listenpreis von 35,00 DM je Stück angeboten wird, kalkuliert ein Großhändler den Angebotspreis aufgrund folgender Angaben:

8 % Liefererrabatt, 2 % Liefererskonto, 3 % Bezugskosten, 65 % Handlungskosten, 12 % Gewinn, 1,5 % Kundenskonto, 5 % Kundenrabatt.

431 Der Einstandspreis einer Ware beläuft sich auf 136,00 DM. Die innerbetrieblichen Kalkulationszuschläge betragen:

55 % Handlungskosten, 16 % Gewinn, 2 % Kundenskonto, 4 % Vertriebsprovision, 5 % Kundenrabatt.

Berechnen Sie den Angebotspreis.

432 Der MAGRO-Markt bezieht vom Erzeugergroßmarkt Speisekartoffeln im Bruttogewicht von 12 500 kg, Tara 4 %. Der Preis für 100 kg beträgt 36,00 DM.

Kalkulieren Sie den Angebotspreis für einen 25-kg-Sack unter Berücksichtigung folgender Angaben: 5 % Liefererrabatt, 2 % Liefererskonto, 65 % Handlungskostenzuschlag, 8 % Gewinnzuschlag, 10 % Verkaufsrabatt, 2 % Verkaufsskonto.

433 Ein Werkzeugmaschinen-Großhändler bietet eine Drehbank nach folgenden Angaben an:

Einstandspreis 35 000,00 DM, 2 % Lagerzinszuschlag, 40 % Handlungskosten, 15 % Gewinn, 2 % Verkaufsskonto, 5 % Vertriebsprovision.

Berechnen Sie den Angebotspreis.

434 Eine Ladenkette importiert aus Japan 500 Kleinbildkameras, Listenpreis 3 450 000,00 Yen. Mengenrabatt: 10 %. Kurs 1,40. Die Lieferung erfolgt cif Hamburg. Der LKW-Spediteur berechnet für den Transport aus dem Freihafen bis zum Empfänger 835,00 DM Fracht. Es sind 10 % Zoll zu entrichten. Der Rechnungsausgleich erfolgt nach 10 Tagen mit 2 % Skontoabzug.

   a) *Wie hoch ist der Bezugspreis für eine Kamera?*

   b) *Wie hoch ist der Ladenpreis (einschl. 15 % Umsatzsteuer auf den Zielverkaufspreis) für eine Kamera, wenn 55 % Handlungskosten, 10 % Gewinn und 2 % Verkaufsskonto zu berücksichtigen sind?*

6583350

3.2.6   Kalkulationszuschlag und Kalkulationsfaktor

Vereinfachung der Verkaufskalkulation. Das bisher gezeigte Verfahren der Zuschlagskalkulation für einzelne Waren setzt voraus, daß man von Kalkulationsstufe zu Kalkulationsstufe jeweils Zwischenergebnisse bilden muß.

Sofern die Verkaufspreise mehrerer Waren oder Warengruppen mit <u>gleichen Zuschlagssätzen</u> kalkuliert werden, läßt sich die Preisberechnung dadurch vereinfachen, daß man die einzelnen Zuschlagssätze <u>zu einem einzigen Zuschlagssatz</u> zusammenfaßt, der die unmittelbare Berechnung des Verkaufspreises zuläßt.

Kalkulationszuschlag. Der aus den Einzelzuschlägen gebildete Zuschlagssatz heißt Kalkulationszuschlag. Er enthält nur die <u>innerbetrieblich anfallenden Zuschläge</u> für Handlungskosten, Gewinn und Verkaufskosten (Kundenskonto, Vertriebsprovision, Kundenrabatt). Die Bezugskalkulation ist auch bei diesem vereinfachten Kalkulationsverfahren für jede Ware oder Warengruppe gesondert durchzuführen, da sie in der Regel auf unterschiedlichen Einkaufsbedingungen beruht.

Berechnung des Kalkulationszuschlags. Der Kalkulationszuschlag ergibt sich aus der Differenz von Einstandspreis und Nettoverkaufspreis, ausgedrückt in Prozenten des Einstandspreises. Man kann ihn auch durch eine besondere Kalkulation, bei der man von 100,00 DM Einstandspreis ausgeht, berechnen. Es wäre falsch, ihn durch Addition der Einzelzuschläge bestimmen zu wollen.

Beispiel 1: Die Kern KG kalkuliert die Verkaufspreise ihrer verschiedenen Warengruppen mit folgenden Einzelzuschlägen:
73,84 % Handlungskosten, 10 % Gewinn, 2 % Kundenskonto, 6 % Vertriebsprovision, 10 % Kundenrabatt.
Ausgehend von einem <u>angenommenen Einstandspreis von 100,00 DM</u> ist der Kalkulationszuschlag zu berechnen.

	Einstandspreis	100,00 DM
+	73,84 % Handlungskosten	73,84 DM
	Selbstkostenpreis	173,84 DM
+	10 % Gewinn	17,38 DM
	Barverkaufspreis	191,22 DM
+	2 % Kundenskonto	4,16 DM
+	6 % Vertriebsprovision	12,47 DM
	Zielverkaufspreis	207,85 DM
+	10 % Kundenrabatt	23,09 DM
=	Angebotspreis	230,94 DM

$$\text{Kalkulationszuschlag} = \frac{(\text{Angebotspreis} - \text{Einstandspreis}) \cdot 100\,\%}{\text{Einstandspreis}}$$

$$= \frac{(230,94\ \text{DM} - 100,00\ \text{DM}) \cdot 100\,\%}{100,00\ \text{DM}} = 130,94\,\% \approx \underline{\underline{131\,\%}}$$

Beispiel 2: Für eine Doppelrolle Küchenpapier sind der Einstands- und der Angebotspreis bekannt:
Einstandspreis 2,10 DM; Angebotspreis 4,85 DM (vgl. S. 348).
Der Kalkulationszuschlag ist zu berechnen.

$$\text{Kalkulationszuschlag} = \frac{(\text{Angebotspreis} - \text{Einstandspreis}) \cdot 100\,\%}{\text{Einstandspreis}}$$

$$= \frac{(4{,}85\,\text{DM} - 2{,}10\,\text{DM}) \cdot 100\,\%}{2{,}10\,\text{DM}} = 130{,}95$$

$$\approx \underline{\underline{131\,\%}}$$

Merke: **Der Kalkulationszuschlag ist die Differenz zwischen Einstandspreis und Angebotspreis, ausgedrückt in Prozenten des Einstandspreises. Er wird entweder durch eine besondere Kalkulation (ausgehend von 100,00 DM Einstandspreis) ermittelt oder aus vorgegebenem Einstands- und Nettoverkaufspreis berechnet.**

Anwendung. Ist für eine Warengruppe der Kalkulationszuschlag ermittelt worden, läßt sich die Verkaufskalkulation mit **einer** Prozentrechnung durchführen.

Beispiel: Für die Warengruppe „Hygienepapiere" ist ein Kalkulationszuschlag von 131 % ermittelt worden. Der Einstandspreis für Küchenrollen beträgt 2,10 DM je Doppelrolle.
Der Angebotspreis ist zu berechnen.

Einstandspreis .... 2,10 DM	$\triangleq$ 100 %
+ 131 % Kalkulationszuschlag .... 2,75 DM	$\triangleq$ 131 %
= Angebotspreis .... 4,85 DM	$\triangleq$ 231 %

$$\begin{array}{ll} 100\,\% & \triangleq \quad 2{,}10\,\text{DM} \\ 131\,\% & \triangleq \quad x \quad \text{DM} \end{array} \qquad x = \frac{2{,}10\,\text{DM} \cdot 131\,\%}{100\,\%} = 2{,}75\,\text{DM}$$

Kalkulationsfaktor. Die Anwendung des Kalkulationsfaktors stellt beim heute üblichen Rechnen mit Rechenmaschinen (Taschenrechner, Rechenautomaten) eine weitere Vereinfachung der Warenkalkulation dar. Während bei der Verwendung des Kalkulationszuschlags ein prozentualer Zuschlag auszurechnen und zum Einstandspreis zu addieren ist, wird beim Rechnen mit dem Kalkulationsfaktor der Verkaufspreis durch eine einzige Multiplikation ermittelt.

Beispiel zur Berechnung des Kalkulationsfaktors: (vgl. S. 351)

Einstandspreis .... 100,00 DM
Kalkulationszuschlag 131   %

Einstandspreis (angenommen) .... 100,00 DM
+ Kalkulationszuschlag .... 131,00 DM
= Angebotspreis .... 231,00 DM

$$\text{Kalkulationsfaktor} = \frac{\text{Angebotspreis}}{\text{Einstandspreis}} = \frac{231}{100} = \underline{\underline{2{,}31}}$$

Merke: **Der Kalkulationsfaktor ist die Zahl, mit der der Einstandspreis multipliziert werden muß, um den Angebotspreis zu erhalten.**

Anwendung. Der Einstandspreis einer Doppelrolle Küchenpapier beträgt 2,10 DM. Der Angebotspreis ergibt sich unter Anwendung des Kalkulationsfaktors unmittelbar aus folgender Rechnung:

Einstandspreis	·	Kalkulationsfaktor	=	Nettoverkaufspreis
2,10 DM	·	2,31	=	4,85 DM

6583352

Aufgaben – Fragen

Begründen Sie, warum der Kalkulationszuschlag nicht durch Addition der Einzelzuschläge **435**
berechnet werden kann.

Berechnen Sie zu den Aufgaben 430–433, Seite 350, jeweils den Kalkulationszuschlag und den **436**
Kalkulationsfaktor.

Ein Kaufmann kalkuliert mit folgenden innerbetrieblichen Zuschlägen: **437**
Handlungskosten: 44 %; Gewinn: 16 %; Kundenskonto: 2 %.

Berechnen Sie den Kalkulationszuschlag und den Kalkulationsfaktor.

In den 3 Hauptabteilungen eines Großhandelsunternehmens wird mit folgenden Zuschlägen **438**
kalkuliert:

Abteilung	Handlungs-kosten	Gewinn	Kunden-skonto	Vertreter-provision	Kunden-rabatt
A	65 %	12 %	2 %	4 %	10 %
B	48 %	15 %	—	3 %	15 %
C	54 %	18 %	1 %	5 %	20 %

1. *Berechnen Sie jeweils den Kalkulationszuschlag und den Kalkulationsfaktor.*

2. In das Sortiment der Abteilung A wird ein Küchengerät zum Listenpreis von 74,00 DM aufgenommen. Der Liefererrabatt beträgt 15 %, der Liefererskonto 2 % und die Bezugskosten
   3,40 DM je Gerät.

   Bestimmen Sie mit Hilfe des Kalkulationsfaktors den Nettoverkaufspreis (Angebotspreis).

3. In das Sortiment der Abteilung C soll ein Gerät aufgenommen werden, das zum Einstandspreis von 145,00 DM eingekauft und aus Konkurrenzgründen zum Nettoverkaufspreis von
   326,25 DM an den Einzelhandel abgegeben wird.

   Überprüfen Sie, ob der für die Abteilung C errechnete Kalkulationszuschlag erreicht wird.

Ein neuer Artikel, der zum empfohlenen Richtpreis von 365,00 DM verkauft werden soll, kann **439**
zum Listenpreis von 150,00 DM mit 10 % Liefererrabatt, 2 % Liefererskonto und 14,70 DM
Bezugskosten eingekauft werden. Im Unternehmen wird mit einem Kalkulationsfaktor von
1,45 kalkuliert.

Überprüfen Sie, ob dieser Artikel unter Beibehaltung der innerbetrieblichen Zuschläge in das
Sortiment aufgenommen werden kann.

In einem Großhandelsbetrieb soll die Zuschlagskalkulation auf die einfachere Kalkulation **440**
mit dem Kalkulationszuschlag umgestellt werden.

Es wurde bisher mit folgenden Einzelzuschlägen gerechnet:

34 % Handlungskosten, 8 % Gewinn, 2 % Kundenskonto, 3 % Vertriebsprovision, 15 % Kundenrabatt.

1. *Berechnen Sie den Kalkulationszuschlag.*

2. *Ermitteln Sie den Angebotspreis für eine Ware, die zum Listenpreis von 345,00 DM mit 12 %*
   Liefererrabatt, 3 % Liefererskonto und 21,50 DM Bezugskosten eingekauft wurde.

3.2.7 Rückwärtskalkulation

Aufwendbarer Einkaufspreis. Die Marktlage, in der sich der Händler befindet, ist in der Regel dadurch gekennzeichnet, daß er den <u>Verkaufspreis seiner Waren nicht frei festsetzen</u> kann. Die Konkurrenzsituation, die vom Hersteller vorgegebenen Richtpreise oder behördliche Preisfestsetzungen legen die Verkaufspreise <u>nach oben</u> fest. Eine Unterschreitung der Verkaufspreise ist nur bei besonders günstiger Kostenlage gegenüber der Konkurrenz oder durch Anwendung der Preisdifferenzierung (vgl. Kapitel „Deckungsbeitragsrechnung", S. 375 f.) möglich.

Für den Händler ergibt sich hieraus die Notwendigkeit, vor der Aufnahme einer Ware in das Sortiment zu prüfen, wie hoch der <u>aufwendbare Einkaufspreis</u> sein darf, wenn die kalkulatorischen Zuschläge in voller Höhe abgedeckt werden sollen.

Rückwärtsrechnung. Bei der Durchführung dieser Kontrollrechnung werden in das Kalkulationsschema für die Zuschlagskalkulation zunächst der vorgegebene Verkaufspreis (z. B. Angebotspreis) und die innerbetrieblichen Kalkulationszuschläge eingetragen. Die Rechnung erfolgt dann stufenweise rückwärts.

Beispiel: Die Kern KG kalkuliert den Angebotspreis für die neu ins Sortiment aufgenommenen Küchenrollen nach dem auf Seite 351 dargestellten Rechenschema.

Ein Kunde ist bereit, eine größere Menge an Küchenrollen zu einem Angebotspreis von <u>3,75 DM je Doppelrolle</u> abzunehmen.

Zu welchem Preis müßte die Kern KG die Küchenrollen einkaufen, um alle Kalkulationszuschläge berücksichtigen zu können? Die Bezugskosten sind mit (700,00 DM : 5 000 =) 0,14 DM anzusetzen; vgl. S. 119.

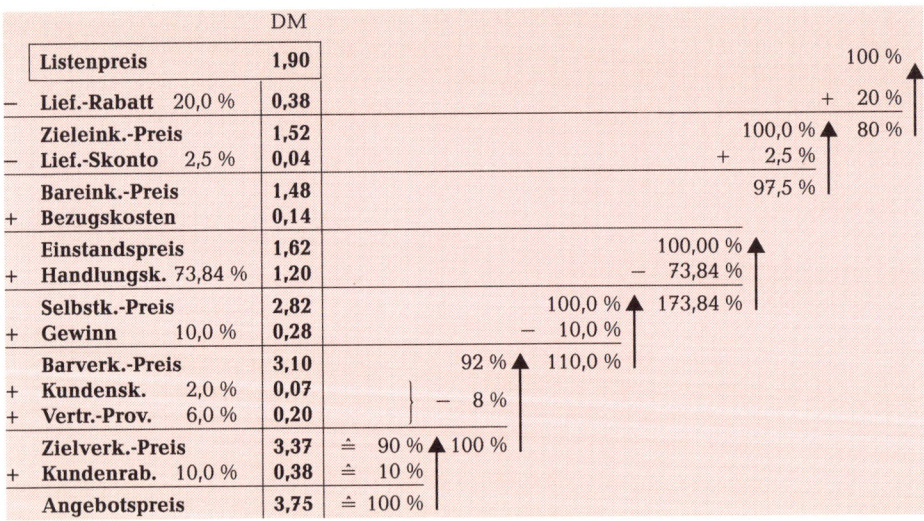

	DM		
Listenpreis	**1,90**		100 %
− **Lief.-Rabatt** 20,0 %	**0,38**		+ 20 %
Zieleink.-Preis	**1,52**	100,0 %	80 %
− **Lief.-Skonto** 2,5 %	**0,04**	+ 2,5 %	
Bareink.-Preis	**1,48**	97,5 %	
+ **Bezugskosten**	**0,14**		
Einstandspreis	**1,62**	100,00 %	
+ **Handlungsk.** 73,84 %	**1,20**	− 73,84 %	
Selbstk.-Preis	**2,82**	100,0 %	173,84 %
+ **Gewinn** 10,0 %	**0,28**	− 10,0 %	
Barverk.-Preis	**3,10**	92 %	110,0 %
+ **Kundensk.** 2,0 %	**0,07**		
+ **Vertr.-Prov.** 6,0 %	**0,20**	− 8 %	
Zielverk.-Preis	**3,37**	≙ 90 %	100 %
+ **Kundenrab.** 10,0 %	**0,38**	≙ 10 %	
Angebotspreis	**3,75**	≙ 100 %	

Merke: Die Rückwärtskalkulation wird zur Berechnung des aufwendbaren Einkaufspreises eingesetzt. Sie geht vom bekannten Verkaufspreis aus und rechnet stufenweise auf den Einkaufspreis (Listenpreis) zurück. Hierbei ist zu beachten, daß alle Zuschläge, die in der Vorwärtskalkulation vom verminderten Grundwert berechnet werden, nunmehr vom Grundwert zu berechnen sind. Alle in der Vorwärtskalkulation vom Grundwert zu berechnenden Zuschläge werden nun vom vermehrten Grundwert berechnet.

6583354

Aufgaben

441 Aus Konkurrenzgründen muß der Angebotspreis für ein Küchengerät von 64,00 DM auf 58,00 DM gesenkt werden.

Bisher wurde mit 3 % Verkaufsskonto, 8 % Gewinn und 24 % Handlungskosten kalkuliert.

Wie hoch darf der neue Bezugspreis höchstens sein, wenn auch auf einen Gewinn verzichtet wird?

442 Eine Großhandlung verkauft an eine Winzergenossenschaft 20 000 Probiergläser mit Werbeaufdruck zu 40,00 DM je 100 Stück unter folgenden Bedingungen:

Einkaufsrabatt 20 %, Einkaufsskonto 2 %, Bezugskosten 15,00 DM je 1 000 Stück. Handlungskosten 32 %, Gewinn 12 %, Vertriebsprovision 5 %, Verkaufsrabatt 8 %, Verkaufsskonto 1,5 %.

Errechnen Sie den Listeneinkaufspreis für 1 Glas.

443 Ein Personalcomputer soll dem Büromaschineneinzelhandel zu 8 200,00 DM angeboten werden.

Zu welchem Zieleinkaufspreis muß ein Büromaschinengroßhändler den Computer beim Hersteller einkaufen, wenn er seiner Kalkulation folgende Abzüge und Zuschläge zugrunde legt:

Einkaufsskonto 3 %, Bezugskosten 4,5 %, Handlungskosten 20 %, Gewinn 15 %, Verkaufsskonto 2 %, Verkaufsrabatt 15 %.

444 Eine Möbelgroßhandlung erweitert ihr Sortiment um das Jugendzimmer „Studio" und gibt ihren Kunden folgende Preisempfehlung einschließlich USt:

> für das Etagenbett 370,00 DM,
> für den Kleiderschrank 420,00 DM,
> für einen Schreibtisch 185,00 DM,
> für einen Stuhl 64,50 DM.

Wie hoch darf der Einstandspreis für die Einzelteile höchstens sein, wenn 10 % Gewinn erzielt werden sollen und folgende Zuschläge zu berücksichtigen sind:

Kundenrabatt 20 %, Kundenskonto 3 %, Handlungskosten 42 %.

445 Eine Großhandlung verkauft ihren Kunden eine Kamera, deren empfohlener Verkaufspreis 478,00 DM beträgt, zu 345,00 DM.

Welchen Listeneinkaufspreis muß der Händler erzielen, wenn folgende Bedingungen zu berücksichtigen sind:

Gewinn $12\frac{1}{2}$ %, Einkaufsrabatt 20 %, Einkaufsskonto 3 %, Bezugskosten 8,40 DM je Stück, Handlungskosten 32 %.

446 Ein Großhändler kalkuliert die Nettoverkaufspreise der Waren in der Warengruppe „Dekorationsstoffe" mit einem Kalkulationszuschlag von 80 %. Unter den Artikeln dieser Warengruppe befinden sich auch Vorhangstoffe, die er zu einem Nettoverkaufspreis von 29,70 DM je Meter an die Einzelhändler verkaufen will.

Zu welchem Zieleinkaufspreis dürfte er diese Stoffe höchstens beim Hersteller ordern, wenn 1 % Bezugskosten und 2 % Liefererskonto zu berücksichtigen sind?

447 Fachgroßhändler Konzel kalkuliert Büromaschinen mit folgenden Abzügen und Zuschlägen: 8 % Liefererrabatt, 1 % Liefererskonto, 1,5 % Bezugskosten, 45 % Handlungskosten, 15 % Gewinn, 2 % Kundenskonto. Die Schreibmaschine „PERFEKT" des Herstellers Osyria will er aus Konkurrenzgründen zum Zielverkaufspreis von 660,00 DM je Maschine an den Einzelhandel abgeben.

Zu welchem Listenpreis müßte Konzel die Maschinen vom Hersteller beziehen, um konkurrenzfähig zu sein?

3.2.8 Handelsspanne

Vereinfachung der Rückwärtskalkulation. Bei vorgegebenem Angebotspreis ist es zur Bestimmung des aufwendbaren Einstandspreises vorteilhaft, die Handelsspanne anzuwenden und nicht eine stufenweise Rückwärtsrechnung durchzuführen. Mit Hilfe der Handelsspanne läßt sich – ausgehend vom Angebotspreis – der Einstandspreis in einem Rechenschritt ermitteln.

Beispiel zur Berechnung der Handelsspanne: (vgl. S. 351)

Die Kern KG kalkuliert mit folgenden Einzelzuschlägen: 73,84 % Handlungskosten, 10 % Gewinn, 2 % Kundenskonto, 6 % Vertriebsprovision, 10 % Kundenrabatt.

Aus Konkurrenzgründen soll eine Doppelrolle Küchenpapier zum Angebotspreis von 4,85 DM verkauft werden.

Wieviel Prozent beträgt die Handelsspanne?

Einstandspreis	2,10 DM
(+) 73,84 % Handlungskosten	1,55 DM
Selbstkostenpreis	3,65 DM
(+) 10 % Gewinn	0,36 DM
Barverkaufspreis	4,01 DM
(+) 2 % Kundenskonto	0,09 DM
(+) 6 % Vertriebsprovision	0,26 DM
Zielverkaufspreis	4,36 DM
(+) 10 % Kundenrabatt	0,49 DM
Angebotspreis	4,85 DM

$$\text{Handelsspanne} = \frac{(\text{Angebotspreis} - \text{Einstandspreis}) \cdot 100\,\%}{\text{Angebotspreis}}$$

$$= \frac{(4,85\ \text{DM} - 2,10\ \text{DM}) \cdot 100\,\%}{4,85\ \text{DM}} = \underline{\underline{56,7\,\%}}$$

Die Handelsspanne kann auch aus dem Kalkulationszuschlag und dem Kalkulationsfaktor berechnet werden (vgl. S. 351/352):

$$\text{Handelsspanne} = \frac{\text{Kalkulationszuschlag}}{\text{Kalkulationsfaktor}} = \frac{131\,\%}{2,31} = \underline{\underline{56,7\,\%}}$$

Merke: Die Handelsspanne ist die Differenz zwischen dem Angebotspreis und dem Einstandspreis, ausgedrückt in Prozenten des Angebotspreises. Mit Hilfe der Handelsspanne läßt sich die Rückwärtskalkulation vereinfachen. Sie dient darüber hinaus durch Vergleich mit branchenüblichen Handelsspannen zur Kontrolle der Leistungsfähigkeit des Unternehmens.

Anwendung: Die Kern KG bietet dem Einzelhandel Küchenrollen zum Angebotspreis von 4,85 DM an. Sie kalkuliert mit einer Handelsspanne von 56,7 %.

Wie hoch darf der Einstandspreis sein?

Einstandspreis	2,10 DM
(+) 56,7 % Handelsspanne	2,75 DM
Angebotspreis	4,85 DM

$$\text{Handelsspanne in DM} = \frac{4,85\ \text{DM} \cdot 56,7\,\%}{100\,\%} = \underline{\underline{2,75\ \text{DM}}}$$

6583356

Aufgaben

Kalkulationszuschlag in %	Handelsspanne in %
20	?
25	?
?	25
50	?
?	50

1. *Vervollständigen Sie die Übersicht.*
2. *Welcher Zusammenhang besteht zwischen Kalkulationszuschlag und Handelsspanne?*

Ein Großhändler kalkuliert mit folgenden Einzelzuschlägen:
35 % Handlungskosten, 18 % Gewinn, 2 % Kundenskonto, 4 % Vertriebsprovision, 5 % Kundenrabatt.

Welchen Kalkulationszuschlag und welche Handelsspanne müßte er in Ansatz bringen?

Der Bezugspreis einer Ware beträgt 819,00 DM, der kalkulierte Angebotspreis 1260,00 DM.
1. *Mit welcher Handelsspanne rechnet der Großhändler?*
2. *Wie hoch ist der Kalkulationszuschlag?*

In der Warengruppe „Haushaltsporzellan" kalkulierte ein Großhändler bisher mit einer Handelsspanne von 50 %.
Aufgrund verschärfter Konkurrenz sollen die Angebotspreise dieser Warengruppe um 10 % gesenkt werden.

Mit welcher Handelsspanne ist nunmehr zu kalkulieren?

Ein Großhändler kalkuliert mit einem Kalkulationsfaktor von 1,85. Der Angebotspreis einer Ware wird aus Konkurrenzgründen auf 407,00 DM festgesetzt.
1. *Zu welchem Einstandspreis muß die Ware eingekauft werden?*
2. *Mit welcher Handelsspanne kalkuliert der Großhändler?*

Die Warengruppe A wird in einer Großhandlung mit einer Handelsspanne von 60 % kalkuliert. Nach Erhöhung der Einstandspreise in dieser Warengruppe um 10 % soll die Handelsspanne bei unverändertem Angebotspreis der neuen Situation angepaßt werden.
1. *Mit welcher Handelsspanne ist nach der Erhöhung der Einstandspreise zu kalkulieren?*
2. Nach Erhöhung der Einstandspreise um 10 % setzt der Großhändler die Angebotspreise um 5 % herauf. *Welche Auswirkung hat diese Maßnahme auf die Handelsspanne?*

Ein Textilgroßhändler kalkuliert in der Warengruppe „Herrenoberbekleidung" mit einem Kalkulationszuschlag von 80 %. Er bietet dem Einzelhändler Anzüge zum Preis von 240,00 DM an. Die Erhöhung der Einstandspreise um 8 % will der Großhändler auf den Einzelhändler abwälzen.

Mit welchem Kalkulationsfaktor und mit welcher Handelsspanne muß er nach der Preiserhöhung kalkulieren?

3.2.9   Differenzkalkulation

Kalkulation auf der Basis vorgegebener Einkaufs- und Verkaufspreise. Die Kalkulationsfreiheit des Händlers wird durch die gleichzeitige Vorgabe des Einkaufs- und des Verkaufspreises noch weitgehender eingeschränkt, als dies bei der Vorgabe des Verkaufspreises bereits der Fall ist. In der Praxis liegen vor der Aufnahme einer Ware in das Sortiment mehrere Angebote mit bestimmten Listenpreisen vor; zugleich wird der Verkaufspreis nur in geringem Umfang beeinflußbar sein.

Tatsächlich erzielbarer Gewinn. In dieser Situation obliegt es der Beschaffungsabteilung, auf der Basis der Einstandspreise das günstigste Angebot zu ermitteln. Aufgabe der Kalkulationsabteilung ist es, den tatsächlich erzielbaren Gewinn zu bestimmen. Hierzu wird zunächst im Schema der Zuschlagskalkulation der Selbstkostenpreis berechnet und danach – ausgehend vom Angebotspreis – durch Rückwärtskalkulation der Barverkaufspreis ermittelt. Die Differenz zwischen dem Selbstkostenpreis und dem Barverkaufspreis ergibt den Gewinn (Barverkaufspreis > Selbstkostenpreis) oder den Verlust (Barverkaufspreis < Selbstkostenpreis) beim Verkauf einer Wareneinheit. Die Geschäftsleitung hat zu entscheiden, ob ein errechneter Gewinn angemessen ist, so daß die Ware in das Sortiment aufgenommen werden kann.

Beispiel: Die Kern KG bezieht Küchenrollen von der Zender AG zu den auf den Seiten 113/119 genannten Bedingungen. Ein Kunde der Kern KG ist bereit, eine größere Menge an Küchenrollen zu einem Angebotspreis von 4,40 DM je Doppelrolle abzunehmen.

Mit Hilfe der Differenzkalkulation soll festgestellt werden, ob sich die Annahme des Auftrags lohnt, wenn alle Kalkulationszuschläge berücksichtigt werden.

		DM		
	Listenpreis	**2,50**	$\stackrel{.}{=} 100\,\%$	
–	**Lief.-Rabatt** 20,0 %	**0,50**	$\stackrel{.}{=} 20\,\%$	
	Zieleink.-Preis	**2,00**	$\stackrel{.}{=} 80\,\%$ ▼	$\stackrel{.}{=} 100,0\,\%$
–	**Lief.-Skonto** 2,5 %	**0,05**		$\stackrel{.}{=} 2,5\,\%$
	Bareink.-Preis	**1,95**		$\stackrel{.}{=} 97,5\,\%$ ▼
+	**Bezugskosten**	**0,14**	(700,00 DM : 5000 Rollen = 0,14 DM)	
	Einstandspreis	**2,09** ~ **2,10**		$\stackrel{.}{=} 100,00\,\%$
+	**Handlungsk.** 73,84 %	**1,55**		$\stackrel{.}{=} 73,84\,\%$
	Selbstk.-Preis	**3,65**		$\stackrel{.}{=} 173,84\,\%$ ▼
	Verlust	**0,01**		
	Barverk.-Preis	**3,64**		$\stackrel{.}{=} 92\,\%$ ▲
–	**Kundensk.** 2,0 %	**0,08**	$\left.\begin{array}{c}\ \\ \ \end{array}\right\}$	$\stackrel{.}{=} 8\,\%$
–	**Vertr.-Prov.** 6,0 %	**0,24**		
	Zielverk.-Preis	**3,96**	$\stackrel{.}{=} 90\,\%$ ▲	$\stackrel{.}{=} 100\,\%$
–	**Kundenrab.** 10,0 %	**0,44**	$\stackrel{.}{=} 10\,\%$	
	Angebotspreis	**4,40**	$\stackrel{.}{=} 100\,\%$	

Die Annahme des Auftrags empfiehlt sich, obwohl ein Verlust von 0,01 DM je Doppelrolle eintritt. Entscheidend hierbei ist, daß der Auftrag alle Kosten – einschließlich der kalkulatorischen Kosten – deckt. In diesem Fall würde die Kern KG lediglich auf den Ersatz des Unternehmerrisikos verzichten (vgl. S. 344).

Merke: **Liegen bei einer Ware der Einkaufs- und der Verkaufspreis fest, so wird mit Hilfe der Differenzkalkulation der erzielbare Gewinn berechnet. Grundsätzlich lohnt sich die Annahme eines Auftrags, wenn durch ihn alle Kosten gedeckt werden.**

6583358

Aufgaben

Überprüfen Sie, ob das folgende Angebot für den Großhändler gewinnbringend ist: **455**
420,00 DM Listenpreis, 10 % Liefererrabatt, 2 % Liefererskonto, 10,60 DM Bezugskosten. Aus Konkurrenzgründen muß die Ware zu einem Angebotspreis von 680,00 DM an den Einzelhandel abgegeben werden.
Der Großhändler kalkuliert mit einer Handelsspanne von 45 %.

Der Angebotspreis eines Taschenrechners liegt mit 82,00 DM fest. Auf diesen Preis gewährt **456**
der Hersteller dem Großhändler einen Wiederverkäuferrabatt von 55 %.

Berechnen Sie den erzielbaren Gewinn in DM und Prozent je Taschenrechner, wenn 2 % Liefererskonto abgerechnet werden, Bezugskosten in Höhe von 0,80 DM je Taschenrechner anfallen und der Händler mit 35 % Handlungskosten, 2 % Kundenskonto sowie 30 % Kundenrabatt kalkuliert.

Für ein tragbares Radiogerät legt der Hersteller einen unverbindlichen Richtpreis von **457**
220,00 DM fest. Beim Verkauf an den Großhändler gewährt der Hersteller auf den Richtpreis 50 % Rabatt mit der Maßgabe, dem Einzelhändler einen Wiederverkäuferrabatt in Höhe von 25 % (des Richtpreises) einzuräumen.
Der Großhändler kalkuliert mit 2,50 DM Bezugskosten je Gerät, 40 % Handlungskosten und 3 % Kundenskonto. Er ist bereit, dieses Gerät in das Sortiment aufzunehmen, wenn er mindestens 5 % Gewinn erzielt.

Lohnt sich für den Großhändler die Aufnahme dieses Gerätes in das Sortiment?

Zur Abrundung seines Sortiments will ein Großhändler einen zusätzlichen Gerätetyp auf **458**
Lager nehmen. Ihm liegen die Angebote von 3 Herstellern vor:

	Angebot A	Angebot B	Angebot C
Unverbindlicher Richtpreis	1 250,00	1 180,00	1 310,00
Wiederverkäuferrabatt	40 %	35 %	45 %
Liefererskonto	1 %	—	2 %
Bezugskosten	15,00 je Gerät	2 % auf Bareinkaufspreis	18,00 je Gerät
Handlungskosten		30 %	
Kundenskonto		2 %	
Kundenrabatt		20 %	

1. *Wählen Sie das Angebot mit dem niedrigsten Einstandspreis je Gerät aus.*
2. *Berechnen Sie den bei diesem Angebot erzielbaren Stückgewinn in DM und Prozent.*
3. *Zu welchem Angebotspreis könnte der Händler das Gerät an den Einzelhandel weitergeben, wenn er seiner Kalkulation einen Gewinn von 5 % zugrunde legt?*

Ein Großhändler kalkuliert mit folgenden innerbetrieblichen Zuschlägen: 38 % Handlungs- **459**
kosten, 16 % Gewinn, 2 % Kundenskonto.
Einen Artikel, den er zum Listenpreis von 235,00 DM mit 6 % Liefererrabatt, 1,5 % Liefererskonto und 3,40 DM Bezugskosten vom Hersteller beziehen kann, will er zum Zielverkaufspreis von 350,00 DM an den Einzelhandel weitergeben.
Wie hoch ist der tatsächlich erzielbare Gewinn in DM und Prozent?

3.3 Abhängigkeit des Handlungskostensatzes von der Beschäftigung

Vorkalkulation. In den bisherigen Betrachtungen hatten wir den Handlungskostensatz aus den vergangenheitsbezogenen Zahlen der Ergebnistabelle bestimmt und den Kalkulationen zugrunde gelegt. Bei Kundenanfragen ist es jedoch erforderlich, daß der Großhändler im voraus Kalkulationen erstellt, um Preisangaben machen zu können. Für diese Vorkalkulationen werden Handlungskostensätze benötigt, die sich auf die erwartete oder geplante Beschäftigung des Großhandelsbetriebes beziehen. Es soll im folgenden untersucht werden, ob eine Beschäftigungsänderung − wegen der teilweisen Abhängigkeit der Kosten von der Beschäftigung (vgl. S. 332 f.) − Einfluß auf die Höhe des Handlungskostensatzes hat.

Beschäftigung. Unter Beschäftigung verstehen wir das Leistungsvermögen je Zeiteinheit (z. B. je Monat oder pro Jahr). Sie wird auch als Kapazität bezeichnet und im Großhandelsbetrieb sinnvollerweise durch die Warenaufwendungen ausgedrückt. Jeder Großhandelsbetrieb verfügt über eine Normalbeschäftigung (= Normalkapazität), bei der das Leistungsvermögen wirtschaftlich ausgeschöpft ist und die vom Personal- und Betriebsmittelbestand beeinflußt wird (= unter wirtschaftlichem Gesichtspunkt höchstmögliche Warenaufwendungen).

Beschäftigungsgrad. Das Verhältnis aus tatsächlicher Beschäftigung (= nachgewiesene Warenaufwendungen einer Abrechnungsperiode) und der Normalbeschäftigung wird als Beschäftigungsgrad bezeichnet:

$$\text{Beschäftigungsgrad} = \frac{\text{tatsächliche Beschäftigung}}{\text{Normalbeschäftigung}}$$

Merke: Maßzahl für die Kapazität sind im Großhandelsbetrieb die Warenaufwendungen.

Beispiel: Die Kern KG verzeichnete im Vormonat Warenaufwendungen in Höhe von 1 296 000,00 DM (vgl. S. 326). Die Normalbeschäftigung soll mit 1 525 000,00 DM Warenaufwendungen ermittelt worden sein.

Wie hoch ist der Beschäftigungsgrad des Unternehmens?

$$\text{Beschäftigungsgrad} = \frac{1\,296\,000,00 \text{ DM}}{1\,525\,000,00 \text{ DM}} = \underline{\underline{85\,\%}}$$

Einfluß des Beschäftigungsgrades auf den Handlungskostensatz. In der oben dargestellten Situation wird der Großhandelsbetrieb bestrebt sein, den Beschäftigungsgrad zu erhöhen, z. B. auf 90 % ≙ 1 372 500,00 DM Warenaufwendungen. Dies wäre nur mit höheren Handlungskosten als 957 000,00 DM (vgl. S. 340) zu erreichen. Ob die veränderte Situation auch zu einem anderen Handlungskostensatz als 73,84 % (vgl. S. 341) führt, hängt davon ab, wie sich die Handlungskosten bei der geplanten Beschäftigungsänderung verhalten; sie können fix oder variabel sein (vgl. S. 332 f.).

Beispiel: Die Kern KG hat aufgrund einer Kostenuntersuchung festgestellt, daß die Handlungskosten zu 50 % fix und zu 50 % variabel sind, und daß sich die variablen Kosten proportional zur Beschäftigung ändern.

Wie hoch sind aufgrund des Beispiels von Seite 340 die zu erwartenden Handlungskosten bei einem Beschäftigungsgrad von 90 %?

Die Erhöhung des Beschäftigungsgrades von 85 % auf 90 % entspricht einer prozentualen Erhöhung um **5,88 %**. Die fixen Kosten verändern sich hierdurch nicht, die variablen steigen um 5,88 %.

6583360

	Beschäftigungsgrad	
	85 %	**90 %**
variable Kosten (50 % von 957 000,00 DM)	478 500,00 DM	506 636,00 DM
fixe Kosten (50 % von 957 000,00 DM)	478 500,00 DM	478 500,00 DM
Handlungskosten insgesamt	957 000,00 DM	985 136,00 DM
Warenaufwendungen	1 296 000,00 DM	1 372 500,00 DM
Handlungskostensatz	**73,84 %**	**71,78 %**

Auswertung: Die Erhöhung des Beschäftigungsgrades würde unter den aufgestellten Bedingungen zu einer Erhöhung der variablen Kosten um (5,88 % von 478 500,00 DM =) 28 136,00 DM führen. Die fixen Kosten bleiben von der Beschäftigungsänderung unberührt. Das hat zur Folge, daß sich die fixen Kosten nunmehr auf eine größere Absatzmenge verteilen. Auf die einzelne Wareneinheit umgerechnet, ergäbe sich eine <u>geringere Fixkostenbelastung</u> bei 90 % Beschäftigungsgrad gegenüber der früheren 85 %igen Beschäftigung. Da sich die variablen Kosten proportional verändern, werden die Durchschnittskosten (= variable und fixe Kosten je Wareneinheit) bei der höheren Beschäftigung ebenfalls <u>niedriger</u> ausfallen.

Beispiel: Die Kern KG kalkuliert den Selbstkostenpreis für eine Doppelrolle (Einstandspreis 2,10 DM) bei unterschiedlichen Beschäftigungsgraden.

		Beschäftigungsgrad		
		85 %		**90 %**
Einstandspreis		2,10 DM		2,10 DM
+ Handlungskosten	73,84 %	1,55 DM	71,78 %	1,51 DM
Selbstkostenpreis		**3,65 DM**		**3,61 DM**

Würde nach dem obigen Beispiel verfahren, so ergäben sich nicht marktgerechte Handlungsweisen des Unternehmers:

- In Zeiten der Vollbeschäftigung mit hohen Beschäftigungsgraden aufgrund einer guten Auftragslage müßte der Großhändler Preissenkungen vornehmen, obwohl Preiserhöhungen angezeigt wären, um die Marktchancen zu nutzen und die überschäumende Absatzlage zu dämpfen.
- In Zeiten schwächerer Auftragslagen mit entsprechend geringeren Beschäftigungsgraden müßte der Großhändler nach Aussage seiner Kalkulation Preiserhöhungen vornehmen, obwohl zur Stabilisierung des Absatzes Preissenkungen notwendig wären.

Die Unsinnigkeit einer solchen Kalkulation, die <u>alle Kosten</u> einrechnet (= Vollkostenkalkulation), rührt daher, daß sich die auf eine Wareneinheit umgerechneten fixen Kosten mit <u>steigender Beschäftigung verringern</u> (weil ein fester Kostenbetrag dann auf eine größere Menge verteilt wird) und mit <u>sinkender Beschäftigung erhöhen</u> (weil ein fester Kostenbetrag dann auf eine kleinere Menge verteilt wird). Bei der Preisgestaltung auf der Grundlage der Vollkostenkalkulation muß diese Eigenart beachtet werden, um zu vernünftigen Ergebnissen zu gelangen. Marktgerechtere Entscheidungen sind auf der Basis der Deckungsbeitragsrechnung möglich (vgl. S. 375 f.).

Merke: **Die Vollkostenkalkulation führt bei unterschiedlichen Beschäftigungsgraden zu nicht marktgerechten Preisempfehlungen.**

4 Kalkulation auf der Grundlage der Kostenstellenrechnung

4.1 Grundlagen

In Großhandelsbetrieben mit einem breiten und/oder tiefen Sortiment aus mehreren Warengruppen ergeben sich für die Kostenrechnung folgende Probleme:

Handlungskostenzuschlag je Warengruppe (= Kostenträger, vgl. S. 371). Jede Warengruppe darf aus Gründen einer „gerechten" Preisermittlung nur mit den durch sie verursachten Kosten belastet werden. Dies kann nicht durch einen einheitlichen Zuschlagssatz für Handlungskosten (vgl. Kapitel 3) erreicht werden, sondern nur durch die für jede Warengruppe gesondert ermittelten Zuschlagssätze.

Kostenkontrolle. Die Kosten bedürfen hinsichtlich ihrer Verursachung und ihrer Höhe einer eingehenden Kontrolle. Dies kann nur begrenzt über die Erfassung nach Kostenarten in der Ergebnistabelle geschehen. Aussagefähiger ist die Erfassung der Kosten an den Stellen (= Abteilungen, Warengruppen), an denen sie entstanden sind.

Zur Lösung dieser Probleme bietet sich folgendes Vorgehen an:

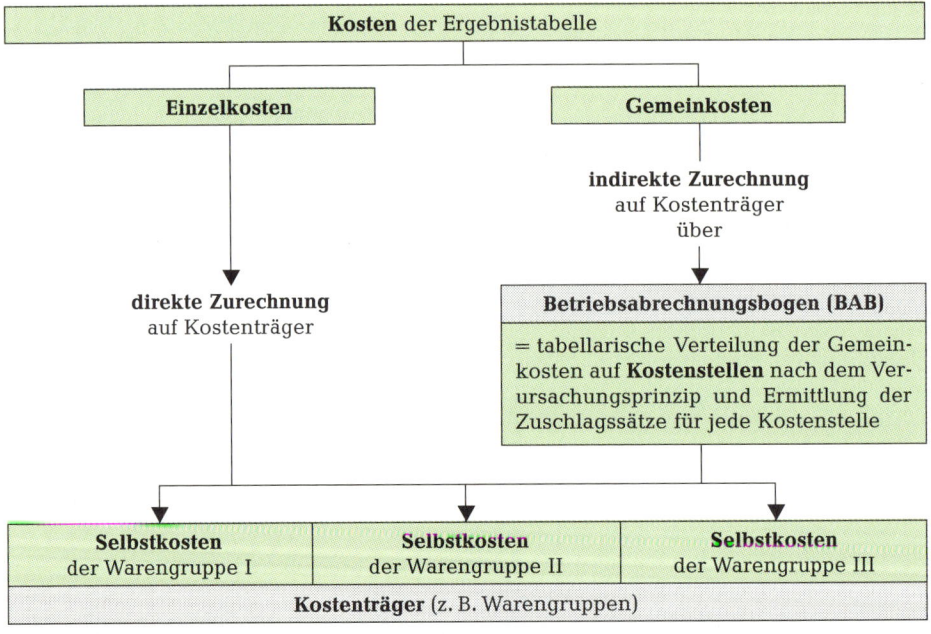

Einzelkosten (vgl. S. 331) — insbesondere die Warenaufwendungen — sind für einzelne Waren oder Warengruppen unmittelbar feststellbar und diesen zurechenbar.

Gemeinkosten (vgl. S. 331) fallen für alle Waren, Warengruppen, Abteilungen oder für das Unternehmen insgesamt an (z.B. Abschreibungen auf die betrieblich genutzten Gebäude) und lassen sich daher nicht für einzelne Waren oder Warengruppen unmittelbar erfassen. Sie können nur indirekt — auf dem Umweg über Kostenstellen (z.B. nach Warengruppen geordnete Verkaufsabteilungen) — den Warengruppen (= Kostenträgern) zugerechnet werden, um so die Selbstkosten für jeden Kostenträger zu bestimmen.

6583362

Kostenstellen nach Funktionen. Um die Gemeinkosten – zur Kostenkontrolle und zur Verteilung auf die Kostenträger – an den Orten, an denen sie entstanden sind, zu erfassen, ist es zweckmäßig, Betriebsabteilungen, die aufgrund einheitlicher Tätigkeit oder Funktion eine organisatorische Einheit bilden, zu Kostenstellen zusammenzufassen. Die Gliederung des Großhandelsbetriebes in Kostenstellen ist nach folgenden Gesichtspunkten möglich:

Kostenstellen im Großhandelsbetrieb

Verursachungsbereiche	Kostenstellen	Bezeichnung
Verkaufsabteilungen	nach Warengruppen geordnete Verkaufsabteilungen	**Hauptkostenstellen**
Betriebliche Teilbereiche	Einkauf, Vertrieb, Lager, Verwaltung u. a.	**Hilfskostenstellen**
Allgemeine Bereiche	Geschäftsführung, Fuhrpark, Sozialeinrichtungen, EDV u. a.	**Allgemeine Kostenstellen**

Kostenträger als Hauptkostenstellen. Da für jeden Kostenträger (vgl. S. 371) ein eigener Handlungskostenzuschlag ermittelt werden soll, ist es sinnvoll, die Hauptkostenstellen nach den Kostenträgern (z.B. Warengruppen) auszurichten und die Handlungskosten sowie die Zuschlagssätze für jede Hauptkostenstelle zu ermitteln (vgl. Beispiel S. 364).

Die Hilfskostenstellen stimmen in der Regel mit den Betriebsabteilungen überein, die den Hauptkostenstellen Hilfsdienste leisten.

Die Allgemeinen Kostenstellen üben Funktionen für den Gesamtbetrieb aus. Die hier anfallenden Kosten lassen sich keiner zuvor genannten Kostenstelle ausschließlich zuordnen.

Der Betriebsabrechnungsbogen (BAB, vgl. Beispiel S. 364) ist das tabellarische Hilfsmittel zur Durchführung der Kostenstellenrechnung.

Merke:
- Kostenstellen sind Verkaufs- und Betriebsabteilungen, die Gemeinkosten verursachen.
- Es lassen sich Hauptkostenstellen, Hilfskostenstellen und Allgemeine Kostenstellen unterscheiden.
- Hauptkostenstellen werden in der Regel nach Kostenträgern ausgerichtet.

Aufgaben der Kostenstellenrechnung (BAB). Die Kostenstellenrechnung hat folgende Aufgaben zu erfüllen:

- **Verteilung der Gemeinkosten** der Ergebnistabelle nach dem Verursachungsprinzip auf die Kostenstellen (vgl. Beispiel S. 364/365),
- **Umlegung der** in den Allgemeinen Kostenstellen und in den Hilfskostenstellen erfaßten **Gemeinkosten** auf die Hauptkostenstellen (vgl. Beispiel S. 364/365),
- **Ermittlung des Handlungskostenzuschlags** für jede Hauptkostenstelle (S. 364/365),
- **Überwachung der Kosten** in den einzelnen Betriebsabteilungen (= Kostenkontrolle).

Die für die Kalkulation wesentliche Aufgabe des BAB besteht in der Ermittlung des Handlungskostenzuschlags für jede Hauptkostenstelle. Durch die Einrichtung räumlich getrennter Warenabteilungen als Hauptkostenstellen sind mit Hilfe dieser Handlungskostenzuschläge differenzierte Kalkulationen möglich.

Betriebsabrechnungsbogen

der Papiergroßhandlung Kern KG, Köln, für den Abrechnungsmonat September 19..

Kostenarten (Einzel- und Gemeinkosten)	Zahlen d. Ergebnis-tabelle	Verteilungs-schlüssel	Allgem. Kostenstelle: Fuhrpark	Hilfskostenstellen				Hauptkostenstellen (= Kostenträger)				Summe
				Einkauf	Vertrieb	Lager	Verwaltung	Spezial-papiere	Hygiene-papiere	Verp.-folien	Einschl.-papiere	
Einzelkosten:												
WG Spezialpapiere	300 000,00							300 000,00	–	–	–	
WG Hygienepapiere	401 000,00							–	401 000,00	–	–	
WG Verpackungsfolien	300 000,00							–	–	300 000,00	–	
WG Einschlagpapiere	295 000,00							–	–	–	295 000,00	
Summe Einzelkosten	**1 296 000,00**							**300 000,00**	**401 000,00**	**300 000,00**	**295 000,00**	**1 296 000,00**
Gemeinkosten:												
Frachten	80 000,00	Rechnungen	2 000,00	8 000,00	66 000,00	3 000,00	1 000,00	–	–	–	–	
Provisionen	20 000,00	Rechnungen	–	–	20 000,00	–	–	–	–	–	–	
Instandhaltung	60 000,00	Rechnungen	60 000,00	–	–	–	–	–	–	–	–	
Personalkosten	480 000,00	Lohnlisten	30 000,00	45 000,00	40 000,00	25 000,00	140 000,00	50 000,00	90 000,00	30 000,00	30 000,00	
Soziale Aufwendg.	50 000,00	Lohnliste	–	–	–	–	–	15 000,00	10 000,00	20 000,00	5 000,00	
Mieten/Pachten	60 000,00	Raumgröße	4 000,00	3 000,00	4 000,00	10 000,00	3 000,00	10 000,00	10 000,00	11 000,00	5 000,00	
Werbe-/Reisekosten	40 000,00	Rechnungen	–	–	20 000,00	–	–	5 000,00	4 000,00	5 000,00	6 000,00	
Steuern/Versicherung.	57 000,00	Schlüssel	4 000,00	4 000,00	8 000,00	4 000,00	16 000,00	4 000,00	8 000,00	5 000,00	4 000,00	
Kalkulat. Kosten	110 000,00	2:1:1:1:2:1:1:1:1:1	20 000,00	10 000,00	10 000,00	10 000,00	20 000,00	10 000,00	10 000,00	10 000,00	10 000,00	
Summe Gemeinkosten	**957 000,00**		**120 000,00**	**70 000,00**	**168 000,00**	**52 000,00**	**180 000,00**	**94 000,00**	**132 000,00**	**81 000,00**	**60 000,00**	**957 000,00**
Umlage: Fuhrpark		1:4:1:5:1:1:1:1	↑	8 000,00	32 000,00	8 000,00	40 000,00	8 000,00	8 000,00	8 000,00	8 000,00	
Zwischensumme				78 000,00	200 000,00	60 000,00	220 000,00	102 000,00	140 000,00	89 000,00	68 000,00	
Umlage: Einkauf		1:2:2:1						13 000,00	26 000,00	26 000,00	13 000,00	
Umlage: Vertrieb		1:3:2:2						25 000,00	75 000,00	50 000,00	50 000,00	
Umlage: Lager		1:4:3:2						6 000,00	24 000,00	18 000,00	12 000,00	
Umlage: Verwaltung		2:3:3:3						40 000,00	60 000,00	60 000,00	60 000,00	
Summe der Handlungskosten	**957 000,00**							**186 000,00**	**325 000,00**	**243 000,00**	**203 000,00**	**957 000,00**
Handlungskostenzuschlag je Kostenträger (vgl. S. 341)								62 %	81,05 %	81 %	68,8 %	

Beachten Sie: Gegenüber dem für alle Warengruppen gemeinsamen (durchschnittlichen) Zuschlagssatz für die Handlungskosten von **73,84 %** (vgl. S. 340/341) weisen die für jede Warengruppe getrennt berechneten Handlungskostenzuschläge im obigen BAB deutliche Abweichungen auf. Auf der Grundlage dieser Zuschlagssätze sind differenzierte Kalkulationen, die die Kostenverursachung berücksichtigen, möglich.

4.2 Betriebsabrechnungsbogen

Beispiel: Der nebenstehende Betriebsabrechnungsbogen ist aus folgenden Angaben erstellt worden:

Die Papiergroßhandlung Kern KG, Köln, führt in ihrer Kostenrechnung die Warengruppen (= Abteilungen) „Spezialpapiere", „Hygienepapiere", „Verpackungsfolien" und „Einschlagpapiere". Diese Warengruppen bilden zugleich die Hauptkostenstellen im BAB. Zusätzlich sind folgende Abteilungen als Hilfskostenstellen eingerichtet: Einkauf, Vertrieb, Lager, Verwaltung. Die Abteilung „Fuhrpark" ist Allgemeine Kostenstelle.

Im Monat September 19.. sind nach den Aufzeichnungen in der Ergebnistabelle (vgl. S. 326) folgende Waren- und Handlungskosten angefallen:

Warenkosten (= Einzelkosten):

30 Warengruppe Spezialpapiere	300 000,00	
31 Warengruppe Hygienepapiere	401 000,00	
32 Warengruppe Verpackungsfolien	300 000,00	
33 Warengruppe Einschlagpapiere	295 000,00	1 296 000,00

Handlungskosten (= Gemeinkosten):

Frachten	80 000,00	
Provisionen	20 000,00	
Instandhaltung	60 000,00	
Personalkosten (Löhne, Gehälter)	480 000,00	
Soziale Aufwendungen	50 000,00	
Mieten, Pachten	60 000,00	
Werbe- und Reisekosten	40 000,00	
Steuern/Versicherungen	57 000,00	
Kalkulatorische Kosten insges.	110 000,00	957 000,00

Die **Nettoumsatzerlöse** für die einzelnen Warengruppen betrugen im Monat September 19..:

80 Warengruppe Spezialpapiere	558 000,00	
81 Warengruppe Hygienepapiere	796 000,00	
82 Warengruppe Verpackungsfolien	638 000,00	
83 Warengruppe Einschlagpapiere	498 000,00	2 490 000,00

Der Betriebsabrechnungsbogen (BAB) stellt eine Kontrollrechnung dar. Er wird gewöhnlich monatlich nachträglich aus den Zahlen der Ergebnistabelle aufgestellt und ist senkrecht nach Kostenarten und waagerecht nach Kostenstellen gegliedert. Am Ende eines Monats übernimmt er in den linken Spalten die Kostenarten und Kostenbeträge aus der Betriebsergebnisrechnung der Ergebnistabelle und verteilt die Gemeinkosten in waagerechter Anordnung auf die Kostenstellen, in denen sie entstanden sind.

Merke: Die tabellarische Kostenstellenrechnung heißt Betriebsabrechnungsbogen (BAB). Der BAB wird in der Regel monatlich aufgestellt. Er ist eine nachträgliche Kostenkontrollrechnung.

Die Verteilung der Gemeinkosten auf die einzelnen Kostenstellen geschieht meist direkt auf Grund von Belegen, z. B. Lohnlisten, Gehaltslisten, Eingangsrechnungen, Reisekostenabrechnungen u. a. Die Belege weisen nicht nur die Beträge, sondern auch die zu belastenden Kostenstellen aus.

Andere Gemeinkostenarten lassen sich nicht – oder nur auf sehr unwirtschaftliche Weise – direkt für die Kostenstellen erfassen und verrechnen. Sie können nur indirekt mit Hilfe von bestimmten Schlüsseln auf die Kostenstellen umgelegt werden. So lassen sich z. B. die Kosten für Miete, Reinigung und Heizung nach der beanspruchten Raumfläche, die freiwilligen sozialen Aufwendungen nach der Zahl der Beschäftigten, die Abschreibungen nach den Anlagewerten verteilen. In der richtigen Ermittlung dieser Verteilungsschlüssel liegt die Schwierigkeit der Kostenstellenrechnung.

Merke: **Die Einzelkosten werden direkt den Kostenträgern zugerechnet. Die Gemeinkosten bedürfen einer Aufteilung auf die Kostenstellen, in denen sie verursacht wurden.**

Ergebnis der Kostenstellenrechnung. Im Beispiel (S. 364) wird zunächst die direkte und indirekte Verteilung der Gemeinkosten auf die Kostenstellen gezeigt. In jeder Kostenstelle ergibt sich nach der Verteilung ein bestimmter Kostenbetrag (= Stellengemeinkosten), der einem Vergleich mit den Abrechnungen der vorhergehenden Monate unterzogen wird (= Kostenkontrolle).

In einem weiteren Schritt sind die Kosten der Allgemeinen Kostenstelle und der Hilfskostenstellen auf die Hauptkostenstellen umzulegen, da nur für die Hauptkostenstellen Handlungskostenzuschläge ermittelt werden. Die Umlage geschieht mit Hilfe von Verteilungsschlüsseln, die angeben, in welchem Verhältnis die abgebende Kostenstelle Leistungen für die anderen Kostenstellen erbracht hat. Im Beispiel wird angenommen, daß die Allgemeine Kostenstelle „Fuhrpark" von allen anderen Kostenstellen in Anspruch genommen wurde, und zwar im Verhältnis 1 : 4 : 1 : 5 : 1 : 1 : 1 : 1. Nach diesem Schlüssel ist der Kostenbetrag von 120 000,00 DM aufzuteilen und umzulegen. Werden in einem Betrieb weitere Allgemeine Kostenstellen geführt, so sind deren Kosten entsprechend abzuwälzen.

Erst nachdem die Kosten aller Allgemeinen Kostenstellen an die nachgeordneten Kostenstellen abgegeben worden sind, können die Kostenbeträge der Hilfskostenstellen auf die Hauptkostenstellen umgelegt werden.

Somit weist der BAB nach der Umlage aller Kosten aus der Allgemeinen Kostenstelle und den Hilfskostenstellen auf die Hauptkostenstellen die gesamten Handlungskosten eines jeden Kostenträgers aus. Aus den Handlungskosten und den im BAB verzeichneten Warenaufwendungen lassen sich mit Hilfe der bereits bekannten Rechnung (vgl. S. 341) die IST-Handlungskostenzuschläge für die Warengruppen bestimmen. Im Beispiel betragen die Handlungskostenzuschläge:

62 % für die Warengruppe „Spezialpapiere",

81,05 % für die Warengruppe „Hygienepapiere",

81 % für die Warengruppe „Verpackungsfolien",

68,8 % für die Warengruppe „Einschlagpapiere".

Auf der Grundlage dieser Zuschlagssätze sind differenzierte Kalkulationen möglich.

Merke:
- **Im BAB werden zunächst die Gemeinkosten auf die Kostenstellen verteilt.**
- **Die Kosten der Allgemeinen Kostenstellen sind sodann auf die übrigen Kostenstellen zu verteilen, danach die Kosten der Hilfskostenstellen auf die Hauptkostenstellen.**
- **Der BAB weist nach der Kostenumlage die Handlungskosten für jeden Kostenträger aus.**
- **Aus den Handlungskosten und den Warenaufwendungen wird für jeden Kostenträger ein gesonderter Handlungskostenzuschlag berechnet.**

6583366

Aufgaben – Fragen

1. *Welche Aufgaben hat die Kostenstellenrechnung?*
2. *Unterscheiden Sie: Allgemeine Kostenstellen – Hilfskostenstellen – Hauptkostenstellen.*
3. *Nennen Sie Beispiele für Allgemeine Kostenstellen, Hilfskostenstellen und Hauptkostenstellen*

   a) in einer Textilgroßhandlung,
   b) in einer Möbelgroßhandlung,
   c) in einer Lebensmittelgroßhandlung.
4. *Unterscheiden Sie Einzel- und Gemeinkosten voneinander.*
5. *Wie geschieht im Betriebsabrechnungsbogen die Umlage der Kosten aus den Allgemeinen Kostenstellen und aus den Hilfskostenstellen auf die Hauptkostenstellen?*
6. *Warum ist es in einem Großhandelsbetrieb üblich, die nach Warengruppen geordneten Abteilungen als Hauptkostenstellen auszuweisen?*
7. *Nennen Sie Beispiele für Gemeinkosten,*

   a) die sich direkt auf die Kostenstellen verteilen lassen,
   b) die nur indirekt auf die Kostenstellen verteilt werden können.
8. *Wie ist der Betriebsabrechnungsbogen aufgebaut?*
9. *Wie werden die Handlungskostenzuschläge für einzelne Kostenträger berechnet?*
10. *Wie erfolgt die Zurechnung der Einzel- und Gemeinkosten auf die Kostenträger?*
11. *Was ist unter Kostenstellen zu verstehen?*
12. *Welche Abhängigkeit besteht zwischen Handlungskostensatz und Beschäftigungsgrad?*
13. *Bei einem Beschäftigungsgrad von 80 % ermittelt ein Großhändler die Warenaufwendungen mit 845 000,00 DM, die variablen Handlungskosten mit 320 000,00 DM und die fixen Handlungskosten mit 360 000,00 DM.*

    a) Berechnen Sie die Handlungskostenzuschläge bei 80 %, 90 % und 100 % Beschäftigungsgrad.
    b) Begründen Sie die Abweichungen.

Aus den Zahlen der Ergebnistabelle ist der BAB für den Monat Juli zu erstellen.

Kosten-arten	Zahlen der Ergebnistab.	Hilfskostenstellen		Hauptkostenstellen		
		Lager	Verwaltg.	W.-Gruppe 1	W.-Gruppe 2	W.-Gruppe 3
Löhne	8 000,00	1 000,00	4 200,00	1 000,00	1 000,00	800,00
Gehälter	35 000,00	4 000,00	20 000,00	4 000,00	4 000,00	3 000,00
Mieten	12 000,00	450 m²	300 m²	300 m²	450 m²	300 m²
Werbung	6 000,00	–	6 000,00	–	–	–
AVK	45 000,00	4 000,00	20 000,00	9 000,00	6 000,00	6 000,00
Kalk. Abschr.	10 000,00	450 000	300 000	150 000	300 000	300 000

Die Mietkosten sind nach Raumgröße in m² auf die Kostenstellen umzulegen, die kalkulatorischen Abschreibungen nach den Anlagewerten in DM.

Die Kosten der Hilfskostenstellen werden nach folgenden Schlüsseln auf die Hauptkostenstellen abgewälzt:

Umlage Lager: 2 : 2 : 1,
Umlage Verwaltung: 4 : 2 : 2.

Die Warenaufwendungen betrugen: WG 1   104 375,00 DM,
WG 2   79 000,00 DM,
WG 3   60 700,00 DM.

Ermitteln Sie im BAB die Handlungskosten und die Handlungskostenzuschläge für jede Warengruppe.

---

462 Zur Aufstellung des BAB werden in einem Möbelhaus im Monat Februar folgende Zahlen der Ergebnistabelle entnommen:

Kostenarten	DM-Betrag	Verteilungsgrundlage
Löhne	40 000,00	Lohnlisten
Gehälter	170 000,00	Gehaltslisten
Soz. Aufwendungen	35 000,00	Lohn-/Gehaltslisten
Mieten/Pachten	15 000,00	Raumgröße
Steuern/Versicherungen	24 000,00	Beschäftigtenzahl
Werbung/Reise	56 000,00	Artikelgruppen
Betriebskosten	12 000,00	Artikelgruppen
AVK	88 000,00	Rechnungen
Kalk. Abschreibungen	75 000,00	Anlagewerte
	515 000,00	

Der Betrieb hat nachstehende Kostenstellen eingerichtet:

Allgemeine Kostenstellen:
1. Fuhrpark
2. Geschäftsleitung

Hilfskostenstellen:
3. Einkauf
4. Lager
5. Allgemeine Verwaltung
6. Verkauf

Hauptkostenstellen:
7. Küchenmöbel
8. Wohnmöbel
9. Schlafzimmer
10. Kleinmöbel

1. *Stellen Sie den BAB für die 10 Kostenstellen nach folgenden Angaben auf:*

Kosten-arten	Allg. K.-St. 1	2	Hilfskostenstellen 3	4	5	6	Hauptkostenstellen 7	8	9	10
Löhne	10 000	—	—	25 000	5 000	—	—	—	—	—
Gehälter	5 000	60 000	20 000	10 000	45 000	11 000	4 000	5 000	5 000	5 000
Soz. Aufw.	—	6 000	5 000	5 000	19 000	—	—	—	—	—
Mieten	3 000	1 500	—	3 000	1 000	—	1 500	3 000	1 500	500
Steuern	2 :	1 :	1 :	2 :	3 :	1 :	3 :	5 :	4 :	2
Werbung	—	—	—	—	—	40 000	4 000	6 000	4 000	2 000
Betriebsk.	12 000	—	—	—	—	—	—	—	—	—
AVK	—	3 :	1 :	1 :	4 :	2 :	1 :	2 :	1 :	1
Kalk. Abschr. von den An-lagewerten	100 000	50 000	50 000	150 000	50 000	50 000	50 000	100 000	100 000	50 000

2. *Legen Sie die Gemeinkosten der Allg. Kostenstelle „Fuhrpark" auf die anderen Kostenstellen im Verhältnis 1 : 2 : 3 : 2 : 2 : 3 : 4 : 3 : 1 um.*
   Legen Sie danach die Gemeinkosten der Allg. Kostenstelle „Geschäftsleitung" auf die anderen Kostenstellen im Verhältnis 4 : 2 : 5 : 2 : 3 : 3 : 2 : 2 um.

3. *Die Gemeinkosten der Hilfskostenstellen sind nach folgenden Schlüsseln auf die Haupt-kostenstellen umzulegen:*

Umlage Einkauf:	2 : 3 : 2 : 1,	*Umlage Allg. Verwaltg.:*	3 : 2 : 2 : 1,
Umlage Lager:	3 : 3 : 3 : 1,	*Umlage Verkauf:*	4 : 3 : 2 : 1.

4. Die Warenaufwendungen betrugen im Abrechnungsmonat:

Warengruppe	Warenaufwendungen
Küchenmöbel	350 000,00
Wohnmöbel	400 000,00
Schlafzimmer	430 000,00
Kleinmöbel	137 000,00

5. *Errechnen Sie für jede Hauptkostenstelle die Handlungskosten und die Handlungskosten-zuschlagssätze.*

4.3   Normalgemeinkosten

Istkostenrechnung. In der Regel werden die mit Hilfe der Stellengemeinkosten und der Zuschlagsgrundlagen im BAB errechneten IST-Zuschlagssätze von Periode zu Periode schwanken, da sich durch Preisänderungen bei den Waren, durch Lohn- und Gehaltserhöhungen oder aufgrund unterschiedlicher Auftragslagen (Preis-, Beschäftigungs- und/oder Verbrauchsabweichungen) auch die Stellengemeinkosten und die Zuschlagsgrundlagen ändern. Die Vorkalkulation (Angebotskalkulation) würde durch dieses ständige Schwanken ihre feste Grundlage verlieren. Für die Nachkalkulation (Kostenkontrolle) hat die IST-Kostenrechnung ihre Bedeutung.

Merke:
- **Die IST-Kostenrechnung eignet sich nicht für Angebotskalkulationen, weil sie mit Vergangenheitswerten und mit schwankenden Zuschlägen arbeitet.**
- **Die IST-Kostenrechnung ist die Grundlage für die Nachkalkulation.**

Normalkostenrechnung. Für die zukunftsorientierte und über einen längeren Zeitabschnitt konstante Angebotskalkulation (vgl. auch Seite 118) werden sog. Normalkosten verwendet. Normalkosten sind Durchschnittskosten, die aus den Istkosten oder den Istkostenzuschlagssätzen der Vergangenheit errechnet werden.

Festlegung der Normalzuschlagssätze. In der Normalkostenrechnung wird für jede Hauptkostenstelle ein Normalzuschlagssatz für die Handlungskosten festgelegt. In der Regel wird hierbei aus den Ist-Zuschlägen mehrerer Betriebsabrechnungsbögen das arithmetische Mittel als Normalzuschlag gebildet.

Beispiel: Die Kern KG legt folgende Normalzuschlagssätze unter Beachtung der Tendenz und unter dem Vorbehalt der späteren Korrektur für die Handlungskosten (Vorkalkulation) fest:

Hauptkostenstelle „Spezialpapiere"	**60 %**
Hauptkostenstelle „Hygienepapiere"	**80 %**
Hauptkostenstelle „Verpackungsfolien"	**82 %**
Hauptkostenstelle „Einschlagpapiere"	**70 %**

Selbstkostenkalkulation (= Vorkalkulation) auf der Basis der Normalzuschlagssätze. Auf der Grundlage der obigen Normalzuschlagssätze läßt sich nunmehr eine differenzierte Kalkulation durchführen.

Beispiel: Die Kern KG kalkuliert den Selbstkostenpreis für eine Doppelrolle Küchenpapier (vgl. auch S. 342) mit Hilfe des Normalzuschlagssatzes von 80 %.

Einstandspreis je Doppelrolle	2,10 DM
+ 80 % Handlungskosten	1,68 DM
= **Selbstkostenpreis** je Doppelrolle	**3,78 DM**

Gegenüber der Kalkulation mit einheitlichem Zuschlagssatz (vgl. S. 342) ergibt sich eine Abweichung um 0,13 DM.

Merke: **Normalzuschlagssätze werden aus den IST-Zuschlagssätzen der Vergangenheit als Mittelwert errechnet. Sie sind die Grundlage der Vorkalkulation (= Angebotskalkulation).**

4.4 Kostenüberdeckung und Kostenunterdeckung

Beispiel: Für das Unternehmen Kern KG ist es wichtig festzustellen, ob die durch die Umsatzprozesse tatsächlich entstandenen Kosten von den in die Preise eingerechneten (vorkalkulierten) Normalkosten mindestens gedeckt werden und wie hoch die Über- oder Unterdeckung der Kosten ausgefallen ist. Zu diesem Zweck wird der BAB (vgl. S. 364) um die Normalgemeinkosten ergänzt.

Auszug aus dem Betriebsabrechnungsbogen mit Normalgemeinkosten

Gemeinkostenarten	HKSt. I Spezial- papiere	HKSt. II Hygiene- papiere	HKSt. III Verpack.- folien	HKSt. IV Einschlag- papiere	Summe
Warenaufwendungen	300 000,00	401 000,00	300 000,00	295 000,00	1 296 000,00
Handlungskosten (IST)	186 000,00	325 000,00	243 000,00	203 000,00	957 000,00
Handlungskostenzuschl. (IST)	62 %	81,05 %	81 %	68,8 %	
Handlungskostenzuschl. (Norm.)	60 %	80 %	82 %	70 %	
Handlungskosten (Normal)	180 000,00	320 800,00	246 000,00	206 500,00	953 300,00
Kostenüber-/-unterdeckung	− 6 000,00	− 4 200,00	+ 3 000,00	+ 3 500,00	− 3 700,00

„Verdiente" Kosten. Die Angebotskalkulationen werden auf Normalkostenbasis erstellt. Somit werden dem Unternehmen über die Umsatzerlöse Normalkosten erstattet.

Kostenüber- und -unterdeckung. Selbstverständlich muß am Ende des Monats festgestellt werden, ob die verrechneten Normalgemeinkosten die tatsächlich entstandenen Gemeinkosten decken. Da Normal- und Istkosten nur selten übereinstimmen, ergibt sich in der Regel eine Über- oder Unterdeckung.

Bei einer Überdeckung liegen die verrechneten Normalkosten über den Istkosten. Die Normal-Selbstkosten sind höher als die tatsächlichen Selbstkosten.

Bei einer Unterdeckung liegen die verrechneten Normalkosten unter den Istkosten. Die tatsächlich angefallenen Kosten sind höher als die Normalkosten.

Es ist zweckmäßig, die Über- oder Unterdeckung im BAB auszuweisen. Die verrechneten Normalgemeinkosten werden in den BAB eingetragen, und zwar unterhalb der in den einzelnen Stellen ermittelten Istgemeinkosten. Die Über- oder Unterdeckung ergibt sich dann durch Saldierung.

Merke:
- Normalkosten > Istkosten = Überdeckung
- Normalkosten < Istkosten = Unterdeckung

Im vorstehenden BAB werden in den Hauptkostenstellen I „Spezialpapiere" und II „Hygienepapiere" Kostenunterdeckungen in Höhe von − 6 000,00 DM bzw. − 4 200,00 DM ausgewiesen. In diesen Kostenstellen decken die vorkalkulierten Normalkosten nicht die tatsächlich angefallenen Handlungskosten. Dafür zeigen sich in den Hauptkostenstellen III „Verpackungsfolien" und IV „Einschlagpapiere" Kostenüberdeckungen von + 3 000,00 DM bzw. + 3 500,00 DM. Insgesamt ergibt sich eine Kostenunterdeckung von − 3 700,00 DM. Die Kern KG hätte in dieser Situation noch keinen Anlaß, die Normalzuschlagssätze zu ändern, müßte aber die Entwicklung in den Hauptkostenstellen I und II sorgfältig im Auge behalten.

4.5 Kostenträgerrechnung

Kostenträger. Die in einer Abrechnungsperiode abgesetzten Waren (je Warengruppe) sind im Großhandelsbetrieb in der Regel die Kostenträger. Sie übernehmen sowohl die unmittelbar in den Verkaufsabteilungen als auch in den übrigen Betriebsabteilungen angefallenen Einzel- und Gemeinkosten einer Abrechnungsperiode.

Die Kostenträger können auch nach Absatzgebieten oder nach Kundengruppen geordnet werden.

Aufgaben der Kostenträgerrechnung. In enger Verbindung und Ergänzung zur Kostenstellenrechnung werden in der Kostenträgerrechnung der Betriebserfolg ermittelt (= Kostenträgerzeitrechnung) und die Kalkulationen durchgeführt (= Kostenträgerstückrechnung). Die Kostenträgerrechnung hat folgende Aufgaben:

- **Ermittlung der Selbstkosten** insgesamt und für jede Warengruppe. Sie ist damit die Grundlage für die Kontrolle der Wirtschaftlichkeit der einzelnen Warengruppen.
- **Ermittlung des betrieblichen Erfolges** einer Abrechnungsperiode durch Gegenüberstellung der Selbstkosten und der Umsatzerlöse insgesamt und für jede Warengruppe. Sie ist damit die Grundlage einer kurzfristigen Erfolgsrechnung.
- **Berechnung des Zuschlagssatzes** für den Betriebsgewinn. In der Nachkalkulation ist eine Kontrolle und ggf. Korrektur des verwendeten Zuschlagssatzes möglich.
- **Bestimmung des Selbstkosten- und Verkaufspreises** für einzelne Waren.

4.5.1 Kostenträgerzeitrechnung

Beispiel: Auf der Grundlage der im Unternehmen Kern KG festgelegten Normalzuschlagssätze für die Handlungskosten (vgl. S. 369), der angefallenen Warenaufwendungen, der für jeden Kostenträger ausgewiesenen Umsatzerlöse (vgl. S. 365) sowie der im BAB auf Seite 370 ausgewiesenen Kostenunterdeckung wird das nachfolgende Kostenträgerblatt auf Normalkostenbasis zur Ermittlung der Selbstkosten und des Betriebsgewinnes aufgestellt.

Kostenträgerblatt auf Normalkostenbasis

Kalkulations-schema	Warengruppe Spezialpapier	Warengruppe Hygienepapier	Warengruppe Verp.-Folien	Warengruppe Einschlagpap.	Kostenträger insgesamt
Warenaufwdg. **+ Handlg.-Kosten** **(Normal)**	300 000,00 DM 60 % 180 000,00 DM	401 000,00 DM 80 % 320 800,00 DM	300 000,00 DM 82 % 246 000,00 DM	295 000,00 DM 70 % 206 500,00 DM	1 296 000,00 DM 953 300,00 DM
= Selbstkosten **der Periode**	480 000,00 DM	721 800,00 DM	546 000,00 DM	501 500,00 DM	2 249 300,00 DM
Umsatzerlöse	558 000,00 DM	796 000,00 DM	638 000,00 DM	498 000,00 DM	2 490 000,00 DM
Umsatzergebnis **− Kostenunter-** **deckung (BAB)**	62 000,00 DM	74 200,00 DM	92 000,00 DM	− 3 500,00 DM	240 700,00 DM − 3 700,00 DM
= Betriebsgewinn					**237 000,00 DM**
Gewinnzuschläge **in % (vgl. S. 344)**	12,5 %	10,28 %	16,85 %	(− 0,7 %)	10,5 %

Merke: Mit Hilfe der Kostenträgerzeitrechnung können ermittelt werden:
- die Selbstkosten der einzelnen Warengruppen (= Kostenträger),
- der Anteil der einzelnen Kostenträger am Umsatzergebnis,
- das monatliche Betriebsergebnis (= kurzfristige Erfolgsrechnung),
- die Gewinnzuschläge für jeden Kostenträger.

4.5.2 Kostenträgerstückrechnung

Die Kostenträgerstückrechnung im Großhandel basiert auf der Zuschlagskalkulation (vgl. S. 336 f.). Sie dient vor allem

- der Berechnung der Selbstkosten und Angebotspreise für <u>einzelne</u> Kostenträger,
- der Kostenkontrolle,
- der Entscheidung über die Annahme von Aufträgen zu festen Marktpreisen.

Merke: **Rechnerische Grundlage der Kostenträgerstückrechnung ist die mehrstufige Zuschlagskalkulation.**

Vorkalkulation. Die im Unternehmen festgelegten Normalzuschlagssätze für die Handlungskosten und für den Gewinn bilden die Grundlage für die Angebotskalkulationen nach dem im Kapitel 3 „Kalkulation mit einheitlichem Handlungskostensatz" dargelegten Verfahren.

Nachkalkulation. Die zur Angebotsabgabe aufgestellten Vorkalkulationen müssen nach Ablauf der Abrechnungsperiode (z.B. monatlich) auf der Basis der tatsächlich erzielten Ergebnisse überprüft werden. Hierzu dienen die Nachkalkulationen, die – auf den im BAB ermittelten IST-Zuschlagssätzen für die Handlungskosten aufbauend – den Vorkalkulationen gegenübergestellt werden.

Beispiel: Die Kern KG kalkuliert den Angebotspreis für eine Doppelrolle Küchenpapier aufgrund folgender Angaben:

Einstandspreis je Doppelrolle	2,10 DM (vgl. S. 118/119),
Normalzuschlag für Handlungskosten	80 % (vgl. S. 369),
Gewinnzuschlag lt. BAB	10 % (abgerundet, vgl. S. 344, 371).

In der Nachkalkulation sind folgende Änderungen zu berücksichtigen:

Wegen des nicht ausgenutzten Skontoabzugs beim Einkauf erhöhte sich der Einstandspreis auf 2,14 DM je Doppelrolle.

Der tatsächliche Handlungskostenzuschlag lt. BAB beträgt 81,05 % (vgl. S. 364).

Der Barverkaufspreis ist dem Kunden verbindlich zugesagt worden und muß deshalb der Nachkalkulation zugrunde gelegt werden.

Wie hoch ist der tatsächlich erzielte Gewinn (in DM und %) je Doppelrolle?

Kalkulationsschema	Vorkalkulation		Nachkalkulation	
Einstandspreis		2,10 DM		2,14 DM
+ Handlungskosten	80,0 %	1,68 DM	81,05 %	1,73 DM
Selbstkostenpreis		3,78 DM		3,87 DM
+ Gewinn	10,0 %	0,38 DM	**7,5 %**	**0,29 DM**
Barverkaufspreis		**4,16 DM**	→	4,16 DM

Das Beispiel zeigt, daß aufgrund der nicht eingehaltenen Vorgaben der tatsächliche Gewinn um 0,09 DM niedriger ausfällt als der vorkalkulierte Gewinn, was sich auch in einem Absinken des Gewinnzuschlags von 10 % auf 7,5 % ausdrückt.

Merke:
- **Vorkalkulationen werden aufgrund der Normalzuschlagssätze durchgeführt. Sie dienen der Berechnung des Angebotspreises.**
- **Nachkalkulationen sind Kontrollrechnungen, mit denen überprüft wird, ob die in den Vorkalkulationen eingesetzten Normalzuschläge eingehalten werden konnten. Mit ihrer Hilfe werden insbesondere die tatsächlich erzielten Stückgewinne ermittelt.**

6583372

Aufgaben

463 Auf der Grundlage des Betriebsabrechnungsbogens von Aufgabe 461, S. 367, sowie der angegebenen Nettoumsatzerlöse sind folgende Aufgaben zu lösen:

Warengruppe	Nettoumsatzerlöse
WG 1	185 370,00 DM
WG 2	142 042,00 DM
WG 3	103 797,00 DM

1. *Die Normalzuschlagssätze für die Handlungskosten betragen 50 %, 45 % und 45 %. Stellen Sie im BAB die Kostenüber- und Kostenunterdeckung fest.*

2. *Berechnen Sie die Normal-Selbstkosten des Abrechnungsmonats für jede Warengruppe und insgesamt.*

3. *Bestimmen Sie den Betriebsgewinn für jede Warengruppe und insgesamt sowie die Gewinnzuschlagssätze für jede Warengruppe.*

4. *Ermitteln Sie die Normal-Kalkulationszuschläge für die 3 Warengruppen, wenn der Großhändler in allen Warengruppen mit 2 % Verkaufsskonto und 5 % Verkaufsrabatt kalkuliert.*

5. *a) Kalkulieren Sie mit den Normal-Zuschlagssätzen den Barverkaufspreis für einen Artikel der Warengruppe 1, den der Großhändler zum Einstandspreis von 34,00 DM gekauft hat.*

   b) Stellen Sie eine Nachkalkulation zur Ermittlung des tatsächlichen Gewinns unter folgenden Bedingungen auf:
   Der Einstandspreis konnte aufgrund günstigerer Konditionen auf 33,85 DM gesenkt werden.
   Der IST-Zuschlag für Handlungskosten ist dem BAB zu entnehmen.

464 Auf der Grundlage des Betriebsabrechnungsbogens von Aufgabe 462, S. 368, sowie der angegebenen Nettoumsatzerlöse sind folgende Aufgaben zu lösen:

Warengruppe	Nettoumsatzerlöse
I Küchenmöbel	598 850,00 DM
II Wohnmöbel	672 000,00 DM
III Schlafzimmer	642 850,00 DM
IV Kleinmöbel	246 600,00 DM

1. *Die Vorkalkulationen werden aufgrund folgender Normalzuschlagssätze für die Handlungskosten durchgeführt: I 40 %, II 40 %, III 35 %, IV 50 %.*
   Stellen Sie die Kostenüber- und Kostenunterdeckung im BAB fest.

2. *Ermitteln Sie den Betriebsgewinn für jede Warengruppe und insgesamt nach dem Schema von Seite 371.*

3. *Bestimmen Sie die Gewinnzuschlagssätze.*

4. *Ermitteln Sie die Normal-Kalkulationszuschläge für die 4 Warengruppen, wenn der Großhändler einheitlich mit 1,5 % Verkaufsskonto und 6 % Verkaufsrabatt kalkuliert.*

5. *Kalkulieren Sie mit den Normalzuschlagssätzen den Angebotspreis für ein Schlafzimmer, das der Großhändler zum Einstandspreis von 4 250,00 DM beziehen kann.*

6. *Eine Einbauküche kann vom Großhändler zum Einstandspreis von 3 500,00 DM bezogen werden. Aus Konkurrenzgründen wird diese Küche zum Barverkaufspreis von 6 000,00 DM an den Einzelhandel veräußert.*
   Prüfen Sie, ob die im BAB ermittelten Zuschlagssätze eingehalten wurden.

465 Eine Textilgroßhandlung führt in ihrer Kostenrechnung die nach Warengruppen gegliederten Abteilungen „Herrenoberbekleidung", „Damenoberbekleidung", „Kinderbekleidung" als Hauptkostenstellen. Zusätzlich sind die Abteilungen Einkauf, Lager und Verwaltung als Hilfskostenstellen eingerichtet. Die Abteilung Fuhrpark ist Allgemeine Kostenstelle. Für den Monat Mai liegen folgende Zahlen vor:

Warenkosten: 3010 Herrenoberbekleidung 329 600,00
3110 Damenoberbekleidung 466 000,00
3210 Kinderbekleidung 220 000,00

Die Handlungskosten der Ergebnistabelle sind im nachfolgenden BAB aufgeführt und dort zum Teil bereits aufgeschlüsselt:

Kosten-arten	Zahlen der Ergebnistab.	Fuhr-park	Hilfskostenstellen			Hauptkostenstellen		
			Einkauf	Lager	Verwtg.	HOB	DOB	KB
Instandhaltung	40 000,00	vgl. unten						
Frachten	25 000,00	—	2 000	12 000	8 000	1 000	1 000	1 000
Pers.-Kosten	240 000,00	20 000	30 000	20 000	110 000	20 000	30 000	10 000
Mieten	30 000,00	450 m²	150 m²	600 m²	300 m²	300 m²	300 m²	150 m²
Werbung	40 000,00	—	—	—	40 000	—	—	—
Steuern/Vers.	88 000,00	14 000	12 500	4 000	46 000	3 500	5 500	2 500
Betr.-Kosten	12 000,00	12 000	—	—	—	—	—	—
Kalk. Zinsen	15 000,00	3 000	1 000	6 000	2 000	1 000	1 000	1 000
Kalk. Abschr.	70 000,00	200 000	50 000	150 000	100 000	50 000	100 000	50 000

Die Mietkosten sind nach Raumgröße in m², die Instandhaltung im Verhältnis 2 : 3 : 2 : 6 : 1 : 1 : 1 und die kalkulatorischen Abschreibungen nach Anlagewerten in DM auf die Kostenstellen zu verteilen.

Die Kosten der Allgemeinen Kostenstelle sind im Verhältnis 4 : 4 : 5 : 1 : 1 : 1 auf die übrigen Kostenstellen abzuwälzen.

Für die Umlage der Hilfskostenstellen auf die Hauptkostenstellen gelten folgende Verteilungsschüssel:

Umlage: Einkauf 3 : 3 : 2,   Lager 3 : 4 : 2,   Verwaltung 2 : 2 : 1.

Die **Nettoumsatzerlöse** betrugen im Abrechnungszeitraum:

	Herrenoberbekleidung	Damenoberbekleidung	Kinderbekleidung
Nettoumsatzerlöse	602 550,00	838 800,00	426 250,00

1. Ermitteln Sie im BAB die IST-Handlungskosten für jede Warengruppe und die zugehörigen Handlungskostenzuschläge in Prozent.

2. Das Unternehmen kalkuliert mit folgenden Normalzuschlagssätzen für Handlungskosten: HOB 60 %, DOB 52 %, KB 55 %. *Berechnen Sie die Normal-Handlungskosten für jede Warengruppe und insgesamt sowie die Kostenüber-/-unterdeckung.*

3. *Stellen Sie die Kostenträgerzeitrechnung auf und bestimmen Sie den Betriebsgewinn für jede Warengruppe und insgesamt sowie die Gewinnzuschlagssätze für jede Warengruppe.*

4. *Führen Sie für den Artikel „Herrenoberhemd" eine Vor- und Nachkalkulation mit den im BAB ermittelten Zuschlagssätzen durch: Einstandspreis für ein Hemd: 12,50 DM.*

5. *Führen Sie eine Angebotskalkulation für ein Damenkleid durch, das vom Hersteller zum Einstandspreis von 98,00 DM angeboten wird. Beim Großhändler fallen zusätzlich 2 % Verkaufsskonto und 10 % Verkaufsrabatt an.*

5   Deckungsbeitragsrechnung

Nachteile der Vollkostenrechnung. Die zuvor dargestellte Vollkostenrechnung hat ihre Aufgaben in der Ermittlung des Betriebsergebnisses, in der innerbetrieblichen Kostenkontrolle und in der Kalkulation von Verkaufspreisen. Sobald jedoch kurzfristig Entscheidungen im Rahmen der Preispolitik (Preissenkung, Preisuntergrenze) oder der Sortimentpolitik (Einengung, Umgruppierung, Vergrößerung des Sortimentes) zur Anpassung an veränderte Marktpositionen getroffen werden müssen, kann die Vollkostenrechnung keine zuverlässigen Unterlagen liefern. Das hat folgende Gründe:

- Sowohl in der Kostenstellenrechnung als auch in der Kostenträgerrechnung werden die Gemeinkosten, die zumeist fixe Kosten darstellen, mit Hilfe fester Verteilungsschlüssel auf die Kostenstellen und Kostenträger verteilt. Das Kostenrechnungssystem wird hierdurch starr und verhindert die Anpassung an veränderte Marktlagen.

- Da die Handlungskosten überwiegend fix und somit absatzunabhängig sind, führt die Vollkostenrechnung bei Absatzveränderungen zu unsinnigen Ergebnissen: Bei sinkenden Absatzzahlen verteilen sich die in unveränderter Höhe anfallenden Kosten auf eine geringere Menge und erhöhen dadurch die Selbstkostenpreise der Waren, während in einer solchen Situation Preissenkungen angezeigt wären (vgl. S. 360/361).

Merke:
- **Für kurzfristig zu treffende marktorientierte Entscheidungen liefert die Vollkostenrechnung keine geeigneten Unterlagen.**

- **Langfristig ist die Vollkostenrechnung die notwendige Grundlage für die Kostenkontrolle und die Betriebsergebnisrechnung.**

Teilkostenrechnung. Die Teilkostenrechnung verzichtet darauf, alle Kosten auf die betrieblichen Leistungen (= Kostenträger) zu verrechnen. Sie beschränkt sich auf die Verrechnung der variablen Kosten (Einzelkosten und variable Gemeinkosten, vgl. S. 332 f.), stellt diese variablen Kosten den tatsächlich erzielten Umsatzerlösen gegenüber und prüft, ob die verbleibende Differenz (= Deckungsbeitrag) zur Deckung der nicht zurechenbaren Kosten (= fixe Kosten) und zur Erzielung eines angemessenen Gewinnes ausreicht. Der Name „Teilkostenrechnung" rührt also daher, daß nur ein Teil der gesamten Handlungskosten auf die Kostenträger umgelegt wird.

Das Grundschema der Deckungsbeitragsrechnung in einem Großhandelsbetrieb mit mehreren Warengruppen sieht folgendermaßen aus:

Kalkulationsschema	Waren-gruppe I	Waren-gruppe II	Waren-gruppe III	Summe
Nettoumsatzerlöse — **Warenaufwdg. (Einzelkosten)**	. . . .	. . . .	. . . .	. . . .
Warenrohgewinn — **variable Gemeinkosten**	. . . .	. . . .	. . . .	. . . .
Deckungsbeitrag — **fixe Kosten**	. . . . —	. . . . —	. . . . —	. . . .
Betriebserfolg				. . . .

Erläuterungen. Die Nettoumsatzerlöse ergeben sich aus der Summe aller Einzelumsätze jeder Warengruppe. Sie können den Konten der Kontengruppen 80, 81, 82 usw. entnommen werden.

Vermindert man die Nettoumsatzerlöse um die beim Einkauf der Waren angefallenen Kosten (= Warenaufwendungen), so erhält man den Warenrohgewinn, auch <u>Bruttoerfolg</u> genannt, jeder Warengruppe und insgesamt.

Vom Warenrohgewinn sind die den Warengruppen direkt zurechenbaren (= variablen) Handlungskosten zu subtrahieren, um die Deckungsbeiträge jeder Warengruppe zu erhalten. Die Deckungsbeiträge geben an, mit wieviel DM jede Warengruppe zur Deckung der fixen Kosten und zur Erzielung von Gewinn beiträgt.

Das Unternehmen erzielt einen <u>Betriebsgewinn,</u> wenn die Summe der Deckungsbeiträge größer ist als die Summe der nicht direkt zurechenbaren (= fixen) Handlungskosten. Im umgekehrten Fall entsteht ein <u>Betriebsverlust.</u>

Merke:
- **Nettoumsatzerlöse jeder Warengruppe**
- **– Warenkosten jeder Warengruppe (Einzelkosten)**

  Warenrohgewinn jeder Warengruppe
- **– variable Gemeinkosten jeder Warengruppe**

  Deckungsbeitrag jeder Warengruppe

- **Summe der Deckungsbeiträge > fixe Kosten ◄► Betriebsgewinn**
  Summe der Deckungsbeiträge < fixe Kosten ◄► Betriebsverlust

Kostenauflösung in variable und fixe Kosten (vgl. S. 332 f.). Voraussetzung zur Anwendung der hier vorgestellten Form der Deckungsbeitragsrechnung ist die möglichst genaue Aufteilung der Handlungskosten in variable und fixe Kosten.

Die <u>variablen Kosten</u> lassen sich <u>direkt</u> den einzelnen Waren oder Warengruppen zurechnen. Sie verändern sich mit der Veränderung des Absatzes. Die <u>fixen Kosten</u> sind in der Regel <u>Kosten der Betriebsbereitschaft</u> und damit teils der Warengruppe, teils dem Sortiment und teilweise nur dem Betrieb zurechenbar. Sie fallen auch bei Absatzveränderungen in unveränderter Höhe an.

Da nun aber die in der Ergebnistabelle erfaßten Gemeinkosten nicht einfach in variable und fixe Kosten unterschieden werden können – das trifft nur in Ausnahmefällen zu –, müßten die Kosten einer jeden Gemeinkostenart in einen variablen und einen fixen Kostenbestandteil aufgelöst werden. In dieser Kostenauflösung liegen die Schwierigkeiten bei der Handhabung der Deckungsbeitragsrechnung. Zufriedenstellend kann diese Schwierigkeit nur in einer <u>Kostenplanung</u> gelöst werden. In den folgenden Beispielen wird jeweils von <u>vorgegebenen variablen und fixen Kosten</u> ausgegangen.

Merke: **Voraussetzung für die Anwendung der Deckungsbeitragsrechnung ist die Aufteilung der Handlungskosten in variable und fixe Kostenbestandteile.**

Variable und fixe Kosten im Großhandelsbetrieb. Neben den Warenaufwendungen (= Warenpreis + Bezugskosten) gelten folgende Handlungskosten als <u>variable Kosten:</u> Provisionen, Ausgangsfrachten, Abschreibungen auf Forderungen.

Als <u>fix</u> können folgende Handlungskosten angesehen werden: Gehälter, Mieten, Abgaben und Pflichtbeiträge, Abschreibungen auf Sachanlagen.

Darüber hinaus gibt es eine Reihe von Kostenarten, in denen teilweise fixe und variable Kostenteile enthalten sind, z. B. Steuern, Löhne, Wartungskosten, Büromaterial, Werbe- und Reisekosten, Betriebskosten.

5.1   Deckungsbeitragsrechnung als Stückrechnung

Die folgenden Ausführungen beruhen auf der Annahme, daß der Großhändler den Deckungsbeitrag je Verkaufseinheit (z. B. Stück) eines bestimmten Artikels ermitteln will, um daraus preispolitische Entscheidungen ableiten zu können.

Beispiel 1: Aus Konkurrenzgründen sieht sich die Kern KG gezwungen, den Listenverkaufspreis einer Großrolle Spezialpapier auf 1500,00 DM festzusetzen. Sie gewährt ihren Kunden 20 % Verkaufsrabatt und 2 % Verkaufsskonto. Beim Einkauf der Rolle waren zu berücksichtigen: 600,00 DM Listeneinkaufspreis, 10 % Einkaufsrabatt, 1 % Einkaufsskonto, anteilige Bahnfracht und Verpackung 25,40 DM. Die auf eine Rolle zurechenbaren Handlungskosten (= variable Stückkosten, vgl. S. 332) für Provision, Anlieferung, Löhne u. a. betragen 166,00 DM.

Der Deckungsbeitrag ist zu ermitteln.

	Listenverkaufspreis			1 500,00 DM
−	20 % Verkaufsrabatt			300,00 DM
	Zielverkaufspreis			1 200,00 DM
−	2 % Verkaufsskonto			24,00 DM
	Barverkaufspreis			1 176,00 DM
−	**Warenaufwendungen:**	Listenpreis	600,00 DM	
		− 10 % Einkaufsrabatt .	60,00 DM	
		Zieleinkaufspreis . . .	540,00 DM	
		− 1 % Einkaufsskonto .	5,40 DM	
		Bareinkaufspreis . . .	534,60 DM	
		+ Bezugskosten	25,40 DM	
		Einstandspreis	560,00 DM →	560,00 DM
	Warenrohgewinn			616,00 DM
−	**variable Stückkosten**			166,00 DM
=	**Deckungsbeitrag je Rolle**			450,00 DM

Preisuntergrenze. Aus dem obigen Beispiel ergibt sich, daß jede verkaufte Großrolle einen Beitrag von 450,00 DM zur Deckung der fixen Kosten und zur Erzielung von Gewinn leistet. Geht man davon aus, daß die fixen Kosten auch dann in unveränderter Höhe anfallen, wenn sich die Auftragslage verschlechtert, so bedeutet ein positiver Deckungsbeitrag eine wenigstens teilweise Deckung der ohnehin anfallenden fixen Kosten. Der Großhändler könnte also – vorübergehend – den Verkaufspreis der Rolle so weit senken, daß der Umsatzerlös gerade die Warenaufwendungen und die variablen Stückkosten deckt. Im obigen Beispiel entspricht das einem Preis von 726,00 DM (= 560,00 DM + 166,00 DM). Gegenüber dem vorherigen Barverkaufspreis in Höhe von 1176,00 DM wäre das eine Preissenkung um (1176,00 DM – 726,00 DM =) 450,00 DM. Mit anderen Worten: Der Preis der Rolle kann so weit gesenkt werden, bis der Deckungsbeitrag je Stück gleich Null ist. In dieser Situation ist die absolute Preisuntergrenze erreicht. Es ist jedoch zu beachten, daß der Betrieb langfristig alle Kosten über den Preis abdecken muß.

Merke:
- Deckungsbeitrag je Stück $>$ 0 ⬌ Verbesserung des Betriebserfolgs
- Deckungsbeitrag je Stück $=$ 0 ⬌ Preisuntergrenze
- Deckungsbeitrag je Stück $<$ 0 ⬌ Verschlechterung des Betriebserfolgs

Preissenkung zur Umsatzsteigerung und zur Verbesserung des Betriebserfolgs. Die Preissenkung bei einem Artikel kann Auslöser für eine so große Absatzsteigerung dieses Artikels sein, daß hierdurch erhöhte Umsätze und größere Gewinne erzielt werden.

Beispiel 2: Die Kern KG senkt den Deckungsbeitrag für die Großrolle Spezialpapier von 450,00 DM auf 200,00 DM je Rolle. Sie rechnet mit einer so großen Absatzsteigerung, daß es nicht zu einer Umsatzeinbuße kommt.

Wie hoch muß die Absatzsteigerung mindestens ausfallen, damit der Erfolg nicht geschmälert wird?

Um das gleiche Ergebnis wie zuvor jetzt mit dem neuen Deckungsbeitrag zu erreichen, ist eine <u>Vervielfachung des Absatzes</u> erforderlich:

$$x \cdot 200\,DM = 450\,DM \iff x = \frac{450\,DM}{200\,DM} = \underline{2{,}25}$$

Die Absatzsteigerung muß mindestens das <u>2,25fache des früheren Absatzes</u> erreichen. Das entspricht einer <u>prozentualen Zunahme des Absatzes</u> um:

$$\frac{(450\,DM - 200\,DM) \cdot 100\,\%}{200\,DM} = \underline{\mathbf{125\,\%\ Absatzsteigerung}}$$

Merke:
- **Die Preissenkung bei einem bestimmten Artikel kann über eine entsprechend größere Absatzmenge dieses Artikels zur Verbesserung des Betriebsergebnisses beitragen.**
- **Aus der Rechnung** $\dfrac{\text{früherer Deckungsbeitrag/Stück}}{\text{jetziger Deckungsbeitrag/Stück}}$ **ergibt sich die erforderliche Vervielfachung des Absatzes.**
- **Die prozentuale Absatzsteigerung errechnet sich aus:**
  $$\frac{(\text{früherer Deckungsbeitrag} - \text{neuer Deckungsbeitrag}) \cdot 100\,\%}{\text{neuer Deckungsbeitrag}}$$

Aufgaben – Fragen

466 Ein Großhändler bietet Badezimmerarmaturen zum Preis von 85,00 DM je Stück an. Er gewährt dem Einzelhändler 15 % Verkaufsrabatt.

Beim Einkauf sind zu berücksichtigen:
45,00 DM Listeneinkaufspreis je Stück, 10 % Einkaufsrabatt, 2 % Einkaufsskonto, Bezugskosten je Stück 0,31 DM. Die direkt zurechenbaren Handlungskosten betragen 18,00 DM.

1. *Berechnen Sie den Deckungsbeitrag je Stück.*
2. *Um wieviel Prozent ließe sich der Barverkaufspreis senken, so daß gerade noch die variablen Handlungskosten gedeckt werden?*
3. Der Großhändler plant zur Steigerung des Absatzes eine Senkung des Preises um 8,00 DM je Stück. *Wieviel Stück müßte er zusätzlich verkaufen, um das gleiche Ergebnis wie zuvor zu erreichen?*
4. Der Großhändler setzt zur Verbesserung der Absatzlage den Deckungsbeitrag auf 12,00 DM je Stück fest. Er rechnet dadurch mit einer Absatzsteigerung von 60 Stück auf 85 Stück je Monat. *Um wieviel DM erhöht sich dadurch der gesamte Deckungsbeitrag dieser Armatur?*

Ein Großhändler kann eine Ledertasche zu folgenden Bedingungen einkaufen: Listen-einkaufspreis 54,00 DM je Stück, Einkaufsrabatt 20 %, Einkaufsskonto 2,5 %, Bezugskosten je Stück 0,88 DM. **467**

Der Großhändler gewährt seinen Kunden auf den Listenverkaufspreis (= 90,00 DM) 10 % Rabatt und 2 % Verkaufsskonto. Die variablen Stückkosten betragen 13,00 DM.

1. *Bestimmen Sie den Deckungsbeitrag je Stück.*

2. *Um wieviel Prozent kann der Barverkaufspreis gesenkt werden, wenn vorübergehend der Preis in Höhe der absoluten Preisuntergrenze festgesetzt werden soll?*

3. Durch eine Preissenkung auf den Barverkaufspreis von 65,00 DM erwartet der Händler eine so große Absatzsteigerung, daß das Betriebsergebnis insgesamt nicht verändert wird. *Um wieviel Prozent müßte sich der Absatz steigern?*

4. Es wurden vor der Preissenkung monatlich 10 Ledertaschen verkauft. *Wieviel Stück müßten nach der Preissenkung abgesetzt werden?*

Ein Maschinengroßhändler führt u. a. in der Warengruppe „Handwerkerbedarf" Bohrma-schinen, Bohrständer und Zubehör. In der folgenden Übersicht sind die Deckungsbeiträge und Absatzmengen für zwei aufeinanderfolgende Monate dargestellt: **468**

	Januar		Februar	
	Deckungsbeitrag je Stück	Absatz-menge	Deckungsbeitrag je Stück	Absatz-menge
Handbohrmaschinen	44,00	50	20,00	90
Bohrständer	22,00	20	22,00	40
Zubehör	8,00	40	8,00	70

Die fixen Kosten betragen in beiden Monaten je 1 400,00 DM.

1. *Berechnen Sie den Deckungsbeitrag für jede Ware in beiden Monaten.*

2. *Worauf führen Sie die Verbesserung des Betriebsergebnisses zurück?*

3. *Wieviel Prozent und wieviel Stück hätte die Absatzsteigerung beim Artikel „Handbohrma-schinen" betragen müssen, wenn die Erfolgssituation hätte gleich bleiben sollen?*

---

1. *Was versteht man unter „absoluter Preisuntergrenze"?* **469**

2. *Wie kann trotz Preissenkung bei einem Artikel eine Verbesserung des Betriebserfolgs erreicht werden?*

3. Ein Großhändler senkt den Deckungsbeitrag einer Ware von 34,00 DM auf 26,00 DM und rechnet dadurch mit einer Absatzsteigerung von 120 Stück auf 210 Stück. *Reicht diese Absatzsteigerung aus, um den gleichen Warengewinn zu erzielen wie zuvor?*

4. *Wie wird der Deckungsbeitrag je Stück berechnet?*

5. *Welche Auswirkung auf den Betriebserfolg ergibt sich,*
   a) wenn der Deckungsbeitrag je Stück größer als Null ist,
   b) wenn der Deckungsbeitrag je Stück kleiner als Null ist?

6. Durch eine Senkung des Deckungsbeitrags um 33 $\frac{1}{3}$ % soll eine Vergrößerung des Absatzes erreicht werden. *Um wieviel Prozent muß der Absatz mindestens steigen, um den Betriebserfolg zu verbessern?*

7. Zur Steigerung des Absatzes senkt ein Großhändler den Deckungsbeitrag einer Ware von 16,50 DM je Stück auf 11,00 DM je Stück. *Wie groß muß die Vervielfachung des Absatzes sein, um den Betriebserfolg zu halten?*

5.2 Deckungsbeitragsrechnung als Periodenrechnung zur Sortimentgestaltung

Die Deckungsbeitragsrechnung wenden Großhandelsbetriebe mit einem breiten Sortiment an. In diesen Bereichen kann sie gezielt Informationen für Sortiment- oder Preisentscheidungen bei einzelnen Waren oder Warengruppen liefern.

5.2.1 Sortimententscheidung bei einstufiger Deckungsbeitragsrechnung

Die Pflege des Sortimentes ist im Großhandelsbetrieb von entscheidender Bedeutung für den Betriebserfolg. Die Deckungsbeitragsrechnung hat das Zahlenmaterial zur Verfügung zu stellen, aus dem ersichtlich wird, welche Artikel im Sortiment verstärkt angeboten und welche aus dem Sortiment herausgenommen werden sollen.

Im Beispiel auf Seite 371 ergab sich für die Artikelgruppe „Einschlagpapiere" ein Verlust von −3 500,00 DM. Diese Situation könnte bei vordergründiger Betrachtung zur Herausnahme dieser Artikelgruppe aus dem Sortiment führen: Man hätte dadurch einen um 3 500,00 DM höheren Betriebsgewinn erzielt!

Diese Schlußfolgerung ist falsch, weil sie davon ausgeht, daß alle Handlungskosten der Hauptkostenstelle „Einschlagpapiere" in vollem Umfang abgebaut werden können. Dies trifft nur auf die variablen Kosten, nicht aber auf die fixen Kosten zu.

Merke: **Ohne Kenntnis der in den Handlungskosten enthaltenen variablen und fixen Kostenanteile ist eine Entscheidung über Sortimentsveränderungen nicht möglich.**

Beispiel: Die Aufgabe auf Seite 365 soll unter folgenden vereinfachten Annahmen auf die Deckungsbeitragsrechnung umgestellt werden:

- Die Einzelkosten sind in vollem Umfang variabel.
- Unter den Gemeinkostenarten sind die Provisionen und die Frachten variable Kostenarten.
- Die Personalkosten sollen zu 8 % und die Instandhaltungskosten zu 8,5 % variabel sein.
- Die übrigen Gemeinkosten sind in vollem Umfang fixe Kosten.

An variablen Gemeinkosten sind somit angefallen:

Provisionen	20 000,00 DM
Frachten	80 000,00 DM
8,0 % der Personalkosten	38 400,00 DM
8,5 % der Instandhaltung	5 100,00 DM
Summe der variablen Gemeinkosten	**143 500,00 DM**

Der Prozentanteil der variablen Gemeinkosten an den gesamten Gemeinkosten beträgt:

$$\frac{143\,500 \cdot 100\ \%}{957\,000} \approx 15\ \%$$

Es soll angenommen werden, daß die auf die Hauptkostenstellen (= Kostenträger) umgelegten Handlungskosten jeweils zu 15 % variabel sind (vgl. BAB, S. 364).

Variable Kosten der Kostenträger

Hauptkostenstellen				
Spezialpapiere	Hygienepapiere	Verp.-Folien	Einschlagpapiere	Summe
15 % von 186 000,00 = **27 900,00**	15 % von 325 000,00 = **48 750,00**	15 % von 243 000,00 = **36 450,00**	15 % von 203 000,00 = **30 450,00**	15 % von 957 000,00 = **143 550,00**

6583380

An fixen Gemeinkosten verbleiben also:

Gemeinkosten insgesamt	**957 000,00 DM**
− variable Gemeinkosten	**143 550,00 DM**
= fixe Gemeinkosten	**813 450,00 DM**

Die fixen Gemeinkosten sollen nicht weiter auf ihre Zurechenbarkeit zu den Artikel-gruppen untersucht werden.

(1) Ergebnisrechnung bei Herausnahme der Artikelgruppe „Einschlagpapiere" aus dem Sortiment

Ergebnisrechnung	Artikelgruppen				Summe
	Spezial-papiere	Hygiene-papiere	Verp.-Folien	Einschlag-papiere	
Netto-umsatzerlöse	558 000,00	796 000,00	638 000,00		1 992 000,00
− Variable Kosten:					
Einzelkosten	300 000,00	401 000,00	300 000,00		1 001 000,00
variable Gemeink.	27 900,00	48 750,00	36 450,00		113 100,00
Deckungsbeiträge	230 100,00	346 250,00	301 550,00		877 900,00
− fixe Kosten					813 450,00
= Betriebsgewinn					**64 450,00**

Die Gesamtkosten der Abrechnungsperiode können also nur um die variablen Kosten der Artikelgruppe „Einschlagpapiere" (= 295 000,00 DM Einzelkosten + 30 450,00 DM variable Gemeinkosten, vgl. S. 371/380) verringert werden. Die fixen Kosten in Höhe von 813 450,00 DM bleiben auch beim Ausscheiden der Artikelgruppe „Einschlag-papiere" in <u>voller Höhe</u> bestehen. Die im Sortiment verbleibenden Artikelgruppen haben allein die fixen Gesamtkosten zu tragen. Der Gewinn sinkt deutlich auf 64 450,00 DM.

(2) Ergebnisrechnung bei Weiterführung der Artikelgruppe „Einschlagpapiere"

Ergebnisrechnung	Artikelgruppen				Summe
	Spezial-papiere	Hygiene-papiere	Verp.-Folien	Einschlag-papiere	
Netto-umsatzerlöse	558 000,00	796 000,00	638 000,00	498 000,00	2 490 000,00
− Variable Kosten:					
Einzelkosten	300 000,00	401 000,00	300 000,00	295 000,00	1 296 000,00
variable Gemeink.	27 900,00	48 750,00	36 450,00	30 450,00	143 550,00
Deckungsbeiträge	230 100,00	346 250,00	301 550,00	172 550,00	1 050 450,00
− fixe Kosten					813 450,00
= Betriebsgewinn					**237 000,00**

Die Umsatzerlöse der Artikelgruppe „Einschlagpapiere" liegen um 172 550,00 DM über den variablen Kosten. Dieser Deckungsbeitrag kann zur Deckung der fixen Kosten und zur Erzielung von Gewinn herangezogen werden.

Merke: **Solange eine Artikelgruppe einen positiven Deckungsbeitrag erzielt, trägt sie zur Deckung der fixen Kosten und/oder zur Erzielung von Gewinn bei und bleibt grundsätzlich im Sortiment.**

5.2.2 Sortimententscheidung bei mehrstufiger Deckungsbeitragsrechnung

In der mehrstufigen Deckungsbeitragsrechnung werden die fixen Kosten so genau wie möglich

- den Artikelgruppen → artikelgruppenfixe Kosten
- den Sortimentgruppen → sortimentgruppenfixe Kosten
- dem Unternehmen → unternehmensfixe (unverteilbare) Kosten

zugerechnet. Man gelangt auf diese Weise zu einer verfeinerten und damit aussagefähigeren Deckungsbeitragsrechnung.

Deckungsbeitrag I. Die um die variablen Kosten verminderten Umsatzerlöse einer jeden Artikelgruppe heißen Deckungsbeiträge I.

Deckungsbeitrag II. In der Regel läßt sich ein Teil der fixen Kosten auf die einzelnen Artikelgruppen verursachungsgerecht umlegen, so z. B. Teile der Personalkosten, der Miete, der Werbe- und Reisekosten, der Wagniskosten. Dieser Teil der fixen Kosten heißt artikelgruppenfixe Kosten. Subtrahiert man die artikelgruppenfixen Kosten von den Deckungsbeiträgen I, so erhält man die Deckungsbeiträge II. Sie geben an, in welcher Höhe die einzelnen Artikelgruppen zur Deckung der restlichen fixen Kosten beitragen.

Deckungsbeitrag III. Sofern fixe Kosten nicht für eine bestimmte Artikelgruppe, sondern für mehrere Artikelgruppen zugleich innerhalb eines Sortimentes angefallen sind, lassen sich diese fixen Kosten nur dem Sortiment (oder der Sortimentgruppe) zurechnen. Man spricht dann von sortimentgruppenfixen Kosten. Beispiele für sortimentgruppenfixe Kosten können sein: Teile der Personalkosten, der Miete, der Abschreibungen, der Betriebskosten. Vermindert man die Deckungsbeiträge II um die sortimentgruppenfixen Kosten, so erhält man die Deckungsbeiträge III. Sie geben an, mit welchen Beträgen bestimmte Sortimentgruppen zur Deckung der noch verbleibenden fixen Kosten (= unternehmensfixe Kosten) und zur Erzielung von Gewinn beitragen.

Unternehmensfixe Kosten sind die nicht weiter aufteilbaren fixen Kosten, die für das Unternehmen insgesamt anfallen (z. B. Kosten der Geschäftsführung und der Gebäudeverwaltung) und die als Block von der Summe der Deckungsbeiträge III subtrahiert werden. Die Differenz ist das Betriebsergebnis der Rechnungsperiode.

Beispiel: Die fixen Kosten in Höhe von 813 450,00 DM (vgl. S. 381) sollen wie folgt aufteilbar sein:

	Spezial-papiere	Hygiene-papiere	Verp.-Folien	Einschlag-papiere	Summe
artikelgruppenfixe Kosten	80 000,00	132 000,00	145 000,00	93 000,00	450 000,00
unternehmensfixe Kosten					363 450,00

Es werden keine sortimentgruppenfixen Kosten gebildet.

Ergebnisrechnung mit stufenweiser Fixkostendeckung (vgl. S. 381)

	Spezial-papiere	Hygiene-papiere	Verp.-Folien	Einschlag-papiere	Summe
Umsatzerlöse	558 000,00	796 000,00	638 000,00	498 000,00	2 490 000,00
− variable Kosten	327 900,00	449 750,00	336 450,00	325 450,00	1 439 550,00
Deckungsbeiträge I	230 100,00	346 250,00	301 550,00	172 550,00	1 050 450,00
− artikelgruppenfixe Kosten	80 000,00	132 000,00	145 000,00	93 000,00	450 000,00
Deckungsbeiträge II	150 100,00	214 250,00	156 550,00	79 550,00	600 450,00
− unternehmensfixe Kosten					363 450,00
= Betriebsgewinn **d. Rechnungsperiode**					**237 000,00**

Die Ergebnisrechnung zeigt, daß die Artikelgruppe „Einschlagpapiere" den geringsten Deckungsbeitrag II, die Artikelgruppe „Hygienepapiere" den höchsten Deckungsbeitrag II erwirtschaftet hat. Für die Unternehmensleitung ergibt sich hieraus die Überlegung, ob die Artikelgruppe „Einschlagpapiere" nicht zugunsten eines höheren Absatzes bei anderen Gruppen aus dem Sortiment herausgenommen werden soll. Der höhere Absatz – insbesondere in der Artikelgruppe „Hygienepapiere" – müßte dann allerdings einen Zuwachs der Deckungsbeiträge um mindestens 79 550,00 DM erbringen.

Merke:
- **Die Deckungsbeitragsrechnung mit stufenweiser Fixkostendeckung zeigt im Deckungsbeitrag II und Deckungsbeitrag III, in welcher Höhe die Umsatzerlöse der einzelnen Artikelgruppen oder einzelner Sortimentgruppen über den von ihnen verursachten variablen und fixen Kosten liegen.**
- **Die Deckungsbeiträge II und III sind für Sortimententscheidungen von großer Bedeutung, da sie Einblick in die abbaubaren fixen Kosten geben.**

Aufgaben

470 In einer Großhandlung werden die drei Warengruppen A, B und C geführt. Im Monat Juni wurden folgende Umsatzerlöse und Kosten ermittelt:

	Warengruppen		
	A	B	C
Nettoumsatzerlöse	124 000,00	165 000,00	84 000,00
Warenaufwendungen (Einzelkosten)	77 500,00	110 000,00	60 000,00
variable Gemeinkosten	15 500,00	16 500,00	15 000,00
fixe Gemeinkosten insgesamt	28 000,00		

Bestimmen Sie die Deckungsbeiträge jeder Warengruppe und insgesamt sowie das Betriebsergebnis.

471 In einer Großhandlung mit 4 Warengruppen wurden im Monat August folgende Erlöse und Kosten ermittelt. *Bestimmen Sie die Deckungsbeiträge I und II sowie das Betriebsergebnis.*

	WG I	WG II	WG III	WG IV
Nettoumsatzerlöse	210 000,00	184 000,00	244 000,00	112 000,00
Warenaufwendungen	130 000,00	118 000,00	168 000,00	81 000,00
variable Gemeinkosten	28 000,00	16 500,00	34 000,00	12 000,00
artikelgruppenfixe Kosten	4 000,00	8 500,00	6 000,00	7 500,00
unternehmensfixe Kosten	41 400,00			

5.2.3 Optimale Sortimentgestaltung

Unter optimaler Sortimentgestaltung versteht man die Ausrichtung des gesamten Warenangebotes auf die ertragskräftigsten Artikelgruppen, wobei sich die Rangfolge, in der die Artikelgruppen langfristig im Sortiment vertreten sind, nach der Höhe der Deckungsbeiträge richtet.

Beispiel: In der vorhergehenden Aufgabe (vgl. S. 383) waren folgende Deckungsbeiträge II ermittelt worden:

	Spezial-papiere	Hygiene-papiere	Verp.-Folien	Einschlag-papiere
Deckungs-beiträge II	150 100,00	214 250,00	156 550,00	79 550,00

Aus diesen Angaben sollen die Artikelgruppen nach ihrer Ertragskraft geordnet werden.

Die Sortimentgestaltung nach absoluten Deckungsbeiträgen hat danach die folgende Rangordnung aufzustellen:

1. Rang: Artikelgruppe „Hygienepapiere" mit 214 250,00 DM,

2. Rang: Artikelgruppe „Verpackungsfolien" mit 156 550,00 DM,

3. Rang: Artikelgruppe „Spezialpapiere" mit 150 100,00 DM,

4. Rang: Artikelgruppe „Einschlagpapiere" mit 79 550,00 DM.

Die Absatzmengen der in den vorderen Rängen stehenden Artikelgruppen sind zu erhöhen; die ertragsschwächeren Artikelgruppen verbleiben nur zur Abrundung im Sortiment.

Merke: **Die Deckungsbeiträge eignen sich zur Festlegung des optimalen Sortiments.**

Diese Entscheidung ist aber unsicher, da in der Festlegung der Rangfolge die Absatzmengen nicht berücksichtigt wurden (sie wären in diesem Beispiel auch nur bedingt vergleichbar). Es könnte durchaus sein, daß der Deckungsbeitrag in Artikelgruppe „Einschlagpapiere" mit einer erheblich geringeren Absatzmenge erzielt wurde als derjenige in der Artikelgruppe „Hygienepapiere". Genauere Ergebnisse liefern also die Deckungsbeiträge je Mengeneinheit.

Sortimentgestaltung nach relativen Deckungsbeiträgen. Wegen der Schwierigkeit, vergleichbare Mengen bei der Festlegung des optimalen Sortimentes zu berücksichtigen, legt man die Rangfolge nach Deckungsbeitragsprozentsätzen fest. Hierbei werden für jede Artikelgruppe aus den Deckungsbeiträgen II und den Umsätzen Prozentzahlen ermittelt, die die Ertragskraft der Artikelgruppen vergleichbar machen.

Beispiel:

	Spezial-papiere	Hygiene-papiere	Verp.-Folien	Einschlag-papiere
Deckungs-beitrag II Umsatz (s. S. 381)	150 100,00 558 000,00	214 250,00 796 000,00	156 550,00 638 000,00	79 550,00 498 000,00
Deckungs-beiträge in % des Umsatzes	$\dfrac{150\,100 \cdot 100\,\%}{558\,000}$ $= 26,90\,\%$	$\dfrac{214\,250 \cdot 100\,\%}{796\,000}$ $= 26,92\,\%$	$\dfrac{156\,550 \cdot 100\,\%}{638\,000}$ $= 24,54\,\%$	$\dfrac{79\,550 \cdot 100\,\%}{498\,000}$ $= 15,97\,\%$

Die auf einen möglichst hohen Ertrag ausgerichtete Sortimentgestaltung hätte nach relativen Deckungsbeiträgen die folgenden Ränge zu berücksichtigen:

1. Rang: Artikelgruppe „Hygienepapiere" mit . . . . **26,92 %**
2. Rang: Artikelgruppe „Spezialpapiere" mit . . . . **26,90 %**
3. Rang: Artikelgruppe „Verpackungsfolien" mit . . . . . **24,54 %**
4. Rang: Artikelgruppe „Einschlagpapiere" mit . . . . . . **15,97 %**

Gegenüber der Sortimentgestaltung nach absoluten Deckungsbeiträgen ergibt sich eine Verschiebung im 2. und 3. Rang.

Merke: **Maßstab für Sortimententscheidungen sind relative Deckungsbeiträge.**

$$\text{Relativer Deckungsbeitrag} = \frac{\text{Deckungsbeitrag II} \cdot 100\,\%}{\text{Umsatz}}$$

Aufgaben – Fragen

472

1. *Worin besteht der Vorteil der Deckungsbeitragsrechnung gegenüber der Vollkostenrechnung?*
2. *Was versteht man unter „Deckungsbeitrag"?*
3. *Unterscheiden Sie variable Kosten und fixe Kosten voneinander.*
4. *Nennen Sie Beispiele für variable und fixe Handlungskosten.*
5. *Warum ist es grundsätzlich vorteilhaft, einen Artikel nicht aus dem Sortiment herauszunehmen, wenn er einen positiven Deckungsbeitrag erzielt?*
6. *Unterscheiden Sie „Deckungsbeitrag I" und „Deckungsbeitrag II" voneinander.*
7. *Was versteht man unter „Sortimentgestaltung nach relativen Deckungsbeiträgen"?*
8. *Wann ist ein Sortiment „optimal" gestaltet?*
9. *Erläutern Sie den Begriff „stufenweise Fixkostendeckung".*

473

Geben Sie zu den Aufgaben 470 und 471 auf Seite 383 die optimale Sortimentgestaltung
a) *nach absoluten Deckungsbeiträgen,*
b) *nach relativen Deckungsbeiträgen an.*

474

Der Betriebserfolg wird in einem Großhandelsbetrieb für zwei Warengruppen I und II innerhalb eines Sortiments nach der Deckungsbeitragsrechnung ermittelt. Folgende Erlös- und Kostensituation liegt vor:

	Warengruppe I		Warengruppe II		
	Ware A	Ware B	Ware C	Ware D	Ware E
Umsatzerlöse	86 000,00	74 000,00	56 500,00	68 400,00	44 200,00
Erlösberichtigungen	4 500,00	–	2 100,00	–	6 800,00
Warenaufwendungen	61 400,00	46 250,00	37 200,00	49 500,00	31 500,00
variable Handlungskosten	6 300,00	8 750,00	3 700,00	6 400,00	7 400,00
artikelgruppenfixe Kosten	7 800,00		8 600,00		
sortimentfixe Kosten	9 500,00				

1. *Berechnen Sie den Deckungsbeitrag I für jede Ware und insgesamt.*
2. *Bestimmen Sie die Deckungsbeiträge II und III (= Betriebserfolg).*
3. *Machen Sie einen Vorschlag zur Verbesserung der Erfolgslage.*
4. *Geben Sie die Rangordnung des optimalen Sortiments nach relativen Deckungsbeiträgen an.*

475 Eine Textilgroßhandlung hat aufgrund ihrer Vollkostenrechnung für den Monat April in den drei Warengruppen Herrenoberbekleidung, Damenoberbekleidung und Kinderbekleidung folgende Erlöse und Kosten festgestellt:

	Herrenober-bekleidung	Damenober-bekleidung	Kinder-bekleidung	insgesamt
Nettoumsatzerlöse	602 550,00	838 800,00	426 250,00	1 867 600,00
Warenaufwendungen	329 600,00	466 000,00	220 000,00	1 015 600,00
Handlungskosten	180 000,00	280 000,00	100 000,00	560 000,00

Aufgrund einer Kostenanalyse ist festgestellt worden, daß 20 % der Handlungskosten variable Gemeinkosten sind. Die restlichen Gemeinkosten gelten als unternehmensfixe Kosten.

1. *Berechnen Sie den Deckungsbeitrag für jede Warengruppe und insgesamt.*
2. *Bestimmen Sie den Betriebsgewinn.*
3. *Legen Sie die optimale Sortimentgestaltung nach relativen Deckungsbeiträgen fest.*

476 In einer Großhandlung mit den drei Warengruppen I, II und III wurden für den Monat November 19.. folgende Erlöse und Kosten ermittelt:

Warenkosten: 30 Warengruppe I 220 000,00
31 Warengruppe II 340 000,00
32 Warengruppe III 180 000,00

Umsatzerlöse: 80 Warengruppe I 365 000,00
81 Warengruppe II 510 000,00
82 Warengruppe III 250 000,00

Die Handlungskosten betrugen im Monat November insgesamt 350 000,00 DM. Sie verteilen sich aufgrund der durchgeführten Kostenstellenrechnung wie folgt auf die einzelnen Warengruppen:

	Warengruppe I	Warengruppe II	Warengruppe III
Handlungskosten	100 000,00	160 000,00	90 000,00

25 % der Handlungskosten gelten als variable Gemeinkosten.
30 % der Handlungskosten gelten als artikelfixe Kosten.
Der Rest der Handlungskosten ist unternehmensfix.

1. *Ermitteln Sie die Deckungsbeiträge I und II für jede Warengruppe und insgesamt sowie das Betriebsergebnis.*
2. *Berechnen Sie die relativen Deckungsbeiträge für jede Artikelgruppe und geben Sie die optimale Sortimentgestaltung an.*

477 Zur Untersuchung der Kosten- und Ertragssituation ist aus drei Warengruppen je eine Ware repräsentativ ausgewählt worden. Für diese Waren wurden folgende Angaben ermittelt:

	Ware A	Ware B	Ware C
Einstandspreis je Stück	36,00	46,50	26,00
Variable Handlungskosten je Stück	21,00	26,00	12,00
Barverkaufspreis je Stück	63,00	75,00	42,00
Artikelgruppenfixe Kosten	4 200,00	2 400,00	1 840,00
Unternehmensfixe Kosten		4 100,00	

6583386

1. Bestimmen Sie den Deckungsbeitrag je Stück für jede Ware.
2. Wieviel Stück sind von jeder Ware zu verkaufen, damit die artikelfixen Kosten durch die Deckungsbeiträge gedeckt werden?
3. Von der Ware A können monatlich 1250 Stück und von der Ware C 1480 Stück abgesetzt werden. Wieviel Stück müßten von der Ware B verkauft werden, damit auch die unternehmensfixen Kosten gedeckt werden und noch ein Gewinn von 10 000,00 DM erzielt wird?

---

478 Ein Hobby- und Baumarkt führt eine selbständige Abteilung mit den Warengruppen „Gartengeräte" und „Gartenmöbel". Für den abgelaufenen Monat liegen aus der Buchführung und der Kostenrechnung folgende Zahlen vor:

	Warengruppe Gartengeräte	Warengruppe Gartenmöbel
Umsatzerlöse	70 000,00	48 000,00
Erlösberichtigungen	2 500,00	1 200,00
Frachten (Einzelkosten)	600,00	300,00
Warenaufwendungen	38 100,00	25 600,00
variable Handlungskosten	8 500,00	5 100,00
artikelgruppenfixe Kosten	10 400,00	5 600,00
abteilungsfixe Kosten	6 600,00	

1. Berechnen Sie die Deckungsbeiträge I, II und III für jede Warengruppe und insgesamt.
2. Wegen des nicht zufriedenstellenden Verkaufs bei dem Artikel „Gartenmöbel" sollen die abteilungsfixen Kosten in voller Höhe durch die Deckungsbeiträge der Warengruppe „Gartengeräte" gedeckt und die Verkaufspreise für Gartenmöbel so weit gesenkt werden, daß die Umsatzerlöse gerade noch zur Deckung der artikelgruppenfixen Kosten ausreichen. Um wieviel Prozent könnten die Preise gesenkt werden?
3. Zur Steigerung des Absatzes sollen die Preise für Gartenmöbel so weit gesenkt werden, daß die Umsatzerlöse nur noch die variablen Einzel- und Gemeinkosten decken. Wie hoch müßten dann die Umsatzerlöse sein? Wieviel Prozent beträgt in diesem Fall die Preissenkung?

---

479 In einer Großhandlung wird der monatliche Betriebserfolg für 4 Warengruppen mit Hilfe der Deckungsbeitragsrechnung ermittelt. Für den Monat September liegen folgende Zahlen vor:

	Warengruppe A	Warengruppe B	Warengruppe C	Warengruppe D
Einstandspreis/Stück	80,00	64,00	124,00	48,00
Barverkaufspreis/Stück	144,00	105,00	190,00	84,00
Absatz in Stück	240	320	180	460

Die Handlungskosten betragen nach den Aufzeichnungen in der Ergebnistabelle insgesamt 33 000,00 DM. 40 % der Handlungskosten sind als variable Handlungskosten anzusetzen, 15 % als artikelgruppenfixe Kosten. Der Rest der Handlungskosten ist unternehmensfix.

1. Berechnen Sie die Deckungsbeiträge I und II für jede Warengruppe und insgesamt.
2. Auf wieviel DM kann der Barverkaufspreis für Warengruppe C gesenkt werden, wenn die Deckungsbeiträge nur zur Deckung der variablen Kosten und der artikelgruppenfixen Kosten ausreichen sollen?

5.2.4 Deckungsbeitragsrechnung als Periodenrechnung im Einproduktunternehmen

Um den Betriebserfolg im Einproduktunternehmen zu ermitteln, werden die fixen Kosten einer Rechnungsperiode <u>in einer Summe</u> vom gesamten Deckungsbeitrag subtrahiert.

Beispiel: Es soll angenommen werden, die Kern KG verkauft in der Geschäftsstelle Duisburg nur Großrollen Spezialpapiere. Maximal können 500 Rollen je Monat verkauft werden. Die fixen Kosten betragen 100 000,00 DM je Abrechnungsperiode. Die variablen Kosten (Warenaufwendungen) belaufen sich auf 1000,00 DM je Rolle. Diese Rolle wird zum Barverkaufspreis von 1500,00 DM je Stück abgesetzt. Im vergangenen Monat betrug der Absatz 450 Rollen.

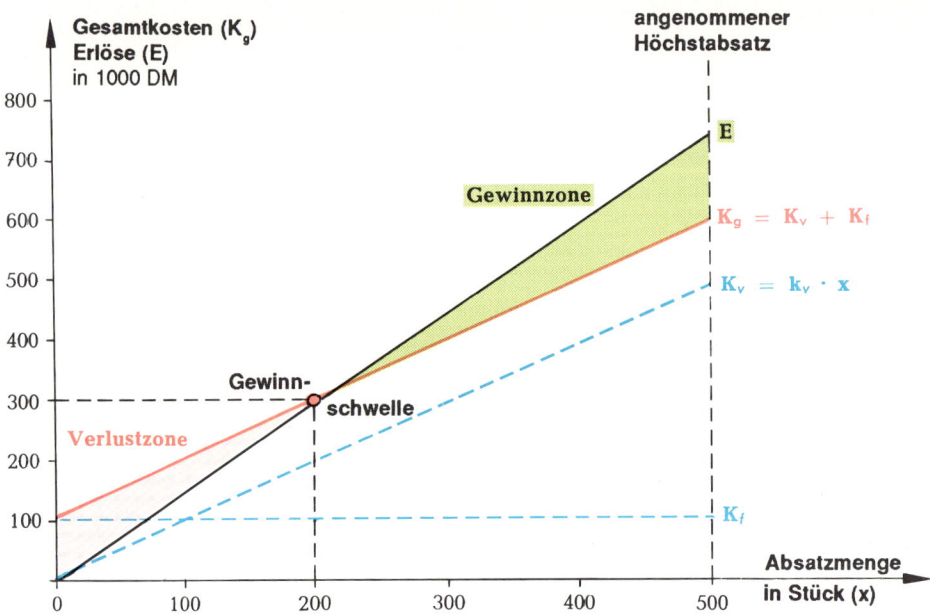

Erläuterung zur Grafik:

Die variablen Kosten der Abrechnungsperiode (K_v) werden durch Multiplikation der variablen Stückkosten (k_v) mit der Absatzmenge (x) errechnet.

Variable Gesamtkosten (K_v) = variable Stückkosten (k_v) · Menge (x)

Da für jede zusätzlich verkaufte Rolle der Kostenzuwachs im Beispiel 1000,00 DM beträgt, ergibt sich die Abhängigkeit der variablen Gesamtkosten von der Absatzmenge nach der Funktionsgleichung:

$$K_v = 1000\ x$$

Der Graph dieser Funktion verläuft linear – vom Ursprung des Koordinatennetzes ausgehend – mit dem Anstieg $m = 1000$.

Die Gesamtkosten der Abrechnungsperiode (K_g) ergeben sich aus der Summe von variablen Kosten und fixen Kosten.

Gesamtkosten (K_g) = variable Kosten (K_v) + fixe Kosten (K_f)

6583388

Unabhängig von der Absatzmenge werden im Beispiel die variablen Kosten um jeweils 100 000,00 DM fixe Kosten erhöht. In der Grafik sind die Gesamtkosten parallel zu den variablen Kosten im Abstand der fixen Kosten zu zeichnen.

$$K_g = 1000 \ x + 100\,000$$

Die Erlösgerade (E) verdeutlicht die bei einer bestimmten Absatzmenge erzielbaren Nettoumsatzerlöse. Sie sagt aus, daß für jedes abgesetzte Stück 1500,00 DM Erlöse entstehen. Bei einem Absatz von 100 Stück sind das 100 · 1500,00 DM = 150 000,00 DM, bei dem Absatz von 200 Stück entsprechend 200 · 1500,00 DM = 300 000,00 DM Erlöse usw., also

$$E = 1500 \ x$$

Der Graph dieser Funktion verläuft linear – vom Ursprung des Koordinatennetzes ausgehend – mit dem Anstieg $m = 1500$.

Auswertung:

(1) Deckungsbeitrag und Betriebsergebnis der Abrechnungsperiode

Erlöse der Abrechnungsperiode (E)	= 450 · 1 500,00 (p)	= 675 000,00 DM
− variable Kosten der Periode (K_v)	= 450 · 1 000,00 (k_v)	= 450 000,00 DM
Deckungsbeitrag der Periode (DB)	= 450 · 500,00 (db)	= 225 000,00 DM
− fixe Kosten der Periode (K_f)		= 100 000,00 DM
Betriebsgewinn der Abrechnungsperiode		**125 000,00 DM**

(2) Gewinnschwelle (Break-even-Point)

Die Gewinnschwelle kennzeichnet die Absatzmenge, bei der die Summe der erwirtschafteten Stückdeckungsbeiträge (db) gerade ausreicht, um die fixen Kosten zu decken.

Der Stückdeckungsbeitrag beläuft sich im Beispiel auf 500,00 DM (= 1500,00 DM − 1000,00 DM), die fixen Kosten betragen 100 000,00 DM; also:

$$db \cdot x = K_f$$
$$500 \cdot x = 100\,000$$
$$x = \frac{100\,000}{500} = \underline{\underline{200 \ \textbf{Stück (Gewinnschwellenmenge)}}}$$

Merke: $\qquad$ Gewinnschwellenmenge $= \dfrac{\textbf{fixe Kosten } (K_f)}{\textbf{Stückdeckungsbeitrag (db)}}$

Grafisch wird die Gewinnschwellenmenge im <u>Schnittpunkt</u> von Erlösgerade und Gesamtkostengerade erreicht. Bei dieser Menge sind Erlöse und Gesamtkosten gleich hoch **(Erlöse = Kosten).**

Gewinnzone. Setzt das Unternehmen <u>mehr als 200 Stück</u> ab, so arbeitet es mit Gewinn **(Erlöse > Kosten).**

Verlustzone. Setzt das Unternehmen <u>weniger als 200 Stück</u> ab, so gerät es in die Verlustzone **(Erlöse < Kosten).**

Merke: $\qquad$ ● Deckungsbeitrag > fixe Kosten ◄► Betriebsgewinn,
$\qquad\qquad$ ● Deckungsbeitrag < fixe Kosten ◄► Betriebsverlust.

Aufgaben

480 *Machen Sie sich die Auswirkungen von Kostensenkungen im Bereich der fixen und variablen Kosten sowie die Auswirkungen von Preissenkungen auf die Gewinnschwellenmenge an selbstgewählten Beispielen deutlich.*

481 Bei einem Absatz von 3 000 Stück, Gesamtkosten in Höhe von 75 000,00 DM, darunter fixe Kosten in Höhe von 30 000,00 DM, ergab sich in einem Unternehmen ein Verlust von 12 000,00 DM.
Ermitteln Sie rechnerisch und grafisch die Gewinnschwelle.

482 Aus den Zahlen der Kostenrechnung ergibt sich, daß für den Absatz des Taschenrechners „Minitron" fixe Kosten in Höhe von 400 000,00 DM je Rechnungsperiode anfallen und die variablen Kosten nach folgender Abhängigkeit von der Beschäftigung verlaufen.

Absatz in Stück	Variable Kosten in DM
5 000	125 000,00
6 000	150 000,00
7 000	175 000,00
8 000	200 000,00
9 000	225 000,00
10 000	250 000,00

1. *Errechnen Sie die Gesamt- und Stückkosten für die einzelnen Absatzmengen.*

2. *Bestimmen Sie den Deckungsbeitrag und den Betriebserfolg für die unterschiedlichen Absatzmengen bei einem Barverkaufspreis von 80,00 DM je Stück.*

3. *Berechnen Sie die Gewinnschwellenmenge.*

4. *Stellen Sie die Gesamtkosten und die Umsatzerlöse in einem grafischen Bild dar.*

5. *Welche Auswirkung hat eine Preissenkung um 5,00 DM je Stück auf die Gewinnschwellenmenge?*

483 Die Kosten- und Leistungsrechnung eines Großhandelsunternehmens weist folgende Zahlen aus:

Rechnungsperiode	Absatz in Stück	Gesamtkosten	variable Stückkosten	Barverkaufspreis
Oktober	20 000	700 000,00	25,00	40,00
November	24 000	800 000,00	25,00	40,00

1. *Berechnen Sie die variablen Gesamtkosten, die fixen Gesamtkosten und die fixen Stückkosten für die Monate Oktober und November.*

2. *Ermitteln Sie den Betriebserfolg für die Monate Oktober und November.*

3. *Bestimmen Sie rechnerisch und grafisch die Gewinnschwelle.*

4. *Welche Auswirkung auf die Gewinnschwellenmenge hat eine Erhöhung der variablen Stückkosten auf 30,00 DM?*

5. *Eine geplante Erweiterungsinvestition verursacht zusätzliche fixe Kosten in Höhe von 40 000,00 DM.*

   Wie viele Artikel müssen zusätzlich abgesetzt werden, um bei 25,00 DM variablen Stückkosten das Betriebsergebnis des Monats November zu halten?

6583390

I   Statistik im Großhandelsbetrieb

1   Grundlagen der Statistik

Vorbemerkung. Im vorliegenden Lehrbuch werden sachlich zusammengehörende Kapitel geschlossen behandelt. Aus diesem Grunde wurden wesentliche Gebiete der Betriebsstatistik bereits in den vorhergehenden Kapiteln dargestellt. So finden sich z. B. die Kennzahlen zur Rentabilität und Wirtschaftlichkeit im Kapitel „H, 2 Kostenartenrechnung" auf S. 327. Die Aufbereitung und Auswertung von Bilanzen sowie Gewinn- und Verlustrechnungen sind im Kapitel „G Auswertung des Jahresabschlusses", S. 283 f., enthalten. Die Grundzüge der Kostenstatistik sind in das Kapitel „H Kosten- und Leistungsrechnung", S. 298 f., eingearbeitet.

In den folgenden Abschnitten werden Aufgaben, Grundlagen und Sachgebiete der Betriebsstatistik kurz dargestellt.

Aufgaben der Statistik. Die Statistik im Großhandelsbetrieb befaßt sich mit dem Sammeln, Aufbereiten und Auswerten von Größen (= benannten Zahlen), die für die Überwachung des Betriebsgeschehens sowie für die Vorbereitung unternehmerischer Entscheidungen wichtig sind.

Hierzu
- stellt die Statistik aus den Istzahlen der Vergangenheit Ergebnisse fest und wertet sie aus. Sie ist damit die Grundlage für Dispositionen.
- vergleicht die Statistik die ermittelten Istzahlen mit vorgegebenen Soll- oder Planzahlen. Sie ist damit die Grundlage der Betriebskontrolle.

Merke: **Die Betriebsstatistik ist eine Vergleichsrechnung. Sie stellt Zahlenwerte des Rechnungswesens für die Überwachung des Betriebsgeschehens und für die Vorbereitung unternehmerischer Entscheidungen zur Verfügung.**

Grundlagen der Statistik sind innerbetrieblich und außerbetrieblich anfallende Größen, die aufgrund einer vorgegebenen Zielsetzung nach bestimmten Merkmalen geordnet und mit Hilfe statistischer Methoden aufbereitet werden. Gegenstand statistischer Betrachtungen sind nicht Einzelerscheinungen, sondern häufig wiederkehrende Ereignisse, die sich entweder auf einen bestimmten Zeitpunkt oder einen bestimmten Zeitraum beziehen:

Zeitpunktbezogene Statistik	**Zeitraumbezogene Statistik**
(Bestandsrechnung)	(Bewegungsrechnung)
– Bilanzanalyse	– Beschaffungsstatistik
– Analyse der GuV-Rechnung	– Absatzstatistik
– Lagerstatistik	– Kostenstatistik

Die wesentlichen Sachgebiete der Statistik sind in der obigen Aufstellung genannt. Sie können je nach der Zielsetzung auf andere Bereiche ausgedehnt werden, z. B. Personalstatistik, Werbeanalyse, Investitionsanalyse u. a.

Merke: **Die Statistik geht von innerbetrieblich und außerbetrieblich anfallenden Größen aus. Sie faßt gleichartige Größen zusammen und ordnet sie nach bestimmten Merkmalen.**

Die Vorgehensweise der Statistik wird in folgender Übersicht verdeutlicht:

(1) Sammeln und Ordnen der Größen

Innerbetriebliche Quellen		Außerbetriebliche Quellen	
Interne Erhebung	**Aufbereitung vorhandener Zahlen**	**Betriebswirtschaftliche Statistik**	**Volkswirtschaftliche Statistik**
Ausnahmsweise können betriebsinterne Erhebungen durch Beobachtung und Befragung für statistische Zwecke durchgeführt werden.	In der Regel werden die für andere Zwecke gesammelten Größen der Betriebsstatistik zugeführt. Quellen sind: – Finanzbuchhaltung, – Kosten- u. Leistungsrechnung, – Betriebsabteilungen.	Das für überbetriebliche Statistiken erstellte Material wird für Betriebszwecke verwendet: – Statistik der Fachverbände, – Statistik der IHK, – Statistik der Fachzeitungen.	Volkswirtschaftliche Statistiken werden für betriebsinterne Vergleiche herangezogen: – Statistische Jahrbücher, – Monatsberichte der Deutschen Bundesbank, – Statistische Beihefte der Deutschen Bundesbank.

(2) Aufbereiten der Größen

Mittelwerte (= repräsentativer Wert einer Zahlenreihe)		Verhältniszahlen (= Beziehung zwischen zwei Größen)			Trend (= dynamischer Mittelwert)
Arithmetisches Mittel	**Gewogenes arithmetisches Mittel**	**Gliederungszahlen**	**Beziehungszahlen**	**Indexzahlen**	Positive oder negative Entwicklungsrichtung von Zahlenreihen im Zeitablauf.
Einfacher Durchschnitt Beispiele: – durchschnittl. Kapital, – durchschnittl. Lagerbestand.	Gewogener Durchschnitt Beispiele: – Verteilung der Handlungskosten im BAB, – Verrechnungspreise.	= Verhältnis einer Teilgröße zur Gesamtgröße. Beispiele: – Kennzahlen zur Finanzierung, – Kennzahlen zum Vermögensaufbau.	= Verhältniszahlen zwischen unterschiedlichen Größen. Beispiele: – Kennzahlen zur Investierung, Liquidität, Rentabilität, – Zuschlagssätze für Handlungskosten, Gewinn.	= Verhältniszahlen zwischen gleichen Größen im Zeitablauf. Beispiele: – Kennzahlen zur Preis- und Absatzentwicklung.	Beispiel: – Umsatzentwicklung

(3) Veranschaulichen der Größen

tabellarisch	grafisch		
	Kurvendiagramm (vgl. Kostenverläufe)	**Histogramm** = Darstellung in Balkenform	**Sonstige Diagramme:** Block-, Kreisdiagramm
Statistische Tabelle (z. B. BAB)			

(4) Auswerten der Größen

Zeitpunktbezogene Analyse (= inner- und zwischenbetrieblicher Vergleich)		Zeitraumbezogene Analyse (= Vergleich der Größen im Zeitablauf)	
– Bilanzanalyse – Analyse der Gewinn- und Verlustrechnung		– Bewegungsbilanz – Absatzanalyse	– Kostenanalyse – Personalanalyse

6583392

2 Statistische Tabellen

Sammeln und Ordnen statistischer Zahlen. Die Finanzbuchhaltung sowie die Kosten- und Leistungsrechnung stellen die wichtigsten innerbetrieblichen Quellen dar, aus denen die Betriebsstatistik ihre Zahlen gewinnt. Die dort erfaßten Größen, z. B. die in der Kontenklasse 8 gebuchten Einzelumsätze, eignen sich in der Regel nicht für Auswertungen zur Betriebskontrolle und zur Vorbereitung unternehmerischer Entscheidungen, da sie in großer Häufigkeit auftreten und deswegen unübersichtlich sind. Typische und markante Erscheinungen lassen sich erst durch Zusammenfassung gleichartiger Größen (z. B. Umsätze je Monat) und durch Ordnung nach bestimmten Merkmalen (z. B. Umsätze nach Artikelgruppen) erkennen. Das Ergebnis der so zusammengefaßten und geordneten Zahlen ist die statistische Tabelle.

Beispiel: Die Papiergroßhandlung Kern KG, Köln (vgl. S. 365), hat im Jahr 19.. in den einzelnen Artikelgruppen folgende auf 1 000,00 DM gerundete Monatsumsätze erzielt.

Tabelle: Umsätze nach Artikelgruppen und Monaten für das Jahr 19..

Monate	Artikelgruppen				Summe
	Spezial-papiere	Hygiene-papiere	Verpackg.-folien	Einschlag-papiere	
Januar	640 000	430 000	642 000	710 000	2 422 000
Februar	560 000	415 000	636 000	740 000	2 351 000
März	530 000	440 000	612 000	635 000	2 217 000
April	510 000	480 000	603 000	648 000	2 241 000
Mai	475 000	545 000	584 000	630 000	2 234 000
Juni	460 000	624 000	618 000	680 000	2 382 000
Juli	480 000	650 000	615 000	620 000	2 365 000
August	510 000	683 000	590 000	570 000	2 353 000
September	558 000	796 000	638 000	498 000	2 490 000
Oktober	540 000	648 000	645 000	610 000	2 443 000
November	580 000	535 000	683 000	633 000	2 431 000
Dezember	620 000	490 000	714 000	785 000	2 609 000
Summe je Artikelgruppe	6 463 000	6 736 000	7 580 000	7 759 000	28 538 000

Statistische Tabellen. Eine statistische Tabelle ist durch die Zahlenanordnung in Spalten und Zeilen gekennzeichnet. Der Inhalt der Spalten (im Beispiel: Umsätze der einzelnen Artikelgruppen in den jeweiligen Monaten) wird durch den sog. Tabellenkopf erläutert. Der Inhalt der Zeilen (im Beispiel: monatliche Umsätze der einzelnen Artikelgruppen) wird durch die sog. Vorspalte benannt. Der Platz, der für die einzelne Tabelleneintragung (im Beispiel: Monatsumsatz) vorgesehen ist, heißt Tabellenfach oder Tabellenfeld.

Überschrift

Kopf zur Vorspalte		Tabellenkopf				
		1	2	3	4	←
	1	Tabellenfeld				←
Vorspalte	2					← Zeilen
	3					←
	4					←

↑ ↑ ↑ ↑
Spalten

Anforderungen an statistische Tabellen. Ihre Aufgabe erfüllen Tabellen nur dann, wenn bei ihrer Erstellung die folgenden wesentlichen Gesichtspunkte beachtet werden:

- klare Überschriften im Tabellenkopf und in der Vorspalte,
- möglichst wenige Einteilungsmerkmale, damit die Übersichtlichkeit gewahrt bleibt,
- zweckmäßiger Aufbau, damit das Lesen der Tabelle erleichtert wird.

Auswertung statistischer Tabellen. Anhand der Tabelle im nebenstehenden Beispiel lassen sich zwei grundsätzliche Auswertungen vornehmen:

Dynamische Betrachtung (zeitraumbezogen). Hierbei wird die Umsatzentwicklung der einzelnen Warengruppen im Ablauf der Monate Januar bis Dezember analysiert.

Beispiel: Bei der Artikelgruppe „Spezialpapiere" ist der Umsatz in den Sommermonaten rückläufig und in den Wintermonaten ansteigend. Dies kann – sofern Vergleichszahlen aus den Vorjahren herangezogen werden – auf eine saisonale Schwankung hindeuten.

Statische Betrachtung (zeitpunktbezogen). Hierbei steht der Umsatzvergleich einzelner Warengruppen in bestimmten Monaten im Vordergrund.

Beispiel: Im Monat Januar ist die Umsatzhöhe der einzelnen Artikelgruppen im Vergleich zueinander sehr verschieden von der Umsatzhöhe im Monat Juli, obwohl der Gesamtumsatz nahezu gleich hoch ist. Der Anteil eines Artikels am Gesamtumsatz ist u. a. ein Hinweis auf seine Bedeutung für das Sortiment.

Merke:
- **Grundlage statistischen Arbeitens bildet das sog. Urmaterial, das zunächst nach bestimmten Gesichtspunkten zusammengefaßt, geordnet und zu einer statistischen Tabelle verdichtet wird.**
- **Statistische Tabellen sind nach Tabellenkopf und Vorspalte übersichtlich gestaltet.**

Aufgabe

484 Der mengenmäßige Lagerumschlag für 5 Warengruppen belief sich in einer Baustoffgroßhandlung in zwei aufeinanderfolgenden Jahren auf:

	Vorjahr	Berichtsjahr
Zement	38 000 kg	50 500 kg
Kalk	22 200 kg	18 700 kg
Fertigputz	14 500 kg	20 400 kg
Fertigmörtel	9 700 kg	12 300 kg
Fugenmörtel	3 600 kg	4 600 kg

1. *Stellen Sie eine Tabelle mit den Umschlagszahlen der beiden Jahre und den Abweichungen bei den einzelnen Warengruppen auf.*
2. *Erläutern Sie die Veränderungen bei den einzelnen Warengruppen.*

3 Statistische Zahlen

Aufbereitung statistischer Größen. Statistische Tabellen geben das Urmaterial in verdichteter Form wieder. Sie schaffen Ordnung und Übersicht, lassen aber keine gezielte und vertiefte Auswertung zu. Erst durch die Verknüpfung statistischer Größen gewinnt man aussagefähige Zahlen.

Beispiele: (1) Der Betriebsabrechnungsbogen (vgl. S. 364) gibt zunächst nur die auf die einzelnen Kostenstellen verteilten Gemeinkosten an. Die für die Kalkulation wichtigen Zuschlagssätze sind statistische Zahlen, die aus der Verknüpfung von jeweils zwei unterschiedlichen statistischen Größen berechnet werden.

(2) Der Unternehmer ist nicht nur an einer Umsatzstatistik (vgl. S. 393) interessiert. Er möchte auch etwas über die durchschnittlichen Umsätze, die Prozentanteile der einzelnen Artikelgruppen am Gesamtumsatz, die Umsatzentwicklung u. ä. wissen.

Diese Zusatzinformationen gewinnt man aus statistischen Zahlen.

Merke: **Statistische Zahlen ergeben sich aus der mathematischen Verknüpfung geeigneter statistischer Größen. Sie sind die Grundlage für Auswertungen.**

3.1 Mittelwerte

Eine wichtige Gruppe statistischer Zahlen stellen die Mittelwerte dar. Mittelwerte werden als <u>charakteristische Stellvertreter</u> für viele gleiche Einzelerscheinungen verwendet.

Beispiel: Soll eine Aussage über die monatliche Umsatzhöhe getroffen werden, so ist es in der Regel nicht erforderlich, die einzelnen Monatsumsätze aufzuzählen. Es genügt, stellvertretend für 12 Einzelumsätze den „mittleren" Umsatz zu bestimmen.

Merke: **Mittelwerte sind charakteristische Stellvertreter für mehrere gleichartige statistische Größen.**

3.1.1 Arithmetisches Mittel (Einfacher Durchschnitt)

Beispiel: Um den Lagerumschlag der Warenbestände beurteilen zu können, benötigt man u. a. den durchschnittlichen Lagerbestand. Die Lagerkartei weist folgende Warenbestände an Hygienepapieren aus:

Datum	Warenbestand in DM	Datum	Warenbestand in DM
01.01.19..	194 000,00	30.06.19..	171 000,00
31.01.	205 000,00	31.07.	138 000,00
28.02.	203 000,00	31.08.	145 000,00
31.03.	196 000,00	30.09.	152 000,00
30.04.	185 000,00	31.10.	128 000,00
31.05.	162 000,00	30.11.	149 000,00
		31.12.	130 000,00

① Ein Mittelwert, der die Schwankungen des Warenbestandes während des ganzen Jahres berücksichtigt, ergibt sich, wenn der Inventurbestand vom 1. Januar und die 12 Monatsendbestände addiert und durch die Anzahl der Posten (= 13) dividiert werden:

durchschnittlicher Lagerbestand $\bar{x} = \dfrac{194\,000 \;+\; 205\,000 \;+\; ... \;+\; 130\,000}{13}$

$$\bar{x} = \frac{2\,158\,000}{13} = \textbf{166\,000,00 DM}$$

② Sofern nur die Inventurwerte am 01.01. und am 31.12. vorliegen, läßt sich der durchschnittliche Lagerbestand vereinfacht so berechnen:

durchschnittl. Lagerbestand $\bar{x} = \dfrac{194\,000 \;+\; 130\,000}{2} = \dfrac{324\,000}{2} = \textbf{162\,000,00 DM}$

In diesem Mittelwert sind die während des Jahres auftretenden Schwankungen der Lagerbestände nicht berücksichtigt. Er weicht deshalb vom zuvor berechneten Wert ab.

Merke: **Das arithmetische Mittel (einfacher Durchschnitt) ergibt sich aus der Gleichung:**

$$\bar{x} = \frac{\textbf{Summe der Einzelgrößen}}{\textbf{Anzahl der Einzelgrößen}} \quad \textbf{oder} \quad \bar{x} = \frac{a_1 + a_2 + a_3 + ... + a_n}{n}$$

3.1.2 Gewogenes arithmetisches Mittel (Gewogener Durchschnitt)

Beispiel: Der Lagerbestand an Doppelrollen Küchenpapier beträgt am 01.01.19.. 5000 Stück zu 2,10 DM je Stück (Einstandspreis). Am 15.03.19.. werden 12000 Stück zum Einstandspreis von 2,13 DM je Stück auf Lager genommen.

Für die Kalkulation ist der durchschnittliche Einstandspreis der gelagerten Doppelrollen zu berechnen.

Bestand in Stück		Wert in DM
5000 Stück zu je 2,10 DM		10500,00
+ 12000 Stück zu je 2,13 DM		25560,00
17000 Stück	≐	36060,00
1 Stück	≐	$\dfrac{36060,00}{17\,000 \text{ Stück}} = \textbf{2,12 DM/Doppelrolle}$

Merke: **Das gewogene arithmetische Mittel (gewogener Durchschnitt) ergibt sich aus der Gleichung**

$$\bar{x} = \frac{\textbf{gewogene Summe der Einzelgrößen}}{\textbf{Anzahl der Einzelgrößen}} \quad \textbf{oder}$$

$$\bar{x} = \frac{a_1 \cdot b_1 + a_2 \cdot b_2 + ... + a_n \cdot b_n}{a_1 + a_2 + ... + a_n}$$

6583396

Aufgaben – Fragen

1. *Welche Anforderungen werden an eine statistische Tabelle gestellt?*
2. *Nennen Sie die wichtigsten Aufgaben der Betriebsstatistik.*
3. *Unterscheiden Sie Gliederungszahlen, Beziehungszahlen und Indexzahlen voneinander.*

Ein Großhandelsunternehmen hat in den ersten 6 Monaten des vergangenen Jahres folgen- **486** den Personalbestand in den Bereichen Verwaltung, Verkauf und Lager gehabt:

	Verwaltung	Verkauf	Lager
Januar	12	40	8
Februar	12	38	8
März	10	35	7
April	10	36	7
Mai	14	41	8
Juni	14	44	10

1. *Erstellen Sie eine aussagefähige Tabelle.*
2. *Berechnen Sie, wieviel Arbeitnehmer durchschnittlich in den einzelnen Abteilungen und insgesamt beschäftigt waren.*

Nachstehend sind die durchschnittlichen Bruttomonatsverdienste von Arbeitnehmern in aus- **487** gewählten Wirtschaftsbereichen dargestellt:

Wirtschaftsbereiche	Durchschnittlicher Bruttoverdienst
Energiewirtschaft	3 041,00 DM
Bergbau	3 033,00 DM
Produktionsgüterindustrie	3 004,00 DM
Baugewerbe	2 630,00 DM
Banken/Versicherungen	2 555,00 DM
Handel	2 054,00 DM
Land- und Forstwirtschaft	1 579,00 DM

1. *Berechnen Sie den Durchschnittsverdienst der Arbeitnehmer.*
2. *Wieviel Prozent liegt der Verdienst im Handel unter dem Durchschnitt?*

Eine Textilgroßhandlung will ihren Kunden folgende Restposten zu einem einheitlichen Preis **488** anbieten:

> 250 Damenblusen, bisheriger Verkaufspreis 22,00 DM je Bluse,
> 300 Damenblusen, bisheriger Verkaufspreis 26,00 DM je Bluse,
> 180 Damenblusen, bisheriger Verkaufspreis 28,00 DM je Bluse,
> 120 Damenblusen, bisheriger Verkaufspreis 32,00 DM je Bluse.

Berechnen Sie den einheitlichen Verkaufspreis.

Eine Baustoffgroßhandlung erteilte im 2. Quartal 19.. für eine Ware folgende Bestellungen: **489**

> 03.04.: 3 500 kg zu 4,80 DM/kg,   28.05.: 4 200 kg zu 4,60 DM/kg,
> 02.05.: 3 800 kg zu 4,90 DM/kg,   17.06.: 3 200 kg zu 4,75 DM/kg.

Berechnen Sie den durchschnittlichen Einkaufspreis je kg.

3.2 Verhältniszahlen

Verhältniszahlen entstehen, wenn zwei gleiche oder ungleiche Größen zu Quotienten verbunden werden. Vielfach drückt man die Quotienten als <u>Prozentzahlen</u> aus. Durch dieses Vorgehen werden statistische Größen <u>vergleichbar</u> gemacht. Sie lassen somit <u>Entwicklungen erkennen</u> und <u>ermöglichen Beurteilungen.</u>

Beispiele: (1) Die auf den Seiten 285 f. dargestellten <u>Bilanzkennziffern</u> sind Verhältniszahlen, durch die die Struktur der Bilanz verdeutlicht wird (= <u>Gliederungszahlen</u>).

(2) Auf der Seite 327 werden <u>Kennzahlen zur Rentabilität und Wirtschaftlichkeit</u> aufgeführt. Durch sie läßt sich der Betriebsprozeß kontrollieren. Sie entstehen aus dem Verhältnis von jeweils zwei unterschiedlichen Größen (= <u>Beziehungszahlen</u>).

(3) Soll die <u>Umsatzentwicklung</u> über mehrere Jahre verdeutlicht werden, so bildet man Verhältniszahlen aus den Umsätzen der einzelnen Jahre in bezug auf den Umsatz des ersten Jahres (= <u>Indexzahlen,</u> vgl. S. 401).

Merke: **Durch Verhältniszahlen werden statistische Größen aufgegliedert, zueinander in Beziehung gesetzt oder in ihrer Entwicklung durchschaubar gemacht.**

Die in der Analyse und Kritik des Jahresabschlusses verwendeten Kennzahlen sind üblicherweise Verhältniszahlen.

3.2.1 Gliederungszahlen

Gliederungszahlen sind <u>Bruchzahlen aus gleichartigen Größen.</u> Die Aufteilung einer Gesamtgröße in mehrere Teilgrößen ist in der Regel wenig aussagekräftig. Erst durch die Berechnung der Brüche, die die Teilgrößen mit der Gesamtgröße bilden, werden die Größen vergleichbar. Es ist üblich, die Gliederungszahlen als <u>Prozentzahlen</u> anzugeben.

Beispiel: Aus den Zahlen der Tabelle (vgl. S. 393) soll berechnet werden, mit wieviel Prozent die Umsätze der einzelnen Artikelgruppen am gesamten Jahresumsatz (= 100 %) beteiligt sind.

Artikelgruppe	Prozentanteil am Jahresumsatz
Spezialpapiere	$\dfrac{6\,463\,000 \;\cdot\; 100\ \%}{28\,538\,000} = 22{,}6\ \%$
Hygienepapiere	$\dfrac{6\,736\,000 \;\cdot\; 100\ \%}{28\,538\,000} = 23{,}6\ \%$
Verpackungsfolien	$\dfrac{7\,580\,000 \;\cdot\; 100\ \%}{28\,538\,000} = 26{,}5\ \%$
Einschlagpapiere	$\dfrac{7\,759\,000 \;\cdot\; 100\ \%}{28\,538\,000} = 27{,}2\ \%$

Statische Betrachtung. Die ermittelten Prozentzahlen zeigen, daß zum Jahresende die Umsatzanteile der einzelnen Artikelgruppen in einem bestimmten Umfang voneinander abweichen. So liegen z. B. zwischen der umsatzschwächsten und der umsatzstärksten Artikelgruppe 5 %-Punkte Unterschied.

6583398

Prozentanteile in dynamischer Betrachtung. Aus der Tabelle (S. 393) läßt sich zusätzlich zu der vorherigen statischen Betrachtung der Umsatzanteile einzelner Artikelgruppen am Gesamtumsatz auch eine dynamische Betrachtung ableiten, wenn man die Umsatzanteile einzelner Monate am Jahresumsatz berechnet. Dies kann sowohl für einzelne Artikelgruppen als auch für den Gesamtumsatz geschehen. Weiterhin lassen sich die Prozentanteile von Monat zu Monat „fortschreiben", d. h., man summiert die Prozentanteile von Monat zu Monat.

Beispiel: Für die beiden Artikelgruppen „Spezialpapiere" und „Hygienepapiere" werden die Prozentanteile der Monatsumsätze am jeweiligen Jahresumsatz und die summierten Prozentanteile berechnet:

Prozentanteile der Monatsumsätze am Jahresumsatz bei „Spezialpapiere"

	Jan.	Feb.	März	April	Mai	Juni	Juli	Aug.	Sept.	Okt.	Nov.	Dez.	Summe
%-Anteile	9,9	8,7	8,2	7,9	7,3	7,1	7,4	7,9	8,6	8,4	9,0	9,6	100
Summierte %-Anteile	9,9	18,6	26,8	34,7	42,0	49,1	56,5	64,4	73,0	81,4	90,4	100	–

Prozentanteile der Monatsumsätze am Jahresumsatz bei „Hygienepapiere"

	Jan.	Feb.	März	April	Mai	Juni	Juli	Aug.	Sept.	Okt.	Nov.	Dez.	Summe
%-Anteile	6,4	6,2	6,5	7,1	8,1	9,3	9,7	10,1	11,8	9,6	7,9	7,3	100
Summierte %-Anteile	6,4	12,6	19,1	26,2	34,3	43,6	53,3	63,4	75,2	84,8	92,7	100	–

Auswertung: Die dynamische Betrachtung zeigt, wie stark sich die Umsatzanteile von Monat zu Monat verändern. Sie weist auf umsatzstarke und umsatzschwache Monate hin. Die summierten Prozentanteile lassen erkennen, ob z. B. bereits innerhalb der ersten 6 Monate die Hälfte (= 50 %) des Jahresumsatzes erzielt wird. Die Artikelgruppe „Hygienepapiere" ist in den ersten 3 Monaten mit 19,1 % und in den ersten 6 Monaten mit 43,6 % recht umsatzschwach, hat aber innerhalb der ersten 9 Monate mit 75,2 % genau ¾ des Jahresumsatzes erreicht.

Merke: **Gliederungszahlen sind Bruchzahlen. Sie geben die Anteile mehrerer Teilgrößen an einer Gesamtgröße an und werden vielfach als Prozentzahlen geschrieben.**

$$\text{Gliederungszahl} = \frac{\text{Teilgröße}}{\text{Gesamtgröße}} \quad \text{oder} \quad \text{Gliederungszahl} = \frac{\text{Teilgröße} \cdot 100\,\%}{\text{Gesamtgröße}}$$

Aufgabe

490

Aktiva	**Aufbereitete Bilanz**				Passiva		
Anlagevermögen	24 500 000,00	? %	Eigenkapital	29 200 000,00	? %
Umlaufvermögen	39 400 000,00	? %	Fremdkapital	34 700 000,00	? %
Gesamtvermögen	63 900 000,00	100 %	Gesamtkapital	63 900 000,00	100 %

1. Wie hoch sind die prozentualen Anteile des Anlage- und Umlaufvermögens am Gesamtvermögen und des Eigen- und Fremdkapitals am Gesamtkapital?

2. Welche Schlußfolgerungen ziehen Sie daraus?

3.2.2 Beziehungszahlen

Beziehungszahlen sind <u>Bruchzahlen,</u> die aus der <u>sinnvollen Verknüpfung unter-</u> <u>schiedlicher Größen</u> entstehen. Beziehungszahlen helfen, Betriebsabläufe und Arbeitsweisen zu kontrollieren und die Ergebnisse betrieblicher Tätigkeiten zu vergleichen. Typische Beispiele für Beziehungszahlen sind Kennzahlen zur Wirtschaftlichkeit und Produktivität (vgl. S. 327) sowie die Kalkulationszuschlagssätze.

Beispiel: In der Kern KG wird über mehrere Jahre die Produktivität der Mitarbeiter anhand folgender Zahlen kontrolliert:

	1. Jahr	2. Jahr	3. Jahr	4. Jahr
Warenumsatz in TDM	28 538	30 120	30 810	32 460
Anzahl der Mitarbeiter	45	45	42	50

	1. Jahr	2. Jahr	3. Jahr	4. Jahr
Produktivität in DM je Mitarbeiter:	$\dfrac{28\,538\,000}{45}$	$\dfrac{30\,120\,000}{45}$	$\dfrac{30\,810\,000}{42}$	$\dfrac{32\,460\,000}{50}$
	= 634 178,00	**= 669 333,00**	**= 733 571,00**	**= 649 200,00**

Auswertung: Die Produktivität nimmt in den ersten 3 Jahren stetig zu. Es gelingt dem Unternehmen sogar, im 3. Jahr bei verringertem Personalbestand den Umsatz zu erhöhen. Im 4. Jahr wird die Einstellung von 8 weiteren Mitarbeitern erforderlich, was im Vergleich mit dem 3. Jahr zu einem Rückgang der Produktivität führt. Verglichen mit dem 1. Jahr ist dennoch eine Steigerung der Produktivität feststellbar.

Merke:
- **Beziehungszahlen sind Bruchzahlen, die aus der sinnvollen Verknüpfung unterschiedlicher wirtschaftlicher Größen entstehen.**
- **Beziehungszahlen finden insbesondere als betriebliche Kennzahlen Verwendung.**

Aufgaben

491 In einer Großhandlung werden für 3 Warengruppen folgende Zahlen ermittelt:

	Warengruppe I	Warengruppe II	Warengruppe III	gesamt
Warenaufwendg. in DM	2 400 000,00	3 550 000,00	1 600 000,00	?
Handlungskosten in DM	1 020 000,00	1 633 000,00	816 000,00	?
Umsatzerlöse in DM	3 847 500,00	5 908 620,00	2 319 360,00	?
Personalbestand	–	–	–	45

1. *Bestimmen Sie folgende Kennzahlen:*
   Handlungskostenzuschläge, Gewinnzuschläge, Umsatzrentabilität der einzelnen Warengruppen und insgesamt, Wirtschaftlichkeit der einzelnen Warengruppen und insgesamt sowie die Produktivität.

2. *Erläutern Sie die Ergebnisse.*

492 In einer Großhandlung wird die Wirtschaftlichkeit von Kleinaufträgen unter 500,00 DM untersucht. Folgende Zahlen liegen vor:

	1. Quartal	2. Quartal	3. Quartal	4. Quartal	gesamt
Waren- u. Handlungskosten	420 000,00	445 000,00	470 000,00	430 000,00	?
Umsatzerlöse	430 500,00	456 125,00	441 800,00	421 400,00	?

1. *Berechnen Sie die Wirtschaftlichkeit in den einzelnen Quartalen und insgesamt.*

2. *Erläutern Sie die Ergebnisse.*

3.2.3 Indexzahlen

Vergangenheitsorientierte Entwicklung. Die Veränderung einer Größe im Verlauf mehrerer Monate oder Jahre wird durch Indexzahlen ausgedrückt.

Eine Möglichkeit, die Entwicklung einer Größe zu veranschaulichen, geht von der Überlegung aus, das erste Jahr als Basisjahr ($\hat{=}$ 100 %) zu setzen und die Größen der folgenden Jahre auf das Basisjahr zu beziehen.

Indexzahlen erleichtern die Interpretation, z. B. der Umsatzentwicklung: Ein Index größer als 100 % bedeutet immer eine Umsatzsteigerung, ein Index kleiner als 100 % einen Umsatzrückgang – jeweils bezogen auf das Basisjahr. Zudem gibt der Index eine vergleichbare Zahl für die Umsatzsteigerung oder den Umsatzrückgang an. Der Index 150 % nach 7 Jahren (vgl. Beispiel) läßt auf eine Umsatzsteigerung um 50 % innerhalb von 7 Jahren schließen.

Indexzahlen finden in volkswirtschaftlichen Statistiken sehr häufig Anwendung, so z. B. als Index der Lebenshaltungskosten, als Index der industriellen Erzeugerpreise, der Großhandelsverkaufspreise, als Index der Wertpapierkurse u. a.

Beispiel: Aus den nachfolgenden Umsatzzahlen der Kern KG ist die Entwicklung des Gesamtumsatzes über 7 Jahre mit Hilfe von Indexzahlen darzustellen.

Indexzahlen zur Umsatzentwicklung für die Jahre 19.. bis 19..

Jahr	Jahresumsatz in DM	Indexzahlen (1. Jahr = Basisjahr)	Berechnung der Indexzahlen
1.	19 020 000,00	100 %	
2.	18 790 000,00	98,8 %	
3.	20 020 000,00	105,3 %	
4.	22 260 000,00	117,0 %	$\dfrac{\text{Umsatz des jeweiligen Jahres} \cdot 100\,\%}{\text{Umsatz des Basisjahres}}$
5.	24 450 000,00	128,5 %	
6.	26 415 000,00	138,9 %	
7.	28 538 000,00	150,0 %	

Auswertung: Gegenüber dem Basisjahr zeigt sich nach anfänglicher Schwankung eine von Jahr zu Jahr recht gleichmäßige Umsatzzunahme.

Beachten Sie, daß die hier gezeigte Indexberechnung stark vereinfacht wurde; sie berücksichtigt keine Preis- und Mengenänderungen.

Merke: **Indexzahlen geben die Entwicklung von Preisen, Mengen, Umsätzen u. a. im Zeitablauf bezüglich eines Basisjahres an.**

Aufgabe

Stellen Sie für 4 Geschäftsjahre die Indexzahlen der Umsatzentwicklung in den 3 Filialen fest (Basisjahr 01; auf volle Zahlen runden). **493**

Umsätze der Filialen in DM

Jahr	Köln	Bonn	Düsseldorf
01	3 400 000,00	3 200 000,00	1 900 000,00
02	3 600 000,00	2 900 000,00	2 100 000,00
03	3 900 000,00	3 000 000,00	2 300 000,00
04	3 750 000,00	3 050 000,00	2 420 000,00

3.3 Trend

Zukunftsorientierte Entwicklung. Für unternehmerische Planungen und Prognosen ist es wichtig zu wissen, ob die zu planenden Größen in den zurückliegenden Jahren eine bestimmte Entwicklungsrichtung gezeigt haben. Aus der vorhergehenden Darstellung der Indexzahlen wird eine solche Entwicklungsrichtung deutlich (= positive und gleichmäßige Umsatzentwicklung bezüglich des Basisjahres); allerdings ist diese Aussage zu stark vergangenheitsbezogen. Mit Hilfe des Trends soll eine in Schwankungen ablaufende Entwicklung durch gleitende Durchschnitte ersetzt werden, um Aussagen für zukünftige Entwicklungen zu gewinnen.

Gleitender Durchschnitt. Die hier gezeigte Trendberechnung basiert auf den gleitenden Durchschnitten. Hierbei bestimmt man in der Regel aus jeweils drei aufeinanderfolgenden Größen den Durchschnitt dieser drei Größen und setzt ihn an die Stelle der mittleren Größe. Die Durchschnittswerte werden so gebildet, daß die ursprünglichen Größen ineinandergreifen.

Beispiel: Aus den Umsatzzahlen von 7 Jahren sollen die gleitenden Durchschnitte so gebildet werden, daß jeweils 3 Umsatzzahlen ineinandergreifend einen Durchschnittswert ergeben (vgl. S. 401).

Berechnung der gleitenden Durchschnittsumsätze

Jahr	Jahresumsätze in DM	Durchschnitts- berechnung	Gleitender Durchschnitts- umsatz in DM
1.	19 020 000,00		
2.	18 790 000,00	57 830 000 : 3 =	19 276 667,00
3.	20 020 000,00		
4.	22 260 000,00	66 730 000 : 3 =	22 243 333,00
5.	24 450 000,00		
6.	26 415 000,00	79 403 000 : 3 =	26 467 667,00
7.	28 538 000,00		

Auswertung: Die gleitenden Durchschnitte zeigen eine Zunahme des Umsatzes mit steigender Tendenz an. Unter Beachtung des Trends ist für die nächsten Jahre mit einem Durchschnittsumsatz von ca. 31 000 000,00 DM zu rechnen.

Merke: **Der Trend gibt die Entwicklungsrichtung von statistischen Größen im Zeitablauf an. Er wird aus gleitenden Durchschnittsgrößen bestimmt.**

Aufgabe

494 Die Personalzusatzkosten (Sozialversicherungsbeiträge der Arbeitgeber, bezahlte Feiertage, Lohnfortzahlung im Krankheitsfall, Sonderzahlungen, Vermögensbildung, betriebliche Altersversorgung u. a.) haben sich in 6 ausgewählten Jahren wie folgt entwickelt:

	1. Jahr	2. Jahr	3. Jahr	4. Jahr	5. Jahr	6. Jahr
Personalzusatzkosten für je 100,00 DM Lohn	43,40	54,60	62,80	73,10	75,20	79,40

1. Berechnen Sie die Veränderung der Personalzusatzkosten in Prozent von Jahr zu Jahr.

2. Berechnen Sie die Indexzahlen zur Personalzusatzkostenentwicklung auf der Grundlage des 1. Jahres.

3. Aus den Zahlen der zurückliegenden Jahre soll ein Trend als gleitender Durchschnitt aus jeweils 3 aufeinanderfolgenden Jahren gebildet werden. *Errechnen Sie die gleitenden Durchschnitte, und geben Sie eine Prognose für die Zukunft.*

4   Darstellungsformen für statistische Zahlen

Statistische Größen und Zahlen lassen sich darstellen in

- statistischen **Tabellen** (vgl. S. 393),
- statistischen **Diagrammen.**

Statistisches Diagramm. Das statistische Diagramm hat gegenüber der statistischen Tabelle den Vorteil, anschaulich und schnell zu informieren. Der Nachteil gegenüber der Tabelle besteht darin, daß die genauen Daten nicht abgelesen werden können.

Diagrammformen. Unter den verschiedenen Diagrammformen kommen in der Statistik häufig vor:

- das **Kurvendiagramm,**
- das **Histogramm** (Balkendiagramm),
- das **Kreisdiagramm.**

Merke: **Statistische Diagramme dienen der anschaulichen und schnellen Information.**

4.1   Kurvendiagramm

Beispiel: Die Umsatzentwicklung für die Artikelgruppe „Spezialpapiere" und die Artikelgruppe „Hygienepapiere" soll in je einem Kurvendiagramm dargestellt werden. Aus den Zahlen der Tabelle (S. 393) ergibt sich das folgende Bild:

Kurvendiagramme werden aus zwei senkrecht zueinanderstehenden Achsen (= Koordinatensystem) entwickelt. Üblicherweise teilt man die waagerechte Achse in Zeitabschnitte ein (hier: Monate des Jahres), die senkrechte Achse in passende Mengen- oder Werteinheiten (hier: Umsätze in DM). In den Schnittpunkten der senkrecht verlängerten Zeitabstände mit den jeweils zugehörigen waagerecht verlängerten Werteinheiten liegen die Punkte der

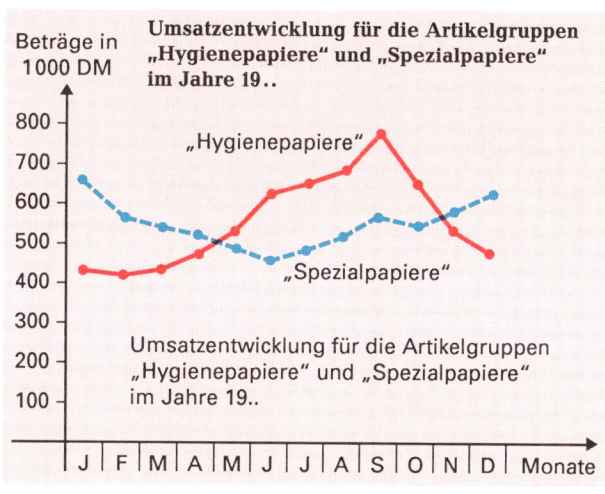

zu entwickelnden Kurve. Bei der Festlegung der Punkte ist zu beachten, daß die Monatsumsätze jeweils über die Mitte der ihnen zugeordneten Zeitintervalle zu zeichnen sind: Der Januarumsatz bei Artikelgruppe „Spezialpapiere" in Höhe von 640 000,00 DM ist also in die Mitte des für den Monat Januar festgelegten Abschnittes bei „640 000" zu zeichnen. Im Kurvendiagramm ist es üblich, die einzelnen Punkte gradlinig zu verbinden.

Die jahreszeitliche Umsatzschwankung wird im Kurvendiagramm besonders deutlich.

Bewegen sich die auf der senkrechten Achse abzutragenden Zahlen auf einem hohen Niveau und/oder in einer begrenzten Streuungsbreite, so kann die senkrechte Achse in ihrem <u>unteren Bereich verkürzt</u> werden.

Beispiel: Die auf Seite 402 berechneten gleitenden Durchschnittsumsätze sind in einer Trendkurve darzustellen.

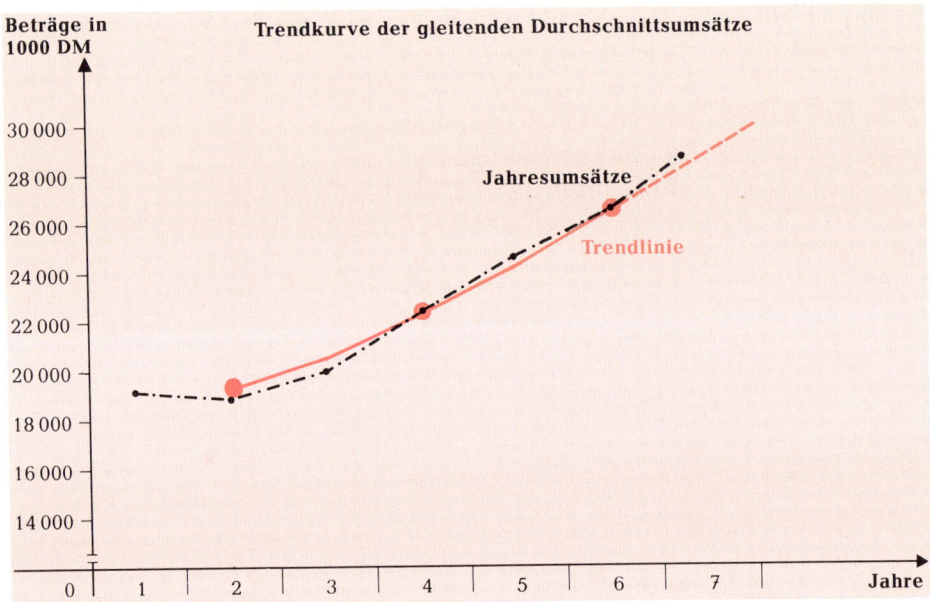

Aufgaben

495 In den vergangenen 6 Jahren konnten von einer Ware folgende Mengen abgesetzt werden:

Jahr	01	02	03	04	05	06
Stück	5000	10000	22000	20000	15000	12000

Die Entwicklung des Absatzes ist in einem Kurvendiagramm darzustellen.

496 Für die einzelnen Monate des abgelaufenen Geschäftsjahres liegen folgende Umsätze in DM vor.

Januar	1100000,00	Mai	1160000,00	September	1110000,00
Februar	980000,00	Juni	1180000,00	Oktober	890000,00
März	1120000,00	Juli	1150000,00	November	870000,00
April	1140000,00	August	1150000,00	Dezember	980000,00

Stellen Sie ein Kurvendiagramm auf, aus dem der Umsatzverlauf deutlich wird.

6583404

4.2 Histogramm (Balkendiagramm)

Beispiel: Die Umsatzentwicklung für die Artikelgruppe „Spezialpapiere" soll in einem Histogramm dargestellt werden. Grundlage hierfür sind die Umsatzzahlen aus der Tabelle von Seite 393.

Histogramm. Die Umsatzentwicklung läßt sich außer im Kurvendiagramm auch in einem aus Rechtecken gebildeten Balkendiagramm darstellen. Ein Balkendiagramm wird Histogramm genannt, wenn die einzelnen Rechtecke <u>unmittelbar aneinander anschließen</u> und die Rechteckflächen <u>proportional</u> zu den darzustellenden Größen (hier: Monatsumsätze in DM) stehen. Hierzu wird die Balkenbreite gleich 1 gesetzt. Die Balkenhöhe entspricht der darzustellenden Größe.

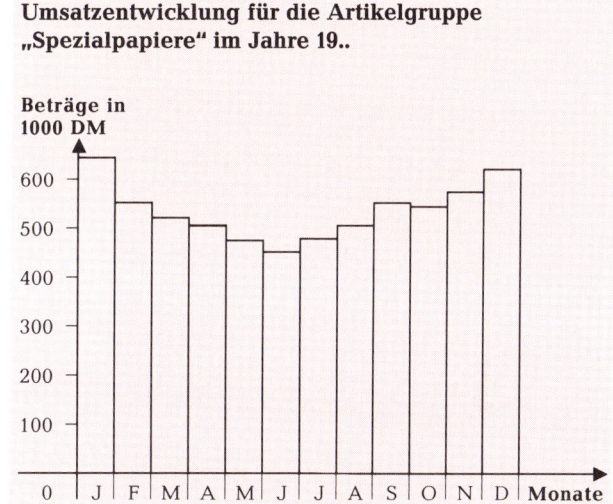

Umsatzentwicklung für die Artikelgruppe „Spezialpapiere" im Jahre 19..

Beträge in 1000 DM

Aufgaben

1. Erstellen Sie ein Histogramm für die Umsatzentwicklung der Artikelgruppe „Hygienepapiere" aus der Tabelle von Seite 393.   **497**

2. Stellen Sie die Monatsumsätze der Artikelgruppen „Verpackungsfolien" und „Einschlagpapiere" für das Jahr 19.. jeweils in Histogrammen dar und interpretieren Sie die Umsatzentwicklung (vgl. Tabelle S. 393).

Aus der Buchhaltung einer Großhandlung sind für das zweite Halbjahr 19.. die Warenaufwendungen und die Nettoumsatzerlöse für eine Warengruppe entnommen worden: **498**

	Warenaufwendungen	Nettoumsatzerlöse
Juli	150 000,00	240 000,00
August	165 000,00	254 000,00
September	150 000,00	225 000,00
Oktober	170 000,00	238 000,00
November	175 000,00	280 000,00
Dezember	160 000,00	248 000,00

1. Stellen Sie die Warenaufwendungen und die Umsatzerlöse in einem gemeinsamen Histogramm dar und interpretieren Sie die Ergebnisse.

2. Errechnen Sie die prozentualen Veränderungen der Wareneinsätze und der Umsatzerlöse und stellen Sie beide Zahlenreihen in getrennten Histogrammen dar.

3. Berechnen Sie die Wirtschaftlichkeitskennzahlen.

4.3　Kreisdiagramm

Das Kreisdiagramm wird zur Darstellung von <u>Gliederungszahlen</u> eingesetzt. Jede Teilgröße wird durch einen Kreissektor (Kreisausschnitt) dargestellt. Die Größe des Sektors wird über den Umfangswinkel bestimmt. Der Vollkreis ($\hat{=}$ 360°) entspricht der Gesamtgröße. Für die Teilgrößen sind über die Umfangswinkel die entsprechenden Kreissektoren zu ermitteln. Grundsätzlich werden die statistischen Zahlen in die jeweiligen Sektoren eingetragen.

Beispiel: Die Kern KG hat folgende Kundenstruktur:

Einzelhandel .... 1000 Kunden,　Handwerk .... 300 Kunden,
Industrie .... 500 Kunden,　Sonstige .... 200 Kunden.

Das Kreisdiagramm ist zu erstellen.

Kundenstruktur

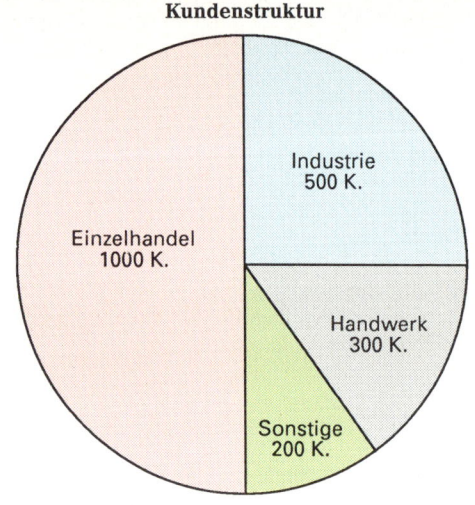

Berechnung der Umfangswinkel:

2000 Kunden $\hat{=}$ 360°
　1 Kunde　$\hat{=}$ 360° : 2000 = 0,18°

1000 Kunden $\hat{=}$ 0,18° · 1000 = 180°
　500 Kunden $\hat{=}$ 0,18° ·　500 =　90°
　300 Kunden $\hat{=}$ 0,18° ·　300 =　54°
　200 Kunden $\hat{=}$ 0,18° ·　200 =　36°

Aufgaben – Fragen

499　Der Gesamtumsatz von 20 Mio. DM setzte sich im letzten Geschäftsjahr wie folgt zusammen: Artikelgruppe I: 4 Mio. DM, Artikelgruppe II: 6 Mio. DM, Artikelgruppe III: 3 Mio. DM, Artikelgruppe IV: 7 Mio. DM.

Stellen Sie das Kreisdiagramm auf.

500　Im Monat Dezember hat eine Großhandlung in den 5 Warengruppen A bis E folgende Umsatzerlöse erzielt:

Warengruppe A:	144 000,00 DM
Warengruppe B:	108 000,00 DM
Warengruppe C:	216 000,00 DM
Warengruppe D:	90 000,00 DM
Warengruppe E:	162 000,00 DM
insgesamt	720 000,00 DM

1. *Rechnen Sie die Umsatzzahlen in Prozentzahlen um (Gesamtumsatz $\hat{=}$ 100 %).*
2. *Erstellen Sie mit Hilfe der Prozentzahlen ein Kreisdiagramm. Es gilt die Beziehung 360° $\hat{=}$ 100 %.*
3. *Stellen Sie die Umsätze in einem Histogramm dar. (Maßstab für die senkrechte Achse: 1 cm $\hat{=}$ 10 000,00 DM.)*
4. *Erläutern Sie, warum das Kreisdiagramm in diesem Fall eine höhere Aussagekraft besitzt als das Histogramm.*

In einem Großhandelsbetrieb werden für mehrere Jahre die Handlungskosten und die **501** Umsatzerlöse ermittelt und statistisch ausgewertet:

	Handlungskosten	Umsatzerlöse
1. Jahr	265 000,00	1 060 000,00
2. Jahr	290 000,00	1 020 000,00
3. Jahr	275 000,00	990 000,00
4. Jahr	310 000,00	1 170 000,00
5. Jahr	340 000,00	1 105 000,00
6. Jahr	325 000,00	1 170 000,00
7. Jahr	360 000,00	1 400 000,00

1. *Stellen Sie die Handlungskosten und die Umsatzerlöse in einem gemeinsamen Kurvendiagramm dar und interpretieren Sie den Verlauf der Kurven.*
2. *Errechnen Sie die prozentualen Veränderungen der Handlungskosten und der Umsatzerlöse und stellen Sie beide Zahlenreihen in getrennten Kurvendiagrammen dar.*
3. *Berechnen Sie die Trendzahlen für die Handlungskosten und die Umsatzerlöse als gleitende Durchschnitte aus jeweils 3 aufeinanderfolgenden Größen.*
4. *Berechnen Sie die Wirtschaftlichkeitskennzahlen (vgl. S. 327) und stellen Sie diese in einem Kurvendiagramm dar. Läßt sich aus den Wirtschaftlichkeitskennzahlen ein Trend heraus-lesen?*

In einer Großhandlung haben sich die Warenaufwendungen und die Warenumsätze in den **502** vergangenen Jahren wie folgt entwickelt:

	Warengruppe A		Warengruppe B		insgesamt	
	Waren-aufwendg.	Waren-umsatz	Waren-aufwendg.	Waren-umsatz	Waren-aufwendg.	Waren-umsatz
1. Jahr	360 000,00	575 000,00	140 000,00	210 000,00	500 000,00	785 000,00
2. Jahr	380 000,00	570 000,00	160 000,00	240 000,00	540 000,00	810 000,00
3. Jahr	340 000,00	525 000,00	110 000,00	175 000,00	450 000,00	700 000,00
4. Jahr	290 000,00	465 000,00	90 000,00	140 000,00	380 000,00	605 000,00
5. Jahr	350 000,00	595 000,00	150 000,00	210 000,00	500 000,00	805 000,00
6. Jahr	380 000,00	625 000,00	170 000,00	270 000,00	550 000,00	895 000,00
7. Jahr	400 000,00	700 000,00	200 000,00	290 000,00	600 000,00	990 000,00
8. Jahr	375 000,00	650 000,00	225 000,00	320 000,00	600 000,00	970 000,00

1. *Stellen Sie die Warenaufwendungen und die Warenumsätze jeder Warengruppe in Histogrammen dar.*
2. *Errechnen Sie die Prozentveränderungen der Warenaufwendungen und der Warenumsätze und stellen Sie diese Zahlenreihen in Kurvendiagrammen dar.*
3. *Berechnen Sie die Indexzahlen zur Entwicklung der Warenaufwendungen und der Warenumsätze und stellen Sie diese Zahlenreihen in Kurvendiagrammen dar.*
4. *Berechnen Sie die gleitenden Durchschnittsumsätze aus jeweils 3 aufeinanderfolgenden Umsätzen und stellen Sie die Trendkurve dar. Interpretieren Sie diese Darstellung.*

1. *Was versteht man unter Indexzahlen?* **503**
2. *Welche Bedeutung haben Indexzahlen für die Beurteilung einer Zahlenreihe?*
3. *Worin liegt die Bedeutung von Trendzahlen?*
4. *Wie werden Trendzahlen berechnet?*

J Aufgaben zur Wiederholung und Vertiefung

504 *Wonach werden im Inventar die Vermögensposten i. d. R. gegliedert?*

Nach der   a) Fälligkeit,
               b) Größe der Posten,
               c) Flüssigkeit oder
               d) Fristigkeit?

505 *Erklären Sie den Inhalt der Passivseite der Bilanz:*

a) Die Passivseite der Bilanz enthält das Anlage- und Umlaufvermögen.
b) Die Passivseite zeigt die Verwendung des Kapitals.
c) Die Passivseite zeigt die Herkunft des Kapitals.
d) Die Passivseite enthält das Gesamtvermögen abzüglich der Schulden.
e) Die Passivseite zeigt die Finanzierung des Vermögens.

506 *Bei welchem Geschäftsfall vermindert sich die Bilanzsumme?*

a) Unsere Barzahlung an einen Lieferer.
b) Barabhebung vom Bankkonto.
c) Kauf von Betriebsstoffen.
d) Umwandlung einer Liefererschuld in eine Darlehensschuld.

507 *Wie verhalten sich die aktiven und passiven Bestandskonten?*

a) Anfangsbestand und Mehrungen stehen bei Passivkonten auf der Sollseite.
b) Minderungen und Schlußbestand stehen bei Aktivkonten auf der Sollseite.
c) Minderungen und Schlußbestand stehen bei Passivkonten auf der Sollseite.
d) Anfangsbestand und Mehrungen stehen bei Aktivkonten auf der Habenseite.

508 *Welcher Geschäftsfall liegt dem Buchungssatz „Postbank an Forderungen a. LL" zugrunde?*

a) Wir begleichen eine Rechnung.
b) Kunde begleicht eine Rechnung bar.
c) Lieferer begleicht Rechnung durch Postüberweisung.
d) Kunde begleicht Rechnung durch Postüberweisung.

509 *Worin unterscheiden sich Inventar und Bilanz? Nennen Sie mindestens drei Merkmale.*

510 *Ergänzen Sie:*

a) Erträge $>$ Aufwendungen = ?
b) Vorsteuer $>$ Umsatzsteuer = ?
c) Umsatzerlöse $>$ Warenaufwendungen = ?
d) Aufwendungen $>$ Erträge = ?
e) Umsatzsteuer $>$ Vorsteuer = ?
f) Warenaufwendungen $>$ Umsatzerlöse = ?
g) Warenanfangsbestand $>$ Warenschlußbestand = Gewinnauswirkung: + oder −?
h) Warenanfangsbestand $<$ Warenschlußbestand = Gewinnauswirkung: + oder −?

511 Doppelte Buchführung bedeutet .... ? .... Ermittlung des Erfolges. Der Erfolg kann nämlich durch

a) Vergleich .... ? .... und
b) durch Gegenüberstellung der .... ? .... und .... ? ....

ermittelt werden. *Ergänzen Sie.*

6583408

Welcher der nachstehenden Geschäftsfälle führt zu folgender Bilanzveränderung:

Aktivtausch (I), Passivtausch (II), Aktiv-Passiv-Mehrung (III), Aktiv-Passiv-Minderung (IV)

a) Wareneinkauf gegen Akzept
b) Unser Kunde löst sein Akzept ein
c) Akzeptierung einer Lieferertratte
d) Banklastschrift für Wechseleinlösung
e) Kauf von Waren gegen Weitergabe eines Wechsels
f) Banküberweisung der Gehälter
g) Barentnahme durch den Geschäftsinhaber
h) Zinsgutschrift der Bank
i) Kapitaleinlage des Geschäftsinhabers durch Bankeinzahlung

Bei den nachstehenden Geschäftsfällen ist zu prüfen, ob sie

(1) den Jahresgewinn erhöhen.
(2) den Jahresgewinn vermindern.
(3) den Jahresverlust erhöhen.
(4) den Jahresverlust vermindern.
(5) keinen Einfluß auf das Jahresergebnis haben.
(6) eine Bilanzverkürzung bewirken.
(7) eine Bilanzverlängerung bewirken.

Beachten Sie: Es können mehrere Ergebnisse zutreffen.

a) Kauf einer Maschine auf Ziel
b) Zahlung der Darlehenszinsen
c) Abschreibung auf Maschinen
d) Banküberweisung an den Lieferer abzüglich Skonto
e) Aufnahme eines Darlehens bei der Bank
f) Lastschrift der Bank für Zinsen
g) Zinsgutschrift der Bank
h) Barentnahme aus der Geschäftskasse für Privatzwecke

Nennen Sie den Buchungssatz:

a) Banküberweisung für Grundsteuer . . . .   800,00 DM
       Grunderwerbsteuer . . . . 4 000,00 DM
       Gewerbesteuer . . . . 5 000,00 DM
b) Banküberweisung eines Einzelunternehmers für eine Spende . . . . 1 500,00 DM
c) Brandschaden im Warenlager . . . . 3 500,00 DM
d) Über das Vermögen unseres Kunden Schneider wird das Konkurs-
   verfahren eröffnet. Unsere Forderung beträgt . . . . 5 750,00 DM
e) Warenentnahme für Privatzwecke durch den Inhaber, Warenwert . . . . 1 500,00 DM
f) Im Fall d) rechnen wir zum 31.12. mit einem Verlust von 40 %.

Die Anschaffungskosten eines Lieferwagens betragen 120 000,00 DM.

a) *Wie hoch sind Abschreibungsbetrag und Buchwert am Ende des 2. Nutzungsjahres, wenn jährlich 20 % linear abgeschrieben werden?*

b) *Wie hoch sind Abschreibungsbetrag und Buchwert am Ende des 2. Jahres, wenn jährlich 20 % degressiv abgeschrieben werden?*

516 Buchen Sie auf dem Konto „1310 Bank", das im <u>Haben</u> einen Saldovortrag von 6 834,00 DM ausweist, die folgenden Geschäftsfälle, und ermitteln Sie den neuen Saldo.

a) Einlösung unseres Schuldwechsels .... 3 500,00 DM
b) Zinslastschrift .... 800,00 DM
c) Überweisungen der Kunden .... 2 800,00 DM
d) Bonus des Lieferers .... 5 750,00 DM
e) Wechseldiskontierung .... 2 280,00 DM
f) Darlehenstilgungsrate .... 2 800,00 DM
g) Inkasso eines Kundenakzeptes .... 1 725,00 DM
h) Lastschrift für Diskont und Spesen .... 90,00 DM
i) Bareinzahlung .... 2 200,00 DM

517 Für einen schwebenden Prozeß wurde zum 31.12. des abgelaufenen Geschäftsjahres eine Rückstellung in Höhe von 4 500,00 DM gebildet. Im laufenden Geschäftsjahr endet der Prozeß durch Vergleich. Unsere Kosten über 3 000,00 DM zuzüglich Umsatzsteuer werden durch die Bank überwiesen. Nennen Sie die Buchungssätze.

518 Eine zweifelhafte Forderung über 17 250,00 DM, die bereits mit 5 000,00 DM netto direkt abgeschrieben worden ist, wird in voller Höhe uneinbringlich.

a) Mit welchem Wert steht die zweifelhafte Forderung zu Buch?
b) Wie lautet die Buchung bei voller Uneinbringlichkeit der Forderung?

519 Ordnen Sie den folgenden Buchungssätzen die untenstehenden Geschäftsfälle zu.

a) Bank und Kosten des Geldverkehrs an Besitzwechsel
b) Verbindlichkeiten a.LL an Schuldwechsel
c) Bank und Diskontaufwendungen an Besitzwechsel
d) Diskontaufwendungen an Verbindlichkeiten a.LL
e) Verbindlichkeiten a.LL an Bezugskosten und Vorsteuer

Geschäftsfälle: 1. Kunde erhält von uns Diskontbelastungsanzeige
2. Diskontbelastung durch den Lieferer
3. Wechseldiskontierung durch die Bank
4. Gutschrift des Lieferers für zurückgesandte Verpackung
5. Wechselinkasso durch unsere Bank
6. Bank löst unser Akzept ein
7. Wechselziehung auf unseren Kunden
8. Akzeptierung einer Lieferertratte

520 Das Elektrogroßhandelsunternehmen H. Lindner hat zum 31.12. noch 12 Kühlschränke KS 400 auf Lager. Die Anschaffungskosten je Stück betrugen 550,00 DM netto.

Zum Jahresabschluß beträgt der Einstandswert je Kühlschrank des gleichen Modells
     a) 500,00 DM   und   b) 620,00 DM.

Ermitteln und begründen Sie den Wertansatz für den Schlußbestand in den Fällen a) und b). Wie lautet der Buchungssatz?

521 Am 1. Juli eines Geschäftsjahres wurde ein Geschäfts-PKW (Nutzungsdauer: 5 Jahre) angeschafft und durch Banküberweisung bezahlt. Im einzelnen:

Listenpreis, brutto .... 34 500,00 DM	Nummernschilder, brutto .... 57,50 DM
abzüglich 10 % Rabatt	Kfz-Versicherung für ein Jahr 1 200,00 DM
Überführungskosten, brutto .. 690,00 DM	Kfz-Steuer .... 360,00 DM
Zulassungskosten .... 80,00 DM	

a) Wie hoch sind die Anschaffungskosten des PKWs?
b) Ermitteln Sie den Buchwert des PKWs zum 31.12.
c) Buchen Sie die Anschaffung des PKWs, die Kfz-Versicherung und -Steuer.
d) Welche Buchungen sind im einzelnen zum 31.12. erforderlich?

a) *Was haben Rückstellungen und sonstige Verbindlichkeiten gemeinsam?*
b) *Worin unterscheiden sich Rückstellungen von sonstigen Verbindlichkeiten?*
c) *Für welche Fälle müssen Rückstellungen gebildet werden? Nennen Sie mindestens zwei Arten passivierungspflichtiger Rückstellungen.*
d) *Für welche Rückstellungen besteht ein Recht auf Bildung (Passivierungsrecht)?*
e) *Welchen Einfluß haben Rückstellungen auf Gewinn und Ertragsteuern?*
f) *Inwiefern beeinflußt die Bildung von Rückstellungen auch die Liquidität des Unternehmens?*
g) *Worin unterscheiden sich Rückstellungen und Rücklagen?*
h) *Wodurch entstehen stille Rücklagen (stille Reserven)?*

a) *Nennen Sie Steuerarten, die den Gewinn des Unternehmens vermindern.*
b) *Welche Steuern sind vom Gewinn (aus dem Gewinn) zu zahlen?*
c) *Welche Steuer ist Bestandteil der Anschaffungskosten?*
d) *Außer den „Lieferungen und Leistungen" und der „Einfuhr" unterliegt nach § 1 UStG auch der „Eigenverbrauch" der Umsatzsteuer. Nennen Sie die drei Möglichkeiten des umsatzsteuerpflichtigen Eigenverbrauchs.*
e) *Der Unternehmer W. Peters verkauft seinen Privat-PKW. Warum unterliegt dieser Umsatz nicht der Umsatzsteuer?*
f) *Unterscheiden Sie Aufwandsteuern, Personensteuern, aktivierungspflichtige Steuern, durchlaufende Steuern und Verkehrsteuern. Nennen Sie jeweils ein Beispiel.*

Bilden Sie für nachstehende Geschäftsfälle die Buchungssätze:
a) Die Darlehenszinsen für die Zeit vom 01.05. bis 30.04. sind am 30.04.
des nächsten Jahres fällig .... 4 800,00 DM
b) Bankbelege für Einkommensteuer .... 5 800,00 DM
Grundsteuer .... 1 200,00 DM
Umsatzsteuerzahllast .... 24 500,00 DM
Darlehenstilgung .... 5 000,00 DM
Wechseleinlösung .... 3 450,00 DM   39 950,00 DM
c) Für eine im Januar des nächsten Jahres dringend durchzuführende
Reparatur des Gebäudes beträgt der Kostenvoranschlag .... 87 900,00 DM
d) Der Gesamtbestand der Forderungen beträgt zum 31.12.02 .... 287 500,00 DM
Es ist eine Pauschalwertberichtigung in Höhe von 4 % zu bilden.
Zum 31.12.01 betrug die PWB 15 000,00 DM.
e) Die Kfz-Steuer in Höhe von .... 1 800,00 DM
wurde von uns am 01.04. im voraus durch Bank überwiesen.
f) Den Wert einer zweifelhaften Forderung in Höhe von .... 230 000,00 DM
schätzen wir zum 31.12. auf 40 %.
g) Gehaltszahlung durch Banküberweisung:
Bruttogehalt .... 4 800,00 DM
+ Vermögenswirksame Leistung des Arbeitgebers .... 39,00 DM
− Einbehaltener Sozialversicherungsbetrag .... 620,00 DM
− Einbehaltene Lohn- und Kirchensteuer .... 780,00 DM
− Vermögenswirksame Sparleistung .... 78,00 DM

Banküberweisung (Nettogehalt) .... 3 361,00 DM
Arbeitgeberanteil zur Sozialversicherung .... 620,00 DM
h) Wir haben einem Kunden den Umsatzbonus in Höhe von brutto .... 1 035,00 DM
noch nicht gutgeschrieben.
i) Zum Ausgleich einer Rechnung über 17 250,00 DM akzeptieren wir einen
Wechsel über .... 12 000,00 DM
und überweisen vom Postbankkonto .... 5 250,00 DM
j) Der Forderungsbestand zum 31.12. beträgt .... 575 000,00 DM
Die bisherige Pauschalwertberichtigung beläuft sich auf .... 12 500,00 DM
Die Pauschalwertberichtigung ist auf 4 % zu erhöhen.
k) Die private Warenentnahme des Unternehmers beträgt netto .... 4 500,00 DM
Für die private Nutzung des Geschäfts-PKWs sind netto anzusetzen ..... 3 500,00 DM

525 *Stellen Sie fest, ob es sich bei den untenstehenden Sachverhalten zum 31.12. jeweils um eine Aktive Rechnungsabgrenzung (I), Passive Rechnungsabgrenzung (II), Sonstige Forderung (III) oder Sonstige Verbindlichkeit (IV) handelt. Nennen Sie auch den entsprechenden Buchungssatz.*

    a) Die Miete für eine vermietete Lagerhalle steht am 31.12. noch aus: 2500,00 DM.

    b) Die Kfz-Steuer wurde am 01.08. von uns für ein Jahr überwiesen: 480,00 DM.

    c) Die zugesicherte Provision haben wir noch nicht erhalten: 1500,00 DM.

    d) Die Löhne für die Lohnwoche vom 28.12. bis 31.12. werden am 03.01. nächsten Jahres überwiesen. Auf das alte Jahr entfallen 5700,00 DM.

    e) Darlehenszinsen in Höhe von 4800,00 DM wurden von uns am 01.12. für drei Monate im voraus überwiesen.

    f) Die Dezembermiete für eine angemietete Lagerhalle wird von uns erst am 02.01. nächsten Jahres überwiesen: 2800,00 DM.

    g) Der Mieter unserer Werkshalle hatte mit der Dezembermiete am 01.12. auch bereits die Januarmiete überwiesen: insgesamt 6000,00 DM.

526 Die Anschaffungskosten eines Schreibtischsessels betragen 780,00 DM.

    Welche Aussage ist richtig?

    a) Es ist nur eine Vollabschreibung im Anschaffungsjahr möglich.

    b) Es ist lediglich eine Abschreibung nach der Nutzungsdauer möglich.

    c) Es besteht eine Wahlmöglichkeit zwischen a) und b).

    d) Die Abschreibung erhöht den Verlust.

527 *Welche Aussage kennzeichnet zutreffend die Folge einer nicht durchgeführten zeitlichen Abgrenzung in Form der „Aktiven Rechnungsabgrenzung"?*

    a) Die Erträge im alten Jahr sind zu niedrig.

    b) Die Aufwendungen im alten Jahr sind zu niedrig.

    c) Die Erträge im alten Jahr sind zu hoch.

    d) Die Aufwendungen im alten Jahr sind zu hoch.

528 *Welche Geschäftsfälle wirken sich gewinnerhöhend (I), gewinnmindernd (II) und erfolgsneutral (III) aus?*

    a) Überweisung der Einkommensteuer an das Finanzamt.

    b) Bildung einer Rückstellung für einen schwebenden Prozeß.

    c) Überweisung der Umsatzsteuerzahllast an das Finanzamt.

    d) Verkauf eines nicht mehr benötigten LKWs zum Buchwert zuzüglich USt.

    e) Bankgutschrift für Zinsen.

    f) Der private Nutzungsanteil an den Telefonkosten beträgt 1800,00 DM.

    g) Eine Forderung über 5000,00 DM netto wird uneinbringlich.

    h) Banküberweisung an den Lieferer abzüglich Skonto.

    i) Kunde überweist den Rechnungsbetrag abzüglich Skonto.

    j) Auf eine im vergangenen Jahr abgeschriebene Forderung gehen unerwartet 575,00 DM ein.

    k) Überweisung der einbehaltenen Lohn- und Kirchensteuer.

    l) Abschreibung auf Maschinen.

    m) Kauf eines Lieferwagens.

    n) Herabsetzung der Pauschalwertberichtigung zu Forderungen.

    o) Im Konto Mietaufwendungen wird eine aktive Rechnungsabgrenzung vorgenommen.

529 Eine Verpackungsmaschine, deren Buchwert zum Zeitpunkt des Ausscheidens 5000,00 DM beträgt, wird gegen Bankscheck verkauft für

        a) 5000,00 DM + USt,   b) 7000,00 DM + USt,   c) 4000,00 DM + USt.

    Wie lauten die Buchungen?

6583412

530

Anschaffung einer maschinellen Anlage: 200 000,00 DM netto + USt, 2 000,00 DM Fracht + USt, 15 000,00 DM Fundamentierungskosten + USt, 5 000,00 DM Montagekosten + USt. Rechnungen werden unter Abzug von 2 % Skonto durch Banküberweisungen beglichen.

a) Ermitteln Sie die Anschaffungskosten.
b) Nennen Sie die Buchungssätze.

531

Bilden Sie die Buchungssätze:

a) Das GuV-Konto weist einen Verlust aus.
b) Auf dem Privatkonto überwiegen die Einlagen.
c) Die Umsatzsteuer ist größer als die Vorsteuer.
d) Die Pauschalwertberichtigung ist aufzustocken.
e) Eine Forderung wird uneinbringlich.
f) Die Rückstellung für einen Prozeß erübrigt sich.
g) Der Lieferer gewährt uns einen Bonus.
h) Kunde erhält von uns Preisnachlaß wegen Mängelrüge.
i) Rücksendung beschädigter Waren an unseren Lieferer.
j) Weitergabe eines Kundenwechsels an unseren Lieferer.
k) Kunde wird mit Diskont belastet (Wechselzahlung war vereinbart).
l) Nachzahlung der Gewerbesteuer aufgrund einer Betriebsprüfung.
m) Barauszahlung eines Gehaltsvorschusses.

532

Auszug aus der Summenbilanz	Soll	Haben
Wareneingang	450 000,00	—
Bezugskosten	25 000,00	—
Nachlässe, brutto	—	23 000,00
Liefererboni, brutto	—	17 250,00
Liefererskonti, brutto	—	9 200,00
Vorsteuer	18 000,00	—

a) Ermitteln Sie die Steuerberichtigungen.
b) Nennen Sie zu a) die entsprechenden Buchungssätze.
c) Ermitteln Sie die Anschaffungskosten der Waren.

533

Auszug aus der vorläufigen Saldenbilanz	Soll	Haben
Vorsteuer	76 000,00	—
Umsatzsteuer	—	20 000,00
Liefererskonti (brutto)	—	16 100,00
Kundenskonti (brutto)	19 550,00	—

a) Ermitteln Sie die Steuerberichtigungen.
b) Nennen Sie die Buchungssätze zu a).
c) Wie hoch ist der Saldo nach Verrechnung der Beträge auf den Steuerkonten?
d) Wie lauten die Abschlußbuchungen zum 31.12.?

534

Ein Kunde überweist den Rechnungsbetrag in Höhe von 5 750,00 DM unter Abzug von 2 % Skonto durch die Bank.

a) Nennen Sie den Buchungssatz bei Nettobuchung des Skontos.
b) Wie lautet die Buchung im Falle der Bruttobuchung?
c) Nennen Sie auch die Steuerberichtigungsbuchung im Fall b).

535

Der Bestand der Forderungen a.LL beträgt zum 31.12. 345 000,00 DM. Das Konto „Pauschalwertberichtigung bei Forderungen" weist zum gleichen Zeitpunkt noch einen Bestand von 14 000,00 DM aus. Die Pauschalabschreibung soll zum Bilanzstichtag 3 % betragen.

a) Ermitteln Sie die neue Pauschalwertberichtigung.
b) Welche Buchung ergibt sich zum 31.12.?

536 *Auf welchen Konten werden die folgenden Geschäftsfälle im Haben gebucht?*

a) Zielverkauf von Waren.
b) Kunde erhält Preisnachlaß wegen Mängelrüge.
c) Unser Kunde löst Barscheck für Umsatzbonus ein.
d) Lastschrift unseres Lieferers wegen unberechtigten Skontoabzugs.
e) Eigenverbrauch von Waren.
f) Wareneinkauf auf Ziel.
g) Zum 31.12. ergibt sich ein Vorsteuerüberhang.
h) Unser Lieferer gewährt Preisnachlaß wegen Mängelrüge.
i) Wir erhalten Provision durch Banküberweisung.
j) Zum 31.12. ergibt sich eine Umsatzsteuerzahllast.

537 *Wie wirkt sich eine „Passive Rechnungsabgrenzung" auf den Erfolg des Abschlußjahres aus?*

a) Der Jahresgewinn erhöht sich.
b) Der Jahresgewinn wird vermindert.
c) Der Jahresverlust erhöht sich.
d) Der Jahresverlust wird vermindert.

538 *Beurteilen Sie folgende Aussagen auf ihre Richtigkeit:*

a) Aufwendungen und Erträge, die wirtschaftlich das Abschlußjahr betreffen, die jedoch erst im neuen Jahr zu Ausgaben bzw. Einnahmen führen, sind zum Bilanzstichtag als „Sonstige Verbindlichkeiten" bzw. „Sonstige Forderungen" zu erfassen.
b) Aktive Rechnungsabgrenzungen sind erforderlich, wenn Einnahmen im neuen Jahr gebucht werden, die aber wirtschaftlich das Abschlußjahr betreffen.
c) Auf dem Konto „Passive Rechnungsabgrenzung" werden Erträge auf Erfolgskonten erfaßt, die als Einnahmen erst im neuen Jahr gebucht werden.
d) Aufwendungen des Abschlußjahres, die im neuen Jahr zu Ausgaben führen, müssen bereits zum 31.12. gebucht werden.
e) Das Konto „Aktive Rechnungsabgrenzung" fordert zum Bilanzstichtag von allen Erfolgskonten die Aufwendungen an, die bereits als Ausgaben gebucht wurden, wirtschaftlich jedoch zur Erfolgsrechnung des neuen Jahres gehören.
f) Erträge, die im Abschlußjahr bereits als Einnahmen gebucht wurden, jedoch wirtschaftlich in die Erfolgsrechnung des neuen Jahres gehören, werden auf dem Konto „Passive Rechnungsabgrenzung" erfaßt.

539
1. Erläutern Sie den Begriff „Deckungsbeitrag".
2. Nennen Sie mindestens zwei Gründe für die Abschreibungen auf Anlagen.
3. Erläutern Sie die Begriffspaare
   a) Ausgaben – Einnahmen,
   b) Aufwand – Ertrag,
   c) Kosten – Leistung.
4. Nennen Sie jeweils ein Beispiel für 3 a) bis 3 c).
5. Unterscheiden Sie zwischen planmäßigen und außerplanmäßigen Abschreibungen.
6. Nennen Sie die drei Methoden der planmäßigen Abschreibung.

540
1. Nennen Sie kalkulatorische Kostenarten.
2. Unterscheiden Sie zwischen Grundkosten und Zusatzkosten.
3. Nennen Sie Beispiele für Zusatzkosten.
4. Worin unterscheiden sich bilanzmäßige und kalkulatorische Abschreibungen?
5. Wie ermittelt man das betriebsnotwendige Kapital?
6. Welche kalkulatorischen Wagnisse gibt es?
7. Warum läßt sich das allgemeine Unternehmerwagnis nicht kalkulieren?
8. Welche Aufgabe hat die Abgrenzungsrechnung im Rahmen der Kosten- und Leistungsrechnung?

6583414

Man unterscheidet Ausgaben, Aufwendungen und Kosten.   **541**

Nennen Sie je ein Beispiel für

a) Kosten, die kein Aufwand sind,
b) Ausgaben, die keine Kosten sind,
c) Ausgaben, die sowohl Aufwendungen als auch Kosten sind.

---

1. *Erläutern Sie, inwiefern die Deckungsbeitragsrechnung zur Sortimentgestaltung beitragen*   **542**
   kann.
2. *Begründen Sie, welche Auswirkungen die Verrechnung kalkulatorischer Kostenarten auf das*
   Gesamtergebnis des Unternehmens hat.
3. *Erläutern Sie kurz die Aufgaben der Kostenstellenrechnung und der Kostenträgerrechnung.*

---

1. *Weshalb bildet man Pauschalwertberichtigungen auf Forderungen a. LL?*   **543**
2. *Warum darf bei Bildung der Pauschalwertberichtigung die Umsatzsteuer nicht berichtigt*
   werden?
3. *Warum werden steuerlich Höchstsätze für die jährliche AfA vorgeschrieben?*
4. *Warum kann es für ein Unternehmen günstiger sein, ein Anlagegut degressiv statt linear*
   abzuschreiben?
5. *Die Verkaufszahlen eines Artikels gehen aufgrund einer schlechten konjunkturellen Lage*
   zurück. Welche Auswirkung hat das auf den Handlungskostenzuschlag in der Kalkulation?

Man unterscheidet Einnahmen, Erträge und Leistungen.   **544**

Nennen Sie je ein Beispiel für

a) Einnahmen, die sowohl Erträge als auch Leistungen darstellen,
b) Einnahmen, die weder Erträge noch Leistungen sind,
c) Erträge, die keine Leistungen darstellen.

---

1. *Welche Bedeutung haben die kostenrechnerischen Korrekturen für die KLR?*   **545**
2. *Unterscheiden Sie:*
   a) Gesamtergebnis,   b) Neutrales Ergebnis,   c) Betriebsergebnis.
3. *Die Betriebsergebnisrechnung weist einen Verlust von 50 000,00 DM aus, während die*
   Gewinn- und Verlustrechnung der Finanzbuchhaltung einen Gesamtgewinn in Höhe von
   120 000,00 DM ausweist. Wie erklären Sie sich das?

Ergänzen Sie: **546**

1. Deckungsbeitrag je Stück $>$ 0 = ...?..................
2. Deckungsbeitrag je Stück $=$ 0 = ...?..................
3. Deckungsbeitrag je Stück $<$ 0 = ...?..................
4. Summe der Deckungsbeiträge $>$ fixe Kosten = ...?..................
5. Summe der Deckungsbeiträge $<$ fixe Kosten = ...?..................

---

1. *Unterscheiden Sie zwischen kurzfristiger und langfristiger Preisuntergrenze.*   **547**
2. *Erläutern Sie den „Break-even-Point".*
3. *Wie hoch ist die Gewinnschwellenmenge, wenn der Stückdeckungsbeitrag 200,00 DM beträgt*
   und die fixen Kosten insgesamt 300 000,00 DM ausmachen?

---

1. *Unterscheiden Sie zwischen Wirtschaftlichkeit und Rentabilität.*   **548**
2. *Welcher Zusammenhang besteht zwischen Wirtschaftlichkeit und Rentabilität?*

---

549 Die FB der Firma R. Bertram KG hat für das 1. Quartal 19.. folgende Aufwendungen und Erträge erfaßt:

2040	Verluste aus dem Abgang von Vermögensgegenständen	55 600,00
2421	Mieterträge	25 200,00
2520	Erträge aus Wertpapieren	8 200,00
2610	Zinserträge	4 100,00
2710	Erträge aus dem Abgang von Vermögensgegenständen	1 900,00
2770	Sonstige Erträge (neutral)	11 500,00
3010	Wareneingang, Warengruppe 1	500 000,00
3110	Wareneingang, Warengruppe 2	350 000,00
4010	Löhne	498 000,00
4020	Gehälter	301 000,00
4040	Gesetzliche Soziale Aufwendungen	185 100,00
4100	Mieten und Pachten	4 900,00
4210	Gewerbesteuer	22 400,00
4400	Werbe- und Reisekosten	12 200,00
47..	Betriebskosten/Instandhaltung	31 200,00
4910	Abschreibungen auf Sachanlagen	92 500,00
8010	Umsatzerlöse (Warenverkauf), Warengruppe 1	1 270 500,00
8110	Umsatzerlöse (Warenverkauf), Warengruppe 2	800 000,00
8710	Eigenverbrauch (Waren)	42 000,00

Es sind keine Bestandsveränderungen bei Waren zu berücksichtigen.

1. *Erstellen Sie die Ergebnistabelle entsprechend der Aufgabenstellung in der Aufgabe 376.*

2. *Beurteilen Sie die Erfolgslage des Unternehmens.*

550 Die FB der Großhandlung P. Zechner OHG weist für das 1. Quartal 19.. folgende Aufwendungen und Erträge aus:

2040	Verluste aus dem Abgang von AV	2 200,00
2421	Mieterträge	30 000,00
2520	Erträge aus Wertpapieren	8 200,00
2610	Zinserträge	7 800,00
2710	Erträge aus dem Abgang von Vermögensgegenständen	24 800,00
2760	Erträge aus der Auflösung von Rückstellungen	22 500,00
2790	Eigenverbrauch von Anlagegütern	5 200,00
3010	Wareneingang, Warengruppe 1	225 000,00
3110	Wareneingang, Warengruppe 2	168 500,00
4010	Löhne	335 000,00
4020	Gehälter	310 000,00
4040	Gesetzliche Soziale Aufwendungen	165 000,00
4050	Freiwillige soziale Aufwendungen	13 200,00
4060	Aufwendungen für Altersversorgung	28 400,00
4100	Mieten, Pachten	21 200,00
4210	Gewerbesteuer	33 900,00
4220	Kfz-Steuer (Betrieb)	8 400,00
4400	Werbe- und Reisekosten	36 100,00
4710	Instandhaltung	39 600,00
4910	Abschreibungen auf Sachanlagen	42 800,00
8010	Umsatzerlöse (Warenverkauf), Warengruppe 1	981 500,00
8110	Umsatzerlöse (Warenverkauf), Warengruppe 2	414 200,00

Es sind keine Bestandsveränderungen bei Waren zu berücksichtigen.

1. *Erstellen Sie die Ergebnistabelle.*

2. *Beurteilen Sie die Erfolgssituation des Unternehmens.*

6583416

1. *Klären Sie folgenden vermeintlichen Widerspruch auf:* **551**
   „Der erzielte Gewinn soll Arbeitsentgelt, Kapitalverzinsung und Risikoprämie für den Unternehmer enthalten. Andererseits verrechnet der Unternehmer auch noch Kosten für kalkulatorische Zinsen und kalkulatorischen Unternehmerlohn."
2. *Erläutern Sie, was unter nomineller und substantieller Kapitalerhaltung zu verstehen ist.*

Ermitteln Sie die kalkulatorischen Wagniszuschläge für die laufende Abrechnungsperiode: **552**

a) Beständewagnis: 1,5 % von den Warenaufwendungen 2 240 000,00 DM
b) Gewährleistungswagnis: 2,5 % des Umsatzes zu SK von .... 2 820 000,00 DM
c) Vertriebswagnis: 0,6 % des Umsatzes zu SK von .... 2 820 000,00 DM

Die FB der Großhandlung K. Barth, Rostock, hat für den Monat September folgende Aufwendungen und Erträge erfaßt:	553 TDM	554 TDM	**553** **554**
2050 Verlust aus Wertpapierverkauf (UV)	3	4	
2110 Zinsaufwendungen	25	30	
2310 Abschreibungen auf Forderungen	7	12	
2500 Erträge aus Wertpapieren	6	3	
2760 Erträge aus der Auflösung von Rückstellungen	4	9	
3010 Wareneingang	675	700	
3910 Warenbestand (AB)	40	30	
4010 Löhne	720	710	
4020 Gehälter	120	130	
4040 Gesetzliche Soziale Aufwendungen	160	170	
4910 Abschreibungen auf Sachanlagen	180	190	
8010 Umsatzerlöse (Warenverkauf)	1 885	1 940	
8710 Eigenverbrauch (Waren)	8	5	

Angaben aus der KLR:

1. Der Endbestand an Waren beträgt   25 | 36
2. Die kalkulatorischen Abschreibungen betragen monatlich   140 | 130
3. Die kalkulatorischen Zinsen sind noch für den Monat September zu ermitteln und zu verrechnen: Betriebsnotwendiges Kapital   6 000 | 7 000
   Kalkulatorischer Zinssatz (jährlich)   8 % | 7 %
4. Der kalkulatorische Unternehmerlohn beträgt monatlich   6 | 5
5. Kalkulatorische Vertriebswagniskosten werden insgesamt mit   12 | 10
   monatlich verrechnet.
6. Kalkulatorischer Mietwert für betrieblich genutzte Privaträume des Unternehmers   2 | 1

Ermitteln Sie mit Hilfe der Ergebnistabelle das Gesamtergebnis, das Neutrale Ergebnis und das Betriebsergebnis und stimmen Sie die Ergebnisse ab.

Ein Unternehmen hat aufgrund der angespannten Wirtschaftslage im abgelaufenen Jahr **555** seine Waren unter Selbstkosten verkauft. Folgende Angaben aus der Finanzbuchhaltung und der Kosten- und Leistungsrechnung liegen vor:

Umsatzerlöse (Warenverkauf)	949 800,00
Kosten (ohne Abschreibungen und Zinsen	864 700,00
Bilanzmäßige Abschreibungen	27 600,00
Gezahlte Fremdkapitalzinsen	32 700,00
Kalkulatorische Abschreibungen	75 000,00
Kalkulatorische Zinsen	46 800,00

1. *Erstellen Sie die Ergebnistabelle.*
2. *Begründen Sie, warum trotz eines Betriebsverlustes ein Unternehmungsgewinn entsteht.*

K Rechnungslegungsvorschriften nach HGB

Das Handelsgesetzbuch enthält in seinem 3. Buch „Handelsbücher" eine geschlossene Darstellung der handelsrechtlichen Rechnungslegungsvorschriften. Sie gliedern sich (siehe auch Seite 10) in drei Abschnitte:

- 1. Abschnitt: **Vorschriften für alle Kaufleute:** §§ 238–263 HGB
- 2. Abschnitt: **Vorschriften für Kapitalgesellschaften:** §§ 264–335 HGB
- 3. Abschnitt: **Vorschriften für eingetragene Genossenschaften:** §§ 336–339 HGB

Wesentliche Vorschriften des ersten und zweiten Abschnitts, die im Lehrbuch in den entsprechenden Kapiteln zugrunde gelegt und auf den folgenden Seiten zusammengestellt werden, sollen den Lernerfolg mit dem Lehrbuch rechtlich noch vertiefen.

Erster Abschnitt: Vorschriften für alle Kaufleute

---

§ 238 Buchführungspflicht

(1) Jeder Kaufmann ist verpflichtet, Bücher zu führen und in diesen seine Handelsgeschäfte und die Lage seines Vermögens nach den Grundsätzen ordnungsmäßiger Buchführung ersichtlich zu machen. Die Buchführung muß so beschaffen sein, daß sie einem sachverständigen Dritten innerhalb angemessener Zeit einen Überblick über die Geschäftsvorfälle und über die Lage des Unternehmens vermitteln kann. Die Geschäftsvorfälle müssen sich in ihrer Entstehung und Abwicklung verfolgen lassen.

(2) Der Kaufmann ist verpflichtet, eine mit der Urschrift übereinstimmende Wiedergabe der abgesandten Handelsbriefe (Kopie, Abdruck, Abschrift oder sonstige Wiedergabe des Wortlauts auf einem Schrift-, Bild- oder anderen Datenträger) zurückzubehalten.

§ 239 Führung der Handelsbücher

(1) Bei der Führung der Handelsbücher und bei den sonst erforderlichen Aufzeichnungen hat sich der Kaufmann einer lebenden Sprache zu bedienen. Werden Abkürzungen, Ziffern, Buchstaben oder Symbole verwendet, muß im Einzelfall deren Bedeutung eindeutig festliegen.

(2) Die Eintragungen in Büchern und die sonst erforderlichen Aufzeichnungen müssen vollständig, richtig, zeitgerecht und geordnet vorgenommen werden.

(3) Eine Eintragung oder eine Aufzeichnung darf nicht in einer Weise verändert werden, daß der ursprüngliche Inhalt nicht mehr feststellbar ist. Auch solche Veränderungen dürfen nicht vorgenommen werden, deren Beschaffenheit es ungewiß läßt, ob sie ursprünglich oder erst später gemacht worden sind.

(4) Die Handelsbücher und die sonst erforderlichen Aufzeichnungen können auch in der geordneten Ablage von Belegen bestehen oder auf Datenträgern geführt werden, soweit diese Formen der Buchführung einschließlich des dabei angewandten Verfahrens den Grundsätzen ordnungsmäßiger Buchführung entsprechen. Bei der Führung der Handelsbücher und der sonst erforderlichen Aufzeichnungen auf Datenträgern muß insbesondere sichergestellt sein, daß die Daten während der Dauer der Aufbewahrungsfrist verfügbar sind und jederzeit innerhalb angemessener Frist lesbar gemacht werden können. Absätze 1 bis 3 gelten sinngemäß.

§ 240 Inventar

(1) Jeder Kaufmann hat zu Beginn seines Handelsgewerbes seine Grundstücke, seine Forderungen und Schulden, den Betrag seines baren Geldes sowie seine sonstigen Vermögensgegenstände genau zu verzeichnen und dabei den Wert der einzelnen Vermögensgegenstände und Schulden anzugeben.

(2) Er hat demnächst für den Schluß eines jeden Geschäftsjahrs ein solches Inventar aufzustellen. Die Dauer des Geschäftsjahrs darf zwölf Monate nicht überschreiten. Die Aufstellung des Inventars ist innerhalb der einem ordnungsmäßigen Geschäftsgang entsprechenden Zeit zu bewirken.

(3) Vermögensgegenstände des Sachanlagevermögens sowie Roh-, Hilfs- und Betriebsstoffe können, wenn sie regelmäßig ersetzt werden und ihr Gesamtwert für das Unternehmen von nachrangiger Bedeutung ist, mit einer gleichbleibenden Menge und einem gleichbleibenden Wert angesetzt werden, sofern ihr Bestand in seiner Größe, seinem Wert und seiner Zusammensetzung nur geringen Veränderungen unterliegt. Jedoch ist in der Regel alle drei Jahre eine körperliche Bestandsaufnahme durchzuführen.

(4) Gleichartige Vermögensgegenstände des Vorratsvermögens sowie andere gleichartige oder annähernd gleichwertige bewegliche Vermögensgegenstände können jeweils zu einer Gruppe zusammengefaßt und mit dem gewogenen Durchschnittswert angesetzt werden.

§ 241 Inventurvereinfachungsverfahren

(1) Bei der Aufstellung des Inventars darf der Bestand der Vermögensgegenstände nach Art, Menge und Wert auch mit Hilfe anerkannter mathematisch-statistischer Methoden auf Grund von Stichproben ermittelt werden. Das Verfahren muß den Grundsätzen ordnungsmäßiger Buchführung entsprechen. Der Aussagewert des auf diese Weise aufgestellten Inventars muß dem Aussagewert eines auf Grund einer körperlichen Bestandsaufnahme aufgestellten Inventars gleichkommen.

(2) Bei der Aufstellung des Inventars für den Schluß eines Geschäftsjahrs bedarf es einer körperlichen Bestandsaufnahme der Vermögensgegenstände für diesen Zeitpunkt nicht, soweit durch Anwendung eines den Grundsätzen ordnungsmäßiger Buchführung entsprechenden anderen Verfahrens gesichert ist, daß der Bestand der Vermögensgegenstände nach Art, Menge und Wert auch ohne die körperliche Bestandsaufnahme für diesen Zeitpunkt festgestellt werden kann.

(3) In dem Inventar für den Schluß eines Geschäftsjahrs brauchen Vermögensgegenstände nicht verzeichnet zu werden, wenn

1. der Kaufmann ihren Bestand auf Grund einer körperlichen Bestandsaufnahme oder auf Grund eines nach Absatz 2 zulässigen anderen Verfahrens nach Art, Menge und Wert in einem besonderen Inventar verzeichnet hat, das für einen Tag innerhalb der letzten drei Monate vor oder der beiden ersten Monate nach dem Schluß des Geschäftsjahrs aufgestellt ist, und

2. auf Grund des besonderen Inventars durch Anwendung eines den Grundsätzen ordnungsmäßiger Buchführung entsprechenden Fortschreibungs- oder Rückrechnungsverfahrens gesichert ist, daß der am Schluß des Geschäftsjahrs vorhandene Bestand der Vermögensgegenstände für diesen Zeitpunkt ordnungsgemäß bewertet werden kann.

§ 242 Pflicht zur Aufstellung der Eröffnungsbilanz und des Jahresabschlusses

(1) Der Kaufmann hat zu Beginn seines Handelsgewerbes und für den Schluß eines jeden Geschäftsjahrs einen das Verhältnis seines Vermögens und seiner Schulden darstellenden Abschluß (Eröffnungsbilanz, Bilanz) aufzustellen. Auf die Eröffnungsbilanz sind die für den Jahresabschluß geltenden Vorschriften entsprechend anzuwenden, soweit sie sich auf die Bilanz beziehen.

(2) Er hat für den Schluß eines jeden Geschäftsjahrs eine Gegenüberstellung der Aufwendungen und Erträge des Geschäftsjahrs (Gewinn- und Verlustrechnung) aufzustellen.

(3) Die Bilanz und die Gewinn- und Verlustrechnung bilden den Jahresabschluß.

§ 243 Aufstellungsgrundsatz

(1) Der Jahresabschluß ist nach den Grundsätzen ordnungsmäßiger Buchführung aufzustellen.

(2) Er muß klar und übersichtlich sein.

(3) Der Jahresabschluß ist innerhalb der einem ordnungsmäßigen Geschäftsgang entsprechenden Zeit aufzustellen.

§ 244 Sprache. Währungseinheit

Der Jahresabschluß ist in deutscher Sprache und in Deutscher Mark aufzustellen.

§ 245 Unterzeichnung

Der Jahresabschluß ist vom Kaufmann unter Angabe des Datums zu unterzeichnen. Sind mehrere persönlich haftende Gesellschafter vorhanden, so haben sie alle zu unterzeichnen.

§ 246 Vollständigkeit. Verrechnungsverbot

(1) Der Jahresabschluß hat sämtliche Vermögensgegenstände, Schulden, Rechnungsabgrenzungsposten, Aufwendungen und Erträge zu enthalten, soweit gesetzlich nichts anderes bestimmt ist.

(2) Posten der Aktivseite dürfen nicht mit Posten der Passivseite, Aufwendungen dürfen nicht mit Erträgen, Grundstücksrechte nicht mit Grundstückslasten verrechnet werden.

§ 247 Inhalt der Bilanz

(1) In der Bilanz sind das Anlage- und das Umlaufvermögen, das Eigenkapital, die Schulden sowie die Rechnungsabgrenzungsposten gesondert auszuweisen und hinreichend aufzugliedern.

(2) Beim Anlagevermögen sind nur die Gegenstände auszuweisen, die bestimmt sind, dauernd dem Geschäftsbetrieb zu dienen.

(3) Passivposten, die für Zwecke der Steuern vom Einkommen und vom Ertrag zulässig sind, dürfen in der Bilanz gebildet werden. Sie sind als Sonderposten mit Rücklageanteil auszuweisen und nach Maßgabe des Steuerrechts aufzulösen. Einer Rückstellung bedarf es insoweit nicht.

§ 249 Rückstellungen

(1) Rückstellungen sind für ungewisse Verbindlichkeiten und für drohende Verluste aus schwebenden Geschäften zu bilden. Ferner sind Rückstellungen zu bilden für

1. im Geschäftsjahr unterlassene Aufwendungen für Instandhaltung, die im folgenden Geschäftsjahr innerhalb von drei Monaten nachgeholt werden,

2. Gewährleistungen, die ohne rechtliche Verpflichtung erbracht werden.

Im Falle des Satzes 2 Nr. 1 dürfen Rückstellungen auch gebildet werden, wenn die Instandhaltung nach Ablauf der Frist innerhalb des Geschäftsjahrs nachgeholt wird.

(2) Rückstellungen dürfen außerdem für ihrer Eigenart nach genau umschriebene, dem Geschäftsjahr oder einem früheren Geschäftsjahr zuzuordnende Aufwendungen gebildet werden, die am Abschlußstichtag wahrscheinlich oder sicher, aber hinsichtlich ihrer Höhe oder des Zeitpunkts ihres Eintritts unbestimmt sind.

(3) Für andere als die in den Absätzen 1 und 2 bezeichneten Zwecke dürfen Rückstellungen nicht gebildet werden. Rückstellungen dürfen nur aufgelöst werden, soweit der Grund hierfür entfallen ist.

§ 250 Rechnungsabgrenzungsposten

(1) Als Rechnungsabgrenzungsposten sind auf der Aktivseite Ausgaben vor dem Abschlußstichtag auszuweisen, soweit sie Aufwand für eine bestimmte Zeit nach diesem Tag darstellen. Ferner dürfen ausgewiesen werden,

1. als Aufwand berücksichtigte Zölle und Verbrauchsteuern, soweit sie auf am Abschlußstichtag auszuweisende Vermögensgegenstände des Vorratsvermögens entfallen,

2. als Aufwand berücksichtigte Umsatzsteuer auf am Abschlußstichtag auszuweisende oder von den Vorräten offen abgesetzte Anzahlungen.

(2) Auf der Passivseite sind als Rechnungsabgrenzungsposten Einnahmen vor dem Abschluß-stichtag auszuweisen, soweit sie Ertrag für eine bestimmte Zeit nach diesem Tag darstellen.

(3) Ist der Rückzahlungsbetrag einer Verbindlichkeit höher als der Ausgabebetrag, so darf der Unterschiedsbetrag in den Rechnungsabgrenzungsposten auf der Aktivseite aufgenommen werden. Der Unterschiedsbetrag ist durch planmäßige jährliche Abschreibungen zu tilgen, die auf die gesamte Laufzeit der Verbindlichkeit verteilt werden können.

§ 251 Haftungsverhältnisse

Unter der Bilanz sind, sofern sie nicht auf der Passivseite auszuweisen sind, Verbindlichkeiten aus der Begebung und Übertragung von Wechseln, aus Bürgschaften, Wechsel- und Scheck-bürgschaften und aus Gewährleistungsverträgen sowie Haftungsverhältnisse aus der Bestel-lung von Sicherheiten für fremde Verbindlichkeiten zu vermerken; sie dürfen in einem Betrag angegeben werden. Haftungsverhältnisse sind auch anzugeben, wenn ihnen gleichwertige Rückgriffsforderungen gegenüberstehen.

§ 252 Allgemeine Bewertungsgrundsätze

(1) Bei der Bewertung der im Jahresabschluß ausgewiesenen Vermögensgegenstände und Schulden gilt insbesondere folgendes:

1. Die Wertansätze in der Eröffnungsbilanz des Geschäftsjahrs müssen mit denen der Schluß-bilanz des vorhergehenden Geschäftsjahrs übereinstimmen.

2. Bei der Bewertung ist von der Fortführung der Unternehmenstätigkeit auszugehen, sofern dem nicht tatsächliche oder rechtliche Gegebenheiten entgegenstehen.

3. Die Vermögensgegenstände und Schulden sind zum Abschlußstichtag einzeln zu bewer-ten.

4. Es ist vorsichtig zu bewerten, namentlich sind alle vorhersehbaren Risiken und Verluste, die bis zum Abschlußstichtag entstanden sind, zu berücksichtigen, selbst wenn diese erst zwischen dem Abschlußstichtag und dem Tag der Aufstellung des Jahresabschlusses bekanntgeworden sind; Gewinne sind nur zu berücksichtigen, wenn sie am Abschlußstich-tag realisiert sind.

5. Aufwendungen und Erträge des Geschäftsjahrs sind unabhängig von den Zeitpunkten der entsprechenden Zahlungen im Jahresabschluß zu berücksichtigen.

6. Die auf den vorhergehenden Jahresabschluß angewandten Bewertungsmethoden sollen beibehalten werden.

(2) Von den Grundsätzen des Absatzes 1 darf nur in begründeten Ausnahmefällen abgewichen werden.

§ 253 Wertansätze der Vermögensgegenstände und Schulden

(1) Vermögensgegenstände sind höchstens mit den Anschaffungs- oder Herstellungskosten, vermindert um Abschreibungen nach den Absätzen 2 und 3 anzusetzen. Verbindlichkeiten sind zu ihrem Rückzahlungsbetrag, Rentenverpflichtungen, für die eine Gegenleistung nicht mehr zu erwarten ist, zu ihrem Barwert und Rückstellungen nur in Höhe des Betrages anzu-setzen, der nach vernünftiger kaufmännischer Beurteilung notwendig ist.

(2) Bei Vermögensgegenständen des Anlagevermögens, deren Nutzung zeitlich begrenzt ist, sind die Anschaffungs- oder Herstellungskosten um planmäßige Abschreibungen zu vermin-dern. Der Plan muß die Anschaffungs- oder Herstellungskosten auf die Geschäftsjahre vertei-len, in denen der Vermögensgegenstand voraussichtlich genutzt werden kann. Ohne Rück-sicht darauf, ob ihre Nutzung zeitlich begrenzt ist, können bei Vermögensgegenständen des Anlagevermögens außerplanmäßige Abschreibungen vorgenommen werden, um die Vermö-gensgegenstände mit dem niedrigeren Wert anzusetzen, der ihnen am Abschlußstichtag bei-zulegen ist; sie sind vorzunehmen bei einer voraussichtlich dauernden Wertminderung.

(3) Bei Vermögensgegenständen des Umlaufvermögens sind Abschreibungen vorzunehmen, um diese mit dem niedrigeren Wert anzusetzen, der sich aus einem Börsen- oder Marktpreis am Abschlußstichtag ergibt. Ist ein Börsen- oder Marktpreis nicht festzustellen und übersteigen die Anschaffungs- oder Herstellungskosten den Wert, der den Vermögensgegenständen am Abschlußstichtag beizulegen ist, so ist auf diesen Wert abzuschreiben. Außerdem dürfen Abschreibungen vorgenommen werden, soweit diese nach vernünftiger kaufmännischer Beurteilung notwendig sind, um zu verhindern, daß in der nächsten Zukunft der Wertansatz dieser Vermögensgegenstände auf Grund von Wertschwankungen geändert werden muß.

(4) Abschreibungen sind außerdem im Rahmen vernünftiger kaufmännischer Beurteilung zulässig.

(5) Ein niedrigerer Wertansatz nach Absatz 2 Satz 3, Absatz 3 oder 4 darf beibehalten werden, auch wenn die Gründe dafür nicht mehr bestehen.

§ 254 Steuerrechtliche Abschreibungen

Abschreibungen können auch vorgenommen werden, um Vermögensgegenstände des Anlage- oder Umlaufvermögens mit dem niedrigeren Wert anzusetzen, der auf einer nur steuerrechtlich zulässigen Abschreibung beruht. § 253 Abs. 5 ist entsprechend anzuwenden.

§ 255 Anschaffungs- und Herstellungskosten

(1) Anschaffungskosten sind die Aufwendungen, die geleistet werden, um einen Vermögensgegenstand zu erwerben und ihn in einen betriebsbereiten Zustand zu versetzen, soweit sie dem Vermögensgegenstand einzeln zugeordnet werden können. Zu den Anschaffungskosten gehören auch die Nebenkosten sowie die nachträglichen Anschaffungskosten. Anschaffungspreisminderungen sind abzusetzen.

(2) Herstellungskosten sind die Aufwendungen, die durch den Verbrauch von Gütern und die Inanspruchnahme von Diensten für die Herstellung eines Vermögensgegenstandes, seine Erweiterung oder für eine über seinen ursprünglichen Zustand hinausgehende wesentliche Verbesserung entstehen. Dazu gehören die Materialkosten, die Fertigungskosten und die Sonderkosten der Fertigung. Bei der Berechnung der Herstellungskosten dürfen auch angemessene Teile der notwendigen Materialgemeinkosten, der notwendigen Fertigungsgemeinkosten und des Wertverzehrs des Anlagevermögens, soweit er durch die Fertigung veranlaßt ist, eingerechnet werden. Kosten der allgemeinen Verwaltung sowie Aufwendungen für soziale Einrichtungen des Betriebs, für freiwillige soziale Leistungen und für betriebliche Altersversorgung brauchen nicht eingerechnet zu werden. Aufwendungen im Sinne der Sätze 3 und 4 dürfen nur insoweit berücksichtigt werden, als sie auf den Zeitraum der Herstellung entfallen. Vertriebskosten dürfen nicht in die Herstellungskosten einbezogen werden.

(3) Zinsen für Fremdkapital gehören nicht zu den Herstellungskosten. Zinsen für Fremdkapital, das zur Finanzierung der Herstellung eines Vermögensgegenstands verwendet wird, dürfen angesetzt werden, soweit sie auf den Zeitraum der Herstellung entfallen; in diesem Falle gelten sie als Herstellungskosten des Vermögensgegenstands.

(4) Als Geschäfts- oder Firmenwert darf der Unterschiedsbetrag angesetzt werden, um den die für die Übernahme eines Unternehmens bewirkte Gegenleistung den Wert der einzelnen Vermögensgegenstände des Unternehmens abzüglich der Schulden im Zeitpunkt der Übernahme übersteigt. Der Betrag ist in jedem folgenden Geschäftsjahr zu mindestens einem Viertel durch Abschreibungen zu tilgen. Die Abschreibung des Geschäfts- oder Firmenwerts kann aber auch planmäßig auf die Geschäftsjahre verteilt werden, in denen er voraussichtlich genutzt wird.[1]

§ 256 Bewertungsvereinfachungsverfahren

Soweit es den Grundsätzen ordnungsmäßiger Buchführung entspricht, kann für den Wertansatz gleichartiger Vermögensgegenstände des Vorratsvermögens unterstellt werden, daß

---

1 Für die Steuerbilanz beträgt die Nutzungsdauer 15 Jahre.

die zuerst oder daß die zuletzt angeschafften oder hergestellten Vermögensgegenstände zuerst oder in einer sonstigen bestimmten Folge verbraucht oder veräußert worden sind. § 240 Abs. 3 und 4 ist auch auf den Jahresabschluß anwendbar.

§ 257 Aufbewahrung von Unterlagen. Aufbewahrungsfristen

(1) Jeder Kaufmann ist verpflichtet, die folgenden Unterlagen geordnet aufzubewahren:

1. Handelsbücher, Inventare, Eröffnungsbilanzen, Jahresabschlüsse, Lageberichte, Konzernabschlüsse, Konzernlageberichte sowie die zu ihrem Verständnis erforderlichen Arbeitsanweisungen und sonstigen Organisationsunterlagen,

2. die empfangenen Handelsbriefe,

3. Wiedergaben der abgesandten Handelsbriefe,

4. Belege für Buchungen in den von ihm nach § 238 Abs. 1 zu führenden Büchern (Buchungsbelege).

(2) Handelsbriefe sind nur Schriftstücke, die ein Handelsgeschäft betreffen.

(3) Mit Ausnahme der Eröffnungsbilanzen, Jahresabschlüsse und der Konzernabschlüsse können die in Absatz 1 aufgeführten Unterlagen auch als Wiedergabe auf einem Bildträger oder auf anderen Datenträgern aufbewahrt werden, wenn dies den Grundsätzen ordnungsmäßiger Buchführung entspricht und sichergestellt ist, daß die Wiedergabe oder die Daten

1. mit den empfangenen Handelsbriefen und den Buchungsbelegen bildlich und mit den anderen Unterlagen inhaltlich übereinstimmen, wenn sie lesbar gemacht werden,

2. während der Dauer der Aufbewahrungsfrist verfügbar sind und jederzeit innerhalb angemessener Frist lesbar gemacht werden können.

Sind Unterlagen auf Grund des § 239 Abs. 4 Satz 1 auf Datenträgern hergestellt worden, können statt des Datenträgers die Daten auch ausgedruckt aufbewahrt werden; die ausgedruckten Unterlagen können auch nach Satz 1 aufbewahrt werden.

(4) Die in Absatz 1 Nr. 1 aufgeführten Unterlagen sind zehn Jahre und die sonstigen in Absatz 1 aufgeführten Unterlagen sechs Jahre aufzubewahren.

(5) Die Aufbewahrungsfrist beginnt mit dem Schluß des Kalenderjahrs, in dem die letzte Eintragung in das Handelsbuch gemacht, das Inventar aufgestellt, die Eröffnungsbilanz oder der Jahresabschluß festgestellt, der Konzernabschluß aufgestellt, der Handelsbrief empfangen oder abgesandt worden oder der Buchungsbeleg entstanden ist.

§ 258 Vorlegung im Rechtsstreit

(1) Im Laufe eines Rechtsstreits kann das Gericht auf Antrag oder von Amts wegen die Vorlegung der Handelsbücher einer Partei anordnen.

Zweiter Abschnitt: Ergänzende Vorschriften für Kapitalgesellschaften

§ 264 Pflicht zur Aufstellung des Jahresabschlusses und des Lageberichtes

(1) Die gesetzlichen Vertreter einer Kapitalgesellschaft haben den Jahresabschluß (§ 242) um einen Anhang zu erweitern, der mit der Bilanz und der Gewinn- und Verlustrechnung eine Einheit bildet, sowie einen Lagebericht aufzustellen. Der Jahresabschluß und der Lagebericht sind von den gesetzlichen Vertretern in den ersten drei Monaten des Geschäftsjahrs für das vergangene Geschäftsjahr aufzustellen. Kleine Kapitalgesellschaften (§ 267 Abs. 1) dürfen den Jahresabschluß und den Lagebericht auch später aufstellen, wenn dies einem ordnungsgemäßen Geschäftsgang entspricht; diese Unterlagen sind jedoch innerhalb der ersten sechs Monate des Geschäftsjahrs aufzustellen.

(2) Der Jahresabschluß der Kapitalgesellschaft hat unter Beachtung der Grundsätze ordnungsmäßiger Buchführung ein den tatsächlichen Verhältnissen entsprechendes Bild der Vermögens-, Finanz- und Ertragslage der Kapitalgesellschaft zu vermitteln. Führen besondere Umstände dazu, daß der Jahresabschluß ein den tatsächlichen Verhältnissen entsprechendes Bild im Sinne des Satzes 1 nicht vermittelt, so sind im Anhang zusätzliche Angaben zu machen.

§ 265 Allgemeine Grundsätze für die Gliederung

(1) Die Form der Darstellung, insbesondere die Gliederung der aufeinanderfolgenden Bilanzen und Gewinn- und Verlustrechnungen, ist beizubehalten, soweit nicht in Ausnahmefällen wegen besonderer Umstände Abweichungen erforderlich sind. Die Abweichungen sind im Anhang anzugeben und zu begründen.

(2) In der Bilanz sowie in der Gewinn- und Verlustrechnung ist zu jedem Posten der entsprechende Betrag des vorhergehenden Geschäftsjahrs anzugeben.

(3) Fällt ein Vermögensgegenstand oder eine Schuld unter mehrere Posten der Bilanz, so ist die Mitzugehörigkeit zu anderen Posten bei dem Posten, unter dem der Ausweis erfolgt ist, zu vermerken oder im Anhang anzugeben, wenn dies zur Aufstellung eines klaren und übersichtlichen Jahresabschlusses erforderlich ist.

(5) Eine weitere Untergliederung der Posten ist zulässig. Neue Posten dürfen hinzugefügt werden, wenn ihr Inhalt nicht von einem vorgeschriebenen Posten gedeckt wird.

(8) Ein Posten der Bilanz oder der Gewinn- und Verlustrechnung, der keinen Betrag ausweist, braucht nicht aufgeführt zu werden, es sei denn, daß im vorhergehenden Geschäftsjahr unter diesem Posten ein Betrag ausgewiesen wurde.

§ 266 Gliederung der Bilanz

(1) Die Bilanz ist in Kontoform aufzustellen. Dabei haben große und mittelgroße Kapitalgesellschaften (§ 267 Abs. 3, 2) auf der Aktivseite die in Absatz 2 und auf der Passivseite die in Absatz 3 bezeichneten Posten gesondert und in der vorgeschriebenen Reihenfolge auszuweisen. Kleine Kapitalgesellschaften (§ 267 Abs. 1) brauchen nur eine verkürzte Bilanz aufzustellen, in die nur die in den Absätzen 2 und 3 mit Buchstaben und römischen Zahlen bezeichneten Posten in der vorgeschriebenen Reihenfolge aufgenommen werden.

(2) Gliederung der <u>Aktivseite</u>
(3) Gliederung der <u>Passivseite</u> } siehe Rückseite des Kontenrahmens (Faltblatt).

§ 267 Umschreibung der Größenklassen

(1) Kleine Kapitalgesellschaften sind solche, die mindestens zwei der drei nachstehenden Merkmale nicht überschreiten:

1. Drei Millionen neunhunderttausend Deutsche Mark Bilanzsumme nach Abzug eines auf der Aktivseite ausgewiesenen Fehlbetrags (§ 268 Abs. 3).
2. Acht Millionen Deutsche Mark Umsatzerlöse.
3. Im Jahresdurchschnitt fünfzig Arbeitnehmer.

(2) Mittelgroße Kapitalgesellschaften sind solche, die mindestens zwei der drei in Absatz 1 bezeichneten Merkmale überschreiten und jeweils mindestens zwei der drei nachstehenden Merkmale nicht überschreiten:

1. Fünfzehn Millionen fünfhunderttausend Deutsche Mark Bilanzsumme nach Abzug eines auf der Aktivseite ausgewiesenen Fehlbetrags (§ 268 Abs. 3).
2. Zweiunddreißig Millionen Deutsche Mark Umsatzerlöse.
3. Im Jahresdurchschnitt zweihundertfünfzig Arbeitnehmer.

(3) Große Kapitalgesellschaften sind solche, die mindestens zwei der drei in Absatz 2 bezeichneten Merkmale überschreiten. Eine Kapitalgesellschaft gilt stets als groß, wenn Aktien oder andere von ihr ausgegebene Wertpapiere an einer Börse in einem Mitgliedstaat der Europäischen Wirtschaftsgemeinschaft zum amtlichen Handel zugelassen sind.

(4) Die Rechtsfolgen der Merkmale nach den Absätzen 1 bis 3 treten nur ein, wenn sie an den Abschlußstichtagen von zwei aufeinanderfolgenden Geschäftsjahren über- oder unterschritten werden.

(5) Als durchschnittliche Zahl der Arbeitnehmer gilt der vierte Teil der Summe aus den Zahlen der jeweils am 31. März, 30. Juni, 30. September und 31. Dezember beschäftigten Arbeitnehmer einschließlich der im Ausland beschäftigten Arbeitnehmer, jedoch ohne die zu ihrer Berufsausbildung Beschäftigten.

§ 268 Vorschriften zu einzelnen Posten der Bilanz. Bilanzvermerke

(1) Die Bilanz darf auch unter Berücksichtigung der vollständigen oder teilweisen Verwendung des Jahresergebnisses aufgestellt werden. Wird die Bilanz nach teilweiser Verwendung des Jahresergebnisses aufgestellt, so tritt an die Stelle des Postens „Jahresüberschuß/Jahresfehlbetrag" und „Gewinnvortrag/Verlustvortrag" der Posten „Bilanzgewinn/Bilanzverlust"; ein vorhandener Gewinn- oder Verlustvortrag ist in den Posten „Bilanzgewinn/ Bilanzverlust" einzubeziehen und in der Bilanz oder im Anhang gesondert anzugeben.

(2) In der Bilanz oder im Anhang ist die Entwicklung der einzelnen Posten des Anlagevermögens und des Postens „Aufwendungen für die Ingangsetzung und Erweiterung des Geschäftsbetriebs" darzustellen. Dabei sind, ausgehend von den gesamten Anschaffungs- und Herstellungskosten, die Zugänge, Abgänge, Umbuchungen und Zuschreibungen des Geschäftsjahrs sowie die Abschreibungen in ihrer gesamten Höhe gesondert aufzuführen. Die Abschreibungen des Geschäftsjahrs sind entweder in der Bilanz bei dem betreffenden Posten zu vermerken oder im Anhang in einer der Gliederung des Anlagevermögens entsprechenden Aufgliederung anzugeben.

(3) Ist das Eigenkapital durch Verluste aufgebraucht und ergibt sich ein Überschuß der Passivposten über die Aktivposten, so ist dieser Betrag am Schluß der Bilanz auf der Aktivseite gesondert unter der Bezeichnung „Nicht durch Eigenkapital gedeckter Fehlbetrag" auszuweisen.

(4) Der Betrag der Forderungen mit einer Restlaufzeit von mehr als einem Jahr ist bei jedem gesondert ausgewiesenen Posten zu vermerken.

(5) Der Betrag der Verbindlichkeiten mit einer Restlaufzeit bis zu einem Jahr ist bei jedem gesondert ausgewiesenen Posten zu vermerken. Erhaltene Anzahlungen auf Bestellungen sind, soweit Anzahlungen auf Vorräte nicht von dem Posten „Vorräte" offen abgesetzt werden, unter den Verbindlichkeiten gesondert auszuweisen. Sind unter dem Posten „Verbindlichkeiten" Beträge für Verbindlichkeiten ausgewiesen, die erst nach dem Abschlußstichtag rechtlich entstehen, so müssen Beträge, die einen größeren Umfang haben, im Anhang erläutert werden.

(6) Ein nach § 250 Abs. 3 in den Rechnungsabgrenzungsposten auf der Aktivseite aufgenommener Unterschiedsbetrag ist in der Bilanz gesondert auszuweisen oder im Anhang anzugeben.

(7) Die in § 251 bezeichneten Haftungsverhältnisse sind jeweils gesondert unter der Bilanz oder im Anhang unter Angabe der gewährten Pfandrechte und sonstigen Sicherheiten anzugeben; bestehen solche Verpflichtungen gegenüber verbundenen Unternehmen, so sind diese gesondert anzugeben.

§ 270 Bildung bestimmter Posten

(1) Einstellungen in die Kapitalrücklage und deren Auflösung sind bereits bei der Aufstellung der Bilanz vorzunehmen. Satz 1 ist auf Einstellungen in den Sonderposten mit Rücklageanteil und dessen Auflösung anzuwenden.

(2) Wird die Bilanz nach vollständiger oder teilweiser Verwendung des Jahresergebnisses aufgestellt, so sind Entnahmen aus Gewinnrücklagen sowie Einstellungen in Gewinnrücklagen, die nach Gesetz, Gesellschaftsvertrag oder Satzung vorzunehmen sind oder auf Grund solcher Vorschriften beschlossen worden sind, bereits bei der Aufstellung der Bilanz zu berücksichtigen.

§ 271 Beteiligungen. Verbundene Unternehmen

(1) Beteiligungen sind Anteile an anderen Unternehmen, die bestimmt sind, dem eigenen Geschäftsbetrieb durch Herstellung einer dauernden Verbindung zu jenen Unternehmen zu dienen. Dabei ist es unerheblich, ob die Anteile in Wertpapieren verbrieft sind oder nicht. Als Beteiligung gelten im Zweifel Anteile an einer Kapitalgesellschaft, deren Nennbeträge insgesamt den fünften Teil des Nennkapitals dieser Gesellschaft überschreiten.

§ 272 Eigenkapital

(1) Gezeichnetes Kapital ist das Kapital, auf das die Haftung der Gesellschafter für die Verbindlichkeiten der Kapitalgesellschaft gegenüber den Gläubigern beschränkt ist. Die ausstehenden Einlagen auf das gezeichnete Kapital sind auf der Aktivseite vor dem Anlagevermögen gesondert auszuweisen und entsprechend zu bezeichnen; die davon eingeforderten Einlagen sind zu vermerken. Die nicht eingeforderten ausstehenden Einlagen dürfen aber auch von dem Posten „Gezeichnetes Kapital" offen abgesetzt werden; in diesem Falle ist der verbleibende Betrag als Posten „Eingefordertes Kapital" in der Hauptspalte der Passivseite auszuweisen und ist außerdem der eingeforderte, aber noch nicht eingezahlte Betrag unter den Forderungen gesondert auszuweisen und entsprechend zu bezeichnen.

(2) Als Kapitalrücklage sind auszuweisen

1. der Betrag, der bei der Ausgabe von Anteilen einschließlich von Bezugsanteilen über den Nennbetrag hinaus erzielt wird;

2. der Betrag, der bei der Ausgabe von Schuldverschreibungen für Wandlungsrechte und Optionsrechte zum Erwerb von Anteilen erzielt wird;

3. der Betrag von Zuzahlungen, die Gesellschafter gegen Gewährung eines Vorzugs für ihre Anteile leisten;

4. der Betrag von anderen Zuzahlungen, die Gesellschafter in das Eigenkapital leisten.

(3) Als Gewinnrücklagen dürfen nur Beträge ausgewiesen werden, die im Geschäftsjahr oder in einem früheren Geschäftsjahr aus dem Ergebnis gebildet worden sind. Dazu gehören aus dem Ergebnis zu bildende gesetzliche oder auf Gesellschaftsvertrag oder Satzung beruhende Rücklagen und andere Gewinnrücklagen.

(4) In eine Rücklage für eigene Anteile ist ein Betrag einzustellen, der dem auf der Aktivseite der Bilanz für die eigenen Anteile anzusetzenden Betrag entspricht. Die Rücklage darf nur aufgelöst werden, soweit die eigenen Anteile ausgegeben, veräußert oder eingezogen werden oder soweit nach § 253 Abs. 3 auf der Aktivseite ein niedrigerer Betrag angesetzt wird. Die Rücklage, die bereits bei der Aufstellung der Bilanz vorzunehmen ist, darf aus vorhandenen Gewinnrücklagen gebildet werden, soweit diese frei verfügbar sind. Die Rücklage nach Satz 1 ist auch für Anteile eines herrschenden oder eines mit Mehrheit beteiligten Unternehmens zu bilden.

§ 275   Gliederung der Gewinn- und Verlustrechnung

(1) Die Gewinn- und Verlustrechnung ist in Staffelform nach dem Gesamtkostenverfahren oder dem Umsatzkostenverfahren aufzustellen. Dabei sind die in Absatz 2 oder 3 bezeichneten Posten in der angegebenen Reihenfolge gesondert auszuweisen.

(2) Gliederung nach dem Gesamtkostenverfahren ⎱ siehe Rückseite des Kontenrahmens
(3) Gliederung nach dem Umsatzkostenverfahren ⎰ (Faltblatt).

(4) Veränderungen der Kapital- und Gewinnrücklagen dürfen in der Gewinn- und Verlustrechnung erst nach dem Posten „Jahresüberschuß/Jahresfehlbetrag" ausgewiesen werden.

§ 276   Größenabhängige Erleichterungen

Kleine und mittelgroße Kapitalgesellschaften (§ 267 Abs. 1, 2) dürfen die Posten § 275 Abs. 2 Nr. 1 bis 5 oder Abs. 3 Nr. 1 bis 3 und 6 zu einem Posten unter der Bezeichnung „Rohergebnis" zusammenfassen.

§ 279   Nichtanwendung von Vorschriften. Abschreibungen

(1) § 253 Abs. 4 ist nicht anzuwenden. § 253 Abs. 2 Satz 3 darf, wenn es sich nicht um eine voraussichtlich dauernde Wertminderung handelt, nur auf Vermögensgegenstände, die Finanzanlagen sind, angewendet werden.

(2) Abschreibungen nach § 254 dürfen nur insoweit vorgenommen werden, als das Steuerrecht ihre Anerkennung bei der steuerrechtlichen Gewinnermittlung davon abhängig macht, daß sie sich aus der Bilanz (Handelsbilanz) ergeben.

6583426

§ 280 Wertaufholungsgebot

(1) Wird bei einem Vermögensgegenstand eine Abschreibung nach § 253 Abs. 2 Satz 3, Abs. 3 oder § 254 Satz 1 vorgenommen und stellt sich in einem späteren Geschäftsjahr heraus, daß die Gründe dafür nicht mehr bestehen, so ist der Betrag dieser Abschreibung im Umfang der Werterhöhung unter Berücksichtigung der Abschreibungen, die inzwischen vorzunehmen gewesen wären, zuzuschreiben. § 253 Abs. 5, § 254 Satz 2 sind insoweit nicht anzuwenden.

(2) Von der Zuschreibung nach Absatz 1 kann abgesehen werden, wenn der niedrigere Wertansatz bei der steuerrechtlichen Gewinnermittlung beibehalten werden kann und Voraussetzung für die Beibehaltung ist, daß der niedrigere Wertansatz auch in der Bilanz (Handelsbilanz) beibehalten wird.

(3) Im Anhang ist der Betrag der im Geschäftsjahr aus steuerrechtlichen Gründen unterlassenen Zuschreibungen anzugeben und hinreichend zu begründen.

§ 281 Berücksichtigung steuerrechtlicher Vorschriften

(1) Die nach § 254 zulässigen Abschreibungen dürfen auch in der Weise vorgenommen werden, daß der Unterschiedsbetrag zwischen der nach § 253 in Verbindung mit § 279 und der nach § 254 zulässigen Bewertung in den Sonderposten mit Rücklageanteil eingestellt wird.

§ 283 Wertansatz des Eigenkapitals

Das gezeichnete Kapital ist zum Nennbetrag anzusetzen.

§ 284 Anhang: Erläuterung der Bilanz und der Gewinn- und Verlustrechnung

(1) In den Anhang sind diejenigen Angaben aufzunehmen, die zu den einzelnen Posten der Bilanz oder der Gewinn- und Verlustrechnung vorgeschrieben oder die im Anhang zu machen sind, weil sie in Ausübung eines Wahlrechts nicht in die Bilanz oder in die Gewinn- und Verlustrechnung aufgenommen wurden.

(2) Im Anhang müssen

1. die auf die Posten der Bilanz und der Gewinn- und Verlustrechnung angewandten Bilanzierungs- und Bewertungsmethoden angegeben werden;

2. die Grundlagen für die Umrechnung in Deutsche Mark angegeben werden, soweit der Jahresabschluß Posten enthält, denen Beträge zugrunde liegen, die auf fremde Währung lauten oder ursprünglich auf fremde Währung lauteten;

3. Abweichungen von Bilanzierungs- und Bewertungsmethoden angegeben und begründet werden; deren Einfluß auf die Vermögens-, Finanz- und Ertragslage ist gesondert darzustellen;

5. Angaben über die Einbeziehung von Zinsen für Fremdkapital in die Herstellungskosten gemacht werden.

§ 285 Sonstige Pflichtangaben im Anhang

Ferner sind im Anhang anzugeben:

1. zu den in der Bilanz ausgewiesenen Verbindlichkeiten

   a) der Gesamtbetrag der Verbindlichkeiten mit einer Restlaufzeit von mehr als fünf Jahren,

   b) der Gesamtbetrag der Verbindlichkeiten, die durch Pfandrechte oder ähnliche Rechte gesichert sind, unter Angabe von Art und Form der Sicherheiten;

8. bei Anwendung des Umsatzkostenverfahrens (§ 275 Abs. 3)

   a) der Materialaufwand des Geschäftsjahrs, gegliedert nach § 275 Abs. 2 Nr. 5,

   b) der Personalaufwand des Geschäftsjahrs, gegliedert nach § 275 Abs. 2 Nr. 6;

9. für die Mitglieder des Geschäftsführungsorgans, eines Aufsichtsrats, eines Beirats oder einer ähnlichen Einrichtung jeweils für jede Personengruppe

   a) die für die Tätigkeit im Geschäftsjahr gewährten Gesamtbezüge (Gehälter, Gewinnbeteiligungen, Aufwandsentschädigungen, Versicherungsentgelte, Provisionen und Nebenleistungen jeder Art);

10. alle Mitglieder des Geschäftsführungsorgans und eines Aufsichtsrats mit dem Familiennamen und mindestens einem ausgeschriebenen Vornamen. Der Vorsitzende eines Aufsichtsrats, seine Stellvertreter und ein etwaiger Vorsitzender des Geschäftsführungsorgans sind als solche zu bezeichnen;

11. Name und Sitz anderer Unternehmen, von denen die Kapitalgesellschaft oder eine für Rechnung der Kapitalgesellschaft handelnde Person mindestens den fünften Teil der Anteile besitzt;

12. Rückstellungen, die in der Bilanz unter dem Posten „sonstige Rückstellungen" nicht gesondert ausgewiesen werden, sind zu erläutern, wenn sie einen nicht unerheblichen Umfang haben;

13. bei Anwendung des § 255 Abs. 4 Satz 3 die Gründe für die planmäßige Abschreibung des Geschäfts- oder Firmenwerts.

§ 289   Lagebericht

(1) Im Lagebericht sind zumindest der Geschäftsverlauf und die Lage der Kapitalgesellschaft so darzustellen, daß ein den tatsächlichen Verhältnissen entsprechendes Bild vermittelt wird.

(2) Der Lagebericht soll auch eingehen auf:

1. Vorgänge von besonderer Bedeutung, die nach dem Schluß des Geschäftsjahrs eingetreten sind;

2. die voraussichtliche Entwicklung der Kapitalgesellschaft;

3. den Bereich Forschung und Entwicklung.

§ 316   Pflicht zur Prüfung

(1) Der Jahresabschluß und der Lagebericht von Kapitalgesellschaften, die nicht kleine im Sinne des § 267 Abs. 1 sind, sind durch einen Abschlußprüfer zu prüfen. Hat keine Prüfung stattgefunden, so kann der Jahresabschluß nicht festgestellt werden.

§ 318   Bestellung und Abberufung des Abschlußprüfers

(1) Der Abschlußprüfer des Jahresabschlusses wird von den Gesellschaftern gewählt.

§ 320   Vorlagepflicht, Auskunftsrecht

(1) Die gesetzlichen Vertreter der Kapitalgesellschaft haben dem Abschlußprüfer den Jahresabschluß und den Lagebericht unverzüglich nach der Aufstellung vorzulegen. Sie haben ihm zu gestatten, die Bücher und Schriften der Kapitalgesellschaft sowie die Vermögensgegenstände und Schulden, namentlich die Kasse und die Bestände an Wertpapieren und Waren, zu prüfen.

§ 322   Bestätigungsvermerk

(1) Sind nach dem abschließenden Ergebnis der Prüfung keine Einwendungen zu erheben, so hat der Abschlußprüfer dies durch folgenden Vermerk zum Jahresabschluß zu bestätigen:

„Die Buchführung und der Jahresabschluß entsprechen nach meiner (unserer) pflichtgemäßen Prüfung den gesetzlichen Vorschriften. Der Jahresabschluß vermittelt unter Beachtung der Grundsätze ordnungsmäßiger Buchführung ein den tatsächlichen Verhältnissen entsprechendes Bild der Vermögens-, Finanz- und Ertragslage der Kapitalgesellschaft. Der Lagebericht steht im Einklang mit dem Jahresabschluß."

§ 325   Offenlegung

(1) Die gesetzlichen Vertreter von Kapitalgesellschaften haben den Jahresabschluß unverzüglich nach seiner Vorlage an die Gesellschafter, jedoch spätestens vor Ablauf des neunten Monats des dem Abschlußstichtag nachfolgenden Geschäftsjahrs, mit dem Bestätigungsvermerk oder dem Vermerk über dessen Versagung zum Handelsregister des Sitzes der Kapitalgesellschaft einzureichen; gleichzeitig sind der Lagebericht, der Bericht des Aufsichtsrats und, soweit sich der Vorschlag für die Verwendung des Ergebnisses und der Beschluß über seine Verwendung aus dem eingereichten Jahresabschluß nicht ergeben, der Vorschlag für

6583428

die Verwendung des Ergebnisses und der Beschluß über seine Verwendung unter Angabe des Jahresüberschusses oder Jahresfehlbetrags einzureichen. Die gesetzlichen Vertreter haben unverzüglich nach der Einreichung der in Satz 1 bezeichneten Unterlagen im Bundesanzeiger bekanntzumachen, bei welchem Handelsregister und unter welcher Nummer diese Unterlagen eingereicht worden sind.

(2) Absatz 1 ist auf große Kapitalgesellschaften (§ 267 Abs. 3) mit der Maßgabe anzuwenden, daß die in Absatz 1 bezeichneten Unterlagen zunächst im Bundesanzeiger bekanntzumachen sind und die Bekanntmachung unter Beifügung der bezeichneten Unterlagen zum Handelsregister des Sitzes der Kapitalgesellschaft einzureichen ist; die Bekanntmachung nach Absatz 1 Satz 2 entfällt.

§ 326 Größenabhängige Erleichterungen für kleine Kapitalgesellschaften bei der Offenlegung

Auf kleine Kapitalgesellschaften (§ 267 Abs. 1) ist § 325 Abs. 1 mit der Maßgabe anzuwenden, daß die gesetzlichen Vertreter nur die Bilanz und den Anhang spätestens vor Ablauf des zwölften Monats des dem Bilanzstichtag nachfolgenden Geschäftsjahrs einzureichen haben. Soweit sich das Jahresergebnis, der Vorschlag für die Verwendung des Ergebnisses aus der Bilanz oder dem Anhang nicht ergeben, sind auch der Vorschlag und der Beschluß über die Verwendung des Ergebnisses unter Angabe des Jahresergebnisses einzureichen. Der Anhang braucht die die Gewinn- und Verlustrechnung betreffenden Angaben nicht zu enthalten.

§ 327 Größenabhängige Erleichterungen für mittelgroße Kapitalgesellschaften bei der Offenlegung

Auf mittelgroße Kapitalgesellschaften (§ 267 Abs. 2) ist § 325 Abs. 1 mit der Maßgabe anzuwenden, daß die gesetzlichen Vertreter

1. die Bilanz nur in der für kleine Kapitalgesellschaften nach § 266 Abs. 1 Satz 3 vorgeschriebenen Form zum Handelsregister einreichen müssen. In der Bilanz oder im Anhang sind jedoch die folgenden Posten des § 266 Abs. 2 und 3 zusätzlich gesondert anzugeben:

Auf der Aktivseite

A I   2   Geschäfts- oder Firmenwert;

A II 1   Grundstücke, grundstücksgleiche Rechte und Bauten einschließlich der Bauten auf fremden Grundstücken;

A II 2   technische Anlagen und Maschinen;

A II 3   andere Anlagen, Betriebs- und Geschäftsausstattung;

A II 4   geleistete Anzahlungen und Anlagen im Bau;

A III 1   Anteile an verbundenen Unternehmen;

A III 2   Ausleihungen an verbundene Unternehmen;

A III 3   Beteiligungen;

A III 4   Ausleihungen an beteiligte Unternehmen;

B II 2   Forderungen gegen verbundene Unternehmen;

B II 3   Forderungen gegen Unternehmen, mit denen ein Beteiligungsverhältnis besteht;

B III 1   Anteile an verbundenen Unternehmen;

B III 2   eigene Anteile.

Auf der Passivseite

C 1   Anleihen, davon konvertibel;

C 2   Verbindlichkeiten gegenüber Kreditinstituten;

C 6   Verbindlichkeiten gegenüber verbundenen Unternehmen;

C 7   Verbindlichkeiten gegenüber Unternehmen, mit denen ein Beteiligungsverhältnis besteht.

§ 329 Prüfungspflicht des Registergerichts

(1) Das Gericht prüft, ob die vollständig oder teilweise zum Handelsregister einzureichenden Unterlagen vollzählig sind und, sofern vorgeschrieben, bekanntgemacht worden sind.

Sachregister

Gesamtherstellung: Winklers Verlag · Gebrüder Grimm · Darmstadt

6583432   B →

Kontenrahmen für den Groß- und Außenhandel[1]

3 Wareneinkaufskonten Warenbestandskonten

30 Warengruppe I
3010 Wareneingang
3020 Warenbezugskosten
3030 Leihemballagen
3050 Rücksendungen an Lieferer
3060 Nachlässe von Lieferern
3070 Liefererboni
3080 Liefererskonti
31 Warengruppe II
3110 Wareneingang
3120 Warenbezugskosten
3130 Leihemballagen
3150 Rücksendungen an Lieferer
3160 Nachlässe von Lieferern
3170 Liefererboni
3180 Liefererskonti
32 Warengruppe III
33 Warengruppe IV
34 Warengruppe V
35 Warengruppe VI
39 Warenbestände
3910 Warengruppe I
3920 Warengruppe II
3930 Warengruppe III
3940 Warengruppe IV
3950 Warengruppe V
3960 Warengruppe VI

Fortsetzung Kontenklasse 2

2710 Erträge a. d. Abgang von AV
2720 Erträge aus dem Abgang von UV (außer Vorräte)
2730 Erträge aus Zuschreibungen
2740 Erträge aus abgeschriebenen Forderungen
2750 Erträge aus der Auflösung von Wertberichtigungen zu Forderungen
2751 Auflösung von Einzelwertberichtigungen
2752 Auflösung von Pauschalwertberichtigungen
2760 Erträge aus der Auflösung von Rückstellungen
2770 Sonstige Erträge
2780 Sonstiger Eigenverbrauch (außer Warenentnahmen)
2790 Steuerfreier Eigenverbrauch
28 Verrechnete kalkulatorische Kosten[3]
29 Abgrenzung innerhalb des Geschäftsjahres[3]

---

[3] Kalkulatorische Kosten und innerperiodische Abgrenzungen werden in der Praxis nicht buchhalterisch, sondern stets **tabellarisch** in der **Abgrenzungsrechnung der KLR** berücksichtigt.

4 Konten der Kostenarten

40 Personalkosten
4010 Löhne
4020 Gehälter
4030 Aushilfslöhne
4040 Gesetzliche soziale Aufwendungen
4050 Freiwillige soziale Aufwendungen
4060 Aufwendungen für Altersversorgung
4070 Vermögenswirksame Leistungen
41 Mieten, Pachten, Leasing
42 Steuern, Beiträge, Versicherungen
4210 Gewerbesteuer
4211 Gewerbeertragsteuer
4212 Gewerbekapitalsteuer
4220 Kfz-Steuer
4230 Grundsteuer
4240 Sonstige Betriebssteuern
4260 Versicherungen
4270 Beiträge
4280 Gebühren und sonstige Abgaben
43 Energie, Betriebsstoffe
44 Werbe- und Reisekosten
45 Provisionen
46 Kosten der Warenabgabe
4610 Verpackungsmaterial
4620 Ausgangsfrachten
4630 Gewährleistungen
47 Betriebskosten, Instandhaltung
4710 Instandhaltung
4730 Sonstige Betriebskosten
48 Allgemeine Verwaltung
4810 Bürobedarf
4820 Porto, Telefon, Telefax
4830 Kosten der Datenverarbeitung
4840 Rechts- und Beratungskosten
4850 Personalbeschaffungskosten
4860 Kosten des Geldverkehrs
49 Abschreibungen
4910 Abschreibungen auf Sachanlagen
4930 Abschreibungen auf Finanzanlagen des AV
4940 Abschreibungen auf Wertpapiere des UV

6 Konten für Umsatzkostenverfahren[4]

---

[4] Anmerkung: Diese Kontenklasse bleibt in der Regel frei, da Großhandelsunternehmen ihre GuV-Rechnung meist nach dem **Gesamtkostenverfahren** erstellen.

5 Konten der Kostenstellen[5]

Für die Konten der Kostenstellen sind betriebs- und branchenbedingt unterschiedliche Aufteilungen möglich. Die nachfolgende Untergliederung nach Funktionen ist beispielhaft aufgeführt:
− Einkauf
− Lager
− Vertrieb
− Verwaltung
− Fuhrpark
− Be-/Verarbeitung

---

[5] Anmerkung: Die **Kostenstellenrechnung** wird in der Praxis stets **tabellarisch** und nicht kontenmäßig durchgeführt. Die Kontenklasse 5 bleibt deshalb in der Regel frei.

7 Freie Kontenklasse

8 Warenverkaufskonten (Umsatzerlöse)

80 Warengruppe I
8010 Warenverkauf
8050 Rücksendungen
8060 Nachlässe
8070 Kundenboni
8080 Kundenskonti
81 Warengruppe II
8110 Warenverkauf
8150 Rücksendungen
8160 Nachlässe
8170 Kundenboni
8180 Kundenskonti
82 Warengruppe III
83 Warengruppe IV
84 Warengruppe V
85 Warengruppe VI
87 Sonstige Erlöse aus Warenverkäufen
8710 Eigenverbrauch von Waren
8720 Provisionserträge

9 Abschlußkonten

9100 Eröffnungsbilanzkonto
9150 Saldenvorträge (Sammelkonto)
9200 Warenabschlußkonto
9300 Gewinn- und Verlustkonto
9400 Schlußbilanzkonto

Gliederung der Jahresbilanz
mittelgroßer und großer Kapitalgesellschaften[1]
nach § 266 Abs. 2 und 3 Handelsgesetzbuch mit Kontenzuordnung[2]

Aktiva	Passiva

A. Anlagevermögen

I. Immaterielle Vermögensgegenstände (01)
 1. Konzessionen, gewerbliche Schutzrechte und ähnliche Rechte und Werte sowie Lizenzen an solchen Rechten und Werten
 2. Geschäfts- oder Firmenwert
 3. geleistete Anzahlungen

II. Sachanlagen: (02–03)
 1. Grundstücke, grundstücksgleiche Rechte und Bauten einschließlich der Bauten auf fremden Grundstücken (0210, 0230)
 2. technische Anlagen und Maschinen (0310)
 3. andere Anlagen, Betriebs- und Geschäftsausstattung (0330, 0340, 0370)
 4. geleistete Anzahlungen und Anlagen im Bau (0360)

III. Finanzanlagen (04)
 1. Anteile an verbundenen Unternehmen
 2. Ausleihungen an verbundene Unternehmen
 3. Beteiligungen (0430)
 4. Ausleihungen an Unternehmen, an denen ein Beteiligungsverhältnis besteht
 5. Wertpapiere des Anlagevermögens (0450)
 6. sonstige Ausleihungen (0460)

B. Umlaufvermögen

I. Vorräte
 1. Roh-, Hilfs- und Betriebsstoffe
 2. unfertige Erzeugnisse
 3. fertige Erzeugnisse und Waren (39)
 4. geleistete Anzahlungen (1140)

II. Forderungen und sonstige Vermögensgegenstände
 1. Forderungen aus Lieferungen und Leistungen (1010, 1020, 1030, 1530)
 2. Forderungen gegen verbundene Unternehmen
 3. Forderungen gegen Unternehmen, mit denen ein Beteiligungsverhältnis besteht
 4. sonstige Vermögensgegenstände (1130–1160)

III. Wertpapiere (12)
 1. Anteile an verbundenen Unternehmen
 2. eigene Anteile
 3. sonstige Wertpapiere

IV. Schecks, Kassenbestand, Bundesbank- und Postbankguthaben, Guthaben bei Kreditinstituten (1310, 1320, 1510)

C. Rechnungsabgrenzungsposten (0910, 0920)

A. Eigenkapital

I. Gezeichnetes Kapital (0610)

II. Kapitalrücklage (0620)

III. Gewinnrücklagen:
 1. gesetzliche Rücklage (0631)
 2. Rücklage für eigene Anteile
 3. satzungsmäßige Rücklagen (0633)
 4. andere Gewinnrücklagen (0634)

IV. Gewinnvortrag/Verlustvortrag[3] (0640)

V. Jahresüberschuß/ Jahresfehlbetrag[3] (0650, 0660)

B. Rückstellungen (0720)
 1. Rückstellungen für Pensionen und ähnliche Verpflichtungen (0721)
 2. Steuerrückstellungen (0722)
 3. sonstige Rückstellungen (0724)

C. Verbindlichkeiten
 1. Anleihen
 davon konvertibel
 2. Verbindlichkeiten gegenüber Kreditinstituten (0820)
 3. erhaltene Anzahlungen auf Bestellungen (1750)
 4. Verbindlichkeiten aus Lieferungen und Leistungen (1710)
 5. Verbindlichkeiten aus der Annahme gezogener Wechsel und der Ausstellung eigener Wechsel (1760)
 6. Verbindlichkeiten gegenüber verbundenen Unternehmen
 7. Verbindlichkeiten gegenüber Unternehmen, mit denen ein Beteiligungsverhältnis besteht
 8. sonstige Verbindlichkeiten (1930, 1940, 1950, 1980)
 − davon aus Steuern (18, 1910)
 − davon im Rahmen der sozialen Sicherheit (1920)

D. Rechnungsabgrenzungsposten (0930)

---

1   § 266 (1) HGB: Kleine Kapitalgesellschaften (§ 267 HGB) brauchen nur eine verkürzte Bilanz aus den oben mit Buchstaben und römischen Zahlen bestehenden Posten aufzustellen.
2   nach dem Kontenrahmen für den Groß- und Außenhandel
3   § 268 (1) HGB: Die Bilanz darf auch nach vollständiger oder teilweiser Verwendung des Jahresergebnisses aufgestellt werden. Wird die Bilanz nach teilweiser Verwendung des Jahresergebnisses (z. B. Zuführung von 50 % des Jahresgewinns in eine Gewinnrücklage) aufgestellt, so tritt an die Stelle des Postens „Jahresüberschuß/Jahresfehlbetrag" und „Gewinnvortrag/Verlustvortrag" der Posten **„Bilanzgewinn/Bilanzverlust"**; ein vorhandener Gewinn- oder Verlustvortrag ist in den Posten „Bilanzgewinn/Bilanzverlust" einzubeziehen und in der Bilanz oder im Anhang gesondert anzugeben.

0 Anlage- und Kapitalkonten	**1** Finanzkonten	**2** Abgrenzungskonten

0 Anlage- und Kapitalkonten

00 Ausstehende Einlagen

01 Immaterielle Vermögens-gegenstände (z. B. Firmenwert)

02 Grundstücke und Gebäude
0210 Grundstücke
0230 Gebäude

03 Anlagen, Maschinen, Betriebs-und Geschäftsausstattung
0310 Technische Anlagen und Maschinen
0330 Betriebs- und Geschäftsausstattung
0340 Fuhrpark
0350 Geleistete Anzahlungen
0360 Anlagen im Bau
0370 Geringwertige Wirtschaftsgüter

04 Finanzanlagen
0430 Beteiligungen
0450 Wertpapiere des Anlagevermögens
0460 Sonstige Ausleihungen (Darlehen)

05 Wertberichtigungen
0510 Wertberichtigungen bei Sachanlagen
0520 Wertberichtigungen bei Forderungen
0521 Einzelwertberichtigungen
0522 Pauschalwertberichtigungen

06 Eigenkapital
0610 Gezeichnetes Kapital oder Eigenkapital
0620 Kapitalrücklage
0630 Gewinnrücklage
0631 Gesetzliche Rücklagen
0633 Satzungsgemäße Rücklagen
0634 Andere Gewinnrücklagen
0640 Gewinnvortrag, Verlustvortrag
0650 Jahresüberschuß, Jahresfehlbetrag
0660 Bilanzgewinn, Bilanzverlust
0670 Ergebnisverwendungskonto

07 Sonderposten mit Rücklageanteil und Rückstellungen
0710 Sonderposten mit Rücklageanteil
0720 Rückstellungen
0721 Rückstellungen für Pensionen
0722 Steuerrückstellungen
0724 Sonstige Rückstellungen

08 Verbindlichkeiten
0820 Verbindlichkeiten gegenüber Kreditinstituten (z. B. Darlehen)

1 Finanzkonten

10 Forderungen
1010 Forderungen a. LL
1020 Zweifelhafte Forderungen
1030 Nachnahmeforderungen

11 Sonstige Vermögensgegenstände
1130 Sonstige Forderungen
1140 Geleistete Anzahlungen
1150 Forderungen an Gesellschafter
1160 Forderungen an Mitarbeiter

12 Wertpapiere des Umlaufvermögens

13 Banken
1310 Kreditinstitute (=Bank)
1320 Postbank

14 Vorsteuer
1410 Vorsteuer (15%)
1420 Vorsteuer (7%)
1430 Einfuhrumsatzsteuer

15 Zahlungsmittel
1510 Kasse
1520 Schecks
1530 Wechselforderungen (Besitzwechsel)
1540 Protestwechsel

16 Privatkonten
1610 Privatentnahmen
1620 Privateinlagen

17 Verbindlichkeiten
1710 Verbindlichkeiten a. LL
1750 Erhaltene Anzahlungen auf Bestellungen
1760 Wechselverbindlichkeiten (Schuldwechsel)

18 Umsatzsteuer
1810 Umsatzsteuer (15%)
1820 Umsatzsteuer (7%)

19 Sonstige Verbindlichkeiten
1910 Verbindlichkeiten aus Steuern
1920 Verbindlichkeiten gegenüber Sozialversicherung
1930 Verbindlichkeiten gegenüber Gesellschaftern
1940 Sonstige Verbindlichkeiten
1950 Verbindlichkeiten aus Vermögensbildung
1980 Zollverbindlichkeiten

Fortsetzung Kontenklasse 0

09 Rechnungsabgrenzungsposten
0910 Aktive Rechnungsabgrenzungsposten
0920 Disagio
0930 Passive Rechnungsabgrenzungsposten

2 Abgrenzungskonten

20 Außerordentliche und sonstige Aufwendungen
2010 Außerordentliche Aufwendungen i. S. § 277 HGB
2020 Betriebsfremde Aufwendungen
2030 Periodenfremde Aufwendungen
2040 Verluste aus dem Abgang von AV
2050 Verluste aus dem Abgang von UV (außer Vorräte)
2060 Sonstige Aufwendungen
2070 Spenden[2]

21 Zinsen und ähnliche Aufwendungen
2110 Zinsaufwendungen
2130 Diskontaufwendungen
2140 Zinsähnliche Aufwendungen
2150 Aufwendungen aus Kursdifferenzen

22 Steuern vom Einkommen und Vermögensteuer[2]
2210 Körperschaftsteuer[2]
2230 Kapitalertragsteuer
2240 Vermögensteuer[2]
2250 Steuernachzahlungen für frühere Jahre[2]

23 Forderungsverluste
2310 Übliche Abschreibungen auf Forderungen
2320 Außergewöhnliche Abschreibungen auf Forderungen
2330 Zuführungen zu Einzelwertberichtigungen
2340 Zuführungen zu Pauschalwertberichtigungen

24 Außerordentliche und sonstige Erträge
2410 Außerordentliche Erträge i. S. § 277 HGB
2420 Betriebsfremde Erträge
2421 Mieterträge
2430 Periodenfremde Erträge
2460 Sonstige Erträge

25 Erträge aus Beteiligungen, Wertpapieren und Ausleihungen des Finanzanlagevermögens
2510 Erträge aus Beteiligungen
2520 Erträge aus Wertpapieren des AV

26 Sonstige Zinsen und ähnliche Erträge
2610 Zinserträge
2630 Diskonterträge
2640 Zinsähnliche Erträge
2650 Erträge aus Kursdifferenzen

27 Sonstige betriebliche Erträge
2700 Erlöse aus Anlageabgängen

2 Diese Konten sind im AKA-Kontenplan nicht enthalten, da sie nur für Kapitalgesellschaften gelten.

1 Auf der Grundlage des vom **Bundesverband des Groß- und Außenhandels (BGA)**, Bonn 1988, und unter voller Berücksichtigung des von der **Au**kaufmännische Abschlußprüfungen (AKA), IHK Nürnberg, herausgegebenen Großhandelskontenrahmens (1988).

Gliederung der Gewinn- und Verlustrechnung in Staffelform[1]
nach § 275 Handelsgesetzbuch mit Kontenzuordnung[2]

(1) Die Gewinn- und Verlustrechnung ist in Staffelform nach dem Gesamtkostenverfahren oder dem Umsatzkostenverfahren aufzustellen. Dabei sind die in Absatz 2 oder 3 bezeichneten Posten in der angegebenen Reihenfolge gesondert auszuweisen.

(2) Bei Anwendung des **Gesamtkostenverfahrens** sind auszuweisen:
1. Umsatzerlöse (8010, 8710)
2. Erhöhung oder Verminderung des Bestands an fertigen und unfertigen Erzeugnissen
3. andere aktivierte Eigenleistungen
4. sonstige betriebliche Erträge (2420, 2430, 2460, 2650, 2710, 2720, 2730, 2740, 2750, 2760, 2780, 2790, 8720)
5. Materialaufwand:
   a) Aufwendungen für Roh-, Hilfs- und Betriebsstoffe und für bezogene Waren (3010)
   b) Aufwendungen für bezogene Leistungen
6. Personalaufwand:
   a) Löhne und Gehälter (4010, 4020, 4030, 4070)
   b) soziale Abgaben und Aufwendungen für Altersversorgung und für Unterstützung, davon für Altersversorgung (4040, 4050, 4060)
7. Abschreibungen:
   a) auf immaterielle Vermögensgegenstände des Anlagevermögens und Sachanlagen sowie auf aktivierte Aufwendungen für die Ingangsetzung und Erweiterung des Geschäftsbetriebs (4910)
   b) auf Vermögensgegenstände des Umlaufvermögens, soweit diese die in der Kapitalgesellschaft üblichen Abschreibungen überschreiten (2320)
8. sonstige betriebliche Aufwendungen (2020, 2030, 2040, 2050, 2060, 2070, 2150, 2310, 2320, 2330, 2340, 4100, 4260, 4270, 4280, 4300, 4400, 4500, 4610, 4620, 4630, 4710, 4730, 4810, 4820, 4830, 4840, 4850, 4860)
9. Erträge aus Beteiligungen (2510)
   − davon aus verbundenen Unternehmen
10. Erträge aus anderen Wertpapieren und Ausleihungen des Finanzanlagevermögens (2520)
    − davon aus verbundenen Unternehmen
11. sonstige Zinsen und ähnliche Erträge (2610, 2630, 2640)
    − davon aus verbundenen Unternehmen
12. Abschreibungen auf Finanzanlagen und auf Wertpapiere des Umlaufvermögens (4930, 4940)
13. Zinsen und ähnliche Aufwendungen (2110, 2130, 2140)
    − davon an verbundene Unternehmen
14. **Ergebnis der gewöhnlichen Geschäftstätigkeit (Saldo)**
15. außerordentliche Erträge (2410)
16. außerordentliche Aufwendungen (2010)
17. **außerordentliches Ergebnis (Saldo)**
18. Steuern vom Einkommen und vom Ertrag (2210, 2230, 2250, 4211)
19. sonstige Steuern (2240, 2250, 4212, 4220, 4230, 4240)
20. **Jahresüberschuß/Jahresfehlbetrag (Saldo)**

(3) Bei Anwendungen des **Umsatzkostenverfahrens** sind auszuweisen:
1. Umsatzerlöse
2. Herstellungskosten der zur Erzielung der Umsatzerlöse erbrachten Leistungen
3. Bruttoergebnis vom Umsatz
4. Vertriebskosten
5. allgemeine Verwaltungskosten
6. sonstige betriebliche Erträge
7. sonstige betriebliche Aufwendungen
8. Erträge aus Beteiligungen,
   − davon aus verbundenen Unternehmen
9. Erträge aus anderen Wertpapieren und Ausleihungen des Finanzanlagevermögens,
   − davon aus verbundenen Unternehmen
10. sonstige Zinsen und ähnliche Erträge,
    − davon aus verbundenen Unternehmen
11. Abschreibungen auf Finanzanlagen und auf Wertpapiere des Umlaufvermögens
12. Zinsen und ähnliche Aufwendungen,
    − davon an verbundene Unternehmen
13. **Ergebnis der gewöhnlichen Geschäftstätigkeit**
14. außerordentliche Erträge
15. außerordentliche Aufwendungen
16. **außerordentliches Ergebnis**
17. Steuern vom Einkommen und Ertrag
18. sonstige Steuern
19. **Jahresüberschuß/Jahresfehlbetrag**

(4) Veränderungen der Kapital- und Gewinnrücklagen dürfen in der Gewinn- und Verlustrechnung erst **nach** dem Posten „Jahresüberschuß/Jahresfehlbetrag" ausgewiesen werden.

---

1 **§ 276 HGB:** Kleine und mittelgroße Kapitalgesellschaften (§ 267 HGB) dürfen die Posten § 275 Abs. 2 Nr. 1 bis 5 oder Abs. 3 Nr. 1 bis 3 und 6 zu einem Posten **„Rohergebnis"** zusammenfassen.
2 nach dem Kontenrahmen für den Groß- und Außenhandel

Anmerkungen zum Jahresabschluß der Kapitalgesellschaften

1. Der **Jahresabschluß einer Kapitalgesellschaft** besteht aus der **Bilanz** (§ 266 HGB), der **Gewinn- und Verlustrechnung** (§ 275 HGB) und dem **Anhang** als Erläuterungsbericht (§ 284 HGB). Nicht zum Jahresabschluß gehört der Lagebericht, der Lage und Entwicklung des Unternehmens darlegen soll (§ 289 HGB).

2. Kapitalgesellschaften unterliegen der **Prüfungs- und Offenlegungspflicht.** Jahresabschluß und Lagebericht sowie die Buchführung sind von unabhängigen **Abschlußprüfern** zu prüfen (§ 316 HGB) und durch Einreichung zum **Handelsregister** offenzulegen (§ 325 HGB).

3. Die **Größe der Kapitalgesellschaft bestimmt den Umfang der Aufstellung, Prüfung und Offenlegung** des Jahresabschlusses und des Lageberichtes. Nach § 267 HGB unterscheidet man **kleine, mittelgroße** und **große** Kapitalgesellschaften. Für die Zuordnung müssen jeweils zwei der drei **Größenmerkmale** (Bilanzsumme, Umsatz, Beschäftigtenzahl) vorliegen. Die folgende Übersicht ermöglicht die entsprechende Zuordnung und macht den Umfang der Offenlegung und Prüfung deutlich:

Kapital-gesellschaften	Größenmerkmale			Offenlegung				Prüfung
Größe	Bilanzsumme (in Mio. DM)	Umsatz (in Mio. DM)	Beschäftigte	Bilanz	GuV	An-hang	Lage-bericht	Buchführung Jahresabschluß Lagebericht
kleine	bis 3,9	bis 8,0	bis 50	X	—	X	—	—
mittelgroße	bis 15,5	bis 32,0	bis 250	X	X	X	X	X
große	über 15,5	über 32,0	über 250	X	X	X	X	X

Beachten Sie: Unabhängig von den Größenmerkmalen gilt eine Aktiengesellschaft stets als große Kapitalgesellschaft, wenn ihre Aktien an einer Börse der EG zugelassen sind (§ 267 [3] HGB).

4. **Besondere Vorschriften:**

   — Beachten Sie die **Fußnoten** zur nebenstehenden Bilanz (§ 266 HGB) und der Gewinn- und Verlustrechnung (§ 275 HGB), die in Staffelform zu veröffentlichen ist.

   — Zu jedem Posten der zu veröffentlichenden Bilanz und GuV-Rechnung ist auch der **Vorjahresbetrag** anzugeben (§ 265 [2] HGB).

   — **Forderungen** mit einer **Restlaufzeit** von über einem Jahr und **Verbindlichkeiten** bis zu einem Jahr sind betragsmäßig gesondert zu vermerken (§ 268 [4 und 5] HGB).

   — **Besondere Haftungsverhältnisse** nach § 251 HGB (z. B. aus weitergegebenen Wechseln, Bürgschaften) sind wie auch bei allen Personenunternehmen unter der Bilanz gesondert anzugeben. Kapitalgesellschaften dürfen sie allerdings auch im Anhang ausweisen (§ 268 [7] HGB).

   — In der Bilanz oder im Anhang ist die **Entwicklung** der Posten des Anlagevermögens durch einen **Anlagenspiegel** darzustellen. Dabei ist von den ursprünglichen Anschaffungs- und Herstellungskosten auszugehen (§ 268 [2] HGB):

Posten des Anlage-vermögens	Anschaffungs-, Herstellungs-kosten 01.01.	Zu-gänge	Ab-gänge	Umbu-chungen	Zu-schrei-bungen	Abschreibungen			Buch-wert 31.12.
						In Vor-jahren	Im Ab-schluß-jahr	Insge-samt	

ISBN 3-8045 **7556** 0   75562   Schmolke/Deitermann: Kontenrahmen für den Groß- und Außenhandel